面向21世纪课程教材

（湖南省高等教育21世纪课程教材）

动物性食品加工学

主　编：马美湖　葛长荣　罗　欣　贺银凤　张小燕

副主编：王勤志　徐明生　刘　玺　岳喜庆

李开雄　杨　勇　马俪珍　刘　焱

中国轻工业出版社

图书在版编目（CIP）数据

动物性食品加工学/马美湖等主编．—北京：中国轻工业出版社．2024.5

（面向21世纪课程教材，湖南省高等教育21世纪课程教材）

ISBN 978-7-5019-3774-5

Ⅰ．动…　Ⅱ．马…　Ⅲ．动物性食品－食品加工　Ⅳ．TS205

中国版本图书馆CIP数据核字（2002）第060532号

责任编辑：李亦兵　马　妍　　责任终审：滕炎福　　封面设计：赵小云

版式设计：王　欣　　责任校对：郎静瀛　　责任监印：张　可

出版发行：中国轻工业出版社（北京鲁谷东街5号，邮编：100040）

印　　刷：三河市万龙印装有限公司

经　　销：各地新华书店

版　　次：2024年5月第1版第14次印刷

开　　本：787×1092　1/16　印张：28.5

字　　数：684千字

书　　号：ISBN 978-7-5019-3774-5

定　　价：56.00元

邮购电话：010－85119873

发行电话：010－85119832　010－85119912

网　　址：http://www.chlip.com.cn

Email：club@chlip.com.cn

240793J1C114ZBQ

编委名单

主　编： 马美湖（华中农业大学）
葛长荣（云南农业大学）
罗　欣（山东农业大学）
贺银凤（内蒙农业大学）
张小燕（西北大学）

副主编： 王勤志（广西大学）
徐明生（江西农业大学）
刘　玺（河南职业技术师院）
岳喜庆（沈阳农业大学）
李开雄（石河子大学）
杨　勇（四川农业大学）
马俪珍（山西农业大学）
刘　焱（湖南农业大学）

编　委： 黄志良（华南农业大学）
王茂增（邯郸农业专科学校）
宾冬梅（衡阳职业技术学院）
顾仁勇（湖南吉首大学）
朱明才（山东聊城大学）
丁松林（江西宜春学院）
金四云（上海食品工业专科学校）
韩剑众（杭州商学院）
宋纪蓉（西北大学）
李　彦（湖南电力学院）
王日军（江苏泰州牧校）
范荣波（山东莱阳农学院）
侯玉泽（河南科技大学）
李青萍（山西师范大学）
李　华（内蒙民族大学）
李先保（安徽职业技术学院）
胡铁军（解放军军需大学）
许高升（河北农业技术师院）
刘会平（山西农业大学）
陈炼红（西南民族学院）
王家富（贵州农学院）
裴庆元（贵州铜仁农校）

前　言

由华中农业大学等多所院校共同编写的《动物性食品加工学》教材，是在《现代畜产品加工学》的基础上发展起来的，在教学实践中经历了长期的实践检验，而且在教学实践中不断更新、完善和发展。自 1997 年 6 月第一版《现代畜产品加工学》出版后，出乎编者的意料，反响热烈，得到了许多院校的试用和好评。根据试用的情况，将全书进行了广泛的修改、补充和调整，其修订编写单位扩大到全国 38 所院校。1998 年 10 月《现代畜产品加工学》修订后的第二版出版；根据实际使用需要，2001 年 1 月，又在征求各使用院校意见基础上，对本教材进行了第三次修订，在第二版基础上增加了发酵肉制品、冷却肉生产、肉品保鲜、SOD 提取等，增强了禽蛋的结构、化学成分等内容，出版了《现代畜产品加工学》第三版，参加修订、编写工作的院校多达 50 余所。在修订和使用的院校中，除了农业院校以外，还有全国各种综合性大学、师范大学以及商业、轻工院校等。为了进一步适应新世纪高等教育教学的需要，本教材再次进行了修订、补充和改版，2003 年 1 月，以《动物性食品加工学》的全新面貌呈现给广大师生和读者，更加得到了许多院校的厚爱和广泛使用。因此，本教材的出版，凝集了全体编委多年有辛勤劳动，是我国高等院校畜产品加工科学与教育界广大科技工作者共同劳动和智慧的结晶，历时 7～8 年，才使得本书结构和内容更臻完善、合理。值此《动物性食品加工学》第一版第二次印刷之机，还要衷心感谢为教材出版做出重要贡献的全体编委单位和领导、湖南省教育厅领导及出版单位的领导和相关人员，也要感谢我国畜产品加工科技界老前辈对本书的大力支持和关心。

全新版的《动物性食品加工学》教材，更加紧密地结合当前生产需求和教学实践，及时反映了本学科科技新动态。教材的结构更加合理，内容更加丰富，系统更加完善，可以作为农产品贮藏加工、食品科学与工程、动物科学（畜牧）、动物医学（兽医）、农产品（食品）检验检疫以及食品质量与安全等专业的畜产品加工方面多种课程的教材。由于本教材内容上分为肉品科学与加工技术（14 章）、蛋品科学与加工技术（9 章）、乳品科学与加工技术（11 章）、畜禽副产品综合利用（8 章）四大篇，共 42 章，各篇内容既相对独立，又有机成立整体。因此，本书既极适合分别将《肉品加工学》、《蛋品加工学》、《乳品加工学》、《畜禽副产物综合利用》作为几门课程开设的学校，又适于将《畜产品加工学》作为一门课程开设的学校。在教学中，各学校可根据教学的需要，结合本地实际情况，选择性地讲授基础理论部分的深度和产品加工内容。

本教材是为了适应新的世纪各学校畜产品加工学科方面多种课程实施灵活性教学实际需要而编写的，虽多年来受到了各类高等院校的普遍欢迎，取得了极其明显的效果，但这仍是一种尝试，书中错漏之处在所难免，恳请来函来电批评指正，以便下次再版时修改。

编著者

目　录

第二篇 蛋品科学与加工技术

第三篇　乳品科学与加工技术

绪　论

本书实际上是一本畜产品加工学。畜产品加工学是食品科学的重要组成部分。畜产食品加工的发展，对改善人民的生活水平、提高人民的营养素质有着极其重要的意义，目前，国际上均用人均消费的肉、蛋、奶数量来衡量一个国家的发达水平就是很好的证明。同时，畜产品加工学是农产品贮藏加工中的重要内容，因为农产品的贮藏加工主要是对我国农村种植业产品和养殖业产品的加工。从广义的角度来讲，畜产品加工学是讨论和研究养殖业产品加工的科学。因此，要搞好和发展农产品加工与贮藏行业，必须要重视畜产品贮藏与加工，以充分利用养殖业的初级产品，加工出高质量的产品。同时，畜产品加工学又是畜牧养殖行业的一门重要学科。因为畜牧养殖业是一个范围很广的行业，它不仅包括着畜禽遗传育种、配种繁殖、饲养饲料等内容，还包括畜产品加工这一重要而广泛的内容。畜牧业生产不只是向人类提供一般的初级的原料或产品，而且要向人类提供高质量、适合人们特殊需要的产品。国内外食品科学、农产品贮藏与加工及畜牧养殖业的发展事实证明，畜产品加工业，对国民经济的发展有着举足轻重的作用。

一、开展畜产品加工的重要意义

1. 畜产品加工对发展我国农业经济的特殊意义

(1) 畜产品加工能显著提高畜牧养殖部门的经济效益：迄今为止，我国畜牧养殖业的生产、畜产品加工与销售的各环节，仍然存在着各部门分管、各自为政的局面，仍带有计划经济模式遗留的痕迹。畜牧部门要提高经济效益，改变原料供应地的地位，就必须开展畜产品加工，走牧（生产）、工（加工）、商（销售）联合经营的产业化道路，才能使初级畜产品通过加工增值，提高畜牧业生产者的效益，使生产者有承担市场风险、储运风险和疫病风险的能力。

(2) 畜产品加工能有效改善畜产品贮存和运输困难的局面：初级畜产品都是鲜活易腐产品，容易死伤甚至腐烂变质，不耐贮存，不便运输，即使作为商品，流通半径小，范围窄，特别是我国目前贮运设施差、加工条件落后，不能长途运输。畜牧业系统只有开展畜产品加工才能克服这些困难，使畜牧业生产少受损失，稳定均衡地供应市场。

(3) 畜产品加工能使畜牧业生产真正进入商品经济领域：畜牧业生产部门只管生产，不参与畜产品的加工和经营环节，就不能直接受到市场的调节，市场信息不灵，无法应变瞬息万变的市场情况，更不能开发出拳头产品。市场发生的急骤变化往往不能及时传给畜牧部门，就会使市场需要和畜牧生产脱节，使畜牧生产单位和养殖户面临破产，由此，长期导致畜牧生产的不稳定性。我国有些农村地区经常出现的“卖猪难”和城市地区居民的“买肉难”以及养殖业时赚时亏的情况就证明了这一点。若畜牧系统开展畜产品加工业，加工的产品直接投放市场，就能灵敏地感受到市场的变化，及时做出相应的对策，使畜牧业生产处于不败之地。

2. 畜产品加工在人民生活中的重要作用

(1) 畜产品加工能适应人民快节奏生活的需要：伴随着社会工作和生活节奏的加快，人们需要更多的高质量、营养好的方便食品。发展畜产品加工，就能生产出营养价值高、质量好的方便食品，满足社会的需要。同时，在快节奏的社会里，不同地域间工作联系和人员间的往来增多，出差、旅游增多。发展畜产品加工业，生产质量高、营养好、方便的食品，就能满足旅游、出差及学习用餐的需要。

(2) 畜产品加工能提供具有营养、保健、防病治病、益寿延年等功能的食品：由于经济的发展，人民不仅需要营养卫生的食品，而且需要有一定保健功能的食品，通过开展畜产食品加工就能满足社会的这一需求。目前在此方面的工作已有一些进展，如在皮蛋方面有铜、锌强化皮蛋，降压皮蛋等。

(3) 畜产品加工能节省人们大量时间和精力与物质消耗：食品工业的持续发展，尤其是畜产食品加工的发展，能够为人民提供极其丰富的日常餐饮食品，以逐步取代目前仍然千家万户“忙饭吃”的现象。这些由工厂现代化、专业化流水线生产的日常餐饮食品，节省了大量“忙饭吃”的时间和精力，也节省了大量的能源。

(4) 畜产品加工能为人们提供多种口味、风味独特、种类繁多的营养食品：畜产食品加工的发展，能够根据消费者不同要求，生产出不同口味系列的食品，可以将某种食品的配方进行调整，生产出酸、甜、咸、辣甚至微苦带涩的食品，满足特殊消费者要求。同时能根据不同年龄或营养特点的消费者，生产出其需要的产品。例如根据青年女性减肥的需要，生产低能量食品；根据儿童生长快、消化性差的特点，加工生产高蛋白、易消化的食品；根据老年人预防心血管病的需要，加工生产以素食为主的低胆固醇食品；根据青壮年工作任务繁重的特点，为其提供高蛋白、高能量的食品。

3. 畜产品加工在国民经济中的重要意义

(1) 畜产品加工能使畜牧业初级产品增值，增加国民经济收入：农业是国民经济的基础，畜牧业是农业的重要组成部分。近几十年来，我国畜牧业占农业的比重提高得很快。特别是近20年来，我国畜牧业产值和主要畜产品量及其人均占有量持续增长。只有将大量的畜牧业初级产品进行深加工，提高经济价值，才能实现增值的目的，为国家创造财富，推进国民经济的发展。

(2) 出口创汇，为我国现代化建设积累资金：我国畜产品资源十分丰富，历史上的加工形成了许多名产，在国内外享有很高的声誉。如果大力发展畜产品加工业，就能提供更多更好的畜产品，出口国外，创取外汇，为我国的现代化建设积累大量外汇资金。

二、畜产品加工学的概念、研究领域及发展前景

1. 畜产品加工学的概念与研究领域

畜牧业生产的目的是为了获得畜产品。虽然一部分畜产品可以被人类直接利用，但是从产品贮藏、提高营养价值的角度来看，绝大多数畜产品必须经过加工处理后才能被人们有效地利用。因此，人类有必要将所获得的畜牧业初级产品进行初步的或深精的加工。我们把人类对畜牧业初级产品的人工处理过程叫做畜产品加工。把关于畜牧业产品加工的科学理论知识和加工工艺技术及新产品开发的学问，叫做畜产品加工学。

畜产品加工学的研究领域相当广阔。广义来说，凡是以养殖业产品（或动物性产品）为原料的加工生产，都属于它的范畴。以动物种类来说，不仅包括猪、牛、羊、鸡、鸭、鹅等畜禽，还包括一切经济动物等；以动物的原料来说，包括肉、蛋、奶、皮、毛、骨、血及其他副产品，甚至动物性药品等的生产加工，都是广义畜产品加工学研究的对象。随着科学技

术的发展，畜产品加工这门学科的分支越来越细，某些畜产品加工学的内容已单独分出来成为一门独立的科学来加以研究，例如毛纺学、制革学、生物制药学等。

2. 畜产品加工的历史及发展前景

畜产品加工学是一门新型的应用性科学，作为一门系统科学来研究，只是近几十年的事情。它是随着畜牧业生产的发展、人民生活的需要和商品经济的发展而产生的。但是，人类从事畜产品加工的历史却相当久远，甚至早于畜牧业出现之前。早在原始社会，人类过着狩猎的生活，就是以动物肉为主食。在2.5万～6万年以前的古石器时代，人类为解决狩猎过剩和防止肉食缺乏等问题，不仅开始驯养牛、马、猪、禽等，而且开始了原始的加工。在漫长的岁月中，由于火的发现和应用，逐渐将生肉加工食用，出现了原始的肉类制品，如“肉干”、“肉脯”和古代“灌肠”等。在3000年前的奴隶社会，我国劳动人民就掌握了使用陶瓷器皿保存肉食品。远在游牧时代就会制作原始肉干。据古籍记载，3000年前的中国就提出了“五谷为养、五果为助、五畜为益、五菜为充”的膳食调配与利用观点。3000多年前的《周礼》中有“腊人掌干肉”、“肉倏之颁赐”和“肉脯”的记载。

在先秦诸子百家的著述中，“脯”字、“腊”字、“腌”字、“熟”字等更是屡见不鲜。《左传·僖公三十三年》有“脯资饩牵竭矣”之说，把那时从事腌腊、熟肉食品行业的技术人员称为“腊人”。远在2000多年前的汉文帝时代就有“奶子酒”的记载，元代军队中有利用干燥乳作远征军粮的记叙。西汉《盐铁论》中“熟食遍地、殽旅城市”的记载说明当时的肉类食品已广泛在酒楼、饭店中出售了。北魏末期贾思勰所著的《齐民要术》中将熟肉食品生产做了综合叙述，并对肉干、肉脯、棒炙牛肉、脯炙羊肉、糟肉、苞肉等制作方法介绍得相当详细。宋代的《东京梦华录》记载了200余种熟肉制品。元朝《饮善正要》重点介绍了牛羊肉加工技术。相传腊肉始于唐朝，“茶腿”（即火腿）始于宋末。清朝袁枚所著《随园食单》中记述的肉制品达50种之多。清朝乾隆年间，肉类制品生产发展到了鼎盛时期。关于畜产食品的冷藏技术，也以我国为最早。3000多年前，我国劳动人民就已知道采集天然冰进行食品的冷藏。《诗经》中就有“凿冰冲冲，纳于凌阴”的诗句。

我国地大物博，历史悠久，畜产品资源丰富，加上我国民族种类多、气候地域复杂、风俗习惯各异等原因，我国劳动人民创造了多种多样畜产品加工方法，制成了风味独特、品种繁多的著名畜产食品。在肉制品方面，金华火腿和宣威火腿历史悠久、驰名中外；苏州酱汁肉、北京月盛斋的牛肉和烧羊肉已有200多年的历史；南京板鸭在明朝时期就已成为社会名产，作为贡品（又称贡鸭）；北京全聚德的烤鸭已成为国内外人民十分喜欢的名吃；广东烤乳猪原是当地人民供神食用的祭品，现已成为有名的产品；南京香肚也有100多年的历史，清朝同治年间已有经营，光绪年间已享盛名。此外，还有湖南腊肉、江西南安板鸭、福建肉松、四川肉干等都是有名的产品。

在蛋制品方面，我国独创了五彩缤纷的松花皮蛋、油露松沙的盐蛋和醇香可口的糟蛋以及香气扑鼻的五香蛋。如益阳松花皮蛋、高邮咸蛋等，都风味独特、营养丰富，在国际市场上享有很高的声誉，受到消费者的欢迎。在乳制品方面有发酵乳饮料、奶皮子、奶豆腐（奶饼）、酥油、奶子酒、乳扇、奶酪（扣碗酪）等产品，制作方法都很特殊，风味独特，营养保健效果好。在副产物利用方面有猪鬃、羽绒和肠衣等，在国际市场上十分畅销，声誉很高，每年的出口数量很大，为我国争得了荣誉和效益。

新中国成立后，由于党和国家十分重视，畜产品加工业得到快速的发展，加工生产的机械化和自动化程度逐步提高，从业人员的福利待遇和安全保障均明显改善，有效提高了劳动生产率，全国的肉类联合加工厂、乳品加工厂、蛋品加工厂及其副产物加工利用工厂像雨后春笋般涌现，并在全国形成了一批大型骨干企业和集团。畜产品加工生产呈现一派繁荣的景象。

但是，值得指出的是我国畜产品加工行业同国外先进水平相比，还存在着很大差距，机械化和自动化程度有待继续提高，产品的质量和种类仍有差距，远不能适应我国国民经济发展和人民生活的需要。然而我们相信，随着我国经济的飞速发展和人民生活水平的不断提高，人民生活中畜产品的比重必将日益增加，畜产品加工具有广阔的发展前景。

三、畜产品加工学同其他学科的关系

畜产品加工学是一门实用性很强的应用型技术科学，它既是食品科学、农产品贮藏加工学、畜牧学的一部分，又是这些学科的交叉科学，而且同食品工业、农产品贮藏加工业、畜牧业、纺织业、轻工业、制革工业、服装工业、医药工业和机械工业等有密切的关系。畜产品加工学的基础理论知识的范畴十分广泛，涉及生物学、动物学、畜牧学、生物生理学、生物化学、食品营养学、微生物学、酶学、卫生学、医药学、包装学等有关学科。今后随着科学技术的发展，各学科间互相渗透，新知识和新技术不断涌现，畜产品加工学的广度和深度将不断得到拓展。我们必须经常认真学习新知识、掌握新信息，开拓新领域和新产品，完成时代赋予我们的任务。

第一篇　肉品科学与加工技术

第一章　肉的概念和特性

要研究肉品科学及其加工技术，就要了解肉中发生的一系列生物、化学和生理学的变化，了解肉的组织、形态结构及化学成分，这样才能充分利用肉中各种组织，根据其形态结构和化学成分的变化加工出优质的肉制品。

第一节　肉的形态结构

一般所说的肉是指畜禽屠宰放血后，除去皮、毛、头、蹄、骨及内脏后的可食部分（组织）。在肉品加工中，较多地使用胴体这一概念。所谓胴体，是指畜禽屠宰放血致死后，除去毛、皮、头、四肢下部和内脏后剩下的部分。胴体有时也理解为胴。

关于肉的形态结构，生物学和食品科学研究的目的、方法是不同的。生物学将构成动物肌体的组织按功能细分为肌肉组织、神经组织、结缔组织、上皮组织等；而食品加工科学从营养和人类利用的角度出发，粗略地将动物组织划分为脂肪组织、肌肉组织、结缔组织和骨骼组织。因此，肉是多种组织的综合物。各组织的比例大致如下：

肌肉组织：50％～60％；　　　　脂肪组织：20％～30％；

结缔组织：9％～11％；　　　　骨骼组织：15％～20％。

肉的质量同以上各组织的构成比例有密切的关系。一般肌肉组织越多，含蛋白质越多，营养价值越好；脂肪组织越多，肉越肥，产热量越大；骨骼和结缔组织越多，质量越差，营养价值越低。肉中几种组织的组成比例依动物种类、品种、年龄、性别、营养状况、肥瘦程度等不同而异。不同年龄的猪胴体各组织的比例见表 1-1。

表 1-1　　不同年龄猪胴体各种组织的比例　　单位：%

年龄/月	肌肉组织	脂肪组织	结缔组织	骨骼组织
5	50.3	31.0	8.3	10.4
6	47.0	35.0	8.5	9.5
7.5	43.5	41.4	6.8	8.3

注：本书中百分数除特指外，均为质量分数。

肉中除以上主要组织外，还有神经组织、淋巴组织、血管等，只是它们在胴体中所占的比例极小，营养学上的价值也不大，所以，在肉的形态结构中，没有讨论的必要。

一、肌 肉 组 织

肌肉组织是肉的主要组成成分，是决定肉的质量的重要组织部分，也是肉品加工的主要对象。肌肉组织由于畜禽的种类、品种、年龄、肥瘦和经济用途等不同，占胴体的比例相差很大。肉用品种的畜禽肌肉组织比例高；肥育的较未肥育的肌肉组织比例低些；幼龄比老龄高；公畜比母畜高；而且同一牲畜不同部位相差也大，如臀部、腰部具有较多的肌肉组织。

家畜的肌肉组织从生理、解剖和组织结构上可以明显地分为三类：一是附着在骨骼上的横纹肌（骨骼肌），一是存在于内脏中的平滑肌（内脏肌），再一类是构成心脏的心肌。肌肉组织占动物机体的30%～60%。

1．横纹肌

横纹肌是附着在四肢、躯体和头颈上的肌肉，在生理功能上同躯体的运动有关，并受躯体神经的控制，所以又叫骨骼肌或随意肌，以肌肉块的形式分布在畜体有关部位。人们所说的肌肉组织主要是指横纹肌。

横纹肌除由大量的肌纤维组成外，还含有少量的结缔组织、脂肪组织、腱、血管、神经、淋巴或腺体等，它们按一定的组成规律构成横纹肌。

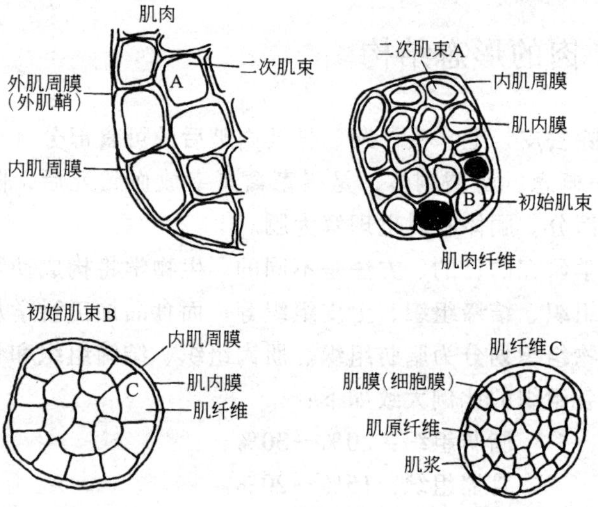

图1-1　肌肉宏观结构图

(1) 肌肉组织的宏观结构：构成肌肉组织结构的基本单位是肌纤维细胞，每50～150根肌纤维聚集成肌束。每个肌束的表面包围着一层结缔组织的薄膜，称为初始肌束，其横断面因动物种类、年龄、营养状态等不同而有所差异（对牛肉来说为0.25～0.4mm^2）。数十条初始肌束集结形成二次肌束，二次肌束表面包围着一层较厚的结缔组织膜。多个二次肌束集结形成大块肌肉，大块肌肉的表面也包围着一层很厚的结缔组织膜。肌肉宏观结构如图1-1所示。

初始肌束外表包围着的一层结缔组织薄膜和二次肌束外表包围着的一层较厚的结缔组织膜叫做内肌周膜，有的又称为内肌膜或内肌鞘。肌肉块周围包围着的一层强韧、很厚的结缔组织膜叫做外肌周膜，有的又称为外肌鞘或外鞘膜。内、外肌周膜在肌肉两端汇集成束，称为腱，牢固地附着在骨骼上。肌纤维之间由微细纤维网状组织连接着，纤维网状组织中分布有微细血管。在内肌周膜和外肌周膜中间分布着血管、淋巴管及神经等，还有沉积的脂肪细胞。

我们通常所观察到的肌肉组织的纹理粗细与肌束的横断面有关，也同内外肌周膜的厚度及内肌周膜处脂肪的沉积有关。脂肪沉积得越多，肌束的纹理结构显得越细。肌束横断面的大小及内外肌周膜的厚薄，受动物年龄、营养状态及使役状况的影响。脂肪沉积数量与动物肥育状况有关。肥育良好的牛肉脂肪沉积多，切面是大理石状态的纹理。当动物营养状态良好时，脂肪先在肌肉间大血管周围蓄积，然后按外肌周膜、内肌周膜、肌束内的顺序沉积脂肪。在营养状况非常好时，肌纤维之间也会沉积脂肪。

(2) 肌肉组织的微观结构：由上述可知，构成肌肉组织的基本单位是肌纤维，也叫做肌纤维细胞（肌细胞）。每块肌肉由几千个独立的基本单位——肌细胞组成。肌细胞呈多核长纺锤形（细长圆筒状），长度由数毫米到20cm，直径10～100μm。肌纤维的粗细随动物种类、年龄、营养状况、肌肉的活动情况等不同而有所差异。猪肉的肌纤维比牛肉细，幼龄动物比老龄动物细，雌性比雄性细。公鸡的肌纤维比幼鸡粗5～6倍。不同种类动物从出生到生长发育成熟体重与肌纤维直径的变化情况见表1-2。

表1-2　不同种类动物体重与肌纤维直径变化情况

动物种类	出生时		成熟时			
	体重/kg	肌纤维直径/μm	体重变化		肌纤维变化	
			体重/kg	增加率/%	直径/μm	增加率/%
羊	4.2	11.3	113.5	27.02	50.4	4.46
牛	30.2	14.3	817.2	27.05	73.3	5.11
猪	1.3	53	236.1	181.61	90.9	1.72

同一种动物不同部位，由于肌肉的活动程度不同，肌纤维的粗细也不同。活动越少，肌纤维越细。由于营养状况不同的差异就更显著。仔羊肉三种不同部位的肌肉和两种营养状态下肌纤维直径的变化情况见表1-3。

表1-3　仔羊肉不同部位肌肉和不同营养状况肌纤维直径的变化

日龄/d		肌纤维直径/μm		
		背最长肌	大股直肌	腓肠肌
高营养	0（出生）	9.0	3.3	8.7
	60	31.7	33.8	35.8
	290	48.2	49.5	45.5
低营养	0（出生）	7.3	10.4	10.9
	60	17.3	19.8	21.7
	290	35.0	36.3	39.5

因此，通过肌纤维的粗细不仅可以鉴别畜禽肉的种类，而且可以评定肉的质量。

根据动物肌肉活动的机能与程度不同，肌肉的纤维可以分为高频（率）肌纤维和低频（率）肌纤维，即活动强烈的肌纤维和活动弱的肌纤维。由于肌纤维的性质决定肌肉块的性质，有的相应地称为高频肌肉或低频肌肉。

高频肌肉色浅，肌红蛋白和肌浆含量较少，但肌纤维中肌原纤维较多，肌肉强度较低，收缩性低，只能收缩4%。低频肌肉色较暗，肌红蛋白和肌浆较丰富，有较大的收缩性，在肌纤维长度方向能收缩40%。

肌纤维在显微镜下观察，沿着长度方向有排列规则的明暗条纹，所以称横纹肌。这些整齐排列的条纹是由肌原纤维的排布所构成的。因此，肌纤维内部是由大量平行排列成束的肌原纤维集合组成。在肌原纤维之间充满着胶体溶液，这种胶体溶液称为肉浆或肌浆（Sarcoplasma），呈红色，含有大量肌溶性蛋白质和参与糖代谢的多种酶类；此外，还含有肌红蛋白质，是肌肉呈红色的主要成分。由于所执行的生理机能不同，使不同种动物肌肉或不同部位肌肉颜色深浅有较大的差异。在肌浆中还分布有少量的细胞核、线粒体、内基质网（或称肌小胞体）。

肌纤维是一种细胞，它同其他细胞一样，外面有一层细胞膜。包围肌纤维外表的细胞膜叫做肌鞘，有的又叫做肌膜（Sarcolemma）。肌鞘是一层不含胶原纤维而富有弹性的膜，分三层结构，内层由10nm的均匀物所构成，中间层为厚20～30nm的网状结构，外层为厚10～30nm的粒状结构。但中间层和外层互相结合成复合的膜。肌鞘是富有弹性的膜，能被拉伸为原长度的2.2倍，对酸、碱具有很强的稳定性，因此，在加热以后仍能保持纤维的一定性质。

（3）肌节的结构：肌原纤维是肌纤维的主要组成部分，直径0.5～2μm。肌肉的伸长和收缩是由于肌原纤维的伸长和收缩而造成的。肌原纤维上的横纹用电子显微镜观察有一定周期的重复。我们把肌原纤维上的横纹重复一个周期的单位叫做肌节。静止状态时肌节长度为2.3μm。肌原纤维上的横纹暗的部分具有双折光性，呈深暗的区域，叫做A带或暗带(Darkband)。该区宽约1.5μm。明亮的部分具有单折光性，呈明亮的浅色区域，叫做I带或明带（Lightband），该区宽约0.8μm。A带（暗带）的中间有一宽约0.4μm的亮纹区（稍明区），叫做H带或H区。H带的中央有一褶折性发暗的深线，叫做M线或中膜（又称为中线）。明亮区I带中间有一细丝状的暗条纹，叫做Z线或间隔。我们前面所说的肌节，是指两个相邻Z线之间的区域，实际上包括两个半段的I带区和一个完整的A带区。肌节的结构见图1-2。

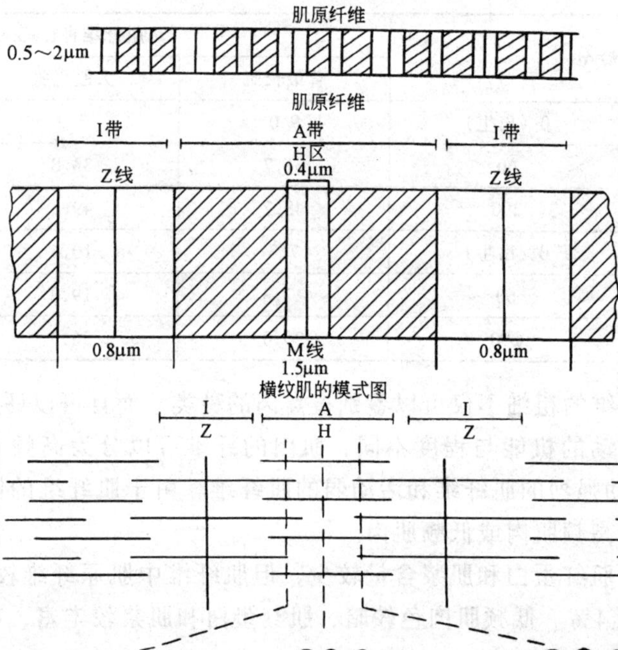

图1-2 肌节结构示意图

在肌肉伸缩活动中，I带的宽度可因肌原纤维的不同收缩状态而发生变化，伸张时变宽，收缩时变窄。A带则在任何状态时保持稳定的宽度。当肌肉在静止状态时，A带(1.5μm)和I带(0.8μm)区域之比约为2:1。当肌肉在拉伸时，I带区域宽幅增加。当肌肉在收缩状态时，I带区域宽幅缩小。

在电子显微镜下观察，每条肌原纤维又是由许多更细微的肌微丝即超原纤维所组成。超原纤维主要有两种：一种是全部由肌球蛋白分子组成的较粗的肌球蛋白微丝，简称粗丝；另一种主要是由肌动蛋白分子组成的较细的肌动蛋白微丝，简称细丝。细丝除含有肌动蛋白外，还含有原肌球蛋白和肌钙蛋白。这三种蛋白质都参与骨骼肌的收缩活动，所以统称为收缩蛋白。粗丝直径 10～12nm，长度为 1.5～1.6μm。细丝直径为 6～7nm，长度为 1μm。所有的肌微丝在肌原纤维中都呈平行排列，各有固定的位置，非常整齐和有规律，显现出肌原纤维的明暗相间的横纹图像。在每个肌节中，粗丝（肌球蛋白微丝）贯通于 A 带；细丝（肌动蛋白微丝）贯穿了 I 带和 A 带，它一端附着在 Z 线上，从 Z 线伸向两侧而止于 H 区边缘，插入 A 带的肌球蛋白微丝（粗丝）之间。观察肌原纤维不同区域的横断面，在 I 带区只有细丝，在 H 带区只有粗丝。除 H 带以外的 A 带区域，两种肌微丝都同时存在。排列的方式是以一条粗丝为中心，周围有六条细丝，成正六方体形状。一条细丝的周围有三条粗丝，成正三角形。相邻粗丝之间的距离是 45nm。肌微丝的结构见图 1-3。

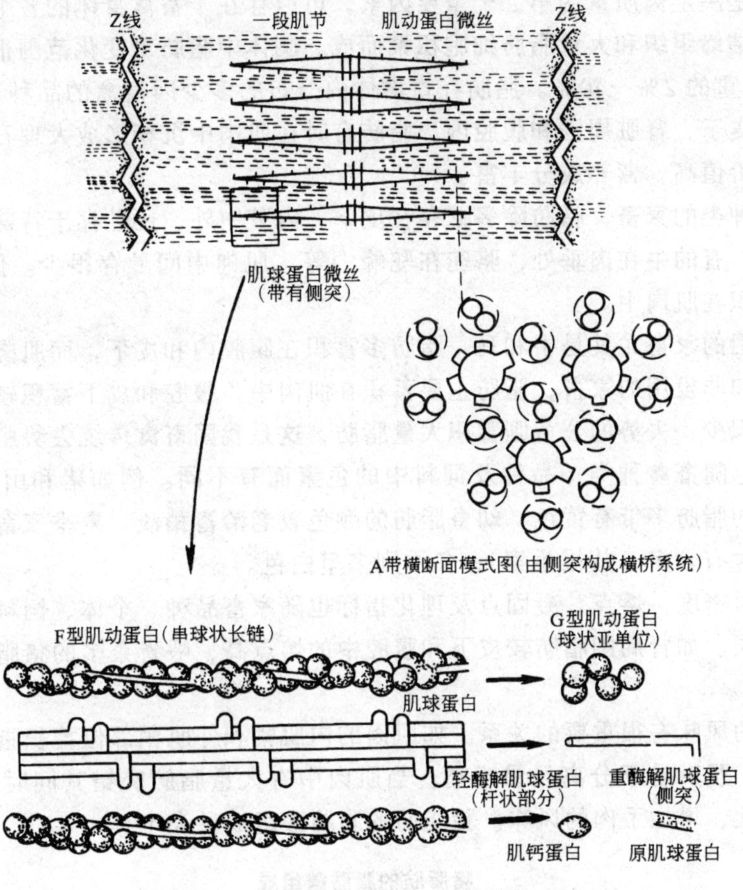

图 1-3　肌微丝（超原纤维）结构模式图

（4）肌肉组织营养成分：动物肌肉组织中含有 72%～75% 的水分，25%～28% 的干物质。干物质中蛋白质占 18%～22%，脂肪和类脂物质占 1.7%～5%，矿物质占 1.0%～1.2%。肌肉组织中的干物质，蛋白质约占 80%，而且都是完全蛋白质，包括人体所必需的各种氨基酸。

2. 平滑肌

平滑肌主要存在于动物内脏中，维持各种内脏的正常形态和位置，是完成各种内脏运动功能的肌肉。平滑肌主要构成血管壁、胃肠壁以及其他内脏器官的管壁。平滑肌的肌纤维呈梭形，细胞核呈长卵圆形，位于纤维中央；肌纤维成束，按一定的方向排列。肌纤维中间有结缔组织。在肉品加工上，部分平滑肌可以用于制作肠衣等产品，作为肉制品的包装容器，亦可加工后直接食用。

3. 心肌

心肌是构成心脏的肌肉组织，其肌纤维为长柱形，平行排列，自由分枝、自由吻合呈合胞体细胞。心肌纤维细胞集结成片或束，其空间由疏松结缔组织填充。心肌在肉类中的比例少，数量不多。心肌除直接食用外，现在有的地方将其作为天然色素，用来改善肉制品的色泽（因为心肌呈现很浓的鲜红色）。

二、脂肪组织

脂肪组织是决定肉质量的第二个重要因素，可以存在于畜禽身体的各个部位，其主要是由退化的疏松结缔组织和大量脂肪细胞积聚而成。胴体中脂肪量变化范围很大（有的畜禽很肥），一般占活重的2%～40%。脂肪在畜禽体内分布的多少因畜禽的品种和种类不同而异，一般多积聚在皮下、肾脏周围和腹腔内。脂肪有时在肌肉中沉积形成大理石状，这种肉较嫩而多汁，营养价值高，营养成分丰富。

有些特殊种类的家畜，脂肪除多贮存在皮下、内脏中外，还贮存于特殊部位，如大尾绵羊蓄积在尾内，有的牛在肉垂处，骆驼在驼峰中等，肌肉中间贮存很少。但猪等肉用家畜，其脂肪主要蓄积在肌肉中。

老龄和役用的家畜尤其是牛和马，脂肪多蓄积在腹腔内和皮下，而肌肉中间数量很少甚至没有；幼龄和非役用的家畜，脂肪主要蓄积在肌肉中，腹腔和皮下蓄积较少；没有去势的种公畜脂肪蓄积少，去势的公畜则蓄积大量脂肪，这是我国畜禽传统去势肥育的原因。

脂肪的颜色随畜禽种类、品种及饲料中的色素而有不同。例如猪和山羊的脂肪为白色的，其他畜禽的脂肪多带有黄色，幼畜脂肪的颜色较老龄畜稍浅。夏季家畜因吃青草多，脂肪稍呈黄色（含有较多B族维生素）；冬季则多呈白色。

脂肪的相对密度、熔点、凝固点及理化指标也随家畜品种、个体、饲料和脂肪在胴体中的位置而有不同。如肾周围脂肪较皮下和腹腔中的熔点高，喂青菜多的猪脂肪的熔点较喂谷类的低。

脂肪与肉的风味有很重要的关系。如肌肉的内肌鞘和外肌鞘部位蓄积脂肪时，使结缔组织失去了弹性，肌束易于分离且易咀嚼。当肌肉中有大量脂肪交错其间时，可防止水分蒸发，使肉质柔软，增加了肉的风味。猪脂肪的脂肪酸组成见表1-4。

表1-4　　猪脂肪的脂肪酸组成　　单位：%

组成 / 饲料	脂肪部分	碘值	饱和脂肪酸			不饱和脂肪酸		
			C_{14}	C_{16}	C_{18}	油酸	十八碳二烯酸	十八碳三烯酸
酒糟	背脂肪	52.6	1.8	26.4	12.1	58.5	1.2	—
大麦	肌肉间	58.8	0.7	25.2	12.7	54.4	7.0	—
豆饼	背脂肪	90.7	0.7	17.3	9.5	40.4	31.9	0.2
大豆	背脂肪	100.6	0.3	14.1	7.9	38.9	38.3	0.5

三、结缔组织

结缔组织在动物体内分布很广，腱、肌膜、韧带、内外肌周膜、血管、淋巴、神经、毛皮等都由结缔组织组成。结缔组织是机体的保护组织，并使机体有一定的韧性和伸缩能力。

结缔组织在畜禽胴体中的含量为9.7%～12.4%，其因家畜（禽）种类、年龄状况、使役程度和存在部位不同而有很大的差异。凡是役用家畜和老年（龄）家畜，其肌肉中的结缔组织就多；同一畜体的不同部位也有差异，躯体的前半部分较后半部分多，下半部分比上半部分多。

1. 结缔组织类型

结缔组织可以分为疏松状结缔组织、致密状结缔组织和胶原纤维状结缔组织三种，这三种结缔组织在结构上有明显的差异。

疏松状结缔组织是由细胞、无定形基质和纤维三部分组成。从组成来看，无定形基质和纤维是结缔组织的主要成分。疏松状结缔组织中的细胞主要有成纤维细胞和游走细胞。无定形基质中的主要成分是粘性多糖、粘蛋白、少量无机盐和水分。纤维有胶原纤维、弹性纤维和网状纤维三种。疏松结缔组织主要分布在皮下、肌膜和内外肌周膜之间。

致密状结缔组织也是由细胞、无定形基质和纤维三部分组成，只是三部分组成比例有所不同。致密状结缔组织中纤维多，而无定形基质和细胞都很少。因此，致密状结缔组织结构较紧密，例如皮肤中的真皮层。

胶原纤维状结缔组织的主要成分是胶原纤维。胶原纤维间排列很紧密，纤维间存在着少量细胞。胴体中腱和腱膜等均属于胶原纤维状结缔组织。家畜的年龄和使役程度不同，肌肉中腱的发达程度相差很大。有些肌肉中腱发达，使肌肉腱质多、肌质少，肉的营养价值降低。

淋巴组织亦属于结缔组织，在肉类制品加工中要将淋巴摘除。在畜禽屠宰后的兽医卫生检验中，淋巴检验是病理检验的一个重要方面。这是因为动物体各种组织内的营养物质获得和代谢产物的排除，除由血液循环系统完成外，淋巴系统也起部分作用，其排除和吞灭有害物质。淋巴系统中的淋巴结是淋巴循环的必经器官，从淋巴循环中来的异物在淋巴结受到阻滞，使它们不能继续参加循环。此外，淋巴结还能阻滞微生物和吞噬微生物，当微生物阻滞在淋巴结时，其内部的淋巴球便同这些微生物进行斗争，淋巴结便会出现发炎、充血、潮红、肿大、化脓甚至出血的现象。因此，畜（禽）体中淋巴结内常存在着非动物机体自身的成分。这些异物成分对动物机体很有害，因而对人体也是很有害的。在肉制品加工中应将淋巴结摘除。

2. 结缔组织纤维的特性

结缔组织中的胶原纤维、弹性纤维和网状纤维三种纤维中，主要是胶原纤维。这三种纤维在结构和成分上都有明显不同。

胶原纤维是结缔组织的主要成分，其化学成分是胶原蛋白，其结构是由3～5个分子链构成的小纤维，再由小纤维形成胶原纤维。胶原纤维间彼此借着无定形基质结合在一起。由于无定形基质是无色透明状粘性糖类物质，充填在疏松结缔组织的间隙内，将胶原纤维集合成粗细不同的小纤维束，小纤维束再连成大的纤维束，大纤维束形成疏松网状的结缔组织。胶原纤维直径1～10μm，韧性强，弹性差。

弹性纤维是粗细不同的线状纤维，它与胶原纤维不同，具有均质结构。弹性纤维由弹性蛋白所构成。弹性纤维直径0.3～10μm，其强度显著低于胶原纤维，但弹性大，容易被拉伸。

网状纤维主要由网状蛋白构成。

三种结缔组织的化学成分各有不同，主要取决于胶原纤维和弹性纤维的比例。例如疏松状结缔组织和胶原纤维状结缔组织中多数是胶原纤维，含水量多；而其他结缔组织中含弹性纤维多，含水量少。

3. 营养价值与利用

组成结缔组织的胶原蛋白、弹性蛋白和网状蛋白都属于硬性的非全价蛋白，其氨基酸组成中都缺少人体必需的氨基酸成分，而且这三种蛋白具有坚硬、难溶、不易消化等特点，营养价值很低。因此，结缔组织多的部分，肉的食用价值很低。如牛肉在人机体中利用率为65%，而结缔组织不超过25%。牛肉中因胶原蛋白含量不同，在105℃情况下煮沸60min后，硬度变化情况见表1-5。

表1-5　　不同牛肉的硬度变化情况

肌　肉　块	肌肉所在部位	胶原占蛋白质的量/%	咬碎压力/$\times 10^4$Pa
半膜肌	臀　部	11.27	22.54
背最长肌	背　部	12.64	22.54
肱　肌	肩胛骨	14.42	25.48
胸　肌	胸　部	20.26	27.44

结缔组织在工业上的利用要多些，主要是利用含有丰富胶原纤维的结缔组织生产食用或工业用的明胶产品。但弹性蛋白含量高的结缔组织不能用来生产食用和工业用明胶产品。

四、骨骼组织

骨骼是胴体的组成部分，是家畜（禽）宰前机体的框架和支柱。目前市场上出售的肉类基本上都是带骨的，特别是猪肉和羊肉等。骨骼在动物机体或胴体中的比例随动物的种类、年龄、性别、肥瘦程度及骨骼所在部位等而有很大的差异，骨骼在胴体中所占比例的大小是影响胴体（肉）的质量和等级的重要因素之一。一般猪的骨骼占胴体的5%～9%，牛骨骼占胴体的7.1%～32%，羊占8%～17%。

1. 骨骼分类

家畜（禽）机体骨骼的类型因个体和动物种类不同而有一定区别，但总的来说，常常把畜体上的骨骼分为四部分。

① 躯干骨：包括颈椎、胸椎、腰椎、荐椎、尾椎、胸骨、肋骨。

② 头骨：指头部的所有骨骼。

③ 前肢骨：包括肩胛骨、肱骨、桡骨、腕骨、掌骨、指骨、跗骨。

④ 后肢骨：包括髋骨、股骨、小腿骨、跗骨、蹠骨、趾骨、膑骨等。

2. 骨的结构

畜禽的骨骼一般都可以分为骨膜、骨质和骨髓三部分，现将各结构分述如下。

(1) 骨膜：骨膜覆盖在骨骼的表面，是一层淡红色、致密的结缔组织膜，有一定的坚韧性，上面分布有较多的微细血管和神经末梢。

(2) 骨质：骨质一般又分为两层，外表面层致密而坚硬，叫做骨密质层；内层呈海绵状结构，称为骨松质层。骨松质层内有许多小孔，孔隙内充满骨髓。骨密质层和骨松质层两者的厚度取决于骨骼的形状或同一骨骼上的不同部位。例如，管状骨关节端密质层较薄，松质层较厚；偏状骨或骨干部位则密质层较厚，松质层较薄。松质层厚的四肢管状骨利用价值高，而偏状骨低。

(3) 骨髓：骨髓存在于长骨的髓腔（内腔）及骨松质层部分的腔隙内。骨髓有红色和黄色的两种。红色骨髓中含有大量的血管和各种细胞成分，是造血组织。黄色骨髓的主要成分是脂肪。但幼年动物体内只有红色骨髓，随着年龄的增长，黄骨髓量逐渐增加。

此外，管状骨的结构中除密质层、松质层和骨膜、骨髓外，在关节活动处还有关节囊和关节软骨等。

3. 骨的化学成分

新鲜骨骼，水分占 50%，脂肪 15%，其他有机物 12.4%，无机物 21.8%。骨骼的矿物质中主要是大量的钙盐。一般新鲜骨骼中，磷酸钙约占无机物的 85%，碳酸钙 10%，磷酸镁 1.5%，氟化钙 0.2%，氯化钙 0.2%。但这些钙质沉着在骨板（骨密质层）的胶原纤维上，即钙盐只存在于硬骨中，软骨中没有。由于骨骼中含有 10%～32% 的胶原纤维，所以，工业上用来生产明胶。

第二节 肉的化学成分及特性

肉的化学成分主要有水分、蛋白质、脂肪、无机物、维生素及微量成分等，这些成分因动物的种类、性别、季节、饲料、使役程度、营养状况以及肌肉部位等的不同而有所差异，而且宰后的动物肉受自身酶、微生物等的作用，会发生复杂的生物化学反应，影响肉的化学成分和含量。因此，要精确测出肉的各种化学成分是困难的，只能就其主要成分蛋白质、脂肪、糖类、维生素、灰分、水分等加以阐述。

一、影响肉化学成分的因素

1. 动物种类的影响

不同动物种类的肉，其化学成分的种类和含量有很大的差别，几种常见畜禽肉的化学组成见表 1-6。

表 1-6　几种常见畜禽肉的化学组成（去骨可食部分）　单位：%

名　称	水	蛋白质	脂　肪	碳水化合物	灰　分	热量/(J/kg)
牛肉	72.91	20.07	6.48	0.25	0.92	6196.5
羊肉	75.17	16.35	7.98	0.31	1.19	5903.5
肥猪肉	47.40	14.54	37.34	—	0.72	13753.6
瘦猪肉	72.55	20.08	6.63	—	1.10	4877.6
马肉	75.9	20.10	2.20	1.88	0.95	4312.4
鹿肉	78.00	19.50	2.50	—	1.20	5367.5
兔肉	73.47	24.25	1.91	0.16	1.52	4898.6
鸡肉	71.80	19.50	7.80	0.42	0.96	6364
鸭肉	71.24	23.73	2.65	2.33	1.19	5107.9
骆驼肉	76.14	20.75	2.21	—	0.90	3098.2
鹅肉	77.0	10.8	11.2			6029

2. 性别的影响

畜禽的性别可以分为公畜（禽）、母畜（禽）和去势的阉畜（禽）。不同性别状态的畜禽肉其化学成分是不同的，而且组织状态也有差异。未去势的公畜肉比较坚硬、组织粗糙、肌肉间没有脂肪，公猪、公羊肉煮制时有特殊的异味。去势的公畜肉虽然较粗糙，但肉质较柔软，肌肉间富有脂肪。母牛肉肌纤维较细，颜色浅淡，脂肪层主要在皮下。不同性别状态的牛背部肌肉化学成分见表 1-7。

表 1-7　　不同性别状态的牛背部肌肉化学成分　　单位：%

化学成分	公　牛	去势公牛	母　牛
蛋白质	21.7	22.1	22.2
脂　肪	1.1	2.5	3.4
水　分	75.9	74.3	73.2

3. 年龄的影响

由解剖学的观点可知，脊椎动物肌肉纤维的数量出生以后并不增加，只是随着年龄的增长，肌肉纤维变粗、增长，而肌肉中结缔组织的数量随年龄的增长而相对减少。如幼龄牛肉结缔组织占净肉的 11.7%～13.5%，成年牛肉只占净肉的 9.2%～12.8%。但在结缔组织中，弹性蛋白的含量随年龄的增长而增加。由于肉中化学成分随年龄的增长而有差异，其肉的组织状态和风味也有明显的不同。幼畜肉同成年畜肉相比，缺乏强烈的香气和滋味，这主要是因为肉中所含的浸出物不同所致。犊牛肉中含有较多的游离甘氨酸、精氨酸、脯氨酸，缺少苏氨酸，维生素含量也少于成年畜肉。幼龄畜的脂肪主要沉积于肌肉间，而皮下和腹腔脂肪较少。随着年龄的增长，脂肪含量增加，肉的色泽变暗。不同年龄猪肉背最长肌的化学成分见表 1-8。

表 1-8　　不同年龄猪肉背最长肌的化学成分　　单位：%

项　　目	5 月龄	6 月龄	7 月龄
脂　肪	2.85	3.28	3.96
脂肪碘值	57.4	55.8	55.5
水　分	76.72	76.37	75.9
肌红蛋白	0.03	0.038	0.044
总　氮	3.71	3.74	3.87

注：以上为 10 头的平均数。

4. 肥瘦度的影响

屠宰的畜禽在其他条件相同的情况下，胴体中各种组织的比例主要取决于肥瘦度，肥瘦度也明显地影响肉中的化学成分。以前畜禽常以肥瘦度来分级，现在则以瘦肉率高低来分级。不同肥瘦度牛肉的化学成分见表 1-9。

表 1-9　　不同肥瘦度牛肉的化学成分　　单位：%

肥瘦状况	净肉中				去脂净肉中		
	蛋白质	脂　肪	水　分	灰　分	蛋白质	水　分	灰　分
肥育良好	19.2	18.3	61.6	0.9	23.5	75.5	1.0
肥育一般	20.0	10.7	68.3	1.0	22.4	76.5	1.1
肥育较差	21.1	3.8	74.1	1.1	21.9	76.9	1.2

5. 部位的影响

不仅动物种类、年龄、性别、肥瘦度等对肉的化学成分有影响，而且同一种动物、同一个体的畜禽，其躯体部位不同，化学成分也不相同。猪肉不同部位的化学成分见表 1-10。

表 1-10　　猪肉不同部位的化学成分　　单位：%

部位名称	水　分	蛋白质	脂　肪	灰　分
腿　肉	74.02	20.52	4.46	1.0
背　肉	73.39	22.38	3.20	1.03
腰部软肉	75.28	18.72	5.07	0.93
肩　肉	65.02	17.06	17.14	0.78
肋条肉	61.50	17.47	20.15	0.88
肋腹肉	58.40	15.80	25.09	0.71

二、肉的主要化学成分及特性

讨论肉的化学成分，主要是研究肌肉组织的化学成分，因为它不仅决定了肉的食用价值，也决定着肉加工过程的一系列工艺特点和生物化学特性。据分析，典型哺乳动物肌肉的化学成分见表 1-11。

表 1-11　　典型哺乳动物肌肉的化学成分　　单位：%

成　分	含　量	成　分	含　量
1. 水分	75	2，3-磷酸吡啶	0.30
2. 蛋白质	19	核苷酸	0.1
3. 碳水化合物	1.2	氨基酸	0.35
葡萄糖-6-磷酸酯	0.15	肌肽、鹅肌肽	0.35
乳酸	0.9	6. 可溶性无机物	0.65
糖原	0.1	可溶性总磷	0.20
葡萄糖、糖酵解中间产物	0.05	钾	0.15
4. 脂类	2.5	钠	0.05
5. 非蛋白含氮物	1.65	镁	0.02
肌氨酸	0.55	钙、锌等微量元素	0.23
肌苷一磷酸	0.30	7. 维生素	微量

1. 蛋白质

肌肉中的蛋白质按其在肌纤维细胞中的位置和在盐溶液中的溶解程度及其作用等不同可分为四类：第一类是构成肌原纤维、同肌肉收缩松弛有关的蛋白质，约占肌肉蛋白质总量的 50%；第二类是溶解在肌原纤维之间的肌浆中的蛋白质，约占 30%；第三类是构成肌鞘、毛细血管等结缔组织的肉基质蛋白质，约占 20%；第四类是肌肉中微量的色素蛋白质，使肌肉呈现出特定的颜色。新鲜肌肉在压榨时，可挤出 60% 的汁液和 40% 的固形物，这种汁液部分叫肉浆（也有的称肌浆），固形物部分叫肉基质。新鲜肌肉中约含有 20% 的蛋白质，其大部分（约 80%）存在于肉浆中，但在宰后僵直时，则大约 70% 残留在肉基质中。

（1）肌原纤维蛋白质：肌原纤维是肌肉的收缩单位，由丝状的蛋白质规则排列所构成。所以，该类蛋白质是肌肉的主要结构蛋白质，具有将化学能转变成机械能的功能。具体地讲，肌原纤维蛋白质才是肌肉的收缩单位。肌原纤维蛋白质占肌肉中蛋白质总量的 40%～60%，主要包括肌球蛋白、肌动蛋白、肌动球蛋白三种，此外尚有少量原肌球蛋白和二三种调节性蛋白质。现对三种主要肌原纤维蛋白质的性质、特性进行阐述。

① 肌球蛋白（Myosin）：肌球蛋白又叫肌凝蛋白，是肉中最多的一种蛋白质，占肌原纤维中蛋白质的 54%，由 Edsall 等于 1930 年研究确定。肌球蛋白是一种有粘性的蛋白质，易成凝胶；相对分子质量为 50 万～60 万；分子呈多轴状，长轴为 220～240nm，短轴 2.2nm；微溶于水，溶于盐类溶液中，形成结晶状；等电点为 pH5.4；在离子强度为 0.2 以上的盐溶液中溶解度良好，在 0.2 以下则呈不稳定的悬浮液。肌球蛋白具有流动的双折射现象，从肌肉中除去肌球蛋白，则肌原纤维丝的暗带（A 带）消失。因此，肌球蛋白是肌原纤维中暗带的组成成分。

肌球蛋白的特性之一是具有 ATP 酶的活性。此酶的活性受 Mg^{2+} 所抑制，可被 Ca^{2+} 激活。三磷酸腺苷（ATP）被肌球蛋白-ATP 酶作用，分解产生二磷酸腺苷（ADP）、无机磷酸，并放出能量，这种能量供给肌肉收缩时的消耗。可以表示为：

$$\begin{array}{c}\text{ATP 酶}\\ |\\ \text{肌球蛋白}\end{array}\xrightarrow{\text{作用}}\text{ATP}\longrightarrow\text{Pi}+\text{ADP}+4605.5\text{J}$$

据生物化学研究得知，肌球蛋白具有 ATP 酶活性的实质是其活性中心具有半胱氨酸—SH基，能同 ATP 结合并迅速分解。由于 Mg 盐是—SH 基的阻抑剂，故增加 Mg^{2+} 能阻抑其活性，而增加 Ca^{2+} 会促进其活性。

肌球蛋白的另一特征是能与肌动蛋白结合生成肌动球蛋白，其结合点也是在具有—SH 基的活性中心。因而，在肌球蛋白的活性中心，ATP 和肌动蛋白相继竞争地同肌球蛋白的活性中心相结合。当有大量 ATP 存在时，活性中心被 ATP 所占有，故破坏了肌球蛋白同肌动蛋白的结合，肌肉呈松软状态。

肌球蛋白除含有 ATP 外，第三个特性是还能同腺嘌呤、尿苷三磷酸、三磷酸鸟嘌呤核苷结合，同 ATP 相似，也可对其进行分解。

肌球蛋白受胰蛋白酶的作用时，分解生成两种亚甲基，即重酶解肌球蛋白（HMM）和轻酶解肌球蛋白（LMM）。重酶解肌球蛋白相对分子质量 232000，溶于水，具有 ATP 酶的活性，仍保持对肌动蛋白的结合能力。重酶解肌球蛋白在胰蛋白酶的作用下，进一步分解生成重酶解肌球蛋白碎片-1（HMMS-1）和重酶解肌球蛋白碎片-2（HMMS-2）。前者的相对分子质量为 120000，具有 ATP 酶的活性和与肌动蛋白结合的能力。后者的相对分子质量为 66000，没有上述性质。轻酶解肌球蛋白的相对分子质量为 91000，不溶于水，对盐的溶解性与肌球蛋白相同，也具有双折光性。

肌球蛋白对热很不稳定，加热条件下很容易变性。变性的肌球蛋白失去了 ATP 酶的活性，溶解性也降低，但有焦磷酸盐存在时，加热的热变性受到一定程度的抑制。

肌球蛋白构成肌原纤维微观结构中的粗纤维丝（粗丝），所以粗丝也称肌球蛋白丝。在肌球蛋白丝中，轻酶解肌球蛋白为骨架，重酶解肌球蛋白为突起，结构见图 1-4。

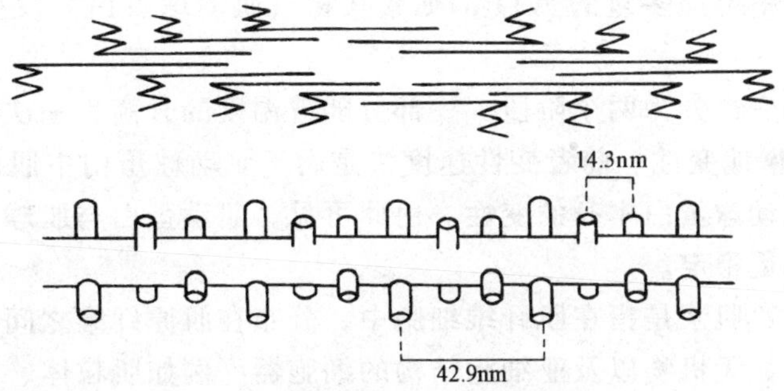

图 1-4　肌球蛋白丝（粗丝）的结构图

肌球蛋白是肌肉中极其重要的蛋白质，除具有以上特性外，还决定着肉的嫩度，并同肌肉的一系列生物化学性质有关。

② 肌动蛋白（Actin）：肌动蛋白也叫肌纤蛋白，占肌纤维蛋白质总量的 12%～15%，易生成凝胶。肌动蛋白以球状 G-肌动蛋白（G-Actin）和纤维状的 F-肌动蛋白（F-Actin）两种形式存在，二者可以相互转化。肌动蛋白通常也与肌凝蛋白结合形成肌纤凝蛋白（Actomysin）。球状的 G-肌动蛋白在同一方向聚合就成为纤维状的 F-肌动蛋白。一般方法是把 G-肌动蛋白溶解于中性盐溶液和弱酸、碱溶液中而得到 F-肌动蛋白；反之，把 F-肌动蛋白放在碘化钾的溶液中并有 ATP 存在的情况下，经过透析转变为 G-肌动蛋白。我们把 G-、F-肌动蛋白的这种相互转变的化学过程叫做肌动蛋白的 G—F 变换作用。这种变化是由于 Mg^{2+} 的特殊作用和在 G-肌动蛋白中含有 ATP 的重要原因而造成的。

G-肌动蛋白的相对分子质量约为 43000，球状，直径为 5.5nm，由 G-肌动蛋白聚合连接而成的 F-肌动蛋白是 1～5μm 长的丝状结构。由这样两条纤维丝状 F-肌动蛋白，以 36nm 周期重合而形成肌原纤维中细丝的主体。因此，在肌原纤维中，肌动蛋白是以 F-肌动蛋白的形式存在，两条 F-肌动蛋白丝互相扭合在一起，以 36nm 周期重合，与原肌球蛋白和肌钙蛋白等结合，形成了肌原纤维的微观结构中的细丝，也叫肌动蛋白纤维丝。细丝是两条 F-肌动蛋白和每 13 个 G-肌动蛋白单位扭转一周（36nm）的螺旋结构，见图 1-5。

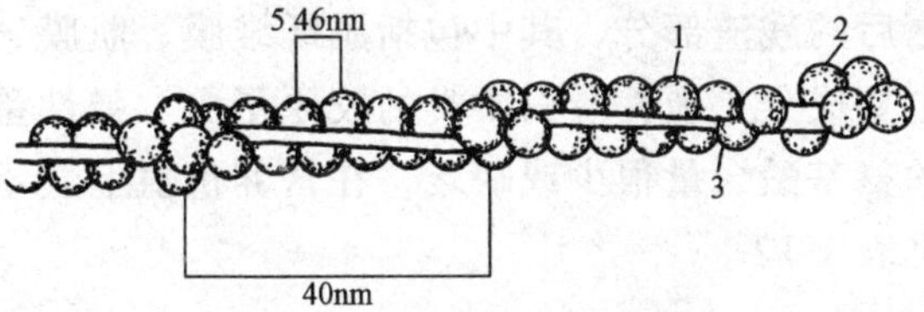

图 1-5　肌动蛋白细丝构造图

1—肌动蛋白质；2—原肌球蛋白质；3—肌钙蛋白质

③ 肌动球蛋白：肌动球蛋白又称肌纤凝蛋白（Actomysin），它是由肌球蛋白和肌动蛋白结合而成的。肌动球蛋白溶液有明显的流动双折射性，粘度非常高。由于其聚合程度不同，没有一定的相对分子质量（4×10^6～6×10^6），分子长度 1160nm 左右。两种蛋白质的结合比例是 1g 肌动蛋白结合 2.5～4g 肌球蛋白，肌动球蛋白也具有 ATP 酶的活性，但同肌球蛋白 ATP 酶的活性不同，Mg^{2+}、Ca^{2+} 都能使其活化。高浓度的肌动球蛋白溶液易于形成凝胶。在高的离子强度下（如在 0.6mol KCl 溶液中）添加 ATP，则溶液的粘度和流动双折射性会降低，这是因为肌动球蛋白受 ATP 作用而离解成肌球蛋白和肌动蛋白，添加焦磷酸盐也有同样的现象。将接近中性的肌动球蛋白溶液稀释到较低的离子强度（如在 0.1mol KCl 以下情况下），因接近于肌动球蛋白等电点，便形成絮状物。此时若添加少量的 ATP，则絮

状物收缩而形成凝胶沉淀。这种沉淀称为超沉淀。此时若再提高 KCl 的浓度，超沉淀可以再次溶解，如絮状物中再加多量的 ATP，则絮状物（肌动球蛋白）发生溶解，此种反应称为清除反应。

肌动球蛋白的热变性分为两个阶段，一部分随着温度的升高，一次性反应变性；另一部分依 pH 的不同而缓慢地变性。前者变性速度快是由于肌动球蛋白中肌球蛋白的变性，后者变性速度慢是由于肌动球蛋白本身的变性。由此可见，肌动蛋白与肌球蛋白结合在一起，比单独的肌球蛋白对热更稳定。

（2）肌浆蛋白质：肌浆是指在肌纤维细胞中，分布在肌原纤维之间的细胞质和悬浮于细胞质中的各种有机物、无机物以及亚细胞结构的细胞器（例如肌粒体、微粒体）等。通常将肌肉磨碎压榨可以挤出肌浆。肌浆中的蛋白质占肌肉中蛋白质总量的 20%～30%，其种类包括肌溶蛋白、肌球蛋白 X 及肌粒中的蛋白质等，这些蛋白质都基本上溶于水或低离子强度的中性盐溶液中，是肌肉中最容易提取的蛋白质。又因为这些蛋白质提取时，粘度很低，常称为肌肉中的可溶性蛋白质。肌浆中蛋白质的主要功能是参与肌肉纤维中的物质代谢。

① 肌溶蛋白：属清蛋白类，占肌浆蛋白质的大部分，约占肌纤维中蛋白质的 22%，能溶于水。很容易从肌肉中分离出两种类型的肌溶蛋白，即 A 型和 B 型。肌溶蛋白等电点为 6.3，加热到 52℃ 时凝固，是营养完全的蛋白质。榨出的肉浆中，将肌凝蛋白除去后，再加硫酸铵使其饱和，或添加醋酸都可以使肌溶蛋白沉淀而析出。

② 肌球蛋白 X：肌球蛋白 X 发现于提取肌凝蛋白后的肉浆溶液中，是一种不溶于水而溶于中性盐溶液的球蛋白态蛋白质，占肉浆蛋白质的 2.1%，等电点为 5.2。

③ 肌粒中的蛋白质：肌粒包括细胞核（肌核）、线粒体（肌粒体）及微粒体等，存在于肌浆中。肌粒中的蛋白质包括三羧酸循环的酶系统、脂肪 β-氧化酶体系、氧化磷酸化酶体系及产生能量的电子传递体系酶等。微粒体中还含有对肌肉收缩起抑制作用的松弛素。

（3）基质蛋白质：基质蛋白质是指肌肉组织磨碎之后在高浓度的中性盐溶液中充分浸提之后的残渣部分，其中包括肌纤维膜、肌膜、毛细血管壁等结缔组织，和肉的硬度有关。其主要成分是硬性蛋白质类的胶原蛋白、弹性蛋白、网状蛋白等。这几类蛋白质由于人体必需的氨基酸含量很少或缺乏，在营养价值上属不完全蛋白质。结缔组织中蛋白质氨基酸的含量见表 1-12。

表 1-12　　结缔组织中蛋白质氨基酸含量　　单位：g/100g

氨基酸	胶原蛋白	弹性蛋白	氨基酸	胶原蛋白	弹性蛋白
精氨酸	8.3	1.3	缬氨酸	2.5	17.7
组氨酸	0.7	—	脯氨酸	14.4	13.5
半胱氨酸	—	—	甘氨酸	26.6	26.7
酪氨酸	1.0	1.5	苯丙氨酸	24	6.2
色氨酸	—	—	蛋氨酸	1.0	—
丙氨酸	0.3	21.3	谷氨酸	11.2	2.4
异亮氨酸	1.9	3.8	天冬氨酸	7.0	1.1
亮氨酸	3.7	9.0	丝氨酸	4.3	0.85
赖氨酸	0.4	0.5	苏氨酸	2.3	1.12

① 胶原蛋白：胶原蛋白在结缔组织中含量特别多，约占胶原纤维组织中总固形物的85%。胶原蛋白性质稳定，不溶于水和稀盐溶液，在酸碱溶液中吸水膨胀，加热至70℃时得到粗明胶。胶原蛋白中含有较多的甘氨酸（20%）、脯氨酸（12%～13%）和羟脯氨酸（12%）。后两种氨基酸是胶原蛋白中特有的氨基酸，但它的色氨酸、酪氨酸以及蛋氨酸等必需氨基酸含量极少。胶原蛋白在水中加热到70～100℃时，有一部分分解成明胶质，因此，长时间水煮猪肉时，除肉质变柔软外，肌束及腱纤维容易分离。明胶为含胶原蛋白较多的皮、腱等，经水解后得到的大分子天然多肽高聚物在干燥状态下很稳定，潮湿时易被微生物分解。明胶不溶于冷水，加热后慢慢吸水软化膨胀，溶于热水中，溶液冷却后立即冷凝成胶块。因此，它可以可逆地进行溶胶与凝胶的变化。明胶的凝胶强度视原料、制造条件而异，亦随pH、电解质的不同而变化。明胶等电点为4.7，处于等电点时明胶溶液粘度最小，而且容易硬化。

② 弹性蛋白：弹性蛋白在很多组织中同胶原蛋白共存，是呈黄色的弹性纤维，也是构成黄色网状纤维结构的主要成分，约占弹性纤维固形物的25%。弹性蛋白主要分布在颈背部的韧带和血管壁中，有很强的弹性，但强度不如胶原蛋白，其抗断力只为胶原蛋白的1/10。该蛋白的化学性质稳定，一般不溶于水，在普通加热煮沸时亦不能分解成明胶，只有加热到130℃以上时才能水解。因此，肌肉含弹性蛋白多时，食之坚硬嚼不烂。弹性蛋白不被胰蛋白酶、胰凝乳蛋白酶、胃蛋白酶等作用，但可被无花果蛋白酶、木瓜蛋白酶、菠萝蛋白酶和胰弹性蛋白酶水解。弹性蛋白含甘氨酸多（20%～30%），但羟脯氨酸和脯氨酸含量很少，它对弱酸、弱碱的抵抗力较强。弹性蛋白还可被弹性蛋白酶水解，这种酶存在于胰液中。

③ 网状蛋白：网状蛋白的氨基酸组成与胶原蛋白相似，在电子显微镜下观察也有类似的横纹，它经常同脂类与糖类相结合而存在。网状蛋白较能耐酸、碱和蛋白酶的作用。

(4) 色素蛋白质：肌肉中的色素蛋白质主要是导致肌肉呈现红色的血红蛋白和肌红蛋白。肌肉内血红蛋白和肌红蛋白的数量受家畜在屠宰时放血是否良好影响较大。放血良好时，残留血液的数量为20%～30%，放出70%～80%；放血不良时，残存血液可达40%～50%，放出50%～60%。如放血不良，肉中残留血红蛋白数量多，则加快微生物的繁殖。因此，从确保肉的质量出发，必须放血充分。不同死亡情况下猪肉榨取的肉浆中，肌红蛋白和血红蛋白的含量见表1-13。

表1-13　电泳法测得猪肉浆中肌红蛋白和血红蛋白的含量　　单位：mg/g

项目＼状态	正常猪	急宰猪	自然事故死亡猪
肌红蛋白	7.2	7.1	7.3
血红蛋白	2.5	4.8	11.2

在肉类加工中，色泽是一个很重要的问题，如肉的发色、退色、变色等。这些色泽的变化都与肉中色素蛋白质的含量有关。最初肉中的色素蛋白主要是血红蛋白和肌红蛋白，但它们很容易同氧等结合，生成不同颜色的化合物，例如氧合血红蛋白（HbO_2）、氧合肌红蛋白（MbO_2）等。此外，这两种色素蛋白质中的血红素还能同CO_2、NO等结合，特别是同NO结合，生成亚硝基血红蛋白（HbNO）、亚硝基肌红蛋白（MbNO），这是肉制品加工中的发色机理。马的肌红蛋白和血红蛋白的氨基酸组成见表1-14。

表 1-14　马的肌红蛋白和血红蛋白中的氨基酸组成　单位：g/100g

氨基酸种类	肌红蛋白	血红蛋白	氨基酸种类	肌红蛋白	血红蛋白
精氨酸	2.2	3.65	脯氨酸	3.34	3.9
组氨酸	8.5	8.71	甘氨酸	5.85	5.60
赖氨酸	15.5	8.51	苯丙氨酸	5.09	7.9
半胱氨酸	0	0.45	蛋氨酸	1.71	1.0
胱氨酸	0	0.56	谷氨酸	16.48	8.15
酪氨酸	2.4	3.06	天冬氨酸	8.20	10.60
色氨酸	2.34	1.70	丝氨酸	3.46	5.68
丙氨酸	7.95	7.40	苏氨酸	4.56	4.26
异亮氨酸	16.80	0	酰氨酸	0.66	0.93
亮氨酸	16.8	15.4	总　氮	19.9	16.8
缬氨酸	4.09	9.10			

肌红蛋白是由珠蛋白及辅基血红素所组成的一种含铁的结合蛋白质，是肌肉呈红色的主要成分。肌红蛋白可以形成多种衍生物，例如呈鲜红色的氧合肌红蛋白、呈褐色的高铁肌红蛋白、呈玫瑰红色的一氧化氮肌红蛋白（亚硝基 Mb）等。这些衍生物同肉品保存与加工中肉制品色泽变化有直接的关系。肌红蛋白在肌肉组织中的含量随动物的种类、年龄、肌肉部位等不同而有差异。凡是动物宰前活动较频繁的部位，含量都较多。

① 肌红蛋白（Mb）：肌红蛋白占肌纤维质量的 0.8%，其相对分子质量约为 16700，仅为血红蛋白的 1/4，其蛋白质部分为珠蛋白，每一个珠蛋白分子只和一个铁卟啉结合。肌红蛋白对氧的亲和力大于血红蛋白，对 NO 的亲和力亦大于血红蛋白。由于铁卟啉的不同，肌红蛋白有三种诱导体，分别为肌红蛋白（Mb）、氧合肌红蛋白（MbO_2）、变性肌红蛋白（metMb）。三种诱导体的形式见图 1-6。

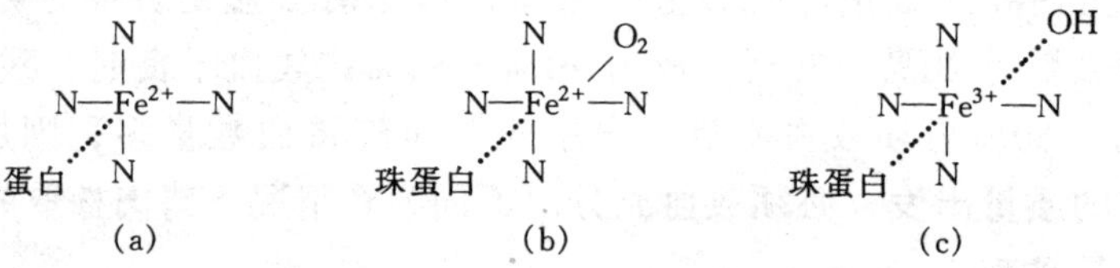

图 1-6　肌红蛋白的三种诱导体

(a) 肌红蛋白（Mb）；(b) 氧合肌红蛋白（MbO_2）；(c) 变性肌红蛋白（metMb）

三种诱导体的颜色不同。肌红蛋白呈暗红色，氧合肌红蛋白呈鲜红色，变性肌红蛋白呈褐色。动物肉由于这三种成分的含量和比例不同而呈不同的色泽。当氧合肌红蛋白比例高时，肉呈美丽的红色；当变性肌红蛋白比例高时，肉呈褐色或暗褐色。肌红蛋白能自动进行氧化。不同种动物肉的肌红蛋白氧化速度不同，鱼肉中的肌红蛋白自动氧化速度最快，比畜产动物马、牛等快 4～5 倍。

肌红蛋白自动氧化的速度受很多因素的影响，从金枪鱼片的实验结果看，温度越高，其氧化速度越快，其温度系数为 4～5。pH 越低，氧化速度越快，pH 每下降 0.3～0.4 单位，则自动氧化的速度增大 2 倍。盐的浓度也有影响，在磷酸盐的缓冲溶液中浸泡时，在 0.2mol/L 浓度中的氧化速度较 0.6mol/L 浓度中大 2 倍。氧分压越低，自动氧化得越快，当氧分压为 440～533Pa 时，肌红蛋白自动氧化速度最快。金属离子也有影响，铜离子能显著促进其自动氧化作用，而铁、铅等不如铜离子促进氧化强烈。由此可见，利用铜器火锅涮羊肉色泽较红，可能就是这个原因。

② 血红蛋白（Hb）：血红蛋白是结合蛋白质，其蛋白质部分称为珠蛋白，属于组蛋白类；其辅基是血红素，所含的铁为二价的。血红素与珠蛋白通过四个键相结合，其中两个键是通过血红素上的丙酸基与珠蛋白结合；另两个是通过铁与珠蛋白中组氨酸咪唑环的氮形成配位键，此配位键的一个当血红蛋白与氧结合时被取代。一个珠蛋白同四个血红素相结合，其结构见图 1-7。

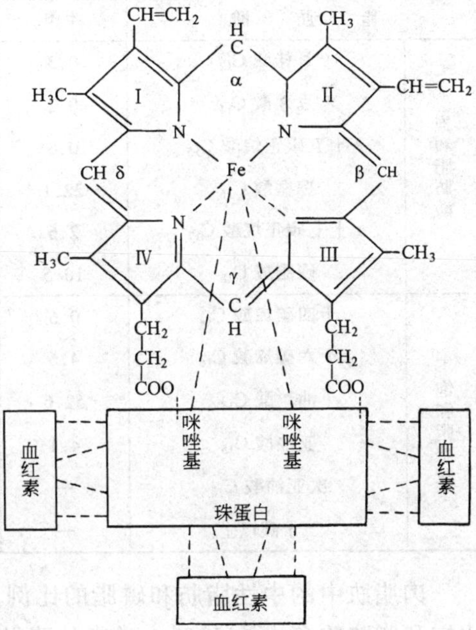

图 1-7　血红蛋白结构图

血红蛋白分子具有四级结构，由四个亚基组成，每个亚基是具有三级结构的多肽链，并含有一个血红素。在四个亚基中，两个称 α-链，其氨基酸组成和排列顺序是彼此相同的。每个链有 141 个氨基酸。另两个亚基也彼此相同，称 β-链，由 146 个氨基酸组成。α-链相对分子质量为 15126，β-链相对分子质量为 15866。两条 α-链和两条 β-链再加四个血红素，则得血红蛋白（相对分子质量为 64450），通过超速离心测得的相对分子质量为 64500，与此基本相同。血红素中的铁与两个组氨酸残基以配位键结合，这在 α-链中可能是与第 58 位及 87 位的组氨酸结合；而在 β-链中，可能是与第 63 位及第 92 位的组氨酸结合。当血红蛋白同氧结合时，α-链中的第 58 位及 β-链中的第 63 位则可逆地被氧取代。

2. 脂肪与磷脂

肉中化学成分以脂肪含量变化最大，它同家畜的营养状况有密切的关系，也同胴体的不同部位有关。动物体的脂肪可分为两类：一类是皮下、肾周围、肌肉块间的脂肪，称为蓄积脂肪；另一类是肌肉组织内、脏器组织内的脂肪，称为组织脂肪。蓄积脂肪主要为中性脂肪，它的含量和性质随动物种类、年龄、营养状况等变化。组织脂肪主要为磷脂，中性脂肪少。肉中磷脂的含量同肉的酸败速度有很大关系。

脂肪是丙三醇和高级脂肪酸所构成的酯类。酯类中的丙三醇都是相同的，只是由于结合的脂肪酸不同而形成酯的性质不同。构成肉脂肪常见的脂肪酸有 20 多种，由这些脂肪酸所构成的酯类可能有 8000 多种。脂肪的性质主要由脂肪酸的性质所决定。肉中常见的脂肪酸有棕榈酸（16 烷酸）、油酸和硬脂酸（18 碳酸），其中棕榈酸在畜禽脂肪中最多，占 25%～30%，其余的为油酸、硬脂酸和不饱和的脂肪酸等。在反刍动物的脂肪中硬脂酸含量更高。动物肉中构成脂肪的脂肪酸可以分为两类：饱和脂肪酸和不饱和脂肪酸。饱和脂肪酸中不含有双键，不饱和脂肪酸含有一个以上的双键。肉中除含有 12 碳以上的高级脂肪酸外，尚含有1～6碳的低级脂肪酸，例如甲酸、乙酸、丙酸、异丁酸、正丁酸、己酸等。几种畜禽肉脂肪组织的脂肪酸组成见表 1-15。

脂肪中的不饱和脂肪酸，例如亚油酸、次亚油酸、二十四碳四烯酸是构成动物组织细胞和机能代谢不可缺少的成分。磷脂以及胆固醇所构成的脂肪酸酯类是能量的来源之一，也是构成细胞的特殊成分，它对肉类制品质量、颜色、气味具有重要作用。这些成分是家畜自身不能合成的，必须从植物中获得，所以称为必需脂肪酸。

表 1-15　　几种畜禽肉脂肪组织的脂肪酸组成　　单位：%

脂肪酸		牛肉	猪肉	羊肉	鸡肉（腹）	马肉（肩）	兔肉
饱和脂肪酸	月桂酸 C_{12}	0.3	0.1	—	—	—	—
	豆蔻酸 C_{14}	0.2	2.0	2.4	0.4	4.2	5.4
	十五碳正烷酸 C_{15}	0.6	0.3	0.5	—	0.1	0.3
	棕榈酸 C_{16}	22.1	20.7	20.8	26.8	37.4	37.3
	十七碳正烷酸 C_{17}	2.6	1.5	2.3	—	0.2	0.4
	硬脂酸 C_{18}	10.5	5.2	18.5	5.9	9.8	8.4
不饱和脂肪酸	十四碳烯酸 C_{14}	0.6	—	0.8	0.2	0.3	0.2
	十六碳烯酸 C_{16}	4.6	5.5	3.0	4.3	3.5	6.5
	油　酸 C_{18}	52.6	43	46.5	42.9	33.3	24.1
	亚油酸 C_{18}	4.1	20.1	3.9	18.8	6.3	16.0
	次亚油酸 C_{18}	—	0.4	0.2	0.8	4.3	1.2
	二十碳以上	—	6.4	—	—	—	—

肉脂肪中的中性脂肪和磷脂的比例，牛为 4:1，猪肉为 8:1。磷脂中的不饱和脂肪酸要比饱和脂肪酸多出约 50%。磷脂的脂肪酸组成和肌肉的运动量有关，运动激烈的肌肉，磷脂含量高。

脂肪酸的组成和含量决定着脂肪的性质，但脂肪酸的种类和含量主要由动物的种类所决定。多数动物脂肪常温下呈凝固状态，是因为含有大量的高级饱和脂肪酸（例硬脂酸）所致；若含有较多熔点低的油酸或低级脂肪酸时，则呈柔软的流动状态。几种畜禽脂肪的理化性质见表 1-16。

表 1-16　　几种畜禽脂肪的理化性质

种类	相对密度（15℃）	融点/℃	酸　价	皂化价	碘　价
牛脂	0.937～0.953	40～50	1～5.0	190～200	32～47
马脂	0.916～0.933	29.5～43.2	1.1～31	195～204	71.4～86.3
羊脂	0.931～0.953	44～49	1～5.0	192～198	31～46.5
猪脂	0.915～0.927	28～48	0.8～8.7	193～200	44～66
兔脂	0.929～0.9597	25～46	—	198.3～205.8	102～107
鸡脂	0.9241	33～40	—	193.5～204.6	55～77.2
奶脂	0.936～0.940	28～36	0.4～3.5	219～241	25.7～38

3. 非蛋白态含氮物

用盐水浸泡鲜肉时，在一定时间内溶出部分物质，将此浸泡液煮沸过滤后，得到的固形物叫肉的提出物。浸泡液溶出的物质大部分是蛋白质分解产物等有机物。新鲜肉中的提出物约占 2%，其中，提出物又分为两种，一种为有机物，约占提出物的 35%；另一种为无机物，约占提出物的 65%。提出物中的无机物此处不作讨论，在无机成分中再作介绍。肉提出物中的有机物同肉及肉制品的风味和肌肉的代谢有密切的关系，是具有重要意义的风味物质，尤其是含氮化合物（非蛋白态含氮物）更为重要。提出物中的有机物又可分为两类：一类是含氮化合物，包括肌醇、肌酸酐、嘌呤碱、肌肽、尿素、肌酸等，是重要的风味物质；

另一种是无氮化合物，包括乳酸、葡萄糖等，将在无氮有机物中讨论。

肌肉中的非蛋白态含氮物多以游离状态存在，同肌肉的代谢有直接关系，是蛋白质代谢的降解产物，是肉品呈味的主要成分。该类物质约占含氮物的11%，主要有以下几大类：

(1) 核苷酸类：主要成分有三磷酸腺苷（ATP）、二磷酸腺苷（ADP）、一磷酸腺苷（AMP）、次黄苷酸（IMP）等，其中ATP是主要成分，它不仅同肌肉的收缩有密切的关系，而且同肉的香味有关。动物死后在ATP酶的作用下，ATP分解成ADP，进一步分解成AMP，AMP脱出氨基生成IMP，它是肉中香气的主要成分。

(2) 胍化合物：凡是含有胍基的化合物统称为胍基化合物，包括胍、甲基胍、肌酸、磷酸肌酸、肌酐等，以肌酸含量相对较多。活体中肌酸和磷酸结合，生成磷酸肌酸，以高能磷酸键贮存能量，在肌肉收缩中起重要作用。宰后磷酸肌酸放出磷酸，成为肌酸。肌酸在酸性条件下加热，失去一个分子水成为环状结构的肌酐。活体中肌酐的数量很少，但煮肉时肌酸量逐渐减少，而肌酐量逐渐增加，同时增加了肉的风味。

(3) 肽类：肌肉中所含的肽类主要是谷胱苷肽、肌肽、鹅肽等，这些肽类在肉类中的总含量为0.3%左右，其中以肌肽的含量较高。谷胱苷肽是谷氨酸、半胱氨酸和甘氨酸结合的三肽，肌肽是β-丙氨酸和组氨酸的结合物，鹅肽是β-丙氨酸和甲基组氨酸的结合物。谷胱苷肽的羧酸给肉类以还原性，在腌制的过程中有促进肉发色的作用；肌肽、鹅肽具有缓冲作用。

除以上各种含氮化合物之外，还有嘌呤碱基、游离氨基酸、胆碱、肉碱、尿素、氨等，这些物质的量随宰后肉的成熟而增加。在肉的腐败过程中，还会有各种胺类物质的增加。

4. 无氮有机化合物

无氮有机化合物主要是糖类和有机酸。糖类在动物组织中含量很少，但分布较广，以游离或结合的形式广泛分布于动物组织和组织液中，其种类主要有糖原、葡萄糖和核糖。葡萄糖含量为0.01%，是动物肌肉收缩的能量来源。核糖是细胞中核酸的组成部分。糖原含量为0.1%～0.3%，是葡萄糖的聚合体，是动物体内糖的主要存在形式，又称为动物淀粉。糖原在动物肝脏中贮量最多，高达2%～8%，骨骼肌中含量为0.3%～0.9%。但肌肉中糖原的含量随动物种类不同而异，以马肉和兔肉较高。肌肉中糖原含量同生理作用有重要关系，运动剧烈或运动较多的肌肉糖原含量高。动物屠宰后的肌肉糖原含量随着时间延长而逐渐分解减少，以牛肉为例，最初糖原含量为0.71%，室温下放置4h后减至0.32%。糖原分解减少的结果使葡萄糖增加，葡萄糖经糖酵解作用后生成乳酸，影响肉的品质。因此，糖原在动物死后进行的无氧酵解，对肉的性质、肉品加工与贮藏等都具有重要意义。

有机酸主要是乳酸，另外是微量的甲酸、乙酸、丙酸、丁二酸、反丁烯二酸等，这些酸对增进肉的风味具有密切的关系。在肉中含量较多的是乳酸，含0.04%～0.07%。肌肉中的乳酸呈右旋性，也称肉乳酸，当动物使役、运动疲劳时，乳酸含量增加（氧化供能的结果）。因此，宰前动物不宜大量运动或疲劳，以免影响肉的品质，此外，乳酸同pH的变化有一定的关系。刚宰的动物肉，pH为6.8～6.9；宰后因乳酸的增加，pH降至5.5左右；然后又因蛋白质的分解，pH逐渐上升。当pH上升到6.0时，肉无疑是陈旧的腐肉。

5. 无机物

肉中无机物的含量为1%～2%，其种类有钠、钾、钙、镁、铁、氯、磷、硫等无机物，铜、锰、钴也微量存在。胴体中的钙大部分存在于骨中，肉中含量极微。Mg^{2+}有的以游离状态存在，或者以螯合物的阳离子状态存在。P、S除以无机盐PO_4^{3-}、SO_4^{2-}的状态存在之外，还以有机磷酸酯的状态存在；SO_4^{2-}和糖蛋白结合存在，还有的以含S的氨基酸的形式存在。Na^+和K^+同细胞膜的通透性有直接的关系。Ca^{2+}和Mg^{2+}同ATP共同作用，不仅同肌肉的收缩有关，而且还与肌肉的保水性有关。一般Na^+、K^+可提高肉的保水性，而Ca^{2+}和Mg^{2+}降低肉的保水性。几种畜禽肉中无机成分的含量见表1-17。

表1-17　几种畜禽肉中的无机成分含量　　单位：%

成分	钾	钠	钙	镁	磷	硫	氯	铁
牛肉	0.338	0.084	0.012	0.024	0.495	0.575	0.076	0.0043
猪肉	0.169	0.042	0.006	0.012	0.247	0.288	0.038	0.0021
兔肉	0.479	0.067	0.026	0.048	0.579	0.498	0.051	0.008
鸡肉	0.560	0.128	0.015	0.061	0.580	0.292	0.060	0.013

6．维生素

肉中脂溶性维生素很少，但B族维生素比较丰富。由于反刍动物瘤胃内微生物可以合成许多种维生素，因此肉中维生素含量受饲料影响小。维生素B_1特别丰富是猪肉的特点。动物脏器中含维生素较多，尤其在肝脏中特别丰富，而在肌肉中维生素A、维生素C很少，这也是一个特点。几种动物鲜肉维生素含量见表1-18。

表1-18　几种动物鲜肉维生素含量

种类	维生素A	维生素B_1	维生素B_2	维生素PP	泛酸	生物素	叶酸	维生素B_6	维生素B_{12}	维生素C	维生素D
	IU	mg	mg	mg	mg	mg	mg	mg	mg	mg	mg
牛肉	25	0.07	0.20	5	0.4	3	10	0.3	2	0	微量
小牛肉	微量	0.10	0.25	7	0.6	5	5	0.3	0	0	微量
猪肉	25	1.0	0.2	5	0.6	4	3	0.5	2	0	微量
羊肉	微量	0.15	0.25	5	0.5	3	3	0.4	2	0	微量
牛肝	41800	0.3	0.3	13	8	100	300	0.7	50	30	47
猪肝	36700	0.25	3.0	14	6.6	85	0.074	0.51	23	23	44

7．水分

水分是肉类中含量最多的成分，一般占70%～80%，但受动物肥瘦程度、年龄、不同部位的影响。老龄畜肉含水分比幼龄的少，如小牛肉含72%，成牛肉是45%；不同部位含水量也不同，如猪肉后大腿部74.2%，背部73.39%，里脊肉75.28%，肩部肉65.02%，肋部肉61.5%，软肋肉58.4%。肉中水分通常分为自由水和结合水两种，但随着生产的要求和现代科学技术的发展，对食品中水分的状态进行了深入的研究，微观的分子理论研究认为，食品中水分可以分为Ⅰ型（结合水）、Ⅱ型（准结合水或不易流动水）、Ⅲ型（自由水）、Ⅳ型（纯水）四种：

（1）结合水（Ⅰ型）：存在于蛋白质大分子的周围，由于蛋白质表面的极性基团与水分子之间的静电引力形成薄水层。结合非常牢固，不易蒸发，更不易冻结，当降温到-10℃时也不冻结。这部分水只存在于肌肉细胞的内部，约占水分总量的20%。

（2）准结合水或不易流动水（Ⅱ型）：这是存在于肌原纤维之间和肌质网中的一部分水，肌肉中所含的水分大部分为此种状态，占总水分的60%～70%。由于毛细血管的作用，致使这种水不易流动。此种水在0℃以下逐渐开始形成冰结晶，也能溶解无机盐类，近于理想的溶液状态。

(3) 自由水（Ⅲ型）：自由水指能在肌肉内自由流动的水，存在于细胞间隙及组织间，约占总水量的15%，但它同纯水还是稍有不同。

肌肉中水分的存在状态有以上三种类型（没有第Ⅳ型纯水），它同肉品加工方法、工艺、配方、产品率及保水性、嫩度有一定的关系，而且同产品的组织状态、口感、外观质量等有关。为了便于对食品中的水分状态及性质有更深入的了解，现将食品中水分存在的状态及性质列在表1-19中。

表1-19　食品中水分存在的状态及性质

水的类型和结合强度	水的状态	水分活度	组织的冰点
Ⅳ型（充分活性）	纯　水	<1.0	0℃
Ⅲ型（较低活性）	为膜、毛细管（直径在1nm以上）、纤维等组织之间以物理状态存在的水，几乎近于理想状态溶液	0.8～0.9	逐渐降低
Ⅱ型（活性较低，结合能很大）	作为溶质的水合水，即在溶质附近的多层水合水	0.25～0.8	更低或不易冻结
Ⅰ型（活性非常低，结合能非常大）	单分子层吸附有水化的结合水、离子结合水、偶极分子结合的水合水	0～0.025	不冻

第三节　肉的品质特性

肉的品质特性主要包括肉的颜色、体积质量、比热容、热导率、气味、嫩度、保水性等，这些特性都同肉的形态结构、动物的种类、年龄、性别、肥瘦程度、经济用途、不同部位、宰前状态、冻结与贮藏等有关。

一、色　泽

肉的颜色是由肉中的肌红蛋白和血红蛋白的含量与变化状态所决定的，它受到宰前环境、宰后放血程度、肌肉部位的脂肪含量等因素的影响，但决定肉的固有颜色的主要是肌红蛋白。据对牛、羊、猪等家畜肌肉的研究，肌肉色素蛋白的含量和肉的颜色有密切的关系。肉中肌红蛋白含量相对稳定，而血红蛋白受宰前状态和宰后放血情况影响较大。

肌红蛋白在肌肉中含量随动物宰前组织活动状况、种类、年龄等不同而异。心肌是最活跃的组织器官，含有较多的肌红蛋白；鸟翅膀中的肌红蛋白的含量亦高。不同种动物肉的颜色主要是肌红蛋白的数量不同所致，同一种动物年龄不同差异也很明显。以新鲜牛肉为例，小牛肉1～3mg/g，中年牛肉4～10mg/g，老年牛肉16～20mg/g。幼年猪肉1～3mg/g，老年猪肉8～12mg/g。小羊肉3～8mg/g，老羊肉高达12～18mg/g。放牧的动物比圈舍内饲养的动物肉肌红蛋白含量高。几种动物肉肌红蛋白含量见表1-20。

表1-20　几种动物肉的肌红蛋白含量　单位：%

项　目	兔	羊	猪	牛	鲸　鱼
肌红蛋白	0.02	0.25	0.06	0.50	0.91

肉的颜色变化还决定于肉在空气中贮存时，色素蛋白和氧结合的程度以及铁的氧化程

度。当铁的状态没有改变，仍为二价的时，其颜色的变化首先取决于氧的存在。当还原型的肌红蛋白和氧结合形成氧合肌红蛋白时，肉呈鲜红色。当肉贮存较久时，肌红蛋白就和氧发生强烈的氧化作用，生成氧化型肌红蛋白，二价的铁成为三价的，肉呈褐色。但空气中的氧对肉块表面的浸透程度较浅，仅在肉表面下 2cm 左右，因此，大块肉的深部不产生氧化型肌红蛋白，肉块切断面中心仍为鲜红色。肉的氧化变色速度受氧含量、湿度、温度、空气流速等影响，温度越低、湿度大，保持鲜红色泽时间就长。据试验，牛胴体在 7℃ 条件下放置，在良好的管理下，可促使鲜红色的形成。同样温度条件下，空气流动快，促进肉表面干燥，加快肉的氧化褐变。

冻结使肉色变暗，因冻结后肉中还原酶失去活性，加上肉汁渗出，促进氧化。加热也使肉色变褐，但受温度不同而有所区别。牛肉加热到 60℃ 时，呈鲜红色（内部）；60～70℃ 时呈粉色；70～80℃ 以上时，呈淡灰棕色。猪肉加热后内外呈灰白色。

此外，肉在强烈氧化并有细菌、霉菌等微生物作用下，肌红蛋白分解，使肉质变坏，肉出现变绿、变黄、发荧光等现象。

二、风　　味

风味是由食品的滋味和气味组成的，由其化学成分的化学性质所决定。这些风味化学物质在肉中的数量极微，但对风味影响较大。风味情况通过感官可以辨别。目前风味物质的含量用气液色谱法和质谱仪来测定。尽管构成肉品滋味和香气的成分是微量和复杂的，但却非常敏感，即使在极低的浓度下也能感觉到。例如乙二酰（CH_3CO_2）稀释到四千万分之一的水中，也能闻到其味。甲硫醇（CH_3SH）稀释到 20 亿倍的水中也有气味。但是，很多香气成分是非常不稳定的，很容易受光、热等的分解和氧化，使香气成分的分馏和鉴定十分困难。

肉的滋味和香气受动物种类、性别、年龄、饲料和加热条件等的影响。例如牛肉的滋味和香气随着年龄的增长而增强，8～11 月龄至 30～32 月龄的牛肉，其滋味和香气显著增强。加热可以明显地改善和提高肉的滋味和香气。研究发现，牛肉、猪肉、鸡肉滋味和香气的主要化学成分是相同的。一般的研究认为，呈现滋味的主要成分是氨基酸、核酸类物质和有机酸等，香气的主要成分是脂肪、游离脂肪酸、含硫氮化合物和羰基诱导体等。据研究，牛肉的挥发性成分为乙醛、丙酮、丁酮、乙醇、甲醇等。猪、牛脂肪中的挥发性成分主要是二烯类化合物以及醛类等，使其呈现出强烈的烤焦气味。鸡肉的脂肪中也有二烯类化学物，尤其在 200～250℃ 的高温下，更易形成特殊香气。亚油酸的分解也能形成这种化学物，而且香气十分强烈，即使微量稀释到水中，亦能呈现香气，高温下更为强烈。硫化物也是风味物质，尤其是谷胱苷肽，加热到 60℃ 时呈现肉的滋味和气味，而且在沸水中能分解成谷氨酸或其钠盐。

在烧煮的鸡肉香味中有挥发性的硫化物，它们能同氧结合，促进鸡汤香味的形成，此外还有乙醛、丙酮、乙二酰（CH_3CO_2）及甲醛等。猪肉的香气成分除以上风味物质外，还有谷氨酸、甲酸、醋酸、丙酸、油酸等。

肉类在成熟过程中产生嘌呤类化合物，使肉具有特殊的香气，这些物质主要有：次黄嘌呤核苷酸，鸟苷酸及其分解产物，谷氨酸及其盐类，挥发性脂肪酸，羰基化合物与氨基酸结合所生成的物质。当代的研究已初步了解肉类风味形成的来源，牛肉和鸡肉风味来自于低分子溶于水的挥发性物质，而芳香和特殊气味取决于构成脂肪的脂肪酸。脂肪以外特殊风味的产生，是由氨基酸和还原糖的混合体发生美拉德反应所致。加热可促使肉中积累的香气和滋味物质表现出来。

三、嫩　　度

嫩度是评定肉的质量的最重要的指标之一，肉的嫩度取决于肉的结构、化学成分和宰后胴体的生化变化等。所谓肉的嫩度，是指肉入口咀嚼（或切割）时对破碎的抵抗力，常指煮熟的肉类制品柔软、多汁和易于被嚼烂的程度。同嫩度对立的是肉的韧度，所谓肉的韧度是指肉在被咀嚼时所具有的持续性的抵抗力。

肉的嫩度受动物的种类、品种、性别、年龄、使役情况、肉的组织状态、结缔组织构成、宰后生物化学变化、热加工、水化作用、pH 等许多因素的影响。如猪肉较嫩，水牛肉较韧；由于阉畜性征不发达，肉较嫩；宰前活动少的肉较活动频繁的肉嫩。大量的研究证明，肉的嫩度同结缔组织中胶原纤维和弹性纤维的含量有关，具体地说，同结缔组织中纤维成分中的羟脯氨酸的含量有关。越硬的肉，其结缔组织比例越高，羟脯氨酸的含量越高。羟脯氨酸含量和切割力的关系见表 1-21。

表 1-21　　羟脯氨酸含量和切割力的关系

肌　肉	羟脯氨酸含量/(mg/100g 肉)	切割力/N	品尝等级*
半腱肌	92.3	439.0	5.5
背最长肌	53.6	34.5	6.0
大腰肌	24.3	1.77	6.6

*品尝等级数值大表明肉的嫩度好。

宰后糖的酵解对肉的嫩度有一定的影响。宰后僵直之前的肌肉未形成肌动球蛋白，肉质较柔软；处于宰后僵直状态的肉，质较坚硬。这是因为处于宰后糖酵解的不同阶段，肌动蛋白纤维丝和肌球蛋白纤维丝重合的程度不同所致。僵直前，两种纤维丝之间结合少，形成肌动球蛋白的数量少，肉质较柔软。而随着僵直的进行，两种纤维丝广泛地结合，肌纤维收缩，肉质坚硬。但经过成熟过程可提高肉的嫩度，这是由于在成熟过程中，构成肌原纤维的肌动蛋白在 Z 线处被分离，肌原纤维周围的肌质网状结构被破坏，可溶性的肌浆蛋白大部分被分解，释放出钙离子，吸收钾离子，保水性提高，增加了肉的嫩度。

热加工对肉嫩度的影响随热加工的温度、肉的种类及肉的形态结构不同而异，有时提高肉的嫩度，有时降低肉的嫩度。一般的热加工处理，由于结缔组织中的胶原转变成明胶，有使肉变软的一面，又有使肌纤维蛋白凝集变硬的一面。两方面的效果因加热的温度和时间不同而异。在 57～60℃温度范围内加热，随着时间的延长，肌原纤维蛋白凝集，失去硬化作用，结缔组织软化是主要方面，所以长时间的低温加热有利于提高肉的嫩度。但是，由于肌肉物理性质不同，达到一定的温度时，有的肌肉变软，有的则不能。例如牛肉在 61℃以下加热时，背最长肌变软，大腿股二头肌变硬。在 100℃以下加热时则相反，背最长肌在 60℃、70℃、80℃时煮制，其肉切割力没有差异；而半腱肌和半膜肌在 60℃以下比 70℃、80℃煮制时，切割力明显下降。

高温加高压有利于加快胶原蛋白转变成明胶，有利于增加肉的嫩度。然而，伴随着高温高压对肉的处理，肉的生物学价值受到一定的损害。实验证明，猪肉在 112℃经过 24h 高压加热，有 45%的胱氨酸被破坏，而且胶原转变成明胶的比例因结缔组织中成分含量、动物种类、肉的部位不同而有很大的变化。热加工中不同温度下胶原转变成明胶的转化率见表 1-22。

表 1-22　　不同温度条件下胶原转变成明胶的转化率

肌肉种类	胶原氮含量/%	转　化　率/%	
		61℃	80℃
背最长肌	1.49±0.30	40±12.8	70.7±8.0
股二头肌	2.51±0.53	36.9±12.9	70.4±9.0

肌肉的嫩度还受 pH 和水化程度的影响。将乳酸或氨水喷入鲜猪肉、牛肉中，调节不同的 pH，其结果表明，当 pH 在 5.0～5.5 时，肉的机械强度最大，嫩度最低，只有偏离这个范围，嫩度才会提高。所谓水化性，是指肌肉组织与水相互作用的程度。肉的水化性好，保水性就强，肉的嫩度也就好。无论是刚屠宰的鲜肉，还是冷却肉、成熟肉，肉的水化性同 pH 都有紧密的关系。随着 pH 的下降，水化作用降低。当 pH 达 5.0 时，接近于肉蛋白质的等电点，肉的水化性降低到最低程度，肉的嫩度也最低。这是由于在等电点，蛋白质的实效电荷等于零，肽链之间没有排斥力，而肽链之间由于静电结合和氢键结合增强，蛋白质的网状结构紧张，降低了肉的水化作用。所以，水化作用的实质是电荷的水化作用效应，蛋白质质点电荷增加或减少，相应就有水分子的结合或分离。

四、保　水　性

肌肉的水分含量为 70%～80%，大部分是游离状态。所谓保水性，是指肌肉在一系列加工处理过程中（例如压榨、加热、切碎、斩拌）能保持自身或所加入水分的能力，这种特性与肉的嫩度、多汁性和加热时的液汁渗出等有关。

保水性实质上是肌肉蛋白质形成的网状结构、单位空间及物理状态捕获水分的能力，捕获水量越多，保水性越大。肉中少量和蛋白质牢固结合的结合水对保水性影响不大，参与保水性变化的主要是游离水。游离水的保持同蛋白质的空间结构有关。蛋白质网状结构越松弛，其蛋白质肽链之间越有充足的位置空间来保留水分。理论上，每 100g 肌肉蛋白质可以吸收固定 70～80g 水分。保水性可以用下列数值来表示：

$$保水性=\frac{含水量-游离水量}{含水量}\times 100\%$$

肉的保水性不仅对肉的滋味有十分重要的影响，而且关系到肉制品的质地、风味、嫩度和组织状态。影响保水性的因素是多方面的，如肉的种类、宰前生理状况、宰后肉的生物化学变化、无机盐类、腌渍加工等，都能影响肉的保水性。几种肉的保水性见表 1-23。

表 1-23　　几种肉的保水性　　单位：%

种　类	含水量	加热游离肉汁	结合水量	保水性
牛	78.6	34.6	44.6	56.0
马	77.0	38.5	38.5	50.0
猪	69.6	22.4	47.2	67.8
鸡	75.7	29.7	46.0	60.8
兔	75.8	26.2	49.6	65.5

保水性从水分的状态来说是指吸附在蛋白质网状结构空间不易流动的水和结合水。不易流动的水由两个方面决定：物理方面——蛋白质凝胶的网状结构的间隙封闭性。化学方面——蛋白质分子的吸引力。蛋白质分子的净电荷对蛋白质的保水性具有两个方面的影响，

一是净电荷使蛋白质吸收水的强力中心增多，保水性增强；二是净电荷使蛋白质分子间有静电排斥力，使结构松软、保水性增加。由此可见，决定肉保水性的重要因素是凝胶结构和蛋白质所带净电荷的数量。值得指出的是蛋白质变性与否对保水性有直接的影响，这是因为蛋白质分子之间交联键被破坏而引起分子变性，如经冻结之后的肉类蛋白质在加工过程中容易变性，所以冻肉的保水性低于鲜肉。

肉保水性的测定方法已被采用的有离心法和压榨法。由于具体的测定操作不同，保水性的数字相差较大，只能作相对的比较。此外有重量法和滤纸面积法等，其测定值比较见表 1-24。

表 1-24　　肉的保水性测定结果比较

方　法	牛　肉	猪　肉	绵羊肉	马　肉	鸡　肉	兔　肉
重量法	61.0	66.8	47.5	49.3	59.8	65.5
加热离心法	71.4	65.8	62.0	56.6	64.8	68.8

在肉制品加工中，保水性对肉的嫩度、风味、组织状态等有十分重要的影响，现介绍滤纸面积法和滤纸重量法，作为研究的参考。

滤纸面积法：取 500g 肉样切成小立方体，精确称量后包在涂蜡的滤纸的中央，放在加压式游离水测定器的托盘上，以 3.43MPa 的压力，1min 压榨后除去荷重，用下列公式计算出游离水的含量：

$$w=\frac{100\times(A_r-A_m)}{w_1\cdot m}\times K$$

式中　w ——游离水含量（%）；

w_1——试样的含水量（%）；

A_r——湿润滤纸的面积（cm^2）；

A_m——压扁肉片的面积（cm^2）；

K ——由压榨条件、滤纸种类等决定的常数；

m ——试样质量（mg）。

滤纸质量法：取 200～500g 肉样，切成小立方体，包在预先称量的干燥滤纸内，然后以 1MPa 的压力压榨 1min 之后，迅速除去压扁的肉样，使游离水渗入滤纸内，精确称量其质量。由下列公式计算出保水性（H）：

$$H=\left[1-\frac{(m_2-m_1)-(m_3-m_1)}{(m_2-m_1)w_1}\right]\times 100\%$$

式中　m_1 ——干燥滤纸质量（g）；

m_2 ——试样加滤纸质量（g）；

m_3 ——压榨的试样和滤纸质量（g）；

w_1 ——试样的含水率（%）。

在肉的品质特性的评定中，除了用机械测定值来表示外，近来 De.Felice 氏把官能评定概念引入进来，主要是测定硬度、粘度、凝集性、弹性和附着性，并结合脆度、咀嚼性和胶性等指标进行综合评定。

第二章　屠宰与分割

第一节　宰前准备

一、畜禽宰前的选择

为了保证肉和肉制品的质量，畜禽在宰前必须严格选择。选择的总原则有两条：首先，是坚决贯彻国家保护和繁殖役畜、种畜、幼畜、孕畜和珍贵动物的方针政策；其次，必须严格进行兽医卫生检验，检验合格的畜禽才能允许屠宰。为了遵循以上两条原则，提高肉及肉制品的质量和营养价值，对于待宰畜禽必须考虑以下几个方面：

（1）健康状况：待宰畜禽必须具有良好的健康状况。屠宰有病的畜禽既违背了卫生防疫制度，同时使鲜肉食用、肉品保存或产品加工方面都受到影响，易于引起腐败。因此，凡是待宰的畜禽都不得有病症或外伤，更不允许有传染性疾病。

（2）肥度：加工肉制品的原料肉以肥度适中、屠宰率高为原则。选择肥猪时以去势猪为佳。未去势的猪有特殊的气味或性腥味，且肉质粗糙，不适于作加工原料。

（3）年龄：一般而论，幼畜的肉质柔软，水分含量高，脂肪少，无风味；老龄畜的肉风味较浓，但结缔组织多，肉质粗硬。两者均不宜作加工原料（特殊需要除外，如烤乳猪等）。总的来说，从经济适宜的屠宰期和肉的品质来看，猪以8～10月龄的为最适宜，肉牛以1.5～2岁、肉鸡以4～6月龄的为最好。

（4）饲料饲养：饲料和饲养情况直接影响着畜禽肌肉中脂肪与蛋白质的含量和质量。凡饲料中含软质油脂多时，畜禽肉中脂肪也较软；若肉质中脂肪太软时，不仅在加工上会影响质量，也会产生种种缺陷，例如猪肉中含软质脂肪较多时，用来生产火腿、香肠、咸肉时，则在烤制、熏烟、煮沸等热处理过程中，不但脂肪熔化损失，且成品的外观及组织状态都不好，此外，结着力也较差。凡是用来加工的原料肉必须了解畜禽宰前的饲料饲养情况，以防加工上的损失。

二、宰前饲养管理

（1）待宰畜禽的饲养：畜禽运到屠宰场经兽医检验合格后，按产地、批次、体重及体质强弱等情况进行分栏（圈）分群饲养。对肥育良好的畜禽所喂饲料量，以能恢复因途中遭受的损失为原则。对瘦弱畜禽的饲养，应采用直线肥育或强化肥育的饲养方式，以在短期内迅速增重、长膘，改善肉质。

（2）宰前休息：畜禽在运输时，因环境的改变和惊恐等，易过度紧张引起疲劳，破坏或抑制其正常的生理机能，致使其血液循环加速、体温上升，肌肉组织内的毛细血管扩张充血，血液大量流向肌肉毛细血管内或渗入肌肉组织内。这样不仅在屠宰时造成放血不完全，且因肌肉的运动使肌肉中乳酸增加，宰后加速肉的腐败过程。因此，畜禽运到屠宰场后，需休息一天以上，消除疲劳，以提高产品质量。

（3）宰前断食：畜禽宰前应断食24～30h。断食的目的主要有：①有利放血完全和内脏清洗。若临宰前饲喂大量饲料，则畜禽消化和代谢机能旺盛，肌肉组织中的毛细血管内充满血液，宰时放血就不完全，易导致肉的腐败。还因为内脏中充满内容物，不便于内脏的清洗和处理。②防止肉质污染。宰前食的太多，消化道内充满内容物，易污染肉质、污染环境，难于处理。③节省费用。宰前断食可节省饲料、降低成本、减少劳力消耗、省工省时。④减弱畜禽挣扎程度，便于宰杀与放血，保证人员安全。

(4) 供给充足饮水：宰前畜禽断食，但不能断水，应供给充足饮水，让其自由饮水，以保证待宰畜禽正常的生理机能，调节体温，促进粪便的排出，并使宰时放血完全，获得高质量的肉类。如果畜禽宰前出现消化不良时，不能放任不管，可在饮水中添加适量的轻泻剂，以助排泄，这一点对家禽尤为重要。通常用2%的芒硝水来喂家禽，促使排粪。

值得注意的是，畜禽在宰前4h要断水，以防屠宰时的胃肠道内积水太多，影响对内脏的处理。

第二节 屠宰工艺

屠宰畜禽的方法很多，较好的屠宰方法首先应简便，对操作者没有危险，同时应符合兽医卫生与食品卫生要求，以能获得营养价值完全的肉及肉的质量良好为原则。一切与此相悖的屠宰方法均不应选择。目前，我国条件较好的正规屠宰场都采用流水作业线，用传送带或移动式吊轨连续屠宰畜禽。这样不但减少劳动强度，提高工作效率，且可减少污染机会，保证肉的新鲜和质量。屠宰初加工的工序如下。

一、淋洗

家畜临屠宰前应淋洗或淋浴2～3min，也可采用水浴方式，以保证肉的清洁，避免污染，并改善工人的操作和环境条件。

二、击晕

1. 击晕的目的

击晕能使畜禽暂时失去知觉。如果家畜屠宰时不进行击晕，其神经就会受到恐怖、愤怒和痛苦等刺激，容易引起内脏的血管收缩，血液剧烈集流于肌肉内，致使放血不完全，降低肉的质量。经过击晕的家畜的神经系统失去感觉，受到的刺激小，血液不会大量集流于肌肉内，放血时流出的血量就多，有利于提高肉的品质。此外，击晕还可减轻工人的体力劳动，保持环境安静，减少畜禽的挣扎，并保证人员的安全。因此，现在各地都采用击晕后屠宰的方法，甚至小畜禽例如兔、鸭等，屠宰前都要经过击晕过程。

2. 击晕的方法

击晕的方法有机械法、电击晕法、CO_2窒息法、枪击法等。

(1) 机械击晕法：该法可分为锤击法、刺颈法两种。这些方法都要求技巧熟练，否则，不仅不能击晕，反而会因牲畜骚动而容易造成危险。现除了个别地方外，此法已被淘汰。

(2) 电击晕法：该法俗称“麻电法”。电击晕法是使电流通过畜禽全身，麻痹其中枢神经而使其晕倒的方法。此法具有许多方面的优点：

① 由于采用合适的电流麻痹畜禽的中枢神经，使其失去知觉而晕倒，有利于放血完全。

② 避免刺杀时造成危险，操作者不同畜禽直接接触。

③ 能获得大量的血液。现代科技的发展，使畜禽血液具有很高的利用价值，其既是高蛋白质食品资源，又是生化制药、提取某些生物活性物质的重要原料，还可以作为畜禽高蛋白饲料和食品的添加剂。

④ 生产效率高，放血时间短。以猪为例，一个操作工人每小时能处理 800 多头猪。该种方法击晕畜禽后，能加快血液流出，缩短放血的时间。

⑤ 击晕后到苏醒的时间一般在 2min 以上，有足够的时间进行后续的吊挂和刺杀放血操作。以鸭为例，麻电效果见表 2-1。

表 2-1　　鸭麻电和刺脑效果比较

屠宰方法	放血量/g	放血时间/s	死透时间/min	备　注
麻电屠宰	32.8	27	2	上海禽蛋加工厂试验结果
刺脑屠宰	27.5	48	3	

由于该法优点较多，我国各大中型屠宰场已广泛采用。但运用此法时，为保证安全，操作者须穿胶鞋和戴绝缘手套。畜禽被击晕后应在 2min 内刺杀放血，以免苏醒后影响放血效果。当前在牛的屠宰过程中，由于击晕所需的电压较高，击晕效果又不太理想，对操作人员不太安全，有的工厂已不使用电击晕法，而改用其他更安全的方法。

麻电所采用的电压一般为低电压，范围在 65～120V 之间。具体麻电电压和时间因畜禽种类、品种、产地、季节及个体大小不同而异。常见畜禽麻电的电压和时间标准见表 2-2。

表 2-2　　常见畜禽麻电电压和时间

畜禽种类	麻电电压/V	麻电时间/s
猪	75～80	5～10
牛（1 岁）	70～90	6～7
牛（1～3 岁）	70～100	8～10
牛（3 岁以上）	100～120	10～12
羊	65～70	2～5
鸡	65	5～6
鸭	85	1.5～2.5
鹅	75	3～4

麻电的方法可分为双极式或单极式的两种。麻电的部位（用双极式）如下：

猪——一端按于耳眼之间颞部的太阳穴处，一端按于肩胛与肱骨连接部。

牛——套触在左右颞部。

兔——将双叉麻电器的叉尖按于左右耳眼之间。

(3) 二氧化碳窒息法：此法是使畜禽处于用干冰产生 CO_2 的密闭室内，使其吸入浓度为 65%～70% 的 CO_2，经 40～45s 后畜禽即窒息晕倒。此法有利于放血完全，并能保证肉的质量，因此，美国、丹麦、原联邦德国和加拿大等国家均采用此法。但此法所采用的 CO_2 浓度不宜太高，时间不宜太久，否则会造成畜禽窒息死亡，反而不利于放血完全。

三、刺杀放血

屠畜击晕后，应立即刺杀放血，以保证操作者安全和放血完全。畜禽刺杀放血的方法很多，按刺杀的部位可分为血管刺杀放血法、心脏刺杀放血法、口腔刺杀放血法（家禽）和切断三管刺杀放血法等。

1. 刺杀放血方法

(1) 血管刺杀放血法：此法比较合理，比较适宜击晕或窒息后的畜禽，已被广泛采用。各种家畜血管刺杀放血的部位分别是：

猪——在第一对肋骨水平线下方1.5～3cm、颈部中线右侧1cm处，由下向上方刺入13～18cm至胸腔，割断血管，刀锋偏右1cm，避免戳破心脏。

牛——刺杀部位在距胸骨16～20cm的颈下中线处，斜向上方刺入胸腔30～35cm，刀尖再向右偏，切断动脉血管。

羊——刺杀右侧颈静脉下颌角附近，将刀戳入，避免刺破食管。

(2) 心脏刺杀放血法：在一些中小型工厂和农村宰猪时，从颈下直接刺入心脏放血。其优点为放血快、死亡快，在不麻电的情况下方便工作。但破坏心脏后放血不全，且胸腔易积血。

(3) 切断三管刺杀法：有些信仰伊斯兰教的民族和地区，在宰杀牛、羊、家禽和兔子时，大多采用此法。即从颈下喉部割断血管、气管和食管。此法的优点是操作简便，缺点是血液容易被胃内容物污染。因此有些地方在割断三管后，立即将食管扎住，以免污染。

2. 刺杀放血姿势

因为放血是否完全是保证肉及肉制品质量的关键，所以，刺杀放血时，要考虑放血的姿势。家畜刺杀放血的姿势一般有侧卧和倒悬两种。

(1) 倒悬刺杀放血法：倒悬刺杀放血法是把家畜（禽）倒挂，让血液向下流，所受阻力小，放血比较完全，且放血时间较快。倒悬刺杀放血时所需放血时间，一般牛需6～8min，猪需6～7min，羊需5～6min。

(2) 侧卧刺杀放血法：侧卧刺杀放血法有的又称为平卧刺杀放血法。由于家畜（禽）放血时，侧卧平躺在支撑架上，某些血管受压，血管阻力大，血液流通不畅，因此放血不完全，而且放血时间长。侧卧刺杀放血所需时间为：牛9～12min，猪9～10min，羊8～10min。

3. 畜禽放血量

为了使放血完全，有必要对动物的血量有一个大概的了解。动物体内含有活体重7.6%～8.3%的血液。实际血液的收集量：牛占肉尸（胴体）重的4.2%～4.8%，猪占肉尸重的3.2%～3.5%，羊为3.5%。血液的实际收集量，牛为其血液总量的55%～65%，羊45%，猪40%左右。

四、剥皮或烫煺毛

畜禽刺杀放血后，牛、羊、兔一般都要剥皮。因为这些动物的皮经济价值较大，尤其是牛皮用途广泛，经济价值高。猪多煺毛，也有剥皮的。除鹅目前有少量剥皮制鹅裘皮外，禽类都拔毛。

1. 剥皮

(1) 剥皮姿势：剥皮通常有倒悬剥皮和横卧剥皮两种。倒悬剥皮时，将放血后的畜体后肢悬挂在吊车上．先沿腹部的白线（正中部）切开，然后依腹壁、四肢、颈、头、背的顺序将皮剥离。横卧剥皮法，也是先沿腹部正中线切开，再切开四肢内侧，并将四肢及胸腹部皮挑开，然后顺次将腹壁、颈、背等部分的皮剥离。兔及其他毛皮兽从后躯开始呈筒状将皮剥离。

(2) 剥皮方式：剥皮的方式有手工剥皮和机械剥皮两种。手工剥皮是一项繁重的劳动。目前很多屠宰场都采用机械剥皮法，既减轻了工人的劳动强度，又提高了劳动效率。

无论采用何种剥皮方法，从加工的角度应该考虑以下几点：①不允许划破皮质及胴体表面。②更不允许皮上带有肌肉和脂肪碎块。③不使皮毛上污物沾染胴体表面。④切断肛门及阴部时，切勿使内容物沾污胴体。

2. 烫毛及煺毛（刮毛）

为了便于煺毛，刺杀后的猪应放入60～80℃水温的热水池中浸烫3～8min，使毛根松软，便于脱毛。水温和烫毛的时间依动物品种、个体大小、年龄和季节等有所变化，要适当掌握。若水温偏低或浸烫时间短，毛孔不能扩大，煺毛困难。如水温过高或烫之过久，则皮表面蛋白质胶化，毛孔收缩，煺毛困难。但烫毛所需的水温应略高于要求的温度（60～68℃），因屠尸进入水池后和在浸烫的过程中，温度要下降，其下降速度同季节和水量、尸体大小（多少）有关，故需随时注意浸烫程度。浸泡中要使屠尸在水中翻滚，将其均匀烫到，特别要注意头和四肢等不容易烫好的部位，当这些部位已开始顺利掉毛时即表示已烫好。浸烫完毕，应趁热煺毛。煺毛的方法有手工和机械两种。

(1) 手工煺毛：手工煺毛的步骤是先掠去耳毛，再顺次刮去尾毛、脚爪、肚裆、背部两侧的毛，最后将剩下的鬃毛和表皮的黑垢刮净并撬去脚壳。若不按顺序刮毛，不仅操作不便，且因浸烫过度，毛孔收缩，不易刮净。刮毛时要顺着毛势刮，不应横刮或倒刮，避免造成断毛，降低品质。

(2) 机械煺毛：手工煺毛劳动强度大，劳动条件差，易得职业病。因此，很多屠宰场都采用机械煺毛，只有农村采用手工煺毛。机械煺毛一般可分为两种类型。一种是滚筒式，利用上下两组相反旋转的滚筒（上一下二共三个），将浸烫好的猪体送入撞滚，则滚筒上突出的钝齿将毛煺掉。另一种是刮刀式，使屠体腹部向下，通过装有弹簧的刮刀或旋转的齿轮刮除猪毛。机械煺毛大幅度提高了工作效率，改善了工作条件。

在猪煺毛过程中，尤其是在用机械煺毛时，虽然几乎煺掉全部粗长毛，但猪体上会残留一些短绒毛或短细毛，尤其是四肢、腹部肋下等处的毛较难煺净。为保证产品的规格质量，可用喷灯火焰烧燎，即在猪体烫刮毛后，将胴体倒挂，用火焰喷灯在胴体表面残留细毛的部位喷射火焰。喷射时必须将喷灯上下缓慢移动，待细毛焦黄时，则停止喷射，再用小刀轻轻修刮干净，然后再用冷水冲净。

五、清除内脏与整理屠体

内脏清除与屠体整理以猪为例进行阐述，一般来说，有以下几个步骤：

(1) 开膛：经过剥皮或煺毛后冲洗干净的屠体，可按下列顺序倒悬开膛：①剖腹取内脏。用利刀从肛门前至放血口沿正中线切开皮肤和腹肌，从耻骨前破开腹腔，随即插入左手，护住肠胃，再用刀小心割开腹腔至胸骨处，撬开耻骨，割离肛门直肠，并一同割下膀胱。将大小肠和脾、胃，送到内脏处理车间处理。②撬胸骨（打开胸腔）。用刀锋从放血的刀口伸入，由下而上将胸骨撬开。方法是刀锋在偏右1cm左右撬开。因正中的骨较硬，易损坏刀锋，难于撬开，因此，实际是在胸骨与肋骨联接的软骨处撬开，割除心、肝、肺和气管，送至内脏处理车间处理，然后用冷水冲洗体腔，除净血污。

（2）割头、蹄：割头一般是从颈部耳根处切线下刀，斜向前下方沿下颌骨切开。再从枕骨髁与第一颈椎之间割腱膜，用力扭折开，用刀割断联系膜，使头脱离躯体。割头时落刀位置各有不同，但以少带肉为原则。割蹄时，后蹄从跗关节处、前蹄从腕关节处下刀，割断皮肤及关节囊，折断联系，送副产品处理车间处理。

（3）劈半：劈半有两个过程，首先是冲背，指从尾椎沿脊椎到颈部垂直切开皮肤和皮下脂肪的过程。冲背的目的是便于劈半。操作时要直，不宜太深，以免脊椎骨损坏刀刃。然后劈半，即将胴体分为两半的过程。劈半可分为手工和电锯两种。手工劈半方法是一人持刀，二人应在猪身左右握住两后肢，协助拉开胴体腹腔。刀从尾椎左侧下刀，直向劈下，劈过腰椎时需注意保持棘突剖面的完整，特别是4～8根胸椎处，以免出口时降低等级。电锯劈半目前我国许多屠宰场采用桥式圆盘电锯进行，可减轻劳动强度，提高工作效率，但碎骨肉渣损失较多。劈半后应将骨屑冲洗干净。

六、胴体的修整

修整的目的是清除胴体上能够造成微生物繁殖的任何损伤和污血、污秽等，同时使外观整洁，提高商品价值，因此，无论从卫生或商品的角度看，修整都是较重要的工作。修整的内容包括干修和冲洗两道工序。

（1）干修：不同种类家畜的胴体干修的方法不同。

猪的干修：包括割奶头、割横膈膜、割槽头肉、修割颈部的血肉、修整伤斑和修刮残毛污垢等。

牛的干修：包括割牛尾，割肾脏及肾周围脂肪，修伤斑，修颈部等。

羊的干修：大体上与牛的干修相同。但为了使体腔冷却和通风，应在5～6肋骨间割开，插入一根长17～18cm的圆棒。

（2）冲洗：修整后的胴体应立即用冷水冲洗。我国各加工厂多用冷水冲洗，在国外有用温水（25～38℃）冲洗的，有的加工厂也采用在冲洗的同时进行刷洗的方法。但必须注意，切不可用布擦拭，以免增加微生物的数量，加速肉的变质。冲洗后再过秤称重，然后入库保藏。

七、屠宰率的测定

在屠宰过程中，为了进行屠宰测定，计算出肉率和产品率等指标，很有必要对以下名词和内容做些阐述。

① 畜体：畜禽宰前活的躯体称为畜体。

② 屠体：畜禽宰杀放血后的尸体称为屠体。

③ 胴体：畜禽（畜体）刺杀放血、煺毛、去头、去蹄、去内脏后的屠体称为胴体。胴体上有的去尾，有的带尾，多数胴体上保留肾脏和两侧的板油，有的则不保留，测定时要一致。

④ 胴体质量：即胴体冷却24h后的质量。牛、羊的胴体质量还必须是除去皮以后称取的质量。称取胴体质量一般是在劈半以后进行，因为每次称取半边胴体质量要方便得多。

⑤ 屠宰率：是指胴体质量占宰前空腹活质量的百分率。计算公式为：

$$\text{屠宰率（\%）} = \frac{\text{胴体质量}}{\text{宰前空腹活质量}} \times 100\%$$

猪的屠宰率为70%～75%，肉牛为50%～60%。牛、羊除用屠宰率说明产肉性能外，还用净肉率来说明。

净肉率：指胴体去骨后的质量占宰前空腹活质量的百分率。因为骨骼在肉品加工中的意义不大，这样的结果更为准确。

第三节　分割肉加工

所谓分割肉是指畜禽屠宰后经过兽医卫生检验合格的胴体，按不同部位肉的组织结构分割成不同规格的肉块，经冷却、包装后的加工肉。目前我国主要进行猪肉的分割加工，近年也开始进行高档优质牛肉的分割加工。猪的分割肉根据销售情况包括出口分割肉和内销分割肉，分别有不同的规格和质量要求。分割肉可以分为颈背肌肉（Ⅰ）、前腿肌肉（Ⅱ）、脊背肌肉（Ⅲ）和后腿肌肉（Ⅳ）四类。因此所谓猪的分割肉，是指猪胴体经分段后，除去脂肪、骨骼，修去血污、淋巴结，去除浮毛及杂质后得到的颈背肌肉、前腿肌肉、脊背肌肉和后腿肌肉的总称。我国的猪分割肉加工始于20世纪60年代，当时出口的是白条肉，销往意大利、香港等地。虽然出口的白条肉风味好、质量高，但由于客观和人为的因素，产品出现皮肤病外伤、污染等现象，外观质量较差，市场销售情况逐渐下降。随着人们生活水平的不断提高，西欧发达的国家的人们已开始从摄食高能量的脂肪食物向摄食低热量高蛋白食物转化。分割冻猪肉是纯肌肉组织，脂肪含量少，蛋白质含量高，分割加工后，再经包装冷冻，避免了污染，防止了外观质量对产品的影响，提高了产品的质量。我国的企业将生产白条肉改为生产冻分割肉，市场销售情况明显好转，后来分别出口波兰、法国、前苏联等国家，推动了我国出口分割肉的发展。就国内情况来说，随着经济的发展和人们生活水平的提高，分割肉加工销售量也在逐步增长。1984年在广州、天津等经济比较发达的城市，市场上就开始出现了少量小包装分割肉，现在已有许多城市销售分割肉。当前，分割肉的加工逐渐形成现代化的工业生产方式，采用流水生产线。我国各大、中型肉类联合加工企业都建有较为先进的分割肉加工车间。

一、猪分割肉的品种及规格

（1）Ⅰ号肉：取自于猪的颈背部位肌肉，又称为颈背肌肉。每块肉均除去皮、脂肪及骨骼，尽量修去肌肉上附着的脂肪、碎骨等。每块肉净重在0.80kg以上（含0.80kg），肌肉表面脂肪残留量不得超过2%。

（2）Ⅱ号肉：取自于猪的前胸肩胛骨及前腿部位的肌肉。每块肉均除去皮、肥膘、骨骼，尽量修去肌肉上附着的脂肪，允许存在肌膜，整块肌肉不被破缺为好，肌肉内允许筋、腱存在。每块Ⅱ号肉净重在1.35kg以上（包括1.35kg），肌肉表面脂肪残留量不得超过1%。

（3）Ⅲ号肉：取自于猪的脊背部肌肉，又名背最长肌或里脊肉，有的也称为眼肌或大排肌肉。每块肌肉均除去皮、肥膘及骨骼，尽量修去肌肉上附着的脂肪，肌肉上的肌膜尽量保持完整，以不损坏为好。每块肌肉重0.55kg以上（包括0.55kg），表面脂肪残留量不得超过1%。

（4）Ⅳ号肉：取自于猪的后腿部肌肉，称为后腿肌肉。每块尽量除去皮、肥膘及骨骼，并尽量修去肌肉表面附着的脂肪，允许保留筋膜及筋络，使整块肌肉不被破坏为好。每块后腿肌肉的净重要求在2.2kg以上（包括2.2kg），肌肉表面脂肪残留量不得超过0.5%。

值得指出的是，分割肉的规格和要求根据不同地区的消费情况是不同的。分割肉加工时，应以满足购货者的要求为主，按其要求进行加工。

二、分割肉的加工条件与要求

分割肉的加工要求在比较好的条件下进行，要求有宽敞的场地、良好的卫生条件、适宜的温湿度和高质量的原料肉。

(1) 生产场地：分割肉加工车间的设置应符合厂房设计的总体布局，应流水线作业，多采用封闭式和矩形车间。其具体要求是：

① 车间地面采用300标号以上的水泥铺设，不宜采用水磨石地面。地面要求平整、清洁，有一定的斜度，不积水，有排水明沟，沟的流水方向与生产流水线方向相反。车间的屋角、墙角、地角均应为弧形，窗台为坡形，最好与水平成45°角。

② 内墙面的墙裙一般采用白色瓷砖，铺设高度在3m以上或冲顶。车间的天花板、门窗的粉刷应采用便于清洗消毒且不易脱落的无毒浅色涂料，例如过氯乙烯等。门除加纱窗外，可采用暗室套门或二进门，进出为“Z”字形，门朝外拉。

③ 车间内应有通风、降温控温设备，加工车间的温度应维持在18～20℃，相对湿度为65%～75%。湿度过高，易出现白肌；过低不利于生产，都会影响分割肉的质量和出肉率。车间内要光线充足，一般采用日光灯光。此外，车间内还要有冲水、消毒、防晒、防蝇、防鼠等设施。

④ 设有同生产车间相接、同生产人数相适应的更衣室、厕所和工间休息室；车间的进口处有不用手开关的洗手设备和消毒池；生产加工车间还要有82℃以上的热水管，用于设备和操作台面的杀菌消毒，同时要有与生产能力相配套的成品间和包装间，其室温要求控制在0～4℃，相对湿度约75%。在质量关键工序点应设置质量管理点。

⑤ 车间内，Ⅰ、Ⅱ、Ⅲ、Ⅳ号肉的四条操作台或加工线应平行排列，各行间距离要适当，一般相邻两条生产线的间距以1.5～2m为宜，两端的生产线亦应与平行墙面相距2～2.5m为宜。

⑥ 切片机、工作台面及其他设备需用不锈钢或铝合金材料，配备有与生产能力相适应的工器具和推车，禁用竹木器具，输运带也应用不锈钢制造。

(2) 卫生要求：分割肉加工的卫生条件要求极为严格，特别应注意以下几个方面：

① 各种容器、器具、操作台面、机械设备如切片机、扯肩胛骨机等，使用前后要严格清洗消毒。一般采用过氧乙酸、福尔马林和漂白粉溶液，漂白粉溶液使用的浓度为3%～5%，福尔马林液浓度为0.5%，随配随用，不宜久存。过氧乙酸有A、B两种，混合使用效果较好。混合比例是A:B为8:10或10:12。方法是两种过氧乙酸在使用前先按比例混合好，使用前稀释到所需浓度。用于设备、器具等消毒的浓度为1%～3%。采用过氧乙酸消毒是较好的方法，这种消毒剂无毒、无残留，消毒后分解为O_2和H_2O，比较安全。

② 每班生产完毕后都应对地面进行清洗消毒，使用2%～4%过氧乙酸较好。

(3) 原料肉：分割肉的原料应符合《中华人民共和国食品卫生法（试行）》、《家畜家禽防疫条例》、《肉品卫生检验试行规程》、《肉类加工冷藏企业兽医卫生管理办法》等法规要求。原料猪必须是来自非疫区。经兽医宰前检疫，宰后检验健康无病。未阉割或晚阉的公母猪、种猪、黄膘肉、红膘肉及其他影响品质的肉都不能作为分割肉的原料。经屠宰加工后的胴体必须清洁干净才能进入分割前的降温间冷却，以降低胴体表面的温度。对加工分割肉的原料肉的具体要求叙述如下：

① 猪的体重：加工分割肉的原料猪要求体重在70～90kg，胴体长96cm以上，否则，

将影响出肉率，达不到国家规定的标准重量要求。对湖南省长沙县、望城县全白色不同重量的杂交猪（体长在96cm以上）出肉率测定的结果见表2-3。

表2-3　长沙县、望城县不同体重的猪分割肉出肉率的比较　单位：kg

宰前			宰后			分割肉		备注
头数	验收均重	宰前均重	白条肉总重	均重	出肉率/%	分割肉总重	出肉率/%	
46	73.6	69	1727	37.54	54.4	525.2	30.41	分割肉重是分割后的成品包装前重量
107	78.7	72.75	4506	42.11	57.95	1344.5	29.8	
264	85	78	11710	44.4	56.8	3424	29.0	
378	92	84	18116	47.92	57.02	5200	28.7	

上表说明，平均体重在70～85kg的原料猪，分割肉的出肉率平均能达到国家的标准。体重在90kg以上的猪，分割肉的出肉率则低于规定的重量要求，原因是肥膘增加。试验证明，猪体重同胴体中肥膘率成正比。因此，合理挑选原料猪不仅可以提高分割肉出肉率，同时可降低肥膘的数量，获得更多的经济效益。

② 猪的体型：猪的体型主要可分为驼肚形和吊肚形，这两种体型对分割肉的重量和得率有一定的影响，以吊肚形原料猪加工分割肉为最好。对湖南长沙县、望城县两种体型的猪的分割肉出肉率进行测定，结果见表2-4。

表2-4　驼肚形和吊肚形猪分割肉出肉率比较　单位：kg

体型特征	体重范围	数量/头	验收均重	宰前均重	出肉总重	出肉率/%	分割肉总重	分割出肉率/%
驼肚	70～80	54	78.7	73.3	2272	42.07	670	29.48
吊肚		53	78.7	72.2	2234	42.15	674.5	30.17
驼肚	80～90	55	87.1	83.2	2611	47.8	751.3	28.77
吊肚		57	87.1	81.9	2685	47.1	813.3	30.29

③ 肥瘦度：湖南某厂对肥膘厚度在2.5cm以上和2.5cm以下两种不同类型的猪进行分割肉测定，结果表明，肥膘厚度在2.5cm以下的原料猪出肉率高，比肥膘厚度在2.5cm以上的猪高出3.2%。

(4) 胴体的检验：沾有血污、粪便及其他杂物的胴体，有明显内外伤的胴体以及刺杀放血不全的胴体均不宜用来加工出口分割肉。选择胴体时，应仔细注意卫检人员的检验标志。

三、分割肉加工工艺步骤

分割肉加工的工艺大体上可分为鲜肉的预冷、三段锯分、分割剔骨、快速冷却、包装、冻结等过程。现将其工艺和操作步骤详述如下。

1. 工艺流程

分割肉加工工艺流程见图2-1。

2. 加工步骤

(1) 鲜肉的预冷：目前，国内外关于分割肉的加工方法有两种：一种是冷剔骨法，其方法是将检验合格的胴体鲜肉冷却到0～7℃后再分割加工。该方法的优点是很快抑制微生物的活动，减少细菌的污染，产品质量好，但存在肥膘的剥离、剔骨、修整都比较困难，肉出品率低，损耗大，肌膜易于破裂，刀伤肌膜严重，色泽较差，包装不方便等缺点。因此这种方法我国目前未能采用，国外由于设备先进采用此法较多。近年来，国内某些肉品加工专家也提倡使用此种方法。另一方法是热剔骨法。该方法是将屠宰后的35～38℃的热胴体鲜肉立即送入分割间进行加工。这种方法的优点是操作方便、出肉率高、易于修整、肌膜完整。但是，由于原料肉和室外温度都高，容易因微生物的活动使肉质下降，不易保存，容易出现肉表面发粘、色泽恶化等腐败现象。同时由于大量的热鲜肉进入分割间，使分割间热负荷增大，室内温度不易控制。

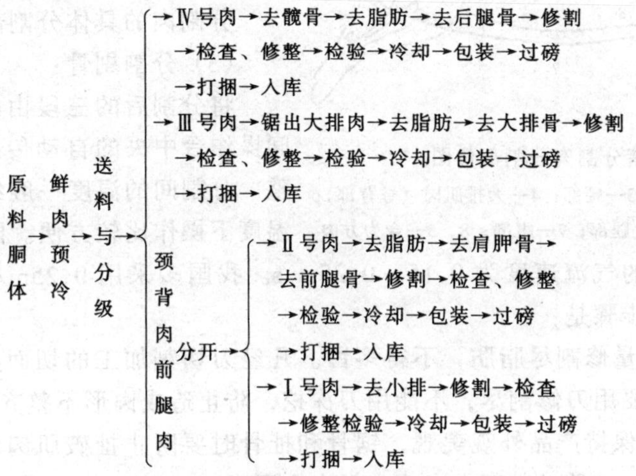

图 2-1　分割肉加工工艺流程图

鉴于以上两种分割加工方法的特点，结合我国的实际生产条件，采用两段式冷却的综合法加工分割肉。先将屠宰后的热鲜肉用滑道输送到分割肉的预冷间，用吊顶式冷风机使库内温度降到0℃，冷却3h左右，使胴体从初温38℃冷却到中心温度20℃左右。产品的平均温度以表面和中心温度的算术平均数计算。当空气流速为1.5～2m/s时，胴体肉的平均温度约为10℃，然后送入分割间进行分割。实验证明，处于这种状态下的肉进行分割，能确保产品的嫩度，不会产生寒冷收缩现象。屠宰后的胴体进行冷却时，如温度下降太快，肌肉会发生十分强烈的收缩现象，出现这种状态的肉成熟时不能软化，降低了嫩度。牛、羊肉屠宰后10h之内，若温度不低于8℃，pH在6.0以上，就不会产生寒冷收缩的现象。猪肉间脂肪较多，产生寒冷收缩较牛肉轻微。所以预冷肉的中心温度是20℃，平均温度为10℃，不会产生肌纤维寒冷收缩的现象。其次，可以抑制微生物的生长繁殖。刚屠宰的鲜肉若立即分割剔骨，不可避免地发生接触感染，细菌加快繁殖，很快肉表面会发粘，影响产品质量。当冷却至平均温度10℃左右，中心温度20℃，在室温20℃条件下进行剔骨，操作方便，干耗较少，劳动效率高，经济效益好。第三，冷却到平均温度10℃左右的分割剔骨肉，冻结后色泽鲜艳，包装成品紧凑，无冰霜、血块等现象，外观质量也较好。

(2) 半胴体三段锯分：预冷后的半胴体用钢丝传动装置送至分锯间的圆盘式分锯机，将半胴体分为三段六个部分。分锯间温度以20℃左右，相对湿度以60%为宜。具体分割方法如下：

① 在前躯第5～6根肋骨中间斩下颈背和前腿部分，称为前肩部。该部分的颈背肌肉为Ⅰ号肉的原料肉，前腿肌肉为Ⅱ号肉的原料肉。

② 从腰椎与荐椎连接处斩下的后躯部分称为后大腿部，该部分的肌肉都是后腿肌肉，为Ⅳ号分割肉的原料肉。

③ 斩下前肩部和后大腿部后留下的中间部分，即从第 5～6 根肋骨至腰荐椎连接处的部分，称为腰部。在腰部脊椎骨下 4～6cm 的肋骨处，平行肋下，上部带脊背的部分为大排肌肉（大排），是Ⅲ号分割肉的原料肉，或称为大排肌肉原料。

④ 割下上部大排肌肉（脊背部）后的下部，即带肋骨的部分称为方肉。前端有肋骨的部分为硬肋肌肉原料；后端无肋骨的部分为软肋部分，为小排肌肉的原料。

分割肉的具体分割部位如图 2-2 所示。

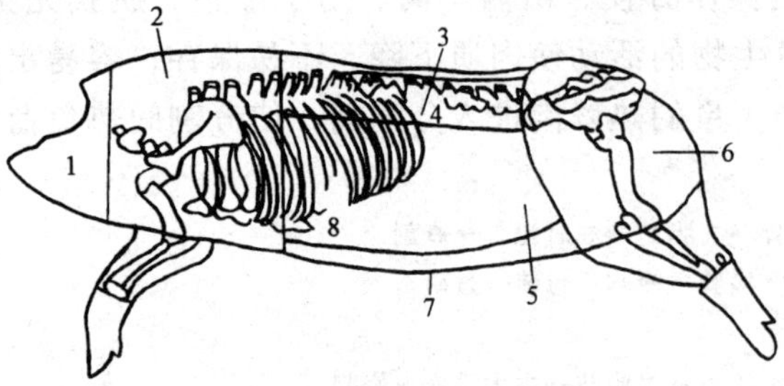

图 2-2　猪分割肉分割部位图

1—颈肉；2—前肩部；3—腰部；4—大排肌肉（脊背部）；5—软肋部分；6—后大腿部；7—腹部；8、5—合为方肉

(3) 分割剔骨：

将分割后的三段由滚动滑板输送到分割间操作台中央的自动传送带上进行剔骨和修整。分割间的温度一般约为 20℃，工人在此温度下操作比较方便。国外一般采用 7～9℃ 的温度。职工头顶的气流速度为 0.15～0.25m/s。我国多采用 0.25m/s 流速，相对湿度约 60%。分割剔骨的步骤是：

① 去脂肪：尽量修割尽脂肪，不得多留。凡经刀切割加工的切面必须整齐。颈背肌肉表面两条沟间脂肪要用刀修割尽，不能用刀深挖，防止造成肉形不整齐。

② 去骨：为了保持产品外观美观，锯骨和扯骨时要防止扯破肌肉和破坏肌膜，要没有碎骨残留在肌肉内。去骨时以不带肉或少带肉为原则。

③ 修割：修割掉肌肉上的伤斑、出血点、碎骨、软骨、血污、淋巴、脓疮等，做到五不带（不带血污、粪便、碎骨、浮毛、杂质）。Ⅱ、Ⅳ号肉允许保留腱膜，以保持肌肉块完整，修去肌肉块边缘露出的脂肪。Ⅲ号肉肌膜保持完整，修割边缘肌肉，使边缘平直美观。

④ 检查与修整：分割肉经修割后，为了保证产品质量，必须进行检查与修整。其具体内容见表 2-5。

表 2-5　　分割肉检查与修整内容

序号	检查内容	修整内容
1	检查碎骨	肉的腹面朝上，检查Ⅱ号肉的耻骨端是否留有碎软骨，应平刀修除。腿骨球部肉中易留碎骨，用刀轻轻剜掉。Ⅳ号肉髋骨端易带软骨，用尖刀修除。注意剔除Ⅳ号肉尾椎处的碎骨
2	修尽脂肪	最厚脂肪处不超过 0.2cm，修去多余脂肪，要求刀法平整。削去凸起脂肪时，不破坏肌膜
3	选出黄肌和白肌	剔去被囊虫侵蚀（感染米点样肉）、黄脂、黄肌膜的肉，剔去 PSE 肉（多汁、发白）和 DFD 肉（干硬、灰白）
4	修去血点、血污、淋巴、脓疮等	修去血点、血污，采用消毒后的刀割去脓疮和淋巴，防止污染
5	修尽碎皮和浮毛	削去残留碎皮，去除浮毛

(4) 检验：经分割加工后的肉要进行感官检验和微生物检验。某些要求比较严格的肉类加工企业不仅卫生检验比较严格，而且有一套完整的检测机构，分别设有自检、质检和专检三个检验组织。分割肉检验的项目见表 2-6。

表 2-6　　　　　　　　　　　　　分割肉检验项目

项目＼指标	感官检查	微生物检查
色泽	肌肉色泽鲜红或深红，有光泽，脂肪呈乳白色或粉白色	沙门氏菌≤4个/100g，致病菌不得检出
气味	无异味，具有猪肉应有的滋气味	
组织状态	结构状态良好，肉质紧密，有坚实感	
煮沸情况	煮沸后肉汤澄清透明，脂肪团聚于表面，具有特殊的香味	

（5）快速冷却：分割肉经过分割剔骨处理后即进行第二次快速冷却。方法是肉分割后，用输送装置均匀地送到快速冷却间。冷却间的温度为 -1℃，约经 2h 将肉温降到 4～6℃，然后转入包装间进行包装。

（6）包装：包装间要求宽敞一些，温度要求控制在 10℃左右。包装材料可采用瓦楞纸箱，也可采用塑料薄膜，或者两者结合。瓦楞纸和塑料薄膜必须符合国家标准有关规定。外包装为瓦楞纸箱，规格为长×宽×高 62.5cm×41.5cm×12.0cm。内包装材料为塑料膜，分为大、小包装两种，大包装箱内全部肉块整齐放入聚乙烯塑料薄膜内；小包装是按分割肉的自然块，用聚乙烯薄膜块卷二圈半以上，放入塑料大方袋内折叠封箱包装。分割肉包装时，还要结合不同地区消费习惯或买主要求进行。对欧（前苏联等国）分割肉包装，每箱净重 25kg，箱内肉块数量可以不固定，但Ⅰ号肉每箱不得超过 29 块，Ⅱ号肉每箱不超过 17 块，Ⅲ号肉不超过 38 块，Ⅳ号肉不超过 11 块。Ⅱ、Ⅳ号肉包装时，先将筋膜折向已去骨的凹处，并将前腿肩胛骨处剩下的肌肉或后腿盆骨上的肌肉向内折，以求包装美观。Ⅰ号肉要求呈“馒头形”；Ⅱ号肉要求每条平直，不得弯曲，包成圆柱形。每箱肉块要求排列整齐，箱内须衬白蜡纸，底下一张，封口层一张。封口后用塑料带捆扎呈“卄”型。标签方向一致。箱外标明肉的品种（肉号）及肉块数量。

我国港澳地区及东南亚国家的分割肉包装、标记、颜色基本一致。要求每块肉均要有完善的小包装，不用标签，纸箱不需要封口条。

（7）冻结、冻藏：包装好的分割肉由于经过了两次冷却，肉块的温度已降到约 4℃，并且是已包装好的产品，为快速冻结创造了条件，不必考虑加大风速对肉干耗的影响。一般采用格架式加大风速低温冻结方式，其方法是采用风速 3m/s，温度为 -30℃的冻结间。这样，不但可以加快冻结速度，而且冻结后产品色泽好。冻藏温度为 -18℃。为了节约能源、提高经济效益、减轻工人的劳动强度，某肉联厂研制了卧式平板冻结器，配合传送带、翻盘机、自动捆扎机组成分割肉冻结流水线，大幅度缩短了冻结时间。

分割肉加工工艺流程平面图见图 2-3。

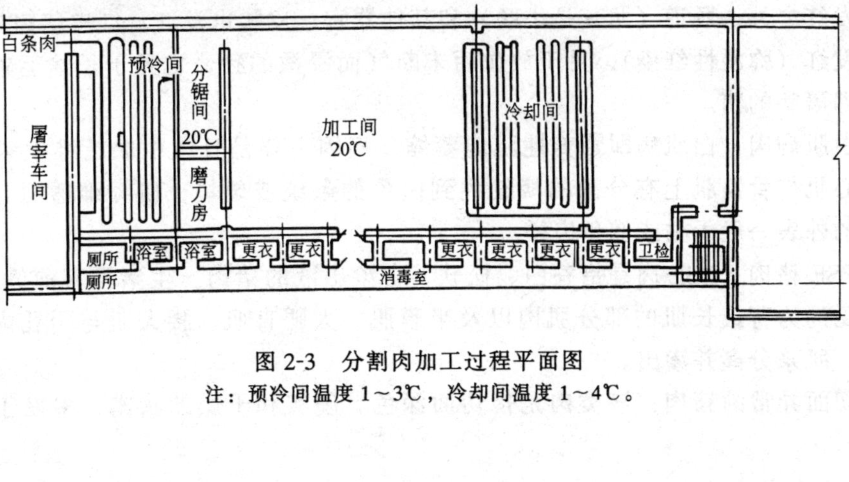

图 2-3　分割肉加工过程平面图

注：预冷间温度 1～3℃，冷却间温度 1～4℃。

第四节 肉品检出不合格品的处理

为确保肉类产品质量，有益于人民的健康，在肉品屠宰与分割加工过程中，必须进行肉品卫生检验，检验出合格与不合格的产品，从而使不合格产品及时得到正确处理。

一、肉品检出不合格品的种类

1. 气味异常肉品

(1) 性臭肉：未阉割的公畜肉常带性臭，可以用感官嗅闻、沸煮、烙铁烫等方法鉴定之。

(2) 尿臭肉：原因有两种：①动物宰前因膀胱破裂或患尿毒症，尿被组织吸收，全身各部分肌肉都带有尿臭。②由局部污染而引起，如不慎割破膀胱或公猪的包皮盲囊以致尿液污染局部肌肉。一般凭嗅闻鉴定。

(3) 酸臭肉：新鲜胴体在冷库中如挂得过密或堆叠放置，胴体间空气不流通，肉尸内部温度不易放散，肉不能很快冷却而引起自体溶解，导致肉的酸臭性发酵或“热夹气”，肉呈红铜色，可由感官鉴定。

(4) 氨臭肉：原因为：①宰后胴体或剔骨肉未经充分冷凉而进行堆叠，胴体发生自溶，肉中蛋白质分解，产生氨气，且肉色变黑。②放置时间过长，贮藏环境不良，使肉蛋白质分解产生氨气。③肉品从外界污染氨臭，如冷藏库的冷气管道漏气等。

(5) 微生物引起的异常味肉：屠宰牲畜生前患有大面积的脓肿坏死及溃疡病，使附近的肌肉沾染腐臭气味。

(6) 饲料味肉：牲畜长期饲喂腐烂的块根茎、油渣饼、鱼粉、鱼肝油下脚以及带浓厚气味的植物饲料等，其肉可带有异样气味。

2. 色泽异常肉品

(1) 黄膘和黄疸猪肉：黄膘又称黄脂，是指猪胴体脂肪组织的黄染现象，脂肪呈淡黄色到蜡黄色，但其他组织不发黄。引起猪脂肪黄染的主要原因是机体色素代谢紊乱，是喂饲黄色玉米、胡萝卜、紫云英、莱子饼和亚麻子饼、鱼粉、鱼肝油下脚等饲料，使脂肪组织蓄积了脂溶性黄色素所致。黄疸现象的发生是由于胆汁排泄发生障碍，或机体大量出现溶血现象，有大量胆红素进入血液中，把全身各种组织如脂肪、皮肤、粘膜、眼结膜、组织液、血管内膜、筋、腱等均染上黄色所致。

(2) 红膘和红皮猪肉：红膘是指宰后猪胴体的皮下脂肪发红。轻微的仅膘呈微红色，严重者除膘发红之外，肠道（尤其是小肠）和其他器官、皮肤也发红。红皮猪肉是指宰后猪胴体的皮肤发红（弥漫性红染），见于放血后未断气而浸烫的猪，也见于长途运输后未经充分休息而立即屠宰的猪。

(3) 白肌病肉：白肌病即营养性肌肉萎缩，病因主要是日粮中缺乏维生素 E 及微量元素硒，在心肌与骨骼肌上有分散的淡红色到白色的条纹或斑块，肌纤维透明且变性或已钙化。病肌的外表一般干枯或像鱼肉样。

(4) PSE 猪肉：PSE 肉是指苍白、松软、有渗出液的猪肉。生猪虽宰前健康状况正常，宰后最常见的为背最长肌的部分肌肉以及半膜肌、大腿直肌、腰大肌与闭孔内肌均呈苍白色、松软，肌浆分离并渗出。

(5) 切面异常的猪肉：该类肉是指切面深色、硬实和干燥的猪肉，多发于猪的股直肌处，常见于长途运输后的猪。

(6) 骨血色素沉积：这类现象是因为一种遗传性的血红蛋白代谢障碍，致使骨质含铁色素沉积所致。牲畜屠宰前的尿呈琥珀色或红褐色，其皮肤对日光极敏感，宰后胴体的胸骨、肋骨呈暗棕色或褐色，而胸膜与腹膜的色泽均正常。

(7) 肝脏色泽异常：常见者如黄肝，肝呈橘黄色到土黄色，质脆。

3. 病原微生物污染肉品

(1) 炭疽病肉：由炭疽杆菌所引起的人兽共患传染病所造成，屠宰后肉尸的淋巴肿胀、充血，肠粘膜有大小不等的坏死与溃疡。

(2) 结核病肉：系由结核分枝杆菌所引起的人兽共患传染病所致，表现为宰后检验时肉尸异常消瘦，在组织器官内形成结核性结节和干酪样坏死灶。

(3) 猪丹毒病肉：系红斑丹毒丝菌对猪引起的一种传染性疾病所致，主要表现为败血症和皮肤疹块，也有少数患慢性心内膜炎和多发性关节炎。

(4) 口蹄疫病肉：特征是在口腔粘膜、蹄部及乳房皮肤上发生水疱和烂斑。

二、检出的非传染性不合格品的处理

① 有些具性臭的胴体可经相当时期的冷凉过程而使气味消失，性臭强烈的胴体不适于食用。

② 对于尿臭肉，如系局部污染可冲洗除去；如系尿毒症而造成的全身性中毒，则还伴有气管炎、胃肠炎、肺中毒性水肿或肺炎。病变肉尸损害轻微时可割除损害部分，其他部分不受限制出厂。损害严重者整个脏器作工业用或销毁。

③“热夹气”和酸臭性发酵程度尚轻的肉，可切成小块放在冷而通风之处，待气味消失后可食用；酸臭性发酵强烈的肉则不应食用。

④ 因自体分解而发生的氨臭肉宜立即摊开冷凉，并吹冷风，将氨气放散逸尽后仍可食用。由于腐败细菌所致者，不可供食用。因污染化肥而引起的氨臭肉，如未变质，可用流动水充分洗涤，再经煮沸实验，确定无异常气味时才可供食用。

⑤ 对于微生物所引起的异常味肉，在原料收购时即单独处理。腐臭肉一般应作工业用。

⑥ 对饲料味肉，可把肉放在冷凉通风处，让气味放散，或加工成熟肉制品后出售。

⑦ 对于黄膘猪肉，如无其他异常气味，可酌情按鲜肉出售或加工后出厂。对黄疸猪肉应查明病因，属非传染性的肉品方可加工后食用。

⑧ 如因一般性原因引起大面积皮肤充血所引起的红皮，则剥去红皮，肉可作鲜肉销售。

⑨ 白肌病猪如病变不严重，可供食用，但不适于腌制加工。

⑩ 切面深色的肉在卫生上并无问题，但消费者不乐于接受，可加工成熟肉制品后销售。

⑪ 对骨血色素沉积肉，可将骨骼和皮肤病变区切除，正常的肌肉和脂肪可供食用。

⑫ 凡颜色异常的肝脏应予销毁。猪肝因在冷库内久置而外表变灰黑色，如未腐败变质，仍可食用。

三、检出的传染性不合格品的处理

经兽医验证，认为畜虽患非恶性传染病、轻症寄生虫病或一般性疾病，但其肉质尚好，内脏仅少数器官有轻的病变，可按有关规定经无害化处理后利用。无害化处理的方法有以下几种。

1. 高温处理

(1) 高压蒸煮法：把肉尸切成不超过5kg的肉块，放在密封的高压锅内，以150kPa压力持续高温处理1h，使肉块中心温度高于85℃。

(2) 一般煮沸法：有轻度传染病或寄生虫病的肉体，可高温煮沸处理。把肉切成1.5～2kg大小的块状，厚度在10cm以下，放在普通锅内煮沸2h，使肉块中心温度达到85℃，持续10～30h即可。

2. 微波处理

食物放入微波高频电磁场中，整个食物的温度便迅速而均匀地上升。凡规定高温处理的肉尸和内脏应在24h内处理完毕。超过24h的，应延长处理0.5h，内脏作工业用或销毁。

3. 冷冻处理

冷冻处理即利用低温使病原体细胞质里的水分变成冰，导致病原体死亡而达到无害化的目的。这种方法通常用于感染少量囊尾蚴肉尸的处理。当猪肉7～10cm深处的温度达到-10℃持续10d；或在-12℃的冷藏室内保持6d；或将肉深层温度冷至-12℃，再于-13℃的冷藏室内保持4d，即可达到无害化处理的目的。但需经过活力实验，确属完全杀死，加盖“冷冻”字样印章方可出售。

4. 产酸处理

此方法适合于患口蹄疫等的病畜肉尸。具体做法是将肉尸剔骨，在0～6℃温度下放置48h，或在6～10℃温度下放置36h，或在10～12℃温度下放置24h即可达到产酸灭菌的目的。

5. 盐腌处理

该方法尤其适宜于肉体脂肪有明显黄色并有其他病变的肉。处理方法是将肉切成不超过2.5kg的肉块，表面擦上食盐（食盐用量为肉重的15%），然后腌渍于18°Bé的盐水中。其腌渍时间的长短可因病原体对盐溶液的耐受力而有所不同，一般8～22d，其腌制后的产品加盖“腌制”印章方可出售。由于盐溶液很难渗入脂肪，位于猪皮下脂肪肌肉间层中的虫体不易被致死，故腌制时需剔除皮下脂肪用以炼制食用油。

6. 炼制食用油

凡患有重度旋毛虫病、囊尾蚴病、病情虽重但脂肪尚可食用的一般传染病（如猪瘟、猪丹毒、猪肺疫等）以及黄脂的屠畜肉尸和内脏，其脂肪组织均可用于炼制食用油。炼制温度在100℃以上，需经过30min。

从1995年开始，英国等欧洲国家出现“疯牛病”，对“疯牛病”牛肉，我国严禁进口，一经发现，立即销毁。

第三章　禽类的处理

第一节　禽肉的营养价值

一、禽肉的营养

禽肉的营养很丰富，含有人体所需的各种主要营养物质，如蛋白质、脂肪、糖类以及钙、磷、铁等。此外，禽肉还含有许多芳香族物质，如肌酸和肌酐等，能给禽肉增添特殊的香味。因此，禽肉一直被人们公认为是最好的滋补食品之一。纯种的乌骨鸡是生产乌鸡白凤丸的主要原料，乌鸡白凤丸是妇女滋补治病的良药。

1．禽肉的蛋白质

各种禽肉的蛋白质含量，鸡肉为23.5%，鸭肉为16.5%，鹅肉为10.8%。禽肉蛋白质是一类完全蛋白质，含有人体所必需的缬氨酸、亮氨酸、苏氨酸等，能维持人体正常生长、发育，补充营养，供应热量，调节生理机能，因此，禽肉的营养价值是比较高的，但各品种、各地区的禽肉蛋白质含量略有差异。

禽肉的蛋白质含量大约占禽肉总量的20%，是一类高蛋白质的食物来源。将新鲜的禽肉加以压榨，也可以得到肉浆（或肌浆）和肉基质。肉基质主要是由肌膜、结缔组织、血管、淋巴管、神经等所组成。肉基质的主要成分是硬性蛋白质，此外，含有少量的核蛋白质和磷脂类物质。结缔组织主要是由胶原蛋白质及弹性蛋白质所组成。由于禽肉中含有的胶原蛋白比畜肉中少，因此禽肉加工中，若温度过高、时间过长，会导致胶质溶出，肉的纤维感加强，变老，难于咀嚼。所以在禽制品加工中要掌握好火候。弹性蛋白质比胶原蛋白更为坚韧，即使加热也不溶解，所以，含弹性蛋白多的肉，坚硬而不易咀嚼。弹性蛋白碰到胃蛋白酶及胰蛋白酶时则容易消化。

通常运动激烈的肌肉（即比较发达的肌肉，如鸡腿部的肌肉），结缔组织的比例较高，因此，含弹性蛋白也就多，这种肌肉的肉质比较坚硬。禽肉中的蛋白质大部分以胶质状态分散于肉浆中，因此，肉浆蛋白质的性状基本上可代表禽肉类蛋白质的性状。禽肉内还含有从血液来的血清蛋白、血清球蛋白以及血色素蛋白等。

2．禽肉的脂肪

禽肉的脂肪主要由棕榈酸、硬脂酸、油酸等所组成，此外，还含有亚油酸、挥发性酸、不皂化物、甘油和微量的脂溶性维生素。禽肉脂肪的理化性质与禽的品种、年龄、季节等有关系，即使是同一个体的不同部位也不相同。禽脂不是以单独状态集中存在，而是散布于肌肉组织间，因此更增加了肉的柔嫩性，提高了禽肉的营养价值和适口性。禽脂因含有脂肪酸和甘油的化合物，可以供给人体以热能和必需脂肪酸。禽肉的脂肪所含的饱和脂肪酸熔点较高，它不仅为人体营养所需要，而且增加了禽肉的可口感。各种禽肉脂肪含量以鹅最高，鸭次之，鸡较少。

动物油脂中必需脂肪酸亚油酸的含量一般比植物油（菜油、茶油除外）低，但相对来说，猪油比牛羊脂多，禽脂肪（鸭油、鸡油）又比猪油多，鸡蛋中也较多；肉类中也是鸡肉、鸭肉较猪、牛、羊肉的含量丰富；动物的心、肝、肾和肠等内脏中的含量高于肌肉中的；瘦肉中含量又比肥肉中多。

3. 禽肉中的微量元素和维生素

禽肉中还含有少量的钾、钠、钙、镁、磷、硫、氯、铁等无机物，总含量为1%～2%，其中钙大部分含于骨骼之中。禽肉中还含有各种维生素，但含量很低，并且也不固定。禽肉的主要营养成分、矿物质、维生素成分见表3-1和表3-2。

表3-1　几种禽肉的主要营养成分（可食部分）　单位：g/100g

种　类	地　区	水　分	蛋白质	脂　肪	碳水化合物	热量/J	灰分
鸡肉	北京	74.2	21.5	2.5	0.7	464.8	1.1
鸡肉	江苏	74.4	23.2	1.2	0.1	435.4	1.0
鸡肉	湖北	73.0	24.4	2.8	—	515	1.1
鸭肉	北京	74.6	16.5	7.5	0.5	569.4	0.9
鸭肉	江苏	80.1	13.1	6.0	0.1	448	0.7
鹅肉	江苏	77.1	10.8	11.2	—	602.9	0.9
野鸡	北京	69.7	24.4	4.8	—	590.3	1.1
火鸡	北京	55.0	21.1	22.9	—	1218.4	1.0
燕窝	江苏	13.4	49.8	0	30.6	1348.4	6.2

表3-2　几种禽肉的矿物质和维生素含量　单位：mg/100g

种　类	地区	钙	磷	铁	维生素A/IU	硫胺素	核黄素	尼克酸
鸡肉	北京	11.1	190	1.5	—	0.03	0.09	8.0
鸡肉	北京	13	189	2.8	—	—	—	—
鸡肉	湖北	22	194	4.7	—	—	0.17	3.6
鸭肉	北京	—	—	—	—	0.07	0.15	4.7
鸭肉	江苏	11	145	4.10	—	—	—	—
鹅肉	江苏	13	23	3.7	—	—	—	—
野鸡	北京	14	263	0.4	—	—	—	—
鸡肝	北京	21	260	8.2	50900	0.38	1.63	10.4
鸭肝	北京	17	177	0.8	8900	0.44	1.28	9.1

4. 禽肉的营养特点

禽肉通常是指鸡、鸭、鹅肉，此外，还有鸽肉和野禽肉如野鸡、野鸭肉等，它们所含的营养成分与大牲畜肉的相近，是人类食物中蛋白质的重要来源。

禽肉含有丰富的蛋白质、脂肪、糖类、无机盐和维生素等，一般含20%的蛋白质，能供给人体本身所不能合成而必须从食物中摄取的8种必需氨基酸（赖氨酸、苏氨酸、亮氨酸、异亮氨酸、缬氨酸、蛋氨酸、色氨酸、苯丙氨酸）。禽肉中脂肪的熔点较低（33～44℃），易于消化，所含的亚油酸（即十八碳二烯酸）占脂肪总量的20%，是一种重要的人体必需脂肪酸。鸡肉脂肪含量约为2%；鸭肉、鹅肉含脂肪较高，分别为7%与11%。各种禽类肝脏中还富含维生素A和核黄素。鸡肝中维生素A含量相当于羊肝或猪肝的1～6倍。禽肉中含有维生素E，由于维生素E具有抗氧化的作用，故一般禽脂肪可在-18℃冷藏一年也不酸败。

由于禽肉中结缔组织较柔软、脂肪分布均匀，所以禽肉比牲畜肉更鲜嫩、味美。禽类所含的含氮浸出物就同一种禽而言，随其年龄而异，幼禽肉汤中含氮浸出物比老禽肉汤中少，所以幼禽肉的汤汁不如老禽肉的鲜美，这也是一般人喜欢用老母鸡煨汤而将仔鸡爆炒的原因。就不同禽类来比较，野禽肉比家禽肉含有更多的浸出物质，能使肉汤带有强烈的刺激味，甚至使肉汤失去香味，因此，野禽肉最好用煎、炒、焖的烹调方法加工。

二、禽内脏的营养

禽内脏是一类营养较丰富、口味鲜美的食品，因此，在禽加工过程中，内脏也是一类重要产品。由于禽内脏食用方便、口味鲜嫩，深受广大消费者欢迎，如南京的咸鸭肫就曾被评为江苏省商业系统的名特产品，久负盛名。目前一般认为，禽内脏是指在禽加工过程中，经加工处理后的心脏、肝脏、肌胃（又名肫）和肠等。

据测定，鸡肝、鸡心、鸡肫的蛋白质含量接近鸡肉，而鸭和鹅的肫、肝的蛋白质含量则高于鸭肉、鹅肉。禽内脏不仅在我国传统菜肴中应用很广，而且在家常菜中应用也很普遍。目前在国际上，有很多国家已经培育饲养出生产肥肝的家鹅品种，作为商品投放市场的肥鹅肝食品成为深受消费者欢迎的美味佳肴。

三、副产物的利用价值

家禽副产品样样是宝，除经过深度加工制成美味可口的营养食品外，亦是轻化工及医药工业的原料。随着养禽业的发展，更显示出综合利用家禽副产品的重要作用。

1. 食疗与药用价值

多数家禽副产品都具有一定的食疗与药用价值。

（1）禽胆：鸡胆可治百日咳、慢性支气管炎、耳后湿疮、目赤多泪等；鸭胆可治痔疮、目赤肿痛；鹅胆可治慢性支气管炎、咳嗽、气喘，外搽可治痔疮初起肿痛。

（2）禽血：鸡血可治小儿惊风、口面㖞斜、目赤流泪、痛疽疮癣等；鸭血可治中风、劳伤吐血、痢疾等；据《本草纲目》记载，鹅血系解毒药，治噎嗝反胃、胃网状细胞肉瘤、胃癌等。

（3）禽内金：其入中药可治食积胀满、呕吐反胃、泻痢、疳积等。

（4）禽头：鸡头治小儿痘疮不起、时疹毒疮等。鸭头可通利小便，亦可治小便不利导致的水肿。

（5）鸡肠：治遗精、遗尿、白浊、痔漏等。

（6）鸡肝：治肝虚目暗、小儿疳积、夜盲、妇人胎漏等。

（7）乌骨鸡肉和骨：入药主治一切虚损病、妇女崩中带下、腰腿酸痛、遗精、消渴和久痢等症。乌骨鸡还是制作乌鸡白凤丸的主要原料。

2. 轻化工及医药工业的原料

（1）禽胆：用禽胆制成胆汁钙盐可做人造牛黄等；制成胆盐可作化学试剂，用于制细菌培养基和脂酶激素等；制成鹅脱氧胆酸可治疗胆结石。

(2) 禽血：制成血红素，可治贫血及衰弱症；制成铁血盐可作为补血剂。上海已制成鹅血片，盐城罐头食品厂拟开发试制鹅血冲剂，金湖县兽医站制成鹅血清。用鹅血清可制小鹅瘟疫苗。禽血制成蛋白胨可作细菌培养基和治疗风疹、发烧、喘气及消化道病；制成白蛋白可供食用；制成的血粉是优质的动物高蛋白饲料，亦可作肥料；制成血炭（活性炭）可作脱色剂及供糖业作澄清剂。禽血还是胶合板、制革、机器制造与摄影化学等工业的原料。

(3) 禽肠：禽肠的胰腺可以用来制取胰酶及胰岛素。胰酶可治消化不良，并可作细菌培养基的补充剂。胰岛素主治糖尿病、某些精神病和胰分泌缺乏症。乡镇企业用禽肠制取肝素钠粗品，精品由制药厂生产，可制成多种肝素药物，用于治疗肾病患者的渗血、急性心肌梗死、脑血管病、皮肤病，消除肾病形成的尿毒，配合治疗暴发性流脑败血症、肾炎，防止癌细胞转移等。鸡肠油是制造钟表油的原料。

(4) 禽肝：在禽肝蛋白质中，酶蛋白占 2/3，多达几百种。因此禽肝不仅可以加工成营养丰富的食品，而且是生化制药的原料，可制成肝粉、肝注射液、肝浸膏等补血药物，主治营养不良、贫血和各种肝炎等症。

(5) 羽毛：羽毛是禽类皮肤的衍生物，也是家禽的主要副产品之一。家禽体表的毛被统称为羽，露出体外的称“外羽”，如翼羽、背羽、腰羽、尾羽；贴皮遮没部分称绒羽，即通常所说的“羽绒”。它们的生产和使用价值各不相同，以白鹅毛最贵重，鸭毛较好，鸡毛较差。

羽绒可用来制作被褥、坐垫、靠垫与服装等；刀翎及窝翎是制作羽毛球、板球和扇子的原料；翎管切丝后，耐酸、耐腐蚀且富有弹性，可用于制作板刷和牙签等用品；羽毛还用于制作一系列的工艺品；鸡毛可用来制作扫帚、掸子和装饰玩具，还可用于制胱氨酸和羽毛粉蛋白质饲料等。

我国水禽的羽毛资源极为丰富，每年出口的数量占全世界贸易总额的 30%，居世界首位，具有毛片大、绒足、弹力强、色泽光润的特点，常被外商争购，因而在国际市场上具有较强的竞争力。羽毛的综合利用日益显示出明显的经济效益。

此外，家禽的毛、骨、头可被制成蛋白质混合饲料，以代替鱼粉饲养畜禽，这种饲料成本低，适于普遍推广。

综上所述，家禽全身是宝，禽屠宰厂可就地兴建一些禽副产品加工厂或车间，开拓综合利用的深度和广度，提高经济效益。

第二节　活禽的检验与运输

活禽的质量直接关系到禽产品的质量，如果不把好活禽的质量关，轻则产品质量低劣，重则造成成群、整批的活禽死亡，给禽产品加工者带来不可弥补的损失。把好这一关是搞好禽产品加工的重要一步。

一、活禽的检验

1. 健康活禽的特征

凡是待加工的活禽都应经过一定的检验后，才可以进行禽产品的加工。活禽的健康特征主要体现在形态表现、精神状态、食欲与粪便等许多方面。

健康鸡的冠和肉髯应是鲜红色的，上冠直立挺拔，肉髯下垂柔软，双眼圆睁而有神，眼球明亮、灵活，对外界反应敏感，人走近或靠近时，立即避开。健康鸡嘴喙紧闭，嘴角干燥，嗉囊内无气体、无积水和无积食，觅食积极，两翅紧贴禽体，全身紧密，不蓬乱，羽毛整齐而有光泽，尾部高耸，肛门附近绒毛干净清洁、干燥、无粘着的粪便，肛门湿润微红，胸肌丰满、活络并有弹性。健康鸡性格活泼好动，不倦伏角落，腿脚健壮有力，体温恒定，粪便为半固体。健康的鸭、鹅头颈高昂，羽毛紧密而有光泽，喜水，不时用嘴啄尾脂涂布体表羽毛，尾部上举，眼睛圆而有神，精神饱满，体温正常，粪便色泽正常。

2. 病禽的特征

病禽的表现特征十分复杂，有的病理变化明显，有的病理变化不明显；有的为急性症状型，有的为慢性症状型；有的很快死亡，有的不会很快死亡；有的死亡率高，有的死亡率低。从禽加工的角度讲，一般从外部症状观察、鉴别，及时加以妥善处理。

病鸡的鸡冠和鸡髯粗糙萎缩、色泽暗淡，由健康时的鲜红色转为淡灰色或红色渐渐减退，有时显为肿胀状，有的有脓疱和赘疣；眼无神呆板，紧闭或半闭，似委顿不振状态，并有流泪的现象，眼圈周围有像乳酪般的分泌物；嘴喙间有粘液，或粘液挂在喙端；嗉囊膨胀；有气体或积食；两翅、尾部下垂，羽毛粗乱蓬松，失去光泽；肛门周围的绒毛上沾有污物；粘膜发炎，呈深红色；胸肌消瘦、僵硬而无弹性，颜色变成暗红；腿脚行动无力、步伐不稳，食欲不振，懒于啄食；粪便表现为白色或黄绿色。

病鸭、鹅两眼微闭无神，离群孤立，呼吸急促，食道膨大部肿大（有积食、积水或积气存在），羽毛松乱无光泽，翼及尾羽下垂，粪便呈绿色，行动艰难，身体摇晃不定，病鹅摇头更为频繁。

禽类加工企业如发现有上述特征的病禽，应立即采取措施。首先应隔离病禽，单独处理，并对发现病禽的禽群立即处理。对发现病禽的禽舍，在加工完禽群后，立即采取消毒措施，避免交叉感染带来损失。对于已隔离的病禽，应当及时请兽医诊断鉴别。如为一般性病症，应单独宰杀、单独处理，高温灭菌后食用；若是急性亚急性传染病，应当用深埋石灰窖的方法处理，避免由于处理不当造成候宰禽群感染或对附近饲养家禽产生影响，使禽病蔓延。

3. 检验的方法

(1) 大群检验法：成群的活禽可以先大群观察，再逐只检查，从看、触、听、嗅等四个方面去进行。大群观察首先应该全面观察有无下列情况的家禽：禽的精神状态是否正常，有没有缩颈、垂翅、羽毛松乱以及闭目孤立等不正常的情况，呼吸是否困难或急促，有没有发出“咯咯”、“咕咕”或“嘎嘎”等怪叫声以及气喘的声音。对于鸡还可以看冠的色泽（有没有变紫发黑）。

用竹竿略赶一下，看是否有跟不上群、伏地以及精神委顿和虽吆喝而不动的禽只。

(2) 个体检验法：对活禽进行逐只检查的方法和步骤是：左手提握家禽的两翅，先看头部、口腔、鼻孔，再仔细观察冠有无异常或变色，眼睛是否明亮有神，口腔、鼻孔有无分泌物流出。手靠近眼睛，眼睑是否相应地立即遮挡。用右手触摸嗉囊判断是否有积食，挤压时是否有气体或积水的感觉，倒提时，口腔内有无液体流出。拨开胸腹部绒毛，观察皮肤有无创伤，是否有发红、僵硬等现象，同时揣摸胸骨两边，鉴别肥瘦程度。检查肛门张缩情况及色泽。最后将禽提近耳边，轻拍禽体，听其发音是否正常。

经过上述的检查，一般是可以发现病禽的。如发现可以及时剔除或进行急宰处理，同时要了解禽群的来源、产地以及有关疫情的信息，以便随时采取应急措施。一般成群收集的，待宰时不要与其他的禽群混合，应分别关养。如条件不许可只能混合关养时，对于从疫区来的家禽和非疫区的家禽区别对待，分先后加工处理。

二、禽的集养与运输

活禽是禽加工企业的主要原料，因它们往往不是来自一处一地，如何正确地进行运输和集养是加工企业经常碰到的问题。因此，了解一些这类问题的解决方法，对于加工生产者是有益的。

1. 禽的集养

集养和运输活禽时，不仅要会识别禽的好坏，而且要懂得保管和集养知识，才能保证在各个保管、运输和加工环节都能保证质量，提高禽加工的产品质量。

活禽经短途和长途运输至收集地之后，生活失去在饲养期间形成的规律，造成活禽在短期内即产生疲劳，如集养时不注意、管理粗放，易造成家禽过度疲劳，禽体内的水分大量散失，营养物质消耗剧增，以至最后耗尽。这对禽加工后的产品质量会带来很大的影响。在收集过程中的气候突然变化，如烈日暴晒、暴雨淋湿、忽冷忽热等都会影响活禽的健康，降低活禽个体的抗病能力，引起突发集体性疾病，会给加工者带来不必要的损失。因此，收集来的活禽在运输中或在加工之前，应当做好集养工作。

用大群检查的方法先观察在购集的禽群内有无可疑的病、伤活禽，若发现，应当及时剔除处理，然后再逐只检查有没有初期病症的病禽，一旦有可疑症状的，应当及时剔除，仔细检查、观察或急宰处理。进行个体检查时，捉放活禽要轻手轻脚、避免乱捉乱赶，以免活禽产生应激现象。捉鸡时，可抓住翅膀，鸭、鹅可抓住头颈提起，观察后若无病症，应当轻轻放回禽群，或放入另一禽圈，不可乱扔乱抛，造成活禽外伤并刺激其他活禽产生应激反应。

购集后待转运的活禽以及购集后待加工的活禽应当有一定的休息时间，使它们消除疲劳，恢复正常再进行加工。这样可以避免在宰杀加工过程中造成放血不尽、淤血等现象。待宰饲养场地应当防热、防晒、防冻和防雨，经常保持空气畅通，以利散热，夏天要适当提供降温的条件。因为气温的调节对于家禽短期内的体力恢复是十分重要的。如果待宰圈密不透风或在雨淋日晒之中，家禽的体温调节功能就会降低，而导致发病率增高。

活禽加工之前应当适当喂水，因为活禽在购集过程中往往饮水不足，失水量也较多，造成血液浓度增高、体温上升。活禽失水一则易患疾病，二则加工过程中容易放血不尽，腹腔内会有过多的血块凝集，影响质量。适当增加水分能降低活禽的体温，尽量恢复其健康。但在炎热季节刚刚收集来时，禽体内的热量尚未散发，不能立即给它们饮水，否则会促使活禽狂饮，反而影响健康，甚至造成死亡。

如果购集的活禽比较多，一时加工不完需要喂养数天时，应当适当地喂给一些食料，避免在待宰过程中掉膘。如果仅一天时间，则可不必喂饲料，根据实际情况分别对待。

2. 活禽的运输

运输活禽可用各种交通工具。水禽可以采用水运和陆地赶运。在运输之前，应当喂饲适量的易消化饲料。装笼时要注意随时进行健康检查，及时发现和剔除病禽。在运输的笼底最好能垫些柔软的物品，如席片、稻草之类，以防擦伤禽体胸部皮肤，影响加工后屠体等级。运输过程中，夏季要防止雨淋和日晒，冬季要防风、防冻。若运输路途较长时，途中应当适当供水，并且要保证禽笼通风良好。

水上赶运鸭、鹅等水禽，不仅可节省运费，且比较符合水禽的生活习惯，因而可以减少掉膘和死亡的损失。水上赶运时，鸭群不宜过大，一般以不超过2000只为宜，赶运的速度不宜过快，以免引起应激反应和疲劳。在静水河中，每小时1.5km，每天15km为好。赶运途中每天可喂料二三次，选择僻静的小道水流，并使活禽得到必要的休息。

第三节　家禽的屠宰与分割

一、家禽的屠宰工艺

屠宰家禽的方法很多，首先要简单，而且要对操作者没有危险，同时必须符合兽医卫生要求和以能够取得有完全营养价值及优质的肉为原则。

屠宰加工有手工操作，也有流水线作业。在农村和乡镇小的工厂中，大多采取手工和部分机械结合的生产线。在正规的大型屠宰加工厂都采取用传送带和吊机移动禽体的生产线，这样不但减轻了劳动强度，提高了工作效率，而且可以减少污染机会，保证禽肉的新鲜和质量。屠宰加工的工序如下。

1. 候宰

屠宰的家禽都是由各个产区运来的，而各个产区对家禽的饲养方法和管理方法不同，特别是在旺季，家禽大量上市，加工单位一时屠宰不完，必须进行短期的饲养。宰前饲养管理内容见前面，但在喂水时要按照候宰禽的多少放置一定数量的水盆或水槽，避免家禽在饮水中打堆使禽体受到损伤，甚至相互践踏引起死亡。在宰前3h左右要停止饮水，以免肠胃内含水分过多，宰时流出造成污染。

2. 送宰

经过绝食和停水的家禽要分批赶运到屠宰车间。赶运前，首先要点数，以保证投料数与成品的数量相吻合。每批赶运要控制在500～800只。赶运时要轻，不要过急，对过肥或走不动的家禽要用车跟随，不能用棍棒敲打，以免造成外伤，影响产品质量。赶运家禽时还必须注意把白鹅、白鸭与灰鹅、麻鸭分别送宰，以保证羽毛颜色的纯洁。

3. 刺杀放血

赶入屠宰间的家禽，首先一只只挂在吊轨的挂排上，然后进行屠宰。家禽上挂排时，以左手抓住禽的右大腿向上，右手抓住禽头部及嘴部向下，将挂排底部的小钩从禽的左鼻孔插入直至右鼻孔，固定头部。然后，使禽的腹部向上，双翅靠入挂排的空隙中，再将右大腿的脚部卡入挂排的弹簧卡上，以固定右脚并将禽体拉直，防止家禽的挣扎。有的企业采用麻电法使家禽暂时失去知觉，这样能保证人员安全又保持环境的安静。家禽宰杀方法有：

(1) 切断三管刺杀法：此法为切断颈部放血，主要用于鸡的宰杀。民间屠宰家禽大多用此方法，即从颈下喉部割断血管、气管和食管，不需要什么设备就能进行。缺点是刀口过大且外露，细菌和其他污染物容易进入，影响禽体的冷藏保管。此法从禽的下颚颈部处切割，刀口不得深于0.5cm。此法操作简单，但不美观。

(2) 口腔刺杀法（斜刺延脑法）：将禽类头部向下斜向固定后，用左手或右手拉开嘴壳，将刀尖伸入口腔，达第二颈椎处（即颚裂的后方）切断颈静脉和桥状静脉的联合处。接着收刀通过颚裂缝的中央、眼的内侧用力用刀尖斜刺延脑，以破坏中枢神经，使羽毛易于脱落，促禽早死。此法减少挣扎、肌肉松弛，放血快而净，不易污染，有利于拔毛。此法外部没有伤口，外观整齐，技术比较复杂，不易掌握，且会造成放血不良，颈部会有淤血。

操作时下刀部位要准确，用力要适中，否则用力过轻不能割断血管，达不到屠宰的目的；或者放血过慢，造成放血不良或活烫。用力过重，切得过深，血液流到皮下造成颈部淤血。放血一般6～8min。如果轨道较短，沥血达不到时间，家禽不易死透，也会造成放血不良或活烫，使禽体发红。

4. 浸烫

家禽屠宰后要立即浸烫、去毛。浸烫时利用毛孔热胀冷缩的原理，采用热水使毛孔膨胀，这样羽毛容易拔除，可保持宰后禽体的光洁。浸烫要根据家禽的品种和月龄适当掌握水温和浸烫时间。浸烫方式有：

(1) 手工浸烫：水温一般鸡为62～65℃；鸭、鹅的羽毛覆盖层厚，温度要稍高一些，一般为65～68℃。月龄短的家禽温度要低些，浸烫时间一般为30s至1min。浸烫时，要在家禽完全停止呼吸、体温没有散失的情况下，将禽投入烫缸，否则，禽体冷了，毛孔紧缩，影响去毛。但是水温不能过高，浸烫时间不能过久，否则把皮“烫熟”了，使肌蛋白凝固、皮的韧性变小，推毛时容易破皮，并且脂肪溶解，从毛孔渗出，表皮呈暗灰色，带有油光，造成次品。如水温过低，浸烫时间短，烫得不透，就形成“生烫”，造成拔毛困难，如用力将毛拔下，会连皮一齐拔下，造成破皮，商品质量不合要求。因此，掌握适当的水温和浸烫时间是很重要的。

手工浸烫有两种，一是分批浸烫，也叫“搅烫”，即在一只大缸或木桶内盛上适宜温度的热水，将屠宰后的家禽一次投入若干只，用木棒在缸或木桶中上下搅拌，大约30s。先提出一只，试将大翅羽毛拔除，如容易脱落，就应逐只将大翅羽全部拔掉。因为鸭、鹅羽毛较厚，吸水较慢，浸烫时还可试拔腹部的丛毛。然后再搅拌10s左右，试看浸烫的程度，如果全身羽毛易拔，说明已恰到好处，然后一只只拿到案板上推毛。另一种是逐只浸烫，烫时提起禽的两脚，将倒悬的禽体全身浸入热水中，上下左右搅动十多次，使热水渗透毛孔。这样，浸烫以后就可以取出拔毛。逐只浸烫时，鸡或鸭一次可浸烫两只，左右手各提一只，倒提两脚浸入热水中，一只稍稍拉动，即投入热水内，任其浸泡，另一只要上下左右搅拌烫透，取出脱毛，待这一只拔除羽毛后，泡在水内的另一只也已烫透，一面取出，一面从待烫的禽中另外提一只，按照上述方法，投入水中浸烫。

手工浸烫应掌握好水温，有经验的老工人一般用手指测温。手先在冷水中浸一下，然后伸进热水中，觉得水烫而皮肤又没有刺激的感觉即可。试水温还有一种办法，即抓住禽的颈部，先把它的两脚浸入热水中，提起来看看，如果两爪伸直，脚上的皮一拉就能脱开，说明温度恰到好处；如果两爪卷曲，说明温度过高；两爪虽不卷曲，但脚的外皮不易拉掉，说明水温过低，应把水温调好，才能达到浸烫的要求。

浸烫的水温还应与家禽的品种、月龄相适应。使用开水浸烫拔毛，效果恰恰相反。因为水温太高，烫得过熟，使羽毛粘在皮上，不易拔除，或者是连皮撕下，损坏了禽体。这里介绍两个简易的调温办法，一是在家禽屠宰以后，用冷水淋湿，然后把它放在沸水中浸泡，因羽毛上淋了冷水，当浸在沸水中时，既降低了水的温度，也有助于吸取热量，很快烫透。二是按2/3的沸水和1/3的冷水的比例掺和，即用相当于两只热水瓶的沸水和一只热水瓶的冷水混合，水温就适宜了。

(2) 机械浸烫：家禽的浸烫已由手工劳动发展到机械操作了。机械浸烫虽有多种形式，但共同特点是可以控制和调节水温，烫好家禽，并能定时换水、保持清洁卫生。机械浸烫缸或烫槽一般是采用蒸汽加热，将水温保持在规定范围内，连续进行浸烫，所以温度要比手工的略低一些，一般鸡在58～60℃，鸭为61～62℃，鹅为62～63℃。浸烫设备工作时，一般是使长形圆底的热水槽内装有的胶管和胶齿的转轴，在电动机的带动下，有规则、均匀地上下搅动和推进，将家禽羽毛烫透后传送到打毛机上。方法是移动吊轨上的家禽屠宰后，基本死透，体温还未散尽，通过手工将禽一只只地投入烫缸，或者通过自动装置一只一只投入烫缸内进行浸烫。烫缸的长短和转动速度都是按家禽浸烫时间而设置的，千万不能太短，太短不能烫透，造成去毛不净；但时间过长，容易烫熟。

5. 脱毛

屠宰后的家禽经过浸烫即可去毛。去毛要求时间快、去得干净。脱毛的方法有：

(1) 手工去毛：手工去毛时，要根据羽毛的性能、特点和分布的位置，顺序进行。翅上的羽片长、根深，要拔除；背毛因皮紧不易破损，可以推脱；胸腹毛松软、弹性大，可用手抓除；尾部的羽毛硬而根深，且尾部富有脂肪，容易滑动，要用手指拔除；而颈部比较松软，容易破皮，要用手握住颈，略带转动，逆毛倒搓。拔毛的顺序各地有多种习惯，一般是先拔右翅羽，附带推脱肩头毛；再拔左翅羽，同时推脱背毛；然后拔除胸腹毛，倒搓颈毛；最后拔去尾毛。有些地方是在拔除右翅羽、推脱肩头毛之后，随即去颈毛、左翅羽、背毛而至尾毛。

(2) 机械去毛：机械去毛同样有多种形式，其特点是去毛快、不损伤皮肤，而且大毛、小毛基本可以去净，仅有少量翅尖和尾毛残留，需经过人工整理。机械去毛的设备，一般是在相对的滚筒上装着若干橡皮刺；或者在平板式的打毛机上装有若干相对的轴，轴上装有若干橡皮刺；还有的是在金属圆盘上附着有若干橡皮刺。然后由电动机带动，使两面相对的橡皮刺急速旋转，当浸烫的家禽通过中间空隙的时候，就与禽体羽毛紧密接触，相互摩擦。这种摩擦力超过了禽体毛囊对羽毛的持握力，在不损坏皮肤的情况下，经过机械的操作，在几秒钟内就能把羽毛顺利地去掉。

机械化浸烫、去毛，减轻了劳动强度，提高了劳动生产率，可保护工人的体肤，劳动生产率提高了四五倍。

6. 拔细毛

经过去毛的家禽的体表上还残留有一部分细小的羽毛。为了减轻脱小毛的体力劳动和提高工作效率，在钳小毛前可用松香或石蜡先拔一次毛。

松香拔毛的优点是去毛快而净，缺点是污染禽体，易残留松香点或块。方法是首先取纯净松香与油脂混合（植物油与动物油即可），其比例为 89:11。将油脂投入锅中，用直接火加热，待油脂温度升高以后，再分批将松香投下，继续加热，直到松香全部熔化，并徐徐搅拌，将松香与油脂均匀混合，并用温度计检查，掌握锅内温度达到 220℃ 为止。千万不能过高，否则松香将会发生爆烈燃烧，造成火灾。为此操作人员必须穿戴好工作衣帽、手套及防护眼镜，防止高温溶液烫伤皮肤。另外必须随时检查，绝不得擅自离开操作地点；下班后必须将炉膛火种熄灭后才能离开。

将熬好的松香溶液盛入蘸料锅中，用火或夹层锅、池通过蒸汽加热保温到 150℃ 左右即可使用。蘸料时先将已去大毛的禽体放在水中浴湿，否则禽体发干，蘸料后料不易剥除，还易烫破表皮。然后一手捏住禽嘴壳、一手抓禽的双脚，将其腹面向下蘸入溶液中，使禽的全身除头与脚外全部浸到。约 2s（过长即烫坏）后提出投入冷却水池中冷却。冷却用水温度以 25℃ 左右为宜；而冬季用水必须加热，否则水温过低，松香很快发脆，不易剥除。浸水冷却时间不宜超过 8s，否则松香同样发脆。剥料时将冷却好的禽体从水中取出，先从颈部向下推除细毛（松香胶衣即卷起）；再沿脊背撕开，脱出双翅；再翻转禽体，脱去腹部胶衣，脱出双腿。这样全身绒毛即粘在胶衣中全部剥除。剥下的松香投入盘中回收使用。剥去松香胶衣的禽体应及时送到钳小毛工序。

现在已用新型专用脱毛石蜡代替了松香拔毛。石蜡拔毛是新的拔毛手段，它没有毒，对人的身体健康没有妨碍，是当今禽类加工企业采用的必要手段。

7. 钳小毛

家禽经过浸烫、去毛以及拔细毛后，全身羽毛基本去净，但仍残留有细小绒毛及血管毛，必须再进行一次手工钳小毛才能完成。钳小毛时以右手执镊，紧持镊柄，使刀面与大拇指面平，以增加夹毛面积。刀面与指面斜度为15°左右。以左手执禽体，使禽体浮在水面上，用手指将禽的表皮绷紧，让其毛孔竖起，右手执拔毛镊从左背尾部开始，逆毛方向经过左腿及翅外侧钳到颈根，再顺毛方向从颈根钳净右背，经过右翅及腿外侧，直至尾部。然后翻动禽体，从左腹开始，逆毛方向顺序钳到颈根，再从颈根顺毛方向钳到尾部。经过这样四个来回的钳除，可将全身细毛去除。操作必须按以上顺序依次进行，不得乱钳。钳完一只禽时，同时将禽的脚皮和嘴壳去除，以保持禽体全身洁白干净。

禽体上往往有一种蓑衣毛和苍蝇脚毛，操作时比较困难，必须用“贴皮”法钳除；锥子毛用“扬头”法钳除。对过烫的鸭子必须加大镊子斜度，皮肤不得绷得太紧，一律采用倒钳法。对“皮包锥子毛”必须用镊子轻轻夹除，防止夹伤皮肤。毛根钳除后，如毛孔留有黑色油脂时，可用刀刃轻轻刮除，此外一律不得用刀刃刮禽体。钳完的禽体要全面检查一遍，看是否留有遗毛。

8. 检验验收

钳净小毛的光禽及时进行检验验收，不要积压。在生产出口禽时，验收中要把符合的初步分出。检验员要检验禽体的小毛是否钳净，是否有残留的松香点。检验符合标准的给予验收，不符合标准的一律退回重新整理。

9. 开膛拉肠

经过浸烫、去毛等工序后，开膛，以便拉肠或取出内脏。开膛的位置要正确，要符合加工禽制品的要求。开膛前先要进行整理，使禽体全身光洁，保持清洁卫生，便于净膛和拉肠的进行。

(1) 除粪便：经过浸烫、去毛等工序后的家禽，内脏还留在腹腔之中，禽肠中还有遗留的粪污，必须清除才便于工人的操作，避免在开膛拉肠的时候粪便污染禽肉。操作时将禽体腹部朝上，两掌托住背部，以两指用力按捺禽的下腹部向下推挤，即可将禽粪从肛门排出。

(2) 洗淤血：禽体在清水池内洗去余血，方法是一手握住头颈，另一手的中指用力将口腔、喉部或耳侧部的淤血挤出，再抓住禽头在水中上下、左右摆动，把血污洗净，同时顺势把嘴壳和舌衣拉出。

(3) 开膛：开膛的方法很多，一般有腋下开膛和腹下开膛。腋下开膛的家禽主要用于加工禽制品，例如煨鸡、烤鸭、盐水鸭、板鸭等。根据这些禽制品加工的要求，应采取翼下开膛法取出内脏，以便在烤、烧、腌时能在腹内存放调味的作料，同时油脂和肉汁也不易向下流失，有利于保持香味。开膛时从右翅下肋窝处切长约3cm的切口，再顺翅割开一个月牙形的口，总长度为6～7cm即可。因为家禽的食道器官等偏向右方，所以从右翅开出刀口，操作比较方便。在开割时必须注意将右翅下缘内部的腱带（俗称筋）割断，但不要割断肋骨。因为腱带有韧性，对肌肉起伸缩作用，如割不断，则肌肉较紧，刀口张不开，不便拉内脏。如割断肋骨，骨上有尖刺，手指伸进拉内脏时，容易刺破皮肤，也不利于操作。另一种方法是腹下开膛。操作时用刀尖或剪刀从肛门正中切开长度约为3cm的刀口，以便于食指和中指伸入拉肠。还有一部分家禽按照加工禽制品的要求，从肛门至胸骨尾端处沿正中剖开5～6cm，除大拇指外，可以伸入四个手指取出内脏。家禽开膛后，根据加工产品的不同，有几种形式的拉肠或取出内脏。

① 全净膛：即除肺、肾外将家禽的内脏全部拉出。凡是腋下开膛的家禽都是全净膛。操作时各地有多种方法。一般是先把禽体腹部朝上，右手控制禽体，左手压住小腹，以小指、无名指、中指用力向上推挤，使内脏脱离尾部的油脂，便于取出。随即左手控制禽体，右手中指和食指从腋下的刀口处伸入，先用食指插入胸膛，抠住心脏拉出，接着用两指圈牢食管，将与肌胃相连的筋腱和薄膜剥开，轻轻一拉，把内脏全部取出。对于腹下开膛的家禽，一般是以右手的四个指头侧着伸入刀口触到禽的心脏，同时向上一转，把周围的薄膜剥开，再手掌向上，四指抓牢心脏，把内脏全部取出。

② 半净膛：即从肛门处切开长约2cm的刀口，拉出肠子和胆囊，而其他内脏仍留在禽的体腔之中。操作时，使禽体仰卧，左手控制禽体，右手的食指和中指从肛门刀口处伸入腹腔，夹住肠壁与胆囊连接处的下端，再向左转，抠牢肠管，将肠子连同胆囊一齐拉出。

③ 满膛：活禽屠宰后不开膛不拉肠的禽体，称为“满膛”，又称为“不净膛”。即全部内脏仍留在体腔之中。在屠宰去毛后直接供应市场的光禽就是满膛。这种光禽被再加工单位购去，可以根据不同的禽制品进行各种开膛法。

总之，在净膛拉肠时要注意防止拉断肠管和弄破胆囊。如操作不当拉断了肠管，或是弄破了胆囊，就应继续清除肠管，同时要立即用清水冲洗干净，不使肠管或胆汁留在腹内，以免污染禽体，影响肉品质量。

开膛后的禽体的腹膛内仍可能留有残余的血污，因此，仍应用清水清洗，使禽体内部保持干净。然后将禽体腔中的积水沥尽，再用干净毛巾逐只揩擦，使不留污秽。

10. 检验与处理

拉肠后的禽胴体由专职卫检人员进行宰后检验，剔除不合格的次品，将出口商品按出口标准进行分级。

(1) 出口处理：卫检人员用装有小灯泡的扩张器，从禽体肛门处检查内脏，可发现有：轻度破胆，能及时冲洗干净的禽；少量粪便污染，能及时冲洗干净的禽；寄生虫引起的局部脏器有坏死点或病变的禽；腹腔中有积凝血块可以冲洗干净的禽；其他轻微局部病变而对人兽无害的禽等。这些禽进行局部废弃和修整，仍能作出口商品。

(2) 市销处理：凡放血不良、皮肤呈粉红色的禽；破胆后，胆汁严重污染冲洗不净的禽；粪便污染，冲洗不净的禽；腹腔中发现脓肿或有恶臭气味的禽以及其他较严重的病变禽肉经修割整理以后进行市销处理。

(3) 高温或化制处理：检验中发现以下情况者做高温或化制处理：

①伤寒：主要表现为全体粘膜苍白、肝脏肿大发绿、表面有灰色斑点、脾脏肿大变形，肾脏亦常肿胀，心壁上有大小不同之灰色的小结节。②结核：指体内某些器官有变色或黄色的小结节，尤以肝、脾、肠上为多，不严重的可列人局部器官病变内。③出血性败血症：主要病变为皮、腹及胸肌呈淡红色，腹部内脏充血，肋间肌肉、心冠脂肪、心膜上均有小点出血，心包囊中常积有多量淡黄色液体，肝色深，表面有小白脓点，皮下及腹部脂肪色变深，有肿胀及出血小点，腹膜上有出血点，十二指肠粘膜发炎及出血等。④除上述各项外之其他严重病变肉。

(4) 不合格品：有以下现象的禽体为不合格商品，不得出口。①过瘦：是宰前选剔不严所致。②破皮：是因血管毛拔除操作不慎所致。③受伤：是因饲养管理不善所致。④红头：是因宰杀不善而淤血所致。⑤破胆：是因拉肠不慎所致。⑥血管毛太多：指血管毛不易拔除而残留。⑦变形：指禽体生理上畸形，体态不正常。⑧变色：指禽体皮色发黑、发紫及呈其他不正常色泽。⑨除以上各项外之其他现象而不能出口的禽。

11. 塞嘴与包头

出口的家禽头部要用纸包好，盖上等级检验章。具体是用质韧无味的40g的油光低的纸张搓成直径1.5cm的塞嘴丸，再用质韧无味的65g的厚边纸张裁成长22cm、宽12cm的包头纸（鹅包头纸长35cm、宽20cm），然后将分好等级的家禽按级别依序排在架上，使头倒垂下，用干净毛巾擦净口腔内污血，并除去舌皮，再将做好的纸丸塞进禽的口腔内，以防腔内流水，然后用包头纸包住禽头。从嘴壳直到后脑第二脊椎处，呈三角形，使之平整、紧密好看，再按禽体级别在禽头左部盖上商检章，章色不同表示等级不同。另外在包头之前，禽体要造型，即将禽翅、腿从关节部回折反贴于背部，使之对称平整。折腿时先将腿骨向内一推，再进行回折，防止折断造成废品。

以上工序结束后把禽体挂在轨道架上运到预冷间。市销家禽经钳净小毛后，验收合格的可直接挂在轨道架上运送到预冷间。

二、禽肉的分割与分级

长期以来，我国市场上仅局限于整只光禽供应，至多只是有半净膛和全净膛的不同，是以一种原始的方法将禽类产品供应给消费者。随着人民生活水平的提高，人们已经从过去喜爱购买活禽逐渐发展到购买光禽，进而希望能购买到禽类包装产品和禽类的分割小包装产品。现在禽类的分割小包装在市场上已经逐渐增多，经常是供不应求。因此，发展和扩大禽类分割小包装的生产，提高分割小包装的产品和质量，适应和满足消费者的需要，是禽产品加工企业和生产者的重要任务。

1. 禽肉的分割

生产光禽相对来说是简单的，生产分割禽必须注意质量、效益的平衡。家禽经过分割，一只禽的出肉率达不到原来一只家禽的重量，这是必然的，生产单位往往忽视这一方面，从而对效益有一定的影响。再则分割禽的工序较多，劳动效率低，使一些生产单位信心不足。

分割禽主要是将一只禽按部位分割下来，如果不按照操作和工艺要求，就会影响产品的规格、卫生以及产品质量。为了提高产品质量，达到最佳的经济效益，必须熟练掌握家禽分割的各道工序；下刀部位要准确，刀口要干净利索；按部位包装，斤两准确；清洗干净，防止血污、粪污以及其他污染。原料应是来自安全的非疫区的健康仔鸡、仔鹅（鸭），经兽医卫生检验没有发现传染性疾病的活禽，或经宰杀加工、符合国家卫生标准要求的冷却禽。

（1）分割方法：国内禽肉的分割生产是近几年才逐步发展起来的，对于分割的要求尚无统一的规定，各地根据当地的具体情况，规定了分割禽的部位和方法。分割仍然采取手工分割的方法，国内最早的禽分割主要是对鹅（鸭）的分割，而对鸡的分割是近几年才开始的。鸡的分割可借鉴和参考鹅（鸭）的分割，也可按购买者或经营者的要求予以规定。目前分割方法有三种：平台分割法、悬挂分割法、按片分割法。前二种适合于鸡，后一种适合于鹅、鸭。

禽类的分割依据品种的不同，分割要求也不同，如鹅的个体较大，可以分割为8件；而鸭的个体相对较小，可以分割为6件；至于鸡，由于个体更小，可以再适当地分成更少的分割件数。

鹅分割为头、颈、爪、胸、腿等8件，躯干部分分四块（1号胸肉、2号胸肉、3号腿肉、4号腿肉）。鸭躯干部分分为两块（1号鸭肉、2号鸭肉）。

① 鹅、鸭的分割步骤：第一刀从跗关节取下左爪；第二刀从跗关节取下右爪；第三刀从下颌后颈椎处平直斩下鹅头，带舌；第四刀从第十五颈椎（前后可相差一个颈椎）间斩下颈部，去掉皮下的食管、气管及淋巴；第五刀沿胸骨脊左侧由后向前平移开膛，摘下全部内脏，用干净毛巾擦去腹水、血污；第六刀沿脊椎骨的左侧（从颈部直到尾部）将鹅体分为两半；第七刀沿胸骨端剑状软骨至髋关节前缘的连线将左右分开，然后分成四块，即1号胸肉，2号胸肉，3号腿肉，4号腿肉。

② 肉鸡的分割步骤：

第一，腿部分割：将脱毛去肠鸡放于平台上，鸡首位于操作者前方，腹部向上。两手将左右大腿向两侧整理少许，左手持住左腿以稳住鸡体再用刀分割，将左腿和右腿腹股沟的皮肉割开。用两手把左右腿向脊背拽去，然后侧放于平台上，使左腿向上，用刀割断股骨与骨盆之间的韧带，再顺序将连接骨盆的肌肉切开。用左手将鸡体调转方向，腹部向上，鸡首向操作者，用刀切开骨盆肌肉接近尾部约3cm，将刀旋转至背中线，划开皮下层至第七根肋骨为止。左手持鸡腿，用刀口后部切压闭孔。左手用力将鸡腿向后拉开即完成一腿。调动鸡体，使腹部向右，余腿向上，用刀切开骨盆肌肉直至闭孔，再用刀口后部切压闭孔，左手将鸡腿向后拉开，即完成。

第二，胸部分割：光鸡首位于操作者前方，左侧向上。以颈的前面正中线，从咽颌到最后颈椎切开左边颈皮，再切开左肩胛骨。同样切开右颈皮和右肩胛骨。左手握住鸡颈骨，右手食指从第一胸椎向内插入，然后两手用力向相反方向拉开。

第三，副产品操作：大翅分割：切开肱骨与鸟喙骨连接处，即成三节鸡翅，一般称为大转弯鸡翅。鸡爪分割：用剪刀或刀切断胫骨与腓骨的连接处。从嗉囊处把肝、心、肫直至肠全部摘落，摘除肫、嗉带。将肫幽门切开，剥去内金皮，使不残留黄色。

第四，大腿去骨分割：鸡首位于操作者前方，分左右腿操作。左腿去骨时，以左手握住小腿端部，内侧向上，上腿部少许斜向操作者，右手持刀，用刀口前端从小腿顶端顺胫骨和股骨内侧划开皮和肌肉。左手持鸡腿横向，以切开两骨相连的韧带为适，切勿切开内侧皮肉和韧带下皮肉。用刀剔开股骨部肌肉中的股骨，用刀口后部从胫骨下部肌肉斩断胫骨处切断。操作右腿时，调转方向，工序同上。

第五，鸡胸去骨分割：首先完成腿的分割，然后使光鸡头位于操作者前方，右侧向上，腹部向左，先处理右胸。在颈的前面正中线，从咽颌到最后颈椎处切开右边颈皮，用刀切开鸟喙骨和肱骨的筋骨约2cm。用刀尖顺肩胛骨内侧划开，再用刀口后部从鸟喙骨和肱骨的筋骨处切开肉至锁骨。左手持翅，拇指插入刀口内部，右手持鸡颈用力拉开。用刀尖轻轻剔开锁骨里脊肉，再用手轻轻撕下，使里脊肉成树叶状。左胸处理法是调转方向，操作同上。再从咽喉挑断颈皮，顺序向下，留下食道和气管，切勿挑破嗉皮。最后左手拇指插入锁骨中间的腹内，右手持颈骨用力拉下前胸骨。

（2）分割肉的包装：国内主要采用无毒聚乙烯塑料薄膜制成的塑料袋进行禽分割肉的包装，少数要求较高的，则使用复合薄膜包装袋包装。国外由于包装材料比较便宜，常采用复合薄膜进行包装。

2．禽肉的分级

对于光禽我国历来没有统一的规格和标准，但各地经营部门都有相应的规格和指标，因此，介绍的规格要求和等级标准仅供禽产品加工企业参考使用。

(1) 市销的规格等级：光禽要求皮肤清洁，无羽毛及血管毛，无擦伤、破皮、污点及淤血。其规格等级是把肥度和重量结合起来划分。一级品，肌肉发育良好，胸骨尖不显著，除腿、翅外，有厚度均匀的皮下脂肪层布满全身，尾部肥满。二级品，肌肉发育完整，胸骨尖稍显著，除腿部、两肋外，脂肪层布满全身。三级品，肌肉不很发达，胸骨尖显著，尾部有脂肪层。至于按重量分，则各地不尽相同，但一般光鸡：1.1kg 以上为一级，0.6kg 以上为二级，低于 0.6kg 的为三级。光鸭：1.5kg 以上为一级，1kg 以上为二级。光鹅：2kg 以上为一级，1.6kg 以上为二级。

(2) 我国出口规格等级：我国对于出口光禽的等级是有一定标准的。进口方有时会提出相应的要求与特殊规定，应以买方的要求为标准。我国出口肉禽的一般等级如下：

① 冻鸡肉：

冻半净膛肉用鸡：去毛、头、脚及肠，带翅，留肺及肾，另将心、肝、胃及颈洗净，用塑料薄膜包裹后放入腹腔内。

冻净膛肉用鸡：去毛、头、脚及肠，带翅，留肺及肾。均须体外皮肤洁净，无羽毛及血管毛，无擦伤、破皮、污点及溢血。

特级：每只净重不低于 1.2kg。大级：每只净重不低于 1kg。中级：每只净重不低于 800g。小级：每只净重不低于 600g。小小级：每只净重不低于 400g。

② 冻分割鸡肉：

冻鸡翅：大级，每翅净重 50g 以上。小级，每翅净重 50g 以下。

冻鸡胸：大级，每块净重约 250g 以上。中级，每块净重约 200g 以上。小级，每块净重约 200g 以下。

冻鸡全腿：大级，每只净重约 220g 以上。中级，每只净重约 180g 以上。小级，每只净重约 180g 以下。

③ 冻北京填鸭：带头、翅、掌及内脏，去毛后头及颈部稍带毛根，但不甚显著，鸭体洁净，无血污。

一级品：肌肉发育良好，除腿、翅及其周围外，皮下脂肪布满全体，每只宰后净重不应低于 2kg。

二级品：肌肉发育完整，除腿、翅及其周围外，皮下脂肪布满全体，每只宰后净重不应低于 1.75kg。

出口的肉禽应当在双方协商的基础上讨论具体的规格要求，卖方应尽量按买方的要求加工，并提供样品。具体要求应当在产销供货合同中注明。

3. 禽肉的冷冻与解冻

禽肉的冷冻即让禽肉在低温条件下处于一种特殊的干燥状态，使微生物和酶的活动受到抑制。同时，利用冷库进行低温保藏，肉品的保藏量大，损失小，并且能最大限度地保存禽肉原有的色、香、味和营养成分。冻禽肉的冷加工一般要经过预冷、冻结和冻藏三个过程。

(1) 预冷：预冷一般在冷却间进行。冷却间设有吊挂禽体的挂钩架，屠宰后的光禽就吊挂于钩上。一般采用冷风机降温，室内温度控制在 0～4℃，相对湿度 80%～85%，经过几个小时的冷却，禽体内部的温度降至 3℃ 左右时，预冷即结束。由于预冷一般是在吊钩上进行，禽体下垂往往引起变形，因此在冷却过程中，需要人工进行整形，使外观保持美观。

(2) 冻结（冷冻）：禽肉冻结的形式很多，有包装后带箱冻结的；也有将禽体整形后，整齐地按照一定规格放置在金属盘内冻结的；还有将禽体用塑料袋包装后，放在悬挂式输送机的吊篮内，进行流水作业式的冻结的。从对商品质量的保护来看，快速冻结比缓慢冻结更好一些。另外，从产量上讲，冻结速度加快了也可以增加冻结的批次，有利于提高质量。

分割好的禽体应当分类用无毒的包装容器包装好，按要求进行大件外包装。急冻库温度要控制在-25℃，在72h以内使分割后的禽肉中心温度降至-15℃。贮存的冷冻库应控制在-18℃左右，分割禽的肉温要控制在-15℃以下。

(3) 冻藏：冻结后的禽体如果需要较长期保存的，应当及时送入冷冻间保存。冷冻库和各种用具应经常保持清洁卫生。库内要求无污垢、无霉菌、无异味、无鼠害、无垃圾，以免污染冷冻过的禽体。进入冻藏间的冻禽，都应保持良好的质量，凡发现变质、有异味的和没经过检验合格的禽体都不得放入。进入冻藏间的冻禽要掌握贮存安全期限，定期进行质量检查，发现有变质、酸败、脂肪变黄等现象，应及时、迅速地加以处理。冻禽的安全储存期，在库房温度-18℃时为6～8个月。库内有包装和没有包装的冻禽应当分别堆放，合理安排，充分利用库房，同时要求堆与堆之间，堆与冷排管之间，保持一定的距离，最底层要用木材垫起。堆放要整齐、便于盘查，以有利于执行先进先出为原则。

冻禽的解冻方法有很多，如空气解冻、水解冻、高频解冻等。空气解冻需要时间较长，如在温度为3～5℃，相对湿度为90%的解冻室中，用空气解冻时需2～3d。如果解冻室的温度不一致，则禽肉汁液的损失和干耗也有差异。目前的空气解冻有缓慢解冻和快速解冻两种。缓慢解冻时，解冻间温度为10～15℃，经过8～12h，解冻即可结束。为了减少微生物的污染，解冻间装有紫外灯杀菌。采用这种解冻方法肉汁损失小，但时间长。采用快速解冻方法时，解冻间温度需适当提高，并用强热空气循环，这样能使解冻时间显著缩短，但肉汁损失大。流水解冻是将禽放在水池中，利用水的温度使其融化，也有用自来水在冻禽表面浇淋解冻的。流水解冻方法简单易行、时间短、干耗少，但水溶性蛋白流失过多，肉色减退，影响禽肉的风味。从解冻后的质量看，浇淋的比浸入水池中的要好，但解冻的时间要长一些。

第四节　禽类的宰前宰后检验

一、活禽的宰前检验

家禽加工的宰前检验是保证禽产品卫生质量的第一关，应当认真负责，对于任何一点的可疑症状都应认真检查。

1. 病理性检验

禽产品加工都应当实行宰前的病理性检验，主要应检查前面所述的有关禽病的特征，可疑的病禽要及时剔出另行处理。宰前的病理性检验，应当做好验收工作，经常观察待宰活禽。对要急宰家禽做出处理，并决定病死的禽的处理方法，防止有病禽混入屠宰场地。对病禽进行分圈隔离、处理、消毒，了解、收集有关疫情的信息等。应设专人自始至终地做好这项工作。在检验过程中，特别要注意防止恶性传染病的发生，一旦发生，应及时向防疫部门报告，不能为了自己的经济利益，隐瞒疫情，这样于己于人都会带来损失。及时扑灭恶性传染病的发生是每个家禽加工企业的职责。

2. 物理性检查

物理性检查指在运输、待宰过程中，由于物理性因素造成的家禽受伤或死亡，应由具一定卫生专业知识的人员或专职卫检人员进行鉴定，确系属于物理性损伤导致的伤、死亡，应急宰加工，但不得作为合格产品销售。若发生物理性死亡时间已经较长，应当检查一下是否已有变质现象，如已变质，应当化制处理，不得制成禽产品投放市场。

二、鲜禽肉的质量鉴别（宰后检验）

所谓鲜禽肉是指活禽被宰杀加工，经兽医卫生检验符合市场销售要求而未经冷冻的禽肉。鉴别和判断鲜禽肉的新鲜程度，可以采用外观观察的方法，若仍无法判断时，可采用测定挥发性盐基氮的方法进一步鉴别判断。

外部感官检验即通过对禽体的外表的观察（如气味、色泽、弹性等）进行综合性判断，可参照国家有关食品卫生标准。鲜鸡肉的感官检验标准见表3-3。

表3-3　鲜鸡肉的感官检验标准

内容	一级鲜度	二级鲜度
眼球	眼球饱满	眼球皱缩凹陷，晶体稍浑浊
色泽	皮肤有光泽，因品种不同而呈淡黄、淡红、灰白或灰黑等色，肌肉切面发光	皮肤色泽转暗，肌肉切面有光泽
粘度	外表微干或微湿润，不粘手	外表干燥或粘手，新切面湿润
弹性	指压后的凹陷立即恢复	指压后的凹陷恢复慢，且不能完全恢复
气味	具有鲜鸡肉正常的气味	无其他异味，惟腹腔内有轻度不快味
煮沸后的肉汤	透明澄清，脂肪团聚于表面，具特有的香味	稍有浑浊，脂肪呈小滴浮于表面，香味差或无鲜味

鲜鸭肉、鹅肉的感官检验标准见表3-4。

表3-4　鲜鸭肉、鹅肉的感官检验标准

内容	新鲜肉	次鲜肉	变质肉
眼球	眼球平坦	眼球皱缩凹陷，晶体稍浑浊	眼球干缩凹陷，晶体浑浊
色泽	皮肤有光泽，因品种不同呈乳白色或淡红色、灰白色等，肌肉切面有光泽	皮肤失去光泽，肌肉切面有光泽	体表无光泽，局部发绿
粘度	外表稍湿润，不粘手	外表干燥或粘手，新切面湿润	外表干燥或粘手，新切面发粘
弹性	指压后凹陷立即恢复	肌肉开始松弛，指压后的凹陷恢复慢且不能完全恢复	肌肉软化，指压后的凹陷不能恢复，有明显痕迹
气味	具有鸭鹅肉固有的正常气味	有轻度不快味	体表和腹腔有不快味或臭味
煮沸后的肉汤	透明澄清，脂肪团聚于表面，具特有的香味	稍有浑浊，脂肪呈小滴浮于表面，香味差，无鲜味	浑浊，发泡，脂肪滴小，有腥臭味

除了外部观察外，还可以通过理化检验判断禽肉的新鲜程度。宰杀前表现出的病禽应及时剔除；而一些在宰杀前尚无明显症状，在宰杀后的光禽体上有表现的，也应及时剔除。有关鸡新城疫、禽霍乱、禽伤寒、禽结核、鸡痘、禽马立氏克病、鸭瘟等病的病禽特征参见兽医卫检或其他有关的书籍。

第四章　宰后肉的变化

动物刚屠宰后，肉温还没有散失，柔软，具有较小的弹性，这种处于生鲜状态的肉称做热鲜肉。经过一定时间，肉的伸展性消失，肉体变为僵硬状态，这种现象称为死后僵直（尸僵），此时肉加热食用是很硬的，而且持水性也差，因此加热后质量损失很大，不适于加工。如果继续贮藏，其僵直情况会缓解，经过自身解僵，肉又变得柔软起来，同时持水性增加、风味提高。所以在利用肉时，一般应在解僵后使用。成熟肉在不良条件下贮存，经酶和微生物作用分解变质，称做肉的腐败（Putrefaction）。

第一节　肌肉收缩的机理

一、收缩的基本单位

肌肉是动物体不可缺少的组织，由肌肉的形态结构可知，构成肌肉的基本单位是肌原纤维，在肌原纤维之间充满着液体状态的肌浆和细的网状结构的肌质网体。在肌浆中不仅含有蛋白质，而且还含有50多种成分，这些成分中有可进行糖酵解作用的酶类，它与肌原纤维蛋白质、肌质网及肌肉死后的变化有着非常密切的关系。

关于肌原纤维的构造在第一章已经阐明了，它是由比较粗的肌球蛋白纤丝和细的肌动蛋白纤丝所组成。在每一条肌球蛋白粗丝的周围，有六对肌动蛋白纤丝围绕排列而构成六方格状结构。在每个肌球蛋白粗丝的周围有放射状的突起，这些突起呈螺旋状排列，每六个突起的排列位置恰好旋转一周。在突起上含有ATP酶的活性中心的重酶解肌球蛋白能和F-肌动蛋白结合。粗丝和细丝不是永久性结合的，由于某些因素会产生离合状态，便产生肌肉的伸缩。所以说肌肉收缩和松弛，并不是肌球蛋白粗丝在A带位置上的长度变化，而是I带在A带中伸缩。所以肌球蛋白粗丝的长度不变，只是F-肌动蛋白细丝产生滑动。在极度收缩时，甚至在H区出现一条新的高密度带，亦即收缩时肌原纤维中的肌球蛋白粗丝和肌动蛋白细丝的长度不变，只是重叠部分增加。因此得出结论，肌肉收缩主要是由构成肌原纤维的两种蛋白质的粗丝和细丝的相对滑动造成，即所谓的滑动学说。图4-1为肌肉微细结构纵切面与横切面示意图，图中（1）、（2）、（3）分别表示肌节纵切面在静止、伸长和收缩时的长度。用显微镜观察发现，极度收缩时肌节比一般休息状态时短20%～50%，而被拉长时则为休息状态下的20%。

静止时肌节长度约为2.3μm，伸长时肌节长度约为3.1μm，缩短时肌节长度约为1.5μm。肌肉收缩牵涉到以下四种主要因子：

（1）收缩因子：肌球蛋白（图4-1中b）、肌动蛋白（图中a）、原肌球蛋白和肌原蛋白。

（2）能源：ATP——一种可塑剂。

（3）调节因子：初级调节因子——钙离子，次级调节因子——原肌球蛋白和肌原蛋白。

（4）疏松因子：肌质网系统和钙离子泵。

肌原蛋白是一种依钙电钮（Ca^{2+} dependentswitch），可改变原肌球蛋白的位置，以使肌

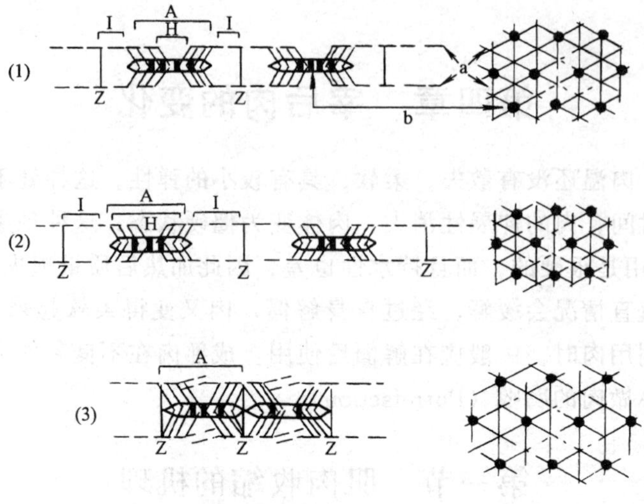

图 4-1　肌肉微细结构纵切面与横切面示意图

球蛋白头部与肌动蛋白接触。原肌球蛋白为一种中间媒介物，可将信息传达至肌动蛋白和肌球蛋白系统。

二、收缩与松弛的机理

肌肉处于静止状态时，由于 Mg 和 ATP 形成的复合体的存在，妨碍了肌动蛋白与肌球蛋白粗丝突起端的结合。肌原纤维周围糖原的无氧酵解和线粒体内进行的三羧酸循环，使 ATP 不断产生，以供应肌肉收缩之用。肌球蛋白头部是一种 ATP 酶，这种酶的激活需要 Ca^{2+} 的激活。

肌肉收缩时首先由神经系统（运动神经）传递信号，来自大脑的信息经神经纤维传到肌原纤维膜上产生去极化作用，神经冲动沿着 T 小管进入肌原纤维，可使肌质网将 Ca^{2+} 释放到肌浆中，进入肌浆中的 Ca^{2+} 浓度从 10^{-7}mol/L 增高到 10^{-5}mol/L 时，钙离子即与细丝的肌原蛋白钙结合亚基（Tn-C）结合，引起肌原蛋白三个亚单位构型发生变化，使原肌球蛋白更深地移向肌动蛋白的螺旋槽内，从而暴露出肌动蛋白纤丝上能与肌球蛋白头部结合的位点。钙离子可以使 ATP 从其惰性的 Mg-ATP 复合物中游离出来，并刺激肌球蛋白的 ATP 酶，使其活化。肌球蛋白 ATP 酶被活化后，将 ATP 分解为 ADP + Pi + 能量，同时肌球蛋白纤丝的突起端点与肌动蛋白纤丝结合，形成收缩状态的肌动球蛋白。

当神经冲动产生的动作电位消失后，通过肌质网等的作用，肌浆中钙离子被收回，肌原蛋白钙结合亚基（TN-C）失去 Ca^{2+}，肌原蛋白抑制亚基（TN-I）又开始起控制作用。ATP 与 Mg 形成复合物，且与肌球蛋白头部结合。而细丝上的原肌球蛋白分子又从肌动蛋白螺旋沟中移出，挡住了肌动蛋白和肌球蛋白部结合的位点，形成肌肉的松弛状态。如果 ATP 供应不足，则肌球蛋白头部与肌动蛋白结合位点不能脱离，使肌原纤维一直处于收缩状态，这就形成尸僵。

这里的肌质网起钙泵的作用，当肌肉松弛的时候，Ca^{2+} 被回收到肌质网中，而当收缩的时候钙离子被放出。肌肉收缩时的化学反应模式如图 4-2 所示。

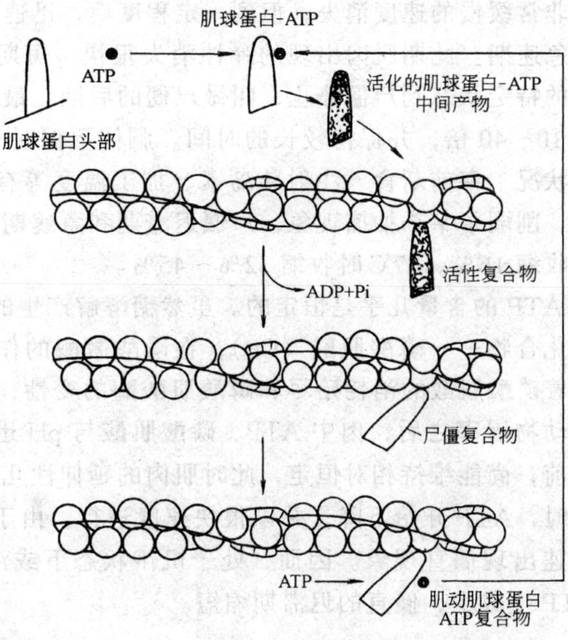

图 4-2　肌肉收缩之化学反应模式图

第二节　肉的成熟过程

屠宰后的畜禽胴体，肉质的内部会发生一系列的理化变化，相继出现僵直（尸僵）、解僵和自溶的过程，结果使肉柔软多汁，并产生特有的滋味和气味。我们把畜禽宰后的胴体发生一系列理化变化，使肉变得柔软多汁和风味提高的过程，称为肉的成熟（Ripening）。一般来说，肉的成熟过程可以分为尸僵和自溶两个阶段。

一、尸　僵

尸僵是指屠宰后的胴体随着糖原酵解的进行，肌肉逐渐失去弹性而变得僵硬的现象。

1. 尸僵的机制

胴体尸僵的原因是由于畜禽屠宰以后，有氧呼吸停止了，肌体内的糖原不能像活体那样完全氧化生成 CO_2 和 H_2O，只能经糖的酵解途径生成乳酸。在有氧的条件下，每个葡萄糖单位经三羧酸循环可氧化生成 36 个 ATP，而糖的酵解途径只能生成 3 个 ATP，正常供给肌肉中的 ATP 中断了。另外，从 CP-ADP-肌酸激酶反应系统中，高能贮存物质肌酸磷酸（CP）的供应也减少，因此，肌肉中的 ATP 含量急剧地减少。由于肌肉中的 ATP 减少，肌质网体崩裂，其内部保存的 Ca^{2+} 释出，肌浆内 Ca^{2+} 浓度增高，活化粗丝中的肌球蛋白-ATP 酶，更加加快了 ATP 的减少，促使 Mg-ATP 复合体解离，肌动蛋白细丝和肌球蛋白粗丝结合成肌动球蛋白。这一过程同活的动物肌体的过程是相似的。但由于胴体中 ATP 不断减少，不能再生，使胴体中的这一过程是不可逆的（活体中由于有三羧酸循环产生大量 ATP，该过程是可逆的）。没有足够的 ATP 提供能量使肌动球蛋白分开，导致胴体永久性地收缩，出现尸僵现象。

据研究，尸僵的过程可以分为三个阶段：从屠宰后到尸僵现象开始出现为止，称为迟滞期。此时的肌肉弹性以非常缓慢的速度消失，但到一定程度后，迅速加快。弹性的迅速消失到完全僵硬阶段，称为急速期。此期肌肉出现的弹性消失很快，短期内达到完全僵硬状态。最后形成延伸性非常小的特定状态到尸僵停止，叫做尸僵的后期。最后阶段胴体尸僵时肌肉的硬度可增加到原来的10～40倍，并保持较长的时间。胴体尸僵时三个阶段的进展速度同宰前动物的麻醉、紧张状况、宰前断食、注射胰岛素、加工温度等有一定的关系。据报道，注射胰岛素屠宰的动物，削弱了宰杀抽搐现象，尸僵迟滞期和急速期都缩短，肌肉收缩随温度升高而增大，17℃时收缩16%，37℃时收缩32%～45%。

在迟滞期，肌肉中ATP的含量几乎是恒定的。虽然糖酵解产生的ATP在减少，但此时肌肉中尚存高能的磷酸化合物——磷酸肌酸（CP），在磷酸激酶的作用下，CP生成磷酸和肌酸，释放出能量。随着磷酸肌酸的消耗殆尽和磷酸肌酸酶的变性，肌肉延伸性逐渐消失，进入僵直后期。因此，动物屠宰之后，肉中ATP、磷酸肌酸与pH迅速下降，当ATP和磷酸肌酸降到一定水平之前，尚能维持相对恒定，此时肌肉的延伸性几乎没有变化。只有当肌酸磷酸下降到一定程度时，ATP开始下降，并以很快速度进行。由于ATP的迅速下降，肉的延伸性迅速降低，迅速出现僵直现象。因而，处于饥饿状态下或注入胰岛素的屠宰动物肉，肌肉中糖原少，ATP生成少，僵直的迟滞期缩短。

2. 尸僵的类型

从以上分析我们可以看出，影响死后尸僵的因素是多方面的，根据Bendall学说，尸僵可以分为以下几种情况：

（1）酸性尸僵（僵直）：指在安静状态下（不剧烈活动）屠宰的动物肌肉出现的僵直。其特点是迟滞期较长，急速期非常短，而且由于温度不同，产生僵直收缩的程度不同，僵直从酸性开始，最终pH约为5.7。

（2）碱性尸僵（僵直）：指在疲劳状态下屠宰的动物肌肉产生的僵直。其特点是迟滞期和急速期都非常短且速度快，受温度影响小，即使在室温下肌肉也会显著收缩，肌肉大部分为碱性或中性的，僵直即使结束，pH几乎不变，保持约7.2。

（3）中间型僵直：指在断食状态下屠宰的动物肌肉所产生的僵直。其特点是迟滞期短、急速期长，肌肉产生一定的收缩，僵直开始时肌肉为中性或弱碱性的，终了pH为6.3～7.0。

（4）寒冷收缩：指牛的胸肌、背最长肌、大腰肌、半膜肌以及羊的肌肉等，在屠宰后2～3h之内，未发生僵直之前，在0～1℃条件下进行冷却，引起的肌肉显著收缩现象。这种寒冷收缩在15～16℃时最轻微。发生寒冷收缩的肉类，对后续加工肉的硬度有很大的影响，近来已引起人们的普遍重视。其可能是由于肌球蛋白粗丝和肌动蛋白细丝之间交错所致。当轻度收缩时，两种肌微丝之间的交错少，肉质尚柔软；中度收缩时，连续交错程度大，肉质硬；当强烈收缩时，贯通在肌原纤维之间的Z线可能发生断裂，肉质反而变软。

为了防止寒冷收缩对肉质带来不好的影响，采用电刺激的方法使肌肉中的ATP迅速消失、pH快速下降，可以改善肉的质量和外观色泽。但屠宰后寒冷收缩对肉质量的影响，猪肉没有牛肉那样显著。

3. 尸僵时间

尸僵时间因动物的种类、品种、宰前状况、宰后肉的变化及不同部位而异。一般鱼类肉尸发生早，哺乳类动物发生较晚，不放血致死较放血的发生得早。温度高的发生得早，持续的时间短；温度低的发生得晚，持续时间长。表4-1为不同动物尸僵开始和持续的时间。肉在达到最大尸僵以后，即开始解僵软化，进入成熟阶段。

表 4-1　　不同动物尸僵开始和持续的时间

种　类	开始时间/h	持续时间/h
牛肉尸	死后 10	15～24
猪肉尸	死后 8	72
兔肉尸	死后 1.5～4	4～10
鸡肉尸	死后 2.5～4.5	6～12
鱼肉尸	死后 0.1～0.2	2

4. 尸僵同肉保水性的关系

尸僵同肉保水性的关系与肉中糖酵解的极限 pH 有关。畜禽屠宰后由于糖的酵解生成乳酸，使肉的 pH 逐渐下降，一直到阻止糖原酵解酶的活性钝化为止的 pH 称为极限 pH。屠宰后的肌肉，随着糖酵解作用的进行，肉的 pH 下降到极限 5.4～5.5。此 pH 正是肌原纤维多数蛋白质的等电点附近，即使蛋白质没有变性，其保水性也会降低。然而，肌肉发生尸僵时保水性的降低不能完全以 pH 下降到肌肉蛋白质的等电点来解释。当肌肉发生尸僵时，并不是 pH 越高，肉的保水性越大。另一个原因是由于 ATP 的消失和形成肌动球蛋白造成的。两种肌微丝形成肌动球蛋白，其间隙就减少了，肉的保水性大为降低。实验证明，屠宰后的牛肉经贮存 1～2 昼夜，结合水量发生明显减少，其中 2/3 是由于 ATP 的分解所致，仅有 1/3是由于乳酸的生成所致。这就是说，即使在较高的 pH 下发生尸僵肉的保水性也会降低。第三个原因是由于蛋白质的变性。肌浆中的蛋白质在高温、低 pH 作用下，发生沉淀变性，不仅失去了本身的保水性，而且由于沉淀到肌原纤维上，从而影响到肌原纤维的保水性。

5. 解冻僵直

肌肉冻结的时候，肉中含有一定浓度的 ATP。含有较高浓度 ATP 的冻结肉，在解冻时由于 ATP 发生强烈而迅速的分解产生的僵直现象叫做解冻僵直。其特点是解冻时肌肉产生强烈的收缩，收缩的强度较正常僵直强烈得多，并有大量的肉汁流出。解冻僵直发生的原因是肉在冻结前仍然有一定浓度的 ATP 且没有失去活性，解冻时一方面活化了肉中的 ATP，另一方面在冻结的时候 Ca^{2+} 从肌原纤维中释出，马区因子受到抑制，使 ATP 酶活性更为激烈，导致解冻僵直。实验证明，在解冻过程中 ATP 和糖原的分解速度很快，在 0～2℃ 时分解最快，如果同 10℃ 时解冻肌肉相比，牛肉在 0～2℃ 解冻时，ATP 酶的分解速度增加 5 倍，鱼肉 ATP 酶的分解速度增加 50 倍甚至 200 倍。

二、自 溶（解 僵）

宰后畜禽胴体的尸僵达到顶点之后，经过一定的时间，肌肉又逐渐变软，解除尸僵状态的过程，叫做肉的自溶，或称为死后尸僵的解除（解僵）。解除僵直所需的时间随动物种类、肌肉部位及外界条件不同而异。在 2～4℃ 条件下贮藏的肉类，鸡肉需 3～4h 达到僵直的顶点，而解僵需要 2d；其他动物肉完成僵直需 1～2d，而解僵牛肉需 6～10d，猪、马肉需 3～5d。

未经解僵的肉类肉质差，咀嚼时有硬橡胶感，风味差，保水性低，加工时肉馅粘性也差。经过充分解僵的肉类则相反，适于作各种肉制品的原料。至于解僵的实质，很多人做了大量研究，现将有价值的观点与学说归纳如下。

1. 肌原纤维小片化

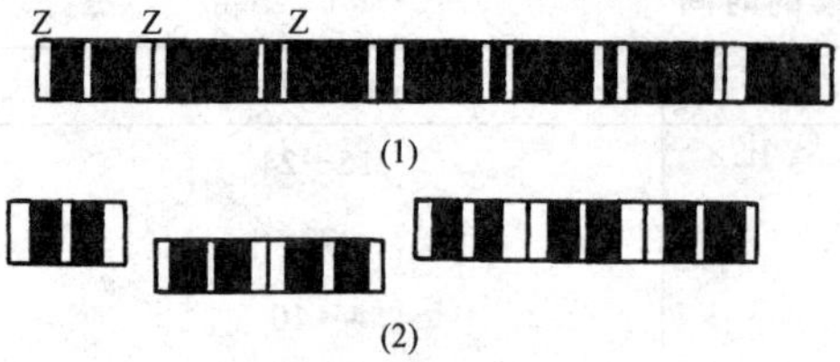

图 4-3 肌原纤维小片化示意图

（1）死后尸僵时；（2）软化成熟时

通过对宰后解僵成熟的肌原纤维进行观察，发现由数十个到数百个肌节沿长轴方向构成的纤维随着保藏时间的延长，达到解僵成熟后，肌原纤维变短，形成 1～4 段肌原纤维节的小片，而且在相邻肌节的 Z 线部分变得脆弱，受外界机械冲击很容易断裂。多数学者认为这种小片同肌肉的解僵软化有直接的关系。肌原纤维小片化示意图见图 4-3。产生小片化的原因是尸僵的肌原纤维产生收缩的张力，使 Z 线在持续的张力作用下发生断裂，张力作用越大，小片化程度越高。其次是尸僵时肌肉中的 Ca^{2+} 浓度从 1×10^{-6}mol/L 增加到 1×10^{-4}mol/L 时，成为活体的 100 倍，即当 Ca^{2+} 浓度达到 1×10^{-5}mol/L 时，Z 线结构开始脆弱，产生肌原纤维小片。据研究，当 Ca^{2+} 浓度在 1×10^{-5}mol/L 以下时，不进行小片化；当 Ca^{2+} 浓度超过该值时，肌原纤维小片化突然增加，达到 1×10^{-4}mol/L 时，小片化也达到最大。

2. 两种肌微丝结合变弱

尸僵时，肌球蛋白丝和肌动蛋白丝之间结合，形成肌动球蛋白。由于解僵过程中，小片化是在肌原纤维的 Z 线处发生，减少了两种肌微丝之间的结合，粗丝和细丝发生解离作用，肌节又重新恢复原来的长度，实现僵直的解除。

3. 肌肉中结构弹性网朊的变化

肌肉中结构弹性网朊是 1976 年日本千叶大学的丸山教授发现的一种弹性蛋白质，它贯穿于肌原纤维的整个长度，连续构成网状结构。该研究从贮藏的肌肉组织中制取肌纤维，把纤维中的粗丝、细丝、Z 线等抽出，再用 0.1mol/L NaOH 溶液溶除去可溶性成分，而残留的成分为结构弹性蛋白。鸡肉的肌原纤维中约有弹性蛋白 5.5%，兔肉中有 7.2%。该成分随着保藏时间延长和弹性的消失而减少。当弹性达到最低值时，该物质含量也达到最低值。肉类在成熟软化时，结构弹性蛋白消失，导致肌肉弹性消失，但并不意味着它不存在，而是它失去了耐碱性，溶解在 0.1mol/L 的 NaOH 溶液中。这一变化是因该物质的形态结构发生了变化所致，导致肉的解僵软化。

4. 组织蛋白酶的作用

肉的尸僵和自溶不能严格地区别开，自尸僵达到顶点之后的解僵期，肉的自溶其实就开始了，而且可以说，尸僵的开始是为继后的自溶在做准备。

在无菌条件下，经过成熟的肉类，游离氨基酸和 10 个以下氨基酸的缩合物含量增加，这些游离低分子多肽类的形成提高了肉的风味。这证明了肌肉中存在水解蛋白酶的作用而引起肉的自溶成熟。据分析，牛肉在 2℃ 经 30d 保藏之后游离氨基酸和低分子氨基酸缩合物占全部蛋白质 2.3%，非蛋白质含氮物可增加到 45μmol 氮/g。家兔肉在 3～4℃ 条件下保藏，非蛋白质含氮物可增加到 55μmol 氮/g。这是在无菌条件下，完全消除了微生物的影响，说明这是由于肌肉中存在水解蛋白酶的作用而引起。根据肌原纤维在成熟的不同阶段制备的聚丙烯酰胺凝胶电泳蛋白质（SDS）构成分析发现，在成熟过程中出现有相对分子质量为 3 万的新光谱带。这种结构蛋白质的分解产物仍保持其不溶性，有力地证实了肌肉结构蛋白质受水解酶作用的变化。正是由于这种结构蛋白质的变化，形成了水解蛋白产物，使肉变软、自溶、成熟，提高了保水性，提高了肉的风味。

肌肉自溶成熟时的蛋白质水解作用同多肽酶有关，多肽酶中有中性多肽酶和酸性多肽酶。从猪肉中分离出来的中性多肽酶 CAF（Ca^{2+}-Activatedfactor）是同 Ca^{2+} 同时存在的一种水解蛋白酶。在它的作用下，Z 带迅速消失。用甘油处理肉类，在 CAF 和 Ca^{2+} 的作用下，pH 为 7.0 时，25℃温度经 6h 后使肌原纤维结构发生变化。据研究，CAF 的最适 pH 是 7.0～7.5，在极限 pH 条件下（pH5.4～5.6），其活性只有 15%～25%，但在 Ca^{2+} 作用下加强。从肌肉组织以及脏器中分离出组织蛋白酶 B、D 和 L，其中组织蛋白酶 L 在 pH4～6 时，分解肌球蛋白、肌动蛋白和肌钙蛋白。

肉在自溶成熟的过程中，蛋白质的水解作用主要由三种酶导致，即 CAF、组织蛋白酶 D 和 L。这三种酶各有不同的适宜 pH。所以，肉成熟时 pH 是决定作用程度和变化的主要因素：当 pH 为 7 左右时，作用受 Ca^{2+} 的促进，主要是 CAF 酶的作用；当 pH5～6 时，在乙二胺四乙酸促进作用下，主要是组织蛋白酶 L 在起作用；当 pH 在 5 以下时，主要是组织蛋白酶 D 在起作用。所以，正常屠宰以后的肌肉，从宰杀到 pH 达 5.5 左右，是这些酶共同作用的结果。

但自溶过程必须严格控制，当部分蛋白质分解生成水溶性蛋白质、肽及氨基酸，达到一定程度后，应进行加工利用。否则，解僵自溶以后的肉类容易腐败。

三、成熟肉的特征

综上所述，肉的成熟包括从糖原的分解到肉的尸僵然后解僵自溶的全过程。经过成熟的肉，其性质和滋味同未经成熟的肉相比较有显著的差异，归纳于表 4-2 中。

表 4-2　　成熟肉和未成熟肉的区别

成　熟　肉	未　成　熟　肉
1. 煮熟的肉：柔软多汁，有肉的特殊美味和气味 2. 肉汤：透明，具有肉汤所特有的美味和气味	1. 煮熟的肉：坚硬、干燥，缺乏肉的特殊美味和气味 2. 肉汤：混浊，没有肉所特有的美味和气味

肉成熟所需的时间同温度密切相关，成熟的速度同温度高低成正相关。在 0℃的温度和 80%～85%的湿度条件下，肉 10d 左右可达到成熟的最佳状态；在 12℃时经过 5d 便可达到成熟状态；在 18℃时经 2d 成熟；在 29℃时经几小时就完全成熟。但温度过高，由于微生物活动加剧，肉易腐败。故在工业生产条件下，常把胴体放在 2～4℃冷库内，保持 2～3d 使其适当成熟。经过恰当成熟的肉有以下几个明显特征：

① 易于被人体消化吸收。在肉的成熟过程中，由于酸的作用，使胶原蛋白潮润而柔软，在加热时容易变成胶。因此，成熟的肉易于消化吸收。若肉未成熟，则在人体消化过程中要消耗大量的能量，且易使部分未消化的物质排出体外，结果使高营养食品无形被浪费。

② 具有抑菌的作用。肉成熟过程中产生乳酸，降低 pH，可阻碍微生物的繁殖，有一定的杀灭病原微生物的作用。

③ 防止病原菌侵入。肉在成熟过程中，胴体表面形成一层“皮膜”，用手触摸时，发出羊皮纸似的声音。该膜可防止病原微生物侵入肉内。

④ 肉汁较多，具有特殊的香味，切开时有肉汁流出。尸僵过程中蛋白质凝集成大的聚集体。在聚集体之间形成间隙，易于通过水分，促使肉汁分离，充满间隙，易于流出。故成熟的肉肉汁较多。

⑤ 肉的组织状态富有弹性。因为成熟的肉组织具有弹性，使肉显得柔软多汁。

⑥ 肉呈酸性。在成熟过程中，由于乳酸的积累和其他酸性产物增加，使肉呈酸性。

从以上特征看出，肉的成熟无论从经济、兽医卫生以及营养风味上都有重要的意义。但必须指出，如果是加工肉制品，则不能利用成熟肉，只能利用鲜肉。加工所用的一般是屠宰后冷却至2～3℃的鲜肉，因肉经成熟以后，结着力很差，影响产品的组织状况，尤其是生产香肠和灌肠的肉，切忌选择成熟肉。

第三节　成熟肉的变化

一、肉的物理变化

肉在成熟过程中要发生一系列的物理、化学变化，表现在肉的 pH、表面弹性、粘性、冻结的温度、浸出物等发生改变。

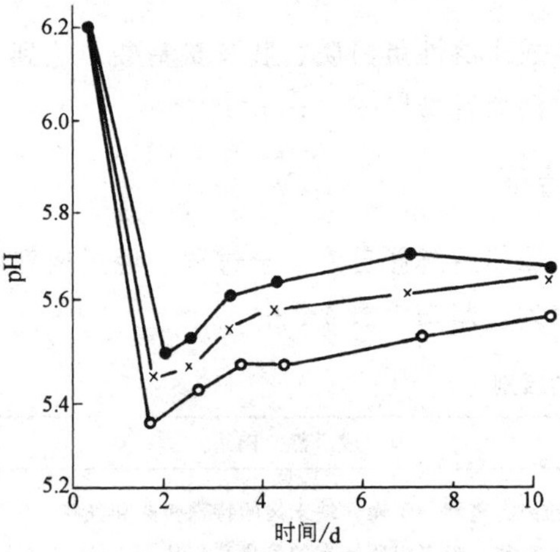

图 4-4　在低温下肌肉成熟过程中 pH 的变化

● 第一组　× 第二组　○ 第三组

1. pH 的变化

肉在成熟过程中 pH 发生显著的变化。刚屠宰后的鲜肉 pH 在 6～7 之间，约经 1h 开始下降，尸僵时达到最低（5.4～5.6），而后随保藏时间的延长开始慢慢上升（见图 4-4）。

2. 保水性的变化

肉在成熟时保水性又有回升。保水性的回升和 pH 变化有关，随着解僵的进行，pH 逐渐增高，偏离了等电点，蛋白质静电荷增加，使肉的结构疏松，因而持水性增加。此外随着成熟的进行，蛋白质分解成较小的单位，从而引起肌肉纤维渗透压增高，保水性只能部分恢复，不可能恢复到原来状态，因肌纤维蛋白结构在成熟时发生了变化。

3. 嫩度的变化

随着成熟的进行，肉的柔软性发生显著的变化，刚屠宰之后生肉的柔软性最好，而在 2 昼夜之后达到最低的程度。如热鲜肉的柔软性平均值为 74%，保藏 6 昼夜之后又重新增加，平均可达到鲜肉时的 83%。

肌纤维的切断力与成熟的关系：以 8～10℃ 条件成熟，2 昼夜内随着成熟的进行切断力增加，而后则逐渐减小（见表 4-3）。

表 4-3　　不同时间肌纤维的剪切力值

状　态	剪切力/N	
	生　肉	煮熟肉
刚宰后热鲜肉	9.1	14.1
保藏 2 昼夜	9.7	13.7
保藏 6 昼夜	9.0	10.7

4. 风味的变化

肉在成熟过程中，蛋白质被组织蛋白酶作用，游离的氨基酸含量有所增加，主要表现在浸出物质中。新鲜肉中酪氨酸和苯丙氨酸等很少，而成熟后的浸出物中有酪氨酸、苯丙氨酸、苏氨酸、色氨酸等存在，其中最多的是谷氨酸、精氨酸、亮氨酸、缬氨酸、甘氨酸，这些氨基酸都具有增强肉的滋味和香气的作用。所以成熟后的肉类风味提高。此外，肉在成熟过程中，ATP分解产生的次黄嘌呤核苷酸（IMP）也为味的增强剂。

二、肉的化学变化

1．蛋白水解

在成熟中，水溶性非蛋白质态含氮化合物量会增加。如果将处于极限pH 5.5～5.8的家兔肉和牛的背最长肌在37℃条件下无菌贮藏5～6个月，那么三氯乙酸可溶性氮即非蛋白态氮就会从初期总氮量的10%～13%上升到37%（家兔）和31%（牛）。开始贮藏后的10d非蛋白态量增长速度很快；在低温条件下贮藏，其增长速度较慢。牛背最长肌在2℃条件下贮藏30d，其非蛋白态氮量增长到45μmol/g肉；家兔背最长肌在3～4℃条件下贮藏7d，非蛋白态量增长到55μmol/g肉。

2．次黄嘌呤核苷酸（IMP）的形成

死后肌肉中的ATP在肌浆中ATP酶作用下迅速转变为ADP，而ADP又在肌激活酶的作用下进一步水解为AMP，再在脱氨酶作用下形成IMP。反应过程如下：

$$\text{ATP}\xrightarrow[\downarrow \text{Pi}]{\text{三磷酸腺苷酶}}\text{ADP}\xrightarrow[\downarrow \text{Pi}]{\text{肌激酶}}\text{AMP}\xrightarrow[\downarrow \text{NH}_3]{\text{腺苷酸脱氨酶}}\text{IMP}\xrightarrow[\downarrow \text{Pi}]{\text{磷酸酶}}\text{肌苷}$$

ATP转化成IMP的反应在肌肉达到极限pH以前一直进行着，当达到极限pH以后，肌苷酸开始裂解，IMP脱去一个磷酸变成次黄苷，而次黄苷再分解生成游离状态的核苷和次黄嘌呤。

成熟的新鲜肉中，IMP约占嘌呤氮量的31.28mg/100g，肌苷占25.69mg/100g。不同动物肉IMP的蓄积也不同，鸡肉在宰后8d达最高值为8μmol/g，肌苷为1μmol/g；而猪肉在宰后3d最高值达3μmol/g，同时肌苷和次黄嘌呤量均相应地增高，这是各种酶的作用力不同所致。鸡肉伴随ATP的减少而IMP含量增加，其间ADP、AMP没有蓄积，这是因为AMP脱氨酶比其他酶作用强；而猪肉在形成IMP的同时生成肌苷和次黄嘌呤。表4-4为成熟过程中牛背最长肌IMP含量的变化。

表4-4　成熟过程中牛背最长肌IMP含量的变化

死后时间/h	含量/（μmol/g）	死后时间/d	含量/（μmol/g）
0	4.71	7	4.20
12	5.44	14	2.17
24	4.86	28	0.75
96	4.47		

分析结果表明，僵直前的肌肉中ADP很少，而ATP的含量较多；但僵直以后IMP的数量特多，其中肌苷、次黄嘌呤、次黄苷、ADP、ATP、IDP（次黄苷二磷酸）、ITP（次黄苷三磷酸）等较少。

3．肌浆蛋白溶解性的变化

屠宰后接近24h时肌浆球蛋白的溶解度降到最低程度，表4-5是在4℃条件下成熟，随时间的延续，肌浆球蛋白溶解性的变化。从表中数字看出，刚屠宰之后的热鲜肉，转入到浸出物中的肌浆球蛋白最多，6h 以后肌浆球蛋白的溶解性就显著减少，呈不溶状态，直到第一昼夜终了达到最低限度，只是最初热鲜肉的 19%。到第四昼夜可增加到开始数量 36%，相当于第一昼夜的 2 倍，以后仍继续增加。

表 4-5　　肌浆球蛋白溶解性的变化

成熟时间/h	蛋白质溶解数量		成熟时间/d	蛋白质溶解数量	
	g/100g 肉	占最初量的百分比/%		g/100g 肉	占最初量的百分比/%
热鲜肉	3.43	100.0	3	1.18	34.4
6	1.39	40.5	4	1.24	36.1
12	1.01	29.4	6	1.22	35.6
24	0.65	18.9	10	1.29	37.6
48	0.92	26.8	14	1.33	38.7

对盐的溶解性也是新鲜肉最高，经 1～2 昼夜后溶解性开始降低，为鲜肉的 65%，以后又继续增加，当达到 4 昼夜时达 73%。

4. 构成肌浆球蛋白的 N-端基的数量的变化

随着肉成熟的进行，蛋白质结构发生变化，使肌浆球蛋白氨基酸和肽链的 N-端基（氨基）的数量增多（见表 4-6）。

表 4-6　　成熟肉的蛋白质变化

氨基酸	从 1g 肌肉中分离出的 N-端基的数量/mmol		
	热鲜肉	保藏 2 昼夜	保藏 6 昼夜
二羧酸	8	39	76
丙氨酸	4	22	71
甘氨酸	1	3	13
亮氨酸	34	146	226
丝氨酸	10	15	47
合　计	57	225	433

表 4-6 表明，在 8～10℃ 条件下成熟，N-端基的数量较新鲜肉增加很多，而相应的氨基酸如二羧酸、谷氨酸、甘氨酸、亮氨酸等量都增加。显然伴随着肉成熟的进行，构成肌浆蛋白质的肽链被打开，形成的游离 N-端基增多，所以成熟后的肉类柔软性增加，热加工时保水能力增高。

5. 金属离子的变化

在成熟肉中可看到用水提取的金属离子的增减情况。Na 和 Ca 增加，K 减少（见表 4-7）。在活体肌肉中，Na 和 K 大部分以游离状态存在于细胞内，一部分与蛋白质等结合。Mg 几乎全部处于游离状态，ATP 变成 Mg-ATP，成为肌球蛋白的基质；Ca 基本不以游离的状态存在，而与肌质网、线粒体、肌动蛋白等结合，增加的钙可能是因某种变化游离出来的。

表 4-7 牛肌肉水提取液及加热游离液中的阳离子量

贮藏天数	钠	钾	镁	钙	游离汁液量/%
水提取液					
3	0.475	2.42	0.368	0.059	—
13	0.587	2.14	0.369	0.068	—
加热产生的游离液汁					
3	2.67	14.78	2.11	0.255	39.2
13	3.99	13.42	2.10	0.317	36.3

注：肉中加 4 倍量水得到的提取液及 100mL 加热游离液汁中的 mmol。

去除与肌肉蛋白质结合的 Ca^{2+} 和 Zn^{2+} 等二价阳离子，可提高肉的持水性。这是因为二价阳离子在蛋白质分子内和分子之间起桥键作用，使水难以进入，去除二价阳离子，大部分水会保留在蛋白质的网状结构内，这种现象有助于成熟时持水性的增加。

三、促进肉成熟的方法

不少国家如新西兰、澳大利亚、法国等采用一定的方法加快肉的成熟过程，提高肉的嫩度。

1. 物理方法

(1) 提高温度：温度高成熟得快。Wilson 等试验用 45.5rad 射线照射牛肉，结合防腐进行高温成熟，43℃，24h 即完成，它和低温 1.7℃ 成熟 14d 获得的嫩度效果相同，缩短时间 10 多倍，但这样肉的颜色、风味都不好。

高温和低 pH 环境下，不易形成硬直肌动球蛋白。中温成熟时，尸僵硬度是在中温域引起，此时肌肉缩短度小，因而成熟的时间短。为了防止尸僵时肌肉缩短，可把不剔骨肉放在中温域进入尸僵阶段。

(2) 施行电刺激：电刺激可加快死后僵直的发展。电刺激主要用于牛、羊肉中，这个方法可以防止冷收缩。所谓电刺激是在家畜屠宰放血后，在一定的电压电流下，对胴体进行通电，从而达到改善肉质的目的。电刺激使用的电压有高电压和低电压之分。高电压可以达到 300V 以上，甚至 600V 以上；低电压则为 100V 以下。目前趋向于使用低压电刺激，因为据实验，高压和低压能达到同样的效果，而低电压更安全一些。

屠宰后的机体用电流刺激可以加快生化反应过程和 pH 的下降速度，促进尸僵过程的进行。对像牛肉和羊肉这样含有较多红色肌肉的家畜肉来说，在冷却的时候，随着肉的温度的下降 ATP 没有完全消失，因而肌浆网摄取 Ca^{2+} 的能力降低了，同时 Ca^{2+} 也从线粒体中游离到肌浆中，使肌浆中的 Ca^{2+} 浓度急剧地增加，这样使肌肉发生强烈收缩，而电刺激可以预防这种现象。

电刺激不但可以促进 ATP 的消失和 pH 的下降，而且对促进肉质色泽鲜明、软化有明显作用；特别是经过电刺激加工的热鲜肉，易于施行热剔骨，因此可以节省 30%～50% 的冷却能量，节省 70%～80% 的冷库容积，对提高经济效益有很大意义。

近 20 年来人们应用电刺激不仅是为了改善肉的质量，而且也是为了解决现代化肉类冷加工中出现的实际问题。生产实践中，要求屠宰后的牛羊胴体在 24h 以内，肉体中心温度降低到 7℃ 以下，必须以相当快的速度冷却，然而快速冷却易产生肌肉寒冷收缩现象，损害了肉的嫩度。实际证明，让死后肌肉的pH迅速降低到6以下可以防止产生冷收缩。而电刺激可以加快肌肉中的生物化学反应，迅速生成乳酸，使pH下降。如200V电压，频率为12.5Hz，刺激时间为2min，使pH迅速降低。最初pH越高，下降的幅度越大，刺激后的肌肉的pH在35℃条件经3～4h降到6.2以下。

最初pH	ΔpH
7.2	0.7
7.0	0.5
6.5	0.15
6.2	0

上述数字说明，最初pH越高，下降幅度越大，而且刺激的敏感性随死后僵直时间的延长而减弱，反之则相反。根据新西兰的资料，对羊胴体于屠宰后30min内进行电刺激，牛不超过45min。

不同部位的肌肉对电刺激的感受性并非一样，白色厌氧性肌肉比红色肌肉效果显著，pH下降幅度大。如羊的股二头肌（白色肌肉）大于肱三头肌（红色肌肉）的下降幅度。日本资料介绍，采用瑞典制造的低压电刺激装置，用仔羊试验，通电时的电压为3.2～3.8V，频率为13.8Hz，电刺激时间为30s、60s和180s。实验结果表明，在60s以内，对改进肉的色泽、降低pH、增加肉馅粘性、提高加工灌肠肉馅的弹性等都有明显效果。但超过60s以后效果不显著。

在工业上新西兰首先使用电刺激方法。新西兰牛羊肉生产量很大，在旺季，一些屠宰厂日宰量达1万头，因此要在屠宰流水线后对胴体进行快速冷却，用通常的方法很容易产生冷收缩，这就使新西兰的研究者们最先考虑使用电刺激法。

电刺激可改善肉的嫩度，防止寒冷收缩，法国的资料介绍，刺激后的牛肉可提高嫩度15%～16%。如经刺激的僵直后1h的冻结肉，煮熟后用剪切力测定其肉的嫩度，结果见表4-8。

表4-8　　电刺激对肉嫩度的影响

状态 \ 种类	平均剪切力/kg			
	背最长肌	股二头肌	臀中肌	半膜肌
未受刺激	77±26	49±16	57±17	76±19
受过刺激	37±11	37±18	22±21	36±15

电刺激可促进肌肉嫩化的机理尚不明了，但基本可以根据三条理论来解释：①电刺激加快尸僵过程，减少了冷收缩。这一点是由于电刺激加快了肌肉中ATP的降解，促进糖原分解速度，使胴体pH很快下降到6以下。这时再对牛羊肉进行冷加工，就可防止冷收缩，提高肉的嫩度。②电刺激激发强烈的收缩，使肌原纤维断裂、肌原纤维间的结构松弛，可以容纳更多的水分，使肉的嫩度增加。③电刺激使肉的pH下降，还会促进酸性蛋白酶的活性，蛋白酶分解蛋白质，大分子分解为小分子，使嫩度增加。Savel（1978）指出，经电刺激后的肌肉的嫩度与牛肉成熟7d后的肌肉嫩度无显著差异。

（3）力学方法：尸僵时带骨肌肉收缩，这时以相反的力牵引它，可使僵硬复合体形成最小。通常成熟时，将跟腱用钩挂起，此时主要是腰大肌受牵引。如果将臀部用钩挂起，不但腰大肌短缩被抑制，而且半腱肌、半膜肌、背最长肌均受到拉伸，可以使肉的嫩度有较大的提高。

2. 化学方法

屠宰前注射肾上腺激素、胰岛素等，使动物在活体时糖的代谢过程加快，肌肉中糖原大部分被消耗或从血液中排出，这样宰后肌肉中糖原和乳酸含量极少，肉的 pH 较高，在 pH6.4～6.9 的水平下，肉始终保持柔软状态。

在尸僵最大期时，往肉中注入 Ca^{2+} 可以促进软化，刚屠宰后注入各种化学物质如磷酸盐、氯化镁等可减少尸僵的形成量。如表 4-9 中，试验组注入肉重 0.5% 的 5% 浓度的各种试剂，对照组注入同量的水，结果六偏磷酸钠（Ca^{2+} 螯合剂）、柠檬酸钠（糖解阻抑剂）、氯化镁（肌动球蛋白形成阻抑剂）等各自显示出对尸僵硬度的抑制作用。

表 4-9　　刚宰的牛肉注入各种药物 24h 后的硬度（剪切力）　　单位：kg

试　剂	试验组	对照组
焦磷酸钠	38.03	40.25
六偏磷酸钠	30.16	38.88
氯化镁	30.43	38.95
焦磷酸钠和六偏磷酸钠	29.63	39.93
氯化镁和焦磷酸钠	36.78	43.86
氯化镁和六偏磷酸钠	32.63	38.55
柠檬酸钠	34.65	54.38

3. 生物学方法

基于肉内蛋白酶可以促进肉质软化的考虑，也有从外部添加蛋白酶强制其软化的可能。用微生物和植物酶都可使肉的固有硬度和尸僵硬度减少，常用的有木瓜蛋白酶。这些酶的使用可以通过临屠宰前静脉注射或刚宰后肌肉注射，宰前注射能够避免脏器损坏和休克死亡。木瓜蛋白酶的作用最适温度≥50℃，低温时也有作用。为了预防羊肉的寒冷收缩，在每千克肉中注入 30mg 木瓜蛋白酶，在 70℃加热后，可收到软化的效果。

第四节　肉 的 腐 败

肉类的腐败是成熟过程的加深。动物屠宰后，由于血液循环停止，吞噬菌的作用也消失了，这就使细菌有可能繁殖和传播。因此，我们把肉类受外界因素作用产生大量人体所不需要或有害物质的过程，称为肉的腐败，它包括蛋白质腐败、脂肪的腐败和糖的发酵作用等。

一、肉腐败的因素

健康动物的血液和肌肉中通常是无菌的，正常屠宰得到的肉类的肌肉中含有相当数量的糖原。由于动物死后体内糖酵解形成乳酸，使肌肉的 pH 从最初的 7.0 左右下降到 5.4～5.6，对腐败菌的生长繁殖是不利的，起到抑制腐败菌的作用。但是实际上，由于在屠宰、加工、流通等过程中，受到外界微生物的污染，这些污染不仅逐渐改变肉的感官性质，如颜色、弹性、气味等，而且破坏肉的营养成分，严重时由微生物生命活动代谢产生的有毒物质引起人们的食物中毒。

屠宰后污染的微生物，随着血管、淋巴管侵入机体内，随着时间的延长，微生物不断增长繁殖，特别是表面的微生物繁殖很快。因而，肉类的腐败常常由外界环境中好气性微生物首先污染肉的表面开始，然后又沿着结缔组织向深层扩散，特别是在临近关节、骨骼、血管的地方，好气性微生物最易生长繁殖，导致肉类的腐败。但表面好气性微生物在屠宰后10h内温度逐渐下降到20℃左右时不会繁殖，一般在24h后繁殖很快。

在屠宰后2h内，肌肉组织是活的，组织中含有氧，这时，厌氧菌不能生长。但屠宰之后肌肉组织的呼吸活动很强，消耗组织中的氧气，放出CO_2。据测定，8kg肌肉每小时要消耗7mL氧。随着氧气的耗尽，厌氧菌开始活动。厌氧菌繁殖的最适温度在20℃以上，在屠宰后2～6h内，肉温又较高，为厌氧菌生长和繁殖提供了条件。厌氧菌的繁殖不仅同宰后时间、肉温有关，而且也同畜禽宰前状态有关，如果畜禽宰前激烈活动、惊恐等，肌肉呈疲劳状态，含氧量少，厌氧菌有可能在宰后2～3h就快速繁殖。此外，厌氧菌的繁殖同肌肉的厚度有关，屠体肌肉越厚，厌氧菌越易繁殖。由于厌氧菌适于在高温下繁殖（20℃以上），因此宰后2h后就有可能繁殖。屠宰加工中首先考虑的应是肉中厌氧菌的繁殖，其次是表面微生物的繁殖。因此，屠宰后的肉必须快速冷却，但必须避开寒冷收缩区，以防由于冷却太快产生寒冷收缩而影响肉的质量。

刚屠宰不久的新鲜肉一般呈酸性，腐败细菌和其他细菌不能生长，但酵母和霉菌却在酸性介质中能很好地繁殖。由于这两类微生物的生长繁殖，分解肉中蛋白质产生氨类等产物，加速肉的腐败。霉菌在肉表面，通常是在空气不流通、潮湿、污染较严重的部位生长繁殖较快，例如颈部、腹股沟皱褶处、肋骨肉表面等部位，侵入的深度一般不超过2cm。霉菌虽然不直接引起肉的腐败，但引起肉的色泽、气味发生严重的恶化，使肉失去食用价值，同时为腐败细菌生长繁殖提供条件。

屠宰后的新鲜肉类，由于酸性产物的积累，腐败细菌不能生长，即使少量生长，腐败细菌分泌物中的蛋白分解酶在酸性介质中也不能起作用，腐败细菌在酸性介质得不到同化所需要的营养物质。但由于霉菌和酵母菌分解蛋白质产生氨类等碱性产物，以致使肉的pH提高，逐步为腐败菌的繁殖提供了条件。因此，pH高达6.8～6.9的病畜肉和宰前十分疲劳的畜肉最容易腐败。

肉类及其肉制品的腐败还受空气中的氧、光线、温度、金属离子等的影响，这些因素共同作用的结果，加速肉品的腐败。

肉类腐败后，除理化成分发生改变外，外观特征为色泽、气味的恶化和表面发粘等现象。肉的颜色常常是评定肉的质量变化的标志之一。肌肉中颜色的变化主要是肌肉中肌红蛋白和血红蛋白受空气中的氧作用的结果，生成不同浓度的氧化肌红蛋白而呈现不同的颜色。当氧化肌红蛋白的生成率达50%～70%时，肉就从鲜红色→暗红色→褐色。有时，微生物的繁殖也改变肉的颜色。微生物生长时产生硫化氢（H_2S），与肌红蛋白结合生成硫化肌红蛋白，使肉呈绿色。

气味是鉴别肉的腐败程度很灵敏的感官指标，气味的恶化主要是肉中蛋白质和脂肪分解产生腐败物质的结果。随着肉的腐败加剧，腐败气味会更加严重。

表面发粘是微生物腐败的主要标志。当肉表面细菌数达到5000万个/cm^2时，就开始出现粘液，并伴有不良的气味。肉类表面发粘的程度与肉品最初细菌污染数、环境温湿度等有关。肉表面粘液中的细菌多数为革兰氏阴性（G^-）嗜氧性假单孢菌属（*Pseudomonas*）和海水无色杆菌（*Achrmobacer*）。这些细菌不产生色素，但能分泌细胞外蛋白水解酶，能迅速将蛋白质水解成水溶性的肽类和氨基酸。

二、肌肉组织的腐败

肌肉组织的腐败，是蛋白质被微生物分解的结果。天然蛋白质通常不能被微生物所同化，因为天然的蛋白质是高分子的胶体粒子，它不能通过细胞膜而扩散，因而，大多数微生物都是在蛋白质分解产物上获得营养物质从而生长繁殖。所以，肉的成熟或自溶为微生物的生长准备了条件。对鱼类一般不要求进行成熟的自溶过程，尽可能保持僵硬阶段，就是这个原因。

微生物引起的蛋白质腐败过程是复杂的生物化学反应过程，所进行的变化与微生物的种类、外界条件、蛋白质的结构等因素有关。一般的分解过程如下：

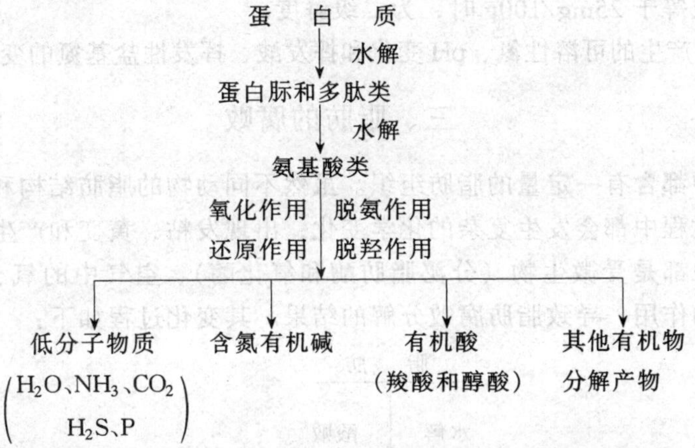

由此可见，微生物对蛋白质的分解是先形成蛋白质的水解初级产物——胨和肽，再水解成氨基酸。氨基酸在微生物分泌的酶的作用下，发生复杂的生物化学变化，产生多种物质，例如有机酸、有机碱、醇以及其他各种有机物等，最终产物为 CO_2、H_2O、NH_3、H_2S、P 等。在分解的初期，蛋白质分解成胨和肽，能与水形成粘液，附在肉的表面，煮制时能转入肉汤中，使肉汤变得粘滞混浊。利用这点可以鉴别肉的新鲜程度。

肉中蛋白质分解产生的组氨酸、酪氨酸、色氨酸等氨基酸，经过脱羧基作用，生成大量的脂肪族、芳香族、杂环族的有机挥发碱，例如组胺、酪胺、色胺等，使肉呈碱性反应。其反应式是：

$$RCHNH_2COOH \longrightarrow RCH_2NH_2 + CO_2$$

肉中蛋白质分解产生的某些氨基酸，经脱氨基和发酵作用形成有机酸，再在酶和嫌气性微生物作用下，经还原脱氨基产生氨和挥发性脂肪酸。其反应式为：

$$RCHNH_2COOH \xrightarrow{+H_2} R-CH_2COOH + NH_3$$

由此可见，肉在腐败分解过程中会积累一定量的脂肪酸，其中大部分为挥发性脂肪酸，随蒸汽而跑掉。挥发性酸中，90%是醋酸、油酸和丙酸。腐败分解初期大量是醋酸，后期为油酸。

以上反应中，由于胺的形成使肉呈碱性反应，而有机酸呈酸性反应。但在肉腐败时，常呈酸性反应，这是因为在反应中有机酸首先形成，且形成速度较快，如鲜度可疑的腌肉中，有机酸的含量占 1.00～1.85mg/100g，而腐败的肉中多为 1.85mg/100g 以上。切碎的肉腐败时有机酸形成更快。因此，当肉品腐败时，pH 并不是移向碱性而是呈酸性。

肉中的蛋白质分解产生的部分氨基酸，例如酪氨酸、苯丙氨酸、色氨酸等有环状结构的氨基酸，由于分解时侧链断裂而形成吲哚、甲基吲哚、粪臭素等有毒物质。这些物质都是严重腐败的后期产物，有非常难闻的臭味，是腐败肉类发出的腐烂气味的主要成分。其反应过程为：

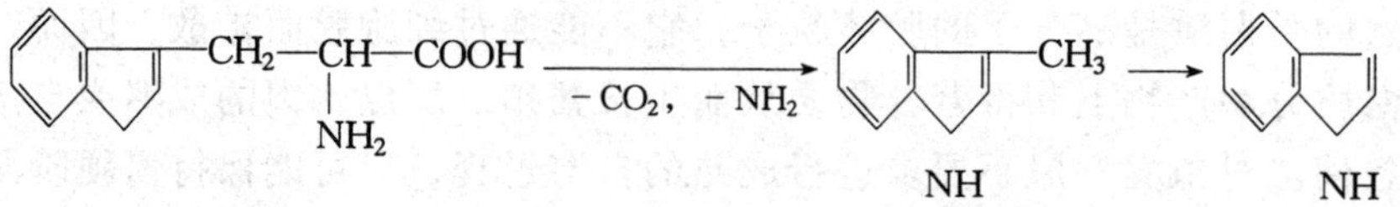

色氨酸　　甲基吲哚　　吲哚

肉类腐败时还产生挥发性盐基氮。随着腐败的发展，挥发性盐基氮量呈现有规律的增加。所以，挥发性盐基氮是肉品卫生鲜度的分级标准。当其小于或等于15mg/100g时，为一级鲜度；小于或等于25mg/100g时，为二级鲜度。

肉类腐败时，产生的可溶性氮、pH变化和挥发酸、挥发性盐基氮的变化均有一定的规律。

三、脂肪的腐败

各种动物肉中都含有一定量的脂肪组织。虽然不同动物的脂肪结构和化学组成不同，但在加工、贮藏等过程中都会发生复杂的化学变化，出现发粘、黄变和产生不愉快的哈喇气味的现象。这些现象都是受微生物（分泌脂肪酶和氧化酶）、空气中的氧、光线、贮藏温度、湿度、催化剂等的作用，导致脂肪腐败分解的结果。其变化过程如下：

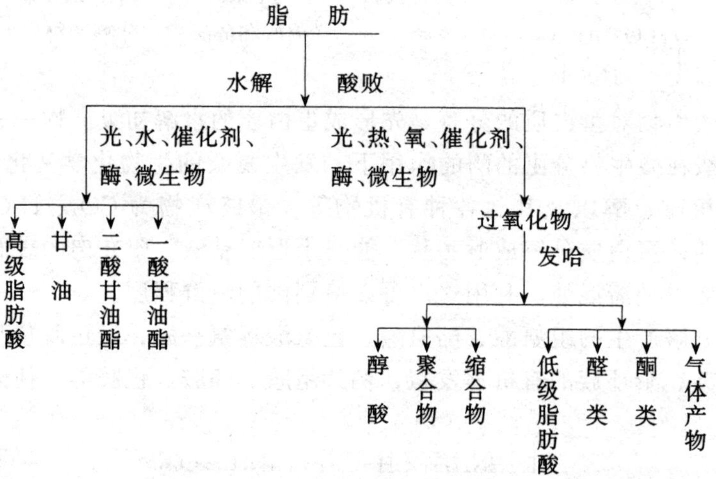

由此可见，脂肪的腐败有两个途径，一是水解过程，另一个是氧化酸败过程。多数情况下是两个途径同时存在。脂肪的水解，多数是在光、水、催化剂和微生物分泌的脂肪酶的作用下，分解成游离的甘油、低级甘油酯和脂肪酸。

脂肪的氧化酸败是动物油脂中的不饱和脂肪酸所造成。例如猪脂肪中含有48.1%的油酸和7.8%的亚油酸，鸡脂肪中含有34.2%的油酸和17.1%的亚油酸。这些不饱和脂肪酸在光、热、氧、催化剂、酶和微生物（分泌的氧化酶）作用下，经β-氧化过程氧化成过氧化物。过氧化物很不稳定，进一步分解成低级的脂肪酸、醛、酮（如庚醛和11烷酮）等，它们都具有刺鼻的不良气味（俗称为哈喇味）。以油酸被氧化的反应为例，反应式为：

$$CH_3(CH_2)_6CH_2CH=CH(CH_2)_7COOH \xrightarrow{[O]} CH_3(CH_2)_6CH_2-\underset{\displaystyle O-}{\overset{}{\underset{|}{CH}}}-\underset{\displaystyle O}{\underset{|}{CH}}(CH_2)_7COOH$$

氧化反应产生的过氧化物越多，说明脂肪的酸败越严重，不适宜于长期贮存。因此，通常以油脂的过氧化值的大小表示油脂的腐败变质情况。肉在贮藏期间，脂肪氧化酸败的情况见表 4-10。

表 4-10　　肉在 12～15℃贮藏 2 周后脂肪的变化情况

保存期/d	皮下脂肪		内脏脂肪	
	酸价	过氧化值	酸价	过氧化值
0	0.42	0.01	0.49	—
7	0.59	0.009	1.00	0.003
8	0.76	0.018	1.04	0.007
10	1.00	0.064	1.63	0.011
13	1.11	1.10	2.00	0.011

动物进行脂肪合成时，家畜体内的转酰基酶对 16C 和 18C 原子的酯酰辅酶 A 的催化能力最强，所以，家畜体内的脂肪由大量的 16C 和 18C 的脂肪酸组成。这些脂肪酸，例如亚油酸（十八碳三烯酸）等，在氧化分解的时候产生丙二醛，与硫代巴比妥酸反应，生成红色化合物，脂肪中这种红色化合物的含量称为 TBA 值，可作为判断脂肪氧化程度的指标。其反应为：

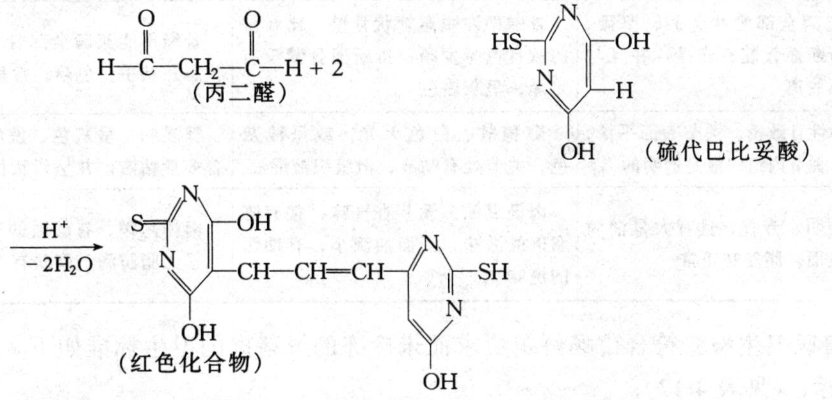

（丙二醛）　（硫代巴比妥酸）　（红色化合物）

另外，脂肪氧化的时候还可以生成羟基酸，并产生酯化的聚合作用，使产物的相对分子质量增大，特别容易在光线、水、空气、铁、铜等催化剂的存在下，发生酯化反应。因此，肉类加工中使用铁、铜容器和设备是不宜的。

牛脂肪在保藏时常常失去正常的黄色，出现绿的色泽，这是由于牛脂肪中含有胡萝卜素，呈黄色，但胡萝卜素分子中有很多不饱和的共轭双键，很容易被氧化，从黄色变成绿色。

没有经过熔炼的猪肥膘脂肪、猪肉的熏制品和禽肉等，在保藏中产生水解作用，生成甘油和脂肪酸，以致长期保存的油脂的酸价增高：

$$C_3H_3\ (OOCR)_3 + 3H_2O \rightleftharpoons C_3H_5\ (OH)_3 + 3RCOOH$$

酸价是中和 1g 油脂所需的氢氧化钾的体积（mL）。酸价越高，水解越严重。水解产生的低分子脂肪酸例如蚁酸、醋酸、醛酸、辛酸、壬酸、壬二酸等，有不良的气味。酸、碱、金属氧化物（特别是氧化锌、氧化铁）、脂酶等，能加速其水解过程。

四、腐败肉的特征

肉在腐败过程中，由于肉中脂肪和蛋白质发生一系列的变化，在外观上必然产生明显的改变，如色泽由鲜红色→暗红色→褐色，失去光泽，显得污浊、表面粘腻，失去鲜肉的正常气味，失去弹性，有腐败的不良气味等。经过冷藏后三种不同状态的肉的感官特征见表4-11。

表4-11 冷藏后三种不同状态肉的感官特征

特征	新鲜肉	不太新鲜肉	腐败肉
外形	表面有油干的薄膜	胴体表面披有风干的皮或粘液，并且粘手，有时表面有霉菌	胴体表面强烈地发干，或者强烈地发湿或发粘，并有霉菌
颜色	干皮呈粉红色或浅红色，新切面微湿，但不粘手，具有每种牲畜肉的特有颜色，肉汁透明	干皮呈暗红色，切断面较新鲜的色泽发暗、潮湿，触之微粘，把滤纸贴在切面上有水分留在滤纸上，肉汁混浊	表面灰色或微绿色，新断面强烈地发粘发湿，切断面呈暗红、微绿或灰色
弹性	切断面上肉致密，手指压陷小窝可迅速地恢复原状	切断面比鲜肉软且松，手指压陷的小窝不能立即恢复	切面上肉质松软，手压陷的小窝不能恢复原状
气味	具有良好气味和该种牲畜的肉特有的气味	具有微酸和陈腐的气味，有时外表有腐败的气味，而深层没有	深层内有较显著的腐败气味
脂肪状态	脂肪无酸败或油污气味。牛脂肪白色、黄色或微黄色，且坚硬，压挤时碎裂；猪脂肪白色，柔软有弹性；绵羊脂肪白色，致密	脂肪带灰色且无光泽，微粘手，有时有霉菌和轻微的油污味	脂肪灰色，略带脏污色，有霉菌且有发粘的表面腐败气味或显著的油污味。剧烈腐败时微绿色，并且脏污，结构呈胶粘状
骨髓	骨髓充满全部管状骨腔，坚硬、黄色。折断面骨髓有光泽，并且与硬质层不脱离	骨髓稍许脱离管状骨壁，比新鲜的软且色泽发暗，折断面骨髓没有光泽，呈灰白色	骨髓不能充满全部骨腔，呈松软状态并粘手，色暗，常呈灰色
腱关节	腱有弹性且致密，关节表面平滑，有光泽，关节内组织液是透明的	腱稍软、白色无光，或呈浅灰色，关节处有粘液，但组织液混浊	腱湿润，呈灰色，发粘，关节处有多量粘液，并呈稀脓状
肉汤	肉汤透明、芳香，且有大量油滴聚集于表面，脂肪味正常	肉汤混浊，无芳香气味，常有陈腐肉的滋味，汤面油滴小，有油污的滋味	肉汤污秽，有酸败的气味，汤面几乎无脂肪滴，脂肪有腐败气味

屠宰后经兽医卫生检验符合市场鲜销要求而未冷冻的鲜猪肉的卫生标准如下。

1. 感官指标：(见表4-12)。

表4-12 鲜猪肉感官标准

项目	一级鲜肉	二级鲜肉
色泽	肌肉有光泽，红色均匀，脂肪洁白	肌肉色稍暗，脂肪缺乏光泽
粘度	外表微干或微湿润、不粘手	外表干燥或粘手，新切面湿润
弹性	指压后的凹陷立即恢复	指压后的凹陷恢复慢，且不能完全恢复
气味	具有新鲜猪肉正常气味	稍有氨味或酸味
煮沸后肉汤	透明澄清，脂肪团聚于表面，具有香味	稍浑浊，脂肪呈小滴浮于表面，无鲜味

2. 理化指标（见表4-13)。

表4-13 鲜肉的理化指标

项目	指标	
	一级鲜度	二级鲜度
挥发性盐基氮量/(mg/100g)	≤15	≤25
汞含量/(mg/kg)(以Hg计)	≤0.05	≤0.05

第五章　肉的贮藏保鲜

如前所述，肉中含有丰富的营养，是微生物生长繁殖很好的培养基，若在室温下放置过久，易受微生物侵袭产生种种变化以致腐败。微生物引起肉类腐败的过程也就是肉中高分子化合物变成低分子化合物的过程。例如肉腐败时，首先借助于酶的作用使蛋白质分解成蛋白胨、多肽、氨基酸等，并再分解成氨、硫化氢、酚、甲酚、吲哚、粪臭素、胺、硫醇及CO_2等对人类有害的腐败产物和一些有怪臭味的物质。因此，贮藏食品时，首先要消灭或抑制微生物的生长发育；另外，为了更好地达到贮藏的目的，还可以对肉进行某些处理，以改变其某些性质。

微生物的生命活动只能当外界环境（主要是温度、水分、湿度、氧气等）适宜时，才能正常生长发育，如果外界环境条件不适宜时，其生长发育就会受到抑制，甚至死亡。因此，肉与肉制品的保藏方法有下列几种：干燥法、盐藏法、低温贮藏法、辐照法、烟熏法、罐藏法、化学药品贮藏法等，其中最主要的是干燥法、盐藏法、低温贮藏法和辐照法四种。由于干燥法和盐藏法既是肉品贮藏方法，又是肉制品的主要加工处理方法，将分别在干制品加工和腌腊制品加工中加以介绍。本节只介绍我国采用最多的低温贮藏法、辐射法及其他有发展前途的方法。至于罐藏法，已单独成为食品科学方面的一门学科——食品罐藏工艺学，我们只在肉类罐头制品中稍作介绍。化学药品贮藏法在肉制品的鲜度、营养成分及卫生方面存在某些问题，甚至可能对人体有害，我国很少提倡，因此在本章只介绍几种对人类无害的化学贮藏法。

第一节　低温贮藏法

低温贮藏法就是降低食品所处的贮藏温度，达到保存（藏）食品的目的的方法。

一、低温贮藏的原理

低温贮藏食品的原理一般而言，有以下几个方面：

(1) 水分冻结，抑制微生物的生长发育：当温度降低时，食品中大部分水分呈现冻结状态，微生物不能获得充足的营养，从而阻碍了微生物的生长发育。例如，当温度降低到-10℃、-15℃时，除少数嗜冷菌外，其他的细菌都几乎停止发育。但低温保藏肉及肉制品时，不能使其所处的温度有所回升，必须保持一定的低温，直到食用时为止。否则，肉呈现解冻状态，肉汁外渗出来，微生物开始繁殖，影响肉的保藏，以致使肉腐败。

(2) 延缓生化反应：食品及微生物中的各种生化反应的进行是有一定温度要求的。各种生化反应速度同温度在一定范围内是成正比的。当温度降低时，食品及微生物中的生化反应明显减弱，新陈代谢降低到很低的水平，防止了微生物的生长和食品本身的代谢分解，能达到较长时间贮藏的目的。

(3) 控制酶的活性：通过降低温度，使食品及微生物中的各种酶类活性显著减低，也使微生物所分泌到其周围的酶类活性明显降低，因而可控制各种酶促反应，达到保存肉食品的目的。

根据保藏时低温的程度，低温贮藏肉可分为冷却肉和冷冻肉两种。这两种产品，其物理化学变化各有不同。

二、冷 却 肉

1. 冷却肉的变化

冷却肉是使肌肉内部温度到达0～4℃的肉。冷却肉达到的具体温度因原料肉的种类和冷藏目的不同而异，冷却处理的其他条件也有差异。但为了延长保存期，可使产品的内部深处的温度降到-1℃左右。肉在冷却时可能发生下列理化变化：

(1) 物理变化：肉的物理变化包括硬度、颜色、重量等。硬度的变化与肉在处理与冷藏期间发生的尸僵和成熟过程有关，这些内容已在前面述及，此处从略。在冷却初期，肉的表面颜色发生变化而呈棕色，这是由于肉的成分（血红蛋白和肌红蛋白）发生变化的结果，主要是由于血红蛋白形成高铁血红蛋白所致。肥度较差的肉（即肌肉比例较高的肉），颜色变暗的速度要比肥的肉（即脂肪比例高的肉）快，因为肌肉中含血红蛋白和肌红蛋白较高，而脂肪中几乎不含有。肉冷却时重量的变化，是水分蒸发的结果。在冷却的最初阶段，因肉体内含有较多的热量，表面又湿润，所以蒸发的水分较多，重量损失较大。当肉体表面产生干燥层后，水分蒸发量相应减少。但当空气流通加速和空气湿度降低时，肉体的失重也增加。再者肉体的表面积与体积之比越大，水分的蒸发量越多。另外，瘦肉比肥膘的水分蒸发量多。

(2) 化学变化：在冷却及保藏过程中，肌肉组织吸收空气中的氧，使肉体颜色发生变化。在贮藏的最初几天，肌红蛋白形成不稳定的、使鲜肉具有鲜红色的氧合肌红蛋白，以后逐步形成稳定的、使肉具有暗红色（棕色）的高铁肌红蛋白。

$$Fe^{2+}-Mb+O_2 \longrightarrow Fe^{2+}-MbO_2\text{（氧合肌红蛋白，鲜红色）}$$

$$Fe^{2+}-MbO_2 \xrightarrow{\text{还原}} Fe^{3+}-MbO_2\text{（高铁肌红蛋白，暗红色）}$$

另外，因贮藏时肉体表面逐渐干燥，造成肌肉组织色素浓度相对增加，颜色逐渐变暗。因此，肉冷藏时温度越低，水分蒸发越少，新鲜肉的自然色泽保持的时间越长。

有关蛋白质在屠宰后贮藏中的变化，已在肉的成熟中述及。至于非凝固性含氮物的变化，随着肉贮藏时间的延长，其含量有所增加，但因其含量终究太微，对肉的品质及柔软度影响不大。

(3) 微生物的变化：冷却肉在贮藏过程中微生物的变化决定于肉最初的污染程度、冷却条件及加工前的质量等因素。肉体在冷却贮藏中形成的干燥膜能抑制表层微生物的生长繁殖，并能阻止微生物向内部侵入。一般冷却的温度越低，微生物侵入肉的速度越缓慢。加工质量较好的肉，冷却贮藏10d以后，在其表层深1cm处很少发现微生物。但在冷藏期间，温度越高，微生物的生长速度越快。

2. 生产冷却保鲜肉的迫切性

采用工厂化屠宰分割，宰前宰后受到严格的检疫检验，然后利用生物工程技术进行特殊保鲜处理，定量包装后进入市场流通，在流通过程中，同样受到严格的检验，完全保证了肉的质量，是目前国内外鲜肉供应的发展主趋势，不仅确实具有广阔的市场前景，而且确实具有极其重大的社会效益和经济效益。

早在二三十年前，发达国家就已开始研究与推广冷却肉。时至今日，这些国家不仅拥有了科学的加工工艺和流通技术，而且具有完善有效的质量控制体系，在他们的超级市场里展售的基本上是冷却肉，而我国居民仍旧习惯于购买凌晨宰杀、清早上市、还保持着一定温度的“热鲜肉”，同时，市场上还存在着很大比例的冷冻肉。其实，热鲜肉、冷冻肉和冷却肉三者具有很大的区别。

新鲜畜禽肉类直接销售和冷冻保存后销售的传统方式，既不能防蚊蝇、风沙，又影响肉“鲜”的质量，大大缩短食用时间和货架期，这同我国快速发展的城市现代化商业很不适应，我国亦迫切需要一种适合国情的廉价、有效、安全、方便的鲜肉保鲜销售新方法，既适应我国的肉类工业的发展需要，又满足人民食用鲜肉的市场消费需求，同时为超市提供一种全新的保鲜保质和销售包装形式。

近些年来，我国市场在迫切呼唤鲜肉小包装非冷冻销售形式。虽然近些年来在广州、深圳、上海、北京等地市场上出现过真空小包装鲜肉冷藏销售形式，但由于批量小，保鲜保质时间短，效果差，技术不完善，未能批量发展起来，这就说明，我国亦特别需要一种适合我国国情和消费需求的冷却保鲜肉生产技术。

3. 热鲜肉、冷冻肉、冷却肉的特点

由于鲜肉中含有丰富的营养成分，水分活度很高，在通常的加工、运输、贮藏和消费过程中，很容易受到微生物的污染及其他环境因素的影响，容易腐败变质。再者，鲜肉在贮藏过程中，由于一系列因素的影响，表面会干燥变硬，脂肪氧化，表面变色，并且由于细菌、霉菌等微生物的生长，产生有害物质，以致产品在销售前就已变质变味，给肉品工业带来很大损失。刚刚刺杀放血的畜禽在随即发生的死后僵直过程中会产生一定的热量，导致肉温比活畜体温略有上升（屠猪为40～42℃），而后慢慢降至常温。此时上市的热鲜肉为微生物的生长繁殖提供了适宜的温度、丰富的营养和较高的水分活性，如果腐败菌和致病菌过度繁殖，就潜伏着食物中毒的隐患。

本世纪初期，随着制冷技术的发展，冷冻技术逐步应用于畜禽肉加工业和流通领域，因此，出现了冷冻肉。冷冻肉是指置于－18℃以下的环境中冻结并保存的肉类，肉组织呈冻结状态，抑制了微生物的生长繁殖。长期以来，我国鲜肉保存使用最普遍的方法是冷冻。但冷冻法只能起到肉类保存保质的目的，不能达到保质保鲜的效果，而且，即使是深度冷冻的肉，在到达消费者之前，经过运输、零售、消费等许多环节，常和外界环境接触，到了消费者手中，有的仍需短至数天的贮藏，因此有变质的危险。此外，我国的冻藏链不完善，使得鲜肉在没有到达消费者之前，质量就大大降低了，这在很大程度上限制了鲜肉的流通销售。传统的鲜肉冷冻保藏法，消耗能量大、冷库设备投资多，对鲜肉的风味、色泽及其他质量带来一些影响。另外，冷冻肉在解冻过程中，肌细胞基质中形成的冰晶（水结冰时体积变大）会刺破肌细胞，造成汁液流失，营养物质和风味物质发生劣变。因此目前，各国都在大力发展节能型的鲜肉保鲜技术，寻找廉价、实用、有效、无害的手段，保证鲜肉在非冷冻条件下有一定的货架期。

冷却肉是指对严格执行检疫制度屠宰后的畜禽胴体迅速进行冷却处理，使胴体温度（以后腿内部为测温点）在24h内降为0～4℃，然后分割、剔骨，进行保鲜处理和包装，并在后续的加工、流通和零售过程中始终保持在0～4℃范围内的鲜肉。同热鲜肉相比，冷却肉始终处于冷却环境下，大多数微生物的生长繁殖被抑制，肉毒梭菌和金黄色葡萄球菌等致病菌已不能分泌毒素，可以确保肉的安全卫生。而且冷却肉经历了较为充分的解僵成熟过程，质地变得柔软有弹性，滋味鲜美。同冷冻肉相比，冷却肉汁液流失少。因此，冷却肉具有安全卫生、滋味鲜美、口感细嫩、营养价值高等优点。冷却肉的消费已经成为一种趋势，它也是一个国家饮食文化进步的重要标志。在全球经济一体化的今天，学习发达国家的先进技术，迅速推广普及冷却肉，是我国肉类生产的当务之急。

4. 分割小包装冷却保鲜肉生产工艺与技术

（1）原料肉的选择：由于冷却肉的加工及冷藏温度较高，因此，原料肉除了应兽医卫检合格外，生产过程中应特别注意尽量减少污染，保证原料肉的新鲜与优质。这就要求畜禽在屠宰加工过程中必须注意：①宰前应充分淋浴，淋浴时间一般在7～8min。对于需剥皮的家畜，必须在剥皮前用清水洗净体表污垢。若家畜体表污物较多，则不能作为加工冷却肉的原料。②屠宰加工中所使用的刀器具应严格清洗与消毒，防止器具上的微生物在刺杀放血时进入血液循环污染肉类，或开膛时直接污染胴体。③放血一定要充分。吊挂放血时间对大家畜一般为7～8min，对小畜禽一般为5～6min。④不能选用PSE、DFD等劣质肉。⑤胴体冷却之前，应使用具有一定压力的清水冲洗胴体，尽量降低肉类的初始菌数。

（2）热鲜胴体的冷却：冷却的实质是将胴体温度降到微生物生长繁殖的最适温度范围，控制微生物酶的活性，减缓其生长速度，延长世代时间。当环境温度低于微生物最低生长温度界限时，则生长基本停止。鲜肉中主要致病菌和腐败菌的最低生长温度见表5-1。

表5-1　　鲜肉中主要致病菌和腐败菌的最低生长温度

细　菌	名　称	温度/℃
产气荚膜梭菌	*Cl. Perfringens*	15
蜡样芽孢杆菌	*B. Cereus*	12
肉毒梭菌A、B型	*Cl. Botulinum* A、B	10
埃希氏大肠杆菌	*E. coli*	8～10
金黄色葡萄球菌	*Staph. Aureus*	6～10
沙门氏菌	*Salmonella*	5
铜绿假单孢菌	*Ps. Aeruginosa*	5
副溶血孤菌	*V. Parahaemolyticus*	5
肉毒梭菌E型	*Cl. Botulinum* E	3.3
肠炎耶尔森氏菌	*Y. Enterocolirica*	3
单核增生李斯特菌	*L. Monocytogenes*	0

从表5-1可以看出，在3℃时主要致病菌如肉毒梭菌E型、沙门氏菌和金黄色葡萄球菌均已停止生长。若超过7℃，致病菌和腐败菌的增殖机会就会大大增加。

肉的冷却是将胴体温度降低到冻结点（-1.2℃左右）以上的温度。20世纪60年代，某些先进国家将冷却肉加工与流通的温度降至0～4℃范围。近十年来，由于肉类工业的现代化程度的提高、卫生条件的改善和从节能角度考虑，国际上已将冷却肉的上限温度从4℃提高到7℃。冷却温度的确定主要是以抑制微生物的生长繁殖为出发点。

一般的胴体冷却工艺是将洗净后的胴体迅速转入隧道冷却间降温，抑制肉中微生物和酶的活动，防止剔骨时肉类温度过高而引起肉质的严重下降。将热鲜肉半胴体转入快速冷却隧道的吊轨上，在温度为-20℃、空气流速为3m/s的冷却隧道内冷却50～70min，然后再在温度为4～5℃的冷却间内均温，经16～20h，胴体中心温度降至7℃以下。

为了防止肌肉在冷却时产生寒冷收缩，牛羊胴体应先在温度为10℃的条件下放置8～10h，然后再对其进行降温冷却。

先进的胴体冷却工艺是对刚宰杀的猪胴体（后腿的中心温度高达40～42℃，表面潮湿，极适宜微生物的生长繁殖）迅速进行冷却。几十年来，国外在猪胴体冷却工艺方面进行了许多实验研究，并提出多种冷却工艺方案。各种冷却工艺流程虽不尽相同，但共同点是：①宰后胴体应迅速送入冷却间（1～2h之内）。②冷却后胴体表面要保持干燥。③胴体后腿的中心温度要在24h内降至7℃或4℃以下。④适宜的冷却时间（16～24h）。⑤尽可能低的冷却干耗，减少重量损失。⑥良好的肉品质量（色泽和组织结构）。⑦尽可能节约能源及减少劳动力。

目前，胴体冷却的工艺可以分为三种：快速冷却（Quick chilling）、急速冷却（Shock chilling）、超急速冷却（Very quick intensive chilling）。后两种方法是两阶段式冷却法，即在第一阶段采用低于肉冻结点的温度和较高的风速，时间1～2.5h。第二阶段即转入0～5℃的冷却间16～20h，使胴体温度均衡并最终降至7℃以下。两阶段冷却法更有利于抑制微生物的生长繁殖。冷却肉生产中猪胴体冷却工艺指导性参数见表5-2。

表5-2　冷却肉生产中猪胴体冷却工艺指导性参数

冷却工艺 / 指导参数	快速冷却	急速冷却		超急速冷却	
		第一阶段	第二阶段	第一阶段	第二阶段
制冷功率/(W/m³)	250	450	110	600	50
室温/℃	0～2	-6～-10	0～2	-25～-30	4～6
制冷风温/℃	-10	-20	-10	-40	-5
风速/(m/s)	2～4	1～2	0.2～0.5	3	-
冷却时间/h	12～20	2.5	8	2.0	8
胴体温度/℃	7～4	<7		<7	
重量损失/%	1.8（7℃）	0.95		0.95	

从安全卫生和经济角度考虑，宰后胴体冷却降温的速度越快，越有利于抑制微生物的生长繁殖；冷却时间越短，重量损失越小。在冷却过程中，胴体重量损失取决于两个因素：第一是肉组织结构状况，这同品种、饲养条件以及宰前受刺激程度有关。第二是冷却工艺。若制冷压缩机功率过小，冷却间单位时间内空气交换次数过少，则胴体冷却时间就越长，也就是冷却降温曲线越平坦，胴体的重量损失就越大。但过度追求冷却速度，使肉组织发生冻结，将影响到冷却肉的品质。从表5-2可以看出，超急速冷却工艺有着降温快、胴体失重少、有利抑制微生物的生长繁殖和提高冷却肉品质等优点，它代表着目前猪胴体冷却工艺的国际先进水平。

鉴于我国冷却肉加工技术目前尚处于起步阶段，企业经济实力有限，可以选用快速冷却工艺，其主要技术参数见表5-3。

表5-3　快速冷却技术参数

项　目	参　数	项　目	参　数
冷却间容积	9.6×8×4（m³）	风机动率	4×550W
轨道高度	2.9m	室温	-2～0℃
制冷风机型号	BDF（I）-200	风机送风方向	垂直轨道
风机制冷面积	200m²		

应用快速冷却工艺可将猪胴体在16～18h内从宰后42℃降到7℃以下，在24h内降到4℃。有些采用的冷却时间为24h，胴体温度最终冷却至0～2℃。

(3) 分割与剔骨：程序是先将冷却后的胴体锯分成后腿、肋条、夹心三大块，然后分别将它们分割、剔骨成不同品种的肌肉，如前腿肌肉、后腿肌肉、大排肌肉等。

分割、剔骨多为手工操作，持续时间长，其间肉类容易受到污染而发生异常。为了保证分割、剔骨后肉类的质量，应注意以下问题：①车间最好为全封闭式，控制室内温度7～9℃，相对湿度为60%～70%。对分割车间应定期进行严格清洗与消毒。②剔骨操作要尽量迅速，防止肉块堆集升温。③必须尽量将伤斑、血污、淋巴结、残毛、碎骨、软骨等修割干净。④使用器具往往带菌较多（尤其是手柄），必须经常清洗。⑤工作人员应严格执行各种卫生管理制度。

(4) 冷却肉的保鲜处理：鲜肉贮藏过程中的品质下降和腐败变质的原因主要有：微生物的污染和生长繁殖；蛋白质的降解腐败；脂肪的氧化酸败。这三者是相互影响的。因此，所采用的保鲜技术必须针对以上几个因素来综合考虑，才能取得满意的效果。综合国内外肉类食品专家所做的肉类保鲜保存方面的广泛试验研究，可以看出，没有任何一种保鲜保质方法是完美无缺的，也很难达到满意的效果。国内外长期的肉类保鲜保质研究结果表明，必须采用综合保鲜技术，发展其互补和相乘的效果，才能有效地"阻滞"微生物的生长繁殖，抑制肉中各种酶的活性，延缓肉中变质反应的速度，防止其他不利 因素的影响，才能有效地较长时间进行肉类的保鲜保存。笔者的研究证明，有机酸用于冷却肉保鲜效果不理想，在冷却肉生产时采用以下综合保鲜措施比较有效：

① 真空包装：将分割肉真空包装在可以收缩的不透气的材料袋中。在整个贮藏过程中，残存氧的消耗和CO_2的积累可抑制腐败菌的生长。

② 低温（0～4℃）处理：低温抑制肉品表面已污染微生物的生长繁殖，抑制肉中组织蛋白酶的活性。

③ 天然防腐保鲜膜：在包装前，利用具有杀菌、阻隔作用的天然物质Nisin、溶菌酶等有机物质，浸渍鲜肉，以抑制鲜肉表面的微生物，并在鲜肉表面形成一种无形的特殊保护膜，延长鲜肉的保鲜保质期。

④ 气调：日本、美国等目前已成功研究出CO_2、N_2和少量O_2的气调保鲜方法，效果良好。

⑤ 辐照处理：辐照方法处理肉类，国内外虽有许多报道，但均只采用单一方式，且剂量较大。某些研究采用低剂量的辐照结合其他处理方式，得到较好的效果，可避免辐照的毒理学危害。

(5) 冷却保鲜肉的包装：经分割剔骨保鲜处理后的鲜肉应立即按不同规格在0～7℃条件下进行包装，一般每袋质量为0.5～1kg。包装时，在保证计量准确的前提下，尽量减少每袋中肉块的数量。

在流通过程中，合理的包装是确保冷却肉卫生质量的非常重要和必不可少的环节。包装的主要作用是防止变质、避免二次污染、延长货架期。冷却肉在保存、流通和零售过程中，卫生质量会受到来自微生物、化学和物理等诸因素的影响。冷却肉采用不透氧包装材料或真空包装、充气包装，不但可抑制其表面污染的需氧腐败菌（假单孢菌）的生长繁殖，而且还可以防止来自外界的二次污染（微生物因素），延长产品的货架期。冷却肉中脂肪在光的催化下会发生氧化反应、水分蒸发引起重量损失（物理变化），这些质量劣变现象都可以通过有效合理的包装得到缓解和控制。合适的包装，同时可以调节氧分压，赋予产品诱人的鲜红色（化学变化），并为流通提供便利，节省劳动力，亦使消费者购买和食用更方便。按胴体不同部位分割生产的小包装冷却肉更适合餐馆、酒店、家庭消费。

冷却肉的包装最基本的形式是真空包装、充气包装和托盘包装。

① 真空包装：真空包装是指将冷却肉放入阻隔性能良好的塑料袋中并排除袋内残存的

空气。用于真空包装的材料，气体通透性应尽可能小，以便长久隔绝内容物料与空气（氧气）的接触。其缺点是 a. 引起冷却肉汁液的渗出。冷却肉在真空包装中处于负压环境，并且随着保藏时间的不断延长，细菌的生长繁殖对肉组织结构的破坏越来越严重，肉的保水能力下降，汁液渗出会逐渐增多。据测定汁液渗出量为 1%～3.5%。b. 容易引起肉的颜色变化。肉的颜色变化是由肌红蛋白和残留的血红蛋白的化学状态控制的。刚刚屠宰的肉为暗红色，当接触空气后肌红蛋白与氧结合成氧合肌红蛋白，肉成鲜红色，为消费者所喜爱。当处于低氧分压下（如真空包装中）肉呈暗红色。氧合肌红蛋白会进一步氧化生成氧化肌红蛋白，肉的颜色呈褐色。如果再进一步氧化变质，则会形成绿色的胆珠蛋白和硫基肌红蛋白。因此，由于真空包装阻隔了氧气，肉中的肌红蛋白无法与氧接触形成氧合肌红蛋白，失去鲜艳的红色，肉的颜色呈暗红色，有损商品价值。

将已装好肉块的高阻氧收缩袋于真空封口机上封口，其真空度不低于 99kPa。封口时应注意封口处不能有油脂、肉屑等杂物，以防止出现假封现象。

真空包装鲜肉工艺较简单，成本也较低。但是由于包装后的肉处于极端缺氧状态，肉色将呈现紫褐色。为此可将鲜肉先用透氧性良好的内袋小包装，再将数个内袋用一个阻氧性良好的大袋进行真空包装。在出售前数小时去掉外袋，小包装冷却肉即可恢复鲜红色。

② 充气包装：冷却肉的充气包装是将塑料袋中的空气排净后，再充入单一或混合的有利于食品保藏的气体。可选择混合气体比率为：氧气 70%，二氧化碳 30%。

经过充气包装的冷却肉阻隔了与外界空气的交换，内部的二氧化碳具有良好的抑菌作用，延长了保质期；内部的氧气使冷却肉的颜色保持鲜红；而且包装不塌陷，汁液不渗出，感官特性良好。气调包装可采用托盘和袋装两种形式。前者用多层热塑料性片材通过热成型制成托盘，将分割好的鲜肉装入盘内，先抽真空，再充入一定的混合气体，最后用复合膜加盖热封。后者多用高阻隔性材料制袋，装入鲜肉后在真空充气包装机上完成抽气、充气、封口操作。

气调包装时，采用的气体组成对不同的肉类各不相同。用于鲜猪肉的为 $V(O_2):V(CO_2):V(N_2)=7:2:1$ 或 $V(O_2):V(CO_2)=3:1$；用于鲜牛肉的为 $V(O_2):V(CO_2)=4:1$ 或 $7:3$；用于家禽肉的为 $V(O_2):V(CO_2):V(N_2)=2:1:1$。

托盘包装：冷却肉的托盘包装简单、实用，且成本较低。但由于此包装不阻隔空气，如不经过保鲜处理，则冷却肉的保质期大大缩短。

综上所述，三种包装形式对冷却肉的感官特性和保质期均有不同影响。真空与充气包装可有效延长保质期，在初始菌数同为 10^4cfu/g 时，真空包装和充气包装均比托盘包装的保质期延长了一周以上。极限判定标准：颜色灰暗，质地无弹性，有异味，细菌总数越过 10^6cfu/g。各种包装形式优缺点见表 5-4。

表 5-4　　冷却肉各种包装形式的优缺点比较

包装形式与材料	感官特性		保质期/d	费用/(元/500g)
	汁液渗出	颜色		
真空 NY/PE	1%～3%	暗红，开封回复鲜红	15～21	0.25～0.35
充气 NY/PE	极少	鲜红	15～17	0.45～0.55
托盘 HIPS/PVC	少量	由鲜红变为暗褐	13～16	0.15～0.25

注：保存条件 0～4℃，初始细菌数 10^4～5×10^4cfu/g。

真空包装保质期长、运输方便、包装费用适中，但产品颜色暗红，影响商品价格；充气包装保质期长、感官特性良好，但包装材料和专用设备费用较高，设备费用在100～180万元；托盘包装经济实用、操作方便，但产品保质期较短。因此，结合目前国内的实际情况，肉分割、剔骨后，在工厂制成真空大包装，冷藏运输到商场后，再拆除真空包装，制成托盘小包装。这样既有利于保证冷却肉的保质期，方便运输，又有利于零售时冷却肉回复鲜红颜色。

为了满足各种包装形式的需要，须选择不同的包装材料。包装材料有单层和复合两大类。冷却肉的真空和充气包装要求有很好的阻隔性，一般采用复合材料。复合材料中的阻隔层主要是尼龙、聚偏二氯乙烯、乙烯-乙烯醇等，热合层主要是聚丙烯、乙烯醋酸乙烯、聚乙烯和沙林等。各种包装形式与材料的结合见表5-5。

表5-5　　冷却肉的包装材料

包装形式		包装材料
真空	普通	NY/PE，KOP，PE/NY/EVA，NY/EVA，NY/IONOMER，NY/PE/EVA，NY/IONOMER/EVA
	热缩	EVA/PVDC/IONOMER，EVA/PVDC/EVA，EVA/EVOH/EVA，PP/PVDC/EVA
充气	底材	NY/PE，NY/IONOMER
	上膜	OPP/PE，PET/PP或IONOMER，NY/PE或IONOMER
托盘	底盒	HIPS
	上膜	PVC

注：NY为尼龙，PE为聚乙烯，KOP为聚偏二氯乙烯涂布聚丙烯，EVA为乙烯醋酸乙烯，IONOMER为离子交联聚合物（沙林），PVDC为聚偏二氯乙烯，EVOH为乙烯-乙烯醇聚合物，PET为聚酯，HIPS为耐冲击聚苯乙烯，PVC为无毒聚氯乙烯，PP为聚丙烯，OPP为取向聚丙烯。

（6）分类装箱：为了便于贮藏和流通，应将小包装冷却肉按不同部位、肉块种类、重量等分类用纸箱定量包装。装箱时必须剔除密封不合格的小包装。包装箱上要标明肉的种类、名称、数量、生产日期、包装方式、保藏条件、生产厂家等内容。此外，在纸箱内外应分别放置、粘贴经兽医卫检合格的标签。

（7）包装后快速冷却：由于冷却肉的分割、剔骨、保鲜处理、包装、装箱等操作均在略高于0～4℃的室内进行，加上人工操作处理等，使肉温升高。为了保证成品的质量，应尽快将包装好的鲜肉降温。一般对鲜肉先冷却再进行装箱，可大大缩短冷却时间。

将小包装冷却肉平摊于镀锌铁盘内，送入快速冷却间的货架上，可采用两段冷却的方式使肉类快速冷却。

第一段冷却：冷却间室温－5～－10℃，冷风机风温－10～－15℃，风速1.5～2m/s，冷却时间为2h左右。

第二段冷却：冷却间室温1～2℃，冷风机风温－1℃，风速1m/s，冷却时间为12h左右。

采用两段式冷却使肉中心温度降至0～4℃，一般在15h以内即可完成，而采用普通冷却方法通常需要24h以上。

（8）冷藏与冷却链的建立：将包装好的纸箱迅速转入0～4℃的冷库堆码贮藏。堆码时，纸箱间必须留有空隙以利空气流通，防止箱内内容物升温影响其保质期。为了尽量延长产品的保质期，冷藏中应严格控制库温的恒定，生产中最好控制冷库温度在0～1℃。自猪胴体经过快速冷却处理，温度达0～4℃后，在后续的加工与流通过程中，要继续保持在这一温度范围内，不要超过7℃，这是确保冷却肉产品质量与安全卫生的重要措施。在正常情况下，如经保鲜处理，冷却小包装分割肉在0～4℃下的保质期一般为20～30d。下面列出了冷却肉加工与流通全过程中各环节所要求的环境温度和允许滞留时间。

宰后胴体→	快速冷却→	分割剔骨→	包　装→	冷　藏→	运　输→	超市零售
环境温度/℃	0～4	8～12	8～12	0～4	≤7	≤7
允许时间/h	24	0.5	0.5	24	24～48	48～72

三、冷　冻　肉

采用较低温度深度冷冻，使肉中大部分汁液冻结成冰的肉称为冷冻肉。因冷冻肉中汁液已结冰，阻抑了微生物的生长发育，增加了贮藏性，故冷冻肉比冷却肉更耐贮存。

1. 肉的冷冻

(1) 冷冻的温度：通常新鲜食品中的水分在－0.5～－2.5℃时开始冻结，到－62～－65℃时完全冻结。但肉中含有水分太多时，仍易发生变性和变质，降低质量。因此，冻结时尽可能使温度低一些，水分尽量少些为好。一般来说，为了保证肉品质量和耐贮性，冻结时最好采用－23℃以下的温度，并在－18℃左右贮藏。

(2) 冷冻肉的水分变化：冻结时肉汁中的水分已形成冰结晶。由于水分结晶的结果，使原水分中的大部分溶质集中到未结晶的水中。在－1～－5℃时，食品水分总结晶率为85%，这一温度区为冰晶生成区或冰晶生成带。随着水分的逐步冻结，冰点下降，当温度降到－5～－10℃时，组织中所含有的水分85%～90%已形成冰晶。通常将－5～－10℃的温度区称做冰结晶的最大生成区或冻结带。－18℃时结冰率大于98%，称为冷冻带。－30℃时结冰率达100%，称为冷冻保存带。－40℃适于保存鱼类等脂肪易于氧化的食品。当温度继续降低到全部肉汁中的水分冻结成冰的温度，即是肉汁的冰晶点。实际上，肉汁的冰晶点一般为－62～－65℃，是食物成分的共晶点，那时食品中所有水分与其他成分同时冻结。

冷冻未达到肉汁冰晶点的肉，其中水分结冰是部分的，即一部分水分已冻结成冰，另一部分未冻结。因此，我们把肉汁中冻结水分占总水分的百分比称为冻结率。冻结率计算方法有两种：

$$① \text{冻结率} = \frac{\text{冻结水分量}}{\text{总水分量}} \times 100\%$$

$$② \text{冻结率} = \left(1 - \frac{\text{肉的冰晶点}}{\text{冰结肉的温度}}\right) \times 100\%$$

肉在冷冻过程中冰结晶的大小主要决定于冰晶形成的速度，而冰晶形成速度的快慢又决定于降温的速度。在迅速冻结的情况下，相当于快速降温，冰晶形成速度快，来不及形成大的冰晶，形成的结晶颗粒就小，这就是生物学中的“玻璃态学说”。这种玻璃态结晶在肉的组织中分布也均匀，对肉的质量无不良影响。当慢速冻结时，则在肉组织中形成粗大的冰结晶体，对肉的组织有机械损伤作用。

根据以上分析，肉的冻结温度和冻结速度与冷冻肉的质量有直接的关系。速冻的肉发生的变化（肉汁从细胞和组织内渗透到细胞间和组织间隙间）呈可逆反应，解冻后肉汁可以再渗入组织或细胞内，几乎完全可以恢复原有的滋味和营养价值。慢冻的肉形成较大的冰结晶体，破坏了组织和细胞。解冻后肉汁不能充分渗入组织中或细胞内，造成部分汁液从肉中流出，降低了肉的营养价值、风味及质量等。

(3) 冷冻肉的理化变化：冷冻肉理化性质的变化随冷冻温度的不同有所差异。在－18℃的温度下贮藏，肉某些理化性质的变化见表5-6。

表 5-6　　肉在冻藏时理化性质的变化

肉的贮藏时间/月	牛肉				羊肉				猪肉			
	解冻时渗出的肉汁量/%	肉汁的pH	外层脂肪的过氧化值	外层脂肪的酸价	解冻时渗出的肉汁量/%	肉汁的pH	外层脂肪的过氧化值	外层脂肪的酸价	解冻时渗出的肉汁量/%	肉汁的pH	外层脂肪的过氧化值	外层脂肪的酸价
0	1.95	5.80	0.00	0.75	2.10	5.88	0.00	0.59	1.26	—	0.00	0.42
4	2.10	5.75	—	1.09	2.29	5.83	—	0.85	1.45	—	—	0.84
8	2.30	5.74	0.12	1.14	2.78	5.78	0.11	0.82	1.61	5.85	0.25	0.89
12	2.88	5.74	0.08	1.46	3.45	5.76	0.09	1.06	1.95	5.71	0.26	1.07
16	3.58	5.75	0.15	1.62	4.04	5.75	0.12	1.12	2.33	5.73	0.36	1.11
20	4.32	5.82	0.25	1.43	4.95	5.80	0.22	1.06	2.79	5.77	0.67	1.18
24	4.78	5.80	0.17	1.79	5.04	5.81	0.23	1.08	2.94	5.82	0.22	1.60

（4）肉冻藏温度与贮藏时间的关系：冷冻肉的贮藏时间同贮藏温度有极密切的关系。一般来说，贮藏的温度越低，冷冻肉贮藏的时间越长。在进行肉的贮藏时，应根据运输距离长短、肉的用途及肉加工或食用解冻的时间长短，合理地选择贮藏的温度。四种温度下猪、牛、羊肉的贮藏时间见表 5-7。

表 5-7　　四种温度下肉的贮藏时间

肉类别	贮藏温度/℃			
	-13	-18	-23	-30
牛肉	4 个月	6 个月	12 个月	12 个月
羊肉	3 个月	6 个月	12 个月	12 个月
猪肉	2 个月	4 个月	8 个月	10 个月

2. 肉的解冻

总的来说，冷却肉和冷冻肉在食用或加工前均需解冻。但由于冷却肉在冷却和贮藏的过程中所降低的温度不太低（肉深部温度降到 0～1℃，最低只有 -6℃），解冻方法容易，时间又短，多数情况下可自然解冻，此处没有必要详细阐述。冷冻肉因是深度冷冻，不易轻易融化解冻。所以，我们所说的肉的解冻就是使冷冻肉中的冰结晶融解成水，并使已脱水的肌肉蛋白质重新吸收水分，恢复原来状态的过程。目前解冻有一步直接解冻法；也有先快速达到半解冻状态，再继续缓慢解冻的二步解冻方法。国内外当前的解冻方法有：外部加热法（a. 空气解冻，如静止解冻、流动空气解冻、热空气解冻、隧道解冻、加压空气解冻、高湿空气解冻；b. 水解冻，如水浸式解冻、流水浸渍解冻、喷淋解冻；c. 真空解冻；d. 接触解冻；e. 直接加热解冻）、内部加热法（低频电流加热解冻、高频电流加热解冻、微波解冻）、组合加热法（电和空气组合加热法，电和水组合加热法，高频和水组合加热法，微波和液氮组合法，两阶段空气解冻）等。根据热源和措施不同，一般有下列几种解冻方法：

（1）空气解冻法：即在特定的解冻室内，根据需要将空气加热到一定温度，再把冷冻肉放于其中，任其解冻的方法。该法解冻所需时间较长。例如在 3～5℃ 温度，湿度为 90% 的解冻室内，用空气解冻需 2～3d。若解冻室温度各角落不一致，则汁液的损耗和干耗也不一致。日本有人曾将冷冻肉分割装于瓦楞纸板箱中，质量 25kg，先用 -23℃ 温度冻结 48h，再贮于 -20℃ 冷库中四个月，解冻时采用三种不同的方法和条件，才发现冷冻肉因解冻条件不同，汁液的损失和质量的变化有明显的不同。

(2) 流水解冻法：即将冷冻肉置于水槽（池）中，用常流自来水浸渍一夜的解冻方法。这种方法简单易行、费用少、时间短、干耗少，并有洗涤效果，但水溶性蛋白质及其他有关营养物质流失过多，肉色减退，并影响风味，故采用得较少。

(3) 温包解冻法：即将冷冻肉用毛毯包裹后置于常温中，使其在 2～3d 内缓缓解冻的方法。这种方法可使肉表面和中心都均匀地解冻，干耗少，也无需解冻室（槽），并能提高肉制品的风味。至于能否在我国实用，则难以肯定。

(4) 高频解冻法：即利用高频电流使肉内部分子运动发热而从内部解冻的方法。这种方法需要一定的装置和设备，且对较厚的肉不适宜。

(5) 高低热流两步解冻法：即将肉及肉制品放入密闭的解冻室中，先均匀通入高热空气（35～60℃），再通入低热空气（7～13℃）而使肉解冻的方法。此法在美国应用甚广。采用这种方法解冻的肉，蛋白质和汁液损失较少，并可以避免微生物生长，甚至高温空气还有杀菌作用。但在使用过程中，应注意以下两个问题：

① 在通入低热空气时，应尽量缩短肉表面温度处于 10～20℃ 的时间，即尽量缩短低热空气通入的时间，以避免微生物的生长。

② 当肉中流出的化冰水（冷凝水）太多并带较多的肉汁和蛋白质时，应立即停止第一步高热解冻。

美国的高低热流两步解冻法为：①将冷冻肉及肉制品放入密闭室中，均匀地通入热空气，空气温度为 35℃ 以上，60℃ 以下（最好 45℃），湿度为 100%，循环空气速度为 2～3m/s，直到肉表面温度达 30～35℃。这一步需 60～90min。②使循环空气温度为 7～13℃，湿度为 90%，使肉在 15～20h 内，其表面温度与中心温度相平衡。

第二节　辐照贮藏法

辐射贮藏肉品是继其他传统贮藏方法之后又一新的独特的方法，是一种很有发展前途的方法，也是节约能源的重要技术之一。肉的辐照保鲜法具有无残留污染，耗能少，免除冷藏时冻结和解冻的工序，保持肉品原有的风味品质，延长保存期，提高肉品质量等优点。目前世界上已有 34 个国家分别批准 380 多种辐射食品，其中不少已投入商业化生产，我国正从实验阶段向应用阶段迈进。

一、辐照贮藏的原理

辐照贮藏法是利用 γ 射线或电子射线照射肉品达到保藏目的的一种方法，这些高能带电或不带电的射线引起肉品上污染的微生物发生一系列物理化学反应，使它们的新陈代谢、生长发育受到抑制或破坏，因而杀灭肉品内外层的微生物，延长肉品的保藏时间。

1. 肉品辐照的化学效应

用高能量的射线照射肉品时，它将能量和电荷传递给肉品及肉品上的微生物，使其原子、分子发生一系列变化。当射线的能量足以使电子从原子轨道移去时，即导致产生离子对；当射线提供足够能量使原子之间的化学键分裂时，即发生分子变化，产生游离基。离子对的形成，游离基，游离基与其他分子的反应，游离基的重新组合等的物理化学变化，就是辐照引起肉品及肉品上微生物变化的主要原因。

肉品及肉品上微生物中的水分对辐射很敏感，当它接受了射线能量后，被改变而获得高度易反应的羟基和氢基。羟基和氢基分别为强氧化剂和还原剂，它们能相互起反应，与水中的溶解氧反应，产生氢气和过氧化氢。其反应的可能途径如下：

$$\cdot OH + \cdot OH \longrightarrow H_2O_2$$

$$\cdot H + \cdot H \longrightarrow H_2$$

$$\cdot H + O_2 \longrightarrow HO_2$$

$$\cdot HO_2 + \cdot HO_2 \longrightarrow H_2O_2 + O_2$$

这些中间产物也能与肉品中的其他成分发生反应，并改变其分子结构，这就造成了促使微生物的致死变化以及引起肉品成分变化的重要因素。

辐射很易使蛋白质的二硫键、氢键、盐键、醚键断裂，破坏蛋白质分子的三级、二级结构，改变蛋白质的物理性质。射线能使脂肪酸长链中的C—C键断裂，产生正烷类，进一步氧化形成过氧化物及氢过氧化物。酶的主要组分是蛋白质，所以对辐射的反应与蛋白质相似，即易发生变性，因而引起酶钝化，但使酶完全失活需要的辐射能量是破坏微生物所需能量的5倍。

辐射引起的这些化学变化，对僵死状态的肉品来说，影响和作用是比较小的。因为发生变化的原子、分子只是肉分子的极少数，加之已无新陈代谢，故发生变化的原子、分子几乎不影响或只轻微地影响肉品的变化。但对肉品上的微生物则不然，它们的新陈代谢、生长发育等生命活动都处在正常状态下，水、蛋白质、脂肪、核酸等分子的微小变化就可以导致微生物内生物酶的失活，使其生理生化反应延缓和停止，新陈代谢中断，生命受到威胁甚至死亡，其中脱氧核糖核酸分子的损伤可能是电离辐射造成细胞死亡的重要原因。

2. 肉品辐照的生物学效应

肉品辐照的生物学效应与生物机体内的化学变化有关。对物质的辐射效应可分为直接效应和间接效应。直接效应被认为是高能量的射线和粒子与细胞的生命中心直接接触，引起破坏作用和变异，有如子弹击中目标一样。间接效应被认为是由机体内含有的水分的离子化所致，是辐射总反应的重要部分。辐射的直接和间接效应能够杀死微生物。

电离辐射杀灭微生物一般以一定的灭菌率所需用的剂量（Gy）表示，通常以杀死微生物数的90%计，即残存微生物数下降到原数的10%时所需剂量，并用D_{10}值表示。其计算为：

$$\lg \frac{N}{N_0} = -\frac{D}{D_0}$$

式中 N_0——最初微生物数；

N——使用D剂量后残留的微生物数；

D——初期剂量（Gy）；

D_0——微生物残存数减到原数的10%时的剂量（Gy）。

微生物的种类不同，对辐射的敏感性也各不相同，因而D_{10}值的差异也随之而不同。带芽孢的菌体比无芽孢者对辐射的抵抗力更强。辐射并不能使微生物毒素除去，如黄曲霉毒素对γ射线相当稳定，以30krad大剂量辐射后毒素没有多大的变化。酵母和霉菌对辐射的敏感性与无芽孢细菌相同。

二、辐照贮藏食品的优点

用放射线照射保存食品有其独特的优点，所以，目前受到广泛重视和研究，以克服其弱点而希望得到普遍推广应用。

(1) 延长保存期。食品经放射线处理后，大大延长了保存期。例如，鱼可延长保存期1～2个月，保存时间可提高5倍。肉经照射后，可在室温中贮藏7～10个月；而某些冷冻肉只能保存两个多月。

(2) 防止第二次污染，提高食品质量。放射线处理可以在包装后进行，消灭内部微生物，避免第二次污染，保证了食品的质量。

(3) 免除冻结和解冻的工序。目前大部分食品都采用冷却、冷冻的方法保存。因此，必须采用冷藏时进行冻结，食用前进行解冻的两步工序。照射处理的肉可以免除这两步工序，既提高了工作效率，又保证了食品质量。

三、放射线的种类及剂量

1. 放射线的种类及性质

用于处理食品的放射线主要有：从放射线同位素发射出来的β射线、γ射线和由电子射线加速器放射出来的电子射线、X射线等等。

(1) γ射线：γ射线是由线源体^{60}Co和^{137}Cs放射出来的，它和X射线一样都是电磁波。γ射线的穿透力很强，可以穿透食品的深部，处理食品时可以在包装后进行照射而获得均匀的效果。因此，是最适于应用到食品方面的一种射线。

(2) 电子射线：电子射线与γ射线不同，穿透力较弱。用3MeV的电子射线照射具有均匀密度（如水）的食品时，也只能穿透1.3cm的深部，不能透入到1.3cm以上的深部。因此，只能用于食品表面或浅层的照射处理。

(3) X射线：X射线也可用于深部消毒，但效果不大，而且大量使用X射线照射食品时，会使食品产生臭味和变色。

2. 放射线的单位及剂量

(1) 放射线的单位：放射线最常用的单位有以下几种。

① 能量单位：能量单位用电子伏（eV）来表示。1eV表示1个电子在1V电位差之间加速而获得的运动能。

② 吸收剂量单位。放射线处理食品最常用的吸收剂量单位为Gy。$1Gy=1J/kg$，以前曾用rad作单位，$1rad=10^{-2}Gy$。

(2) 放射线的剂量：放射线的剂量系根据消灭微生物的程度而定。目前国际上分为以下三种剂量。

① 高剂量：高剂量放射线照射后能完全消灭带芽孢的微生物，达到无菌的状态。如果没有二次污染，在任何条件下进行长期保存，也不会发生腐败或产生毒素。这种方法称做Radappertization，相当于原来的照射灭菌（Radiosterilization）。该种高剂量，能消灭罐头食品和香肠中的肉毒杆菌，并能消灭抗放射线最强的A型和B型肉毒杆菌。用高剂量照射火腿（外国火腿）和腊肉时，在21～30℃的常温中即使贮存9个月以上，仍和新鲜的一样。

剂量为 7500Gy 以上为高剂量。

② 中等剂量：该剂量能够完全杀灭无芽孢的病原微生物，叫做 Radicidation。该剂量主要以消灭污染冷冻蛋白液、冷冻肉等食品的沙门氏菌为标准。通常所用的剂量为 5000～7500Gy。

③ 低剂量：这种剂量能够杀死部分腐败微生物，延长食品的保存期，叫做 Radurization。食品用该剂量照射后仍需在低温中加以贮藏。

3. 放射线照射食品的安全性和存在的问题

用放射线处理食品，国外已经进行了 20 多年的研究，做了大量的动物试验，肯定了用 1000Gy 以内的剂量处理食品，不会诱发放射能和有毒物质，不会致癌，基本保证了食品的营养价值。但食品经放射线照射后，会产生游离离子，产生异味，通常称这种异味为“照射味”，损害食品的香味和风味，尤其对肉类等动物食品影响更明显。其次放射线处理影响食品的色泽，具有鲜明红色的食品如用大剂量照射就会变成暗红色，人工着色剂一经照射就会完全被分解。此外，营养成分也发生一些变化。鉴于以上情况，照射时应尽量采用最低剂量，并利用“增感剂”等来补救剂量的不足，以增加被照射物质的感受度。据国外资料，如果用聚合薄膜作增减剂，真空包装鲜牛肉、猪肉、兔肉等，再用放射线照射处理，在风味、香味、肉质上均无任何影响。

四、辐照贮藏的工艺

畜禽经屠宰等一系列加工获得的鲜肉，虽然没有生命活动，但它们的分解酶活性比较高，会造成自身分解；加工过程中污染的微生物会很快造成肉的腐败，因此应很快进行辐射处理。肉类辐射保鲜工艺流程为：原材料的质量控制→辐照前的处理→辐照→辐照后保藏。

1. 原材料的质量控制

辐射保鲜就是利用射线杀灭微生物并减少第二次污染而达到保藏的目的。它必须是在原有产品品质优良的基础上进行辐射处理，长期保持其新鲜和优良的品质。辐射可以杀菌，可降低肉品中的腐败菌数量，甚至全部杀灭，提高肉品的卫生质量，但并不允许把已变质或细菌繁殖很多的次劣肉品进行消毒，那是毫无意义的。因此，辐射保藏的原料肉必须新鲜、优质、卫生条件良好，这是辐射保藏的基础。

2. 辐照前的处理

首先经屠宰后的胴体必须剔骨，去掉不可食的部分，然后进行包装。包装的目的是为了保护肉品不受外界环境的侵害，避免辐射过程中的二次污染，便于肉品的贮存、运输，提高其商品化程度。包装可采用真空或充氮包装。包装材料可选用金属罐或塑料袋。金属罐成本高，携带、运输不方便，使用很少。塑料袋一般选用抗拉度强，抗冲击性好，柔性，透氧率指标好，γ 射线辐照后其化学、物理变化小的复合薄膜。一般以聚乙烯（PE）、聚对苯二甲酸乙二酯（PET）、聚乙烯醇（PVA）、聚丙烯（PP）和尼龙 6（PA6）等复合，如 PE/PVA/PE、PP/PVA/PE、PP/PET/PP 等，有时在中层夹铝箔效果更好，采用热合封口。

3. 辐照

肉品包装后，根据保藏的目的选择辐照的剂量，用辐射源进行辐照处理，这是很关键的一步，要把好剂量关，保证照射过程中，肉品所接受的最高和最低剂量的比值小于 2，即最大剂量不能超过最小剂量的 1 倍，因此必须做好严格的剂量监测工作。

4. 辐照后的保藏

肉品辐照处理的目的就是为了延长其贮藏时间，而辐照处理的剂量和处理后的贮藏条件往往会直接影响其效果。辐照剂量越高，保存时间越长。肉品辐照后在常温下就可贮藏，如果是采用辐射耐贮杀菌法处理的肉类，应结合低温保藏法。

辐照灭菌效果取决于辐照剂量，与剂量率无关。肉品辐射处理是一个综合性措施，要把好每一个工艺环节，才能保证保藏的效果和质量。

第三节　肉的化学贮藏

国内外使用化学制品贮藏食品同样有着悠久的历史。食盐本身就是化学制品，盐渍贮藏食品在我国就是一种古老的化学贮藏方法。化学制品用于食品防腐在20世纪初开始，直到20世纪50年代才日益增多。肉品的化学贮藏就是在肉品生产和贮运过程中使用化学添加剂或食品添加剂来提高肉的耐贮藏性和尽可能保持它原有品质的一种方法，主要是应用化学防腐剂、抗氧化剂，结合现代的气调贮藏法，以最大限度地保持肉的品质、延长保藏时间。

凡能抑制微生物生长活动（不一定能杀死微生物），能延缓肉品腐败变质的化学制品都称为化学防腐剂，它包括有机化学防腐剂，如有机酸及其盐类，无机化学防腐剂，如二氧化碳、硝酸盐等。此外有些具有防腐作用的物质，如糖、醋、食盐以及酒类在食品保藏中广泛使用，它们虽然也能抑菌，甚至有杀菌作用，但对人体无毒害，目前在我国食品卫生法规中已不列入化学防腐剂名单，更主要的是作为调味料使用。

肉品的腐败变质不一定只和微生物有关，氧化和自溶酶的作用都能引起其腐败变质。因此，能够防止这类变质的化学制品也有助于食品的贮藏，如抗氧化剂的应用。

肉品化学保藏的优点是添加化学制品后，能在室温条件下延缓肉的腐败变质，与其他贮藏方法如冷藏法相比，则具有简便而又经济的特点，不过只能在有限时间内保持肉的品质，属短时间贮藏方法。因为化学防腐剂只能推迟微生物的生长，并不能完全阻止它们的生长或只能短时间内延缓肉内的化学变化。防腐剂用量越大，延缓肉品腐败变质的时间越长，但绝不能任意使用化学防腐剂。

化学保藏法中所用的化学制剂必须符合食品添加剂的一般要求，对人体无毒害作用。目前各国使用的防腐剂已超过50多种。但迄今为止，尚未发现一种完全无毒、经济实用、抑菌广谱并适用于各种食品的理想防腐剂。实际应用时可通过并用，并作为其他保藏方法的辅助手段来实现希望的效果。

近年来，国内外对肉品的化学保藏法研究很多，大力寻找低毒、高效、广谱及经济实用的防腐剂，如氨基酸类、维生素类等。在经济不发达的国家，由于缺乏贮藏设备和交通运输手段，防腐剂的应用需要更为迫切。就是在经济和技术高度发展的国家，由于产销地区的差别，也产生了特殊的运输和贮存的问题，同样需要使用化学贮藏法来改善食品的利用状况，以保证高质量有吸引力食品的需求。我国近年来，化学贮藏法在肉品商业流通，肉及其制品非冷冻贮藏保鲜方面取得了理想的效果，特别是将防腐、抗氧化、气调等方法结合使用，效果更佳。

一、有机酸防腐保鲜法

1. 防腐保鲜的原理

大多数细菌只能在中性或弱碱性介质中生长，但也有不少细菌却是耐酸性的。各种细菌耐酸性差异很大，一般细菌能在pH4.5～10的范围内生长。但是酸对微生物生长的影响并不完全取决于pH。有机酸对微生物的影响就比无机酸大，一般认为这是在未离解酸分子的抑制作用下实现的。因此，单独的pH不能作为判断有无毒害作用的可靠指标。有机酸的抑菌作用在pH愈低时愈大。抑制作用的增加并不是由于氢离子浓度的增加，减少pH1单位将会增加数倍的抑菌作用。有机酸的防腐作用机理是使菌体蛋白质变性，干扰细胞膜，干扰遗传机制，干扰细胞内酶的活力等。

介质成分将会对任何一种酸的抑菌能力产生影响。因此，在一种制品中观察到酸的作用，而对其他制品则可能并不适用。若有该酸的盐类存在时也会显著地影响。一般来说，在不改变酸浓度的情况下，若能降低有机酸的离解度，就会加强酸的毒害性；反之，则效果相反。

酵母和霉菌比细菌的耐酸性强，许多酵母和霉菌在pH低至1.5时仍能生长。霉菌耐酸性很强，以至单独用酸时也难防止霉菌的生长。

2.防腐保鲜剂

(1) 苯甲酸：又名安息香酸（$C_7H_6O_2$），苯甲酸及其盐类如苯甲酸钠（$C_7H_5O_2Na$）以及它的衍生物如对羟基苯甲酸酯类（尼泊金乙酯、尼泊金丙酯、尼泊金丁酯），为普遍使用的一类化学防腐剂。苯甲酸是一种酸性防腐剂，在pH低的环境中，对广范围的微生物有效，惟对产酸菌作用弱；在pH5.5以上时对很多霉菌和酵母没有效果；以低于pH4.5～5时防腐效力好。苯甲酸一般在pH5.5以上时对很多霉菌和酵母没有效果，以低于pH4～5时防腐效力好。苯甲酸一般在0.05%浓度时有防腐力，而苯甲酸盐则需0.07%～0.1%的浓度，它们在食品中允许的使用量不超过0.1%。

有研究表明，用0.1%苯甲酸钠溶液保鲜鱼可防止产生腐鱼味，即三甲基胺。用苯甲酸可制成防腐冰块，它和水可形成低溶共晶混合物，含0.16%苯甲酸的混合物可在-0.06℃时冻结，用于鲜鱼保藏。

苯甲酸内的支链增加，其防腐力也随之增加，苯基丁酸的抑菌效力为苯甲酸的4倍。在对位上引入取代的化学基团会增加苯甲酸的防腐力，如对羟基苯甲酸酯类具有广泛的抗菌作用，且其灭菌效果在一定范围内不随pH变化而影响，一般在pH4～8的范围内效果较好。这是由于它们是酯类，羟基被酯化了，其分子可以在更广的pH范围内保持不电离。对羟基苯甲酸酯类虽有溶解度低的缺点，但其毒性较低，而且在微酸性条件下有其独特的作用，所以在肉的保鲜中应用较多。

苯甲酸进入机体后，大部分在9～15h内与肾脏内的甘氨酸化合生成马尿酸，从尿中排出，剩余小部分与葡萄糖醛酸化合而解毒。用C_{14}示踪试验证明，苯甲酸不在机体内积蓄，是一种比较安全的防腐保鲜剂。

(2) 山梨酸：分子式$C_6H_8O_2$，它对霉菌、酵母和好气性细菌均有抑制作用，但对嫌气性芽孢菌与嗜酸乳杆菌几乎无效。山梨酸能与微生物酶系统中的巯基结合，从而破坏许多重要酶系的作用，达到防腐的目的。一般在pH5～6以下范围内使用效果较好。

山梨酸能有效控制肉类中常见的不少霉菌，用2.5%的山梨酸溶液浸泡或喷雾鲜肉，可有效地延长其保存期。在香肠加工时可将0.25%的山梨酸直接加入肉馅中，或用2.5%的山梨酸溶液浸泡肠衣，均可达到有效的防腐防霉效果。熟鸡腿肉在10%山梨酸钾溶液中浸30_S后，于4℃条件下贮藏可达20d，比对照组贮藏期延长1倍左右。

对山梨酸的防腐保鲜研究很多，结合其他防腐剂和抗氧化剂效果更好。现在已发现山梨酸完全可能在动物体内进行正常的新陈代谢，不少研究者根据山梨酸和己酸在动物体内代谢完全相似的情况，确认山梨酸无毒害作用，因而不少国家允许将山梨酸作为化学保鲜剂。我国规定在罐头中山梨酸的最大添加量为0.5g/kg。

(3) 乳酸：分子式 $C_3H_6O_2$。家畜屠宰后由于肉中糖原酵解，产生乳酸，使肉pH下降，有利于鲜肉的保存。有研究表明，在屠体尚未冷却前用4%乳酸和1%的柠檬酸混合液喷淋处理，可使其污染菌量下降(1～2)×10^{10}个/cm^2。在分割前和修整前应用此酸液处理，可使热剔骨肉卫生质量得到提高。

乳酸钠在肉品防腐保鲜中应用很多。它可通过降低 A_w，以乳酸根离子直接作用于微生物细胞产生防腐作用。在相同的 A_w 条件下，乳酸钠比氯化钠更能延长保存期。乳酸钠可有效地抑制肉品中金色葡萄球菌、鼠伤寒沙门氏菌、单核细菌增多性李斯特菌等危险致病菌的活动，并防止病菌毒素的形成，从而在防止肉品腐败和食物中毒上发挥作用。许多国家均从法规上确定乳酸钠为安全的肉制品添加剂，美国不限制使用；欧洲国家可在一定范围内使用，一般为0.1%～0.3%。

(4) 氨基酸：为了获得低毒高效的防腐保鲜剂，氨基酸类的抑菌作用受到了特别的关注。最近的研究证明，甘氨酸对大肠杆菌和枯草杆菌的抑制效果特别显著，对芽孢的萌发也有抑制作用。甘氨酸在鱼制品中添加1%效果很好。苏氨酸、丝氨酸也有抑菌作用。有羟基的氨基酸就有抑菌作用，几种氨基酸并用有协同效果。

氨基酸与糖类反应的生成物，不仅有抑菌作用，而且有抗氧化作用。据研究，木糖与赖氨酸的抑菌作用最显著。

总之，用有机酸防腐保鲜不是长期的保存方法，只能是延长易腐食品的贮藏期。防腐剂不应在极不卫生和粗制滥造的情况下使用，否则防腐能力降低，其使用量应按国家规定的标准要求添加。

二、气调保鲜法

氧对微生物特别是好气性和嫌气性细菌的生长繁殖起重要的作用，氧能维持微生物的正常呼吸，如果限制微生物生命活动中的氧需要量，微生物的正常代谢受阻，生命活动受到抑制。肉的气调保鲜就是利用了这一原理。肉的气调保鲜即将肉包围在阻气性优良的材料内，使肉的生物氧化率降低，抑制好气性微生物的生长，阻止酶促腐败，以实现肉的保鲜。气调保鲜法可分为二种：真空包装保鲜和充气包装保鲜，前者是抽出包装袋内的气体而后热封，使鲜肉的货架期从原来的5～6d延长至21～28d，但其色泽较差，肉汁易渗出。后者是排除包装袋内的空气后，充入特定的气体 CO_2 或混合气体 CO_2 和 N_2，再热封包装，可使鲜肉的货架期延至7～12d，并保持鲜肉的色泽。

1. 二氧化碳和充氮保鲜

除氧外，能对微生物生长有影响的气体就是二氧化碳。高浓度的 CO_2 能阻止微生物的生长，特别是对冷藏肉中的坏死杆菌更有效，还可抑制酶的活性，因而能保藏食品。CO_2 气调贮藏在水果、蔬菜中应用较广，近年来人们试图将其用于肉品的气调贮藏保鲜。在 CO_2 环境中氧气被排挤掉，从而就能阻止好氧性微生物的生长。CO_2 还可影响肉的pH，不利于微生物繁殖，达到保藏肉品的目的。CO_2 本身对微生物无毒害作用，甚至有的细菌还可利用 CO_2 作营养。

有人曾将贮存在可控制 CO_2 气体环境中的肉类从澳大利亚运至英国，结果证明空气中 CO_2 能阻止微生物生长活动，贮藏时间可延长一倍。不过 CO_2 也加速了正铁肌红蛋白和正铁血红蛋白的形成，专家们对适宜于肉类贮藏的 CO_2 浓度意见并不一致，建议大多数肉类可用10%～30%浓度贮存，个别产品可浓度更高。据研究资料表明，$V(O_2):V(CO_2)$分别为10和20，20和20，10和40，20和40等不同比例时，在2～4℃下贮藏鲜肉，与单纯真空包装比较，调节 O_2 与 CO_2 的百分比能控制微生物的繁殖，降低失重（汁液损失）50%，增加加热得率。在高浓度40% CO_2 条件下，对鲜肉的色泽无恶劣影响，但对脂肪的氧化起加速作用。

氮气是一种惰性气体，其作为气调贮藏中的一种填充剂，能防止肉品的氧化和酸败。氮气不影响肉的色泽，也不抑制微生物的生长，但充入包装内可降低肉品所受的压力。各种肉制品气调保藏中所用混合气体的比例见表5-8。

表5-8　气调包装肉制品所用混合气体的比例

制品种类	保藏时间/d	气体比例 $V(O_2):V(CO_2):V(N_2)$	使用国家
新鲜肉	5～12	70:20:10	欧洲和其他国家
熏制香肠	42～70	75:25:0	德国和北欧国家
香肠、熟肉	28～56	75:25:0	
家禽肉	6～14	50:25:25	

2. 脱氧剂保鲜

脱氧剂自1925年问世以来，在食品保藏上的应用得到了极大的发展，它是一种不需要加入食品中而起作用的保鲜剂，具有方便、安全、无毒的优点。现广泛使用的脱氧剂有铁系脱氧剂，主要含有亚铁化合物、碱性化合物、亚硫酸盐和活性炭等，将这些组分粉碎成小颗粒按一定比例装入有一定透气性的复合小袋中即可使用。将脱氧剂与肉密封在特定包装容器中，能除去包装容器中的游离氧和溶存氧，经1～2d时间，使容器中含氧量低于0.1%，并在贮存期内借助脱氧剂的储备吸氧能力，不断将透入包装内的氧吸收，保持无氧环境，从而有效地抑制霉菌和好气性细菌的生长繁殖，对于其他细菌和酵母菌也有一定程度的抑制作用，这样就延缓了微生物引起的肉品腐败变质，而且可防止脂肪的氧化酸败和变色，保持肉品原有的色、香、味，维持其原有的营养成分，从而达到有效延长保藏期的目的。

日本三菱瓦斯公司生产的爱吉斯通用型除氧剂的组成成分为：$FeSO_4 \cdot 7H_2O$ 55%，$Ca(OH)_2$ 10%，$NaHCO_3$ 8%，$Na_2S_2O_4$ 15%，活性炭12%。它们在食品保存中发生如下作用：

$$FeSO_4 + Ca(OH)_2 \longrightarrow Fe(OH)_2 + CaSO_4$$

$$2Fe(OH)_2 + \frac{1}{2}O_2 + H_2O \longrightarrow 2Fe(OH)_3 \longrightarrow Fe_2O_3 \cdot 3H_2O$$

$$2NaHCO_3 + Ca(OH)_2 \longrightarrow CaCO_3 + CO_2\uparrow + 2NaOH + H_2O$$

$$Na_2S_2O_4 + Ca(OH)_2 + O_2 \longrightarrow CaSO_3 + NaOH + SO_2\uparrow$$

活性炭起吸收异味和水分的作用。有研究表明，应用此脱氧剂保存板鸭，能保持包装袋中长时间无氧或薄氧状态，且产生 CO_2、SO_2，从而有效地防止板鸭的腐败变质和氧化分解，可使板鸭保存3个月，仍保持其原有的色、香、味和营养成分。

三、抗氧化保鲜法

防止肉类脂肪氧化与防腐灭菌一样，是肉类贮藏的重要问题。氧化是导致肉类品质变劣的重要因素之一，特别是对一些含有大量不饱和脂肪酸的鱼类尤为重要。氧化除使肉发生酸败外，还会引起肉退色，破坏维生素，降低品质和营养价值，甚至产生有害物质，引起食物中毒，因此防止氧化是肉品贮藏的一个重要方面。在肉品保藏中为了延缓或阻止氧化作用，常添加一些天然或人工合成的抗氧化剂。

1. 保鲜的原理

氧化和水解是导致脂肪酸败的两个主要原因，对氧化酸败有影响的因素有空气、光线、热、重金属离子、水分以及天然抗氧化剂的存在等。

不饱和脂肪酸因有不饱和键存在，极易氧化，若有合适的催化剂存在或在脂肪氧化酶的催化下，长链的不饱和脂肪酸就会分裂成短链脂肪酸。在分裂过程中，一般都存在着中间产物即过氧化物的形成阶段。短链脂肪酸具有不愉快的特殊气味，以致出现了脂肪氧化所产生的酸败味。脂肪和油活化后，同所接触的氧反应，并产生过氧化物，同时又将一些能量依次传递给其他脂肪分子而产生同样的反应。其链锁反应式如下：

$$F\text{（脂肪分子）}+\text{能量}\longrightarrow F^*\text{（活化脂肪分子）}$$

$$F^*+O_2\longrightarrow FO_2^*\text{（活化脂肪过氧化物）}$$

$$FO_2^*+F\longrightarrow FO_2+F^*$$

$$F^*+O_2\longrightarrow FO_2^*$$

若有抗氧化剂存在，能量就被抗氧化剂取用而不再传递给其他油分子，从而割断了链锁反应，甚至抗氧化剂不再存在。如果添加抗氧化剂以前已有过氧化物形成，此时氧化作用就难以控制，金属离子的存在对抗氧能力起破坏作用。

2. 保鲜的方法

目前我国使用较多的抗氧化剂有抗坏血酸及其盐类，抗坏血酸基棕榈酸酯，异构抗坏血酸，生育酚，此外还有丁基羟基茴香醚（BHA）、二丁基羟基甲苯（BHT）、没食子酸丙酯（PG）等。

抗氧化剂的作用可以分为本身的作用和增效作用。增效作用就是两种以上抗氧化剂结合使用时效果比单独使用一种时好。如维生素 C 和酚类抗氧化剂共同使用时，酚抗氧化剂给类酯氧化链反应提供氢原子后形成苯氧基，维生素 C 可提供氢原子于苯氧基上而再生出酚抗氧化剂。某些化合物单独使用时并无抗氧化性能，但若和抗氧化剂结合使用能提高它的效用，如螯合剂（柠檬酸、EDTA）从某种意义讲不是抗氧化剂，但可借助链锁终断阻止氧化，或有利于清除氧气，可置换出催化氧化的金属离子而起到抗氧化协助剂的作用。有研究报道，用葡萄酒、SO_2 和抗氧化剂共同使用，不仅对肉类有防腐、防霉、抗氧化能力，同时能防止脂肪酸败。用含 SO_2 300mg/kg 的葡萄酒，再加入一二种抗氧化剂，放入肉中，可在无盐和低盐的条件下贮藏，并不影响风味。

在脂肪中还可加入一种能被选择性氧化的物质，从而避免不饱和脂肪酸的氧化。不饱和脂肪酸也可以被氢化，以减少它的不饱和键的数目，抗氧化保鲜在肉品生产中应用很多，但需注意抗氧化剂只能阻碍氧化作用，延缓肉品开始腐败的时间，但不能改变已经变坏的后果。因此必须在油脂开始氧化以前添加抗氧化剂，同时使用增效剂，结合充氮或真空密封等措施，以便更好地发挥氧化剂的作用。再者，控制光线也是延缓脂肪酸败的一种措施，在肉品生产中应加以应用。

第四节　生物保鲜法（Nisin 保鲜）

由于人们担心化学防腐剂在使用上的副作用及其其本身的局限性，国内外科技工作者都在寻找低毒、广谱、高效及经济实用的防腐剂。

一、Nisin 的性质与结构

Nisin 是一种由 34 个氨基酸残基组成的多肽，分子质量 3510u。氨基末端为异亮氨酸，羧基末端为赖氨酸。它含有 4 种异常氨基：脱氢丙氨酸 D，脱氢丁氨酸 H，羊毛硫氨酸 ALA-S-ALA，β-甲基羊毛硫氨酸 ALA-S-ABA，通过硫醚键形成 5 个环，活性分子常是二聚体或四聚体，见图 5-1。

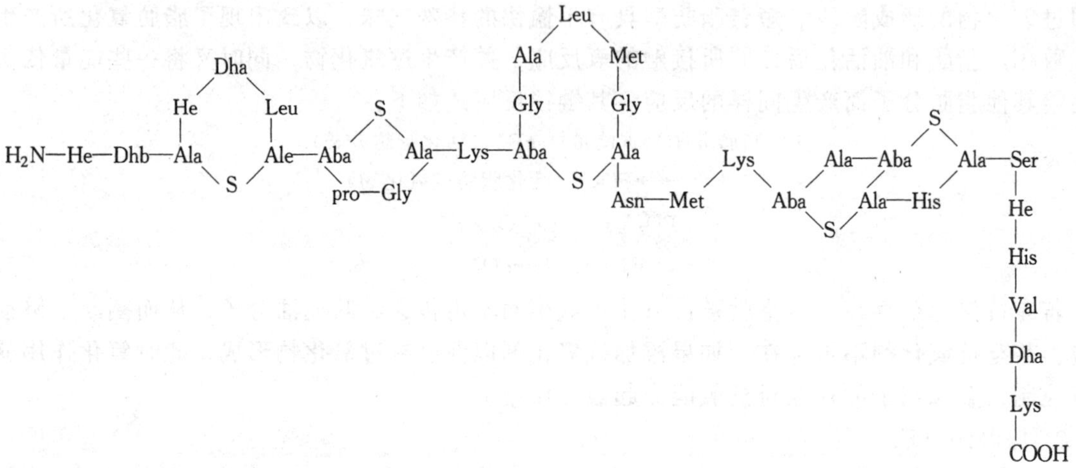

Dhb：β-methyldehydroalanine（β-甲基脱氢丙氨酸）；Dha：dehydroalamin（脱氨丙氨酸）；Aba：aminobutyic acid（氨基丁酸）；Ala-S-Ale：lanthionine（羊毛硫氨酸）；Ala-S-Aba：β-mothyllanthionine（β-甲基羊毛硫氨酸）；其他符号均为氨基酸简写代码。

图 5-1　Nisin 的分子结构图

Nisin 分子呈酸性，在酸性条件下呈现最大的稳定性，在 pH 较低时更易溶解。Nisin 经 115.6℃ 高压灭菌后在 pH2 时仍然是稳定的，但在 pH5 时失去 40% 活性，pH 为 6.8 时失去 90% 的活性。实验证明，在热处理过程中，大分子物质如牛奶或肉汤等对 Nisin 分子有保护作用。食品贮存期间 Nisin 也会失活，特别是在高温和高 pH 下失活更明显。有关资料表明，其失活可能与热处理的温度、pH、底物、货架期的温度和时间有关。这些损失必须在最初添加时补足。

二、Nisin 的作用机理与应用

Nisin 的作用方式就像一个表面活性剂，它对细菌的营养细胞及孢子都有作用。它对营养细胞的主要作用点是细胞质膜，它抑制细胞壁中肽聚糖的生物合成，从而使细胞壁质膜和磷脂化合物合成受阻，并造成细胞内含物外泄，严重地引起细胞裂解，对芽孢的作用是在孢子出芽膨胀的起始阶段抑制其发芽。

Nisin 对许多革兰氏阳性细菌，尤其是产生芽孢的革兰氏阳性菌具有抑制作用，如乳杆菌属、链球菌属、葡萄球菌属及微球菌属等，而对于绝大多数革兰氏阴性菌则没有作用，并且在一般抑制细菌生长的浓度范围内，对酵母或霉菌也没有效果。因此，Nisin 可用于革兰氏阳性菌引起腐败的食品的防腐。对于孢子，Nisin 可以抑制大部分梭菌属和芽孢杆菌属的孢子，这些孢子比营养细胞更敏感，见表 5-9。

表 5-9　对 Nisin 敏感的一些革兰氏阳性菌种类

不形成孢子的细菌	形成孢子的细菌
干酪乳杆菌（*Lactobacillus casei*）	凝结芽孢杆菌（*Bacillus coagulans*）
短乳杆菌（*L. brevis*）	蜡状芽孢杆菌（*B. cereus*）
保加利亚乳杆菌（*L. bulgaricus*）	枯草芽孢杆菌（*B. subtilis*）
植物乳杆菌（*L. plantarum*）	嗜热脂肪芽孢杆菌（*B. stearothermophilus*）
布氏乳杆菌（*L. buchneri*）	地衣芽孢杆菌（*B. Lichiniformis*）
乳酸片球菌（*Pediococcus acidilactica*）	肉毒梭菌（*Clostricium botulinum*）
有害片球菌（*P. damnosus*）	生孢梭菌（*C. sporogenes*）
戊糖片球菌（*P. pentosoceus*）	双酶梭菌（*C. bifermentum*）
无乳链球菌（*Streptococcus agalactia*）	产气荚膜梭菌（*C. perfringens*）
酿脓链球菌（*S. pyogenes*）	巴氏芽孢梭菌（*C. pasteurinicum*）
金黄色葡萄球菌（*Staphytococcus aureus*）	酪丁酸梭菌（*C. tyrobut yricum*）
肠膜明串球菌（*Leuconostoc mesenteroides*）	嗜温糖解菌（*Thermosac charohyicum*）
酒明串球菌（*L. oenos*）	
李斯特菌（*Listeria*）	
单核细胞增生李斯特菌（*L. monocytogenes*）	
藤黄微球菌（*Micrococcus buteus*）	
乳酸链球菌乳脂亚种（*Loctococcus loctis subsp. cremoris*）	

Nisin 是从乳酸链球菌的发酵产物中提取的一类多肽化合物。因为乳酸链球菌在分类上属于血清学 N 群，所以“Nisin”一词由 Nihibstory substance（N 群抑菌物质）得来。1928 年，Rogers 就注意到乳酸链球菌的代谢物可以抑制其他乳酸菌的生长。1951 年，Hirsh 首次提出将产生乳酸链球菌素的发酵剂用于奶酪可以防止梭状芽孢杆菌在奶酪中产生气体。20 世纪 50 年代初英国 Applin.Barrett 公司率先生产出具有高度活性的乳酸链球菌素浓缩物“Nisaplin”。1961 年 FAO/WHO 食品添加剂联合专家委员会给予 Nisin 作为食品添加剂的国际承认后，全世界已有 50 多个国家和地区已批准 Nisin 作为食品防腐剂，如表 5-10 中所列。

表 5-10　一些允许在食品中添加使用 Nisin 的国家

国　家	允许加入 Nisin 的食品	国　家	允许加入 Nisin 的食品
阿根廷	奶酪	意大利	奶酪、蔬菜罐头
澳大利亚	奶酪、番茄酱、番茄罐头、汤罐头	印　度	奶酪
比利时	奶酪	墨西哥	准许作为食品添加剂
玻利维亚	在食品中的使用不禁止	荷　兰	奶酪
保加利亚	奶酪	波　兰	奶酪
智　利	食物制品	葡萄牙	奶酪
塞浦路斯	奶酪、蔬菜罐头、蛋黄酱	西班牙	奶酪
捷　克	奶酪、蔬菜罐头、蛋黄酱	英　国	奶酪、食品罐头、冰淇淋
埃　及	奶酪	新加坡	奶酪、罐头食品
法　国	奶酪	瑞　典	奶酪、浓缩牛奶

Nisin 的抗菌效果较强，在食品中添加十万分之几到万分之几的这种物质，就可以抑制引起食品腐败的许多 G^+ 菌的生长和繁殖。由于 Nisin 是一种多肽物质，食用后在消化道内很快就会被蛋白酶分解，不会产生其他抗生素出现的抗性和过敏现象。

肉制品中火腿以其味道鲜美和食用方便而深受消费者青睐。研究表明，在不影响火腿色泽和防腐效果的情况下加入一定量的 Nisin，可使亚硝酸盐的含量由原来的 150mg/kg 降到 40mg/kg。Nisin 用于香肠的生产也很普遍。美国联邦肉类检验法规允许 Nisin 作为干香肠和半干香肠的防腐剂。Graciela M 等从阿根廷干香肠中分离出一株干酪乳杆菌（*L.casei*）CRL705，产生的乳酸菌素能抑制植物乳杆菌（*L.plantarum*）、李斯特菌（*Listeria*）、金黄色葡萄球菌（*S.aureus*）等广泛的 G^+ 菌的生长。应用情况表明，Nisin 可以作为肉类加工的良好防腐剂。

肉品罐头作为方便食品已成为世界各国日常食品中不可缺少的一员，但由于肉类罐头中含有耐热芽孢菌，保存在温暖条件下，芽孢就会萌发，最终可能导致罐头胖听或发生酸败等。因此肉品罐头的安全性也越来越为各国所重视。Nisin 可作为罐头食品防腐剂。对于一些嗜热微生物孢子，如嗜热脂肪芽孢杆菌（*Bacillus stearothermophilus*）和解糖梭状芽孢杆菌（*Clostridium thermosaccharolyticm*），即使在 $F_0=3$ 以上仍能存活，在适宜条件下萌发，使罐头变坏，需使用较高的 F 值。但温度过高对产品的风味、外观及营养价值都会产生不良影响。使用 100～200IU/mL Nisin 能有效阻止嗜热微生物的生长，并能降低热处理强度（F_0 从 9 降到 3），从而保证了罐头的营养风味，也减少了能量消耗。

Nisin 在碱性条件下并不稳定，但随着 pH 的降低，其稳定性和活性都显著提高，因而特别适用于高酸性食品的防腐。

第六章　腌制与腌腊制品

腌制是肉类制品的一种加工方法，也是一种保藏手段，既是腌制品加工的独立工艺过程，又是某些肉类制品加工的一个环节。这种加工方法在我国已有悠久历史，形成了多种名牌产品，世界各国也都广泛应用这种加工方法。肉类的一般腌制方法是用食盐，或以食盐为主并添加硝酸盐、糖和香料等配料进行加工处理。随着人类的长期生活实践和科学技术的不断发展，肉的腌制技术也在不断改进，腌制的目的已从单纯的防腐保藏发展到主要是为了改善风味，提高产品质量。腌制已成为许多肉类制品加工过程中的一个重要的工艺环节。

第一节　腌制的基本原理

一、腌制的作用及原理

1. 防腐作用

食盐是腌制品生产的主要配料之一。肉制品中含有的大量的蛋白质、脂肪等成分具有的鲜味，常常要在一定浓度的咸味下才能表现出来，不然就淡而无味。因此只要腌制适当，就可改善肉制品的风味。

采用一定浓度的食盐之所以能较长期保藏食品，主要是因为一些腐败细菌对食盐的敏感性所致。当食盐的浓度在10%～12%时，大多数腐败微生物受到抑制。但食盐并不能保证灭菌，即使在饱和的食盐溶液中也不能全部消灭肉制品中的微生物，少数微生物能在食盐水中生长，引起肉制品的腐败，如大肠杆菌在盐水中6个月也不死亡，结核杆菌3个月不死亡，化脓链球菌5个月仍活着。因此，很多微生物无论在有盐或无盐的培养基中都能够繁殖，特别是耐盐菌和嗜盐菌，在高浓度食盐溶液中能很好地生长。再者，用盐水腌制的肉类制品上的微生物一部分死亡，余者由于食盐向产品内部扩散，盐水的浓度变小，而蛋白质等浓度增加，微生物又会强烈地生长，使肉制品腐败。

在0℃左右的空气中保存的腌制品，表面常常出现粘液和霉菌的繁殖，继而出现不良的气味。保存在盐水中的腌制品，时间长也会变质，同时出现不良的腐败气味。所以单纯的腌制不能保证肉制品长期不变质，还需与其他贮藏方法配合，如低温、烟熏、干燥等，才能使腌制作用的效果更好。

食盐保藏食品的原理一般解释为是食盐的渗透使微生物细胞脱水形成胞质皱缩现象，因而使微生物代谢作用受到破坏而起到防腐作用。如果说食盐的防腐保藏作用单纯归于这一因素，那么具有更大脱水能力的硫酸盐（硫酸镁）应该有更大的防腐作用，但实际上硫酸盐的防腐作用不如氯化钠。因此食盐的防腐作用不能只用微生物的胞质皱缩现象来说明。还因为高浓度的食盐溶液可以破坏微生物分泌的蛋白分解酶，例如在3%的食盐溶液中变形杆菌就失去液化血清的作用。

根据前苏联и·A·斯莫洛捷采夫的解释：食盐的钠离子和氯离子在肽键处结合，防止了微生物分泌的蛋白分解酶对蛋白质的作用，也就是说，要使蛋白质发生分解反应，酶应和蛋白质在肽键处结合。而腌制时，由于蛋白分子的肽键处被食盐的离子所占据，因此，减少了微生物对蛋白质的作用，被微生物利用代谢的物质减少，蛋白质变成不易被微生物酶分解的物质。其结构式分别如下：

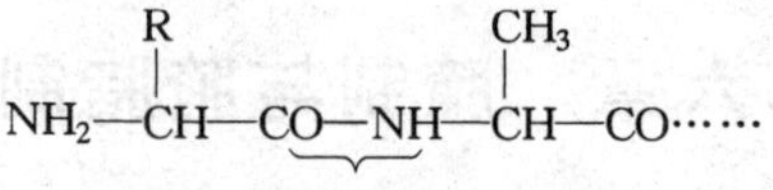

能被蛋白酶分解的肽键

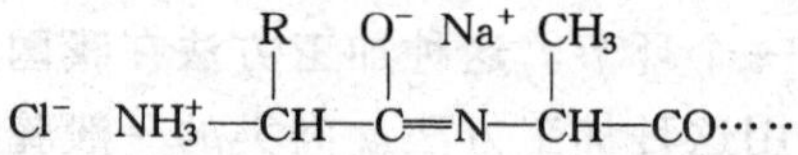

不能被蛋白酶分解的肽键

另外，氯化钠溶于水之后，在每个离子的周围，包围着一层水分子，而且其量随着盐浓度的增加而增加，使微生物得不到自由水，所以，微生物不能在一定盐溶液中生长。再一个重要原因是微生物对钠离子很敏感，当有少量的钠离子存在时，对微生物的生长有刺激作用，而钠离子有一定浓度时有抑制作用。据研究认为，钠离子和细胞原生质中的阴离子结合，对微生物有毒害作用。

除此之外，食盐的防腐作用还在于氧不易溶解在食盐溶液中，由于缺少氧，减少了好氧性微生物的繁殖。

硝酸盐和亚硝酸盐对肉毒梭菌的生长繁殖具有很大的抑制作用，也是防止氧化酸败的强氧化剂。因此，它即是一种发色剂，又是一种强防腐剂，但它受 pH 的影响很大。在 pH 为 6 时，对细菌有显著的抑制作用；当 pH 为 6.5 以上时，抑制能力逐渐下降。

2. 盐渍作用

食盐向肉中渗透的过程叫盐渍。盐渍过程中所发生的物理作用不外乎扩散与渗透。在腌制过程中腌制产品的内部可溶性成分与食盐和水发生再分配。由于这种再分配的结果，根据组织成分、盐水的浓度、盐渍持续的时间不同可能使产品脱水或者是充水。当以干腌法腌制时，由于产品表面高浓度的食盐分子向产品中心渗透，形成了扩散作用，常使腌制品脱水。

腌制时由于盐和水分的再分配，不仅决定了腌制品的口味及对微生物的稳定性，而且也决定了腌制品的出品率、韧性和组织中盐的浓度。产品中可溶性成分向盐水中的转移对腌制起不良的影响。

腌制过程中产品中盐的浓度和盐的含量是两个不同的概念。盐的浓度是指产品中水的数量与含盐量之比，它决定着组织渗透压的大小、盐的保藏作用和扩散渗透过程的时间。而盐的含量是腌制后产品中盐的数量对产品总量之比，表示产品的咸度。不同产品的咸度要求不同。

腌制过程中食盐渗入到组织中和组织中盐、水间的再分配基本可通过两个途径进行：一是通过产品组织表层膜的渗透，另一个是通过肌肉组织细胞间隙毛细管系统渗透，后者的渗透速度很大。用盐水腌制肌肉组织时，随着腌制时间的延长，组织中盐的浓度增加；盐水中盐的浓度不断降低，同时接近于某一最终值（见图 6-1）。

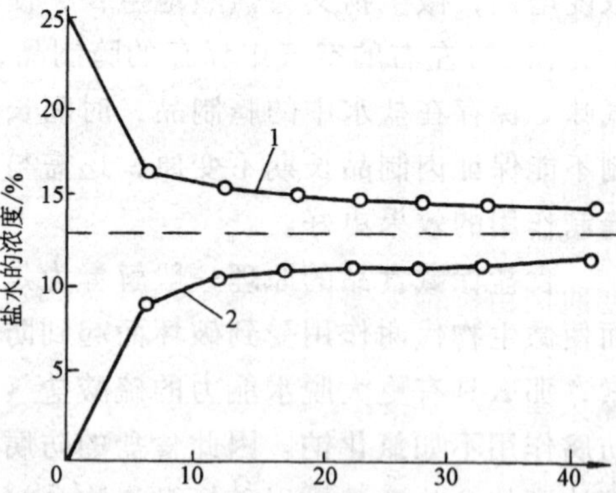

图 6-1　湿腌时水及肌肉组织中食盐浓度的变化

1—在盐水中；2—在肌肉组织中

食盐向组织中渗透的速度取决于盐水的浓度、肌肉组织状态、温度以及组织对食盐阻力的大小等因素。通常盐水的浓度越大，渗透得越快。组织的性质和破坏程度对食盐的渗透有一定的影响，脂肪不如肌肉渗透得快，所以腌制肥的猪肉较慢。随着温度的升高，食盐在组织内的扩散速度加快。提高温度可以加快腌制过程，如以4℃时的腌制速度为1，不同温度下的腌制速度如下：

温　度/℃	4	20	50
速度增加倍数	1	1.7	3.4

此外，腌制速度也与肌肉组织结构以及肌纤维的破坏程度有关。沿着纵向肌纤维的方向渗透得快，横向渗透得慢。肌肉纤维破坏得越严重，渗透得越快，故冻结的肉类腌制时食盐渗透较快。

3. 呈色原理

(1) 肌肉色素蛋白的变化：肌肉所以呈现不同的红色，是由于所含的色素蛋白质的变化引起。肌肉中色素蛋白质主要是肌红蛋白和少量的血红蛋白。肌红蛋白是血红素与珠蛋白构成的一种复合蛋白质，血红蛋白也是由珠蛋白和血红素构成的复合体。但肌红蛋白的分子中是一个血红素分子与此种色素蛋白构成，而血红蛋白是4个血红素分子与此构成的。当血红素中的铁元素是2价时称为血色原，呈紫红色；而当铁元素由2价氧化成3价时，称为高铁血色素，呈褐色。2价铁为活的动物机体中的正常状态。

肌红蛋白分子中的铁具有结合水水化的能力，当其以水分子的状态结合的水，被氧置换形成氧合肌红蛋白，简写成MbO_2，氧合肌红蛋白呈鲜红色，这时血红素的铁仍为2价，因此不是氧化而称之为氧合。

动物屠宰放血之后，中断了对肌肉氧的供给，肌红蛋白中的铁仍具有还原性，故肉的色泽由血色原所决定，呈稍暗的紫红色。但当切口表面与空气接触时，肌红蛋白立刻结合分子状态的氧，呈现MbO_2的鲜红色。MbO_2是比较稳定的，这是因为肌红蛋白中的珠蛋白部分具有防止血红素氧化的作用，因此，MbO_2的鲜红色可以保持相当长时间。但放置的时间过久，肌肉中的铁被氧化成3价的，肌红蛋白变成高铁肌红蛋白，呈褐色。

未经腌制的肉加热时，肌红蛋白中的珠蛋白部分发生变性，结果失去了防止血红素氧化的作用，因此血色质很快被氧化成高铁血色质，呈灰褐色。实验证明，氧合肌红蛋白(MbO_2)中的O_2可以被NO等置换，生成一氧化氮肌红蛋白（MbNO），它较Mb和MbO_2更稳定，难于离解，并具有鲜艳明亮的红色，当加热的时候，尽管珠蛋白部分发生变性，但由于NO与血红素难离解，生成变性珠蛋白的一氧化氮血色质，此时，NO-血色原仍保持鲜艳的红色，腌制后的肉类热加工时，颜色不能发生变化的原因就在于此。但MbNO经可见光线照射后不稳定，因此，经腌制后的肉类制品的切面暴露于光线下，MbNO发生分解，使肌肉由鲜艳明亮的红色变成褐色的。

(2) NO－肌红蛋白的形成：NO－肌红蛋白是构成腌肉颜色的主要成分，其形成的机理还不完善。NO基是由硝酸盐或亚硝酸盐在腌制过程中经过复杂的变化而形成的。首先是硝酸盐在酸性条件下由还原性细菌的作用生成亚硝酸盐：

$$NaNO_3 \xrightarrow[+2H]{\text{细菌还原作用}} NaNO_2 + H_2O$$

亚硝酸盐在微酸性条件下形成亚硝酸，因为在正常条件下由糖原的无氧酵解过程形成乳酸，同时ATP和磷酸肌酸的分解都放出磷酸，这就使肌肉保持了pH6.5左右的微酸性，形成亚硝酸盐：

$$NaNO_2 + CH_3CHOHCOOH \longrightarrow HNO_2 + CH_3CHOHCOONa$$

亚硝酸钠　　乳酸　　亚硝酸　　乳酸钠

亚硝酸是非常不稳定的化合物，腌制过程中在还原性物质作用下形成 NO：

$$2HNO_2 \xrightarrow{\text{还原性物质}} NO + NO_2 + H_2O$$

NO 形成的速度与介质的酸度、温度以及还原性物质的存在有关，所以，形成 NO－肌红蛋白需要有一定的时间。加抗坏血酸能加速 NO 的形成，由亚硝酸直接生成 NO：

$$2HNO_2 + C_6H_8O_6 \longrightarrow 2NO + 2H_2O + C_6H_6O_6$$

该反应在低温情况下进行得较缓慢，但在烘烤和熏制的时候会急剧加快，并且在抗坏血酸存在的时候，可以阻止 MbNO 进一步在空气中的氧化作用，使其形成的色泽更加稳定。在腌制过程中还原状态的肌红蛋白与 NO 基反应生成 MbNO：

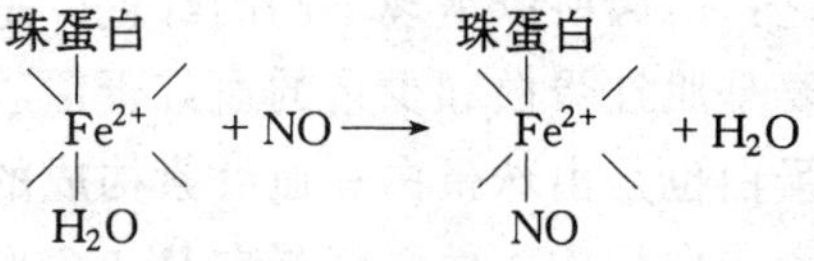

这个反应虽然在腌制过程中存在，但形成的 NO－肌红蛋白究竟占多大比例还不清楚。在反应中存在还原性物质会加快形成，如蛋白质分子中具有－SH 以及肌肉组织中酶的氧化系统。－SH 的还原作用是比较容易看到的，如生肉的呈色反应进行得比较缓慢，但经过烟熏或加热，则反应速度加快。这是由于蛋白质受热发生变性，－SH 大量地暴露出来，参与还原作用。

(3) 腌肉的颜色变化：未经腌制的肉加热，其肌红蛋白变成血色原，暴露于空气中则立即被氧化成褐色的高铁血色原，实际上是 $Fe^{2+} \rightarrow Fe^{3+}$ 的反应。而腌制后的肉类形成 NO－肌红蛋白，加热之后生成 NO－血色原，它很稳定，保证了腌制肉的鲜红色。NO－血色原在光的作用下分解生成血色原和 NO 气体分子，在这种情况下血色原进一步氧化成高铁血色原，而使肉改变颜色。

灌肠等经过加热的腌制品，即使是在无光的情况下贮藏，经过一定时间也会退色。这可能是由于 NO－血色原氧化成血色质所致。如使用不新鲜的脂肪原料，形成有机的过氧化物，可促进氧化作用。特别是猪的脂肪在贮藏中易于氧化变质，如使用这样的原料不仅呈色不好，而且容易发生褐变。

4. 保水原理

一些肉制品如西式培根、压挤火腿、灌肠等在加工过程中的腌制主要有两个目的：一是使制品呈现美丽的红色，起变色的作用。二是提高原料肉的持水性或粘着性。

持水性也叫肉的保水性，是指肉类在加工过程中对自身含有的水分以及添加到肉中水分的保持能力。它没有一个确切的含义，这是因为持水性的大小与蛋白质中自由水和溶剂化水有关，而这两种状态的水在量的方面不好区分，只能相对说明。粘着性与持水性一样，也没有一个确切的量的意义，它表示肉本身具有的粘着物质形成弹力制品的能力，其程度以对扭转、拉伸、破碎的抵抗能力为依据。粘着性常常同持水性同步表现出来。通过试验发现，搅碎的肉中加入 NaCl 的离子强度在 0.8～1.0，即相当于 NaCl 的浓度为 4.6%～5.8%时的持水性最强，超过这个范围反而下降。

(1) 蛋白质与保水性：肌肉中的蛋白质有肌溶蛋白、球蛋白 X、肌球蛋白、肌动蛋白、肌动球蛋白以及间质蛋白等，那么到底哪些蛋白质与肉的持水性有关呢？深泽氏做了如下试验：用牛的肌肉，依其蛋白质的溶解性不同，分别提取。将提取后的肌肉加2.5%的NaCl制成灌肠，发现与持水性或粘着性有关的蛋白。试验设计下面五种形态：

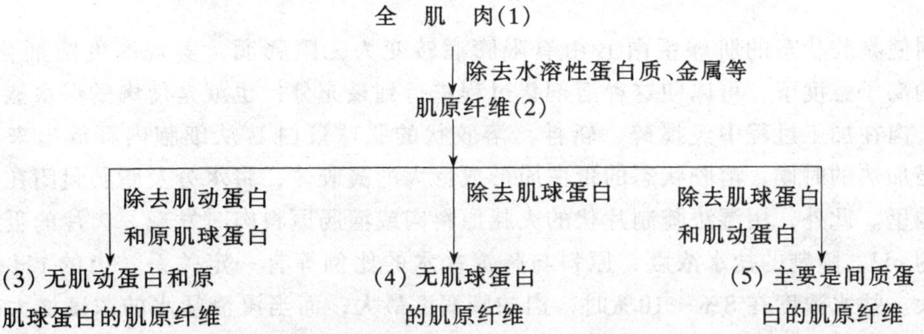

测定各种不同状态的蛋白质的数量同粘结性的关系，见表6-1。从结果可以看出，当处于（4）和（5）两种状态下，灌肠的粘结性几乎不存在了。而在（2）和（3）中，即使除去了可溶性蛋白质、肌动蛋白、原肌球蛋白，仍保持很好的粘结性。这就说明，肌肉中起保水、粘结作用的是结构蛋白质中的肌球蛋白。一旦失去了此种蛋白质，则持水性和粘结性就不存在了。

表6-1　不同状态下蛋白质数量同粘结性的关系

状态	残留蛋白质量/%	残留ATP酶活性/%	由ATP形成沉淀	灌肠的粘着性
(1)	100.00	100.0	+	+
(2)	71.4	97.4	+	+
(3)	45.4	92.6	+	+
(4)	55.2	25.9	+	±
(5)	28.80	9.3	+	−

（2）保水性的变化：由上面实验可知，同持水性有关的主要是肌球蛋白，它是肌肉中存在最多的重要结构蛋白质，用离子强度为0.6的盐溶液提取时，仅在屠宰后短时间内得到。死亡的时间延长或提取的时间过久，因肌球蛋白与肌动蛋白结合而生成肌动球蛋白，所以被提取物是以肌动球蛋白为主体的混合物。此混合物为肌球蛋白B，而纯肌球蛋白为肌球蛋白A。

在通常的腌制条件下，其离子强度在0.6左右，处理时间在24h以上。此外腌制所用的原料肉都在屠宰后经过了成熟过程。因此在这种条件下，肌肉中水溶性蛋白质以及肌球蛋白B被盐水提取。对肌球蛋白B溶液（0.6mol/L KCl）施以数小时的强离心分离（100kg），则溶液分为三层，底层是粒状的肌动球蛋白，最上层的是清澈透明的肌球蛋白A，中间层是浑浊的二者混合物的肌球蛋白B。

未经腌制的肌肉中的蛋白质处于非溶解状态或处于凝胶状态，而腌制后由于受适当离子强度的作用，使非溶解状态的蛋白质转变为溶解状态，或从凝胶状态转变为溶胶状态，也就是腌制时肌球蛋白B被提出是增加持水性的根本原因。处于凝胶状态的肌球蛋白B，由于溶剂化作用，能吸水膨润，其本身也具有一定的持水能力。但是，这种溶剂化作用所形成的吸水膨润是有限的，即在没有足够充分的离子强度下，肌球蛋白B不能从凝胶状态充分吸水而无限膨润，持水性只能被局限在一个极小的范围内。在加热过程中，由于蛋白质变性使原来被包藏在蛋白质次级结构内的非极性基团暴露出来，非极性基团的出现造成了疏水条件，同时也使蛋白质持水能力大大降低。未经腌制的肉类加热时失去大量水分，可能就是这种原因。

腌制使凝胶状态的肌球蛋白B由有限膨润转变为无限膨润，实现高度溶剂化的过程。在一定的离子强度下，可以使这种溶剂化过程进行到最充分，也就是使肉的保水能力达到最高程度。肉在加工过程中经搅碎、斩拌，溶胶状的肌球蛋白B从细胞内释放出来，起粘着作用。当加热的时候，溶胶状态的蛋白质形成巨大的凝胶体，将水分及脂肪封闭在凝胶体的网状结构里。此外，用湿法腌制片状的火腿原料肉或灌肠原料肉时发现，肉片的吸水膨胀程度与肉的pH，腌制的盐水浓度，原料与腌渍盐水的比例等有一定关系。肉的pH越高，膨润度越大。盐水浓度在8%～10%时，肉的膨润度最大；而当浸渍盐水的浓度增大时，特别当盐水的浓度超过22%时，肉的膨润度反而显著地降低。以各种不同的盐浓度经14d的腌制，盐浓度与肉片的膨润程度之间的关系见表6-2。

表6-2　浸渍盐水浓度与肉片的膨润程度的关系

浸渍盐水的浓度/%	膨润程度		
	总膨润量/%	盐增加量/%	水分增加量/%
10	37	8	29
18	33	14	19
26	16	21	-5

由此可见，食盐的浓度越大，浸入盐水量越多，但水分的增加量反而减少。

5. 糖在腌制中的作用

肉在腌制时添加的糖的量有很大的差别，这要根据产品的种类、地区来决定。如广东香肠，含糖量约达9%，腊肉含糖量达4%。英国在肉品生产中，在腌制物中加入肉重1.5%的糖；法国加糖量是肉重的1.5%～2%；美国一般加糖1.15%；日本在湿腌肉料时加糖量为盐水的2%～7%；前苏联肉品企业在腌制时加糖量一般为肉重的0.1%～0.3%。

腌制时还原糖的作用是保持肉的颜色。这些还原糖（葡萄糖、麦芽糖等）能吸收氧而防止肉脱色。在短期腌制时最好用葡萄糖，长期腌制时加蔗糖。蔗糖是二糖，可在微生物和酶的作用下生成葡萄糖及果糖。

在肉制品长期腌制时，加入糖对微生物的发育有影响。糖与盐呈现相反的滋味，在一定程度上缓冲腌肉的咸味，提高盐液的渗透压，使氢离子浓度发生改变。腌制过程中在微生物酶和组织酶的作用下，糖形成酸，使盐水的pH降低，使胶原膨胀和松软，从而使肉的组织状态变得更柔嫩。

在有糖和亚硝酸存在下长时期腌制，当pH5.4～7.2时，盐水可在微生物一定菌株的作用下形成氢氧化氨。它可能钝化微生物体内的过氧化氢酶，停止和阻抑对腌制有害的微生物的发育，如 *Clostticium*（梭菌属）。像这样长期腌制时，糖对产品的质量有良好的作用，如果盐液中糖含量多于2%，当温度升高时，可引起盐水发酵和肉变质的发酵，这是应该引起注意的。

6. 磷酸盐的作用

磷酸盐的作用主要是提高肉的保水性。有些肉制品，主要是西式灌肠类和西式火腿类，在加工过程中需要添加一定量的水分，以提高肉的嫩度和出品率。

目前肉及肉制品加工中使用的磷酸盐，根据《食品添加剂使用卫生标准》的规定有焦磷酸钠（$Na_5P_5O_7$）、三聚磷酸盐（钠）（$Na_2P_3O_{10}$）和六偏磷酸钠。通常混合成复合磷酸盐，其保水效果优于单一成分。几种磷酸钠的作用是不同的，如焦磷酸钠主要可增加肉与水的结合力和产品弹性，还有抗氧化作用；三聚磷酸钠对多种金属离子有较强的螯合作用，对 pH 也有一定的缓冲能力，并能防止酸败；六偏磷酸钠能加速蛋白质的凝固，减少水分流失。对于磷酸盐的作用机制尚无一致的说法，现将已清楚的几点做些介绍：

（1）提高 pH：磷酸盐呈碱性反应，加入肉中可以提高肉的 pH，从而能增加肉的持水性。如焦磷酸钠 1% 的水溶液的 pH 为 10～10.2。2.1% 的三聚磷酸钠水溶液的 pH 约为 9.5。当肉的 pH 在 5.5 左右时，已接近于蛋白质的等电点，此时肉的持水性最差。所以在肉制品加工中，要设法偏离这个酸度。偏离的方法有两种：一是继续加酸，使 pH 低于蛋白质的等电点，这时的 pH 至少低于 5.5，肉的持水性会提高；二是加入碱性物质，使肉的 pH 高于蛋白质的等电点，也能使肉的保水性提高。

（2）增加离子强度：多聚磷酸盐是多价阴离子化合物，即使在较低的浓度下也具有较高的离子强度，使处于凝胶状态的球状蛋白的溶解度显著增加（盐溶现象）而达到溶胶状态，提高了肉的持水性。

（3）与金属离子发生螯合作用：多聚磷酸盐与多价金属离子结合的性质，使其能结合肌肉蛋白质中的 Ca^{2+}、Mg^{2+}，使蛋白质的羧基（$-COOH$）解离出来。由于羧基之间同性电荷的相斥作用，使蛋白质结构松弛，可提高肉的保水性。

（4）解离肌动球蛋白：焦磷酸盐和三聚磷酸盐有解离肌肉蛋白质中的肌动球蛋白的功能，可将肌动球蛋白离解成肌球蛋白和肌动（肌凝）蛋白。肌球蛋白的增加也可使肉的持水性提高。

（5）抑制肌球蛋白的热变性：肌球蛋白是决定肉的持水性的重要成分，但是，肌球蛋白对热不稳定，其凝固温度为 42～51℃，在盐溶液中 30℃ 就开始变性。肌球蛋白过早变性会使其持水能力降低。焦磷酸盐对肌球蛋白的变性有一定的抑制作用，可以使肌肉蛋白质的持水能力更稳定。

研究证实，在几种磷酸盐中，以三聚磷酸盐和焦磷酸盐的效果最好，而只有当三聚磷酸盐水解形成焦磷酸盐时，才起到有益作用。焦磷酸钠可因酶的作用分解失去其效用。因此，焦磷酸盐最好在腌制以后斩拌时加入。加入磷酸盐后，由于 pH 升高，对发色有一定影响。过量使用会有损风味，使呈色效果不佳。故而磷酸盐的用量要慎重，一般宜控制在 0.1%～0.4% 范围内。

二、腌制的方法

1. 腌制方法

肉的种类不同，所用的腌制材料也不同。肉的腌制方法主要可以分为干腌法、湿腌法、混合腌法及注射法四种。

（1）干腌法：干腌法是用盐或盐和硝酸盐及糖的混合物，擦涂肉块表面，然后将肉块堆放在容器中。干腌法技术操作和设备都比较简单，在小规模肉制品厂和农村多采用这种方法。我国传统的腌腊制品如金华火腿、咸肉、风肉等都用干腌法腌制。外国肉制品如猪肉熏制品和主要用于长期保藏的肥膘肉、咸肉和火腿等都应用干腌法。

用干腌法时，擦盐后堆放，每层肉的上部都要撒盐，堆高 1.5m。也有在箱内腌制的，这种方法较好，可使肉制品不受空气和光线的作用。干腌法腌制时蛋白质和浸出物损失较别的方法少，但会出现腌制不均匀的现象，且产品脱水量大，减重多，特别是肉尸中脂肪含量少的部位，含水量大，重量损失也较大（肉10%～20%，副产品达35%～40%），在一定程度上降低了产品的滋味和营养价值。

西式火腿用干腌法腌制时为加速腌制过程，常在腌制前用含有16%～18%食盐、0.05%亚硝酸盐、0.5%的硝酸钾及0.5%糖的盐水混合液注射火腿。干法腌制时间随产品的种类、状态和大小而异。苏式腌肉（无骨胸排）腌制13～30d，肥膘肉22d，苏式火腿为27～35d，上海腌制的质量为10～20kg的连片咸肉腌制约30d。

(2) 湿腌法：用湿法腌制肉制品时，把肉放在桶（或陶瓷缸）内，然后倒入盐水。盐水成分和浓度根据产品种类、肉的等级、温度、产品的保藏期和保藏条件来决定。湿腌的优点是渗透迅速、盐水分布均匀、剂量准确和盐水保持良好，缺点是产品水分大。用这种方法腌制的产品不能作长期保藏。

(3) 注射法：为加速食盐渗入肉的深部，在用盐水腌制时先用盐水注射，然后再放入盐水中腌制。注射盐水有两种方法：一种是将盐水用带有很多小孔的特制金属空心针注射入肌肉；另一种是用没有小孔的空心针经过血管系统注射，盐水通过橡皮管在200～700kPa的压力下注入。用空心针注射肌肉组织有许多缺点，如破坏肌肉组织的完整性、经注射针孔流出腌液等。注射法要随腌制时间的不同而改变注射的盐水量，长时间腌制时盐水量为产品重的5%～6%，短期腌制为10%～12%。经过血管系统注射时，从大血管和毛细血管中排出血流，并使盐水渗入肌肉组织中。这种方法的优点在于盐水能迅速渗入肉的深处，不破坏组织的完整性，但用这种方法腌制时必须是血管系统没有损伤，而且在刺杀时放血良好。

无论采用哪一种注射方法，在注射盐液后应将肉倒入盐水中腌制，湿腌法腌制的成品比干腌法腌制的含盐量少而含水量多。

(4) 混合腌制法：是干腌法和湿腌法相结合的一种方法，在制造猪肉腌熏制品和腌肉时采用这种方法。制作时，肉在注射盐水以后，用干的硝盐混合物擦涂，然后放在容器内（桶或陶缸或水泥池中）或擦上干的盐硝混合物腌制（排血），再放在容器中用盐水淹没。采用干腌法和湿腌法混合加工可增加贮藏时的稳定性，防止产品过度脱水，免使产品营养物质过分损失。这种方法应用最为普遍。在腌制时为使制品盐分均匀，应经过一定时间把肉块上下翻转一次，把上层的移到下层，下层的移到上层。为加速腌制过程，可以采用热腌法。即在50℃左右时对肉进行腌制，其优点是腌制时间加快3～3.5倍，产品的质量也很好，主要原因是肉中自溶过程加强的结果。

2. 硝酸盐用量及使用方法

硝酸盐的用量从理论上来说，应根据肌肉中血色素和硝酸盐分解形成NO的数量的关系加入。不同种肉类含血色素的数量是不同的，牛肉含42～62mg/100g，平均为48mg/100g；猪肉含22～42mg/100g，平均为28mg/100g。血色素的平均相对分子质量为652，当一个分子血色素结合一个分子的NO时，若盐腌制时用亚硝酸钠，相对分子质量为69。则腌制牛肉时理论上应加入的亚硝酸钠的数量是：

$$\frac{69 \times 0.048}{652} = 0.005\text{g}$$

即100g牛肉中加入5mg亚硝酸钠就可以保证呈色作用。根据化学反应式，如由二分子亚硝酸钠分子生成一个分子的NO，则加入亚硝酸钠的数量就应增加一倍。

亚硝酸盐虽然发色迅速，但不稳定，并且亚硝酸盐很容易与肉中的二甲胺类化合物作用，生成二甲基亚硝胺的致癌物质（$\frac{CH_3}{CH_3}>N-N=O$），因此在腌肉制品中，亚硝酸盐用量应尽可能降低到最低的限度。按国家食品卫生法标准规定，亚硝酸盐残留量，灌肠类不得超过 30mg/kg，干腌的火腿不得超过 20mg/kg。

硝酸盐的使用方法大体有四种：

① 硝盐混合使用：把硝和食盐均匀地拌和在一起即可使用。由于用硝量很少，为了使硝能与盐拌和均匀，常把少量硝加入少量水调和成液体，再混入盐中。如加工欧式火腿、培根、熏腿等都采用这种方式。

② 硝盐和水混合使用：把硝和盐同时溶在水中并搅拌成均匀的盐水。湿腌法均采用此种方法，应根据盐水的浓度和 100kg 原料消耗的盐水量确定加硝量。

③ 硝和调味料混合使用：将硝拌和在调味料中也可以起到发色的作用。广式腊肠、腊肉等产品均采用这种方式加硝。

④ 硝和水混合使用：把硝溶于水中，配成硝水溶液使用，当硝量不足或腌制时间短、色泽不鲜艳，需加硝水补充时用这种方式。

第二节　腌腊制品的加工

一、中式火腿制品的加工

火腿是我国著名的传统产品，属上等腌腊猪肉制品。我国生产的火腿按产地不同有浙江省金华火腿、江苏省如皋火腿、云南省宣威火腿、贵州省威宁火腿、湖北省恩施火腿和四川省剑门火腿等。各地火腿腌制剂配料和加工方法因地方风味、气候条件（气温）而各有区别，但生产工序基本相同，都要经过选料、修整、腌制、浸洗、整形、晒腿、发酵等七个工序。下面介绍基本加工步骤。

1. 加工工艺

(1) 选料：火腿原料主要是猪的后腿肉，也可用前腿肉，但质量稍次。用做原料的猪要求健康无病，不能用伤病猪和腿部有损伤斑痕及显著皮肤病的猪。鲜腿质量以 4～7kg 为最适宜，太大时不易腌透或腌制不均匀；若太小（4kg 以下），肉质太嫩，水分含量高，腌制时水分损失大，既损失了可溶性蛋白质又会造成盐分过高，不易发酵（抑制了酶的活动），且肉质咸硬、滋味欠佳。要求选择细皮（皮愈薄愈好）、小爪、脂肪少、腿心丰满的鲜猪腿。皮薄和脂肪少易于食盐、香料渗透，有利于腌制，而且肉质可食部分多。一般要求皮厚 0.2cm 左右为好。

(2) 鲜腿的修整：为了使火腿有完美的外形以及保证腌制质量，必须对鲜腿加以修整。修整时特别注意不要损伤肌肉面，俗称不伤红。开面后，将油膜割去，尽量保留瘦肉，仅露出肌肉表面。

修整时先用刀刮去皮面的残毛和污物，使皮面光洁。然后再用削骨刀削平耻骨，修整坐骨，斩去脊骨，使肌肉外露。再将周围过多的脂肪和附着肌肉表面的碎肉割去，将鲜腿修整为琵琶形，腿面平整。另外，应将血管中残留的淤血用大拇指揿出，防止腌制时腐败变质。

(3) 腌制：火腿的擦盐腌制是决定加工质量的关键环节。应根据不同气温，控制好腌制时间、加盐数量、翻倒次数，这是加工火腿的技术关键。腌制火腿的气温通常以 3～10℃ 最为适宜。金华火腿采用加压干腌法，此法使盐分在加压下能充分渗入肌肉组织中，水分被挤出，同时肌肉细胞收缩紧密，可防止微生物侵入，产品不易发生腐败变质。在一般正常气温下，腌制过程中共擦盐和倒堆7次。

配料：100kg鲜腿，10kg盐，硝酸钠50g。选用精盐为好，如生产川味火腿，可加入花椒粉0.1kg、五香粉0.15kg，注意气温高时用盐量要增加。若腌房温度在10～18℃范围，用盐量可增加到12%。气温也影响腌制时间，气温高渗透加快，腌制时间缩短。腌制时间还受鲜腿大小、脂肪层厚度的影响。鲜腿愈大，脂肪愈厚，腌制时间愈长。因此，在堆叠时应将相同大小的鲜腿堆在一起。腌制方法如下：

第一次上盐：在腿面上均匀地撒上一层薄盐。用盐量为腿质量的1.25%。将盐在猪腿上使劲搓压并用力摩擦，以不擦破肉表面为限，使盐溶化，逐渐渗入肌肉内。上盐后将腿放在木架上堆叠起来，在10℃左右可堆叠8～10层，使火腿受到均匀压力。腌制24h左右，鲜肉表面变得湿润松软，肌肉色泽发暗。当气温在20℃左右时，表面食盐在12h内即开始溶化，必须立即进行第二次上盐，否则肉容易发臭变质。

第二次上盐：若温度较低，第一次上盐24h后进行第二次上盐。此次上盐量较大，约为腿重的3.8%，因而称为上大盐。方法是将腿取下，再次用手揿出血管中污血。在腰椎骨、耻骨关节、大腿上部肌肉较厚处先抹少许硝酸钠，然后在这三个部位多涂抹一些盐，使盐层比其余地方厚一些。因为这三个部位不仅肌肉较厚，而且在肌肉内部包埋有扁圆形大腿骨、耻骨，不易腌透（也可将盐和硝酸钠溶液注射入肌肉内部）。第二次上盐后将上下层倒换堆叠（俗称翻堆），堆叠方式与第一次上盐后的相同。第二次上盐腌制48h后，肌肉色泽呈暗红色，肌肉组织在压力和盐的渗透下脱水而收缩，逐渐变得坚实，腿呈扁平状，中间肌肉处凹陷，四周的脂肪凸起而显得丰满。

第三次上盐：第二次上盐后经3d左右腌制即可进行第三次上盐。这次上盐量的多少主要根据火腿大小、脂肪层厚薄来控制盐层厚度。用盐量约为腿重的1.8%。一般情况下，当火腿较大而且脂肪层较厚时，应多加盐；当火腿较小时，则只修补添盐。然后再次将底层与上层倒换堆叠，方式同前。

第四次上盐：第三次上盐4～5d后可进行第四次抹盐，用盐量更少，约为腿重的1.2%。主要看火腿的大小或不同部位的腌透程度而将腿面的盐层逐步向三插区域收拢继续腌制。三插区域是指用竹签检验火腿而穿刺的部位。将竹签插入肌肉内，拔出并迅速嗅其气味，以看是否腌透和变质。腌制时间7d左右，堆叠层数可适当增加。鉴别火腿是否腌透或已腌好，还可用手指按压肉面，若按压时有充实坚硬的感觉说明已腌透；若表面虽坚硬而内部空虚、发软，则表明还未腌透，肉面还应保持盐层。

第五次复盐、第六次复盐：腌制间隔时间为7d，两次用盐量相同，约为腿重的0.4%。这两次上盐的面积更明显地集中在三插区域。此时火腿已大部分腌透，主要在脊椎骨下部的肌肉处还未完全腌透，仍然很松软，应涂抹少许盐。

对于大的腿坯（6kg以上）可复7次盐。火腿经过7次复盐和几次上下层翻倒后，肌肉由暗红转为鲜艳的红色，肌肉组织坚硬结实，小腿部呈橘红色且坚硬。此时火腿已腌好，可进行下一步工序。

(4) 浸洗：将腌好后的火腿放入清水中浸泡，肉面向下、皮面朝上全部浸没，不得露出水面。浸泡时间视火腿大小、含盐量多少和气温而定。如浸泡时发现火腿颜色发白而且坚硬，说明含盐量高，可适当延长浸泡时间；如火腿肌肉颜色发暗，表明含盐量少，可缩短浸泡时间。气温为16℃左右时，浸泡10h左右。浸泡后即用刷子刷洗油腻、污物或腐败物，刮净残余的毛，洗刷到腿身清洁、肌肉表面露出红色为止。洗刷干净后，再同前述方法将火腿放入清水中进行第二次浸漂，气温10℃左右时约浸4h，气温较高时则只浸2h。

(5) 整形：洗净后的火腿取出，用绳吊在晾架上，经4h后肉面微干时即打印商标，再晾晒3～4h，待腿皮微干、肉面尚软时开始整形。所谓整形是将火腿用力逐渐校成一定形状的过程。整形时，将小腿骨校直、皮面压平，使脚爪弯曲，将肉向腿心挤拢，使其饱满、外形美观。

(6) 晒腿：用竹竿木架将腿挂在太阳下照射晾晒，晾晒时间根据季节、气温、风速、腿的大小、肥瘦、含盐量的不同而异。当气温低时，晾晒时间长些；气温高时可短些。一般晾晒3～6d，晒至皮紧、红（黄）亮、皮下脂肪洁白、形态固定、肌肉坚实、发香时即可。应注意，如晾晒时间太长，既造成火腿干硬、损耗增大，又使得在贮藏鲜化时因含水量过低不利于发酵；时间过短，含水量过大，也不能起到短期鲜化发酵的目的，并且容易腐败变质。晒腿时仍应整形，使外形更加美观。如遇阴雨天气，则晾挂在室内，如室内通风不好、腿上有粘液产生时应立即揩去，严重的要重新洗晒。

(7) 发酵鲜化：经过以上各工序加工后的火腿，虽然感观外形已经达到要求，但还不具备产品特有的芳香气味，此时食用只和咸肉差不多，还需进行发酵鲜化。方法是将经过阳光晒过的料坯腿，按大小逐只挂于木架上，腿与腿之间相隔5～7cm，离地2cm。发酵鲜化的时间与库内温度有关，温度高则发酵时间短，反之则长。一般为2～3个月，当肉面上渐渐长出绿、白、黑和黄色霉菌时发酵完成。如毛霉生长较少，则表明发酵时间不够。在发酵过程中，由于微生物酶的作用使蛋白质、脂肪发酵分解，逐渐形成特殊的芳香气味。发酵过程中应注意两个问题，其一是天气变化。当气候潮湿时应挂在通风处，气候干燥时则应挂在阴凉处。必须做好防热防潮工作，调节好室内温度，以免影响质量。其二，做好防鼠、防虫工作，应堵塞鼠洞，安置捕鼠门窗，安装纱窗、玻璃等。

发酵后（一般在清明节前后），将腿上毛霉刷去。削去晒制、发酵过程中所突露出的耻骨、股关骨、坐骨，再修整腿皮，使达到腿正直、腿身呈橄榄形，继续发酵。挂至农历7月初，依次取出刷去毛霉、灰尘等，分大、中、小分别堆叠，每堆不超过15只。腿面向上、皮面向下，每隔5～7d上下翻堆一次，互相调换，使火腿得到均匀压力，盐分充分内渗。同时检查有无虫害、鼠咬等，并将发酵期间从腿上滴下的原油涂抹于腿面，以经常保持肉面油润光泽。

(8) 保藏：将成品挂在通风良好、无阳光的房间内。为使火腿不致因水分大量蒸发而干缩，避免直接接触空气发生霉变、生长虫蛆和产生哈喇味，可用动物胶、面粉加水调成糊状，涂于肉面封闭火腿。用动物胶、甘油、苯甲酸钠、维生素C等混合、加热熔化后刷于腿面，既能防腐抗氧化，又可增加火腿的光泽。

2. 火腿成品质量规格

火腿的质量规格要符合GB2731—88标准。火腿的品质主要从颜色、气味、咸度、肌肉丰满程度、重量和外形等方面来衡量。从颜色上可以鉴别出加工季节和含盐量。不同季节加工的火腿品质有很大差异，保藏时间也不同。冬季加工的品质最佳，保藏时间长，早冬和春季的则次之。冬季加工的火腿俗称正冬腿，皮呈金黄色，肉面酱黄色。春腿则呈淡黄色，有时表面有食盐结晶析出。正冬腿脂肪粘性小，春腿则粘性大。气味是鉴别火腿品质的主要指标，常用办法是将竹签（三角形）插入火腿肌肉深处，并用力旋转，拔出竹签后立即嗅气味，以鉴别质量。注意每插一处，应更换竹签，以免气味混杂。火腿的形状要求腿细直、油头（即腿尖）小、腿心长、骨不外露、刀工整齐，形状类似于竹叶形。火腿感官指标见表6-3，理化指标见表6-4。

表 6-3　中式火腿感官质量指标

	一级鲜度	二级鲜度
色　泽	肌肉切面呈深玫瑰色或桃红色，脂肪切面呈白色或微红色，有光泽	肌肉切面呈暗红色或深玫瑰红色，脂肪切面呈淡黄色、白色，光泽较差
组织状态	致密结实，切面平整	较致密而稍软，切面平整
气　味	具有火腿特有的香味或者香味平淡	稍有酱味或豆豉味或稍有酸味

表 6-4　中式火腿理化指标

项目	指标
亚硝酸盐量/(mg/kg)(以 $NaNO_2$ 计)	≤20

二、腊肉制品的加工

1. 加工工艺

（1）选料和切坯：采用皮薄肉嫩、肥膘在 1.5cm 以上的新鲜猪肉为原料，一般用通脊和切去下端奶脯的肋部肉，也可采用其他部位的肉。肥瘦比例一般在 5:5 或 4:6 左右，剔除全部肋条骨、椎骨和软骨等，切成宽 2～3cm、长 35～40cm 的肉条坯。将带皮肥膘的一端用尖刀穿一小孔，系上麻绳以便于吊挂。

（2）淘洗：将肉坯用温热水漂洗干净，除去油污和表面浮油。水温因品种、风味和制作方法而各不相同。

（3）腌制：一般采用干腌法和湿腌法。干腌法是直接把配料用手擦抹在肉身上（胛缝、槽头肉处进盐慢，要多揉搓），应将各部位抹到，不得遗漏。抹好后将肉整齐地放在缸内或池内。放时，皮面在下、肉面向上，最上一层肉面向下、皮面向上，装完为止。最后，将抹剩下的作料全部均匀地撒在缸内或池内的肉面层上。湿腌法配制腌制液时，以把被腌的肉完全浸没为限。每 3～4h 搅缸一次，以免配料沉入底部，并使肉上下翻倒腌制均匀。腌制时间视产品而异，一般 12～24h 不等，以腌透为度。

（4）烘烤或熏烤：腊肉因肥膘肉较多，烘烤温度较香肠烘烤时低，既可达到控制微生物不大量繁殖的目的，又可避免腊肉坯被烤焦、流油造成损失。一般将温度控制在 50～60℃。烘烤和熏烤时间因产品而异，24～72h 不等，以皮干、瘦肉鲜红、肥膘透明或显乳白色即可。熏烤常用燃料是木炭、锯末、苞谷芯、瓜子壳、板栗壳、甘蔗渣、糠壳等，也可加柏树枝叶，在不完全燃烧条件下熏烤肉制品。熏烤的目的一是使制品水分蒸发干燥；二是烟中酚类、醛类物质可杀菌防腐和抗氧化，同时使制品具有特殊香味。

（5）包装：现多采用真空包装，包装材料仍选用不透氧、不透水气、耐油的塑料复合薄膜袋，多采用 500g 包装。腊肉出炕后，应在通风处冷凉，热气散尽后再包装，以免影响包装效果和质量。

2. 腊肉成品规格及指标

腊肉的感官指标包括色泽、组织状态、气味三个方面，理化指标包括水分、食盐、酸价和亚硝酸盐残留量四个方面。广式腊肉已有国家标准GB2730—81，其他参照广式腊肉标准执行，分别见表6-5和表6-6。

表6-5　　广式腊肉理化指标

项　目	指　标
水分/%	≤20
食盐含量/%(以NaCl计)	≤10
酸　价	≤4
亚硝酸盐含量/(mg/kg)(以$NaNO_2$计)	≤20

表6-6　　广式腊肉感官指标

项　目	优　等	次　等	变质（不得供食用）
色　泽	色泽鲜明，肌肉呈鲜红或暗红色，脂肪透明或呈乳白色	色泽稍淡，肌肉呈暗红色或咖啡色，脂肪呈乳白色，表面可以有霉点，但抹后仍有痕迹	肌肉灰暗无色，脂肪显黄色，表面有霉点，抹后仍有痕迹
组织状态	肉质干爽、结实、有弹性，指压无明显凹痕	肉身稍软，尚有弹性，指压凹痕尚易恢复	肉身松软，无弹性，指压凹痕不易恢复，带粘液
气　味	具有广式腊肉固有的风味	风味稍减，脂肪有轻度酸败味	脂肪有明显酸败味或其他异味

三、西式火腿的加工

1. 西式火腿种类与规格

西式火腿是西方重要的肉制品，可以用整块猪精肉制成高级品，如里脊火腿、熏腿、拆骨火腿等，也可用小肉块（每块重量大于10g）制成类似大灌肠的大众食品挤压火腿。日本还有鸡肉火腿、鱼肉火腿等较多种类。我国生产的类似西式火腿的“春都”、“郑荣”、“双汇”火腿肠于20世纪90年代初风靡全国。

目前，我国没有规定火腿分类标准，国外一般将西式火腿分为带骨和去骨的两大类。带骨火腿有熏腿、肩肉火腿和野餐火腿等；去骨火腿又可分为整块精肉制成的火腿（如里脊火腿、方圆腿、卷火腿），以及碎肉块制成的挤压火腿（如鸡肉火腿、鱼肉火腿）等。

(1) 熏火腿：成品为半制品，金黄色，不焦苦，不走油，带骨、带皮，无爪，外形椭圆，呈琵琶形，每只重3.5～7kg。熏火腿是以猪的整只后腿为原料，经过整形、腌制、烟熏而成，产品得率82%～83%。

(2) 卷火腿：是采用熏火腿为原料，经拆骨后卷成圆锥形，用绳扎紧成型后，经蒸煮而成。

(3) 方火腿：是以去骨的猪后腿肉为原料，经过修整、腌制，用特制带弹簧压盖的长方形铝膜（高12.5cm×长23cm×宽12.5cm）压缩煮制而成。方火腿外表有皮，呈长方形，皮面乳黄色，精肉色泽鲜艳。切片时，肉不松散、无杂质、无毛、无伤斑、无空洞，口感咸味适中、鲜香可口。每只重2～4kg，产品得率72%左右。

(4) 圆火腿：圆火腿系用去骨、新鲜带皮猪前腿的肉，经过整形、腌制，用弧型铝膜（高12cm×长33.5cm×宽11.5cm）压缩定形后煮制而成。圆火腿外表有皮，呈长圆形，皮面呈乳白色，精肉色泽鲜艳。切片时，肉不松散、无杂质、无毛、无伤斑、无空洞，口感咸味适中、鲜香可口。每只净重3～5kg，产品得率75%左右。

(5) 盐水火腿：盐水火腿是采用最新工艺技术生产的、欧美20世纪60年代开始发展起来的一种产品，由于其质量高、营养好、成本低，已经取代传统工艺生产的火腿，目前欧美各国和日本生产的盐水火腿占肉制品的绝大多数。盐水火腿是将猪整块精肉去除脂肪、筋膜、腱等，整形后，采用盐水注射法，滚揉按摩，并利用多种添加剂经烟熏、蒸煮等新技术加工而成的。成品肉质柔嫩、光滑、富有弹性、外形完整、切面有光泽、无破碎、色泽淡红色（均匀鲜明不易退色）、口味正常（无异味，咸淡适中）。产品得率在105%～130%，我国有关单位研制的“复合腌制剂”出品率在130%以上。盐水火腿有听装或压膜成型后用塑料薄膜包装的，也有用肠衣包装的等。

(6) 肠衣火腿：这是一种带有烟熏风味的盐水火腿，是用去除大部分脂肪、筋膜、肌腱的肉块，经盐水注射、低温腌制、滚揉按摩后，机械充填于纤维素人造肠衣内，拉紧结扎再烟熏蒸煮后制成。根据肠衣的规格，每根有1kg、2kg、5kg等规格，产品得率105%～130%。

(7) 里脊火腿：里脊火腿是肠衣火腿的一种，采用里脊肉为原料，是国外较高档的盐水火腿。

(8) 挤压火腿：挤压火腿又叫压缩火腿，是一种介于火腿和灌肠之间的肉制品。挤压火腿是将肉块经低温腌制，用多种香辛料、添加剂在拌和机里配合调味后充填入肠衣中，经水煮、烟熏而成。挤压火腿品种较多，除用畜肉外，还可用鸡肉、鱼肉等作原料，产品就叫鸡肉火腿、鱼肉火腿等。日本农林省关于挤压火腿的标准见表6-7。

表6-7　　日本农林省的挤压火腿标准

等级	水　分	原料肉的规定	粘结材料	淀　粉	肉块大小
特级	60%～72%	猪肉块>90%	只限猪、牛、兔肉	<3%	每块>20g
上级	60%～75%	畜肉块>90%，其中猪肉>50%	只限畜肉、兔肉	<3%	每块>20g
标准	60%～75%	畜肉块>85%	只限畜肉、兔肉	<5%	每块>20g
等外	—	畜肉	畜肉、兔肉	—	每块>10g
混合	60%～75%	畜、禽、兔肉>50%，其他为鱼肉	畜、禽、兔肉<20%	<5%	每块>20g

2. 盐水火腿的生产工艺

(1) 生产设备：盐水火腿生产的主要设备有盐水注射器、低温腌制室、按摩滚揉机、充填机、拉紧结扎机、火腿模型、蒸煮锅、烟熏室等。

盐水注射器是盐水火腿生产的专用设备。注射的腌制液能均匀渗透和散布到肉体里，提高腌制质量，缩短腌制时间。盐水注射器的种类、型号很多，有大、中、小型；既有手工注射器，也有自动机械注射器。大型注射器针头超过300个，针头之间空隙2.5～5.0cm，针头碰到骨头时能自动退缩而不受损伤。中、小型注射器有数个或数十个针头。由于火腿肉块不大，在进行盐水注射时多用中、小型的盐水注射器，有些场合也可使用手动的简单注射器。

低温腌制室要求温度保持在0～4℃之间，不能有较大的波动。按摩滚揉机能使腌制液在肌肉里迅速扩散、均匀渗透，促进肌肉自溶早熟。盐溶性肌肉蛋白质通过滚揉后能较好地溢到肉体表面，增加粘结力，提高持水性，使产品柔嫩鲜美，增加得率。按摩机主要有圆筒式和荸荠式两种型式，前者使用较多。国外按摩机能抽真空，带程序控制，可以按照工艺要求自动完成转动、停止等操作。

充填机对肠衣火腿的充填是活塞式的，有定量和不定量两种，动力有手动式、气压式或油压式等。

拉紧打扣机用于在充填后拉紧压缩，以除去肠衣内的空气，然后打上金属铝扣。拉紧机多为气动式的。

蒸煮锅为长方形的，大小随产量而定，外层有保温层，能减少热量损失。

烟熏室是肉制品生产不可缺少的设备，类型多样，但基本上有三种，即自然通风式、空调强制通风式和连续式等。自然通风式烟熏室内的空气流量可通过气流调节器的开关来控制，室内装有空架地轨道。熏烟是用木材和木屑闷烧产生。强制通风式烟熏室，室内装有鼓风机以控制气流，可使室内气流循环、排出，部分循环、部分排出，可使熏室内气流均匀，控制调节温湿度，还可控制烟气的流速。该设备生产的产品质量较好。连续式烟熏室装有连续加工设备，可以连续完成烘烤、蒸煮、烟熏、冷却等工序，优点是产量大、自动化程度高、占地面积小。但是由于该设备造价高，在产量小、品种多时不适宜使用。这种连续式烟熏室，在日本中、小型工厂里并不多用。而大多数工厂采用全自动烟熏室。因全自动烟熏室灵活简便，不需要熟练工人。

火腿生产有时还需要金属制模型（具）。模型一般为方形和圆弧形的，可根据需要自制，这里不再做介绍。

(2) 工艺操作：盐水火腿由于采用注射、按摩及各种添加剂等新工艺，其品质、得率、营养价值、成本等方面均较传统工艺优越得多，已逐步取代了传统工艺，现将新工艺做些介绍。

① 原料整理：盐水火腿原料主要是猪肉。屠宰后要求尽快分割，整理除去皮、骨、筋膜和多余的脂肪，立即进入下道工序。盐水火腿也采用冻肉或排酸后的肉。但是新鲜肉较冻肉或排酸后的肉得率要高些，品质也好些。

② 盐水注射：整理好的肉要进行盐水注射。有的火腿和培根在盐水注射前还须用混合盐干腌 1d。注射用盐水多采用进口混合粉（含多种品质改良剂、食盐、亚硝酸钠、磷酸盐、糖和维生素等）配制。其配制方法是将 100kg 水加热至沸后降低为 60～70℃，加入白糖 1.8kg、精盐 8kg，搅拌溶解后，水温降低为 35～40℃时，加入混合粉 10kg，不断搅拌（防止结块），冷却至 0℃备用。关于混合粉的成分，国内研究的较多，如北京市食品研究所、天津食品二厂、江南大学（无锡轻院）、湖南农业大学食品科技学院和上海等单位研制的混合粉都取得一定效果。盐水注射量为原料重的 20%。注射时特别注意避免将肌肉刺穿，盐水流出。

③ 低温腌制：注射后的肌肉加上上述注射液浸没后，置冷暗处腌制 2～3d，中途要翻动数次。据资料介绍，日本注射用和浸渍用盐水也有按表 6-8 配制的，方法是将香辛料先用布包起，再和除亚硝酸盐以外的材料一道放入水中，加热、煮沸、过滤、冷却后，加入亚硝酸盐充分混匀。

表 6-8　　日本火腿、培根浸渍用盐水配方　　单位：%

材料	浸渍用		注射用
	甜味	辛味	
水	100	100	100
食盐	15～20	21～25	24
硝酸钠	0.1～0.5	0.1～0.5	0.1
亚硝酸钠	0.05～0.08	0.05～0.88	0.1
砂糖	2～7	0.5～1.0	2.5
香辛料	0.3～1.0	0.3～1.0	0.3～10
化学调味料	—	—	0.2～0.5
磷酸盐	3～4	3～4	3～4
维生素 C	0.3	0.3	0.3

④ 滚揉：腌制好的肉放在滚揉按摩机内按摩。按摩方法有两种：一种是连续按摩1.5h；另一种方法是按摩20min后，停40min再按摩，反复数次。后一种效果较前者好，但费时较长。在按摩中间添加2%的大豆分离蛋白（配成20%浓度），不但可以提高产品得率，增加粘结力，产品质量也可大大提高。大豆分离蛋白过去需要进口，现在国内已能大批量生产。

⑤ 充填或装模：肠衣火腿用活塞式充填机充填到塑料肠衣或纤维素肠衣内，然后拉紧、打扣结扎；方、圆火腿要装模，模盖带弹簧，装好后加盖压缩。充填、装模要求紧实，排出空气，使产品中空隙少。

⑥ 烟熏蒸煮：纤维素肠衣火腿可以通过烟熏获得烟熏风味。塑料肠衣火腿和装模火腿不能进行烟熏，要直接蒸煮。烟熏时，先烘干再用中温烟熏，温度60～70℃，时间1～2h。当熏至肠衣表面干燥、张紧、具有光泽时终止。熏烟在自然通风室内由木柴和木屑闷烧产生，在强制通风烟熏室和连续式烟熏室内由烟发生器产生。为减少多环烃的影响，烟要经过过滤后再引入烘房内。烟熏风味也可用烟熏液产生。烟熏液添加方法可用喷雾法，也可采用直接添加法，其用量为1%～4%。烟熏结束后蒸煮，水温保持在72～75℃，时间依产品大小而定，一般在2～4h。煮熟的标志是中心温度达到68℃。

⑦ 冷却：冷却要求迅速，大多采用冷水喷淋的方法，使火腿尽快降至室温。如采用全自动烟熏室，上述烘干、烟熏、蒸煮和冷却步骤全部都在烟熏室内按工艺要求自动完成。

⑧ 包装、检查：产品冷却后，压模火腿还要出模。火腿按市场需要进行包装，出厂前还要进行检查，合格后方可出厂。

3. 挤压火腿的生产工艺

挤压火腿是一种介于火腿和灌肠之间的产品，既有火腿的风味，又有灌肠的特点，品种较多，是一种物美价廉的大众食品。挤压火腿的制造工艺类似灌肠。

(1) 原料与配方：挤压火腿原料肉、调味料和香辛料配方见表6-9～表6-11。

表6-9　几种挤压火腿配方　单位：%

原料肉	第1种	第2种	第3种	第4种
猪精肉	40	40	30	20
猪肥肉	20	25	25	20
牛精肉	–	10	10	–
马	20	20	20	20
羊	20	–	10	40
兔	–	5	5	–
合计	100	100	100	100

表6-10　挤压火腿调味料配方　单位：%

1	2	3	4
白胡椒0.3 小豆蔻0.1 肉豆蔻0.1 洋葱0.1 化学调味料0.3～0.5	白胡椒0.3 小豆蔻0.1 洋葱0.2 化学调味料0.3	白胡椒0.3 百味胡椒0.1 生姜0.1 鼠尾草0.05 麝香草0.05 大蒜0.01 洋葱0.1 化学调味料0.3	白胡椒0.2 百味胡椒0.2 化学调味料0.3

表 6-11　　挤压火腿香辛料配方　　单位：%

香辛料	配比	香辛料	配比
胡椒	0.3	豆蔻花	0.1
味精	0.3～0.4	洋葱	0.1
肉豆蔻	0.1	磷酸盐	0.3
桂皮	0.03		

(2) 原料整理：原料除去皮、骨、筋膜后切成3～4cm见方的小块，各种原料按一定的配比准备。

(3) 盐渍：采用干腌法。腌制温度2～3℃，时间3～4d。盐用混合盐（按食盐100、硝石5、砂糖10的比例配制），用量为肉重的3%。

(4) 配料混合：在拌和机内将各种原料肉按配方加入调味料和辅料充分混合，时间5～10min。时间过长，品质降低；过短，混合不良。

(5) 充填：将混合料充填于合适的肠衣内，拉紧打扣。

(6) 烘烤烟熏：香肠吊挂于烟熏室内干燥1.5～2h，温度50～55℃．烟熏时间2～3h，温度55～60℃。

(7) 水煮、冷却：水煮依肠衣大小而定。口径8cm的火腿在80℃温度下煮2.5h，煮后急速冷却，送冷藏库贮藏。

四、南京板鸭的加工

南京板鸭又名“贡鸭”，是我国著名的特产，距今已有300多年的历史。在1910年清政府于南京举办的“南洋劝业会”上，南京韩复兴鸭铺制出的板鸭获得一等奖，由此，南京板鸭驰名全国，远销香港、东南亚一带。此后，南京板鸭产品质量不断改进，逐渐提高，具备了特殊的鲜美风味。

(1) 选鸭、催肥：要挑选体长、身宽、胸腿肉发达、两腋有核桃肉、体重1.75kg以上的健康活鸭为原料鸭。活鸭在屠宰前要用稻谷饲养数周进行催肥，使膘肥肉嫩、皮肤洁白。

(2) 宰杀、烫毛、煺毛：候宰12～20h的鸭，采用切断三管宰杀法或口腔宰杀法宰杀后，必须在5min内用60～65℃的热水进行烫毛，以利拔净鸭毛。鸭毛拔完后随即拉出鸭舌，把鸭投入冷水中浸洗并用镊子拔净小毛。一般浸洗分三次，时间不宜过长，第一次约浸10min，第二次约20min，第三次约1h。浸洗的目的是洗去皮上残留的污垢，使皮肤洁白；从刀口浸出一部分残留的血液；降低鸭体的温度；使残留小毛在水中游动，便于拔除。

(3) 修整与去内脏：将浸洗后的鸭尸去翅（桡骨、尺骨以下）、腿（趾骨以下），在右翅腋下开一长5～6cm的半月口，取出心、肝、肺、食管、嗉囊，拉断结肠，取出内脏。

(4) 冷水拔血：去内脏后，先用冷水洗净体内残留的破碎内脏和血液，然后放入冷水中浸泡4～5h。其目的为浸出体内血液，使肌肉洁白、口味鲜美。浸泡后沥干水分再进行腌制。

(5) 腌制：板鸭的腌制主要分擦盐、抠卤、复卤、叠坯等四个过程。

① 擦盐：用盐量为净鸭重的1/16，食盐内加少量茴香，炒干并磨细。先取3/4的盐放入鸭体腔内，反复转动鸭体，使腹腔内全部布满食盐。然后将余盐在大腿下部用手向上一勒，在肌肉与腿骨脱开的同时，使部分食盐进入骨肉之间，从而使大腿肌肉得以充分腌制，然后把落下的食盐分别揉搓在刀口、鸭嘴及胸部两旁肌肉上。擦盐后，将鸭放在案板上，背

向下，腹部向上，头向里，尾向外，以平掌用力压扁三叉骨，使鸭体呈扁长形。

② 抠卤：将擦盐后的鸭尸逐只叠入缸中，经 12h 后，肌肉中的一部分水分、血液被盐溶液拔出留存在体腔内。为了使水分、血液能很快排出，应用左手提起鸭的头部，右手二指撑开肛门，放出盐水，此工序称抠卤。第一次抠卤后将鸭再叠入缸内，经过 8h 后进行第二次抠卤，目的是腌透鸭体以及拔出肌肉中剩余血水，使肌肉洁白美观。

③ 复卤：抠卤后，从右翅刀口处灌入预先配制好的老卤，再逐只浸入另一缸中，缸上用竹篾盖上，并用石块压住，使鸭体全部浸入卤中。

卤的配制：卤有新卤和老卤之分。新卤是用去掉内脏后浸泡鸭尸的血水加盐配成。50kg 血水中加盐 25～35.7kg，放于锅中煮沸，使食盐溶化，并撇去血沫与污物，澄清后倒入缸内，冷却后每缸（约 200kg）中加入打扁的生姜 100g、茴香 25g。腌过鸭的卤经煮沸后称老卤。老卤愈老愈好。为了防止老卤变质，经过复卤后应进行烧卤，以便撇去血污、滤去杂质。烧卤除了有杀菌作用外，也可补充食盐。盐的浓度以 22～25°Bé 为宜。一般 200kg 老卤可腌鸭 70～80 只。

鸭在卤缸中腌渍的时间随鸭的大小和气候而定，一般 24h 即可全部腌透出缸，出缸时也要进行抠卤，以便除尽体腔内盐水。

(6) 叠胚、排胚和晾挂：鸭尸出缸后，沥尽卤水，放在案板上用手掌压成扁形，再叠入缸内，这一工序称为“叠胚”。鸭放入缸中时必须头向缸中心，以免刀口渗出的血水污染鸭体。叠胚时间需 2～4d，以后进行排胚，即将鸭体用清水洗净，挂在档钉上，用手将颈拉开，胸部拍平，挑起腹肌（即将两腿之间和肛门部用手指挑成球形），达到外形美观，然后挂在通风处风干，待鸭皮干水净后，再收回复排，加盖印章后转到仓库晾挂保管。排胚的目的是使鸭体肥大美观，同时也使鸭体内部通气。晾挂仓库必须通风良好，不受日晒雨淋，鸭体相互不接触，经过 2 周左右即成板鸭。

(7) 成品板鸭的质量要求：必须颈部发硬，周身干燥，皮面光滑、无皱纹，肌肉收缩，胸部凸起，颈椎露出呈扁圆形，肌肉切面平而紧密，呈玫瑰色，具有板鸭的特殊滋味。

五、南安板鸭的加工

南安板鸭起源于江西省大余县南安镇方屋塘村。因清朝时大余县为南安府所在地，且制成的板鸭在木板上定型呈板状，故称南安板鸭。南安板鸭的加工季节是每年 9 月中旬至次年 1 月中旬。9 月中旬至 10 月底制作的板鸭为早期板鸭，11 月至 12 月上旬制作的为中期板鸭，12 月中旬至次年 1 月中旬制作的为晚期板鸭，其中以晚期板鸭质量为最好。习惯上，群众把 11 月中旬前加工的板鸭称为早水鸭，11 月中旬后加工的板鸭为晚水鸭，以晚水鸭质量为最好。南安板鸭加工工艺主要有鸭的选择、宰杀、脱毛、割外五件、头刀工艺（开膛）、去内脏、二刀工艺（劈八字）、擦盐腌制、定型露晒及分级包装等，每道工艺都有特殊的要求。

(1) 鸭的选择：要求选健康无病、饲养 150d 左右、体重 1.5～2.0kg 的鸭。宰杀前停食 12～16h，供给充足饮水，到宰前 2h 停止供水。

(2) 宰杀：采用颈部三管刺杀法宰杀，在第一颈椎与头骨骨缝处刺杀，割断双侧颈动脉、气管和食管。刀口要大小适中，以 2～3cm 为宜。

(3) 脱毛：待鸭死透而体热尚未散失时，及时放入热水中浸烫，否则鸭体冷凉后，毛孔紧缩、拔毛困难。手工烫毛水温根据季节和鸭的多少作适当的调整，一般 60～75℃，浸烫

1.5～2min。浸烫时要浸透，勤翻动，趁热脱毛。拔毛的顺序是头颈→两翅→肩背→胸腹→尾部。大毛拔净后，再在20℃左右的温水中漂洗，用拔毛钳钳净小毛，绒毛可以用细线绞净，肉中毛用针挑尽。脱毛时要脱净脚掌上的外衣，但嘴衣不能脱掉，翻到离嘴尖3～5cm处。这是南安板鸭的一个特征。

(4) 割外五件：外五件是指两翅、两脚和带舌的下颌。割外五件的方法是仰卧鸭体，左手抓住下颌骨，右手持刀从口腔内割破两嘴角，右手用刀压住上颌，左手将下颌骨撕掉。去翅时，左手抓住翅前臂骨，右手持刀对准肘关节，割断内外侧韧带与皮肤，即可割下前臂骨。去脚掌方法是左手抓住脚掌，对准跗关节，割断跗关节处韧带与皮肤。用同样方法割掉左侧翅脚后，倒转鸭体，割断右侧翅脚。割外五件要求刀口一定要对准骨缝，保持骨骼完整、肌肉整齐，否则影响形体美观，成品骨骼外露。

(5) 头刀工艺（开膛）：将鸭体仰卧，头朝前，双手将腹中线左压1cm，左手食指和大拇指分别在胸骨柄和剑状软骨处，使偏离的腹中线固定不动。右手持刀，在胸骨柄处下刀，沿外线向前推刀，剖开皮肤及浅层胸大肌。用刀轻轻将右边皮肤、肌肉压一下，此时露出一条纵向白线（俗称内线），再沿内线方向，刀刃稍向外倾斜，向前推刀，当刀推至胸骨横突及锁骨处时（此处刀推不动），左手稍用力向前下方拍刀背，即可斩断锁骨。然后左手继续固定鸭体，右手持刀前推，剖开部分颈部皮肤，胸腔即被剖开。此时，胸肌、胸骨较多的左侧为大边，胸骨、胸肌较少的右边称小边。用刀将大边与内脏连接的韧带轻割一下，使内脏与大边腹壁分离，左右手分别抓住大边和小边，用力将鸭体向两侧扳开。此时内脏全部暴露，左手中指与食指伸入腹腔，托起腹壁，右手持刀在两指缝间沿腹中线方向剖开腹壁至肛门处，不能割破肛门。最后劈开两侧肩关节（劈双轮）。劈肩关节时只斩断韧带、不斩断骨头，露出两侧骨头，称为现“双轮”。

头刀工艺是南安板鸭成型的关键工艺，也是鸭是否能被制成南安板鸭的关键步骤。由于头刀工艺要求很高的技术性，头刀工艺师傅大多享有较高的技术权威和经济待遇。较好的头刀工艺操作，要求大边肌肉呈竹卷沟，胸骨断面呈镰刀形，胸骨横突双挂钩，胸骨前端如狮子口，肩关节现双轮，小边出白边等。这些均是南安板鸭的特殊标志。

(6) 扒内脏：拉出气管和食管，取出心、肝，然后将直肠内的蓄粪前推，在距肛门3.3cm处拉断直肠，扒出所有内脏。

(7) 二刀工艺（劈八字）：割去残留内脏，仰卧鸭体，尾朝前，右手持刀放在右侧肋骨上，刀刃前端紧贴胸椎，刀刃后部偏开胸椎1cm左右，左手拍刀背将肋骨斩断，割断皮肤上肌肉，将肌肉筋膜刮向两侧肋骨下。用同样方法斩断另一侧肋骨。两侧刀口合呈八字形，俗称劈八字。劈八字时母鸭留最后两根肋骨，公鸭全部斩断，以利造型后呈椭圆形。斩断肋骨时防止斩破皮肤，最好割去直肠断端和生殖器，然后割肛门，只割去肛门1/3，使造型时肛门呈半月状，这是南安板鸭的又一个特点。

(8) 擦盐：将细盐放入铁锅内炒至水分基本蒸发完时为止，凉后待用。擦盐用量每只鸭0.15～0.2kg。擦盐顺序是颈部→大小边→背部→腿部。方法是捏出颈椎，擦盐5～10次，再向头部刀口处撒盐，抓起整鸭，将大小边断面擦盐2～3次。背部擦盐40～60次，以手感皮肤有点发粘为好。腿部擦盐40次，腿部肌肉要钻洞擦盐，以防腐败变质。

(9) 腌制：擦好盐的鸭体，头颈弯向腹腔，大边靠缸，小边朝向缸中心，皮肤向下，鸭体相互重叠2/3，螺旋式稍倾斜叠于缸中。装满缸后，盖上带孔的盖子。一般腌制8～12h。

(10) 漂洗：将腌好的鸭子在40～45℃温水中浸泡、冲洗三次，每次浸泡时充分搅动，以除掉未溶解的结晶盐，洗净残留的内脏和污物。当僵硬鸭子变软时，即可定型。

(11) 绷板造型：造型用木板长2m、宽0.63m，选用质轻、吸水强、坚固的木材做成。每只木板可造型20只左右。方法是鸭体俯卧，皮肤朝上，在第4、5颈椎处扭拧脱臼，向右垂直摊放。然后使两侧股骨脱臼前移，使鸭体显出丰满、美观外形。上压背部，拉开四周皮肤，特别是将小边皮肤拉至肌肉断面以外约1cm，最后摆平翅膀。绷板造型好的鸭子，尾朝西，大边朝南，摆好晾晒。南安板鸭造型时要求小边显白边，肛门半月形，鸭体桃月形，这些也是南安板鸭的特征。待鸭皮晾晒稍干后，要在两翅和两大腿外侧加盖“南安板鸭”印章。

(12) 穿绳露晒：绷板晾晒4～6h后，板鸭基本固定，用铁钻在大边前1/3处钻孔穿绳，穿上50cm细麻绳打结。晾挂时，鸭体稍倾斜，使竹卷形的上缘约成前高后低的姿势。一般露晒5～7昼夜。当小边肌肉呈玫瑰红色、较硬，通过皮肤可明显看出5～7个颈椎时，说明板鸭已干，即可分级包装。

(13) 分级与包装：加工后符合成品规格的板鸭方可分级。南安板鸭成品规格要求造型平整、形似桃月，各部分分别呈现出镰刀形、竹卷形、双挂钩、双轮、白边、狮子口等特点。皮肤无天窗，两腿端正，小边白边有一指以上，底板肋骨成八字形，尾油不露出边沿，肛门呈半月形，鸭嘴外衣不脱落。还要求皮肤乳白、毛脚干净、底板色泽鲜艳、无霉点、无盐霜、鸭身干爽、干度七八成；颈椎呈算盘珠状，显出5～7个骨节；小边肌肉呈红色，肋骨呈白色；两侧大腿丰满结实；印章呈椭圆形，位置适中，字迹清晰；气味纯正、腊味香浓、咸淡适中、肉嫩骨脆，有南安板鸭特有的风味。

合格的成品可按出口和内销两种方法分级，出口分级标准是：一级0.8～1.00kg，二级0.7～0.79kg，三级0.6～0.69kg，等外级0.5～0.59kg。内销分级标准是：一级0.5～0.59kg，二级0.4～0.49kg，三级0.3～0.39kg，四级0.29kg以下。

板鸭的包装有木桶、竹篓和纸箱等多种形式，每种形式都有其特殊要求和规格，必须认真遵守。

六、板鹅的加工

随着养鹅业的发展，为了满足广大消费者的需求，开发鹅的产品势在必行，其中板鹅加工是重要途径之一。加工板鹅具有许多的优点：保存时间长，板鹅为腌制品，存放三个月一般不变质；冬天制的存放时间更长，可达半年至一年的时间。方便运输，可以进行远距离的销售，扩大销售面。板鹅加工营养物质损耗少，并且具有独特的色、香、味、形，如果结合适当的包装，可以成为馈赠佳品。板鹅加工工艺简单，所需设备比较少，投资少，见效快。

(1) 工艺流程：

原料选择与处理→宰杀→烫毛、脱毛→割外五件→开膛取内脏→劈八字→擦盐腌制→漂洗→造型→系绳干制→成品分级→包装→成品

(2) 烫毛：烫毛的好坏直接影响到板鹅的外观质量以及分级的档次。如果烫毛不好，拔大毛时易留毛根，小毛钳不净，绒毛绞不净，并且在拔毛时要浪费很多的时间，影响工作效率。

烫毛用水的温度要比烫鸡、鸭的高些，通常采用80～90℃的温度范围。在冬季经80℃、85℃、90℃三组不同的温度实验，结果表明烫毛的最佳温度为：仔鹅采用85℃，老鹅采用90℃的温度。

在烫毛时要不断翻动、搅动鹅体，使鹅体的羽毛翻卷，让热水尽快渗到毛根部，以便

脱毛。

(3) 擦盐腌制：擦盐所用的食盐要经过炒干冷却后待用，每只板鹅擦盐量根据季节而作适当的调整，冬季可以适当减少盐的用量。擦盐后的腌制可采用干腌法和浸腌法两种。浸腌实验表明腌后鹅皮肤的色泽基本一致，并且每只鹅的各个部位也无差别，风味更佳。干腌法不如浸腌法。浸腌的具体方法是：将擦好盐的鹅胴体，重叠 2/3 成排旋转放置，干腌 8h，倒出污盐水和污血水，加入盐卤水浸腌 24h。

(4) 干燥方式：板鹅属于腌腊干制品，其含水量不得超过 25%。板鹅的干燥有自然晾干法和人工干燥法。自然晾干法受自然气候条件的影响大，并且干燥的时间比较长，一般需要十多天，生产的季节性强，只宜冬季加工。采用人工干燥法则可克服以上缺点，即将板鹅整形之后，在室内用鼓风设备干燥。下面为三组实验：

第一组采用自然晾干法，当时的天气连续为阴天，平均气温为 15.5℃，有微风。第一天平均干燥水分 80g，第二天平均干燥水分 50g，第三天平均干燥水分 45g，全期平均失重率 8.64%。

第二组采用烘房干燥，控制温度 60℃，干燥 4h，然后晾于室内约 8h，平均失重率 12.53%；再将烘房温度控制在 55℃，第二次干燥 4h，平均失重率 13.9%。此时板鹅开始有油滴渗出表皮。当板鹅已有七、八成干时则挂于阴凉通风处自然干燥 5～6d，即为成品。

第三组采用烘房干燥，温度控制在 55℃，干燥 4h，然后冷风吹 8h 后，温度控制在 45℃，继续干燥 4h，平均失重率为 12.53%，流油现象较轻，然后挂于通风处自然干燥至成品。

上述实验表明人工干燥要比自然干燥快得多。但在人工干燥的两个试验中，试验二组流油现象严重，冷却后皮肤颜色稍发黄；试验三组流油轻，皮肤颜色以及风味与自然干燥的基本上无两样，且两个试验组失重率差别不大。

(5) 造型与系绳的方法：板鹅的开膛造型，一般是腹部开膛，造型呈桃月形，皮肤绷紧，鹅体大，肌肉厚，脂肪多，同时因考虑到板鹅比较重，为了方便携提、运输、销售，在大边前 1/3 处和后 1/3 处钻双孔系绳，再结合塑料袋包装和硬纸盒外包装，就形成了方便美观的形状。

(6) 经济效益指标：

① 屠宰率：板鹅加工中，鹅的屠宰率与鹅的品种、饲养条件、年龄以及肥瘦度等有关，一般 3～4 个月的仔鹅屠宰率在 60%～65%；而一年以上的老鹅，屠宰率在 62%～67%。试验宰杀鹅的 240 只统计数表明，仔鹅的屠宰率平均为 63.2%，而老鹅的屠宰率为 64.6%。

② 成品率：板鹅的成品率与屠宰率一样，与鹅的品种、饲养条件、年龄以及肥瘦程度等有关，从试验宰杀 240 只统计数据看出，3～4 个月的仔鹅一般为 45%～50%，仔鹅的平均成品率为 47.5%，而老鹅的平均成品率为 49.2%。

第七章　干制与脱水干制品

第一节　干制的目的与方法

一、干制的目的

脱水干制品又叫干制品或者脱水制品。肉类等易腐食品的脱水干制，既是一种古老的贮藏手段，也是一种加工方法；对某种肉制品来说是主要的加工过程，而对另一些肉制品则可能是工艺过程中的一个环节。肉类的含水量约达到70%，经过脱水之后，不仅极大地缩小了产品的体积，而且使产品水分含量减到6%～10%。各种微生物的生命活动，必须要有水分存在才能进行，如蛋白质性食品，适于细菌繁殖发育最低限度的含水量为25%～30%，霉菌为15%。因此，肉类脱水之后能达到保藏的目的。

在自然干燥的条件下，并不能将干制品中的微生物完全致死。因为各种不同状态的微生物对脱水作用的抗受能力是不同的，如形成孢子的微生物抗受脱水干燥能力强。

脱水干肉制品较其他贮藏或加工方法生产的肉制品，在营养含量相同的情况下，质量低、体积小，便于携带、运输，适于贮藏，适于军用和某些特殊工作的需要。各种不同形态牛肉产品的密度见表7-1。

表7-1　**各种不同形态牛肉产品的密度**　单位：t/m^3

商　品	干　燥　前	干　燥　后
冻牛肉	2.69	7.48
冻牛肉（不带骨）	2.21	4.88
咸牛肉罐头	1.52	4.45
脱水牛肉	1.52	2.12

干制品也有一定的缺点，食用时常要复水，而且复水需要较长的时间或特殊的条件，如干制的牛蹄筋等。干制过程中某些芳香物质和挥发性成分常随水分的蒸发而散到空气中去，同时在干燥时（非真空的条件）易发生氧化作用，尤其在高温下变化更为严重。我国传统的肉松或肉干等干制品，有的不是直接用鲜肉加工成的，而是一种调味性的干制品，它几乎完全失去了对水分的可逆性，不能恢复鲜肉状态。而近代的肉制品工业生产中，以接近新鲜肉状态直接脱水干燥，既能达到减轻质量、缩小体积、便于携带、食用方便的目的，而且能保持肉的组织结构和营养成分不发生变化，添加适量的水产品立即可恢复原料原来的状态。

二、干制的方法

肉类脱水干制的方法，随着科学技术的不断发展，也在不断地改进和提高。目前已有自然干燥、人工干燥、低温冷冻升华干燥等方法。

(1) 自然干燥：该法是古老的干燥方法，要求设备简单、费用低，但受自然条件的限制，温度条件很难控制，大规模生产时很少采用，只是作为辅助工序采用，如风干香肠的干制等。

(2) 烘炒干制：该法亦称传导干制，是靠间壁的导热将热量传给与壁接触的物料。由于湿物料与加热的介质（载热体）不是直接接触，又叫间接加热干燥。传导干燥的热源可以是水蒸气、热力、热空气等。可以在常温下干燥，亦可以在真空下进行。加工肉松时采用这种方式。

(3) 烘房干燥：该法亦叫对流热风干燥，是直接以高温的热空气为热源，借对流传热将热量传给物料，故称为直接加热干燥。热空气既是热载体又是湿载体。一般对流干燥多在常压下进行，因为在真空干燥情况下，由于气相处于低压下，热容量很小，不能直接以空气为热源，必须采用其他热源。对流干燥室中的气温调节比较方便，物料不至于过热，但热空气离开干燥室时，带走相当大的热能。因此，对流干燥热能的利用率较低。

(4) 低温升华干燥：在低温下一定真空封闭的容器中，物料中的水分直接从冰升华为蒸汽，使物料脱水干燥，称为低温升华干燥。低温升华干燥较上述三种方法，不仅干燥速度快，而且最能保持原来产品的性质，加水后能迅速恢复原来的状态，保持原有成分，很少发生蛋白质变性等。但设备较复杂，投资大，费用高。

此外，尚有辐射干燥、介电加热干燥等方法，在肉类制品加工中很少使用，故此处不作介绍。上述几种干燥方法除冷冻升华干燥之外，其他如自然传导、对流等干燥方式，热能都是从物料表面传至内部，物料表面温度比内部高，而水分是从内部扩散至表面，在干燥过程中物料表面先变成干燥固体的绝热层，使传热和内部水分的汽化及扩散增加了阻力，故干燥的时间较长。用微波加热干燥则相反，湿物料在高频电场中很快被均匀加热。由于水的介电常数比固体物料要大得多，在干燥过程中物料内部的水分总是比表面高，因此，物料内部所吸收的电能或热能比较多，则物料内部的温度比表面高。由于温度梯度与水分扩散的梯度是同一方向的，所以，促进了物料内部水分的扩散速度增大，使干燥时间大大缩短，所加工的产品均匀而且清洁，因此在食品工业中广泛应用。

第二节　干制对肉性质的影响

肉类及其制品经过干制要发生一系列的变化，组织结构、化学成分等都要发生一定的改变，这些变化直接关系到产品的质量。由于干制的方法不同，其变化的程度也有所差别。

一、物理性质的变化

肉类在干制过程中的物理变化：

首先是由于水分的蒸发而质量减少、体积缩小。质量的减少应当等于其水分含量的减少。但常常是前者略小于后者。物料容积的减少也应当等于水分减少的容积，但实际上前者总是小于后者。因为物料的组成都有其各自不同的物理性质，一般在水分减少时，组织内形成一定的孔隙，其容积减少自然要小些，特别是在现代的真空条件下脱水，其容积变化不大。

其次，在干燥过程中物料的色泽要发生变化，其主要原因是随着水分的减少，增加了其他物质的浓度，在贮藏中还会发生某些化学变化，这些一般使物料色泽发暗。

第三，随着干燥的进行，由于溶液浓度增加，产品的冰点下降。

二、物料的化学变化

肉类在干燥过程中所发生的化学变化随干燥条件和方法的不同而异。一般来说，干燥的时间越长，肉质的变化越严重。特别在接近自然干燥的条件下，组织酶的活动和微生物的繁殖易于使肉质分解和腐败，并易使肉体表面的脂肪氧化，从而使产品的气味、色泽恶化，在较高温度和氧气存在的条件下贮藏的脱水肉类制品，色泽易变黄，并有不良的气味。所以，保藏脱水干制肉类制品，最好是采用防止产品与空气和氧接触的锡纸包装，并在低温下贮存。脱水鲜牛肉保藏12个月游离脂肪酸含量的变化见表7-2。

表7-2　脱水鲜牛肉保藏12个月其中游离脂肪酸含量的变化　单位：mg/100g

含水量/%	以油酸计算	
	20℃	37℃
7.5	17	36
5.0	12	24
3.2	6	13

由于干燥的条件和方法不同，产生化学变化的情况是不同的。肉类脱水制品大部分都是经过煮制后进行脱水干燥的，煮制时常常损失10%左右的含氮浸出物和大量的水分，同时破坏了自溶酶的作用，干燥的时间又较短，故对产品质量的影响不大。相反在自然条件下，空气的湿度大，干燥缓慢，有利于酶和细菌的作用，促使肉质的变化。在真空条件下，温度低、干燥迅速，酶和微生物活动受到抑制，肉质变化轻微。

肉质在干燥过程中的生物化学变化是复杂的，其中主要是肌肉蛋白质的凝固变性，对煮熟的干燥制品由于蛋白质已发生了热凝固，故干燥温度对变性的影响就不必考虑了。但对生肉及盐干产品，加热干燥中蛋白质的变化对质量的影响是显著的。肌肉中的蛋白质主要是肌纤维蛋白和肌溶蛋白，凝固的温度通常在55～62℃。在常温下干燥时，随干燥时间的延长，蛋白质可溶性逐渐降低。

有人发现干燥的温度不同，对干制品消化吸收率有影响，如干燥时温度过高，制品的消化吸收率降低。

三、组织结构变化

肉类经脱水干燥之后，其组织结构、复水性等要发生显著的变化，特别是用热风对流干燥生产的产品，不仅变得坚韧难于咀嚼，复水之后也很难恢复原来的新鲜状态。其变化的程度与干燥的方法、肉的pH等因素有关。用冷冻升华干燥法加工的产品是最理想的，复水之后组织的特性接近于新鲜状态。

第三节　干制品的加工

一、肉松的加工

肉松是我国著名特产，由于原料不同，有猪肉松、牛肉松、鸡肉松及鱼肉松等。以猪肉松最受人喜爱，而猪肉松又以福建肉松和太仓肉松最为著名。现将肉松的一般加工方法简介如下：

（1）原料肉的选择：肉松是以纯瘦肉经脱水而成的，故一定要用健康家畜腿部的新鲜肌肉作原料。

(2) 原料肉的处理：对符合要求的原料肉，应首先剔除骨、皮、脂肪、筋腱、淋巴、血管等不宜加工的部分，然后顺着肌肉的纤维纹路切成长3cm的肉条。

(3) 配料：举几例供参考：

① 福建肉松：	瘦　肉	100kg	白酱油	10kg
	白砂糖	8kg	红　糟	5kg
	每千克肉松加0.4kg猪油。			
② 太仓肉松：	瘦　肉	100kg	白酱油	15kg
	茴　香	0.12kg	绍兴酒	1.5kg
	生　姜	2kg	白砂糖（或冰糖）	3kg
③ 江南肉松：	瘦　肉	100kg	酱　油	11kg
	白　糖	3kg	黄　酒	4kg
	茴　香	0.12kg	生　姜	1kg

(4) 煮肉与炒制：把切好的瘦肉放入锅内，加入与肉等量的水，然后分三段进行加工。

第一段：煮制。目的是用猛火把瘦肉煮烂，同时不断翻动、撇去浮油。如水干未烂，及时加入适量的水，直到用筷子稍压，肌肉纤维自行分离，则表示火候已到。此时可把调料加入（茴香、生姜之类可用两层纱包好提前放入），继续煮到汤干为止。

第二段：炒压。这时宜用文火，用锅铲边炒边压。注意不要炒得过早或过迟。过早，肉块未烂不易压散，工效很低；过迟，肉块太烂，易产生焦锅糊底现象。

第三段：炒干。这时要用小火，连续勤炒勤翻，直到水分完全蒸发，肉松颜色由灰棕色转为灰黄色变为金黄色，具有特殊香味时为止。目前，第二和第三阶段多用专用炒松机进行。

如加工福建肉松（油酥），则将上述肉松放入锅内，用小火加热翻炒，待80%的肉松成为酥脆的粉状时，铲入铁丝筛内过筛以除去大颗粒；再将筛出的粉状肉松坯置入锅内，倒入已经加热熔化的猪油，同时不断翻炒成球状团粒即为福建油酥肉松。

二、肉干的加工

肉干是用瘦肉经煮制成型、配以辅料、干燥而成的肉制品。肉干的名称随原料、辅料、形状等而异，有猪肉干、牛肉干、咖喱肉干、五香肉干，也有片、条、糊状肉干，但加工方法大同小异。现就一般的加工方法介绍如下：

(1) 原料的选择：多选用健康、肥育的牛肉为原料，新鲜的前后腿瘦肉为最佳。

(2) 原料肉的处理：选好的原料肉应剔去皮骨、脂肪、筋腱、淋巴管、血管等不适宜加工的部分，然后切成0.25kg左右的肉块，并用清水漂洗后沥干。

(3) 预煮与成型：将切好的肉块投入沸水中煮制30min，同时撇去汤上浮沫，待肉块切开呈粉红色后即捞出冷凉成型，再按照要求切成肉片或肉丁。

(4) 配料：配料随地区而异，在此仅介绍几种一般性的：

第一种：	瘦肉	100kg	食　盐	2.5kg
	酱油	6kg	五香粉	100～150g
第二种：	瘦肉	100kg	食　盐	2g
	酱油	6kg	白砂糖	8kg

黄酒	1kg	生　姜	0.25kg
香葱	0.25kg	五香粉	0.25kg

第三种：

肉　丁	25kg	食　盐	300g
白砂糖	100g	安息香酸钠	25g
味　精	50g	甘草粉	90g
姜　粉	50g	辣椒粉	100g
酱　油	3.5kg		

(5) 复煮：取预煮汤一部分（约为成型半成品的1/2），加入配料，用大火煮开，将成型半成品（肉片或肉丁）倒入，用文火焖煮，并不时轻轻翻动，待汤汁快干时即将肉片（或肉丁）取出、沥干。

(6) 烘烤：沥干后的肉片或肉丁平摊于铁丝网上，用火烘烤即为成品。如用烘房或烘箱，温度应控制在50～55℃。为了均匀干燥，防止烤焦，在烘烤时应经常翻动。

三、兔肉脯的加工

肉脯是一种制作讲究、质量上乘、美味可口、耐贮存、易运输、销售极广泛的方便食品。我国虽有50多年制作肉脯的历史，但肉脯的加工历来是以猪、牛肉为原料。为了满足消费的需要，充分利用兔肉资源，开发肉类新产品，现介绍一种工艺简便、成本低廉、质量上乘、市场销售对路的兔肉脯新产品的加工方法。

1．工艺流程

兔肉胴体剔骨→原料肉检验→整理→配料→斩拌（搅碎）→摊盘→烘干→熟制→压片→切片→质量检验→成品包装→出厂销售

2．工艺步骤

(1) 原料肉的检验：在非疫区选购健康的肉兔，其经屠宰剔骨后，必须经过检验。原料肉的质量必须符合国家的GB2722—81、GB2723—81和GB2724—81标准中的各项卫生指标，达到一级鲜度标准的兔肉才能用来生产肉脯。

(2) 原料肉的整理：对符合要求的原料肉，需要剔去剩余的碎骨、皮下脂肪、筋膜、肌腱、血污和淋巴结等，然后切成3～5cm^3的小块。

(3) 配料：辅料有白糖、鱼露、鸡蛋、亚硝酸钠、味精、胡椒粉、五香粉等。准确称量上述各种辅料，先经适当处理，再添加到原料肉中。

(4) 斩拌（或绞碎）：整理后的原料肉应采用斩拌机快速斩拌或用绞肉机绞碎成肉糜，边斩拌边加入各种配料，并加入适量水。斩拌时要细腻，使原辅料调和均匀。如果采用绞肉机绞碎，需要绞碎3次以上，第一次绞碎后加入各种辅料，拌匀再进行第二次绞碎。绞碎过程中需加入适量水，以调整粘度，以便于摊盘。

(5) 摊盘：斩拌后的肉糜需静置20min左右，让各种辅料渗入到肉组织中。摊盘时先用肉糜抹片，然后用其他器具抹平。抹片的厚度为0.2cm，厚薄要均匀一致。

(6) 烘干：将摊盘的肉片迅速送入65～70℃的烘箱或烘房中，烘制2.5～4h，以有鼓风设备的烘箱或烘房为最好。若采用蒸汽脱水烘干，温度不能忽高忽低，待肉糜大部分水分蒸发，能顺利揭片时即可揭片翻边烘烤。当肉糜大部分水分蒸发已成胚时，可将肉片从烘箱内取出，自然冷却后即为半成品。半成品兔肉脯的水分含量一般为18%～20%。

(7) 烘烤熟制：将半成品肉脯放入170～200℃的远红外高温烘烤炉或高温烤箱（炉）

内烘烤，使半成品经高温预热→收缩→出油直至烘烤成熟。当肉片颜色呈现棕黄色或棕红色时即为成熟。然后迅速出箱（炉），用平板重压，使肉脯平展。烤熟后的肉脯要求无焦块，水分含量不超过13.5%，既适合消费者的口感，又利于贮存。

(8) 切片：为了便于包装、销售和贮存，将压型冷凉后的肉脯切成8cm×12cm或4cm×6cm的小片，每千克肉脯60～65片或120～130片。

(9) 成品包装：将切好片的肉脯放在无菌冷凉室内冷却1～2h，室内空气要经过净化处理和消毒杀菌。充分冷凉的肉脯可采用无毒塑料袋真空包装，每袋1～2片，另外也可采用听装的方式。

3. 质量检测

(1) 感官指标：色泽呈棕红色或棕黄色，有光泽，无焦斑，块形大小整齐一致，厚薄均匀，口感咸而发鲜、滋味香甜、无异味。

(2) 理化指标：水分12.91%，盐分1.56%，亚硝酸盐含量5.7mg/kg。

(3) 微生物指标：细菌总数＜1.2×10^3个/g，大肠菌群＜30个/100g，致病菌不得检出。

4. 出品率与分析

兔肉脯的出品率为55.73%，其统计如表7-3所示。

表7-3　　兔肉脯出品率统计

次数	原料兔肉重/g	成品肉脯重/g	出品率/%	平均出品率/%
1	2145.0	1240.0	57.81	
2	2822.5	1536.0	54.42	55.73
3	4373.0	2347.0	53.67	
4	6943.4	3680.5	53.01	

兔肉脯具有很大的发展潜力和市场前景。从兔肉脯配方来看，虽然加入了适量的猪肥膘，但肉脯的脂肪含量仍在13%以下，低于猪肉脯脂肪含量（14.3%），因而，既为肥膘的综合利用开拓了新的渠道，又为兔肉改善风味、降低生产成本、提高经济效益起到了有益的作用。该产品工艺路线正确，适合我国国情，为促进我国养兔业的发展、合理利用兔肉资源开拓了一条新途径。

四、火鸡肉松的加工

火鸡又称吐绶鸡，肌肉蛋白质含量高，脂肪含量低。火鸡肉松肉质细嫩、鲜美可口。

(1) 原料整理：选用火鸡的瘦肉，剔去骨头，除净膘油、血筋、油膜、血块等杂质，沿垂直于肉纹方向切成约3cm宽的肉条。

(2) 配料：火鸡肉松可采用下列两种配方：

第一种：瘦肉100kg　酱油12kg　白糖10kg
　　　　黄酒4kg（或白酒1kg）　大茴香120g　生姜1kg

第二种：瘦肉50kg　酱油2kg　白糖5kg
　　　　大茴香125g　生姜2kg　黄酒2kg

(3) 煮制：把切好的肉块放入锅中，加入与原料肉等重的水，放入配料，用大火煮沸，不断撇出肉汤上的浮沫，煮到用筷子稍加压肉纤维能散开为止。煮制过程中，水煮干而肉尚未烂时，可酌情加些热水。

（4）炒压：将起锅后的肉块放入另一锅内，用中火炒压，边炒边用锅铲压散肉块，并不断翻炒，以防糊底。现在多用炒松机进行炒松。

（5）炒干：水分炒干后，改用小火连续翻炒。操作要轻而均匀，至肉块全部松散并由灰棕色变成灰黄色为止。

（6）包装：肉松易吸潮；短期存放可装入塑料食品袋内，长期保存可放入密闭容器中。

五、鹌鹑肉干的加工

鹌鹑肉具有健脑益智的功效，质量上乘的鹌鹑肉干是健脑益智的理想食品。

（1）宰杀：颈部宰杀，放血完全后剥皮，取其胸脯和大腿肌肉，置于冷水中浸泡0.5～1h，拔净余血后沥干。

（2）配料：

初煮辅料：鹌鹑肉片5kg　精盐50g　味精20g　甘草粉18g
白糖50g　安息香酸钠5g　姜粉10g　胡椒粉10g
料酒150g　酱油0.7kg

复煮辅料：枸杞子15g，远志肉15g，益智仁10g，熬成汤汁300mL左右，在复煮时倒入肉汤里。

（3）初煮：将沥干的肉块放入到初煮辅料的锅内水中煮沸，并随时撇掉汤中的油沫，初煮1h左右。

（4）冷却切片：初煮后的肉块捞出，置于沥水容器中冷却，然后把肉块切成厚约0.5cm的肉片。

（5）复煮：把肉片放入复煮汤料中再煮，煮时不断翻动，等汤快熬干时，再加入料酒、味精拌匀，即可出锅冷却。

（6）烘干：将出锅肉片置于烤筛上摊开，放入烘箱内，保持温度50～60℃，每隔1～2h换一次筛的位置，并翻动肉片，约经7h即可烘干。烘干的肉片冷却后，装入食品塑料袋中封口即成。

第八章　酱（煮）制与酱卤制品

酱卤制品是我国传统的一大类肉制品，其主要特点是成品都是熟品，可以直接食用，产品酥润，有的带卤汁，不易包装和贮藏，适于就地生产、就地供应。近些年来，由于包装技术的发展，已开始出现精包装产品。酱卤制品几乎在全国各地均有生产，但由于各地的消费习惯和加工过程中所用的配料、操作技术不同，形成了许多品种，有的已成为社会名产或特产，如苏州的酱汁肉、北京月盛斋的酱牛肉等，不胜枚举。酱卤制品的加工有两个主要过程，一是调味，二是酱制（煮制）。

第一节　调　味

调味就是根据各地区消费习惯、品种的不同加入不同种类和数量的调料，将原料加工成具有特定风味的产品。如北方喜欢咸味稍浓，则加盐量多；而南方喜爱甜味，则加糖多些，不能强求一律。

一、调味的种类

调味根据加入调料的作用和时间大致可分为基本调味、定性调味、辅助调味三种。在原料整理之后，经过加盐、酱油或其他配料进行腌制，奠定产品的咸味，叫基本调味。原料下锅后，随同加入主要配料如酱油、盐、酒、香料等，加热煮制或红烧，决定产品的口味叫定性调味。加热煮制之后或即将出锅时加入糖、味精等，以增进产品的色泽、鲜味，叫辅助调味。

二、酱卤制品的分类

酱卤制品因加入调味料的种类、数量不同可分为很多品种，通常有五香（或红烧）制品、蜜汁制品、酱汁制品、糖醋制品、卤制品等。五香（或红烧）制品是酱制品中最广泛的一大类。这类产品的特点是在加工中用较多量的酱油，所以又叫红烧，另外在产品中加入八角茴香、桂皮、丁香、花椒、小茴香等五种香料，故产品又叫五香制品。在红烧的基础上使用红曲米作着色剂，产品为樱桃红色，鲜艳夺目，稍带甜味，产品酥润的，叫酱汁制品；在辅料中加入多量的糖分，产品色浓味甜的，叫做蜜汁制品；而辅料中加入糖醋，产品具有甜酸滋味的，则叫糖醋制品；采用卤制辅料，以卤煮为主制成的产品，则叫卤制品。

第二节　酱　制（煮　制）

酱制即煮制，是酱卤制品加工中主要的工艺环节，有清煮和红烧之分。清煮在肉汤中不加任何调味料，只用清水煮制。红烧在煮制时需加入各种调味料。无论是清煮或红烧，对形成产品的色、香、味、形等都有决定性的作用。

煮制也就是对产品实行热加工的过程，加热的方式有水、蒸汽等，其目的是改善产品的感官性质，降低肉的硬度，使产品熟透，容易消化吸收。无论采用什么样的加热方式，加热过程中，原料肉及其辅料都要发生一系列的变化。

一、物理性变化

肉类在煮制过程中最明显的变化是失去水分、质量减轻。如以中等肥度的猪、牛、羊肉为原料，在100℃的水中煮沸30min，质量和成分减少的情况见表8-1。

表8-1　肉类水煮时质量和成分的减少情况　单位：%

名　称	水　分	蛋白质	脂　肪	其　他	总　量
猪肉	21.3	0.9	2.1	0.3	24.6
牛肉	32.2	1.8	0.6	0.5	35.1
羊肉	26.9	1.5	6.3	0.4	35.1

为了减少肉类在煮制时营养物质的损失，提高出品率，在原料加热前多经过预煮的过程，即将小批原料肉放入沸水中经短时间预煮，使产品表面的蛋白质立即凝固，形成保护层，减少营养成分的损失，提高出品率。用150℃以上的高温油炸亦可减少有效成分的流失。

此外，肌肉中的肌浆蛋白质受热之后由于凝固作用而使肌肉组织收缩硬化，并失去粘性。若继续加热，随着蛋白质的水解以及结缔组织中胶原蛋白质水解成动物胶等变化，肉质又会变软。

肉加热时由于受到加热方法、时间、温度的影响而呈现不同的颜色。如在60℃以下，肉的颜色几乎没有什么变化，仍呈鲜红色；而升高到60～70℃，变为粉红色；再提高到70～80℃以上变为淡灰色。这主要是由于肌肉中的色素肌红蛋白热变性所致。肌红蛋白变性之后成为不溶于水的物质。肉在煮制时，一般都以沸水下锅为好，一方面使肉表面蛋白质迅速凝固，阻止了可溶性蛋白质溶入汤中；另一方面可以阻止大量的肌红蛋白溶入汤中，保持肉汤的清澈透明。

二、蛋白质的变化

1. 肌肉蛋白质的变化

肉在加热煮制时，有大量的汁液流出，体积缩小，这是构成肌肉纤维的蛋白质加热变性发生凝固而引起的。肌球蛋白的热凝固温度是45～50℃，当有盐类存在时，其在30℃即开始变性；肌溶蛋白的热凝固温度是55～65℃。肌球蛋白由于变性凝固，继续加热便发生收缩，肌肉中水分被挤出，当加热到60～75℃时失水最多，随着温度的升高反而减少。这是因为煮制时，随着温度的升高和煮制时间的延长，动物肉中的胶原转变成明胶，要吸收一部分水分，而弥补了肌肉中所流失的水分。

由于加热，肉的保水性降低，其幅度因加热的温度而不同。如以0～20℃为基准，在20～30℃时保水性没有变化。20～30℃时肌肉中的肽链被打开，有新的电荷与水结合，但在蛋白质的等电点pH5.5时水化程度最低。30～40℃时保水性开始逐渐降低，40℃时开始急剧下降，到50～55℃大体停止了。到55℃以上又继续下降，但不像40～45℃那样迅速，到60～70℃时大体结束了。肉的pH的变化也随着加热温度的升高而增大。其pH的变化也可分为40～50℃和55℃以上两个阶段。在加热过程中随着加热温度的升高、酸性基团的减少而pH上升。

当偏离等电点加热时，在酸性一侧则随 pH 的减小，保水性增高；在碱性一侧则随 pH 的增大，保水性增大。肉的保水性最低点是在等电点时，等电点随着加热温度的升高而向碱性方向移动。这种现象表明肌肉蛋白质因加热而酸性基团减少。

加热对肌肉蛋白质的碱性基团的影响：在 20～70℃的加热过程中，碱性基团的数量几乎没有什么变化，但酸性基团大约减少 2/3。酸性基团的减少同样表现为不同的阶段有所不同，从 40℃开始急速减少，50～55℃停止，55～60℃又继续减少，一直减少到 70℃。当 80℃以上时开始形成 H_2S。所以加热时由于酸性基团的减少，肉的 pH 上升。显然蛋白质受热变性时发生分子结构的变化，丧失了原来的可溶性，更易于受胰蛋白酶的作用分解，容易被消化吸收。

2. 结缔组织中蛋白质的变化

结缔组织在加热中的变化对加工制品的形状、韧性等有重要影响。肌肉中结缔组织多，肉质坚韧，但在 70℃以上长时间煮制，结缔组织多的肉质反而比结缔组织少的柔嫩。这是由于结缔组织受热软化对肉的柔软性起着更为突出作用的缘故。

结缔组织中的蛋白质主要是胶原蛋白和弹性蛋白。在一般加热条件下弹性蛋白几乎不发生变化，主要是胶原蛋白变化。肉在水中煮制时，发生收缩变形。当加热到 64.5℃时，其胶原纤维在长度方向可迅速收缩到原长度的 60%。因此，肉在煮制时收缩变形的大小由肌肉间结缔组织的分布所决定。同样在 70℃条件下，沿着肌肉纤维纵向切开，不同部位收缩的程度不同。经过 60min 煮制以后，腰部的肌肉块收缩可达 50%，而腿部肌肉只收缩 38%。所以，腰部肌肉块会有明显的变形。

引起胶原蛋白急剧收缩的温度叫做热收缩温度（t_s），它是衡量胶原蛋白稳定性的一个尺度。肉皮主要是由胶原蛋白构成，因动物种类不同，t_s 值亦不相同。哺乳动物的 t_s 值较高，鱼类则较低。例如牛皮的 t_s 值是 63℃，低温海域的鳕鱼的 t_s 值在 40℃以下。

煮制过程中随着温度的升高，胶原吸水膨润而成为柔软状态，机械强度降低，逐渐分解为可溶性的明胶。胶原转变成明胶的速度取决于胶原的性质、结缔组织的结构、热加工的时间和温度。猪肉的结缔组织比牛、羊肉的更容易被破坏转变成明胶。在同样的条件下，幼畜肉中的胶原分解比成年畜肉的胶原分解要快 1.3～1.5 倍。即使同一牲畜的不同部位转变成明胶的程度也是不一样的。随着煮制时间的不同，不同部位胶原纤维转变成明胶的数量相差很大。因此，在加工酱卤制品时应根据胴体的不同部位和加工产品的要求合理使用。胶原转变成明胶的速度虽然随着温度的升高而增加，但只有在接近 100℃时才能迅速转变，同时亦与沸腾的状态有关，沸腾得越激烈转变得越快。100℃条件下肌肉中的胶原不同煮制时间转变成明胶的量见表 8-2。

表 8-2　在 100℃条件下煮制不同时间肌肉中胶原转变成明胶的量　单位：%

部位 \ 时间/min	20	40	60
腰部肌肉	12.9	26.3	48.3
背部肌肉	10.4	23.9	43.5
后腿肌肉	9.0	15.6	29.5
前臂肌肉	5.3	16.7	22.7
半腱肌	4.3	9.9	13.8
胸肌	3.3	8.3	12.1

三、脂肪的变化

加热时脂肪熔化，包围脂肪滴的结缔组织由于受热收缩使脂肪细胞受到较大的压力，细胞膜破裂，脂肪熔化流出。随着脂肪的熔化，释放出某些与脂肪相关连的挥发性化合物，这些物质给肉和肉汤增添了香气。脂肪在加热过程中有一部分发生水解，生成脂肪酸，因而酸价有所增高，同时也发生氧化作用，生成氧化物和过氧化物。加热水煮时，如肉量过多或剧烈沸腾，易形成脂肪的乳浊化，使肉汤呈现浑浊状态。脂肪易于被氧化，生成二羟基酸类，而使肉汤带有不良的气味。

四、风味的变化

鲜肉的香味是很弱的，但加热之后，不同种动物肉产生很强的特有风味，通常认为，是由于加热导致肉中的水溶性成分和脂肪的变化造成的。加热肉的风味成分，与氨、硫化氢、胺类、羰基化合物、低级脂肪酸等有关。现在认为，在肉的风味里有共同的成分，也有因肉的种类不同而产生的特殊成分。共同成分主要是水溶性物质，如加热含脂肪很少的肌肉，牛肉和猪肉所得到的风味物质大致相同，可以是氨基酸、肽和低分子的碳水化合物之间进行反应的一些生成物。特殊成分则是因为不同种肉的脂肪和脂溶性物质的不同所造成。如羊肉不快的气味是由辛酸和壬酸等饱和脂肪酸所致，现在的研究认为这些饱和脂肪酸主要是己酸、癸酸。加热前后猪肉和牛肉的游离脂肪酸的情况见表 8-3。

表 8-3　　加热前后猪肉、牛肉游离脂肪酸的变化　　单位：mg/g

酸的种类	牛肉		猪肉	
	加热前	加热后	加热前	加热后
月桂酸	0.04	0.16	0.08	0.56
豆蔻酸	0.49	2.04	0.54	1.39
十四碳烯酸	0.36	2.24	—	—
十五烷酸	0.06	0.15	—	—
软脂酸	2.24	4.91	2.89	3.62
十六碳烯酸	1.31	4.98	1.64	3.45
十七碳烯酸	0.19	0.44	—	—
硬脂酸	0.96	1.37	0.77	3.21
油酸	9.24	19.74	17.01	28.52
亚油酸	0.58	1.34	5.45	13.27
亚麻酸	—	—	1.04	1.45
总计	15.47	37.37	29.42	55.47

肉的风味在一定程度上因加热的方式、温度和时间而不同。没有经过成熟的牛肉，风味淡薄，在空气中加热，游离脂肪酸的量显著增加。当加热到 80℃ 以上时有硫化氢产生，其量随着加热温度的升高逐渐增多。仔羊的腿部肉在烹调加工时，内部温度达到 65℃ 的不如达到 75℃ 时的风味强。因此认为加热的温度对风味的影响较大。关于加热的时间，有报导说在 3h 内随时间的增加风味增加，延长时间则减弱。肉的风味，也在于煮制时加入的香辛料、糖、含有谷氨酸等的添加物。肉的风味尽管受复杂因素的影响，主要还是由肉的种类所决定，如牛、羊肉的风味不同。通常认为老的动物肉比幼小的有更强的风味，例如成年牛肉

具有特有的滋味而小牛肉则不具备。另外，同一动物不同部位的肌肉也有差异，如腰部肌肉不如膈肌风味好，牛的背最长肌不如半腱肌的风味好。此外，动物屠宰后肉的 pH 越低，则风味越好。

五、浸出物的变化

加热过程中，汁液从肉中流出，汁液中浸出物溶于水，易分解，并赋予煮熟肉以特殊风味。肌肉组织中含有的浸出物是很复杂的，有含氮浸出物和非含氮浸出物两大类。含氮浸出物中的游离氨基酸、二肽、尿素、胍的衍生物、嘌呤碱等是影响肉风味的主要物质。其中游离的氨基酸含量最多，约占 1%，其中最有价值的仍是谷氨酸，它具有特殊的香味，当浓度达到万分之三时，即表现出特殊的肉香味，浓度增大则香味更加显著。此外，丝氨酸、丙氨酸、甘氨酸等都具有香味。相反的，亦有些氨基酸如色氨酸、缬氨酸不但没有香味，还有苦味。

牛肉中含有 0.05%～0.15% 的嘌呤碱。它在肌肉中有两种存在状态，一种是以游离状态存在的亚黄嘌呤（6－羟基尿环），另一种是以结合状态存在的次亚黄嘌呤核苷酸。成熟肉中游离状态的亚黄嘌呤量增加，而结合状态的次亚黄嘌呤核苷酸减少。前者是肉的特殊芳香气味的主要成分。

肌肉中还含有水溶性物，主要是糖原和乳酸，在加热水煮过程中，被溶解在肉汤中。有人取机械方式脱脂后的 0.5kg 和 2kg 的牛肉块，放在冷水中煮到沸点，经半小时取出，放在另一个器皿中，这样重复 5 次，浸出的肉汤经 3h 的冷却，脱脂过滤后测定其可溶性物质、矿物质、肌酸、肌酐以及溶于肉汤中的凝固性蛋白质。研究认为两个肉块从开始煮沸到煮沸半小时为止，进入汤中的可溶性浸出物占整个煮制时间内分离出可溶性物的 80% 以上。特别是小块肉从开始至煮沸半小时的瞬间最强烈。

浸出物中的胱氨酸、半胱氨酸、蛋氨酸以及谷胱甘肽等，分子中都含有硫或巯基。在罐头加热杀菌时，硫或巯基脱掉，被还原产生硫化氢，硫化氢与容器中的铁以及其他金属元素化合形成黑色或暗色的硫化物，是罐头变黑的一个重要原因。加热肌肉时产生硫化氢，其产生量与肌肉液汁的 pH 有显著关系，在酸性时少，碱性时则多。

鱼、禽、畜肉与水一起加热至 60℃ 以上时，都产生挥发性硫化物，将其残渣再与水一起加热时则又会产生，反复操作数次乃至十次才没有硫化物产生。这就证明在肌肉组织的不溶性成分中，存在着由于加热而分解的硫化物。而鱼肉比家畜动物肉产生的更多。

肉在煮制过程中可溶性物质的溶出受很多因素的影响。首先是由动物肉的性质所决定，如种类、性别、年龄以及动物的肥瘦等。其次是受肉的冷加工方法的影响，冷却肉、冷冻肉、自然冻结或是人工机械制冷冻结的情况不同。此外，不同部位的浸出物也不同，例如牛肉的后大腿部、臀部较胸部含有较多的含氮浸出物和矿物质。

肉在煮制过程中溶出的可溶性物质也受加热过程中一系列因素的影响，如下水前水的温度，肉和水的比例，煮沸的状态，肉的大小等等。通常是浸在冷水中煮沸的损失多，浸在热水中的少。强烈沸腾损失得多，缓慢煮沸的损失得少。水越多，可溶性物质损失得越多，肉块越大损失得越少。

六、维生素的变化

肌肉与脏器组织是 B 族维生素——硫胺素、核黄素、烟酸、维生素 B_6、泛酸、生物素、

叶酸及维生素 B_{12} 的良好来源。脏器组织中含有多量的维生素 A 和维生素 C。在热加工过程中通常维生素的含量降低。丧失的量取决于处理的程度和维生素的敏感性。硫胺素对热不稳定，加热时在碱性环境中被破坏，但在酸性环境中比较稳定。如炖肉可损失 60%～70% 的硫胺素、26%～42% 的核黄素。猪肉和牛肉在 100℃ 水中煮沸 1～2h 后，吡哆醇损失量多，猪肉在 120℃ 灭菌 1h 吡哆醇损失 61.5%，牛肉损失 63%。

第三节 酱卤制品的加工

一、肴肉的加工

1. 规格质量

皮色洁白，光滑晶莹，卤冻透明，具有香、酥、鲜、嫩四大特色，瘦肉红润、香酥适口、食不塞牙，肥肉不腻、食之不厌。

2. 配方

去爪猪蹄 100 只，绍酒 250g，盐 13.5kg，葱段 250g，姜片 125g，花椒 75g，八角茴香 75g，硝水 3kg（硝酸钠 30g 拌和于 5kg 水中），明矾 30g，以上为平均数，视猪蹄大小和季节不同，酌量增减。

3. 原料整理

选用猪的前蹄膀，也可用后蹄膀代替，去爪除毛、剔骨去筋、刮净污物杂质后洗净。将蹄膀置于松板上，皮朝下用铁钎在蹄膀的瘦肉上戳若干小孔，洒上硝水和清盐，揉匀擦透，平放入有老卤的缸内腌制。夏天每只蹄膀用盐 125g，腌制 6～8h；冬天用盐 190～200g，腌制 7～10d；春、秋季用盐 110g，腌制 3～4d。腌好出缸后，在冷水中浸泡 8h，除去涩味，取出刮去皮上污物，用清水漂洗干净。

4. 制作方法

（1）烧煮：将葱段、姜片、花椒、八角茴香等拌匀，分装在两只布袋内，扎紧袋口，制成香料袋。在锅内放入清水 50kg，加盐 4kg、明矾 15g，用旺火烧开，撇去浮沫，放入猪蹄膀，皮朝上，逐层相叠，最上一层皮朝下。用旺火烧开，撇去浮沫，放入香料袋，加入绍酒。在蹄膀上盖上竹箕一只，上放清洁重物压紧蹄膀，用小火煮约 1.5h 保持微沸。将蹄膀上下翻换，重新放入锅内再煮约 3h 至九成烂时出锅，捞出香料袋，汤留用。

（2）压蹄：取直径 40cm、边高约 4.3cm 的平盆 50 只。每只盆内平放猪蹄膀 2 只，皮朝下。每 5 只盆叠压在一起，上面再盖空盆 1 只。20min 后，将盆逐只移至锅边，把盆内油卤倒入锅内，用旺火将汤卤烧开，撇去浮油，放入明矾 15g、清水 2～3kg，再烧开并撇去浮油。将汤卤舀入蹄盆，淹没肉面，置于阴凉处冷却凝冻（天热时凉透后放入冰箱凝冻）即成水晶肴蹄。煮开的余卤即为老卤，可供下次继续使用。

5. 来历

肴肉相传始产于江苏省镇江市，是我国著名筵席佳品之一，清淡爽口，百吃不厌，固有“镇江肴肉”之称。肴肉的由来：据传清初年间，在镇江一条著名的大街上，一对夫妇开设了一个酒店。一天他们夫妻俩在腌制蹄膀时，错将“硝”当作盐来用。发觉以后，夫妻俩急中生智，将蹄膀洗了又洗，在清水中泡了又泡，并且加入了葱、姜、花椒、八角、茴香等香料，先用大火烧，后用小火焖，结果烧出来的蹄膀竟色泽红润、光滑晶莹，而且发出一股香味，顾客竞相购买。夫妻俩为慎重计，又切了一盘姜丝，倒了一碟香醋，让顾客随酒进食帮助解毒。硝肉竟供不应求，顾客赞不绝口。从此夫妻俩就有意识地在腌制蹄膀时加一点硝，并且清洗、浸泡，大小火力轮番使用加工，又将硝肉的名称改为肴肉。

二、酱汁肉的加工

1. 规格质量

酥润浓郁，皮糯肉烂，入口即化，肥而不腻，色泽鲜艳，呈4cm见方的块状。

2. 配方

肋条肉50kg，绍酒2～3kg，白糖2.5kg，盐1.5～2kg，红曲米600g，桂皮100g，八角茴香100g，葱500g（打成把），姜100g。香料须用纱布包扎好后下锅；红曲米加工成粉末，越细越好。

3. 原料整理

选用毛稀、皮薄、肉质鲜嫩的肋条肉为原料。将带皮的整块肋条肉用刮刀把毛、污、杂质刮净，剪去奶头，切下奶脯，斩下大排骨的脊背。斩时刀不能直接斩到膘上，斩至留有瘦肉的3cm厚度时，就劈出脊骨，形成带有大排骨的整块方肋条。然后开条（俗称抽条子），条子宽度4cm，长度不限。条子开好后斩成4cm见方的块，尽可能做到1kg 20块，排骨部分1kg 14块左右。斩好块后，将五花肉、排骨肉分别存放于篮中。

4. 制作方法

（1）酱制：不同规格的原料须分批下锅，在开水中白烧。五花肉约10min，排骨肉约15min。捞起后在清水中冲去污沫。将锅内的汤撇去浮油，全部倒出。在锅底放上拆好骨头的猪头10只，加上香料，在猪头上面先放上五花肉，后放上排骨肉。如有排骨、碎肉，可装在小竹篮中，放在锅的中间，加上适量肉汤用大火烧煮1h左右。当锅内水烧开时，再加入红曲米、绍酒和糖（2kg），用中火再煮40min起锅。起锅时须用尖筷逐块取出，放在盘中逐行排列，不能叠放。香料、桂皮、八角茴香可重复使用，桂皮用到折断后横切面发黑时为止，八角茴香用到角脱落时为止。

（2）制卤：将余下的0.5kg白糖加入成品出锅后的汤锅中，用小火熬煎，并用铲刀不断地在锅内翻动，以防止发焦产生锅巴。待锅内汤汁逐步形成浆糊状时而成卤汁，舀出盛放在钵或小缸等容器中，以便于出售或食用时浇在酱汁肉上。如果气温低，卤汁冻结，须加热熔化后再用。卤的质量很重要，食用时加上好的卤汁除了可使肉的色泽鲜艳外，又可使制品口味甜中带咸，以甜为主，回味无穷。

5. 来历

酱汁肉始产于江苏省苏州市，其原因是江南太湖流域所产的太湖猪细头细脚、肉质鲜嫩，是加工酱汁肉最理想的原料。因此苏州市出产的酱汁肉历史悠久、享有盛名，通称“苏州酱汁肉”。苏州酱汁肉的生产始于清代。相传清代苏州有姓陆的人开设一肉店，因生意不佳亏了本，叫苦不迭，到处向人请教做生意的本领，后来他遇到一个“神仙”，“神仙”将睡过的草席给其做烧肉之用，结果烧出来的酱汁肉香味扑鼻、色泽鲜美，具有吸引力，人们争相购买。从此“苏州酱汁肉”就在江南一带出了名。

6. 苏州酱汁肉的制作

苏州酱汁肉又名五香酱肉，加工技术精细。产品鲜美醇香，肥而不腻，入口即化，色、香、味、形俱佳，皮呈金黄色，瘦肉略红，肥膘洁白晶莹，驰名江南，1981年被原商业部评为优质产品。加工时选用肥膘不超过2cm的带皮肋条肉为原料，刮净毛，清除血污，剪去奶头，切成宽10cm、长6cm的长方块，每块0.8kg左右。并在每块肉上用刀划出8～12条刀口，便于吸收盐分。

配料：

原料肉	50kg	大茴香	100g
酱　油	1.5kg	葱	1kg
盐	3～3.5kg	生　姜	700g
绍兴酒	1.5kg	白　糖	0.5kg
桂　皮	75g	硝酸钠	25g

腌制：将盐和硝水溶液洒在原料肉上，并在坯料的四周肥膘及表皮上抹上盐粒，随即置于木桶中，待5～6h后再转入盐卤缸中腌制。腌制时间因气候而异，如室温在20℃左右，腌制12h即可；若夏季气温高在30℃以上时，只需几小时；冬季气温低，需1～2d。

酱制：腌好的原料沥干卤水，锅内先放入老汤烧开后放入香料、辅料，然后将肉投入锅内，用旺火烧开，并加入酒和酱油，再用小火焖煮2h，待转为麦秸黄色时即为成品。加糖时间必须在出锅前半小时时。

三、烧肉的加工

1. 北京月盛斋烧羊肉

（1）规格质量：成品金黄色，光亮，外焦里嫩，无膻味，食而不腻，瘦而不柴，脆嫩爽口，余味带香。

（2）配方：每50kg剔骨羊肉需茴香100g、花椒75g、丁香70g、砂仁70g、桂皮70g、黄酱5kg、盐1.5kg、花生油5kg、香油0.75kg。

（3）原料整理：选用优质羊肉，按照烧羊肉所需要的部位进行裁选、切块，以羊的前腿和腰窝为主，用水洗净后，分别存放待用。

（4）制作方法：煮制羊肉时，每锅调新汤，以新汤、新料煮制，并随时加入事前熬好的花椒、大料水（用花椒、大料加清水5kg熬制而成），以达到宽汤，使肉质更鲜。羊肉煮制好后出锅时要注意方法，做到轻勾轻托，以保持肉块完整。出锅后放入特制肉屉中，凉透后进行烧制。烧制时，按锅容量大小放入油后点火，使油温升高到60～70℃时，放入香油，待香油散发出香味时，将肉放在锅内烹炸。待羊肉色泽已达鲜艳的金黄色时出锅，即为烧羊肉成品。

（5）产品特点：月盛斋烧羊肉为夏令肉制品，亦称“夏令烧羊肉”，具有特殊风味，为广大消费者所喜爱。其生产已有200多年历史，原是清宫“御膳房”的上等佳品。本品于1979年、1980年被评为北京市第二商业局优质产品，1987年被评为原商业部优质产品。

2. 北京月盛斋烧牛肉

北京月盛斋烧牛肉亦称五香酱牛肉，是北京的名产。原料选用膘肥的牛肉，并用冷水浸泡清除余血，洗刷干净，剔骨，按部位分切成前后腿、腰窝、腱子、脖子等，再切成1kg左右的小块。加工经过调酱、装锅、酱制等过程。

（1）调酱：将一定量的水和黄酱拌和，把酱渣捞出，煮沸1h，并将浮在汤面上的酱沫撇净，盛入容器内备用。

（2）装锅：将选好的原料肉按不同部位分别放在锅内。通常将结缔组织较多的、有坚韧部位的放在底部，较嫩的、结缔组织较少的放在上层。然后倒入调好的汤液进行酱制。

（3）酱制：待煮沸之后，加入每种调味料，用旺火煮制4h左右。在初煮时将汤面浮物撇出，以消除膻味。为使肉块均匀煮烂，每隔 1h 左右倒锅 1 次，再加入适量老汤和食盐，务必使每块肉均浸入汤中。再用小火煨 4h，使各种调味料的味均匀地渗入肉中。

出锅时应注意保持肉块完整。用特制的铁铲将肉块逐一托出，并将锅内的余汤冲洒在肉块上，即为成品。

四、糟肉的加工

(1) 规格质量：胶冻白净，清凉鲜嫩，爽口沁胃，具有糟香味。

(2) 配方：每 50kg 原料肉用陈年香糟 1.5kg、上等绍酒 3.5kg、高粱酒 250g、五香粉 15g、盐 0.85kg、味精 50g、上等酱油 1kg，最好用虾子酱油。

(3) 原料整理：选用新鲜、皮薄而又细腻的方肉、前后腿肉为原料。方肉块按肋骨横斩对半开，再顺肋骨直斩成宽 15cm、长 11cm 的长方块，成为肉胚。前后腿肉亦斩成同样规格。

(4) 白煮：将肉胚倒入锅内烧煮，水须超过肉胚表面。旺火烧至肉汤沸腾后，撇净血沫，减小火力继续烧煮，直至骨头容易抽出时为止。用尖筷和铲刀把肉胚捞出，出锅后，一面拆骨，一面在肉胚两面敷盐。

(5) 准备陈糟：香糟 50kg，加 1.5～2kg 炒过的花椒，再加盐拌和后，置入缸内，用泥封口，待第二年使用，称为陈年香糟。

(6) 搅拌香糟：每 50kg 糟肉用陈年香糟 1.5kg、五香粉 15g、盐 250g，放入缸内。先放入少许上等绍酒，用手边浇边拌，再徐徐加高粱酒 100g，直至拌匀、没有结块时为止，称为糟酒混合物。

(7) 制糟露：将白纱布置于搪瓷桶上，四周用绳扎牢，中间凹下。在纱布上衬表蕊纸一张，把糟酒混合物倒在纱布上，上面加盖，使糟酒混合物通过表蕊纸、纱布过滤，汁徐徐滴在桶内，称糟露。表蕊纸是一种具有极细孔洞的纸，也可以用其他类似纸张代替。

(8) 制糟卤：将白煮肉汤撇去浮油，用纱布过滤倒入容器内，加盐 0.6kg、味精 50g、上等酱油 1kg、高粱酒 150g，拌和冷却，数量以在 15kg 左右为宜。将拌和辅料后的白汤倒入糟露内，拌和均匀，即为糟卤。

(9) 糟制：将冻透的糟肉胚皮朝外圈砌在盛有糟卤的容器中，糟货桶须事先放在冰箱内。另用一盛冰的细长桶置于糟货桶中间以加速冷却，直至糟卤凝结成冻时为止。

我国生产糟肉的历史悠久，《齐民要术》一书中就有关于糟肉加工方法的记载。到了近代，逐渐增加了糟蹄膀、糟脚爪、糟猪头肉、糟猪舌、糟猪肚、糟圈子以及糟鸡等品种，统称糟货。糟制肉制品的加工环节较多，而且须有冰箱设备。糟制肉制品须保持一定冷度，食用时须加冷冻汁并放在冰箱中保存，才能保持其鲜嫩、爽口的特色。

五、烧鸡的加工

(1) 原辅材料的选择和准备：

① 原料鸡的选择：选择健康的肉鸡，不过最好选用半年至两年以内，体重 1～1.5kg 的母鸡为原料鸡。原料鸡的选择影响成品的色、形、味和出品率。

② 辅料准备：砂仁、豆蔻、丁香、草果、肉桂、良姜、陈皮、白芷、食盐、饴糖、味精、葱、姜、菜油。

（2）屠宰烺毛：原料鸡在候宰20h后，采用颈下“三管切断”法宰杀，放血完全后，用58～65℃水浸泡1～2min，待羽毛可顺利拔掉时即行烺毛。烺毛顺序是：头颈→左翅→背腹左半部→右翅→背腹右半部→两腿（见表8-4）。

表8-4　　屠宰烺毛情况记录

情况＼编号	土鸡Ⅰ	土鸡Ⅱ	土鸡Ⅲ	土鸡Ⅳ	土鸡Ⅴ	肉鸡Ⅰ	肉鸡Ⅱ	肉鸡Ⅲ	肉鸡Ⅳ
烫毛温度/℃	65	65	65	62	62	60	60	58	58
烫毛时间/min	1	1	2	1	2	1	2	1	2
烺毛情况	正常	正常	正常	难烺毛	皮破	正常	正常	正常	正常

从表8-4可看出，肉鸡比土鸡容易烺毛，58～60℃的温度即可。而土鸡烺毛温度要在62℃以上。在烺毛时，应尽量降低温度和缩短时间，以保证后工序的正常进行。

（3）去内脏：鸡背朝上，头朝前，然后在鸡颈部右侧切开皮肤3cm，用手指把食管嗉囊与肌膜分开，从颈部扯出。再在下部肛门前开3cm左右的小横口，然后用两手指伸入剥离鸡油，依次取出鸡的胃、肠、心、肝、肾、胆、肺等全部内脏后，用冷水从颈部伤口进水冲洗鸡体内部。

（4）漂洗：把取出内脏后的鸡放入清水中漂洗，时间30～40min，目的是浸出鸡体内残血。

（5）腌浸：取配制好的八味香辛物质，把它们捣碎后，用纱布包好放入锅内，加入一定量的水煮沸1h，然后在料液中加食盐，使其浓度达13°Bé，然后把漂洗好的鸡放入卤水中腌制。腌制时间35～40min，中间翻动一二次。有老卤液的，在腌制时要加老卤液。腌浸完后，卤液要及时处理，即把卤液煮沸杀菌后加食盐保存。保存期间每隔10～15d煮沸一次。

（6）整形：为了使鸡外观漂亮，便于销售，要将腌制好的鸡整形，即将腌制好的鸡取出，用清水冲洗干净外表。把鸡放在加工台上，腹部朝上，左手稳住鸡身，将两脚爪从腹部开口处插入鸡的腹腔中，然后将一鸡脚的膝关节卡入另一鸡腿的膝关节内，使其背部朝上，把鸡右翅膀从颈部开口处插入鸡的口腔，另一翅膀按烤鸡的形状整形。整形后鸡似半月形。最后用清水漂洗一次，并晾干水分。

（7）烫皮上色：烫皮上色的目的是使鸡表皮色泽美观大方，有利于销售。方法是将整形后的鸡用铁钩钩着鸡颈，用沸水淋烫2～4次，待鸡水分晾干后再上色。糖液的配制：1份饴糖加60℃的热水3份调配成上色液。糖液配制好后，用刷子涂糖液在鸡全身均匀刷三四次，刷糖液时，每刷一次要等晾干后再刷第二次。将上好糖液的鸡放入加热到170～180℃的植物油中翻炸，油温控制在160～170℃，待其呈橘黄色时即可捞出。油炸时动作要轻，不要把鸡皮弄破。

（8）煮制：将原先配好的八味香辛料加适量的水煮沸后，加盐使其具有较浓的咸味。然后加适量的味精、葱、姜，把鸡放入，用文火慢慢煮2～4h，将其温度控制在75～85℃范围内，等熟后，捞鸡出锅。出锅时要眼疾手快、稳而准，确保鸡形完整、不破不裂。

（9）产品质量：烧鸡要求形态别致，呈半月形，肉色酱黄带红，味香肉烂，咸中带甜，母鸡肥而不腻，雏鸡肉鲜且嫩，食后口有余香，有浓郁的五香佳味。烧鸡的出品率要求在60%～66%之间。产品的质量和出品率实例见表8-5和表8-6。

表 8-5 烧鸡的出品率测定

编号		肉鸡Ⅰ	肉鸡Ⅱ	肉鸡Ⅲ	肉鸡Ⅳ	土鸡Ⅰ	土鸡Ⅱ	土鸡Ⅲ	土鸡Ⅳ	土鸡Ⅴ	平均
毛体重/g		2210	2200	2120	2100	2170	1750	1960	1750	1400	1962
胴体重/g		1790	1840	1730	1750	1705	1450	1520	1380	1140	1567
成品重/g		1450	1500	1385	1360	1380	1170	1210	1105	920	1276
出品率	成品/胴体	81%	81.5%	80%	79%	80.8%	80%	80%	80%	81%	80.4%
	成品/毛重	62.1%	67.1%	65.3%	64.8%	63.7%	65.9%	61.7%	63%	65.7%	64%

表 8-6 烧鸡成品的质量

项目	用肉鸡做的烧鸡	用土鸡做的烧鸡
色	鸡皮呈均匀的柿黄色，色泽鲜艳，肉呈浅白红色	土鸡Ⅱ、Ⅳ、Ⅴ表皮都呈均匀柿黄色，Ⅳ颜色较浅，土鸡Ⅰ、Ⅲ上色不均匀，胸腹部颜色很浅，所有鸡肉呈淡黄色
味	稍带甜味，但盐味太淡、五香风味不太浓，吃时骨肉没有完全分离	咸中带甜，肥而不腻，有浓郁的五香风味
外形	肉鸡Ⅰ在出锅时颈从刀口处断，肉鸡Ⅳ的脚爪从刀口处暴出，其余外形完整，鸡皮不破不裂	造形都美观，呈半月形，但土鸡Ⅲ和土鸡Ⅴ鸡皮破裂

从表 8-5 可以看出烧鸡的出品率在 64%左右，基本达到要求。

从表 8-6 中可以看出用土鸡做的烧鸡风味要比用肉鸡做的好。由于土鸡的肉质要比肉鸡的坚韧结实，因此在整形时土鸡的肌肉比肉鸡难撕裂，因而也就不会出现断头等不良现象。

(10) 影响烧鸡加工的几个因素：

① 影响烧鸡上色的因素：

a. 原料鸡的肥瘦程度可以影响烧鸡上色：经实验我们看到，土鸡Ⅰ和土鸡Ⅲ为较肥壮的鸡，它们上色都不均匀，而且颜色都较浅。因为在烫煺毛过程中，鸡脂肪可以渗透出鸡表皮，形成一层脂肪膜，影响上糖液。因此做烧鸡不要用太肥壮的鸡。

b. 烫皮的水温与时间影响上色：在浸烫脱毛时如果水温过高，易使鸡皮破裂，使皮下脂肪渗出；水温过低，时间也要相应增长，从而也使脂肪渗出，影响上糖液。在此次实验中土鸡Ⅰ和土鸡Ⅲ都上色不好，其中有一点原因就是烫皮时水温太低，烫皮时间太长。

c. 油炸的温度和时间影响上色：因为上色的主要原理是发生焦糖化反应，如果油温控制不好，忽高忽低，就会使上色不均匀。油炸时间太短，鸡颜色太浅；时间过长，颜色过深。根据实验来看，油温应控制在 160～170℃之间，油炸时间在 10～15min。

d. 工艺操作也可影响上色：在刷糖时，如果刷得不均匀或者刷得太少，油炸时会不均匀使上色也不均匀。

e. 油的品质影响上色：油在用过一段时间之后，有部分脂肪氧化变质，产生黑色沉淀，而且油炸的鸡越多油中带入的杂质也越多。油炸的杂质和黑色沉淀可以影响鸡的上色。因此每炸过一批鸡之后油要过滤后再用。油脂氧化变质太厉害的尽量不用。

② 影响肌肉颜色的因素：原料鸡的品种、年龄不同则肌肉颜色不同。从表 8-6 可以看出，肉鸡做的烧鸡肌肉颜色比土鸡要浅。因为鸡品种、年龄不同，其肌红蛋白含量就不同，肌肉的颜色也不同，如成年母鸡的肌红蛋白含量较高，成品的颜色较深。放血不完全也影响鸡肉的颜色。放血不完全，血红蛋白被氧化，使肌肉呈暗红色。煮制的温度、时间影响肌肉

的颜色。当煮制的温度为50℃时，肌肉几乎不变色，而呈鲜红色；当温度为60～70℃时变为粉红色；当温度为70～80℃时变成浅灰色，这主要是由于肉中的色素、肌红蛋白热变性而造成的。煮制时间的长短也影响鸡的肌肉颜色，时间长，着色剂进入肌肉的就多，颜色就深。加着色剂影响肌肉颜色。如果在煮制过程中加入亚硝酸盐或硝酸盐，就会使肌肉变成黄里带红的颜色。

③ 影响鸡皮破裂的因素：烫煺毛水的温度过低，毛不易拔出，可能把鸡皮扯破。实验中土鸡Ⅴ就是由于烫煺毛时温度低而造成鸡皮破裂。水温过高则鸡表皮蛋白胶化，不易拔毛，亦易造成鸡皮破裂。油炸温度过高使皮破裂。在拔毛、油炸上色和成品出锅时，操作不正确、用力过猛都可能造成鸡皮破裂。

④ 影响鸡出品率的因素：原料鸡的品种、大小、肥瘦等能影响其出品率。一般鸡脂肪含量高的，在腌制煮制过程中水分损失少，出品率高。肉鸡的出品率比土鸡的要高，个体大的比个体小的高。鸡的候宰时间影响鸡的出品率。如果鸡在宰前没有断食、断水，则毛重偏重，出品率偏低。表8-5中的鸡都没有候宰，因此出品率偏低。卤液的浓度、泡浸时间影响鸡的出品率。卤液浓度越高，时间越长，则失水越多，出品率越低。油炸温度和时间与出品率有关系。鸡在下油锅时油的温度高，就可以使鸡表面蛋白质凝固，在以后的油炸和煮制过程中可以减少水分损失。但油炸温度一直很高、时间很长就会造成出品率偏低。

煮制时间、温度与出品率有关。鸡在煮制过程中，如果温度在45～50℃条件下，肌肉纤维的蛋白质受热变性、凝固，使多量汁液分离，体积缩小，肌球蛋白由于变性凝固，再继续发生收缩，将水分挤出。当加热到60～75℃时失水最多。在75℃以上，水分损失随着温度升高反而相对减少，因为随着温度的升高、时间的增长，鸡肉中胶原变成明胶，明胶具有很强的吸水性，反而吸收水分。另外随着温度的升高和时间的增长，鸡脂肪向外渗透，也可影响鸡出品率。因此在煮制过程中一定要严格控制好温度和时间。

⑤ 影响产品风味的因素：鸡的品种、年龄和肥瘦程度对产品风味有重要影响。用土鸡比肉鸡产品风味要好，用半年至两年之内的鸡比两年以上的要好，一般不肥不瘦的鸡做的产品风味较好。

卤液腌制的浓度和腌制时间对产品风味有影响。一般卤液用的次数多、八味香辛料配比较适宜、盐的浓度在12～13°Bé时，产品风味较好。煮制时，香辛料液的浓度、煮制时间和温度对产品风味有影响，在香料配比适宜的条件下，煮制时间越长，则风味就越好。

六、盐水鸭（鹅）的加工

盐水鸭是南京的特产之一，加工制作的季节不受限制，特点是腌制期短、现做现卖，食之清淡而有咸味，肥而不腻，具有香、酥、嫩的特色。除鸭以外，鹅也可照此法加工成盐水鹅，也别有一番风味。

（1）加工方法：选用当年成长的肥鸭，宰杀拔毛，切去翅膀的第二关节和脚爪，然后在右翅之下开膛，取出全部内脏，用清水把鸭体内残留的破碎内脏和血污等冲洗干净，再在冷水中泡0.5～1h，以泡除鸭体内存在的血污。在鸭子的下颚处开一小口，用钩子钩起来晾挂，经1～2h，水分沥干后可进行腌制。腌制方法与南京板鸭相同，但时间要短一些。如春、冬季节，腌制2～4h，抠卤后复腌4～5h。夏秋季节，腌制2h左右抠卤，复卤2～3h，就可以出缸挂起。鸭体整理后，用钩子钩住颈部，再用开水浇烫，使其肌肉和表皮绷紧、外形饱满，然后挂在风口处沥干水分。用中指粗细的芦苇管或小竹管插入鸭的肛门，并在鸭肚内放入姜、葱、八角，然后放进烤炉内，用柴禾（芦柴、松枝、豆荚等）烘烤。点燃后，余火拨成两行，分布于炉膛两边使热量均匀。鸭胚经 20～25min 的烘烤，至周身干燥起壳即可。

(2) 焖煮方法：在一定量水中加三料（葱、姜、八角），煮沸，停止烧火，把鸭放入锅中，由于右翅下有开口，肛门插有管子，水很快进入内腔。鸭刚下锅时是冷的，热水进入鸭腔内，水温降低，因此要提起鸭腿倒出鸭腔内的汤水后，再放入锅中。由于进入体腔内的水温仍然低于锅中的水温，所以要在锅中加入占总水量 1/6 的冷水，使鸭体内外的水温达到平衡，再盖上比锅略小一些的盖子压住鸭子，小火焖 20min 左右，加热烧到锅中出现连珠水泡时，即可停止烧火。此时锅中水温约为 85℃。这段操作叫第一次抽丝。第一次抽丝后，再把鸭提起来，把鸭腔内的汤水倒出后，盖上锅盖，停火焖煮 20min 左右，然后烧火加热进行第二次抽丝。再提鸭腿倒汤，停火焖煮 5～10min，起锅即为成品。

第九章 熏制与烟熏制品

第一节 熏制的原理

在肉制品生产中，很多产品都要经过烟熏过程，特别是各种西式肉制品，差不多都要经过烟熏。烟熏是指肉制品用木材不完全燃烧时生成的挥发性物质进行熏制处理的过程。

一、烟熏的目的

肉制品烟熏的目的可归纳为四个：①使产品颜色美观。②赋予产品特殊的香味。③使肉制品脱水，增强产品的防腐性。④杀菌。⑤抗氧化作用。这五种目的究竟哪一种是主要的呢？因产品的种类而异。过去人们常以提高产品的防腐性为主要目的，而目前则是以提高肉制品的香味作为主要目的。

长期以来，人们以烟熏作为防腐手段时，常采用冷熏法，进行1～2星期甚至3星期长时间的烟熏。在这样长时间的烟熏中，烟中的防腐物质较多地进入肉内，使肉品充分干燥，达到防腐的目的。不单烟熏，包括烟熏前的腌制和烟熏过程的干燥脱水，都能使肉制品增强防腐性。

二、烟熏（制）的基本理论

烟熏的理论很复杂，现仅将其要点说明如下：烟中的有机酸类（例如蚁酸、醋酸等）、醛、乙醇、酯、酚类等使肉制品产生香味。烟中的醛类和有机酸进入肉中，随着烟熏的进行，肉温上升，促使NO－血（肌）红蛋白生成迅速，肉就呈现美丽的鲜红色。另一方面焦油性物质附着在肉表面，使肉制品外观呈现茶褐色，富有人们所喜爱的光泽色调。

烟内含有有机酸、醛和酚类物质，能增强肉的防腐性能。有机酸与肉中的氨、胺类等碱性物质中和，这些物质使肉偏向酸性，呈现良好的防腐性，因为腐败菌易于在碱性环境中繁殖。醛类也具有防腐性，尤其是甲醛更为重要，它不仅自身有防腐性，而且与蛋白质或氨基酸等含有游离氨基的物质作用后，使肉的酸性增强，从而增强肉的防腐作用。酚类虽然也有防腐性，但这种芳香族物质的防腐性较脂肪族的醛类微弱得多。烟熏时，酚类大部分具有芳香味，赋予肉品特殊的气味。研究证明，酚类具有防止油脂氧化的作用，像含有高度不饱和脂肪酸的鱼类，烟中的酚类可显著防止其氧化。一般是在油脂双键处氧化，产生不良的氧化臭，油脂的氧化酸败伴随产生黄褐色乃至红褐色的所谓“油烧”现象，使制品质量变低劣。

关于烟熏杀菌，以往的研究结果并不完全一致，大致可归纳如下：一般程度的烟熏可将肉表面存在的腐败菌和病原菌杀灭，但肉内部的细菌不能被杀灭。如果是与腌制处理过的生肉相比较，未经腌制的烟熏肉会迅速腐败。经过一般熏制的肉制品，其内部的细菌还存在，保存性很差，易因细菌繁殖而变质。但这时再进行干燥，使水分降低到35%以下，阻止细菌的繁育，就可以长时间保藏。蚁醛具有杀菌作用。蚁醛在烟中的含量在1.3～2.0g/m^{3}范围内（对浓烟而言）。蚁醛和酸、酚类以及树脂越少，杀菌作用越低。

当肉制品腌制后进行烟熏时，烟对肉制品深处的细菌有杀灭作用。炭疽杆菌和葡萄球菌在烟熏2.5h后被消灭，但炭疽杆菌的芽孢经过18h才能被杀灭，葡萄球菌和白喉菌只耐1h

的烟熏，结核杆菌能耐2h烟熏。研究指出，热烟熏的杀菌作用比冷烟熏效果大一些。

烟熏温度高时微生物死亡的速度快，但烟熏不能杀灭所有的细菌。在烟熏过的肉制品内，经常见到枯草杆菌（*B.subtilis*）和革兰氏阳性的球菌，*B.coliprotells* 菌等则很难见到。在腐败的熏制品内多半是 *B.proteusvulgaris* 和 *B.coil* 等细菌。

由上可知，烟熏所产生的杀菌和防腐作用是微弱的。熏制品的耐久藏，主要是烟熏前的腌制、烟熏中及烟熏后干燥处理的综合结果。烟熏可使肉的质量减轻。普通烟熏火腿减重5%～10%，腌肉减重10%～20%，主要原因是肉中水分蒸发，腌肉因蒸发面积大，减重也大。为使熏制品减重少，多采取高温短时间烟熏法，尽量降低水分的蒸发。

烟熏降低肉中的可溶性蛋白质含量，使不溶性蛋白质增加。这是因为烟的成分由肉表面进入内部，肉内部的烟量比表面少，故一般肉内部的酶未被破坏，在烟熏过程中，肉内自溶还在进行，非蛋白态氮化合物含量就增多。

因烟中的醛类物质有防腐性，特别是焦油性物质的酚类附着在肉表面，有阻止微生物繁殖的效果。同时醛类、酚类也有毒性。但烟熏的肉制品其表面附着的或进入制品内部的醛酚类数量很少，因而对人体无害。

烟的密度大和温度低能促进烟的质点迅速凝固和沉下。烟与空气混合时，扩散程度加大，质点的凝固和沉下随之缓慢起来。空气参加得越少，燃烧的温度越低，生成的烟越多。烟密度按光的明亮度而定。如果40W的电灯，距离7m可看见，则这种烟不浓；距离60cm不能看见，这就很浓。

在烟熏室里，肉制品宜用7.5～15m/min烟的流动速度。在流动速度大时，获得的烟很均匀而且分散，进出温差较小。更高的流动速度只能用于质量较轻的肉制品。否则，流动速度慢易使产品变焦，影响肉制品的质量。

三、熏制引起的肉制品的变化

烟熏的程度通常是用酚数即肉制品中含有的酚量来表示。酚数是指100g肉制品中含有酚的质量（mg）。

烟熏时，酚和醛的蓄积在最初的24h内最强，以后这些物质的周围介质和灌肠中的浓度差减低，浸入肉制品中的量也降低。

烟熏室内各层烟的组成不同，酚是最重要的物质。烟熏室的底层含酚量很多；而醛和酮是最轻的物质，上层最多。因此，挂在烟熏室上层的灌肠，挂得越高则含酚量越少。

冷熏时在烟熏灌肠中蓄积9～32mg/100g的酚及9～48mg/100g的醛。酚易溶于脂肪中，因而脂肪组织中酚含量多于肌肉组织中的。在24h内，酚侵入产品深处的速度不同，见表9-1。

表9-1　24h内的酚侵入产品情况

火腿的部位	酚量/(mg/100g)
皮下脂肪	2.49
外面的脂肪（没有皮覆盖）	1.89
火腿内肉层的表面	1.36
距离火腿表面12cm的肉层	0.36
位于脂肪下的肌肉组织	0.13
火腿中心的肉	0.03

熏制品表面的着色程度与烟中的树脂类物质有关。不同品种木材干馏时得到的焦油水的组成不同，见表 9-2。

表 9-2　　不同木材干馏时得到的焦油水的组成

木材的品种	含量/%			
	水分	木醇	醋酸	溶解的焦油
山毛榉	81	3	9	7
针叶树	91	1.5	3.5	4

不同品种木材的焦油的成分也不同。山毛榉的焦油中含有愈创木酚和甲酚盐 10.5%，酚及其衍生物 41%；松木的焦油含愈创木酚 7.5%，甲酚盐 17%。焦油量与木材的水分含量成反比，见表 9-3。

表 9-3　　木材水分含量与焦油量的关系

木材的水分/%	绝对干燥木材的焦油产量/%
31.7	15.2
33.5	14.1
37.7	13.0
42.0	11.0

前苏联科学家研究了各种木材对莫斯科灌肠烟熏质量的影响，证明赤杨木比橡木或白杨木燃烧时酚和醛蓄积得多（烟熏 4 昼夜），烟熏最初的 48h 内酚和醛的蓄积最强。不同品种木材熏制时酚的含量情况见表 9-4。

表 9-4　　不同品种木材熏制时酚的含量情况

木材品种	100g 干灌肠中酚的含量/mg	100g 干灌肠中醛的含量（碘的毫克数）
橡木	16.84	39.24
白杨木	17.52	35.07
赤杨木	19.15	45.10

很多国家除了赤杨木以外，用山毛榉、桃花心木、杜松、橡木、苹果树及其他品种的木材熏制肉。

用冷熏法熏制肉制品时最好采用各种木材的混合物，例如 1 份桃花心木，1 份赤杨木或 2 份山毛榉;1 份桃花心木和 1 份松木。桃花心木使肉制品具有金黄色，橡木和赤杨木使熏制品具有暗黄到棕的色彩，山毛榉、菩提树、枫木及其他阔叶树的木材使熏制品具有金黄色。

在某些国家采用特殊的烟熏粉。这种烟熏粉是含有特别香味成分的热带木材的混合物。在个别的粉中含有硫黄物质，在燃烧时产生使颜色加强的硫酸。

烟熏时，蛋白质和脂肪吸收烟的一部分，水分损失，蛋白质变性，维生素 B_1 损失 15%～20%，维生素 B_2 及尼克酸也有损失。熏制过程中肉制品的损失取决于肉制品的组成成分、熏制时间和温度。肉制品中脂肪含量越少、室温越高和水分含量多，则质量损失越大。

四、熏制的方法

1. 冷熏法

为使肉制品达到长期保藏的目的，一般必须采用这种方法。干灌肠烟熏的温度为 15～

30℃，多为20～25℃，前苏联多为18～22℃，时间4～7d。在日本则是先干燥2～3d，冷熏1～2d后，在8～10℃的低温环境下风干30～60d。这种肉制品含水量在20%～40%之间，可作长期贮藏。本法除用于灌肠类以外，也可用于腌肉，但因对肉色有不良影响，而且质量损失较大，工艺操作也很复杂，故多不采用。

冷熏时，因为熏料燃烧时火力有时过大，温度升得太高，肉片悬挂的位置应特别注意。熏制时除温度外，烟的发生量也极为重要，烟量太少会使肉制品变质。这种熏制法在冬季气温低时才宜采用。

2. 温熏法（或称热熏法）

温度在50℃上下。这种熏制法在肉品加工厂广泛采用。本法又可分为中温和高温两种。

（1）高温法：温度在50～80℃之间，多为60℃。采用这种熏制法在短时间内即可达到烟熏目的，又省劳力，可使生产操作循环合理化。近一时期本法的使用逐渐增多。熏制腌肉的时间因肉片大小而不同，一般在2～5h之间，火腿熏6～10h。

（2）中温法：温度多在40～50℃之间。腌肉按肉片大小熏制5～10h，火腿则需1～3d。采用此法熏制时，应使温度缓慢上升，绝不可使温度急速升高。

3. 熏烤法

温度在100℃左右，或者采用95～120℃的高温，时间2～4h。法国有升温到140℃左右的熏烟。前苏联熏烤火腿时采用熏烤法。这一过程分两个阶段，第一阶段视肉的质量熏烤3～4h，例如火腿在这阶段温度为115～120℃；第二阶段温度降到70～75℃，继续烟熏12～14h，到火腿中心温度达68℃时，熏制过程才完结。

采用本法熏制的肉品贮藏性较差，熏后需迅速销售、食用。本法熏肉脂肪熔化较多，适合于熏制瘦肉。为加快肉品熏制过程，国外做了大量试验，提出了许多快速烟熏方法。

4. 烟熏液法

这种方法系采用烟熏房内的凝缩水、木材干馏时产生的木醋酸或杂酚油等人工配制成烟熏液。将这种烟熏液放在浅平的容器内，并放入大块海绵，置于烟熏房内加热使其蒸发，可获得与烟熏同样的效果。烟熏液的配制方法颇多，仅举一例为：水10份，木醋酸10份，杂酚2份，杜松油1份，混合使用。

杂酚油是木材干馏时所得的木焦油，在120～170℃分馏得到相对密度1.04～1.05的粘稠液。这种重油材料再在190～240℃经过精馏，即得纯净的杂酚油。杂酚油沸点为190～235℃，其成分并非单一的，主要有酚、甲酚、愈创木酚等酚类。杜松油是用杜松果实制取的香料油。

5. 液熏油

该法是用含有烟中成分的溶液浸渍原料肉，经一定的时间后，使液体中的烟成分渗进肉内，并吸附在肉上。含烟成分的溶液主要有木醋酸，外加杂酚油、硼酸、明矾、酒精、树皮、杜松油、肉桂油、硫磺、硝酸钾和色素，以及食盐和香料或调味料等。

木醋酸含10%左右的醋酸，3%左右的甲醇，0.3%左右的丙酮，此外还含有有机酸、醛类、酮类及这些物质的衍生物。在使用木醋酸时应注意除去沉淀焦油的木醋酸，再用机械法除去浮在表层的油类后，仍有少量的焦油或油分残留下来，如不清除干净，则焦油和油分会给肉品带来气味。

前苏联用精制的烟熏液制造灌肠，效果较好。在制馅时每100g肉馅中加入烟熏液0.5mg和1～1.5及2mg酚，或在煮制前将灌肠浸入烟熏液中进行表面处理。

采用液熏法主要是使制品带有烟熏的风味，对制品的外观和防腐作用不大。因此可采用天然色素着色，以改进产品颜色。在用液熏法制火腿和腌肉时，可在烟熏液中添加调味料和香辛料，以提高产品的风味。

我国上海等几家单位已生产提炼出“烟熏剂”（液熏油），加到肉制品中，形成烟熏味。据有关单位应用，效果较好。

6. 电熏法

其基本原理是在高电压下实行电晕放电。这种电晕放电使烟的微粒带电荷，在烟熏的过程中，带电荷的烟微粒可迅速地附着在带相反电荷的肉块上，于是加速了烟熏过程。

例如对鱼进行电熏时，烟熏房内配置电线，用铁丝把鱼体挂起，将鱼体作为电极进行电晕放电。电晕放电时，带电荷的烟雾被带相反电荷的鱼体迅速吸附。烟熏时，在 10000～30000V 电压下，由下面导入的上升的烟微粒在室内的强电场内立即离子化而带电荷。烟的微粒大都带负电荷，向阳极泳动，呈云雾状态，在短暂的瞬间被吸附，附着在肉块表层的烟由于电渗透作用向内部渗透。

在空气中进行高压放电时，空气被离子化，空气中的 O_2 分解为 O，则 $3O \rightarrow O_3$ 或 $O_2 + O \rightarrow O_3$，而生成臭氧分子。实际上在电熏时由于空气中有水蒸气，O_3 生成后不久即被分解。此外空气中的 N 和 O 结合（$N + O \rightarrow NO$）生成 NO，这种 NO 可变成硝酸。

电熏时除产生臭氧与硝酸外，烟中的酚类及醛类分子也被活化，容易产生反应。上述臭氧或硝酸或活化的杀菌气体都具有强烈的杀菌和防腐作用，因此电熏法生产的产品的贮藏性很好。此外，臭氧还有脱臭作用。但是，电晕放电时也可能产生氨等有害物质，也可能对制品产生不良的影响。

电熏法在 20 世纪 30 年代由日本人前野、岛山等开始研究，并取得很大的成就，开始应用于生产上。美国和前苏联也有很多人研究电熏法，并应用于生产中。美国的一些肉品加工企业，在制造火腿罐头时，装罐前对火腿施以特殊的物理化学处理——电熏和红外线照射，大大降低了火腿的微生物污染，在火腿进行巴氏杀菌和高温灭菌时也减少了肉汁的流失。罐头火腿的滋味和气味良好，组织状态细嫩。

第二节　烟熏制品的加工

熏制品是三大类西式肉制品中的一类，例如生熏腿、培根、熏猪排、熏牛脷（牛舌）等，同时也是我国的一大类肉制品，品种繁多。

一、生 熏 制 品

1. 生熏腿的制作

生熏腿又称生火腿，简称熏腿，外形像乐器琵琶，与金华火腿相似。外表呈咖啡色，内部淡红色，皮呈金黄色。生熏腿是西式肉制品的一个高档品种，系采用猪的整只后腿经低温腌制、整形、烟熏制成。成品为半干制品，肉质略带轻度烟熏味，清香爽口。生熏腿的制作工艺流程如下：

原料选择整形→注射盐水→揉擦硝盐→下缸浸渍腌制→出缸泡浸→再整形→熏制→成品

（1）原料选择、整形：选择健康无病的猪后腿肉，而且必须是腿心肌肉丰满的白毛猪的后腿肉。白条肉应在 0℃左右的冷库中吊挂冷却约 10h，使肉温降至 0～5℃，待肌肉稍微变硬后再开割。这样腿胚不易变形，有助于成品外形美观。开割的腿胚形状似中国的金华火腿（见图 9-1）。

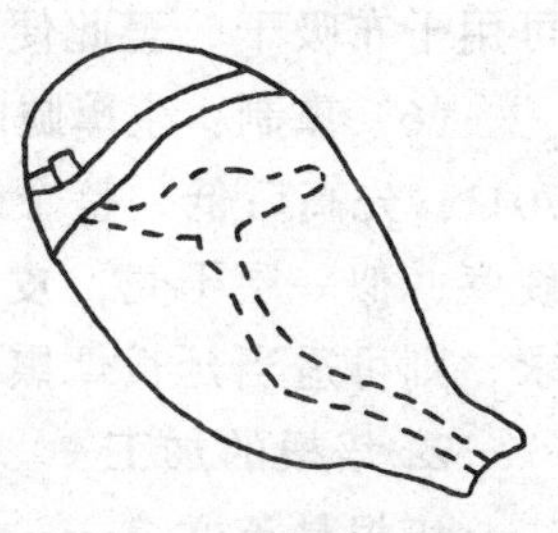

图 9-1　生熏腿的形状

整形时去掉尾骨和腿面上的油筋、奶脯，并割去四周边缘凸出部分，使成直线。经整形的腿胚质量以 5～7kg 为宜。

（2）注射盐水、揉擦硝盐：盐水配方为 50kg 水、精盐 6～7kg、食糖 0.5kg、亚硝酸钠（$NaNO_2$）30～35g。把上述数量的精盐、食糖、亚硝酸钠置于一容器内，用少量清水拌和均匀，使其溶解。如一次溶解不透，可不断加水搅拌，直至全部溶解，然后冲稀，总用水量为 50kg，不可超过。最后撇去水面污物即可使用。如用量较大，则照上述比例类推调制。

注射盐水时用盐水泵通过注射针头把盐水强行注入肌肉内，一般是在五个均匀分布的位置各注射一针。肌肉厚实的部位可灵活地增加若干注射点，以防止中心部位腌制不透。盐水的注射量约为肉重的 10%。注射工作宜在不漏水的浅盘内进行。注射好的腿胚应及时揉擦硝盐。

硝盐是食盐和硝酸钠（$NaNO_3$）的混合物，主要成分是盐，硝酸钠占盐的 0.5%。盐、硝的比例并非都是 100:0.5，其比例可按需要酌情调整。

揉擦时将硝盐撒在肉面上，用手在腿胚表面揉擦均匀，最后拎起腿胚抖动一下，使多余的硝盐落回盛器。一般每只腿平均用 100～150g 硝盐。经注射盐水和揉擦硝盐的腿胚，摊放在不漏水的铝质浅盘内，置 2～4℃冷库内腌渍 20～24h。

（3）下缸浸渍腌制：浸渍盐水的食盐浓度和所用的硝与注射用盐水的不同，注射用盐水的浓度为 12%左右（相当于 12°Bé），浸渍用盐水的浓度为 16%左右（16°Bé）。注射用盐水加的是亚硝酸钠，浸渍用盐水加的是硝酸钠。配法如下：50kg 水中加盐约 9.5kg，硝酸钠 35g，充分搅拌均匀即可使用。

经过 20～24h 腌渍的腿胚，需置于缸内浸渍腌制。程序是先把腿胚一层一层紧密地排放在大口陶瓷缸内，底层的皮向下，最上面的皮向上。肉的堆放高度应略低于缸口。将事先配好的浸渍盐水倒入缸内，盐水液面的高度应稍高于肉面。盐水的用量约为肉重的 1/3，为防止腿胚上浮，可加压重物。

浸渍时间的长短与腿胚大小、注射是否恰到好处、腌室温度等因素有关，一般在二周左右可腌好。在此期间应翻缸二三次。翻缸的目的有三个：一是改变肉的受压部位，松动其肌肉组织，有助于盐水渗透均匀。二是检查盐水是否酸败变质，这在夏季显得尤为重要。变质盐水的特征是产生气泡或有异味，发现这种情况应更换盐水。三是长时间静置的盐水，各处咸度不同，通过翻缸可使咸度均匀。

（4）出缸浸泡：腌制好的腿胚可出缸加工。腿胚出缸后，需用温水浸泡 3～4h。温水浸泡有两个作用：一是使腿内温度升高、肉质软化，便于清洗和修割。二是漂去表面盐分，以免熏制后出现“白花”盐霜，有助于产品外形的美观。经过腌制的腿胚，表面有时会有少量污物沉积，须用抹布揩去，揩不掉的硬性杂质用手拣去。洗好后用锋利的刀刮尽皮上的残毛和油垢。

（5）再整形：完成了上述各项处理的腿胚，需再次修割、整形，使腿面成光滑的椭圆形球面。在脚圈上方刺一小洞，穿上棉绳，吊挂在晾架上，再一次刮去皮上的水分和油污，继续留在晾架上晾干 10h 左右。晾干期间，肌肉里有少量水分渗出，同时血管里有血水流出，可用干布吸干，至此便可进行烟熏。

(6) 熏制：生熏腿的烟熏工序与灌肠的相类似，所不同的是熏室温度较高，一般为60～70℃，先高后低，整个烟熏时间为8～9h。烟熏好的成品，肌肉呈咖啡色，手指按捺有一定硬度，似一层干壳，皮质呈金黄色，用手指弹击有清晰的“扑、扑”声。如达不到上述要求，则可适当延长烟熏时间。

2. 培根的加工

培根是英文Bacon的译音，意思是烟熏咸肋条（方肉）或烟熏咸背脊肉。培根除带有适口的咸味外，还具有浓郁的烟熏香味。培根食用方便，通常切成薄片蒸熟或抹上蛋液油炸成“培根蛋”，清香可口，为西菜上品。培根容易保管，挂在通风干燥处，数月不变质，既可外销，又能增加国内市场的供应品种。从经济效益上看，把方肉加工成培根，是综合利用原料肉的有效途径。

培根按原料部位不同可分为排培根、奶培根和大培根（也称丹麦式培根）三种。三种培根的制作工艺相同，工艺流程如下：

选料→整形→冷藏腌制→出缸浸泡→剔骨修割→再整形→烟熏→成品

(1) 选料：选择经兽医宰前、宰后卫生检验合格的中等肥度白毛猪，吊挂预冻，使其不易变形。选料部位为：

大培根：取自整片带皮白条肉的中段，前至第三根胸骨，后至荐椎骨与尾椎骨交界处，割去奶脯。

排培根和奶培根：各有带皮、去皮的二种，取自白条肉，前至第五根胸骨，后至荐椎骨末两节处斩下，去掉奶脯，沿距背脊13～14cm处斩成两部分，分别为排培根和奶培根胚料。

肥膘厚度标准：大培根最厚处以3.5～4cm为宜，排培根最厚处以2.5～3cm为宜，奶培根最厚处约2.5cm。

(2) 整形：用开猪机或大刀开割下来的胚料往往不整齐，需用小刀修整，使肉胚四边基本成直线，并修去腰肌和横膈膜。

(3) 低温腌制：腌制室温度宜保持在0～2℃。使用的硝盐、浸泡盐水与生熏腿相同。

揉擦时把硝盐撒在肉面上，用手揉擦，务求均匀周到。每块肉胚用硝盐量约为100g（大培根加倍），然后摊在不漏水的浅盘内，干腌一昼夜。干腌后的肉胚需下缸浸泡。方法是先将肉胚在缸内逐块摊平，底层的皮向下，上层的皮向上。盐水的用量为肉重的1/4～1/3，以超过肉面为准。浸泡时间与肉胚厚度和温度有关。腌制室的温度以0～2℃为宜。腌期一般需12～14d，在此期间需翻缸三四次。

(4) 出缸浸泡、清洗：浸泡的水温须在25℃左右，时间3～4h。浸泡有三个作用：一是使肉胚温度升高，肉质变软，表面油污溶解，便于清洗和修割。二是洗去表面盐分，使熏制后表面无“盐花”。三是软化后便于剔骨和整形。

(5) 剔骨、修割、再整形：培根的剔骨要求很高，只允许刀尖划破骨面上的薄膜，并在肋骨末端与软骨交界处用刀尖轻轻拨开薄膜，然后用手慢慢扳出。刀尖不得刺破肌肉，否则肉中侵入生水而不耐保藏；另一方面，若肌肉被划破，则烟熏干缩后产生裂缝，影响保藏。修割的要求为刮尽残毛、皮上的油污。由于在腌制和翻缸过程中，肉胚的形状往往会发生改变，故须再一次整形，使四边成直线。整形后即可穿绳、吊挂沥去水分，6～8h后即可进行烟熏。

(6) 烟熏：培根的烟熏与生熏腿的相同，只是培根的厚度较熏腿薄，所以烟熏时间稍短，一般为 8h 左右。

二、熟熏制品

我国传统熏制品的加工，大多是在煮熟之后进行熏制，如熏肘子、熏猪头、熏鸡、熏鸭等。经过熏制加工以后，产品呈金黄色的外观，表面干燥，有烟熏气味，保藏性增加。

1. 哈尔滨熏鸡

选好的肥母鸡，经过宰杀、煺毛、摘取内脏，将爪弯曲插入鸡的腹内，头夹在翅膀下，放在冷水中浸泡 10h，取出后沥干水分。

紧缩：将沥干的鸡放在沸开的老汤中初煮 10～15min，使其表面肌肉蛋白质迅速凝固变性、体形收缩、异味消除，易于吸收配料。

煮制：将初煮的鸡重新放入老汤中煮制，温度保持在 90℃ 左右，不宜沸煮，经 3～4h 煮熟后捞出。

熏制：将煮熟的鸡单行摆在熏屉内入熏锅或熏炉中熏制。通常以白糖（红糖、土糖、糖稀）与锯末混合（糖与锯末的比例为 3:1），放入熏锅内，干烧锅底使其发烟，熏制 20min 左右即为成品。

2. 沟帮子熏鸡

沟帮子熏鸡是辽宁省著名的风味特产之一，已有近百年的历史。制品呈枣红色，香味浓郁，肉质细嫩，具有熏鸡独特的香气味。

配料：选用当年的嫩公鸡 10 只，约 7.5kg，其配料如下：食盐 250g，香油 25g，白糖 50g，味精 5g，陈皮 3.8g，桂皮 3.8g，胡椒粉 1.3g，香辣粉 1.3g，五香粉 1.3g，砂仁 1.3g，豆蔻 1.3g，山柰 1.3g，丁香 3.8g，白芷 3.8g，肉桂 3.8g，草蔻 2.5g。

原料整理：鸡经宰杀放血、煺毛后用酒精灯烧去鸡体上的小毛、绒毛，腹下开膛，取出内脏，用清水浸泡 1～2h，待鸡体发白后取出。在鸡下胸脯尖处割一小圆洞，将两腿交叉插入洞内，用刀将胸骨及两侧软骨折断，头夹在左翅下，两翅交叉插入口腔，使之成为两头尖的造型。鸡体煮熟后，脯肉丰满突起，形体美观。

煮制：先将陈汤煮沸，取适量陈汤浸泡配料约 1h，然后将鸡入锅（如用新汤，上述配料除加盐外加成倍量的水），加水以淹没鸡体为度。煮时火候适中以防皮裂开。应先用中火煮 1h 再加入盐，嫩鸡煮 1.5h、老鸡煮约 2h 即可出锅。出锅时应用特制搭勾轻取轻放，保持体形完整。

熏制：出锅后趁热在鸡体上刷一层芝麻油和白糖，随即送入烟熏室或锅中进行烟熏，经 10～15min，待鸡体呈红黄色时即可。熏好之后再在鸡体上刷一层芝麻油，以增加香气和保藏性。

第十章 灌制与肠类灌制品

第一节 概 述

所谓灌制品是将肉类切成肉糜或肉丁状态，加入调味料、香辛料、粘着剂等混合后，灌入动物或人造肠衣等容器内，经过烘烤、煮制、烟熏等工艺加工而成的一大类肉制品。其包装物除动物肠衣（大肠或小肠）、人造肠衣外，还有动物的膀胱。在动物肠衣中，猪、羊小肠衣使用最多，有时也使用大肠。随着科学技术的发展，用特种纤维制成的人造肠衣应用越来越多。灌制品主要有香肠、灌肠、香肚、小肚等。习惯上把我国各地生产的肠类食品叫做香肠或“腊肠”，把用国外传入的加工方法生产的产品称为灌肠。灌制品种类很多，可以根据消费者的爱好精选原料肉，加入各种调味料制成各种不同风味的特种灌肠，也可以广泛应用各种原料肉、杂碎、副产品等加工成各种大众化的灌肠制品。灌肠制品多为熟制品，不需要加工就可以食用，深受广大群众欢迎，携带方便且易于保存。所以灌肠类制品是具有发展前途的一类肉制品。从广义上讲，灌肠和香肠二者是有区别的。香肠是我国著名的传统风味肉制品，其历史可追溯到公元6世纪（533～544年），北魏末期贾思勰所著的《齐民要术》一书中就有关于“香肠生产方法”的记载，因此香肠最早发明于中国。香肠是用猪、羊小口径的肠衣进行灌制的，体积小，灌馅之后直接在阳光下晒干或在烘房里烘干，制品的含水量仅在20%左右，能长期保存。灌肠多采用大口径的牛盲肠和牛、猪的大肠进行灌制，体积较大，并经过煮熟和烟熏，制品的含水量高达40%以上，保藏性差。香肠的主料多是猪肉，灌肠的主料除猪肉之外还有牛肉。香肠主要的调味品是酱油，而灌肠一般不加酱油，只加入淀粉、胡椒粉等。香肠在加工工艺中有较长时间的日晒、晾挂或烘制过程，在适当的温度和湿度下，肌肉受微生物和酶的作用，组织中的蛋白质发生分解，产生独特的风味，而灌肠则没有这个过程。因此，香肠和灌肠在外形、风味、主料、配料以及工艺条件等方面都有着明显的区别。目前我国的香肠种类很多，各地均有生产，按产地有北京香肠、辽宁香肠、山西香肠、哈尔滨香肠等，按主料区分有猪肉香肠、牛肉香肠、鸭肝香肠、猪肝香肠等。

灌肠最早出现于欧洲，是欧美人民喜爱的一种肉制品。后来传到世界各国，为适合当地人民的口味，各国都形成了具有本国风味的产品，品种繁多，仅美国灌肠品种就有200种以上。目前世界上比较著名的有莫斯科灌肠、德国灌肠、西班牙灌肠和波兰灌肠等，这些都是按照本国人民的口味制作的，惟有小红肠（亦叫热狗）、大红肠（亦称茶肠）两个品种形成了世界性的风味特色，其规格和配方是各国统一的。灌肠技术近代才从外域传入我国，近年来发展迅速。由于灌肠具有营养丰富、鲜嫩可口、出品率极高和物美价廉等优点，逐渐为广大人民所喜爱。我国目前所生产的灌肠，按风味分有三种：第一种是西式风味，严格按照国外的配方制作，如小红肠、大红肠等，主要供出口和外宾需要。第二种则沿用原来的名称，但为适应当地人民的口味，在主料、配料和制作方法上都与原来的产品不同，如午餐肠、格拉布斯肠等。第三种是完全适合我国人民的口味又兼有西式灌肠特色的制品，如上海灌肠、熏肠等。

第二节 肠类制品的加工

一、香肠的加工

1. 准备阶段

本阶段包括肉的分割、清洗、肥瘦肉切粒、肥膘肉丁表面脱脂和拌料五个工序。

(1) 肉的分割：用臀部（大腿）或前夹（前腿）肉，或用整片胴体分割的肉，尽可能将肌肉中的肥膘、肌腱、肌膜等分割下来。分割好的肉尽可能做到肥肉中不见瘦肉，瘦肉中不见肥肉。肥膘以长 20cm、宽 1.5cm 左右为宜。瘦肉还可分割小些，以便切粒工段好操作。一般说来，前腿和后腿肉含肌肉较多，肉质好。肥膘用背脊脂肪最好，这类脂肪融点高、充实，同前后腿肌肉配料后制成香肠经得起烘烤，不易走油，产品外观好、质量高。

(2) 清洗：清洗的目的是将分割肉上的血迹、血斑、污物等洗掉。清洗在水泥池中进行，用水应符合食品卫生标准。清洗时间不超过半个小时。水从清洗池底部安装的水管上钻的许多小孔中喷出，这样可以起到清洗、冲涮和搅拌三种作用。清洗后，血液、血斑、淤血和污物应完全除掉。清洗过程中，会损失少量肌红蛋白和血红蛋白，另外也可能损失部分水溶性蛋白质。

(3) 肥瘦肉的切粒：清洗后沥干水分，分别由肥膘切粒机和绞肉机将肥瘦肉切成合乎要求的肉颗粒。一般瘦肉粒为 $8mm^3$ 见方大小，肥肉粒为 $6mm^3$ 见方大小。切粒的目的是便于灌肠，并且增加香肠肌肉组织的粘接性和断面的紧密性。肥膘颗粒比瘦肉粒小的原因是在烘烤时，肥膘丁比瘦肉粒收缩性小，烘干后肥膘粒和瘦肉粒大小比较均匀；另外，如肥膘丁大于瘦肉粒，则瘦肉粒掩盖不了肥膘，既造成肥瘦不均，又使消费者误认为肥膘太多而影响销售。特别是当肥膘未切碎、残留有较大的肥膘丁时，会造成香肠中肥瘦严重混合不匀。因此切粒一定要按规定大小，并且要均匀，不能残留有太大的肥肉块和瘦肉块，如有要清理出重新切成颗粒。

(4) 肥膘粒表面脱脂：将称量好的肥膘丁放入带孔容器中，用 60～80℃ 的热水冲洗浸烫约 10s。并不时搅动，再用清凉水淘洗，沥干待用。这一程序之目的是脱去肥膘丁表面的浮油，避免相互之间粘连在一起，同时使肉丁变得柔软润滑，便于拌馅时与瘦肉粒等各种配料混合均匀。

(5) 拌料：将定量的瘦肉粒与沥干的肥膘丁混合，然后加入定量的各种配料。对固体性的配料（如硝酸钠、亚硝酸钠、异维生素 C 钠和味精等），应先用水溶化后再加入，以免拌和不均匀影响成品质量。为使各种配料混合均匀，加快渗透作用，有的在拌馅时要加入适量的温水，冬季水温可以高些（65℃左右）、水量少些，而夏季水温可以适当低些、水量可多加些。一般以 100kg 肉馅加温水 6～10kg 为宜。

肉馅加水后必须充分搅拌，使肥、瘦肉粒均各自分开，不应有粘连现象，并且使各种辅料均匀地分散在肉馅内。拌好的肉馅不要久置，必须迅速灌制，否则瘦肉丁会很快变成褐色，影响成品色泽。

2. 香肠成型阶段

这一阶段包括灌肠、刺孔、扎结、漂洗等工序。

(1) 灌肠：灌肠一般采用猪小肠或羊小肠衣（最好是加工后的干肠衣）。要求肠衣色泽洁白、厚薄均匀、不带花纹、无沙眼等，直径一般为 24～28mm。灌馅前先将干肠衣放在温水中浸泡数分钟，待其柔软后开始灌肠。灌肠采用机械传动灌肠机或人工手动灌肠机。要求灌馅松紧适宜，防止灌得太紧而挤破肠衣；太松残留气体多，不易贮存。

（2）刺孔：用排针刺孔排掉肠内空气。刺孔的另一目的是在烘制时使内部水分从孔中蒸发出。刺孔用的工具是针板，呈圆形，直径13～15mm。针的粗细与棉被针相似。方法是将灌制好的香肠排列整齐，然后用针板依次排打一遍。然后将香肠翻转，再排打一遍。切忌划破肠衣，以免肉馅漏出。

（3）扎结：用铝丝或绳索将香肠每14～16cm长扎成一节（每节长度视包装而定）。扎结过程中应把肉馅向两端挤捏，使内容物收紧，空气与多余水分从针孔中排出。在此过程中还应对香肠进行整理，其一是把破裂的香肠挑出并回收肉馅；其二是对香肠的外形进行修整，使其紧实、均匀、大小一致，外形平整美观。

（4）漂洗：经过以上几道工序特别是刺孔后，香肠外表面会残存一些料液和油污。漂洗目的就是将香肠外衣上的残留物冲洗干净。漂洗在漂洗池内进行。漂洗池可设置两个，一池盛干净的热水，水温60～70℃；另一池盛清洁的冷水。先将香肠在热水中漂洗，在池中来回摆动几次即可；然后再在凉水池中摆动几次。漂洗池内的水要经常更换，保持清洁，漂洗完后立即进入下一阶段。

3．香肠的烘烤阶段

烘烤过程是香肠的发色、干制过程，是香肠生产的关键，很不容易掌握，其成败直接影响到香肠的色、香、味和干制质量。按照工艺要求，烘房温度应既能阻止微生物迅速繁殖，又不会将香肠烘烤焦化，还要使香肠收缩均匀、含水率符合要求。

烘烤前要将漂洗整理过的香肠摊在竹竿上，直至挂满一根竹竿为止。肠与肠的距离3～5cm，以肠身互不相靠为宜。进入烘房后，竹竿之间不宜过紧，否则通风不足，会出现肠身收缩差、收缩不均匀或酸败等现象。肠间和竿间距离应紧密适中。上完烘房后，可进行升温。最初应使烘房温度迅速升至60℃，如升温时间过长将引起香肠酸败、发臭、变质。在干制第一阶段（前15h），要特别注意烘烤温度，因在此阶段香肠含水分较多、温度偏低，微生物极易繁殖，容易造成香肠酸败变质。在这一阶段，温度也不宜升得太高，过高肠体表面水分迅速蒸发，而中心层水分不能及时移至表面，肠体外层迅速干燥结壳，肠中心水分难以排出而成湿软状态，产品质量不合格；另外，温度过高还会造成肥膘熔化走油、肌肉色泽变暗，严重者会产生空心肠。香肠连续烘烤12h后必须调换悬挂位置和烘烤部位，使各部位都能均匀受到烘烤。翻倒后再烘12h，又进行翻倒，直至层与层间的香肠干制均匀。最后将温度缓慢降到45℃左右，香肠即可运出烘房。香肠干燥的降温段时间较短，约3h，香肠在烘房中的总烘烤时间为48～72h，视水分含量而定。烘干的香肠在空气中冷却一段时间即可进行包装。

4．香肠的包装阶段

这一阶段包括剪把、包装两个操作工序。

（1）剪把：即将扎结用的绳索和香肠尖头剪去。剪把时注意不要出现肉馅外露，空壳，肉馅和肠衣壁脱离的香肠；有“大泡”和明显酸败的香肠应拣出，不得作为成品进行包装。

（2）包装：剪把后的香肠经质量检查合格后即可进行包装。现常用的包装袋为塑料复合薄膜包装袋，如聚乙烯醇和聚乙烯（或聚丙烯）复合膜，尼龙和聚乙烯（或聚丙烯）复合膜。包装袋要求耐油、不透气、不透水等。包装由真空充气包装机械完成。真空度应尽量高，封口状况要尽量完好。包装完后，经过检查，如不漏气、不胀袋、封口完好即可入包装箱作为成品出厂。

5. 无硝香肠的制作

硝酸盐在腌腊肉制品加工中有三个作用：发色、抑制肉毒杆菌和增强风味。但近年的研究表明，肉中残留的亚硝酸盐能和不同种类的仲氨类化合物反应，产生致癌的 *N*-亚硝基化合物，如亚硝胺，这就给消费者造成了一定的心理压力，影响腌制品的销售。为了使腌腊肉制品更加安全，发挥硝盐有利的一方面，而抑制其有害的一面，各国已进行了许多研究工作，如用天然色素红曲米直接给肉染色，但色泽总是不太自然、风味也稍差；又用液体葡萄糖发色，生产出的无硝香肠色泽较淡。最近的研究证明，使用维生素 C 和异维生素 C 钠可阻断亚硝胺在体内的合成，降低肿瘤发病率，而且维生素 C 和异维生素 C 钠还有抗氧化作用，可防止腌肉出现哈败味和有护色作用。据报道，美国农业部规定生产湿腌熏肉时，每 100 万份肉中要加入异维生素 C 钠 600 份、亚硝酸盐 120 份。异维生素 C 钠是维生素 C 的光学异构体，化学性质和生理作用同维生素 C 基本相似，可参与人体正常的生理代谢，有利尿和解毒功能。异维生素 C 钠在空气中的氧化速度比维生素 C 慢，不仅是很好的发色剂，而且还是很好的抗氧化剂和保鲜剂。当异维生素 C 钠在腌肉中用量达到一定的标准和方法得当时，既能加速红色素的形成，又能保持红色更长久的稳定。异维生素 C 钠在香肠中的使用量为 500～800mg/kg 肉。近几年来笔者利用亚硝基血红蛋白进行“香肠无硝新方法的研究”，取得良好的进展，产品色泽稳定，亚硝酸盐残留量几乎接近于零。

无硝香肠配方：视各种风味而定，如广味香肠配方为：瘦肉 70kg，肥肉 30kg，精盐 2.5kg，白糖 8kg，大曲酒 2.8kg，味精 0.2kg，胡椒粉 0.2kg，异维生素 C 钠 80g。

使用方法：先将异维生素 C 钠配制成溶液，然后与其他辅料一起和肉搅拌均匀，迅速灌肠。如有条件最好是全机械化密封灌注，现配现用，尽量减少与空气的接触，特别是要避免与铜、铁器接触，以防止异维生素 C 钠氧化过快，造成损失。

烘烤：灌注好的香肠经分节扎结和漂洗后，立即进入烘房烘烤。烘烤温度应迅速升至 60℃，3～4h 后达到 85℃ 左右，然后上下翻炕。烘房温度维持在 60℃ 左右，烘烤 48～72h 达到干度标准即可出炕。

6. 香肠的成品规格及指标

① 肠衣牢固、有韧性，肥瘦、红白相间，分布均匀，瘦肉呈玫瑰红色、枣红色或鲜红色，肥膘呈乳白色或微红色，无虫蛀、鼠咬现象。肉馅紧贴肠衣，无空心，无大小气泡、花纹和发白现象。

② 具有特殊的腊香味，切面紧实，无霉味、哈味、酸味及其他异常味。外表干燥，手按有弹性。香肠肥瘦、粗细、长度都基本一致。

③ 香肠的感官、理化、微生物指标分别见表 10-1～表 10-3。

表 10-1　　香肠的感官指标

项　目	优　质 （一级香肠）	次　质 （二级香肠）	变　质 （等外香肠）
外　观	肠衣干燥、完整而紧贴肉馅，无粘液及霉味，坚实而有弹性	肠衣稍湿润或发软，肉馅易于分离，但肠身不易撕裂，表面有霉点，但用手或布抹过无痕迹，肠身发软而无韧性	肠衣湿润发粘，肉馅易于分离，肠身易于撕裂，肠的表面霉斑严重，抹后仍有痕迹

续表

项目	优质（一级香肠）	次质（二级香肠）	变质（等外香肠）
组织状态	切面坚实	切面齐，有裂隙，周缘部分有软化现象	切面不齐，裂隙明显，中心部分有软化现象
气味	具有香肠特有的气味	风味略减，脂肪有轻度酸败味，有时肉馅带有酸味	脂肪酸败味明显，或有其他异味
色泽	切面有光泽，肌肉呈灰红色至玫瑰色，脂肪呈白色或微红色	部分肉馅有光泽，肌肉深部呈咖啡色，脂肪发黄	肉馅无光泽，肌肉呈灰暗色，脂肪呈黄色

表 10-2　　香肠理化指标

品种	水分/%	食盐含量/%（以 NaCl 计）	酸价	亚硝酸盐含量/(mg/kg)（以 $NaNO_2$ 计）
一级香肠	≤27	≤8	≤3	≤20
二级香肠	≤30	≤8	≤4	≤20

表 10-3　　香肠的微生物指标

项目	指标	
	出厂	销售
细菌总数/(个/g)	≤30000	≤50000
大肠菌群/(个/g)	≤40	≤150
致病菌	不得检出	不得检出

二、灌肠的加工

灌肠也称红肠，其生产工艺系国外传入。我国生产灌肠已有近百年历史。目前各地为适合当地消费者的口味习惯，对原工艺和配方大多做了改革，但其加工工艺基本相同。

1. 设备

设备可因陋就简，主要有小型绞肉机、拌料机、手摇灌肠机、烟熏室、铝质浅盘、挂架车、锅、盛器、刀具和操作台等。

2. 配方

灌肠因制作工艺、规格等不同因而配方名目繁多，但绝大多数大体相近，可参考表 10-4 数据。

表 10-4　　灌肠辅料基本配方（50kg 原料肉）

灌肠类型	食盐 kg	胡椒粉 g	味精 g	添加料 g	五香粉 g	茴香粉 g	曲酒 g	亚硝酸钠
小灌肠	1.75～2	70～100	30～40	2.5～4	—	—	0.15～0.25	按规定使用
中粗灌肠	1.75～2	50～60	25～35	2.5～3.5	25～30	20～25	0.15～0.25	
粗灌肠	1.5～1.75	60～90	50～60	2.5～4	—	—	0.15～0.25	

灌肠配方无国家统一标准，同一地区甚至同一城市也不统一，但调料的基本品种大体相近，添加的量不必受到表列数据的限制，可适当进行调整。根据地方口味习惯，还可加入其

他调味料，如大葱、洋葱、辣椒、甜味料等，但亚硝酸钠应严格按国家规定使用。

3. 加工过程

灌肠加工主要包括如下 8 个工序：

（1）原料肉选择和整理：因灌肠只用约 80℃ 水温煮制，故原料肉应选择经过兽医卫生检验、确实健康无病的猪肉及牛肉。原料肉经剔骨后，修去遗漏的碎骨、软骨、硬筋、淤血、伤斑、淋巴结等，再分成瘦肉和肥膘。把瘦肉切成 1～1.5cm 的条块，进行腌制；肥膘则切成 0.6cm 左右厚的薄片，装浅盘冷藏（不腌制），待变硬后切成 0.6cm 见方的肉丁备用。

（2）腌制：腌制能否恰到好处，对保持肉的鲜度、咸度均匀，防止原料变质和产品货架期的长短，均有较大影响，故要做到以下三点：

① 正确称量：原料、辅料特别是亚硝酸钠要称量准确。在腌制过程中，应先将亚硝酸钠同食盐拌匀，然后把原料和硝盐依次置于拌料箱内，并上下翻动直至均匀，以免“吃盐”不足造成原料变质。

② 腌制期：腌制期一般为 2d，如设备周转允许，则腌 3d 更好。腌好的标准：一是肉块稍硬（与腌前比较）。二是切开观察时，切面应稍有干燥感。三是除有轻度血腥味外，无其他异味。

③ 腌制温度：把用硝盐拌匀的原料装入不透水的铝质浅盘，以保证原料及时凉透，同时要注意不要让盐卤漏掉而降低咸度，否则肉会出现变质现象。腌制期内最适宜的温度为 1～3℃，温度偏低，肉块会结冻，影响盐分的渗透、扩散和亚硝酸钠的发色作用；偏高则肉会轻度变质，鲜度受影响。

（3）绞肉（斩拌）：经过 1～2d 腌制的肉块需进行绞碎或斩拌。绞碎的程度通过不同孔径的网眼筛板控制。一般中粗灌肠用 3mm 和 7mm 两种孔径的筛板各绞一次。若是牛肉，因其肉质老，需用 16mm 孔径的筛板或“三眼板”粗绞一遍，再用 3mm 和 7mm 孔径细绞。绞好的肉糜装入盘内，仍置于腌制室，继续腌制 1～2d。绞肉除有绞碎作用外，还有拌匀和加速盐分渗透、扩散的作用，所以应在腌制期的中间阶段进行。

（4）拌料制馅：先让拌料机运转（手工拌料亦可），再依次把肉糜（肥瘦比大体以 3∶7 为准）、各种添加料、水（按原料的 8%左右）加到拌料桶内。搅拌时间一般为 2min，以原料、辅料拌匀为原则。拌好的标准是肉馅具有一定粘性，肥瘦肉和添加料分布均匀，干湿度一致。若用猪肉和牛肉混合制馅，则牛肉应先单独搅拌 2～3min 后，再按上述次序制馅，可按牛肉∶肥肉∶瘦肉为 3∶3∶4 的比例配制。若是夏季，搅拌时酌量加入冰屑（但需扣除水分），以防拌料时肉馅升温而引起脂肪熔化，降低结着力，从而导致熏烤时“走油”。搅拌时肉馅的温度宜低于 10℃，如温度太低，则可适当延长 1～2min。

（5）灌馅：灌馅用的灌肠机有很多种，简单来说，有手摇式，半自动式和全自动式三类。一般中小型生产只需用手摇式即可。灌制前应先将肠衣截成 80～100cm 的小段，一端用绳结扎好。将开口的一端套在灌筒上即可灌馅。馅不宜灌得太满，一般要留出 3～4cm 肠衣，否则不好结扎封口。灌肠工序中应注意下列三点：①肠衣清洗后要沥干，腔内不能留有残液。肠衣要套到底，不能留有空气，灌好后要检查。如有小气泡，则用细钢针刺破排除。②肠馅要灌得松紧得当。过紧，煮制时因热胀而破裂；过松，则影响制品的弹性和结着力。③灌好的肠要迅速煮制，搁置过久因细菌繁殖而降低鲜度，严重者引起变质。

（6）烘烤：烘烤是各类灌肠不可少的工序，其目的是烤干肠体外水分，使干而不裂。这样煮制着色后，肠的色调均匀美观。烘烤时肠衣收缩而肉馅膨胀。由于烘烤温度（70～80℃）已超过蛋白质的热变性温度（40～50℃），肠衣与肉馅粘成一体，增加了肠衣的牢度，使煮制时不易破裂。

烘烤时在烘房地面架设1～2堆小木。如底面积较大，可视情况酌情增设堆数，以点火后房内各处温度能达到大体均匀为原则。所选木柴以不含树脂的硬质木为好，因树脂有苦味，同时容易生成烟尘，使肠衣变黑。烟尘是有害成分的载体，粘附于制品表面，有碍于卫生。在肠子入炉前，最好预热一下空炉，使室内平均温度接近于烘烤所需温度，这样可以缩短产品在炉内烘烤的时间，对控制微生物繁殖、提高产品质量有一定的好处。灌肠的烘烤时间和温度可以参照表10-5数据。

表 10-5　　灌肠烘烤时间和温度

烘烤物品	时间/min	烘烤室温度/℃
小 灌 肠	20～25	50～60
中粗灌肠	40～45	75～85
粗 灌 肠	60～90	70～85

（7）煮制：烘烤好的灌肠应立即煮制，以防酸败变质。所用煮锅一般以方锅为好。先把水温预热到85～90℃，再把灌肠连同木棒一起放入锅内。每锅的数量视锅的大小而定。灌肠入锅后水温保持在80℃左右为宜。由于各种灌肠的粗细差别甚大，所以煮制时间各不相同，可参考表10-6。

表 10-6　　灌肠煮制温度和时间

煮制物品	下锅温度/℃	定温温度/℃	煮制时间/min
小 灌 肠	85～90	80±1	10～17
中粗灌肠	85～90	80±1	40～50
粗 灌 肠	85～90	80±1	80～90

（8）烟熏：大多数灌肠需要烟熏。

烟熏方法与烘烤方法类似，烘烤室可与烟熏室通用。方法是先在烟熏室底部架设柴堆，点火将烟熏室预热一下，待室内温度升至70～80℃时，即把灌肠挂入。要注意的是肠体之间稍留有空隙，以互不接触为原则，否则会产生阴阳面。此外，在整个烟熏过程中，温度不要保持恒温，一般开始时因灌肠潮湿，可用80～90℃温度。并以开门烟熏为好，时间维持15～25min，以期提高气流速度，让水分尽快排出。然后加上木屑，压低火势，使熏室温度降至40～50℃，并关闭熏室门，用文火烟熏，时间通常控制在3～5h。如果周转允许，再延长1～2h，质量更好。熏好的灌肠具有以下特征：①肠体表面干而潮润，皱纹均匀，纹状似小红枣，具有一定的光亮度。②肉馅有弹性，折断面色泽一致，呈淡红色，口尝有特殊烟香味。③肠衣稍干硬且紧紧贴住肉馅，靠近火的一端不“走油”、不松软，无焦苦味。出炉后以自然冷却为好，也可排风冷却，不宜立即放进冷藏室。

4．灌肠的贮藏

未包装的灌肠必须在悬挂状态下存放，已包装的灌肠应在冷库内存放。

灌肠的贮藏时间依其种类和贮藏条件而定。熏灌肠或水分不超过30%的灌肠处于悬挂状态，在温度为10℃，相对湿度为72%的室内，可保存25～35d。如果包装严密，－8℃冷库内可贮藏 12 个月。

三、兔肉香肚的加工

我国南京香肚历史悠久、制作方法独特、滋味鲜美，是我国传统肉类制品，在国内外享有很高的声誉，多次在国内外食品评比中获奖。南京香肚的制作是以新鲜猪肉为原料，用浸渍的猪膀胱作为肚皮，经过长时间鲜化晒干（45～50d）而成。但由于猪膀胱数量有限，使香肚的加工受到很大的限制。本产品在充分总结南京香肚加工工艺、配方和产品特色的基础上，用碎肠衣人工精心贴成一定形状的肚皮，以兔肉为原料，开发研制成兔肉香肚，它不仅保持了南京香肚的特色和风味，而且拓展了香肚的加工工艺。现将加工方法介绍如下。

1. 工艺流程

选择和整理→配料→制馅→┐
模具准备→贴模（2～4 层）→晾干→脱膜→┘→灌肚→
→扎口→日晒→发酵鲜化（晾挂）→涂油刷霉→叠缸保藏

2. 配方

兔肉 70kg，猪肥膘 30kg，食盐 2.5kg，白糖 6.0kg，亚硝酸钠 20g，花椒粉 40g，胡椒粉 40g，五香粉 50g。

3. 工艺步骤

（1）肚皮制作：在一定形状的肚皮模具上人工贴模，然后挂于通风处晾干。当晾至肚皮透明变硬、形态完美、片接头不明显、同模具粘合比较疏松时，即可脱模备用。

（2）选料与整理：选用符合国家卫生标准的新鲜兔肉和猪肥膘。肥膘切成 0.6cm×0.6cm×2.5cm 左右的脂肪条。兔肉要剔骨，除去筋膜、肌腱、血污、淋巴等不适宜加工和影响产品质量的部分，然后切成 0.8cm×0.8cm×3cm 左右的瘦肉条。

（3）配料：按配方要求准备好各种辅料，将糖、盐、亚硝酸钠、五香粉、花椒粉、胡椒粉等放入容器内，充分拌和均匀待用。亚硝酸钠的用量要根据季节、温度不同稍作增减，冬季用 25g，春季可用 20g 左右。

（4）制馅：将准备好的兔肉和猪肥膘倒入拌和均匀的辅料中，搅拌均匀，然后根据不同气温静置 10～20min，以使各种辅料充分溶解，渗入到肉馅中，切勿放置太久。

（5）灌肚：根据要求用台秤称量配好的肚馅。大香肚每个 200～250g，小香肚 150～175g。随后进行灌肚。灌肚方法是两手中指与大拇指分别捏住肚皮口边缘，并外翻，将肚口张开，对着肉馅用两个食指把肚馅扒入肚皮内。灌满后，左手握住肚皮的上部，右手用针在肚皮上刺孔，以排出肚皮内空气。然后用右手在案板上揉搓香肚，使香肚肉馅紧密呈苹果状。

（6）扎口：扎香肚口有别签扎口和绳结扎口两种方法。采用绳结扎口法，操作快而简便，易于晾挂。但绳结扎口法不易扎紧，最好先用竹签封口 5～7 针后，再用绳打一活扣，套在香肚与别签之间，用力紧缩，使香肚形状完整美观。然后抽出竹签，剩下的绳头可再扎另一香肚。

（7）日晒：扎口后的香肚挂在阳光充足、通风良好的地方，晒 2～4d，最适温度 12～20℃。气温 12℃左右晒 3～4d，20℃左右晒 2～3d，直到肚皮透明、外表干燥、颜色鲜艳、扎口干透为止。在没有阳光的阴雨天，采用 55～60℃温度烘烤 12～24h 亦可。

（8）发酵鲜化（晾挂）：长时间发酵鲜化是本加工工艺的特点，也是形成香肚特殊风味的关键工序。发酵鲜化的方法是在阴凉通风干燥处长时间晾挂。具体是将晒好的香肚剪去扎口长头，将每10只串挂在一起，移入通风干燥处，经40～50d发酵而成。开始时注意通风，后期注意防止过度干燥引起出油和变形。经试验表明，晾挂中期，香肚表面长出少量红黄霉和白霉，然后白霉逐渐增多。晾挂后期逐渐出现绿霉。据观察，香肚晾挂结束时（50d），香肚表面霉菌以白色为多，红黄霉和绿霉少量。这些现象都是发酵鲜化正常的标志。但如果香肚表面发粘、发滑，伴有腐败气味，则为发酵异常，不能食用。发酵异常的主要原因是日晒不干或晒挂处湿度太大、通风不良。香肚的大小不同，发酵生霉的多少也不同。研究表明，大香肚生霉较多，且霉须长，霉覆盖率在40%～80%；而小香肚生霉相对较少，霉须短，覆盖率在5%～8%（见表10-7）。

表10-7　　不同大小香肚的生霉情况（发酵50d）

香肚种类	数量/个	霉类别	香肚表面霉覆盖率/%
小香肚（50～100g/个）	13	白霉	5%～8%（少许点状白霉，霉须短）
中香肚（100～200g/个）	13	白霉、红霉、黄霉	40%～60%（大片白霉和片状红黄霉）
大香肚（300g以上/个）	13	白霉、绿霉、红黄霉	70%～85%（白霉最多）

（9）涂油刷霉：将发酵鲜化好的香肚涂油刷霉。为了防止霉菌对麻油或菜油的污染，节省成本，我们用干净消毒纱布先浸上精菜油在香肚表面涂擦，刷掉香肚表面霉菌，然后将香肚每4只扣在一起，放入少量麻油内，充分搅和，将香肚表面涂上一层麻油，起到既保鲜防腐、又增加风味的作用。如用精菜油，一定要先经过高温加热，以防香肚有油味。

（10）叠缸保藏：香肚表面粘满麻油后，从油中提出，沥油片刻，逐只分层叠放入缸中进行保藏。一般可保存半年以上。为了便于销售也可直接用纸盒包装，内套塑料袋。

4.成品质量检验与评析

香肚肚皮薄而干燥、皮不离馅，肉质坚实而有弹性，无粘液，无霉斑，切开后肉质紧密而不松散，肉呈玫瑰红色，脂肪呈白色，具有香肚的特殊风味。理化指标符合国家有关规定。

① 兔肉香肚外观整齐，颜色呈鲜艳玫瑰色，皮薄而干燥、富有弹性、不易破裂，肉质坚实，红白分明，滋味鲜美，因此，不仅同南京香肚外观相似，而且内质相同，风味也没有明显差别，各项理化指标与南京香肚基本相似，是一种很有开发价值的新型肉制品。

② 从加工工艺来看，兔肉香肚在南京香肚基础上，适当改进了某些传统工艺，利用人工肚皮代替数量有限的猪膀胱作肚皮，不但扩大了肚皮的来源，而且制作简单、成本低廉，既提高了经济效益，又为香肚生产开辟了一条新的途径。

③ 兔肉香肚不仅产品质量同南京香肚相似，而且获得了较高的出品率，经晾挂50d左右的兔肉香肚其出品率高达76.2%，相当于兔肉出品率的106.7%。

④ 从原料综合利用来看，由于兔肉脂肪含量少，为了提高产品质量和风味，必须在香肚制作中加入30%的猪肥膘。这样，为猪肥膘的有效利用开辟了新的渠道，同时又降低了生产成本，提高了经济效益，起到了一举两得的作用。

四、哈尔滨红肠的加工

哈尔滨红肠是欧式灌肠的一种，已有100多年的历史，原为前苏联的立陶宛灌肠，音译为里道斯灌肠。经过多年的生产实践，根据我国的消费习惯创造的哈尔滨红肠，深受广大消费者欢迎，在国内有很高的声誉，1980 年被评为全国优质产品。哈尔滨红肠的加工过程为原料的整理和切割、腌制、绞肉、拌馅、灌制、烘烤、煮制、熏制等。

(1) 原料肉的整理和切割：猪、牛肉均可作为加工的原料肉，牛肉比猪肉更好。加入一定量的牛肉不仅可以使肉馅的颜色鲜艳，增加肉馅的保水力和粘着性，使弹性好，而且提高了出品率。但牛肉脂肪不能用来加工红肠。加工红肠用的原料肉必须经过兽医卫生检验，符合卫生要求，经过剔骨、去皮，修去粗大的结缔组织、淋巴、斑痕、淤血等，然后顺着肌肉纤维切成 0.5kg 左右的肉块。

(2) 腌制：将整理后的肉块放在木案上，加入 3.5%～4% 的食盐和 0.05% 的硝酸钠，充分拌和均匀，装入容器内进行腌制。

腌制室应与原料肉整理间相连，室内应清洁卫生、不透阳光，保持室温在 10℃ 左右，防止温度过高。容器口加盖封严，约经 72h，待肉的切面约有 80% 的面积变成鲜红的色泽且有坚实有弹性的感觉时，腌制完毕。脂肪以同样条件进行腌制。将脂肪片平铺在木板上，按比例均匀地擦上盐、硝，层层地堆起，经 3～5d，待脂肪有坚实感、不绵软、色泽均匀一致，即为腌制完毕。

(3) 绞肉或斩拌：为了使肌肉纤维蛋白质形成凝胶与溶胶状态，并使加入肉馅中的脂肪组织均匀分布在蛋白质的水化系统中，获得有一定粘性和弹力的肉馅，必须进行绞肉和斩拌。利用绞肉机将肉绞碎，其绞碎的程度取决于绞肉机格板漏孔的直径大小。直径越小，绞得越细。绞肉机除有切削作用之外，尚有使肉馅受挤压、研磨和破碎的作用，因此在绞肉时产生很大的摩擦力，会使肉的温度升高 8～9℃。这是一个不好的现象，易造成微生物繁殖。为此常在绞肉前将肉冷却。将绞好的肉馅用斩拌机进一步地剁碎，以提高肉馅的保水性，对确保产品质量具有重要作用。斩拌的均一化程度和水分的状态取决于肉的性质、添加水分的数量以及斩拌的条件，如肉的新鲜状态、肉的 pH 等。

肉的保水性随脂肪含量的增大而减少，随结缔组织含量的增大而增加，而后一种情况的保水性增大是由于胶原含量多造成的。因此，低级肉的保水量大于高级肉的保水量，但其中结合水的数量相对减少。例如特级肉中结合水的含量约占总水量的 37%，而一级肉占 30%，三级肉只占 22%。这是因为在切碎和腌制时结缔组织的分散不像盐溶性蛋白质那样强烈，正是由于这个原因，用低级肉制的肠馅粘性不够，因此斩拌时常常加入 2.7% 的淀粉。含有淀粉的肠馅其结合水的数量显著增加，而肉馅的弹性也增大。

斩拌时要吸收大量的水分，吸收越多则出品率越高，因此，根据肉的状态和等级，在斩拌时加入占肉重的 30%～40% 的水量。

斩拌的效果取决于斩拌的时间和肉的温度，如斩拌得不充分，达不到均一化的程度，不仅肉馅持水量低，而且成品粗糙、结构不匀；若斩拌的时间过长，则成品中肉馅过于疏松。肉的保水性随温度的升高而降低，因此在斩拌时应当避免肉的温度升高，一般在斩拌结束时肉的温度应为 8～10℃。但由于绞肉机和斩拌机在切割时的机械摩擦作用，肉的温度会升高，通常可达 18～20℃，为了避免这种情况向斩拌机中加入肉重的 7%～10% 的冰片。冰的量包括在向肉中添加的水的总量内。

肉馅的保水性与肉的 pH 有直接关系，通常 pH 越低，肉的泡涨性越小，保水性越低。实验证明，当 pH 在 5.4 时，冷却肉的吸水量占总质量的 38%；而 pH 为 7 时，则吸水量达 80%，几乎与新鲜肉相同。因此，为了提高灌肠的保水性，有的国家在斩拌时加入为原料肉重的 0.3%～0.5% 的磷酸盐，以提高肉馅的 pH，改善肉馅的结构，增加其保水性，消除熟制时的脱水现象。

（4）拌馅：将各种原材料在拌馅机内拌和。哈尔滨红肠的配料比例为：猪肌肉 38kg，味精 45g，肥膘丁 12kg，胡椒粉 45g，干淀粉 3kg，大蒜 150g，精盐 2.5～3kg，硝酸钠 25g。

将斩拌好的肉馅放入拌馅机内搅拌，同时加入淀粉。但不能以干淀粉形式加入，必须事先以 25%～30%的水调和成淀粉糊，并沉淀出杂质，在未加入脂肪丁之前和剁碎的肌肉一起搅拌均匀，然后再倒入脂肪丁及其他各种配料，拌和均匀，使馅呈现较强的弹力、保水性强、没有乳状物分离、脂肪丁分布均匀。拌馅的时间不应过长，一般在 10～20min 之间，温度以不超过 10℃为好。

（5）灌制：灌制包括灌馅捆扎和吊挂过程。在装馅之前，对肠衣进行检查，并用清水浸泡。灌馅都是用灌肠机进行。灌肠机有油压、液压和汽压的三种，其压力的大小按肉馅的性质决定。

为增加灌肠硬度，便于烘烤、煮制工序的进行，灌制好的肠体用纱绳捆扎起来，每 15cm 左右为一节，并应留有 15%的收缩率。灌制过程中空气随肉馅进入肠衣内，有空气的地方熏制时出现肉汤的积聚，容易使肠破裂。因此，灌好的肠体要用小针刺破放气。捆扎好的灌肠穿挂在木棒上，然后再吊在铁制的木杠架上，以便进行烘烤。吊挂时应注意肠体之间不要粘连，防止在烘烤和煮制时产生受热不匀的现象。

（6）烘烤：红肠在煮制之前必须进行烘烤，其目的是蒸发肠体表面的水分，使红肠表面柔韧，增加肠衣的机械强度，使肠衣吸水性小，提高肠煮制的着色能力。烘烤使用的木材应以不含松脂类的硬木为好，如桦木、桑木、柞木、椴木等，以防止有松香气味和有黑烟产生使红肠变黑。红肠在烘炉内与火焰应保持一定的距离，一般应保持 60cm 以上，以防止因离火太近产生流油或烤焦现象。在烘烤过程中应每隔 5～10min 将炉内的红肠上下倒动一次，避免烘烤不匀的现象。烘烤炉的温度通常保持在 65℃左右，肠内中心温度应达到 55～65℃之间，时间约为 1h。烘烤温度和时间按灌肠的粗细和肉馅的结构而定，粗灌肠温度稍高些、时间稍长些。烘好的肠体表面干燥光滑，无流油现象，肠衣呈半透明状，肉馅色泽红润。

（7）煮制：煮制是红肠的热加工过程，可使肌肉蛋白质凝固，部分胶原纤维转变成明胶，形成微细结构、柔韧的肠馅（易于咀嚼和消化），产生特有的滋味和香气。同时经过加热煮制，使蛋白质变性，抑制酶的活性，杀死大部分微生物。煮制的方法有两种，一种是用水煮，另一种为用蒸汽煮制。目前以水煮的较多，能使制品表面呈鲜红色泽、质量损失少、表面无皱纹。蒸汽煮制的产量大、操作方便、节省能源、破损率小。煮制的水温在下锅前应为 85～90℃之间，温度太低不易煮透，太高则容易产生破裂。煮制时灌肠的中心温度必须在 70℃以上。煮制的时间主要决定于红肠的直径以及配料的不同，如用各种不同动物肠衣加工的红肠的煮制时间为：羊肠灌制的煮 10～15min，猪、牛小肠灌制的煮 20～30min，猪大肠灌制的煮 35～40min，牛大肠和羊盲肠灌制的煮 35～55min，牛盲肠灌制的煮 1.7～2h。

灌肠煮制的时间通过检查肠体中心温度而定，其温度不应低于 70℃。延长煮制时间，使脱水过多、肉馅干硬，易产生破裂现象；如煮制时间短，内部发粘、颜色发暗。煮制时应防止红肠之间的贴靠，以防煮制不匀的现象。煮制好的红肠，用手捏会感到肠体硬挺、有弹性。

（8）熏制：煮制后的产品，肠衣湿软，色淡、无光泽，存放时表面容易发粘或发霉；而熏制过的产品表面干燥，有光泽，透出肠馅鲜红的色泽，同时由于熏烟成分的渗透不仅增加了肠衣的韧性，而且使产品具有特殊烟熏的芳香气味，增强了防腐能力，耐贮藏。

熏制通常在固定的烟熏室内进行。烟熏室是封闭的房间，面积有几平方米左右，高度3～4m，内设有格架，吊挂灌肠。顶部有小的出气孔，排出烟气，但烟气孔不能太大，以防烟气流动过快，消耗燃料。熏制时先用木柴垫底，上面覆盖一层锯末，木柴与锯末之比大体为1:2。将木柴和锯末分成小堆，大小视熏房的容积而定。将煮过的灌肠挂入烘房后，点燃木料，关闭门窗，使其缓缓燃烧发烟，切不能用明火烘烤。熏制的温度和时间视肠的种类而定。烟熏室的温度通常在35～45℃，熏制12h即可。熏好的成品呈枣红色，烟熏均匀，无斑点和条状黑痕，切面色泽均匀、呈粉红色，脂肪块呈乳白色，肠衣干燥，呈半弯曲形，表面有微皱纹，无裂痕，不流油，坚韧有弹力，无气泡，切面有光泽，直径在3～4cm，长度为18～22cm。具有红肠特殊的烟熏香气，肉质鲜嫩，无其他异味。含水量50%～55%，含盐量3%～5%，每克的细菌数不得超过3万个，致病菌不得检出。

五、其他肠类制品的加工

1. 乳化猪肉肠

乳化猪肉肠是近年来研制成功的、适合人们口味的大众化方便食品，由于原料肉质嫩软，而肉皮胶质又形成固态汤汁，所以口味鲜美、肉质脆嫩、弹性较好。该产品投放市场后，深受欢迎，供不应求。

灌肠制品的原料一般都是以瘦肉为主，肥膘为辅。而乳化猪肉肠却以肥膘和肉皮为主，瘦肉为辅，这就为不受欢迎的肥膘和肉皮的利用开辟了一条新的途径。

(1) 乳化肉的制法：猪肉皮要求整修除毛、无伤斑血印，用温水加少量碱进行清洗，除去杂味，再用清水漂洗至无碱味为止。将洗干净的肉皮切成小块投入锅中，用95℃水煮后(用竹筷能戳动时) 取出，放入盘内运至高温冷库，待冷却后将肉皮投入孔径3mm的绞肉机内绞成粒状，存放备用。肥膘肉应割除余皮、剔除杂质，放在冷库中冷却至5℃，用孔径3mm的绞肉机绞成颗粒状，存放备用。

原料配比为肉皮粒25kg，肥膘粒25kg，食用水10kg，食盐1.5kg。加工方法：先在10kg的水中加入食盐1.5kg，加热，使水温达95℃。开动搅拌机，将盐水与肉皮、肥膘粒三者混拌，直至拌匀成粘稠状即可装盘。送至预冷间，然后再转入高温冷库存放备用，即为乳化肉。乳化肉是加工猪肉肠的原料，必须妥善保藏，防止变质。外运乳化肉应在低温库中速冻后，待中心温度达-12℃即可转入保温库存放，或用保温车运输对外供应。乳化肉要求呈乳白色，有肉香原味，无油脂哈喇杂味，组织紧密，皮粒细腻，混合均匀，无块形胶质。理化要求：水分28.5%，蛋白质16.8%，脂肪40.67%。

(2) 乳化猪肉肠的制法：乳化猪肉肠的加工工艺比较复杂，生产过程中必须严格按照规程进行，不然会影响产品质量。

① 原料分割：将猪白条肉剔除骨骼，除去皮、脂肪及筋头，将瘦肉切成小块，以供下道工序腌制使用。

② 腌制：在腌制瘦肉时，先过磅，然后再腌制。先将盐过筛，加入适量亚硝，每50kg肉用食盐2kg，需搅拌均匀，避免咸淡不匀。

③ 绞肉：用3mm孔径的绞肉机将腌制好的瘦肉绞碎成糜状，再将肉糜转入冷库，存放时间不得低于8h。肉糜放入冷库的主要目的是使蛋白质结合水的能力提高，以提高出品率，增强弹性。

④ 拌馅：配料：原料50kg（乳化肉60%，瘦肉40%），淀粉4kg，白糖1.8kg，食盐

0.5kg，味精75g，茴香20g，五香粉20g，曲酒300g，亚硝适量。方法是将辅料用水溶解，然后过滤备用。开动搅拌机，先将乳化肉搅拌，再将辅料和瘦肉加在一起搅拌。注意搅拌后要达到基本上没有成块的乳化肉。搅拌好的肉的温度宜在8～12℃。

⑤ 灌肠：灌肠前必须将六路或七路的肠衣洗净，肠衣内的水分要去掉，防止产生异味。灌肠需采用真空灌肠机，要求坚实，肠内无空气，每根肠子的长度以40cm为宜，力求一致。每根木杆串12根左右，洗后上架，即进烘房。

⑥ 烘烤：肠子进入烘房，开始温度以80℃为宜，以使肠子表面干燥光滑、色泽发红，使肠内表层蛋白质固定，随后温度逐渐降低。注意肠子在木杆上不可拥挤，要保持干燥一致，用蒸汽烘比较卫生，温度易控制。如果用木柴烘烤，火苗与肠子之间的距离应保持在0.8m左右。在烤时火苗要移动位置，保持肠子干度均匀、不焦枯、不出油，待肠子光滑发色后即可下架。

⑦ 煮熟：将烘烤好的肠子放入95℃水中（500kg水中放食用胭脂红1kg），下锅后温度逐渐下降。要求在1h后肠子中心温度为65℃，用手检查，若肠身发硬、弹性良好即可出锅，进入第二次烘烤。

⑧ 烘烤：当肠子出锅上架时，应理顺木杆上的肠子，保持肠子之间的距离。采用蒸汽烘，开始温度在85℃为宜。逐步下降，5h后为60℃，以后逐步自然冷却。木柴烘烤，开始温度要在85℃左右，必须提前在二道炉用大火将三道炉烧热备用。在肠子进烘房后温度逐步下降，5h后约为60℃。然后开门，待火逐步熄灭，自然冷却，即为成品。成品率一般为105%～110%。

⑨ 包装：一般用纸箱散包装，每箱20kg为宜，箱内用塑料袋作内包装。将打包后的成品放入冷库中冷却保存，温度为5～10℃。

(3) 质量标准：肠衣表面呈粉红色，无焦斑；切面无气泡，肉质鲜嫩、有弹性，色泽一致；咸淡适口，味鲜美，无异味。理化标准为水分51%，蛋白质19%，脂肪28.6%，糖分0.79%。

2. 水晶肚

水晶肚是一种高级风味产品，切断面光润透明而有弹性、味美适口，在宴席上作冷盘，颇受广大消费者欢迎。

配料：猪瘦肉50kg，猪皮25kg（洁净无毛），精盐1.25kg，味精100g，五香粉100g，桂皮面100g，大葱1.5kg，鲜姜1kg，香油1kg。

(1) 选择原料肉：选用符合国家肉品检验条例规定的鲜、冻猪肉。

(2) 熬汁：把洗净除毛的猪皮放入清水锅内煮至半熟捞出，切成黄豆大小的方块，再下锅，注入清水40kg左右，熬成浓稠状的胶汁。

(3) 拌馅：把熬好的胶汁倒入拌馅槽内，冷却到40～50℃，把葱、姜切成细粒，将切好的肉片和所有的调料混合在一起，搅拌均匀。

(4) 灌制：把猪大肚或猪小肚洗净，控干水分，把拌好了的肉馅装入肚内，容量在80%～90%。将大肚两头用线绳扎紧，如用猪小肚则用竹针缝好肚口。

(5) 煮熟：洗净肚外的残汤，把灌好的肚用手捏匀，开水下锅，一直用文火焖熟。煮的时间大肚为3～3.5h，小肚煮2h即可出锅。

(6) 熏制：熏锅或熏炉内糖和锯末的比例为3∶1，即3kg糖，1kg锯末。把煮好的小肚装入熏屉，间隔3～4cm，便于熏透均匀。熏制6～7min出炉，去竹针，即为成品。

3. 五香肉枣

五香肉枣是用肠衣灌制而成，宛若红枣，且咸甜适口、香味扑鼻，为人们喜爱的肠类制品之一。

（1）原料整理：选择鲜纯瘦肉，剔骨，除掉薄膜、筋腱、软骨、淋巴结、斑痕等，切成3cm大小的肉块，用温水洗净血污，沥干。

（2）配料（按50kg纯瘦肉计算）：优质曲酒250g，纯白糖1.5kg，老抽酱油1.5kg，精盐1.5kg，硝酸钠50g，味精50g，五香粉（自制）75g。自制五香粉配方：砂仁100g，去皮草果75g，八角茴香50g，红袍花椒50g，玉桂50g，豆蔻（去皮）50g，广陈皮150g（除砂仁、豆蔻外，均炒后再混合碾成细粉，即可使用）。

（3）灌肠：将盐和硝混合拌入已切好洗净的肉内，0.5h后加入其他辅料，5h后即可灌肠。灌肠后用绳结扎成每个3～4cm大小、成红枣样形状的产品。每0.5kg制成100多个肉枣。要紧密无间隙，肠内无贮积的空气。

（4）风干：将肉枣成串地挂在干燥通风处晾晒，经5～7d后移入室内风干7～10d，即为成品。

第十一章　烤制与烧烤制品

第一节　烤制原理与方法

一、烤制的基本原理

烤制又称为烧烤，是利用高热空气对制品进行高温火烤的热加工过程，它是肉制品热加工的一种方法。烧烤能使肉制品产生诱人的香味，增强其表皮的酥脆性以及美观的色泽。

烧烤肉制品的品种很多，但以北京烤鸭、烤乳猪、江苏常熟烤鸡、广东烤鹅、叉烧肉、广东化皮烧猪、四川灯影牛肉等较为著名。

肉类经烧烤后之所以产生香味，是由于肉类中的蛋白质、糖、脂肪、盐和金属等物质，在加热过程中经过降解、氧化、脱水、脱羧等一系列变化，生成醛类、酮类、醚类、内酯、呋喃、吡嗪、硫化物、低级脂肪酸等化合物，尤其是糖、氨基酸之间的美拉德反应不仅生成棕色物质，同时伴随着生成多种香味物质。蛋白质分解产生谷氨酸，与钠盐结合生成谷氨酸钠，使肉制品带有鲜味。

此外，腌制时加入的辅料也有增香的作用，如五香粉含有醛、酮、醚、酚等成分，葱、蒜含有硫化物。在烤猪、鸭、鹅时，浇淋糖水所用的麦芽糖或其他糖，与皮层蛋白质分解生成的氨基酸发生美拉德反应，不仅起着美化外观的作用，而且产生香味物质。

烧烤前浇淋热水和晾皮，使皮层蛋白凝固、变厚，干燥烤制时，在热空气作用下，蛋白质变性而酥脆。

烧烤的目的是赋予肉制品特殊的香味和表皮酥脆性，提高口感，并有脱水干燥、杀菌消毒、防止腐败变质、提高耐藏性的作用。烧烤后产品色泽红润、鲜艳，外观良好。

二、烧烤的方法

烧烤的方法基本上有两种，即明炉烧烤法和挂炉烧烤法（暗炉烧烤法）。

（1）挂炉烧烤法：也称暗炉烧烤法，是用一种特制的可以关闭的烧烤炉，如远红外线烤炉、家庭电焗炉、缸炉等进行烤制。前两种烤炉热源为电，缸炉的热源为木炭，在炉内通电或烧红木炭，然后将腌制好的原料肉（鸭坯、鹅坯、鸡坯、猪坯或肉条）穿好挂在炉内，关上炉门进行烤制。烧烤温度和时间视原料肉而定。一般烤炉温度为 200～220℃，加工叉烧肉烤制 25～30min，加工鸭（鹅）烤制 30～40min，加工乳猪烤制 50～60min。

挂炉烧烤法应用比较多，它的优点是花费人工少、对环境污染少、一次烧烤的量比较多，但火候不是十分均匀，成品质量比不上明炉烧烤法的好。

（2）明炉烧烤法：是用铁制的、不关闭的长方形烤炉，在炉内烧红木炭，然后把腌制好的原料肉用一条烧烤用的长铁叉叉住，放在烤炉上进行烤制。在烧烤过程中，有专人将原料不断转动，使其受热均匀、成熟一致。这种烧烤法的优点是设备简单、比较灵活、火候均匀、成品质量较好，但花费人工多。驰名全国的广东烤乳猪（又名脆皮乳猪）就是采用此种烧烤方法制成。此外，野外烧烤肉制品多用此种烧烤方法。

第二节　烧烤制品的加工

一、广东脆皮乳猪的加工

（1）原料整理：选健康无病、5～6kg 重的小肥猪或吃奶小活猪一只。屠宰后，去净身上所有的毛及污物，挖净内脏，洗净。

（2）配料：香料粉 7.5g，食盐 75g，白糖 150g，干酱 50g，芝麻酱 25g，南味豆腐乳 50g，蒜和酒适量，麦芽糖溶液少许。

（3）腌制晾挂：取乳猪胴体（不劈半），将香料和食盐混匀涂于乳猪胸腹内腔，腌 10min，再在内腔中加入其余配料。用长铁叉从猪后腿穿至嘴角，再用 70℃ 热水烫皮，用麦芽糖溶液浇身，放入通风处吹干表皮。

（4）烘烤：有明炉烤法和挂炉烤法两种。明炉烤法是把腌好的猪胚用长铁叉叉住，放在炉上烧烤。先烤猪的胸腹部，约 20min；再用木条支撑腹腔，顺次烤头、尾、胸、腹的边缘部分和猪皮。猪的全身尤其是较厚的颈部和腰部须进行针刺和扫油，使其迅速排除水分。在烧烤时要将猪频频转动，并不断刺针和扫油，以便受热均匀。

挂炉烤法是将乳猪挂入烧烤鹅、鸭的炉内，烤 30min 左右。在猪皮开始变色时，取出针刺，并在猪身上泄油。此时，用干净的棕帚刷将油刷匀。当烤至乳猪皮脆肉熟、香味浓郁时，即成成品。

二、上海广式烤肉的加工

上海广式烤肉是颇受消费者欢迎的一种熟肉烤制品，它香酥味美、肌肉带红、咸度适宜、爽脆洁白。叉烧肉的加工方法也与此基本相同。

（1）原料整理：取原料肉 50kg。选用皮薄、肉嫩、无头、无后腿的新鲜猪的半片肉（俗称段头或单刀），亦可采用新鲜的肋条肉。猪肉的肥膘厚度最好在 1.5～2cm 之间。肥膘过厚，烤制时容易走油，影响出品率。将段头肉斩去脚爪和蹄髈，在夹心（前腿处）处割下草排（胸椎骨 4 根），剔除肩胛骨和肱骨，不要划破夹心肉皮，以保持外形完整。割去颈肉（槽头）和奶脯，斩掉背部排骨上突出的骨和肉，但不能斩开肥膘，否则烤制时容易走油。在肌肉厚处，依照肉的组织纹理，每隔 2～3cm 用刀纵向划开，便于腌制时渗入盐分。

（2）配料：精盐 1.25kg，白酱油 1.5kg，饴糖 65g，五香粉 30g，食用红色素微量。

（3）腌制：先将精盐和五香粉拌匀。将猪肉胚皮朝下、肌肉向上，平铺在案板上。然后将混匀的精盐和五香粉仔细地搓擦在全部肌肉的表面及内部，浇上白酱油，用手揉擦均匀，使配料渗入肌肉内部。注意不要让盐和酱油碰到表面，以防烤制时出现肉皮发黑现象，影响质量。腌制 10～20min 后，用特制长铁扦从前腿肌肉（肱骨）处穿过胸膛，在对面肌肉处穿出。为防止烤制时肥膘走油，铁扦不能穿在肥膘上。用双吊铁钩（上面有 1 只，下面有 3 只铁钩）钩在料坯胸腔中部的铁扦上，把料胚挂牢，悬挂在木架上。用沸水浇烫猪背皮，但不能浇到肌肉上。刮净皮上细毛及油污。皮干后，用排笔把红色素和饴糖混合液涂在背皮上。溶液不宜过甜，否则，烤制时产品容易发黑，影响质量。

（4）挂炉烧烤：将料坯挂在炉中，注意肌肉对着火焰，猪皮向着炉壁。炉内温度由低到高，当达到 260℃ 左右时，经 1～1.5h 的烧烤，皮面上出现突起小泡。此时肌肉已基本烤熟。取出料胚，挂于木架上，用铁梳（形似梳子，上有铁钉8～10根）在皮上不断打洞，以使空气透入，让火力达到内部，防止出现大泡。用8.3cm宽的薄纸条在冷水中浸湿后，贴在前腿和四周的肥膘上，以阻止走油和烤焦。如皮上有焦斑，用刀割下，贴上湿纸，再度挂入炉内。挂的方式和第一次相反，即皮面对着火焰，肌肉向着炉壁。将炉温升至208℃，烤30min左右，待肉成枣红色、皮面金黄并布满细微小泡，即为成品。

三、叉烧肉的加工

叉烧肉是一种南味肉制品，起源于广东，一般称广东叉烧肉。产品深红中略带黑色，块型整齐，不硬不软，香中渗甜，甜中透香，多吃不腻，久吃不厌，并有帮助消化作用。叉烧肉放在干燥通风处可保存2～3d，是一道佐酒的佳肴。如采用锡箔精包装，是著名的高档方便食品。叉烧肉所用的原料肉均为肌肉、肋肉和前后腿肉。其工艺有：

（1）做坯：将选好的原料肉切成长35cm、宽3cm、厚1.5cm的肉坯。

（2）配料：猪瘦肉100kg，精盐2kg，酱油（原汁）5kg，白糖6.5kg，五香粉250g，桂皮粉500g，砂仁面200g，绍酒2kg，姜1kg，糖稀或液体葡萄糖5kg，硝酸钠50g。

（3）腌制：除糖稀和绍酒外，把所有调味料都放在拌料盆里搅拌均匀，然后倒入肉条一起拌匀。每2h拌一次，使肉条充分吸收配料。腌制6h后再加绍酒，充分搅拌，使酒和肉条混合后，将肉一条条穿在铁排环上。每排穿10条左右，适当晾干。

（4）烤制：用木炭火把烤炉烧热，把穿好的肉条排环挂入炉内，盖好炉盖，进行烤制。炉温保持在270℃左右烤15min，打开炉盖，转动排环，将肉面调换方向。然后再盖上炉盖，继续烤制15min后将炉温降至220℃左右，再烤15min就可以出炉。等肉稍冷却后把肉放进糖稀内，或把热糖稀浇在肉条上，再放到炉内烤制3min，取出即为成品。

四、烤鸡的加工

1. 烤鸡加工步骤

（1）原料鸡的选择：采用2月龄左右的健康肉鸡，体重在1.5～2kg。体重太小，出品率低；体重过大，难以熟透。

（2）屠宰、放血：原料鸡宰前应候宰12～20h。宰杀采用三管切断方法，要求快、准、放血量大。

（3）烫毛、煺毛：放血后夏季用60～65℃，冬季用62～65℃的热水浸烫1～2min，待各部位羽毛能顺利拔掉时，即可煺毛。煺毛时，翅羽及尾羽片根深，需分丛细拔，不宜过分用力；背毛因背皮紧不容易破皮，可以顺着毛势方向推脱；腹部松软、活动性大，宜用手抓除；颈部皮肤容易滑动，最易破裂，需用手固定刀口，用手细拔。煺毛顺序一般是：头颈部→左翅→背腹左半部→右翅→背腹右半部→两腿→尾毛。

成品烤鸡要求形体完整，皮肤不破不裂。因此，在烫毛时，应特别注意水温和浸烫时间，水温过高则表皮蛋白质胶化、毛孔收缩、不易煺毛，且容易破皮。若水温过低或浸烫不透，毛孔尚未松弛，煺毛困难，也易破皮。家禽烫毛的水温和时间，应根据品种、个体大小、气温、浸烫时水量和鸡的数量等适当调节掌握。

（4）漂洗、整理：将煺去粗毛的鸡体放入流水中漂洗40～60min，以便浸出残血，使胴体光亮洁白。同时，仔细拔净皮肤上残留的小毛。

（5）充气：充气可使鸡体皮肉分离，成品形态、色泽美观。其方法是将打气筒或小气泵的气嘴插入颈部杀口处的皮下，逐渐充气，同时用手推挤以使气体能通至全身。充气时切忌用力过猛，以免胀破皮肤、损伤外观。

(6) 去内脏：先从鸡的颈下部右侧处切开 3cm 左右的纵向刀口，取出气管、食道和嗉囊；再在下腹部肛门前切开 3cm 左右的纵向刀口，取出气管、食道和嗉囊；然后在下腹部肛门前切开 3cm 左右的纵向切口，取出全部内脏，并连同肛门割下直肠；最后剥除肺脏，从趾关节处割下脚爪。冲洗内腔，将鸡放入流水中漂洗，浸出残血。

(7) 腌制：腌制的目的在于增加咸味，改善产品的风味。腌制一般采用浸泡法。

① 香辛料（按 100 只鸡计）：砂仁 15g，豆蔻 15g，丁香 3g，草果 30g，肉桂 90g，良姜 90g，陈皮 30g，白芷 30g，八角 20g，小茴 20g。将香辛料用纱布包好，放入适量水中煮制 10min 左右，冷凉后待用。

② 腌液的配制：取确保加工鸡浸渍腌制所需水量（一般一只鸡 1kg 左右）加入食盐，使其波美度为 12～13°Bé（百分浓度 13%），同时加入香辛料汁液（加入量按鸡的多少计）。

③ 腌制：先将鸡逐只放入腌制缸（盆）内，然后倒入腌液，并压上适当重物，使鸡完全浸没在腌液中。腌制约 45min，依据原料鸡的大小、室温的高低可适当掌握腌制时间，以鸡的咸味适中为宜。在腌制过程中，适当翻动二三次，使鸡腌制均匀。腌制结束后，用清水冲洗体表，以降低表层食盐含量。

腌制过的腌液通过煮沸、过滤除去残渣，再加入适量食盐和香辛料汁液调至 12～13°Bé 后，可重复使用。

(8) 填料：向每只鸡的腹腔内填入风味涂料，即五香粉约 1g、味精 1g、盐 1g、辣椒粉 4g 及适量的姜片、葱、大蒜等。填料后翻动鸡体，使涂料均匀地分布在鸡体腔内，然后用钢针或竹签绞缝腹下刀口，以防腹腔内汁液外流和填料外漏。

(9) 整形：用特殊的铁钩钩入鸡的腋下，然后将鸡颈盘绕于钩上，再用竹签撑开两腿，使其体形美观大方、利于烘烤。

(10) 烫皮、上色：为了有利于下步工序的顺利进行和保证成品品质，必须对填料的鸡体进行烫皮、上色。烫皮用沸水淋烫或浸烫 10s 左右，待皮肤紧缩丰满即可。烫皮要均匀，不可过度，烫皮后立即上色。

上色所采用的糖以饴糖为佳，其配制方法是将饴糖与水以 1:8 的比例混合溶解（最好用 60℃ 以上的温水）。上糖色时，应将糖液预热，可以采用浸渍或涂刷的方法上色。如果采用涂刷法，一般要涂二三次，自上而下均匀涂刷。待第一次干后，再涂刷第 2 次，在鸡胚进入炉前再刷一次。

(11) 烤制：每次烤制之前，要清理烘烤炉，使炉膛干净、油路畅通。烘烤炉清理干净后加入木炭生火，待木炭烧燃、不再冒烟、炉内温度升至 220℃ 后，即可关上炉门上鸡烤制。每炉可烤鸡 8 只。

烤制时，应将鸡均匀按同一方向挂在烘烤炉上方的铁环上，然后盖上炉盖，插入温度计，打开火炉门，待温度升至 220℃ 时计算烤制时间。一般体重在 1.5～2kg 的鸡胚需烤制 30～40min。时间过短，熟制不透；时间过长，皮下脂肪和水分大量流失，肉质嫩度及多汁性下降，出品率低，失去烤鸡脆嫩的独特风味。当鸡胚较肥、个体较大时，适当延长烤制时间，以防深层肌肉熟制不透。烤制过程中应经常转动，使鸡体呈色均匀，不出现花黑斑。每隔 15min 转动一次，待鸡体呈金黄色或枣红色时，即可出炉。出炉时间根据成品颜色有先有后。烤制后的成品应外形完整美观，金黄色或枣红色，色泽均匀，香味浓郁。

2．烤鸡加工工艺研究

烤鸡一直是我国有名的传统产品，长期以来都采用传统的方法进行加工生产，即使在科学技术发展相当迅速的今天，也很少对其进行改进提高。大批量生产中，传统法烤鸡的加工工艺有几个明显的缺点：一是生产工艺参数不一致，很难实现工业化生产。二是在工厂大批量生产中，产品质量很难稳定。三是在加工上尚未借鉴当代的新技术和方法，产品特色仍然同历史上的相差不多。为了改进烤鸡的生产工艺，提高产品的质量和出品率，我们对传统烤鸡生产中的几个关键工艺进行了详细的研究，确定了有关工艺的参数，使成品烤鸡外观色泽漂亮、香味浓郁、咸味适中、皮脆肉嫩，并使出品率有较大幅度的提高，而且改进后的工艺更适合于工业化生产。现在此给予介绍，以供在教学、科研生产中参考。

（1）影响腌制的主要因素：影响咸味的因素有食盐浓度和腌制时间，影响香味、风味的因素有香辛料配方和腌制时间，磷酸盐影响出品率（见表 11-1 和表 11-2）。

表 11-1　影响腌制的因素和水平

因素	食盐浓度 A	磷酸盐浓度 B	香辛料配方 C	腌制时间 D
1	12.5%	0.00%	1号	30～35min
2	15%	0.10%	2号	40～45min
3	17%	0.25%	3号	50～60min

表 11-2　香辛料配方（以 100kg 水计）　单位：g

配　方	1号	2号	3号	配　方	1号	2号	3号
八　角	8	10	10	山　柰		30	30
小　茴	15	20	20	花　椒	20	25	25
桂　皮	50	60	60	白　芷			30
陈　皮	40	40	40	砂　仁		15	15
草　果	35		40	味　精		80	80
孜　然		30	30	葱	100	100	100
丁　香		20	20	生　姜	80	80	80

影响腌制效果的因素有四个，每个因素有三个水平，故采用正交表 L_9（3^4）进行试验。试验结果表明，出品率极差 R 较小，为 1.2%～1.9%，即 0.012～0.019，故对其进行显著性的分析（见表 11-3）和方差分析。

表 11-3　试验结果分析

	食盐 A	磷酸盐 B	配方 C	时间 D	
k_1	243.5	242.6	244.1	245.3	$T=728$
k_2	245	244.8	241.2	242.3	$CT=\frac{T^2}{9}$
k_3	239.5	240.8	242.7	240.4	$=58887$

从方差分析可以得出以下结论：①食盐对出品率虽然有影响，但影响不显著。②磷酸盐浓度和时间的改变对出品率无显著影响。但是磷酸盐的添加对改善烤鸡的风味和质地有极显著影响。腌液中添加一定量磷酸盐后，烤鸡肌肉脆嫩、水分含量显得较多、肌肉纤维间肉汁很多，食用时口感极好。因此，综合选取的最优条件是：因素 A，食盐浓度最优水平为 A_1（12.5%）。因素 B，对出品率无显著性影响，但能使烤鸡肌肉脆嫩、肌纤维间肉汁增多，改

善产品风味，故在食用时口感极好。因素 C，香辛料配方最优水平为 C_2、C_3，但考虑到 C_3 的主要作用是去鸡腥味，并从成本的角度出发，最优水平选 C_2（2 号香辛料配方）。因素 D，对香味来说是最主要因素，故选 D_3（50～60min）。

所以最优组合为 $A_1B_3C_2D_3$，即采用低盐长时间腌制，效果较好。时间长，可以使食盐、香辛料等充分渗入，并且腌制均匀。磷酸盐对出品率无显著性影响，但能明显改善产品风味，产品特色明显。香辛料配方对风味改变有一定影响，但 2、3 号配方无差异，主要受腌制时间的影响，时间越长，香味越浓郁。

磷酸盐从理论上讲可以增加出品率，但本研究的多次试验表明，磷酸盐对出品率无显著性影响，其原因可能是：①用量过少。因为在肉品加工中，磷酸盐的用量一般为原料用量的 0.2%～0.3%。本研究采用的 0.1%～0.25%是腌液的浓度，渗透到原料鸡肉中的磷酸盐用量就很少，达不到增加保水性、明显提高出品率的目的。②磷酸盐未渗透到肌肉纤维中去。烤鸡不像灌肠、火腿等产品，肌纤维未能破坏，在低浓度情况下，保水性不明显。但添加磷酸盐能改善烤鸡的风味，使肌肉纤维间的肉汁增多，肉质柔嫩多汁，这是肌肉纤维肌膜内外的磷酸盐的浓度差所造成的。因此，对磷酸盐提高出品率的最适浓度有待进一步研究。

(2) 影响上色的主要因素：影响烤鸡色泽的因素很多，如个体差异、烫皮、烤制等，下面就上色液对色泽的影响进行试验（见表 11-4）。

表 11-4　影响上色的因素及水平

因素	饴糖浓度 (A)	面粉 (B)	物质 A (C)	$FeSO_4$ (D)
1	16.7%	8%	0.3%	0.1%
2	12.5%	6%	0.1%	0.1%
3	9.0%	4%	0.05%	0.4%

影响上色的因素有四个，每个因素有三个水平，采用 L_9 (3^4) 进行正交试验。结果表明：最优组合为 $A_1B_2C_1D_2$，即饴糖采用 16.7%，面粉采用 6%，物质 A 采用 0.3%，$FeSO_4$ 采用 0.1%。

(3) 不同烤制方式的比较：烤制是烤鸡加工最重要的环节之一，影响成品的外观、色泽、质地、滋气味及出品率等。现从出品率角度出发，选择最佳烤制条件。我们采用高、低温度烤制来提高出品率（见表 11-5）。

表 11-5　烤制试验结果与分析

条件	温度/℃	时间/min	数量/只	出品率 X/%	$\overline{X}$/%
	220～230	5		90.0, 87.1, 86.3	
方式 1	180～190	40～45	9	87.3, 85.6, 85.4	86.7
	230	5		86.7, 84.9, 86.8	
				78.3, 79.7, 76.0	
方式 2	210～220	30～35	9	78.5, 86.0, 82.5	79.4
				77.5, 77.1, 79.4	
	180	40～50		82.2, 78.0, 81.3	
方式 3	220～230	5	9	78.9, 81.4, 81.1	79.9
	220～230	5		78.7, 79.8, 78.3	

以上结果表明，采用方式1，即先用高温220～230℃烤5min，再用低温180～190℃烤40～45min，最后再用高温230℃烤5min效果较好，出品率最高，比传统的恒温烤制方法要高出7.3%。这是因为刚开始使用高温烤制，促使表皮水分迅速蒸发，表皮蛋白质变性，使鸡体表皮形成一层壳，阻止内部水分的蒸发及油分的流失。因方式一主要烤制阶段使用低温，难以上色，故最后采用高温，促使鸡体表面迅速形成漂亮的金黄色。若一直使用高温烤制，因温度较高，水分、油分流失严重。

(4) 经济效益分析：生产一种食品，除要考虑其社会效益外，还要考虑其经济效益，要求在满足人民群众需要的基础上争取创造较多的利润。

屠宰率：157只活鸡屠宰后屠宰率在71.6～82.15%之间，平均为76.3%。

成品率：157只活鸡屠宰后加工成烤鸡，其出品率为：成品重/胴体重在73.8%～90%之间，平均81.9%；成品重/活重在56.7%～68.2%之间，平均为62.5%。

(5) 结论：食盐采用12.5%浓度、磷酸盐采用0.25%以上浓度（腌液浓度）、香辛料采用2号配方、时间采用50～60min，腌制效益较好，产品脆嫩多汁、风味很好。上色液采用饴糖16.7%，面粉6%，物质A 0.3%，$FeSO_4$ 采用0.1%，上色效果较好。添加 $FeSO_4$ 的目的，是为加速烤制时鸡体美拉德反应的进行，使上色效果良好。烤制采用高温—低温—高温的变温方式进行，即220～230℃，5min；180～190℃，40～45min；230℃，5min，能明显提高出品率。

五、北京烤鸭的加工

北京烤鸭历史悠久，在国内外享有盛名，是我国著名特产。北京烤鸭的特点是外脆内嫩、肉质鲜酥、肥而不腻，食之吊人脾胃，令人叫绝。

(1) 选料：烤鸭的原料必须是经过填肥的北京鸭，饲养期55～65日龄、活重2.5kg以上为最佳。

(2) 宰杀造型：填鸭经宰杀、放血、煺毛后，先剥离颈脖处食道周围的结缔组织，打开气门向鸭体皮下脂肪与结缔组织之间充气，使它保持膨大壮实的外形。然后腋下开膛，取出全部内脏。用8～10cm长的秫秸由切口塞入膛内充实体腔，使鸭体造型美观。

(3) 冲洗烫皮：通过翼下切口用清水（水温4～8℃）反复冲洗胸腹腔，直到洗净为止。拿钩钩住鸭胸脯上端4～5cm处的颈椎骨（从右侧下钩，左侧穿出），左手握住钩子上端，提起鸭坯，用100℃的沸水烫皮，使表皮蛋白质凝固，减少脂肪从毛孔中流失的量，达到烤制后皮肤脆酥的目的。烫皮时，第一勺水要先烫刀口处，使鸭皮紧缩，防止跑气，然后再烫其他部位。一般情况下用3～4勺沸水即能把鸭坯烫好。

(4) 浇挂糖色：浇挂糖色可使烤制后的鸭体呈枣红色，增加表皮的酥脆性和适口不腻性。浇淋糖色方法同烫皮一样，先淋两肩，后淋两侧。通常三勺糖水可淋遍全身。用麦芽糖一份、水六份，在锅内熬成棕红色即成糖色。

(5) 灌汤、打色：鸭坯经烫皮、上糖色后，先挂于阴凉通风处干燥，然后向体腔内灌入100℃汤水70～100mL，鸭坯进炉后便激烈汽化。这样外烤内蒸，可达到外脆里嫩的特色。为弥补挂糖色不均的部位，鸭坯灌汤后要再淋2～3勺棕红色糖水，叫打色。

(6) 挂炉烤制：鸭坯进炉后先挂于炉膛前梁上，右侧刀口向火，让炉温首先进入体腔，促进体内汤水汽化，达到快熟。待右侧鸭坯烤至橘黄色时，再以左侧向火，烤到同右侧同色为止。然后用烤鸭杆挑起旋转鸭体，烘烤胸脯、下肢等部位。这样左右转侧，反复烘烤，使鸭坯正背面和左右侧都烤成橘红色，便可送到烤炉后梁，背向红火，继续烘烤，直到鸭的全身呈枣红色、熟透即可出炉。

鸭坯在炉内的烤制时间一般为30～40min，重鸭需30～50min。炉温掌握在230～250℃之间为宜。因炉温过高、时间过长会将鸭坯烤得焦黑，皮下脂肪大量流失，皮如纸状，形成空洞，失去烤鸭脆嫩的特殊风味。时间过短、炉温过低，会造成鸭皮收缩、胸脯下陷和烤不透，影响烤鸭的质量和外形。另外，鸭坯大小和肥度、烤制时间也有密切关系，鸭坯大、肥度高，烤制时间就长；反之则短。

第十二章 炸制与油炸制品

油炸是利用油脂在较高的温度下对食品进行高温热加工的过程。油炸将食品快速致熟，营养成分最大限度地保持在食品内不易流失，赋予食品特有的油香味和金黄色，使食品经高温灭菌可短时期贮存。油炸工艺早期多应用在菜肴烹调方面，近年来则应用在食品工业生产方面。

第一节 炸制原理与方法

一、炸制的原理

1. 油炸的作用

油炸食物时，油可以提供快速而均匀的传导热，首先使制品表面脱水而硬化，出现壳膜层；使表面焦糖化及蛋白质和其他物质分解，产生具有油炸香味的挥发性物质。由于表层硬化固定，使内部形成一个小的“密封仓”，同时，在高温下物料迅速受热，内部水蒸气蒸发受阻，而在“密封仓”内形成蒸汽环流。在“密封仓”一定压力作用下，水蒸气穿透作用增强，穿透组织细胞，通过热传导和蒸汽加压，使制品在短时间内熟化。在油炸的最初阶段，由于水分蒸发强烈，食品表层和深层温度不超过100℃，此时蛋白质凝结，部分水分被排出，使食品体积缩小。而后制品表面形成干燥膜，水分蒸发受阻，经热传导使食品深层温度上升并保持在105℃左右，由于内部含有较多水分，部分胶原蛋白水解，使产品外焦里嫩。

2. 油炸时的变化

油炸温度依据产品种类及物料体积大小不同而定。温度高，体积小，可缩短炸制时间；反之则延长时间。当温度过高而物料体积大时，炸制时间短，则产品外熟里生；时间长则表面炭化。炸制温度低、时间长，则产品松软，表面不易形成硬膜。如食品含水分多或表面挂浆，则炸制温度高、时间较长。最终以产品质量确定温度和时间。食品在不同油炸温度下的变化情况见表12-1。

表12-1 食品在不同油炸温度下的变化

炸制温度/℃	变化情况
100	表面水分蒸发强烈，蛋白质凝结，食品体积缩小
105～130	表面形成硬膜层，脂质、蛋白质降解形成的芳香物质及美拉德反应产生油炸香味
135～145	表面呈深金黄色并焦糖化，有轻微烟雾形成
150～160	有大量烟雾产生，食品质量劣化，游离脂肪酸量增加，产生丙烯醛，有不良气味
180以上	游离脂肪酸含量超过1.0%，食品表面开始炭化

炸制时烟雾的形成与游离脂肪酸含量成正比，炸制温度低于198℃时，油在含水食物存在下（如肉丸子），迅速水解而导致游离脂肪酸增加；如果炸制温度足够高，使水分快速逸出，则游离脂肪酸含量通常保持在0.5%～1.0%之间，因而油炸时总会产生烟雾。但必须制定一个低的原始游离脂肪酸值，以便作为油质破坏程度的指标。

水分连续地从炸制食品表面蒸发，使油中挥发性物质随水蒸气而排出，可保持油脂无味无臭。高温还减少过氧化物的积聚和阻断酸败反应。

炸制油劣化伴随着油色的加深和粘度的增加及产生过多的泡沫。粘度增加时，被炸食品吸油增加而产品质量降低。较高的粘度主要是聚合物形成的结果，可以从油炸容器内看到有胶状的沉淀物积聚。聚合物可产生过多的泡沫，不易消失。新鲜油炸制时也有气泡，但气泡大而圆，存在于油炸物周围并很快消失，若将油炸物捞出则不再起泡；老化油脂产生的气泡小，不易消失，持续时间久。粘度增加和产生气泡，往往是炸制油需要更换的信号。

为了有效地使用炸制油，在油中可加入硅酮化合物，它能减少气泡的产生。硅酮除具表面张力外，还能形成一个抗氧化表层，减缓氧化聚合作用，另外能降低炸制油臭味的强度。添加金属蛋白盐，在高温200℃间断式油炸加热24h，抗氧化效果与高温后油质的粘度相一致，即加该产品时，油质经高温加热后，粘度增加较小，但使用量要比常温下多。炸制油中加入金属螯合物，可延长使用时间及油炸制品的货架期，主要是因为金属螯合物有抗氧化作用。金属螯合物使用量0.5～1.0mg/g，超过时作用反而降低。以无花果酶制成的产物的抗氧化作用最强，效果优于天然抗氧化剂——生育酚。

要延长炸制油的寿命，除需掌握适当油炸条件和添加抗氧化物外，最重要的是要更换油脂和清除积聚的油炸物碎渣。Weiss指出每日新鲜油加入量应为15%～20%。碎渣的存在加速了油的变质，并使产品附上黑色斑点，因此炸制油应每天过滤一次。要定时测定炸制油的变质程度，一般通过测定能产生异味的极性化合物的含量来确定。下面是与异味对应的一些化合物：

鱼腥味：
- 顺-4-庚烯醛
- 2-反-4-顺-7-顺-癸三烯醛

豆腥味：
- 2-戊基呋喃
- 顺-3-乙烯醛
- 1-戊烯-3-酮

炸制油臭味：2-反-4-反-癸二烯醛

此外还需测定碘值、过氧化物值、游离脂肪酸含量及介电常数等。油脂中游离脂肪酸含量与发烟点的关系见表12-2。

表 12-2　油脂中游离脂肪酸含量与发烟点的关系

游离脂肪酸含量/%	0.05	0.1	0.5	0.55
发烟点/℃	226.5	218.6	176.6	148.8～160.4

二、油炸的方法与炸油的选择

1. 油炸的方法

根据产品要求和质感风味的不同，油炸分为清炸、干炸、软炸、酥炸、松炸、脆炸、卷包炸和纸包炸等几种方法。

（1）清炸：取质嫩的动物原料，经过加工，切成适合食品与菜肴要求的块状，用精盐、葱、姜、水、料酒等适当调制，用急火高温油炸三次的方法，称为清炸。产品如清炸鱼块、清炸猪肝等，成品外脆里嫩、清爽利落。

（2）干炸：取动物肌肉，切成段、块等形状，添加调料入味，加水、淀粉、鸡蛋，挂硬糊或上浆等，用190～220℃热油炸熟的方法，即为干炸。产品如干炸里脊，特点是干爽利落、味咸麻香、外脆里嫩、色泽红黄。

(3) 软炸：选用质嫩的猪里脊、鲜鱼肉、鲜虾等，经细加工切成片、条或馅料，上浆入味，蘸干淀粉面，拖蛋白糊，放入90～120℃的热油锅内炸熟装盘的方法，即为软炸。产品如软炸鱼条，特点是表面松软，质地细嫩、清淡，味咸麻香，色白微黄、美观。

(4) 酥炸：将动物性的原料，经刀技处理后，入味，蘸面粉，拖全蛋糊，蘸面包渣，放入150℃的热油内，炸至表面呈深黄色、起酥，成品外松内软熟或细嫩的方法，即为酥炸。产品如酥炸鱼排、香酥仔鸡。酥炸时要严格掌握火候和油的温度。

(5) 松炸：松炸是将原料去骨，加工成片或块形，经入味、蘸面粉、挂上全蛋糊后，放入150～160℃即五六成热的油内，慢炸成熟的一种加工方法，因产品表面松酥，故称松炸。其特点是制品膨松饱满，里嫩，味咸而不腻。

(6) 卷包炸：卷包炸是把质嫩的动物性原料切成大片，入味后卷入各种调好味的馅，包卷起来，根据要求有的拖上蛋粉糊，有的不拖糊，放入150℃即五成热油内炸熟的一种加工方法。成品外酥脆、里鲜嫩、色泽金黄、滋味咸鲜。应注意的是，凡需改刀的成品，包装或装盘要整齐，或包装前再炸制。需拖糊者必须卷紧封住口，以免炸时散开。

(7) 脆炸：脆炸即将整鸡、整鸭烺毛后，除去内脏洗净，再用沸水烧烫，使表皮胶原蛋白遇热缩合绷紧，然后在表皮上挂一层含少许饴糖的淀粉水或其他上色液，经过晾坯后，放入200～210℃高热油锅内炸制，待主料呈红黄色、已炸熟时出锅。产品皮脆、肉嫩，故名脆炸。

(8) 纸包炸：将质地细嫩的猪里脊、鸡鸭脯肉、鲜虾、飞龙等高档原料切成薄片、丝或细肉泥，调味并上足浆，用糯米纸或玻璃纸等包成长方形，投入80～100℃的温油中炸熟捞出的方法，称纸包炸。产品特点是形状美观，包内含鲜汁，质嫩不腻。操作时应注意：包装要好，不漏汤汁。

2. 炸油的选择

炸制用油要求是熔点低、过氧化值低、新鲜的植物油，如使用不饱和脂肪酸含量较低的花生油、棕榈油，亚油酸含量低的葵花子油，在油炸时可以得到较高的稳定性。未氢化的豆油炸出的产品带有腥味，但如炸后马上消费，异味并不大。大豆油如果稍微氢化，去掉一些亚麻酸，更易为消费者所接受。氢化的油脂可以长期反复地应用。我国目前使用的炸制用油主要是豆油、菜子油和葵花子油。

油炸技术的关键是控制好油温和炸制时间。油炸的有效温度为100～230℃，最好是自动控温或使用温度计掌握油温。一般手工生产根据经验来判断，视油面的不同特征分为温油、热油、旺油和沸油。一般温油70～100℃，油面较平静，无青烟、无响声；热油温度110～170℃，油面微有青烟，四周向中间翻动；旺油温度180～220℃，油面冒青烟，仍较平静，搅动时有爆裂响声；当油温达到230℃以上时，全锅冒青烟，油面翻滚并有较剧烈的爆裂响声，这时的油称为沸油。油炸时应根据成品的质量要求、原料的性质、切块的大小、下锅数量的多少来确定合适的油温和油炸时间。

第二节 油炸制品的加工

一、油炸肉类

1. 酥炸肉

本品呈棕黄色，质酥而软，味适口。

配方：五花肉50kg，淀粉12kg，鸡蛋1kg，酱油500g，大葱500g，精盐1kg，花椒粉50g，鲜姜250g，豆油4kg。

工艺：把选好的肉切成7～8cm长的方形薄片，3～4cm厚，和调料混合搅拌均匀，静置30min，再用2kg水把淀粉调稀，磕入鸡蛋打成蛋糊，放入肉片搅拌均匀，使淀粉糊布满肉片。把拌好的肉片投入180℃油锅内炸5～6min，至皮呈棕黄色时捞出即可。

2. 什锦肉丸

配方：猪肉40kg，胡萝卜10kg，肉豆蔻粉65g，五香粉65g，胡椒粉65g，酱油40g，糖750g，酒250g，鲜姜250g，大葱1000g，淀粉5000g，味精125g，海米1250g。

工艺：将选好之肉切成小块，胡萝卜切碎，二者一起用绞肉机绞成细馅，加入辅料并拌匀，再将淀粉调好倒入细馅内，拌匀，取出做成大小相同的圆球，投入油锅内炸之，视其炸熟，出锅凉透即为成品。

二、香 酥 鹅 翅

（1）选料：选取鲜鹅翅，按自然关节用刀分割成三节，洗净沥干后待用。

（2）卤煮：取鹅翅10个。将鹅翅重的1.5倍的水、姜末少许、黄酒10g、精盐5g、葱少许、花椒粉少许、白糖5g、酱油10g调成卤，烧开，放入鹅翅，先大火煮20min，再转文火焖煮30min，捞出冷却。

（3）涂糊料：将油30g、面粉63g、鸡蛋65g、糖15g、水40g混匀。将煮好的鹅翅放入涂上薄层，撒上面包渣或馒头渣。

（4）油炸：植物油放入锅中，升温至160～180℃，放入鹅翅，边炸边翻，炸至表面酥脆、呈橘黄色即可出锅。一般油炸时间4～5min。

（5）包装：香酥鹅翅以现炸现吃最为适宜，也可用无毒塑料袋真空包装，是很受消费者欢迎的方便食品。

三、炸 乳 鸽

炸乳鸽是广东著名特产，成品为整只乳鸽，皮色金黄，肉质松脆甘香，是宴会上的名贵佳肴，颇受港澳同胞和海外华侨的欢迎。

（1）原料整理：乳鸽宰杀、放血、煺毛，去除内脏，冲洗干净。

（2）配料：以10只乳鸽（约0.6kg重）计，需清水5kg、精盐0.5kg、淀粉50g、蜂蜜半小碗。

（3）浸烫：将鸽坯放入微沸的盐水锅内浸熟（盐水按配料比配制），捞出沥干，并用干净毛巾擦净鸽体内的水分。

（4）挂蜜汁：将淀粉与蜂蜜拌匀后，均匀涂抹在鸽体上，然后用铁钩将鸽体挂起晾干。

（5）淋油：用沸腾的热油反复浇淋在晾干的鸽坯上，直至其表面呈金黄色、鸽肉松脆香酥为止。然后沥油、晾凉即为成品。

四、油 淋 鸡

油淋鸡为湖南名产，是由炉烤鸭演变而来，约有100年的历史。1920年，长沙有一腊味品加工商人，根据挂炉烤鸭的原理，选用当年的新母鸡，把烧沸的茶油往鸡身上淋，将鸡淋熟，油淋鸡由此产生。该产品的特点是肉嫩、骨小、皮脆、香酥可口。

加工时选用当年1kg左右的肥壮母仔鸡，宰杀去毛，从肘、跗关节处切断翅、脚，腋下开膛，取出全部内脏，洗净后晾干水。用一块长6.7cm、宽1.65cm的木片，从翼下开口处插入胸膛，将胸背撑起，投入沸水锅内，使鸡皮缩平，然后取出，把鸡身抹干，用少许稀饴糖放在手心中，从上至下将鸡体抹匀，再以切成斜口的细竹筒一根插入鸡双腿，吹气之后，送进烤房，将鸡烤到表皮起皱纹时取出。用4.95cm长的竹签将两翅撑起，用小木塞将鸡的肛门塞紧，以小铁钩将鸡提起，右手用小铁勺舀烧熟的沸油，反复往鸡身上淋，先淋鸡胸、鸡腿，后淋鸡背、鸡头，肉厚的部位要多淋几勺，油温掌握在90℃左右，如油温过高，容易使鸡皮起壳，里面难熟。淋8～10min，待鸡身呈金黄色、带亮、有皱纹，说明已好。取下竹片和木塞后，还可观察一下，如流浑水，说明还没熟，必须再淋几遍；如肚内流出的是清水，即为成品。

优质产品的形状是：颈挽成圆圈，腿皮不缩，有皱纹，色泽金黄，无花斑。油淋鸡要挂在通风处，冬季可保存7～10d，夏季可放1～2d。

第十三章　罐藏与罐头制品

第一节　概　　述

一、肉罐头的种类

肉类罐头按加工及调味方法可分为以下几类：

（1）清蒸类罐头：即原料经过初加工，不经烹调而直接装罐制成的罐头。这类产品最大限度地保持了原料的特有风味，如清蒸猪肉、原汁猪肉、白烧鸡、白烧鸭罐头等。

（2）调味类罐头：即将原料整理后，经预煮、油炸或烹调之类的加工，或于装罐后加入调味汁液而制成的罐头。调味方式不同，产品各具特有风味。如各种红烧肉类、红烧鱼类、五香酱鸭、五香凤尾鱼等五香类罐头，加注调味番茄汁的茄汁鱼类、茄汁黄豆猪肉、茄汁兔肉罐头等。

（3）腌制类罐头：即处理后的原料，经食盐、亚硝酸钠、砂糖等按一定配比组成的混合料腌制后，再加工制成的罐头，如午餐肉、咸牛肉、咸羊肉、猪肉火腿等罐头。

（4）烟熏类罐头：即处理后的原料经腌制、烟熏后制成的罐头，如火腿肉、烟熏肋肉等罐头。

（5）香肠类罐头：即肉腌制后，加香料斩拌、制成肉糜，直接装入肠衣，经烟熏、预煮、装罐制成的罐头。

（6）内脏类罐头：即猪、牛、羊的内脏及副产品，经处理调味或腌制加工后制成的罐头，如猪舌、牛舌、猪肝酱、牛尾汤、卤猪杂等罐头。

二、肉罐头的加工步骤

1．原料肉的成熟与解冻

进入罐头厂的原料肉有两种，一种是鲜肉，另一种是冻肉。鲜肉要经过成熟处理方能加工使用，冷库运来的冻肉要经过解冻方能加工使用。解冻过程中除卫生条件保证良好外，其他条件也一定要严格控制。控制不当，肉汁大量流失，养分白白耗损，降低肉的持水性，影响产品质量。原料肉解冻条件见表 13-1。

表 13-1　　原料肉的解冻条件

季节	解冻室温	解冻时间	相对湿度	解冻结束后肉中心温度
夏季	16～20℃	猪、羊肉 12～16h 牛肉 30h 以下	85%～90%	不高于 7℃
冬季	10～15℃	猪、羊肉 18～22h 牛肉 40h 以下	85%～90%	不高于 10℃

解冻时，肉应分批吊挂，片与片间距约为5cm，最低点离地面不小于20cm。后腿朝上吊挂，解冻中期后腿调头吊挂。蹄髈及肋条堆放在10cm高的垫板上。肥膘分批用流水解冻，10h内解冻完全；也可堆放在垫板上，在15℃室温中自然解冻。内脏在流动冷水中解冻，夏季需6～7h，冬季要10～12h。室内控温，夏季采用冷风或其他方法；冬季直接喷蒸汽或鼓热风调节，但不可直接吹冻肉片，以免其表面干缩，影响解冻效果。解冻时不可用温水直接冲洗冻肉片，防止肉汁流失过多。解冻过程中，应随时清洁肉表。解冻后肉色鲜红，富有弹性，无肉汁析出，无冰晶体，气味正常，后腿肌肉中心pH为6.2～6.6。解冻后的肉温，肋条肉不超过10℃，腿部肉不超过6℃。

2. 原料肉的预处理

经过成熟或解冻的原料肉需经过预处理，即洗涤、修割、剔骨、去皮、去肥膘及整理，方能加工使用。

原料肉剔骨前应用清水洗涤，除尽表面污物，砍去脚圈，分段。对于猪肉可将半胴肉尸分为三段，前腿从第5～6根肋骨之间斩断，后腿部从最后和次后腰椎间斩断，分段剔骨。牛肉原料多为1/4的肉尸，截断处多在第11～12根肋骨之间。牛尸个体较大，为了便于操作，剔骨时再将前1/4肉尸分为脖头、肩胛、肋条三部分。后1/4肉尸从腰椎末截为背部及臀后腿两部分，分别剔骨。羊肉一般不分段，通常为整片或整只剔骨。若分级则分别剔骨去皮，将分段肉依次剔除背椎肋骨、腿骨、硬骨和软骨。剔骨时应尽量保持肉的完整性，剔骨刀要锋利，并经常摩擦。剔骨时，下刀深度应与骨缝基本一致，不得过深。下刀要准确，避免出现碎肉及碎骨碴，尽量减少骨上所带的肉量。

去皮时刀面贴皮进刀，皮上不带肥肉，肉上不带皮。然后整理，按原料规格要求，割除全部淋巴结、颈部刀口肉、奶脯部位泡肉、黑色素肉、粗组织膜、瘀血等。整理后按工艺要求切块、切条或切片备用。

经预处理后，原料肉要达到卫生、营养及加工要求。卫生方面，要除净肉尸表面的污物，择净猪毛，割除淋巴结；在营养方面，不留硬骨、软骨、粗筋膜、精血管等；加工方面，要除去脖头肉，切除相当数量的肥膘。全部处理流程应紧密衔接，不允许原料堆叠。处理过程中，应尽量避免用水刷洗，要用干净的湿抹布揩拭，防止肉汁流失或肌肉吸收大量水分使纤维松软，失去持水性。

3. 原料肉的预煮和油炸

原料肉经预处理后，按工艺要求，有的要腌制，有的要预煮和油炸。对于红烧肉产品预煮和油炸是加工工艺中的主要环节。

预煮前，按产品要求切成大小不同的块形。预煮时，肌肉中的蛋白质逐渐凝固，成不溶性物质；随着蛋白质的凝固，亲水的胶体受到破坏，失去持水能力而脱水，肌肉组织变得紧密而硬，便于切条、切块；各种调味料渗入肌肉，赋予产品特殊的风味。预煮还能杀灭肌肉表面的微生物。预煮时间视原料肉的品种、嫩度而定，一般30～60min。加水量以淹没肉块为准，一般为肉重的1.5倍。煮制中，适当加水保证原料煮透。预煮过程中的重量变化，主要是胶体中析出的水分逸失所造成。肥瘦中等的猪、牛、羊肉，在100℃沸水中煮30min。

为了减少肉中养分的流失，预煮过程中，可将原料分批投入沸水中，加快原料表面蛋白质的凝固，形成保护层，减少损失。适当缩短预煮时间也可避免养分的流失。预煮的汤汁可连续使用，并添加少量的调味品，制成味道鲜美、营养丰富的液体汤料或固体粉末汤料。

原料肉预煮后，即可油炸、脱水上色，增加产品风味。一般采用开口锅放入植物油加热，将原料肉分批入锅油炸，温度160～180℃。油炸时间依原料的组织密度、块形大小、厚薄、油温和成品质量而异，一般1～5min。油炸时，水分要大量蒸发，肉一般失重28%～38%，损失含氮物质2%左右，无机盐约3%。肉类吸收油脂3%～5%。成品香脆可口、色味俱佳。肉品油炸前如涂以焦糖液料，油炸后将呈现美丽的酱黄色或酱红色。

4. 肉罐头的装罐

原料肉经预处理、腌制、预煮、油炸等工艺后，要迅速装罐密封。

(1) 肉类罐头对容器的要求：要求安全、卫生、无毒害，具有良好的密封性能，能耐腐蚀，开启方便，适于工业化生产。肉类罐头容器有金属和非金属的两种。金属罐使用较广的是镀锡薄板罐和镀锡薄板涂料罐，统称马口铁罐，多用于出口外销产品。内销罐头多用玻璃罐，现在国内市场上，马口铁罐也越来越多。此外还有铝罐、纸质罐、塑料罐以及塑料薄膜蒸煮袋等包装容器。包装前，玻璃罐的清洗比马口铁罐的困难，目前许多小罐头厂系用手工清洗，即将玻璃罐泡于温水中，逐个用转动的毛刷刷洗内外部，再放入稀释的漂白粉溶液中浸泡，取出后再在清水槽中冲洗两次，沥尽水后即可使用。漂白粉所含的氯的杀菌作用见表13-2。

表 13-2　　0.01%氯溶液的杀菌效果　　单位：万个

水温、时间	未洗瓶上微生物数	消毒后瓶上微生物数	冲洗后瓶上微生物数
20℃，30min	1000	0.15	0.08
40℃，10min	2000	0.10	0.12
30℃，10min	1600	0.15	0.08

回收的旧玻璃瓶，可用2%～3%的氢氧化钠或碳酸氢钠溶液清洗，彻底杀菌。最理想的是用洗罐机清洗，省工、高效、消毒效果好。

(2) 装罐：有人工装罐和机械装罐两种。人工装罐是做一长方形工作台，用耐腐蚀不锈钢板铺面。将消毒容器放在台面上，装毕物料再加注汤料或液汁，送入排气箱或真空封罐机密封。此法简便易行，适于小型罐头厂。机械装罐法用于午餐肉及马口铁听装罐头等。肉类制品的装填适用于多种罐型，操作简便、效率高、易清洗。装罐时要趁热，肉品质量一致，保持一定的顶隙，严防混入异物。

5. 排气与密封

(1) 排气：排气的作用是密封并将罐内的空气排除，使罐内产生真空度；可防止玻璃罐头“跳盖”、变形、爆裂；减少罐内残存氧气，防止腐败变质；减少维生素等养分的损失；更好地保存产品的色、香、味；减轻罐壁的腐蚀，便于长期贮存。

排气有加热排气和机械排气两种。加热排气是把装好食品的罐头，借助蒸汽排气。罐头厂广泛采用链带式或齿盘式排气箱。链带式排气箱由机架、箱体、箱盖、方框输罐链、蒸汽喷管、四级变速箱所组成，根据需要又分为三排链式和五排链式两种机型。装罐后，从一端进入排气箱，箱底两侧的蒸汽喷射管由阀门调节喷出蒸汽，达到预定温度时开始排气，然后由链带输送到一端封口。排气温度和时间可由阀门和变速箱调节。链带式排气箱结构简单、造价低廉，适用于多种罐型。机械排气在大规模罐头生产时使用真空封罐机，抽真空与封罐同时在密闭状态下进行。抽真空采用水杯式真空泵，封罐后真空度为46.7～60kPa。

(2) 密封：根据各种产品的要求，选择不同的封罐机。封罐机按构造和性能可分为手扳式封罐机、半自动封罐机和自动封罐机。手扳式封罐机结构简单，由机身、传动装置、旋转压头、封口辊轮、托底板及轴、按压手柄、脚踏板等组成。将罐头置于旋转压头与托板之间，脚踏固定，扳动手柄密封。手扳式封罐机一般用于500mL玻璃罐的密封，生产能力20～30罐/min，只用于小型生产。半自动封罐机，每分钟封40罐，人工加盖，把罐头放在机体托底板上密封。自动封罐机封罐速度快，密封性能好，但结构较复杂，要有较熟练技术方能操作。

玻璃罐真空密封机适用于小型罐头厂使用，生产能力42罐/min，真空度56～77.3kPa，由进罐装置、转盘、封口机头、机座、传动装置等部分组成。将盖好的玻璃罐由分罐螺旋及进罐输送链送入转盘，经托罐、压盖动作后，由辊轮真空封口。

6. 肉类罐头的杀菌

(1) 常压杀菌：即将罐头在常压下置于热水中杀菌，设备简单，便于操作，广为采用，适宜肉类高酸食品和果蔬产品的杀菌。

(2) 加压蒸汽杀菌：即将罐头置于密闭的杀菌器中，通入一定压力的蒸汽，排除锅内空气及冷凝水后，使容器内温度升至100℃以上。适宜于肉类罐头的杀菌，高蛋白类罐头（pH在4.5～7范围）也可采用此法。

(3) 加压水杀菌：即将罐头置于水中加压杀菌。水在常压下沸点是100℃，而在加压下可达到100℃以上。当气压增至176kPa时，沸点升至121℃。根据罐头杀菌要求的温度，调节杀菌器内的气压，使水达到要求的杀菌温度。此法易于平衡罐内外压力，防止玻璃罐“跳盖”及容器爆裂，适于玻璃罐装和听装罐头杀菌。

7. 冷却

冷水冷却法是罐头生产中使用最普遍的方法。常压水杀菌的罐头，杀菌后一般进行喷淋冷却或浸水冷却。加压水杀菌和加压蒸汽杀菌的罐头，由于杀菌过程中内部食品受热膨胀，罐内压力显著增加，会造成容器膨胀而破裂。为使内压安全地降下去，一般进行加压冷却，使杀菌器内的压力稍大于罐内压力。加压冷却有蒸汽加压冷却、空气加压冷却和加压水浴冷却等。

罐头冷却时的冷却水质应符合卫生标准，每毫升水含菌数应低于100个。如水质严重污染，应加氯处理，严防污染水渗入罐内造成罐头败坏。避免冷水直接冲击玻璃罐，造成其破裂。加压冷却时要严格控制压力，反压要适当。太小，铁罐易胀罐，玻璃罐会跳盖；太大，铁罐易瘪（听）。冷却必须充分，如未冷却立即入库，产品色泽变深，影响风味。

第二节　肉品罐头的加工

一、午餐肉罐头

(1) 工艺流程：

原料解冻→修整→剔骨打块→去皮去肥膘→整理→分级切块→腌制→绞肉斩拌→搅拌→称量装罐→密封→杀菌冷却→擦罐

(2) 原料处理：

① 处理：选去皮剔骨猪肉，去净前后腿肥膘，只留瘦肉；肋条肉去除部分肥膘，使膘厚不超过2cm，加工后净瘦肉含肥膘量8%～10%，肥瘦肉含肥膘不超过60%。净瘦肉与肥瘦肉比例为1:1，可用脊排肉及夹心肉去肥或带肥调节肥瘦比例，处理后肉温不超过15℃。

② 腌制：净瘦肉和肥瘦肉应分开腌制，各切成3～5cm小块，每100kg加入2号混合盐

2～2.5kg，在0～4℃温度下腌制48～96h。腌后肉块鲜红、气味正常，肉质有柔软和坚实的感觉。

(3) 配料及调味：

① 斩拌配料（kg）：肥瘦肉30，净瘦肉80，白胡椒粉0.192，玉米淀粉11.5，玉米粉0.058，冰屑19，维生素C 0.032（或不加）。

② 方法：将以上配料（除肥瘦肉）加入瘦肉中斩拌1～2min，再加入肥瘦肉，继续斩拌0.5～1min。斩拌后肉质鲜红、具有弹性、均匀、无冰屑。将斩拌好的肉糜填入真空搅拌机，在66.7～80kPa下，真空搅拌2min。

(4) 装罐：罐号804、996，净重340g、397g。

(5) 排气及密封：抽气密封，真空度40kPa。

(6) 杀菌及冷却：净重340g，杀菌式15min—55min反压冷却/121℃（反压150kPa）。净重397g，杀菌式15min—70min反压冷却/121℃（反压150kPa）

(7) 产品质量标准：色泽：呈淡粉红色。滋气味：具有午餐肉罐头应有的滋味及气味。组织状态：肉质柔软、紧密、形态完整、可以切片，切面有明显的粗纹肉夹花现象，允许稍有脂肪析出和小气孔存在。净重：340g、397g。食盐含量：1.5%～2.5%。

二、红烧牛肉罐头

(1) 工艺流程：

原料→修整→切条→预煮→装罐→配汤→密封→杀菌→冷却

(2) 原料处理：选去皮剔骨后的牛肉，除去过多的脂肪，将肥膘切成5～6cm的长条，肋条肉搭配部分切成6～7cm的条肉。将腿肉和肋肉分开预煮至肉中心稍带血色，然后切成厚1cm、宽3～4cm的肉片。

(3) 配料及调味：

配汤料（kg）：骨汤100，酱油9.7，精盐4.23，砂糖12.0，黄酒12.0，琼脂0.73，味精0.24，香料水。

香料（g）：桂皮60，姜120，八角茴香50，花椒22，大葱600。将以上香料加水，熬成香料水4kg备用。

配汤时，琼脂先在香料水中加热溶化，再加入其他配料煮沸，临出锅时加入黄酒及味精，汤汁过滤后使用。

(4) 装罐：净重312g，牛肉190g，汤汁112g，植物油10g。

(5) 排气及密封：抽气密封，真空度53.3kPa以上。

(6) 杀菌及冷却：杀菌式（抽气）：15min—90min反压冷却/121℃（反压100～120kPa）。

(7) 产品质量标准：色泽：肉色正常，呈酱红色或棕红色。滋气味：具有红烧牛肉罐头应有的滋味、气味，无异味。组织状态：肉质柔软，软硬适度，块形大小均匀，分块状和片状两种，块状长宽各2.5～4cm，片状厚0.8～1.2cm、长宽3～5cm。净重：256g、312g。固形物含量：肉加油不低于净重的60%。食盐含量1.5%～2.5%。

三、咸羊肉罐头

(1) 工艺流程：

原料→修整→切块→腌制→预煮→斩拌→装罐→密封→杀菌→冷却

(2) 原料处理：去皮剔骨，羊肉除去过多混合脂肪，切成长 15cm、宽 5cm 的条状肉。每 100kg 肉加 2.5kg 特制盐，装在 0～4℃冷库中腌制 24～72h。在夹层锅中预煮，水沸后下肉煮沸 7～10min，得率 78%～80%。煮后肉块在斩拌机中斩成小块。斩拌时每 100kg 肉块加淀粉 6kg，斩后碎块不应有连刀现象。在使用三级羊肉时，每 100kg 肉块加羊油 0.5～1kg。

(3) 装罐：净重 340g 或咸羊肉 340g。

(4) 排气及密封：抽气密封，真空度 53.3Pa 以上。

(5) 杀菌及冷却：杀菌式（抽气）15min—80min 反压冷压/121℃（反压 100～120kPa）。

(6) 产品质量标准：色泽：肉色正常，呈淡红色。滋气味：具有咸羊肉罐头应有的滋味及气味，无异味。组织状态：形态完整，含有松散的小肉块，可切块，表面允许有少量薄层油脂。净重：340g。食盐含量：1.5%～2.5%。

四、红烧兔肉罐头

兔肉肉质细嫩、味道鲜美、易于消化、营养丰富，为了有效开发兔肉制品，满足人们科学选择食物的要求，现介绍一种红烧兔肉罐头加工方法，以利合理利用我国畜产资源。

(1) 工艺流程：

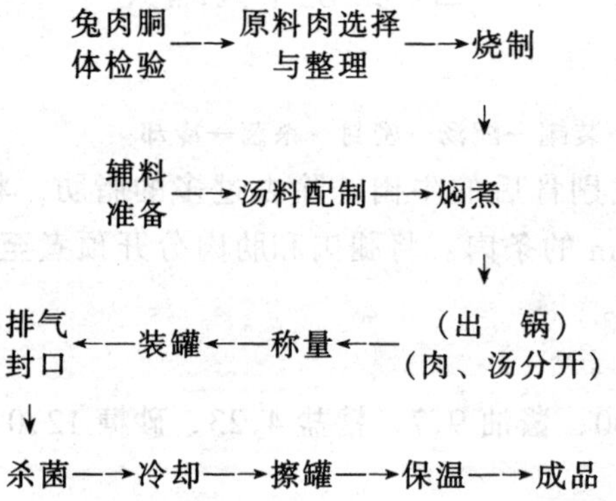

(2) 工艺步骤：

① 原料肉的选择与整理：选择健康无病、体重 2kg 以上的成兔，经刺杀放血、剥皮(去头、尾、四肢)、清除内脏、胴体冲洗沥干后，进行卫生检验与选择。凡符合国家 GB2724—81 标准的原料肉才能用于加工红烧兔肉罐头。对符合要求的兔胴体原料肉，首先沿脊椎将胴体分为两半，再切成 3～4cm 见方的肉块，肉块之间不得有互相粘连现象。

② 汤料配制：

a. 骨汤准备：熬制骨汤既可采用猪骨，也可采用兔骨。先将骨头清洗干净，剁成 10cm 以下的小段，放入锅中，按骨重 200%的比例加入清水，旺火煮沸后文火熬制，待骨头与残肉自然分离时，即可捞出骨头。汤汁过滤，冷却备用。

b. 汤料配方（按原料肉质量的百分比计）：生姜 0.6，生葱 0.6，八角 0.2，桂皮 0.2，花椒 0.1，草果 0.1，味精 0.16，酱油适量，骨头汤 100。

c. 配制方法：先将生姜、葱清洗干净，绞碎或切成细块，再将骨头汤按比例倒入锅中，加入生葱、姜，称量桂皮、八角、花椒、草果等。用纱布包好扎紧，放入骨头汤内，熬制 30～40min。结束前加入味精和酱油，充分拌匀，出锅即为配好的汤料。

③ 烧制：

a. 配料（按原料肉质量的百分比计）：猪油 2～3，食盐 2～2.5，料酒 2～3，砂糖 2.5，酱油 2.5～4，陈皮丝 0.3。

b. 方法：先将猪油倒入锅中高温烧热，加入陈皮丝，再放入切块的兔肉，用大火翻炒。炒至表面收缩变色时，先加入料酒用量的 1/3，边炒边拌，然后分别加入食盐、砂糖和酱油。烧炒时间不能太长，也不可太短，火候要适宜，以免影响成品肉块的食用品质。一般烘制全过程控制在 15～20min 以内。

④ 焖煮：按兔肉与汤料比4:(2～2.5)的比例，分别将肉块和汤料倒入锅内，加盖焖煮。当焖煮 15min 左右时，再加入剩余的 2/3 的料酒，翻拌均匀，再焖煮 10～15min。当肉块基本上熟透时，便可出锅。切不可将兔肉块煮得太熟，以免影响杀菌后成品肉块的形状和口感。出锅时先捞出兔肉块，再将汤汁用铁丝漏瓢过滤。肉、汤分开放置。

⑤ 装罐：采用玻璃瓶装，每瓶净重 510g，其中肉块固形物 291g，汤汁 219g。也可采用听装。在装罐时，要求将同类型肉块相互搭配。

⑥ 抽气密封：抽气密封，真空度 53.3～66.7kPa。

⑦ 杀菌及冷却：杀菌式为 15min—45min—15min/118℃。杀菌后分段冷却。当温度降低至 45℃以下时即可拿出揩瓶，待充分冷却后入库保温。要注意防止未充分冷却入库，以免影响产品风味和色泽。

(3) 产品质量与检测：

① 感官检验：色泽：肉色正常，呈酱红色或橙红色。滋气味：具有红烧兔肉罐头应有的滋味和气味，气味淡香，无异味。组织状态：肉块大小均匀，长、宽各 3～4cm，块间不粘连。肉质软硬适宜，形态完整，搭配均匀。每瓶添加小块肉不超过 3 块。净重：510g，每瓶允许上下误差 3%，但兔肉固形物（带骨）含量不得低于净重的 60%。

② 理化指标：食盐含量（以 NaCl 计）1.76%；亚硝酸钠（以 $NaNO_2$ 计），未检出；锡（以 Sn 计），玻瓶包装的不需测定；铜含量（以 Cu 计），0.43mg/kg，铅含量（以 Pb 计），0.31mg/kg。

③ 微生物指标：致病菌不得检出，无微生物作用引起的腐败象征。

④ 效果分析：经抽测，得到兔肉胴体制作红烧兔肉罐头的出品率情况见表 13-3。

表 13-3　兔肉胴体制作红烧兔肉罐头出品率抽测结果

抽测次数	胴体总重/g	成品固形物总重/g	出品率/%	平均出品率/%
1	3910	2845.31	72.77	71.05
2	4850	3561.4	73.43	
3	8805	6093.06	69.23	
4	10060	6921.3	68.8	

由表 13-3 可知，兔胴体制作红烧兔肉罐头的出品率高达 71.05%，是兔肉产品中出品率较高的一种产品。从经济效益来说，制作红烧兔肉罐头将使兔肉的经济价值成倍提高，效益十分明显。

五、咖喱鸡罐头

(1) 工艺流程：

原料→处理→油炸→装罐→加入咖喱酱→密封→杀菌→冷却

（2）原料处理：将处理后的鸡身和鸡腿切成4cm×4cm的方块，分别放置；颈和翅膀油炸后，再斩成不超过4cm的小段。面粉炒至淡黄色过筛。咖喱粉、胡椒粉、红胡椒粉及姜黄粉均需过筛，筛孔为224～250目。

（3）配料及调味：

① 配料（kg）：鸡肉100，黄酒0.15，面粉0.45，精盐0.15。鸡块先与黄酒、精盐拌匀，再加入面粉拌匀，翅膀和头、颈、鸡身、鸡腿分别拌料。将精制植物油（或鸡油）加热至180～210℃，油炸45～90s，至鸡肉表面呈淡黄色取出。鸡肉得率80%，鸡腿85%，颈和翅为90%。

咖喱酱配方（kg）：精制植物油20，炒面粉8.5，咖喱粉3.75，姜黄粉0.5，红辣椒粉0.05，精盐3.7，洋葱末4，蒜头末3.5，味精0.575，砂糖2.25，清水100，生姜末2.5。

② 调制方法：将油加热至180～210℃时取出，依次冲入盛装洋葱末、蒜头末、生姜末的桶内，搅拌煎熬至有香味。将炒面粉、精盐、砂糖先用水调成面浆过筛。用水在配料中扣除。然后将油炸的洋葱末、蒜头末、生姜末和植物油的混合物倒入夹层锅，加入清水，一边将姜黄粉、红辣椒粉、咖喱粉、味精逐步加入，搅拌均匀，再煮沸后加入面粉，迅速搅拌，浓缩2～3min，防止面粉结团，控制得量为145～150kg。

（4）装罐：罐号781，净重312g，鸡肉190g，咖喱酱122g。

（5）排气及密封：排气密封时中心温度不应低于65℃，真空度50.7～56kPa。

（6）杀菌及冷却：杀菌式（排式）15min—60min反压冷却/121℃（反压150kPa）；或杀菌式（抽气）20min—60min反压冷却/121℃。

（7）产品质量标准：色泽：肉色呈油炸黄色，酱体褐黄色。滋气味：具咖喱鸡罐头特有的滋味及气味，无异味。组织状态：肉质软硬适度，酱体稠厚适中。每罐装5～7块[搭配带皮颈不超过4cm或翅（翅尖斩去）一块]。块形大致均匀，允许另加添小块一块。净重：312g。

固形物含量：肉（包括骨）加油不得低于净重的60%。食盐含量：1.2%～2.0%。

（8）注意事项：控制油炸得率，鸡肉80%左右，翅膀及颈90%左右。咖喱酱配制不当，开罐后易出现汁液与油汁分离等现象。因此配制时要严格控制好温度与时间，并将面粉拌匀。若香味不足，主要是咖喱粉质量不好，可试加适量玉果粉或丁香粉。

六、烤鸭罐头

（1）工艺流程：

原料→预处理→预煮→油炸→切块→复炸→装罐→调味→密封→杀菌→冷却

（2）原料处理：

① 预煮：经预处理后的鸭放于夹层锅内预煮2min左右，煮至鸭肉无血水为止。取出拔去残毛。

② 油炸：将鸭放入热水中保温3～5min后取出，沥干水分，涂上色液（1份葡萄糖和10份黄酒的混合液）油炸。油温210℃左右炸30s，至呈红褐色为止。

③ 切块：将颈、翅切成不超过4cm的小段，鸭肉可切成6～8cm的块状。

④ 复炸：将切好的鸭块于油温180℃左右复炸2～3min，鸭翅复炸1.5min左右，分别放置。

（3）配料及调味：

① 配料（kg）：鸭块 100，精炼花生油 3，生姜 0.8，黄酒 1，砂糖 1.6，葱 8，桂皮 0.3，玉果粉 0.4，味精 0.32，水 40，酱油（16%盐）1.0。先将姜、葱、桂皮熬成香料水。油加热后再将玉果粉炒拌 5min，再倒入加盐香料水和各种配料，继续炒拌成汤汁为止。取出鸭油可做调味油。

② 调味油配制（kg）：精炼花生油 100，茴香 2.76，生姜 4，洋葱 15，玉果粉 2.25，水 6.5。先拍碎生姜，再将玉果粉和水拌和。油加热至 160℃左右，投入各种配料，熬至洋葱呈黄褐色，取出过滤备用。

（4）装罐：罐号 962，净重 250g，鸭肉 235g，调味油 15g。

（5）排气及密封：排气密封（92℃），时间 18min，真空度 46.7kPa 以上。

（6）杀菌及冷却：杀菌式为 15min—80min 反压冷却/121℃（反压 100kPa）。

（7）产品质量标准：色泽：肉色正常，具有该品种应有的酱红色或红褐色。滋气味：具有烤鸭罐头应有的滋味及气味，无异味。组织状态：肉质软硬适度，允许稍有脱骨及破皮现象。块形整齐，每罐 3～5 块，搭配大致均匀。允许另加颈（不超过 4cm）和翅（翅尖斩去）各一块。净重：250g。固形物含量：汤汁不超过 10g。食盐含量：1.5%～2.5%。

（8）注意事项：本产品的食盐含量要严格控制，油炸要适度，若油炸过度，肉质较老，色泽发焦。油炸不足时脱水率较差，影响成品的固形物含量。

第十四章　发酵与发酵肉制品

第一节　概　　述

一、发酵肉制品的概念

发酵肉制品是指肉在自然或人工控制条件下经特定有益微生物发酵所生产的一类肉制品。发酵所用微生物种类有细菌、酵母甚至霉菌类。发酵肉制品在发酵过程中微生物将糖转化为各种酸或醇，致使肉的pH降低，有的甚至能分解蛋白质和脂肪。在发酵的同时一般伴有肉的脱水，其水分含量和A_w值较低，故发酵肉制品具有较长保存期。由于肉类在发酵、干燥过程中产生酸、醇、非蛋白氮化合物、脂类等，使发酵肉制品形成其特殊的风味、色泽和质地。

发酵肉制品具有悠久的历史，深受各国消费者的喜爱。传统发酵肉制品的生产是将肉处理后，在一定的条件下使其自然接种发酵。此方法生产周期长，产品质量不稳定，安全性差。现代发酵肉制品的生产一般是经人工筛选和生物育种培育出发酵微生物后，制成发酵剂接种于处理后的肉中，然后给予最适发酵条件使之发酵。此法较适用于工业化生产，产品质量稳定。

二、发酵肉制品的分类

发酵肉制品种类很多，主要是发酵灌肠制品及发酵火腿。这些制品的分类通常是根据其脱水程度、发酵程度等进行。

(1) 按脱水程度分：可分为半干发酵香肠和干发酵香肠。

① 半干发酵香肠：也称快速发酵香肠，一般用中等和大直径天然或人工肠衣灌制后发酵。该产品pH为4.8～5.3，水分含量为33%或更高。半干香肠一般较多的经烟熏制成，大多数温度不超过45℃。低的水分活性、酸的积累和烟熏化合物的作用以及严格的卫生要求和在加工过程所有的操作迅速完成等，是半干香肠保藏性良好的先决条件。这类香肠主要有Summer sausage（夏季香肠）、Thuringer（图林根香肠）、Cervelat、Lebanon bologna（黎巴嫩大红肠）等。

② 干发酵香肠：也称慢速发酵香肠或不完全发酵香肠，一般可用不同直径的天然或人工肠衣（干香肠更喜欢用天然肠衣，因香肠收缩时肠衣能紧紧依附在香肠上）灌制后发酵。该产品最终pH为5.0～5.5，加工时间较长，一般为60～90d，含水量为30%或更低。需烟熏的干香肠大多也必须进行冷熏，温度在12～18℃。干发酵香肠的贮藏期很长，由于其中的盐分和低水分活性，使得干香肠不用冷藏而保持长久不坏。干发酵香肠主要有Genoa salami（热那亚式萨拉米香肠）、Hard salami、Dry sausage、Pepperoni（加红辣椒的猪肉干香肠）等。

(2) 按发酵程度分：可分为低酸度和高酸度发酵肉制品两种。这种分类方法是根据产品的 pH 进行划分。成品的发酵程度是决定发酵肉制品品质的最主要因素，因此，这种分类方法最能反映发酵肉制品的实质。

① 低酸度发酵肉制品：习惯上是指发酵后 pH 在 5.5 或 5.5 以上的发酵肉制品。它有着悠久的历史，形成了许多特色产品，如法国、意大利、南斯拉夫、匈牙利的萨拉米香肠、西班牙火腿、Ardennes 火腿等。低酸度发酵肉制品通常是采用低温发酵和低温干燥制成，低温和一定的盐浓度是抑制杂菌的手段。低酸度发酵肉制品在生产上不添加碳水化合物，发酵、干燥时间较长，温度控制较低。

② 高酸度发酵肉制品：是指产品 pH 在 5.4 以下的发酵肉制品。它不同于传统低酸度发酵肉制品，绝大多数是通过添加发酵剂或添加已发酵的香肠进行接种后发酵生产。

第二节 发酵肉制品的加工原理

发酵肉制品的加工原理就是利用特定的微生物发酵剂，在一定的条件下对肉进行发酵，使肉中的某些化学成分发生变化，形成特殊的风味。

一、发 酵 剂

发酵剂是指用于发酵肉制品发酵的纯微生物培养物。

1. 常用的菌种

用于发酵肉制品的微生物主要有特殊的酵母或细菌及酶菌：

(1) 片球菌：早期的研究者选用了啤酒片球菌作为培养物，是因为该菌生长快、耐冻干。这种培养物既具有啤酒片球菌的特性，又具有乳酸片球菌和戊糖片球菌两菌的共同特性，但也包括有害片球菌、八叠片球菌、四联片球菌、乳酸片球菌和其他菌种。现今，乳酸片球菌和戊糖片球菌已是市售的肉用发酵剂。在香肠中有时也发现某些啤酒片球菌，而且它们也可作为发酵剂。虽然大多数商业市售菌株标以啤酒片球菌，但现已归到乳酸片球菌中。啤酒片球菌的最佳生长温度在 25℃，而在 35℃ 条件下不能生长，热致死点为 60℃，10min。该菌特征是利用葡萄糖、麦芽糖产生乳酸而不产气；有时也利用半乳糖和水杨苷产酸、产气；利用戊糖、乳糖、蔗糖或甘露糖不产酸，一般产生二乙酰。有些研究者发现啤酒片球菌生长需要二氧化碳，烟酸和生物素是必需的，而吡哆醇有刺激作用。乳酸片球菌仍普遍作为半干香肠的主要发酵剂，也用于某些发酵温度超过 32.2℃ 的干香肠。

近年来，戊糖片球菌也作为发酵剂用于许多香肠制品。因为它的生长温度为 35℃，最高生长温度范围在 42～45℃，热致死点为 65℃，8min。本菌利用葡萄糖、半乳糖、麦芽糖发酵，也发酵阿拉伯糖、木糖、乳糖、水杨苷和 α-甲葡萄糖苷产生乳酸。有时发酵蔗糖，产生少量酸；发酵鼠李糖、海藻糖、甘露糖、糊精或菊糖不产酸，而产生二乙酰。该菌生长需要所有氨基酸，丝氨酸、蛋氨酸和赖氨酸有刺激作用，必需叶酸、烟酸和泛酸，生物素有刺激作用。

片球菌株主要是乳酸片球菌，在 26.7～48.9℃ 发酵最有效，用较低发酵温度（15.6～26.7℃）发酵时间过长。此外，用于干香肠的抗氧化剂（BHA、BHT）对乳酸片球菌有毒，从而抑制了发酵。最近有研究报导用筛选的戊糖片球菌株与金属盐（最好是锰盐），在 15.6～26.7℃ 范围内发酵较快。为了加强刺激，在培养物中添加食品级金属盐，削弱肠馅成熟中可能发生的抑制作用，使用后发酵更快。对培养物有促进作用的盐类包括氯化锰、甘油磷酸锰、氧化锰、葡萄糖酸锰及各种微溶于水的无毒酸金属盐。其他的金属离子包括 Fe^{2+}、Fe^{3+}、Mg^{2+}、Ca^{2+} 和 Zn^{2+}，但不如 Mn^{2+} 有效。

(2) 乳杆菌：在用片球菌株作为肉的发酵剂之前，发酵肉中大多数自然分离物中含有多种乳酸杆菌的品种和菌株。乳杆菌是在自然发酵时进入的主要微生物区系。乳杆菌的生长温度一般较低，适合干香肠的生产。1974 年的一项专利，将植物乳杆菌单独或与其他乳酸产生菌联合应用于制作干香肠。“混合”发酵剂的概念由此应用起来，为生产厂提供了广泛的发酵剂。

植物乳杆菌的特定菌株（NRRL-R-5461）是一种革兰氏阳性，大小 0.6～0.8μm、1.0～1.2μm 和 6μm 的不能运动的杆状菌，它以单个或短链形式存在。该菌对过氧化氢酶阴性，在 7℃和 45℃条件下都不生长。热致死点为 63℃，30min。它特别耐盐，在盐浓度大于 9%时仍能发育。该菌能发酵各种碳水化合物，包括果糖、葡萄糖、半乳糖、蔗糖、麦芽糖、乳糖、糊精、山梨醇、甘露糖和甘油，但不能发酵木糖、半乳糖醇、水杨苷。

乳杆菌组成的肉品发酵剂常用于干香肠的生产，其发酵温度在 15.6～35℃之间，较传统的干香肠发酵时间长 1～5d。延长时间进行低温发酵使某些自然生存的微生物区系能生长和代谢，产生不同的代谢产物，这影响了产品的最终风味。肉中酶在蒸煮、干燥、降低 pH 之前，有更多的时间发挥作用。大多数干产品没有风味，这是半干香肠的特色。欧洲产品尤其如此，成品的 pH 一般较高（5.3～5.6）。

市售的大多数发酵剂是同型发酵物，主要发酵葡萄糖和蔗糖，产生乳酸。然而，异型发酵的乳杆菌常作为自然污染菌出现，通过产生挥发性酸、乙醇和二氧化碳，增加香肠的风味。两种异型发酵乳杆菌是短乳杆菌和布氏乳杆菌，并有文献记载，有人从发酵香肠的独特品种中已分离出了几种异型发酵乳酸菌的菌株，即肠膜明串珠菌与同型发酵的乳杆菌配合的发酵剂培养物。在特殊情况下，三种不同的乳酸菌为产品增加独特的风味和结构。两种嗜冷乳杆菌、一种异型发酵菌，在预腌的初始阶段可产生风味性化合物（乙醇、二乙酰）（10℃，3～5d）。香肠的 pH 最低仅降到 5.3，其后其在较高温度下（32.3～43.3℃）熏制，杀灭嗜冷菌。而同型发酵，嗜温片球菌进一步降低 pH 到 4.7～4.8。这三种细菌已在实验室内分离、培养，而且以一定比例重新引入发酵剂中。极为重要的是控制接种比例和加工参数，避免一种菌株占优势。在预腌阶段，异型发酵产生过多的风味，形成过多气体，产品膨胀并呈海绵状。片球菌株早期产酸会阻止嗜冷菌的增殖和代谢。用异型发酵乳杆菌作发酵剂为产品增加了独特的风味，但必须严格控制发酵过程。

(3) 微球菌：微球菌与乳杆菌不同，加入它主要不是为了加快产酸，而是为了降低 pH。微球菌对肉的腌制有促进作用。

微球菌科包括微球菌、葡萄球菌和动性球菌 3 个菌属。微球菌属革兰氏阳性菌，对过氧化氢酶阳性，耐食盐和亚硝酸盐，呈簇状存在。微球菌是需氧菌，代谢葡萄糖生成醋酸盐或完全氧化生成二氧化碳和水。葡萄球菌属兼性厌氧菌，在厌氧条件下，发酵葡萄糖生成乳酸，在有氧条件下则生成醋酸和少量二氧化碳。

微球菌属由 3 个种组成：藤黄微球菌、玫瑰色微球菌和变易微球菌，它们生长的最佳温度分别为 30℃、25℃和 22～37℃。这些非致病菌通常存在于土壤、灰尘、水和人、畜的皮肤中。

微球菌常用作欧式干香肠的发酵剂。微球菌成为初始发酵的主导菌，以后其主导地位逐渐下降，让位于其他杆菌。大多数微球菌经还原酶的作用，将硝酸盐和亚硝酸盐还原，促进肉的发色。此外，微球菌还有分解蛋白质和脂肪的能力，通过分解肌肉蛋白质及脂肪产生游离氨基酸和脂肪酸来促进风味的形成。在香肠成熟期间，可溶性氮化合物的浓度增加。部分游离脂肪酸的释放就是由于细菌蛋白酶作用的结果。微球菌具有强烈的脂肪分解特性，使大量脂肪酸释放出来，进一步转化成甲基酮和醛，为肉制品提供了独特的风味。这些反应与过氧化氢的形成有关，以后再形成醛、醇和酮。

（4）霉菌：发酵香肠中添加的霉菌主要有白地青霉、娄地青霉和纳地青霉等，它们有特异的脂肪分解酶，能分解脂肪产生强烈而带刺激性的风味。这些霉菌也合成蛋白质分解酶和淀粉酶，这些酶的分解产物影响产品的风味和香气。霉菌接种到香肠后一般在15～24℃、相对湿度为80%～90%时发酵，其后在15～21℃、相对湿度75%～80%条件下干燥。在发酵的第2～3d，鲜香肠的表面会长出霉菌。

商用的霉菌发酵剂在每毫升培养基中含有悬乳孢子10^6～10^8个。霉菌发酵剂的货架期约为30d，接种方法有喷雾、浸渍或将发酵剂直接添加到肠馅中。一般说将香肠浸泡在含有发酵剂的温水中半个小时是最卫生和廉价的方法，营养性培养基沉着在香肠表面，为初始菌生长发育提供营养。

2．发酵剂的使用

制作干香肠和半干香肠的纯微生物发酵剂，最初于1921年发布了专利。1957年美国首次制出了商业性香肠发酵剂。起初，这些发酵剂是以葡萄糖为载体的啤酒片球菌冻干细胞。这种微生物不能将硝酸盐还原成亚硝酸盐，而且废除了传统的“盘腌制”工艺，因而从直接添加硝酸盐改为直接添加亚硝酸盐，或用硝酸盐和亚硝酸盐的混合物腌制。现在生产出了商品化的各种冷冻或冷冻干燥的肉用乳杆菌、片球菌和霉菌制作的发酵剂。这些发酵剂有的是单一菌种，有的是混合菌种。

用发酵剂生产发酵香肠的配方、工艺及参数不同于传统工艺，现在废除了“盘腌制”，加快了发酵速度。但是某些厂家依靠发酵剂提供理想的微生物种类和接种量，而不想缩短发酵周期。因为在发酵期间要达到特殊的干缩和熏制效果，很短时间是无法完成的。

活性发酵剂一般是在配料阶段加入。虽然大多数厂家在肉中添加干配料后再加入发酵剂，但要想分布均匀，应先将发酵剂添加到肉中，在加入其他配料之前，使发酵剂与原料肉有效混合。无论如何，最重要的是不能让活的微生物培养物与腌制成分如食盐、亚硝酸盐直接接触，否则，会降低培养物的成活率和活性。大多数培养物是以浓缩形式出售，用水稀释后则能使其很好分布。冷冻干燥的培养物，要有一个复水步骤才能获得理想的效果。

最初的发酵剂有最佳的生长温度（36～40℃），该温度比传统发酵温度高，特别是较干香肠的发酵温度（15.6～23.9）高。较高的发酵温度给某些干香肠的制作带来了质量和安全问题，如猪脂肪液化“出油”，快速发酵产生强酸风味和气味，高温、高盐和不加熏制促进金黄色葡萄球菌的某些菌株生长并产生毒素。在有些情况下，这些致病的葡萄球菌在发酵早期就占有优势，产生不安全的产品，现在筛选出的较好的菌株在低温下（10～46℃）能进行有效的发酵，并能利用多种发酵剂。

3．发酵剂的制备和保存

每一种发酵剂生产厂都有增强培养物活性的专用培养基配方和加工条件，但其中必须有食盐（最少0.5%）以保持菌的耐食盐性。

对啤酒片球菌，商业培养基配方为：玉米浸渍水11.3kg，脱脂奶粉22.7kg，葡萄糖45kg，酵母自溶物6kg，磷酸氢二钾6.4kg，磷酸氢二钠4.3kg。在混合物中加水到227L，用传统方法接种啤酒片球菌，在32～37℃培养8～10h，然后离心分离培养基中的细菌，与其他稳定剂、混合营养物混合，尽快冻结。稳定剂甘油、脱脂奶粉、谷氨酸钠、麦精、碱性甘油磷酸盐、谷氨酸、胱氨酸和葡萄糖常在冻结中与培养浓缩物配合，以提供保护作用。培养浓缩物通常每克含10^9～10^{11}个细胞。混合后应尽快用液氮或二氧化碳冻结。目前美国主要用冻结形式的培养物，但冻干培养物在世界其他国家仍在广泛使用，主要是冷冻产品运输困难且发酵速度较慢。

二、发酵肉制品的变化

1. 低酸度发酵肉制品的变化

低酸度发酵肉制品在发酵和干燥过程中发生的变化有：水分损失40%～50%，pH下降至5.8～6.2；因干燥导致A_w下降，无盐抵抗力的微生物逐渐减少并消失，大多数病原微生物被抑制。实际上只有李斯特菌和葡萄球菌有机会生长。低温（<10℃）和低A_w可以阻止大肠杆菌和沙门氏菌生长；蛋白酶降解肌肉蛋白产生风味物质（非蛋白氮化合物）使pH略有上升；解脂酶降解脂肪产生羟基和脂肪酸，增加酸度而无酸败现象，因此形成可口风味；硝酸盐、亚硝酸盐的变化不显著。在低酸的香肠中残留的亚硝酸盐含量仍高达50～100mg/kg，其原因不仅在硝酸盐和亚硝酸盐本身上，而且与烟熏和干燥引起的浓度增加有关。

2. 高酸度发酵肉制品的变化

高酸度发酵肉制品在发酵和干燥期间发生的主要变化有以下几点：由于碳水化合物降解形成乳酸，pH降至5.4以下，该pH同肉类蛋白质的等电点接近，因此使肌肉蛋白质凝胶化，且抑制了大多数不良微生物；由于使用了发酵剂的香肠失重15%～20%就足以达到要求的A_w，因此失重通常比低酸度发酵肉制品低；低pH和低A_w使初始菌群被选择淘汰，这类似于低酸肉制品的变化，不同的是在高酸肉制品中由于pH较低，葡萄球菌也被抑制；蛋白酶降解肌肉蛋白，肌纤维蛋白和肌浆蛋白数量下降，NPN化合物、肽、氨基酸及氨浓度增加，使pH略微升高；某些发酵剂和肉类微生物具有水解脂肪的能力，使脂肪被水解形成脂肪酸，改善了成品风味，在熟化过程中虽然酸量增加，但无酸败现象；亚硝酸残留量降至10mg/kg以下。

三、发酵肉制品的安全性

1. 微生物安全性

一般认为发酵肉制品是安全的，因为低pH或低A_w值抑制了肉中病原微生物的增殖，延长了肉品的贮藏期。在发酵和贮藏期间，成品中的有害菌会因酸性环境而死亡。近年来随着肉类工业的发展，发酵干香肠和半干香肠的加工技术得到了很大的改进，特别注重了质量控制，将金黄色葡萄球菌数量严格控制在公共健康的水平以下。一般认为香肠的pH小于5.3就能有效地控制金黄色葡萄球菌的繁殖。但在pH下降至5.3的过程中，必须控制香肠肉馅在15.6℃以上温度所存在的时间。

2. 货架期

发酵肉制品由于降低了水分含量和pH，货架期一般较长。美式香肠的水分与蛋白质比率在3.1以下，pH在5.0以下，故不需冷藏。货架期稳定的肉制品主要有两类：一类是pH在5.2以下、水分活性在0.91以下的；另一类是pH低于5.0、水分活性低于0.95的。这些产品在货架期内一般不发生细菌性变质，但可能发生化学或物理性变质。

微生物培养物因有稳定的可控酸化作用，使肉制品的货架期延长。酸抑制了其他微生物的生长并促进脱水。特制的微生物培养物通过过氧化氢酶系统减少形成过氧化物而加强腌制肉颜色的稳定，并防止发生酸败。

第三节 发酵肉制品的加工工艺

一、发酵肉制品加工工艺

尽管发酵肉制品的品种很多，其加工方法也各有不同，但其原理和加工工艺应是基本相同的。发酵肉制品的一般加工工艺：原料肉预处理→绞肉→调味→灌装→发酵→干燥→烟熏。

（1）原料肉的选择：发酵肉制品对原料肉的要求特别高，以无微生物和化学污染且修去筋、腱、血块和腺体的鲜肉为最理想。原料肉如污染大量微生物会在其后的培养阶段产生杂菌，这些杂菌产生或分解蛋白质使产品产生异味，并使质地松散。原料肉特别是冻肉，如处理不当，在干燥阶段则发生氧化酸败。原料肉中的血块、腺体也是腐败菌、致病菌（如葡萄球菌）及酶的来源。

（2）原料肉处理：将新鲜的原料肉冷却至－4.4～2.2℃，将冷冻肉解冻至－3～1℃，用绞肉机绞碎，牛肉一般用3.2mm的筛板，脂肪和猪肉用9～25mm的筛板。

（3）配料：

① 食盐：食盐的含量会影响产品的结着性、风味及保质期，同时能抑制许多其他不需要的菌类生长而使乳酸菌成为优势菌。一般来说，发酵香肠食盐用量为2.0%～3.5%。虽然起发酵作用的乳酸菌是耐盐菌，但含盐量高会影响乳酸菌的功能。2%的食盐水平是达到理想结着力的最低要求，3%的食盐浓度对发酵速度没多大影响，但超过3%就会延长发酵时间。

② 碳水化合物：各种糖类如葡萄糖、蔗糖、玉米糖浆能影响成品的风味、组织结构和产品特性，同时也为乳酸菌提供了必需的发酵基质。糖的数量和类型直接影响产品的最终pH。单糖如葡萄糖易被各种乳酸菌利用。研究表明1%的可发酵碳水化合物的影响一般是使pH降低1个单位。当初始pH为6.0时，应添加1%葡萄糖使pH降低到足够水平。如果允许发酵完全，则最终pH与初始葡萄糖量成正比。通常建议香肠馅中至少含有0.75%的葡萄糖，使已知的可发酵碳水化合物过量。大多数乳酸菌也利用蔗糖，在pH相同的情况下加蔗糖的产品比加葡萄糖的产品酸味弱，这可能是残留的蔗糖较甜或利用蔗糖产生更基本的产物（葡聚糖、果聚糖）所致。

玉米糖浆、糊精、面粉和淀粉几类复杂的碳水化合物，根据其使用种类、数量及培养基的特性，也能被不同程度地发酵利用。这些碳水化合物发酵较慢，在有单糖存在时则不被利用。但有些干香肠在较长干燥期间能产生独特风味，如玉米糖浆所产酸度取决于起始有无单糖、葡萄糖和麦芽糖及其数量。添加的碳水化合物过多（超过20%），与之结合的水亦过多，则发酵速度就会变慢。

③ 香辛料：某些天然香辛料通过刺激细菌产酸直接影响发酵速度，这种刺激作用一般不伴有细菌的增加。黑胡椒、白胡椒、芥末、大蒜粉、香辣粉、肉豆蔻、肉豆蔻种衣、姜、肉桂、红辣椒等都能在一定程度上刺激产酸。一般对乳杆菌的刺激作用比片球菌强，几种香

辛料混合使用的发酵时间比用单种香料的发酵时间短，刺激程度取决于香辛料的类型和来源。近年来确认锰是香辛料促进产酸的因素。香辛料提取物的刺激活性随锰浓度的增加而增加。无香辛料的发酵香肠添加了锰，其产酸活性与添加了香辛料的香肠相似。香肠中添加天然香辛料或锰，不仅增加了产酸速度，而且降低了产品的最终 pH。

某些天然香辛料特别是胡椒的提取物还对细菌具有抑制作用。肠馅中正常用量的胡椒不足以抑制细菌的生长，添加香辛料挥发油才能起抑制作用。这可能是液体香辛料比同样的天然香辛料发酵时间较长所致。

另外，液体熏制剂和抗氧化剂降低了发酵速度。磷酸盐根据其类型和数量起缓冲作用，增加了初始 pH 并延缓了 pH 降低之前的时间。含亚硝酸钠的香肠比不含亚硝酸钠的香肠发酵慢，但发酵程度的差别主要取决于特异的发酵菌株。

（4）拌料：根据不同产品的具体要求，按配方将瘦肉、脂肪及其他调味料、香辛料、添加剂等放入搅拌机中搅拌均匀。

（5）腌制：将肉馅放在腌制盘内一层层压紧，一般厚度为 15～200mm，在 4～10℃下腌制 48～72h。在腌制期间，硝酸盐由片球菌和葡萄球菌为主的硝酸盐还原菌转化为亚硝酸盐，最后产生典型的腌制红色和风味。肠馅温度达到 -2.2～1.1℃，填入肠衣内可以避免粘连充填机。如加工黎巴嫩大香肠，牛肉在 4.4℃下腌制 10d，绞碎后与糖、食盐、硝酸盐一起拌匀，再填入肠衣内，在发酵期间浓烟熏制 4～8d，可使香肠有一定风味。

（6）发酵：充填后，干香肠和半干香肠吊挂在贮藏间或成熟间内开始发酵。传统发酵温度为 15.6～23.9℃，相对湿度 80%～90%。初始湿度是在温度上升时从冷肉中释放的水分形成的。发酵温度和湿度影响发酵速度，也影响产品的最终 pH。温度决定了微生物的代谢活性。发酵剂中乳杆菌和片球菌的最佳生长温度分别是 32℃和 37℃，它们降低 pH 的初始作用是由发酵温度和时间决定。当偏离最佳生长温度时发酵速度减慢。在许多情况下，较低温度下的缓慢发酵可以较好地控制产品最终 pH、风味、颜色及其他特性。在现代加工中，发酵和烟熏同时在空调室内进行，温度 21.1～37.8℃，相对湿度 80%～90%，发酵时间取决于初始产品温度、发酵温度、湿度、房间内负荷、空气流速及季节。与传统工艺相比较，现代生产工艺发酵时间短，一般为 12～24h，pH 降低到 4.8～4.9 时已发酵充分。湿度大时发酵快。干香肠在静止空气中比在快循环空气条件下发酵快。

肠衣直径也影响发酵时间和最终 pH，大直径香肠一般比小直径香肠的 pH 低。干香肠的 pH 主要是由氨和乳酸浓度以及蛋白质的缓冲能力来决定。水分含量和 pH 之间显著相关，这可能与乳酸解离度较小有关。

发酵的稳定性取决于配料和加工的一致性。食盐、腌制液、糖、香辛料和发酵剂的不均匀分布，可能导致香肠间发酵速度及 pH 的差异。

大多数半干香肠加工时也进行熏制。典型的香肠熏制温度为 32.2～43℃。在现代加工工艺中，将发酵和熏制液添加到配料中，这样可以避免自然熏制带来的问题。

（7）加热干燥：发酵后，干香肠和半干香肠经煮熟、半煮熟或直接放在干燥室内干燥，温度增加的速度根据特定的细菌生长特性、pH、碳水化合物水平和热渗透性而异。传统上，干香肠不需加热，即从发酵室直接移至干燥室内进行干燥。干燥室内温度为 10.0～21.1℃，相对湿度为 65%～75%。发酵香肠水分的控制取决于肉粒大小、肠衣直径、干空气流速、湿度、pH 和蛋白质的溶解度。肠衣直径、肉粒大小、温度和空气流速决定了香肠和大气之间的不同蒸汽压力。肉粒大小、pH 和可溶性蛋白质的量决定了特制香肠的保水程度。这些参数的相互作用决定了干燥过程中水分损失的速度和程度。

为获得稳定的温度、湿度和相对小的空气流速，需要干燥室。但使用干燥室的问题越来越多，例如，气流速度慢时难以控制气流的稳定性；理想的空气条件在有些产品的水分被吸收后，传给另外一些产品时发生变化；同一室内也可能有不同的温度；有些产品产生“硬壳”（因为干燥速度太快），而另一些产品长霉（因湿度太大）。如果水分损失过快，香肠表面阻塞，外壳变硬，内部水分释放不出。如在加工的初始阶段香肠变硬，香肠水分活性不能降低，就会影响稳定性。如果在加工的最后阶段香肠外壳变硬，将产生质量问题。如果干燥时间延长，内部水分最后散发出来，水分释放不均匀，表面肠衣鼓起，产生缺馅。为了进行有效的干燥，香肠外部和内部的水分损失必须保持同一速度。为使内部水分逸出，肉组织的表面气孔必须开放，干燥速度过快会阻住气孔。

香肠表面生长霉菌是常见现象，而且干香肠加工中常常希望如此。通过相对湿度和温度的控制一般能调节霉菌的生长。较高的干燥温度可加速霉菌的增殖。许多类型的意大利和匈牙利萨拉米香肠制品，如有白色和蓝色霉菌生长，则对香肠的风味和外观有好处。干燥的一般条件是温度8.3～21.1℃，相对湿度75%～80%。湿度较高时，因为有不良的霉菌和孢子形成（如黑色的孢子产生），香肠的表面颜色很差；蛋白质的水解也损坏了肠衣并破坏了香肠的完整性。湿度不一致，使发酵和成品pH发生变动。另外，湿度高使干燥室内微生物发酵加快。对许多未蒸煮的干香肠来说，干燥过程仅起一定的抑制发酵作用。大的干燥室内装有风道，可有效地控制空气流速的均匀性。低速流动的空气流程越短越容易控制空气流动的稳定性。

为得到理想的产品特性，必须控制水分的蒸发速度。香肠表面的水分损失速度最好应等于内部水分迁移到表面的速度。空气流速和相对湿度的控制决定着水分损失的速度。中等直径的香肠在贮存室内应每天干耗1.0%～1.5%。在腌制间或贮藏间空气的流速一般保持在0.5～0.8m/s，而在干燥室内采用较低的空气流速（0.05～0.1m/s）。干燥室内每天的干耗不应超过0.7%。欧洲香肠厂家采用较低温度发酵，在移入干燥室之前一般建议干耗为10%～12%，他们还发现干燥室内水分活性和相对湿度之间有3～5点差异时，可得到均匀的蒸发速度。因此，当香肠干燥时，贮藏室或干燥室内的相对湿度必须一天天地向低方向调整。

许多欧洲香肠生产厂家在发酵和干燥过程中逐步降低温度；但美国大多数厂家在一种环境中发酵，而在另一种环境条件下进行干燥（见表14-1）。

表14-1　　干香肠的两种加工程序

种　类	时　间	温　度/℃	相对湿度/%
欧洲式	第1天	22.2～23.9	94～96
	第2天	20～22.2	90～92
	第3天	18.3～20	85～88
	干燥室	11.7～15	75～80
美国式	24～58h	26.7	90
	干燥室	10～11.1	68～72

上述两种方法都有效，只是要根据经济条件来选择工艺步骤和设备。香肠加工的全过程仅在空调室内能加快干燥。因为随着香肠的干燥，相对湿度逐步降低。然而，使用这种方法时，每一批产品都需建造很多的加工室，而且这种方法不能提供肠衣和配方不同的产品。“双室加工”工艺能在同一发酵室内在不同时间内发酵多种产品，然后将香肠移入一个较大的

造价便宜的普通干燥室内干燥，当香肠达到理想的水分含量以及满足美国农业部关于干燥室内消灭旋毛虫的要求时，才把香肠从干燥室移出。干香肠的质量为原料肉的50%～70%。

二、发酵香肠生产中常见质量缺陷及原因

发酵香肠在加工过程中常出现的一些质量问题及原因见表14-2。

表 14-2　发酵香肠生产中出现的问题和原因

问　　题	可　能　原　因
发酵缓慢	冻结的培养物在加入到肉中前解冻和其后的保存时间太长；微生物耗尽了培养基内的营养，降低了pH，活性降低；发酵期间的环境温度和湿度与建议的不一致
污染微生物相继生长，产物使pH下降受到缓冲	发酵开始时温度低，使发酵周期延长；产品中可能有磷酸盐，缓冲了pH下降，也从周围的肉中吸收水分；进入烟熏室的香肠比正常温度低，例如是用冻肉生产的；调整了香辛料配方，减弱了酸的刺激或抑制了培养物生长；食盐量过多或腌制时间长；培养物直接与腌制成分接触；配料中脂肪多，降低了水分含量；直径较大的产品热传递较慢；水分损失快
快速发酵	温度和湿度比正常高，香辛料调整有助于生长培养物，加了过多的水，含有猪肉的产品，在较高温度下加工的小直径产品，肉的初始pH比正常的低
发酵不稳定	培养物分布不均匀，在肉馅中产生了“热点”和“冷点”；食盐、香辛料、葡萄糖分布不均匀；加工过程拖延，使有些肉馅的初始温度不一；产品有不同的香辛料配方、肉的成分和不同的肠衣直径；发酵室内温度和湿度不均匀；干燥室内温度不均匀造成干燥速度不同
pH太低	控制发酵失败
不发酵	培养物直接与食盐、腌制成分接触或稀释水含氯太多，在解冻后没有采用建议的处理温度，添加到肠馅中的碳水化合物不足，食盐含量过多，肠馅中添加了防腐剂
产品发软	肉馅在绞肉机、斩拌机或研磨机中加工时间过长，脂肪含量过多，食盐不足或没加食盐，原料肉腐败，污染了分解蛋白质的微生物
水分蒸发不足	空气流速过快和湿度太低，香肠表面的气孔被干燥的表面封住，内部水分不能蒸发出来；起初烟熏过头，表面蛋白质凝固，阻止了水分的蒸发
加工后产品变酸	热处理不当，杀灭了微生物；残留的碳水化合物过量，造成二次发酵；产品中有过多的水分和残留的碳水化合物，干燥不足；贮藏温度不当
异味	在发酵和包装后有微生物污染，使用了腐败原料肉，化学污染
包装后的产品发粘、产气	加工后污染酵母或异型乳酸菌，含水量太大，产品表面烟熏不够
绿色或灰色	腌制或加热不充分，因微生物污染、金属污染使肉色素氧化，暴露于阳光下，pH高
出油	加热速度过快、发酵温度过高等

第四节　主要发酵肉制品的加工

一、半干发酵香肠

1.熏香肠

(1) 配料：猪肉和牛肉共70kg，脂肪30kg，葡萄糖2kg，食盐3kg，硝酸钠16g，亚硝酸钠8g，粗粉碎黑胡椒373g，整粒芥末子63g，粉碎肉豆蔻31g，粉碎芫荽125g，粉碎香辣

椒 31g，大蒜粉或适量鲜蒜 63～125g，片球菌发酵剂。

(2) 工艺要点：肉通过 6.3～9.6mm 孔板的绞肉机绞碎，然后与食盐、调味料、葡萄糖和腌制剂完全搅拌，但不能搅拌过度。配料后，再添加发酵剂，而且根据搅拌机速度将腌制成分与肠馅搅拌 3～4min 以上。这些混合物再通过 3.2～4.8mm 孔板绞细，充填到天然或纤维性肠衣内，肠衣的直径约 50mm。工艺参数见表 14-3。

表 14-3　应用发酵剂的香肠熏制程序

时　间	干球温度	湿球温度	备　注
16～20h	43℃	40℃	接近熏制循环中期 1h（香肠内部温度达到 60℃）
1.5～3.0h	69℃	60℃	
3min	热烟熏		

2. 图林根式塞尔维拉特香肠

这是未经蒸煮的发酵香肠，常称软熏香肠。

(1) 配料：牛肉（牛心可代替 1/4 牛肉）60kg，80%修整猪碎瘦肉 30kg，50%修整猪瘦肉 10kg，食盐 2.8kg，葡萄糖 2kg，蔗糖 2kg，粗粉碎黑胡椒 375g，整粒芥末子 63g，粉碎的肉豆蔻 31g，粉碎的芫荽 125g，粉碎的香辣椒 16g，亚硝酸钠 8g，片球菌发酵剂。

(2) 工艺要点：肉通过 6.3～9.6mm 孔板绞肉机绞碎，与发酵剂以外的其他配料搅拌均匀，然后添加发酵剂并绞细（最好用 3.2mm 孔板的），再充填进缝合的猪直肠内或其他合适的肠衣内。

采用的熏制过程为：在 37.8℃、相对湿度 85%～90%条件下，熏制 20h；如果用无旋毛虫的修整碎肉时，在 71℃、相对湿度 85%～90%下熏制，直到产品内部温度达到 49℃为止。在熏制后，应用冷水淋浴香肠，在室温下冷却 4～6h。

3. 图林根香肠

(1) 配料：猪修整肉（75%瘦肉）55kg，牛肉 45kg，食盐 2.5kg，葡萄糖 1kg，磨碎的黑胡椒 250g，发酵剂 125g，整粒芥末子 125g，芫荽 63g，亚硝酸钠 16g。

(2) 工艺要点：原料肉通过 6.4mm 孔板绞肉机绞碎。在搅拌机内将配料搅拌均匀，再用 3.2mm 孔板绞细。将肉馅充填进纤维性肠衣内，用热水淋浴香肠表面 0.5～2.0min。在室温下吊挂 2h，并移到熏炉内，在 43℃下熏制 12h，再在 49℃下熏制 4h，香肠被移到室温下晾挂 2h，再运到冷却间内。香肠含盐量为 3%，pH 为 4.8～5.0。

猪肉必须是合格的修整碎肉，在熏制期间香肠的内部温度必须达到 50℃。使用发酵剂能显著地缩短加工时间。

4. 塞尔维拉特香肠

(1) 配料：牛修整碎肉 70kg，猪修整碎肉 20kg，猪心 10kg，食盐 3kg，糖 1kg，磨碎的黑胡椒 250g，亚硝酸钠 16g，整粒黑胡椒 125g。

(2) 工艺要点：牛肉和猪心通过 6.4mm 孔板绞肉机绞碎，猪肉通过 9.6mm 孔板绞肉机绞碎。绞碎的肉与食盐、糖、硝酸盐一起搅拌均匀后，通过 3.2mm 孔板绞细，再加整粒黑胡椒及发酵剂，搅拌 2min，放在深 20cm 盘内，在 5～9℃下贮藏 48～72h。从盘内将馅倒入搅拌机中搅拌均匀后，充填入 2 号或 2.5 号纤维肠衣内。在 13℃的干燥室内吊挂 24～48h 后，移入 27℃的烟熏炉内熏制 24h，缓慢升温到 47℃后，再熏制 6h 或更长时间，直到香肠有好的颜色，推入冷却间，在室温下冷却。

二、干发酵香肠

1. 硬塞尔维拉特香肠

(1) 配料：去骨牛肩肉26kg，冻猪修整碎肉60kg，肩部脂肪14kg，食盐3.6kg，整粒胡椒63g，粉碎胡椒375g，红辣椒250g，硝酸钠31g，亚硝酸钠8g，乳杆菌发酵剂。

(2) 工艺要点：肉通过3.2mm筛板绞细并与腌制剂、调味料、发酵剂一起搅拌，腌制24～48h后搅拌均匀，再充填到中等直径、长约28cm的牛肠衣或长约103cm的猪大肠衣内。然后吊挂在腌制冷却间内48h，再移出，升温使香肠表面干燥，熏制一夜以上。

2. 意大利式萨拉米香肠

(1) 配料：牛去骨肩肉20kg，冻猪肩修整碎瘦肉48kg，冷冻猪背脂修整碎肉20kg，肩部脂肪12kg，食盐3.4kg，整粒胡椒31g，硝酸钠16g，亚硝酸钠8g，鲜蒜63g，乳杆菌发酵剂。

另外，408kg香肠原料需添加红葡萄酒2.28L、整粒肉豆蔻1个、丁香35g、肉桂14g。

(2) 工艺要点：将肉豆蔻、丁香和肉桂放在袋内与酒一起在低沸点温度下煮10～15min，然后过滤并冷却，把酒与腌制剂、胡椒和大蒜一起混合。牛肉通过3.2mm孔板、猪肉通过12.7mm孔板的绞肉机绞碎并与所有配料一起搅拌均匀。肠馅充填到猪直肠内，悬挂在贮藏间干燥36h。待肠衣干后，把香肠的小端用绳结扎起来，每12.7mm长系一个扣，然后吊挂在10℃的干燥室内9～10周。

3. 德式萨拉米香肠

(1) 配料：牛去骨肩肉50kg，猪修整碎肉50kg，食盐3.4kg，糖1.4kg，白胡椒187g，硝酸钠31g，亚硝酸钠8g，大蒜63g，片球菌/乳杆菌发酵剂混合物。

(2) 工艺要点：牛肉通过3.2mm、猪肉通过12.7mm孔板绞肉机绞碎，与调味剂和腌制剂、发酵剂一起搅拌。腌制后将肠馅充填到直径为89mm、长约51cm的肠衣内。充填后用细绳每隔5cm系成环状并牵引肠衣使香肠成扇形。香肠通常进行干燥，也可稍微熏制。

第二篇　蛋品科学与加工技术

第十五章　蛋的结构与成分

第一节　蛋的营养与结构

一、蛋的营养

禽蛋中包含着禽类从胚胎发育到生长成雏禽所必需的全部营养成分，同时还具有保护这些营养的物质。蛋中含有人体所必需的优良蛋白质、脂肪、磷脂质、矿物质、维生素等营养物质，而且消化吸收率很高，因此是人类主要的高营养食品之一。禽蛋中所含的营养成分如下：

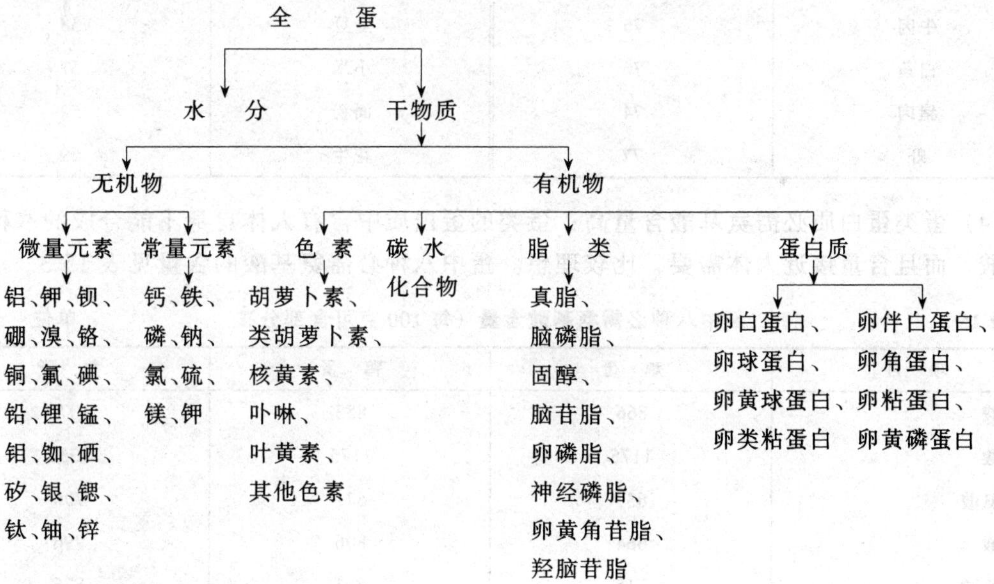

1. 蛋内含有较高营养价值的蛋白质

蛋白质营养价值的高低可以用蛋白质的含量、蛋白质消化率、蛋白质的生物价、必需氨基酸的含量等几个指标来衡量。

(1) 蛋类的蛋白质含量较高：几种食物的蛋白质含量见表 15-1。

由表 15-1 可见，蛋类蛋白质含量仅低于豆类和肉类，而高于其他食物。

几种蛋的蛋白质含量分别是：鸡蛋占可食部分的 11%～13%，鸭蛋为 12%～14%，鹅蛋为 12%～15%，火鸡蛋为 12.2%，珍珠鸡蛋为 11.9%，鸽蛋为 9.5%，鹌鹑蛋为 12.3%。

表 15-1　　几种食物中的蛋白质含量（每 500g 含量）

食物种类	含量/g	食物种类	含量/g
蛋　类	60	鱼　类	50～60
粮谷类	40	肉　类	80
豆　类	150	蔬菜类	5～10

(2) 蛋类的蛋白质消化率高：蛋白质消化率越高，人体的吸收利用率越大，其营养价值越高。因在蛋白、蛋黄中含有较多的卵白蛋白和卵球蛋白，故蛋内蛋白质的消化率很高。同其他食物的消化率比较，奶类为 97%～98%，肉类为 92%～94%，米饭为 82%，面包为 79%，马铃薯为 74%，而蛋类高达 98%。

(3) 蛋类的蛋白质生物价高：生物价是指某种食物蛋白质食入后在人体内被吸收的氮与吸收后在体内储留和利用的氮的数量比值。蛋中的蛋白质生物价比其他食品高得多。几种食物蛋白质的生物价见表 15-2。

表 15-2　　几种食物蛋白质的生物价

品　名	生物价	品　名	生物价
鸡蛋（全）	94	大米	77
鸡蛋黄	96	小麦	67
鸡蛋白	83	大豆	64
牛奶	85	玉米	60
牛肉	76	蚕豆	58
白鱼	76	小米	57
猪肉	74	面粉	52
虾	77	花生	59

(4) 蛋类蛋白质必需氨基酸含量高：蛋类的蛋白质中含有人体自身不能合成的八种必需氨基酸，而且含量接近人体需要，比较理想。蛋中八种必需氨基酸的含量见表 15-3。

表 15-3　　蛋中八种必需氨基酸含量（每 100 克可食部分）　　单位：mg

项　目	鸡　蛋	鸭　蛋	鹅　蛋
缬氨酸	866	853	1070
亮氨酸	1175	1175	1332
异亮氨酸	639	571	706
苏氨酸	664	806	996
苯丙氨酸	715	801	876
色氨酸	204	211	234
蛋氨酸	433	595	625
赖氨酸	715	704	1072

2. 蛋类含有丰富的磷脂质

蛋内脂肪大部分属磷脂质，其中约有一半是卵磷脂，其次是脑磷脂，还含有微量的神经磷脂。这些磷脂质对脑组织和神经组织的发育有重要作用。蛋黄中的卵磷脂还含有丰富的胆碱，是形成神经介质胆碱的重要物质，具有治疗运动障碍疾病和神经官能症的功能。

3. 蛋类含有丰富的维生素和矿物质

蛋中维生素的种类有维生素 A、维生素B_1、维生素B_2、维生素 D、维生素 E 等达 20 多种。其中维生素 A 对眼球的发育和视力的保护有重要作用。每 100g 鸡蛋中含有维生素 A 1440IU。每吃一个较大的鸡蛋，可得到维生素 A 200～800IU，维生素$B_1$10～40mg，维生素$B_2$100～200mg，维生素 D 10～50mg。

蛋中的矿物质以钙、磷和铁为多。钙、磷是构成人体骨骼的主要成分，并参与人体中各种酶促反应。铁是构成血红蛋白的主要成分。每 100g 鸡蛋中，含有磷 210mg，钙 55mg，Fe2.7mg。每 100g 鸭蛋中含有磷 210mg，钙 71mg，Fe3.2mg。

4. 蛋的药用价值高

根据我国医学书籍记载，蛋类可以治疗各种疾病。现以鸡蛋为例：①蛋清（即蛋白）：性寒无毒，有清热、解毒、消炎和保护粘膜的作用。李时珍认为“鸡子（蛋）白和赤子豆抹涂一切热毒、丹肿、腮痛，有神效”。临床上鸡蛋清常被用于治疗食物中毒、药物中毒、咽喉肿痛失音、慢性中耳炎、化脓性创伤等症。②蛋黄：性甘平，无毒，有祛热、湿胃、镇静、消炎等功能。用蛋黄炼出的蛋黄油可治盗汗、肺结核，外用有润肤生肌的功能，可治乳头破裂及奶癣等症。③蛋壳：研末内服，有壮骨、治（制）酸止疼等功效，可治胃溃疡、胃炎、小儿软骨病，并可辅助治疗肺结核。研粉外用，有生肌、防腐、促进伤口愈合之效，可治创伤、皮肤疮疡等；也可用作止血剂。④蛋膜衣（又称凤凰衣）：味甘性平，有润肺、止咳、止血的功效，适用于久咳气急、失音、创伤、舌出血等，还可用于治疗小儿夜啼。⑤胚蛋：即孵化成鸡胚的蛋，可补虚损、治眩晕。

我国传统的蛋的加工方法很多，根据喜好和习惯不同而有所不同。作为补益身体的营养品或点心的有：糖烧蛋、酒酿烧蛋、荷包蛋、茶叶蛋等；作为菜肴食用的有：炒蛋、卤蛋、打蛋、蛋松等，有的在蛋中配以其他菜肴；作为贮藏用的蛋有：皮蛋、咸蛋、糟蛋等。这些蛋品加工方法不同，风味别致。但用鸡蛋加工的皮蛋、咸蛋等，其味要比鸭蛋加工的差些。

二、蛋的结构

了解蛋的结构，有利于提高蛋品的加工技术和贮存质量。禽蛋主要结构包括蛋壳、蛋壳膜、蛋白及蛋黄四个部分，其中蛋壳及蛋壳膜占全蛋质量的 12%～13%，蛋白占 55%～56%，蛋黄占 32%～35%。但其比例因产蛋家禽年龄、产蛋季节、蛋禽饲养管理条件及产蛋量而有所变化。蛋壳的详细构造见图 15-1。

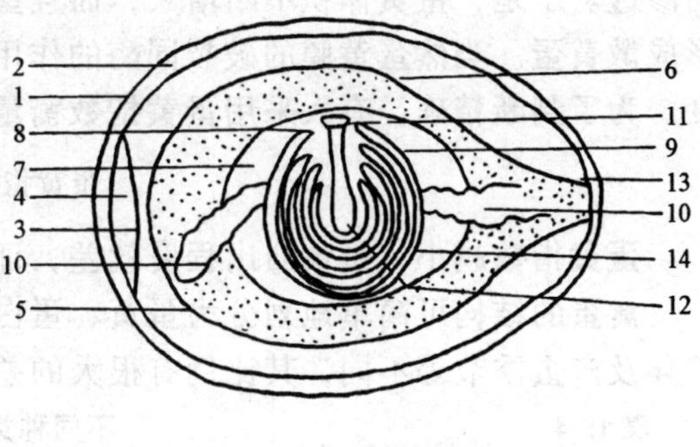

图 15-1　蛋的结构图

1—蛋壳；2—蛋壳内膜；3—蛋白膜；4—气室；5—外稀蛋白；6—外浓厚蛋白；7—内稀蛋白；8—内浓厚蛋白；9—蛋黄膜；10—系带；11—胚盘；12—蛋黄芯；13—白色蛋黄；14—黄色蛋黄

（1）外蛋壳膜：又称壳上膜，即覆盖于蛋壳表面的一层不定形可溶性胶体。其成分为粘蛋白，容易脱落，尤其在有水汽的情况下更易消失。该蛋壳膜在自然状态下，有防止微生物侵入、保护蛋的作用。

（2）蛋壳：占整个蛋重的 12%左右，其厚度为 0.2～0.4mm，能经受 3MPa 压力而不破裂。蛋壳的纵轴较横轴耐压，因此，在贮藏运输时，要把蛋竖放。蛋壳上有许多气孔，其数量为129.1±1.1个/cm^2，气孔最多的部位是蛋的大头处，其作用是沟通蛋的内外环境，空气可以由气孔进入蛋内，蛋内水分和气体可以由气孔排出。蛋久存后质量减轻便是此原因。蛋壳有透视性，在灯光下可以观察蛋的内部结构。蛋壳的颜色随品种、个体、季节、饲料等不同而异，一般深色蛋壳比白色蛋壳坚硬。

(3) 蛋白膜及蛋壳内膜（合称壳下膜）：刚生下来的蛋，两层膜紧密联系在一起，可合称为壳下膜，是一种能透水和空气的紧密而有弹性的薄膜。壳下膜不溶于水、酸、碱类及盐类溶液，其中蛋壳内膜厚41.1～60.0μm，蛋白膜厚12.9～17.3μm。两层膜在蛋的钝端分离形成气室。在蛋贮藏期间，当蛋白酶破坏了蛋白膜以后，微生物才能进入蛋白内。因此，蛋壳膜有保护蛋内容物不受微生物侵蚀的作用。

(4) 气室：新生的蛋没有气室，冷却后蛋内容物收缩而形成气室。气室的大小同蛋的新鲜程度有关，是鉴别蛋新鲜度的重要标志之一。

(5) 蛋白：位于蛋白膜的内层，系白色透明的半流动体，并以不同浓度分层分布于蛋内。最外层（稀薄层）占全蛋白的20%～55%，中间层（浓厚层）又可分为次层和再次层。次层是较浓厚的蛋白层，再次层是浓厚蛋白层，整个中间层占全蛋的27%～57%。最内层又呈稀薄层，占全蛋的11%～30%。

(6) 系带：在蛋黄两边各有一条浓厚的带状物，即为系带，其质量为蛋白的1%～2%，约占全蛋的0.7%。系带的作用为固定蛋黄。

(7) 蛋黄膜：是一层微细而紧密的薄膜，其厚度为16μm，质量为蛋黄重的2%～3%。蛋黄膜又可分为三层，内外两层为粘蛋白，中间层为角蛋白。因此，蛋黄膜具有收缩和膨胀的能力，在生物学中具有重要作用。蛋黄膜的机械作用为保护蛋黄不向蛋白中扩散。

(8) 蛋黄：蛋黄也同蛋白一样为胶体系，两者之间由蛋黄膜隔离开。禽蛋在孵化时，蛋白中的营养成分可以通过蛋黄膜而透入蛋黄内，以供胚胎发育。蛋黄一侧表面的中心，有一个2～3mm的白点，即胚盘。胚盘的下部到蛋黄的中心有一细长近似白色的部分，称为蛋黄芯（Latebra）。整个蛋黄由黄色蛋黄与白色蛋黄交替组成。

由于蛋黄膜有收缩和膨胀的能力，可以根据蛋黄的收缩与膨胀（即凸凹程度）鉴别蛋的品质。新鲜蛋打开以后，蛋黄凸出，陈蛋则呈扁平状。这是由于蛋白、蛋黄的水分和盐类浓度不一样，两者之间形成渗透压，蛋白中的水分不断向蛋黄中渗透，蛋黄中的盐类以相反方向渗透。于是，蛋黄体积不断增大，而且蛋黄膜弹性减弱，当体积大于一定程度时则破裂，形成散黄蛋。当然蛋黄膜的破裂同酶的作用有关。根据蛋黄的凸出程度即可判断蛋的新鲜程度。为了判断精确，有人采用蛋黄指数衡量：

$$蛋黄指数=\frac{蛋黄高度}{蛋黄直径}$$

蛋黄指数越小，蛋黄凸出程度就差，证明蛋黄膜弹性减弱，蛋就越陈旧。

禽蛋的结构可简单地划分为蛋黄、蛋白、蛋壳三部分，由于家禽品种、蛋的大小、质量差异及产蛋季节等不同，其比例有很大的差别。详见表15-4。

表15-4 不同种类蛋的结构比例 单位：%

禽种 \ 结构比例	蛋壳	蛋白	蛋黄
鸡蛋	10～12	45～60	26～33
鸭蛋	11～12	45～58	28～35
鹅蛋	11～13	45～58	32～35

第二节　蛋的化学成分

蛋的化学组成因家禽的种类、品种、产蛋期、饲养管理条件及其他因素的影响变化很大。几种家禽蛋的化学组成见表15-5。

表15-5　　主要禽蛋的化学组成　　单位：%

种类	水分	蛋白质	脂肪	灰分	糖类
鸡蛋	72.5	13.3	11.6	1.1	1.5
鸭蛋	70.8	12.8	15.0	1.1	0.3
鹅蛋	69.5	13.8	14.4	0.7	1.6

一、蛋壳的化学成分

蛋壳的主要成分为碳酸钙，其次为少量的有机化合物和碳酸镁、磷酸钙、磷酸镁及色素等。主要禽类蛋壳化学组成见表15-6。

表15-6　　主要禽类蛋壳化学组成　　单位：%

种类＼成分	碳酸钙	有机物	碳酸镁	磷酸盐
鸡蛋	93.0	3.2	1.0	2.8
鸭蛋	94.4	4.3	0.5	0.8
鹅蛋	95.3	3.5	0.7	0.5

蛋壳的化学组成主要受饲料中钙的含量影响。若饲料中钙的含量长期严重不足，易使禽类产软壳蛋或破损蛋。至于蛋壳的颜色，除因禽类品种、种类不同有差异外，很大程度上取决于饲料中色素物质的含量及雌禽生殖系统的生理状态。

鸡蛋蛋壳部的一般组成见表15-7。

表15-7　　鸡蛋蛋壳部的一般组成

成　分	比例/%	成　分	比例/%
水　分	1.6	脂　质	0.03
有　机　物	3.3	无　机　物	95.1
蛋　白　质	3.3		

(1) 角质层：角质层是覆盖于蛋壳最外部的一层极薄的不定形的被膜有机物，其厚度不等，约10μm，其大部分是蛋白质并附有一些糖类。将新鲜蛋壳于5%EDTA（pH7.5～8.0）溶液中浸约90min，用水洗时，角质层从蛋壳上脱离。

刚产出的蛋的角质层起闭塞气孔的作用，但不耐摩擦，易于脱落，用40℃以上的水和表面活性剂可溶解它，用10%KOH溶液煮沸5min则完全溶解。因此，若保存不善，角质层对蛋的质量仅能起到短时间的保护作用。

(2) 蛋壳：蛋壳的无机物中，以$CaCO_3$为主，也含有Mg、P、Na等的无机物。这些无机物的结晶以乳头核为中心呈放射状排列，主要由方解石结晶（主要成分是$CaCO_3$）和含有Mg及Ca的白云石结晶［主要成分是$CaMg(CO_3)_2$］所组成。Mg在蛋壳中分布不均匀，Mg/Ca由蛋壳的外侧向内侧逐渐变小。比较不同强度的蛋壳中Ca、Mg、P、Na的含量，强度大的含 Mg 稍多，这是因为白云石比方解石更硬，因此，Mg 与蛋壳强度有直接关系。鸡和其他禽类蛋壳中的主要无机盐含量见表 15-8。

表 15-8　　鸡和其他禽类的蛋壳中主要无机盐类含量　　单位：%

种　类	$CaCO_3$	$MgCO_3$	$Ca_3(PO_4)_2$
鸡	94.43	0.84	0.73
鸭	98.60	0.88	0.52
鹅	98.76	0.49	0.75
野　鸡	97.88	1.43	0.69
鸵　鸟	97.37	1.88	0.75

蛋壳中的有机物存在于方解石结晶中，有机物中的多糖类约 35% 是 4-硫酸软骨素和硫酸软骨素，此外还存在着其他多糖。蛋白质部分的氨基酸中没有发现羟脯氨酸，故认为没有胶原。

关于含氮物和多糖类在蛋壳中的分布状态，已由 Cooke 和 Balch 做了详细分析。将蛋壳从内侧向外侧以每 10% 总厚度为一区域，从每一区域中每平方厘米各成分的量上可以看出，含氮物和己糖之外的碳水化合物的量在靠内侧的 2/3 处表现为最大量，而己糖在近外侧表现出最高量。大概是一定量的硫酸软骨素均等地存在着，唾液酸的量从内侧向外侧逐渐变小，而非硫酸软骨素类型的多糖在内侧和外侧的区域含量较多。

角质层和蛋壳中含有的色素主要是原叶啉荧光色素，这种色素近似于组成血液的正铁血红素的原叶啉，经紫外线照射而发出红色荧光，其含量因蛋壳部的颜色不同而有所不同。鸡蛋的色泽是白色、淡褐色或淡红色，但其他的禽和鸟类的蛋有呈褐色的，也有呈绿色的等。鸡蛋和其他禽蛋蛋壳部的颜色与原叶啉含量的关系见表 15-9，褐色和红色的蛋壳原叶啉含量较高，其他壳色与原叶啉含量有怎样的关系还不太明确。

表 15-9　　鸡蛋和其他禽蛋蛋壳表面的色泽和原叶啉含量的关系

种　类		蛋壳表面的色泽	原叶啉含量/（mg/kg 蛋壳）
鸡	白来航种	白色	13.2
		白色	8.6
	君主岛种	暗褐色	59.1
		褐色	44.6
		明褐色	16.1
	新种	暗褐色	66.3
		淡红色	64.1
	Araucana 种	暗绿褐色	56.1
		明绿褐色	26.1
火鸡		象牙色或明褐色上有斑点	28.7
野鸡		褐色	30.5
		蓝绿色	25.6
		黄绿色	22.6
鹅		无色	12.9
野鸭		绿褐色	69.3

（3）蛋壳膜：蛋壳膜的总含水量约为 20%，其组成上大部分为蛋白质并有一些多糖，不过糖的含量比蛋壳和角质层中的少。多糖类中己糖含量较多，而己糖胺和唾液酸含量较少，几乎没有糖醛酸。最近的研究提出结合于蛋壳膜中的 *B-N-*乙酰葡萄糖胺酶的活性很高

(约为蛋壳膜的 4 倍)，甚至在经过贮藏后其活性也不降低。在蛋壳膜中存在 1.35% 的脂质 (中性脂肪:复合脂质 = 86:14)，而在复合脂质中约有 63% 是神经鞘磷脂。

二、蛋白的化学成分

蛋白中含有大量的水分，营养物质有蛋白质、碳水化合物、酶类、维生素、色素及无机成分等。这些物质的含量主要同家禽的种类及饲养管理条件等因素有关。鸡蛋白的化学组成如表 15-10 所示。

表 15-10　多次测定的鸡蛋白的化学组成　单位：%

编号＼成分	水分	蛋白质	脂肪	灰分	碳水化合物
1	86.6	11.6	0.1	0.8	0.8
2	85.5	12.87	0.25	0.77	0.61
3	85.61	12.77	0.25	0.70	0.67
4	86.61	10.13	0.14	0	0.71
5	88.20	11.20	0	0	0.65
6	86.20	12.30	0.20	0.70	0.60

1. 蛋白中的水分

一般蛋白中含水量为 85%～88%，但因蛋白各层中有机物稠薄不同而有所区别，外稀薄层水分为 89.1%，内稀薄层为 88.35%，浓厚层为 87.75%。

2. 蛋白中的蛋白质

蛋白层中蛋白质的含量为 11%～13%，其中有卵白蛋白、卵球蛋白、卵粘蛋白、类粘蛋白和伴白蛋白等。这些蛋白质可以归纳为两类，即简单蛋白类和糖蛋白类。简单蛋白类有卵白蛋白、卵球蛋白和伴白蛋白，糖蛋白类有糖蛋白、类粘蛋白等。糖蛋白类是指蛋白质分子中含有碳水化合物的复合结构的一类蛋白。

现在的研究已从蛋白中分离出近 40 种不同的蛋白质，其中有 24 种蛋白质含量少（它们的性质尚未很好确定)。含量较多的蛋白质有 12 种，近年来对它们的性质有些已了解，有些仍然不清楚，有待进一步研究。

蛋白中的蛋白质除不溶性卵粘蛋白之类的特异蛋白质以外，一般为可溶性蛋白质，总的来看蛋白是由多量的球状水溶性糖蛋白质及卵粘蛋白分子组成的蛋白质体系。蛋白各层之间蛋白质组成差别不大，稀薄（水样）蛋白和浓厚蛋白的蛋白质成分由同样的基本蛋白质组成 (见表 15-11)。新鲜蛋白中的卵粘蛋白含量在各层之间有些差异（见表 15-12)。但是在层间有不溶性卵粘蛋白和溶存性卵粘蛋白之间的差别，这种不溶性卵粘蛋白和溶菌酶是形成浓厚蛋白凝胶结构的基础。

表 15-11　蛋白各层中的蛋白质组成　单位：%

蛋白层	卵白蛋白	卵类粘蛋白	卵伴白蛋白＋卵球蛋白	卵巨球蛋白	溶菌酶
浓厚蛋白凝胶状部分	59.6	5.4	34.5	0.3	0.1
浓厚蛋白液状部分	62.9	6.3	28.3	1.0	1.8
稀薄蛋白	61.9	6.0	29.7	0.5	1.8

表 15-12　　　　　　　　　　蛋白各层卵粘蛋白的含量和类型

蛋　白　层	卵粘蛋白含量/%	卵粘蛋白的类型
浓厚蛋白	0.24	不溶性（0.04%）+溶存性（0.20%）
凝胶状部分	0.34	不溶性（0.14%）+溶存性（0.20%）
液状部分	0.20	溶存性
稀薄蛋白	0.16	溶存性
浓厚蛋白	2.6*	
稀薄蛋白	1.3*	

*卵粘蛋白态氮量/各层蛋白量×100。

因为蛋白各层中蛋白质类型是用电泳法测定的，所以浓厚蛋白凝胶状部分的溶菌酶含量变少，但用溶菌酶活性来定量分析时，浓厚蛋白凝胶状部分比液状部分及稀薄蛋白中的溶菌酶含量稍多。这是由于浓厚蛋白中的不溶性卵粘蛋白和溶菌酶的相互作用，比存在于其他部分的溶存性卵粘蛋白和溶菌酶的相互作用显著，溶菌酶在不溶性卵粘蛋白上的结合量多，在与不溶性卵粘蛋白一起配制时也作为不溶物而被除去，在电泳中成为不泳动的成分。其他蛋白质也与溶菌酶相互作用，但不成为不溶物，因此，用电泳法分别测定是可能的。

蛋白中存在量较多而又易于分离的蛋白质及其组成和它们的物理、生物学性质已有相当部分已清楚。蛋白中的主要蛋白质用硫铵盐析法和羧甲基纤维素之类的离子交换法已被分离和精制。

蛋白中含量较多的主要类型蛋白质的性质见表 15-13，其中卵白蛋白、卵伴白蛋白（卵铁传递蛋白）、卵类粘蛋白、卵粘蛋白、溶菌酶和卵球蛋白等为主要蛋白质。蛋白中主要蛋白质的氨基酸组成和糖组成见表 15-14。

表 15-13　　　　　　　　　　蛋白中主要蛋白质的种类和性质

蛋白质类型	比例/%	等电点	相对分子质量	糖含量/%	生物学性质
卵白蛋白	54.0	4.5～4.8	46000	3	
卵伴白蛋白	12～13	6.05～6.6	76600～86000	2	与 Fe、Cu、Zn 结合，抑制细菌
卵类粘蛋白	11.0	3.9～4.3	28000	22	抑制胰蛋白酶
卵抑制物	0.1～1.5	5.1～5.2	44000～49000	6	抑制蛋白酶，包括胰蛋白酶和糜蛋白酶
无花果蛋白酶抑制物	0.05	5.1	12700	0	抑制蛋白酶，包括木瓜蛋白酶和无花果蛋白酶
卵粘蛋白	3.5	4.5～5.1	?	19	抗病毒的血凝集作用
溶菌酶	3.4～3.5	10.5～11.0	14300～17000	0	分裂特定的 β-(1，4)-D-葡萄糖胺，溶解细菌
卵糖蛋白	0.5～1.0	3.9	24400	16	
卵黄素蛋白	0.8	3.9～4.1	32000～36000	14	结合核黄素
卵巨球蛋白	0.05	4.5～4.7	760000～900000	9	
抗生物素蛋白	0.05	9.5～10.0	68300	8	结合生物素
卵球蛋白 G_2	4.0	5.5	36000～45000	?	
卵球蛋白 G_3	4.0	5.8			

（1）卵白蛋白：蛋白中的卵白蛋白在其等电点时用硫铵或硫酸钠盐析，容易得到卵白蛋白的针状结晶，经重结晶可得到高纯度精制标准品。卵白蛋白在蛋白中的含量最多，约占蛋白中蛋白质的 54%，它是一个近于球形的磷糖蛋白，是蛋白中蛋白质的典型代表类型，其中包含所有的必需氨基酸。卵白蛋白不只一种，是电泳性质稍有不同的三组分（A_1、A_2 及

A_3）的混合物，A_1、A_2 及 A_3 以 85∶12∶3 的比率组成，其中 A_1 含 2mol 的磷酰基，A_2 含 1mol 的磷酰基，而 A_3 不含磷酰基。将 A_1 和 A_2 用磷酸酶处理时，变为不含磷酰基的分子。这些磷酰基都与丝氨酸的羟基结合。

表 15-14　　蛋白中主要蛋白质的氨基酸组成和糖组成（残基数/mol）

种　　类	卵白蛋白（45000g）	卵伴白蛋白（76000g）	卵类粘蛋白（28000g）	卵抑制物（49000g）	无花果蛋白酶抑制物（12700g）	溶菌酶（14300g）	卵粘蛋白（10000g）	卵黄素蛋白（32000g）	卵巨球蛋白（10000g）	抗生物素蛋白（亚基）
丙氨酸	24	52	11.7	20.1	8.50	12	4.18	13.9	3.95	5
精氨酸	19	33	6.3	20.5	7.18	11	2.80	5.6	2.60	8
天冬氨酸	31	79	31.9	47.3	11.3	8	7.49	20.0	6.50	15
半胱氨酸	6	22	17.5	34.7	3.35	8	4.72	15.9	1.15	2
谷氨酸	50	69	14.9	40.7	18.0	2	8.60	36.4	7.82	10
甘氨酸	18	58	16.1	32.3	6.48	12	4.70	8.3	3.49	11
组氨酸	8	13	4.3	12.9	1.25	1	1.63	9.2	1.25	1
异亮氨酸	24	24	3.2	17.3	5.69	6	3.59	7.1	4.42	8
亮氨酸	32	48	12.2	22.4	10.0	8	5.38	14.8	6.25	7
赖氨酸	20	62	13.6	24.2	7.21	6	4.68	17.2	4.11	9
蛋氨酸	15	11	1.9	3.6	2.05	2	1.50	8.2	1.43	2
苯丙氨酸	20	25	5.3	6.4	3.07	3	3.15	7.0	3.45	7
脯氨酸	16	31	7.7	17.2	2.48	2	4.19	9.7	3.65	2
丝氨酸	36	42	12.5	26.0	10.9	10	6.14	28.8	5.05	9
苏氨酸	15	35	14.6	28.0	3.53	7	5.41	7.7	4.55	21
色氨酸	3	18	0	1.0		6	1.11	8.8	0.5	4
酪氨酸	9	20	6.7	15.1	4.79	3	3.33	9.5	2.68	1
缬氨酸	30	44	16.0	25.9	9.51	6	4.99	5.7	5.41	7
唾液酸	0	0	0.3		0		0.61	0.5	<0.01	0
己　糖			12～16.5	5～10			2.84	3.09	2.2	
甘露糖	5	4	10～13.4				2.72	2		5
半乳糖			0.8～6.3				1.36	1	3.21	4
葡萄糖胺	3	6	14.8～27.7	7～15			2.79	4.41		0
半乳糖胺			0	0			0.75			
N—端氨基酸	乙酰甘氨酸	丙氨酸			赖氨酸				丙氨酸	
C—端氨基酸	脯氨酸		苯丙氨酸			亮氨酸	丝氨酸和甘氨酸		谷氨酸	

卵白蛋白是单一的肽链，每一个分子中有一根糖链。N-端和 C-端的氨基酸各自为乙酰甘氨酸和脯氨酸，其部分被确定了的一级构造见图 15-2。

糖链通过 *N*-乙酰葡萄糖胺以 *N*-苷键结合于天冬氨酸残基上。卵白蛋白的糖含量是 3.2%，其中甘露糖 2%，*N*-乙酰葡萄糖胺是 1%～2%。将卵白蛋白用蛋白酶彻底消化而得的糖肽（相对分子质量约为 1580）是不均一的，至少有五种，其中二种糖肽如图 15-3 所示，彼此间差 1 个甘露糖，此外还确认含有半乳糖。

卵白蛋白每一分子中有 1 个双硫键和 4 个巯基。这 4 个巯基中的 3 个在未变性的状态下，与巯基试剂具有弱的反应性，但若变性则 4 个都富有反应性。

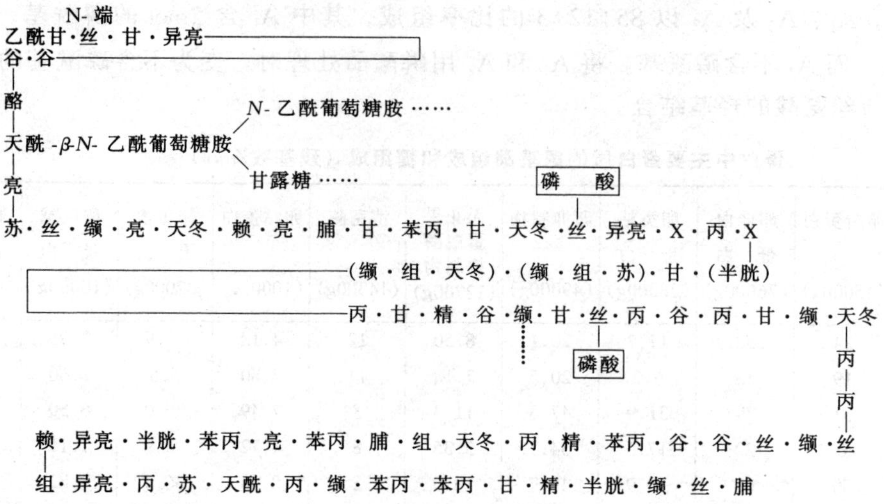

说明：X-指谷氨酸和谷酰胺未定；（半胱）-是半胱氨酸，还是胱氨酸的一半还不明确。

图 15-2 卵白蛋白的部分一级结构

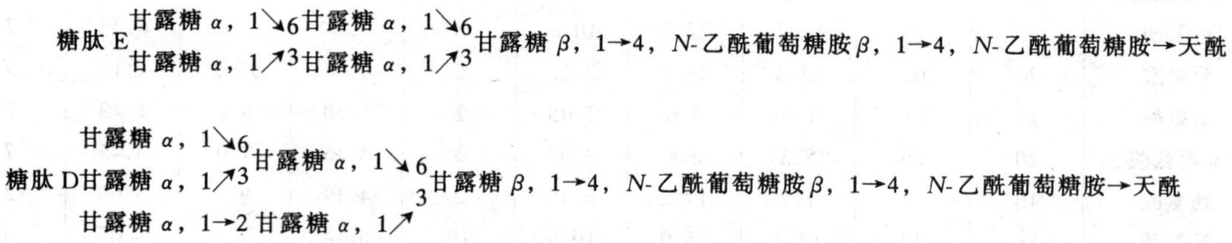

图 15-3 卵白蛋白结构已被确定了的二种糖肽

（2）*S*-卵白蛋白：*S*-卵白蛋白是卵白蛋白的一种变型，对热稳定。这种蛋白质是由 Smith 和 Back 在研究卵白蛋白的热变性过程中发现的，证明其在贮藏蛋中含量较多。卵白蛋白与 *S*-卵白蛋白在 pH3 下受热变性的速度不同，利用变性度能测定卵白蛋白中 *S*-型存在的比例。实验证明，在蛋的贮藏中 *S*-型由卵白蛋白转变生成，其转变率因贮藏天数等条件而异，转变速度也随着 pH 增大以及随着温度升高而加快。*S*-型热稳定性高的原因尚未阐明。从卵白蛋白和 *S*-型的物理化学性质比较研究的结果看，*S*-型也是未变性的蛋白质。根据在各种无菌条件下贮藏的蛋的卵白蛋白的热稳定性测定结果，可能在向 *S*-型转化的过程中存在中间体，卵白蛋白和 *S*-卵白蛋白同样都为针状结晶，但不同之处是 *S*-型的结晶化是困难的。

（3）片白蛋白：卵白蛋白的水溶液中不加入防腐剂，在 1℃ 下放置数月后，用硫胺再结晶时，得不到卵白蛋白的针状结晶，而得到板状结晶，这种蛋白质被命名为片白蛋白。这是因为在枯草芽孢杆菌分泌的酶的作用下，卵白蛋白中非蛋白态氮游离变为片白蛋白。在结构中，从其 C-末端的第 33 个残基位置的 Ala-Ser（丙-丝氨酸）键结合处首先被切断，其后第 39 个残基（丙氨酸残基）的 Ala-Gly-Val-Asp-Ala-Ala（丙-甘-缬-天冬-丙-丙氨酸）游离时被示出。片白蛋白与卵白蛋白同样于电泳中分为三组分，P_1、P_2 和 P_3 分别相应于 A_1、A_2 和 A_3。将片白蛋白在 pH3 或 pH3 以下，用 6～8mol/L 尿素水溶液使其变性，然后烷基化，经凝胶过滤而被区分为 2 个部分，较小的一部分相对分子质量约有 3700，为含有 33 个氨基酸残基的多肽。

（4）卵伴白蛋白或卵铁传递蛋白：对于蛋白的白蛋白除了卵白蛋白之外，还存在着更易溶解的非结晶性白蛋白。1889 年，Osborne 将这种蛋白质命名为副卵白蛋白或卵伴白蛋白，也广泛使用着卵铁传递蛋白的名称。此种蛋白质是近似于血清铁传递蛋白的蛋白质，每个蛋白质分子中有 2 个配位中心可与 Fe、Cu 或 Zn 等金属离子结合。金属离子结合部位的氨基酸组成和立体结构还有很多不明之点。据报导，卵伴白蛋白中的 3 个酪氨酸残基还有 2 个组氨酸残基、色氨酸残基与键合有关。这个配位复合体的构造还在研究中，根据 Windle 的研究认为，卵伴白蛋白的金属离子复合体结构如图 15-4 所示。

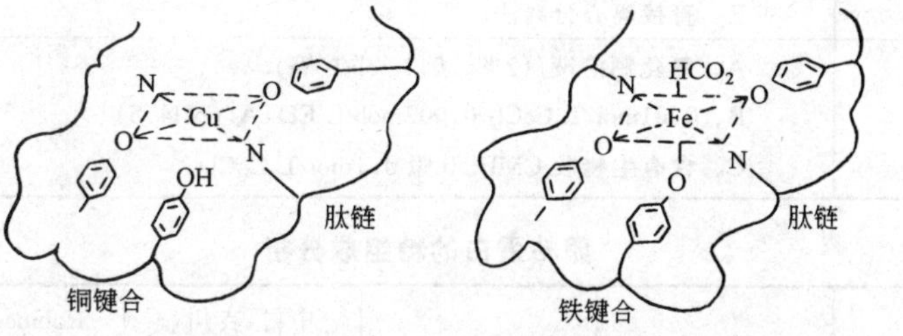

图 15-4　卵伴白蛋白的金属复合体

卵伴白蛋白具有阻止细菌生长的作用。在痢疾志贺氏菌之类的需 Fe 微生物培养基中加入蛋白时，卵伴白蛋白与 Fe 结合使微生物不能生长发育，从而起到阻止细菌生长的作用。卵伴白蛋白的蛋白质组成和血清铁传递蛋白相同，但糖链部分不同。卵伴白蛋白的相对分子质量为 70000～78000，含甘露糖 0.8%，不含半乳糖和唾液酸。卵伴白蛋白在与 Fe^{3+} 结合时呈红色，在 465nm 附近有最大吸收值；而与 Cu^{2+} 结合时，在 440nm 有最大吸收值，呈现黄色；与 Zn^{2+} 形成复合体时热变性温度提高，对蛋白质分解酶和各种变性处理的抵抗性提高。金属离子复合体于 pH6 以下时离解，也是显著影响蛋白稳定性的原因之一。卵伴白蛋白的双硫键即使在没有变性剂而仅有还原剂存在时，也容易被切断，但在复合体状态时变得对还原作用显示出非常高的抵抗性。这表明由于形成复合体使分子的结构更稳定了。卵伴白蛋白无论在电泳还是色谱中都被分为两种组分，这两种成分的肽结构图非常相似，可以推断二者的一级结构基本一致，二组分的热变性基本相同，而且也没有由于化学修饰而产生性质的差别。

(5) 卵粘蛋白：卵粘蛋白是很明显区别于其他蛋白质的一种蛋白质，约占蛋白中总蛋白质含量的 2%～2.9%，其中含有硫酸酯及半乳糖胺，且由于分子内结合而形成亚基的大量的胱氨酸和含有占蛋白中总含量约 50% 的唾液酸。它是呈纤维状的一种蛋白质，在溶液中显示出较高的粘性，具有维持浓厚蛋白组织，阻止蛋白起泡，和其他的粘蛋白一起阻止由于过滤性病毒引起的红血球凝集反应的作用。在蛋的贮藏中，蛋白的水样化依赖于卵粘蛋白的变化。卵粘蛋白的结构、大小和组成由于分析方法和条件受很大的影响。卵粘蛋白分布不均匀，卵粘蛋白的制备原料或是全蛋白，或是浓厚蛋白，即便是同一原料也因过滤的筛孔眼的大小不同，而使卵粘蛋白的组成不同。卵粘蛋白的制备方法见表 15-15。用不同制备方法得到的卵粘蛋白的糖组成见表 15-16。在卵粘蛋白制备时溶菌酶的混入是重要的。

浓厚蛋白是不透明层的重叠，为块状凝胶。由产出后的蛋仅取出浓厚蛋白而将不透明部分损坏，在离心分离时分为沉淀部分和液状部分。水样蛋白（内、外层）都不是沉淀部分，比较浓厚蛋白的液态部分和水样蛋白的蛋白质组成时，几乎没有差别。浓厚蛋白的沉淀部分是不溶性成分，为卵粘蛋白。另外，用水样蛋白和浓厚蛋白的液状部分制备卵粘蛋白时，则另一种卵粘蛋白沉淀出来，两种卵粘蛋白在组成上有所差异。将由浓厚蛋白制备的不溶性卵

表 15-15　　　　蛋白中卵粘蛋白的制备方法

种　类	方　　法
分离法	A、硫铵法（将硫铵半饱和沉淀于 2% 硫铵溶液中悬浮后离心分离） B、卵白稀释法　稀释液（a）水（调节 pH）；（b）缓冲液 C、除去溶菌酶卵白稀释法 除去溶菌酶法（a）直接结晶化；（b）直接结晶和膨润土吸附法 D、柱色谱法（Sepbarose）4B E、直接离心分离法
洗净法	A、氯化钙溶液（2%，0.1mol/L 等） B、0.01mol/L $CaCl_2$-0.002mol/L EDTA（pH4.5） C、含有生物胶 CMP-50 蹬 0.1mol/L $CaCl_2$

表 15-16　　　　卵粘蛋白的糖组成分析

项　目	内　容	Young	Odin	中村、吉川、佐藤	Robinson and Monsey	Donovan Davis and White
预处理	试　样 前处理	全蛋白	全蛋白 均质化、布过滤	全蛋白 均质化	浓厚蛋白 均质化、布过滤	全蛋白 均质化、布过滤
	分离法	A.B-(a)	B-(a)	B-(a)　C-(a)	B-(a)	C-(a)
	洗净法	A	A	A　　A	A	B
成分分析	全　　氮	12.5	13.3	12.7　12.4	—	14.2
	葡萄糖胺	11.0	4.7	6.1　9.0	9.1	5.9
	半乳糖胺	—	2.4		4.8	1.3
	半乳糖	—	4.4	11.0　11.2	9.3	7.4
	甘露糖	—	2.2		1.4	
	唾液酸	—	6.0	—　—	8.7	4.0
	总　　硫	17.3	—	—　—	—	2.16

粘蛋白用乙硫醇还原时成为二种组分（由二乙胺乙基纤维素柱或溶菌酶、琼脂糖柱分成 α-卵粘蛋白和 β-卵粘蛋白），即含糖约 50% 的电泳迁移度大的组分（F）-己糖 18.4%、己糖胺 18.3%、唾液酸 11.4%、硫酸 0.06% 和含糖约 15% 的电泳迁移度小的组分（S）-己糖 6.8%、己糖胺 6.7%、唾液酸 0.8%、硫酸 0.06%。在氨基酸组成上其组分也不同，F 组分含苏氨酸和丝氨酸特别多，而 S 组分含天冬氨酸和谷氨酸特别多。Robinson 和 Monsey 用浓厚蛋白制备的卵粘蛋白在盐酸胍和乙硫醇的溶液中的还原产物可溶解分离为二组分，其中含糖少的组分被命名为 α-卵粘蛋白（相应于 S-组分），含糖多的组分被命名为 β-卵粘蛋白（相应于 F-组分），还原前的复合体被命名为卵粘蛋白复合物。此外，水样蛋白和浓厚蛋白液状部分的可溶性卵粘蛋白的组成近似于 S-组分。由溶存性卵粘蛋白和水溶性卵粘蛋白制备的各卵粘蛋白、亚基的糖和氨基酸组成见表 15-17。

早川和佐藤从浓厚蛋白均匀透明的液状部分制备了卵粘蛋白（溶存性卵粘蛋白），用密度梯度电泳法确认其是单一的，根据光散射法测得其相对分子质量为 830 万。该卵粘蛋白组成成分中的 α-卵粘蛋白和 β-卵粘蛋白的最小单位的相对分子质量用离心沉降平衡法测定分别为 18 万和 40 万，α-和 β-的组成比是 87∶13。据此，推定溶存性卵粘蛋白的分子结构为如图 15-5 所示的模式。

表 15-17　　卵粘蛋白、亚基的糖和氨基酸组成

组　成	成　分	Is	Ⅰi	Ⅱs	Ⅱi
糖组成/%	己　糖	6.3	6.3	19.8	20.1
	半乳糖	4.4	4.3	19.4	19.7
	甘露糖	1.9	2.0	0.4	0.4
	N-乙酰己糖胺	7.5	8.5	19.1	21.6
	N-乙酰半乳糖胺	0	0	8.0	9.8
	N-乙酰葡萄糖胺	7.5	8.5	11.1	11.8
	唾液酸	0.3	0.7	12.6	15.3
	硫　酸	0.4	0.2	3.1	2.9
氨基酸组成/%	赖氨酸	5.6	5.8	5.7	3.0
	组氨酸	2.1	2.1	1.9	1.1
	精氨酸	2.7	2.6	2.4	1.1
	天冬氨酸	10.4	10.6	4.8	2.6
	苏氨酸	6.6	6.7	13.5	20.0
	丝氨酸	7.9	7.8	15.2	18.4
	谷氨酸	9.9	9.4	6.5	5.6
	脯氨酸	5.4	5.6	7.2	8.9
	甘氨酸	7.4	7.7	3.7	2.1
	丙氨酸	4.9	4.8	5.2	6.0
	胱氨酸（1/2）	6.7	7.0	3.4	2.5
	缬氨酸	6.4	6.7	4.2	3.1
	蛋氨酸	1.7	1.7	1.1	1.1
	异亮氨酸	6.8	5.6	8.6	7.2
	亮氨酸	6.8	7.2	7.4	7.3
	酪氨酸	3.6	3.5	5.1	6.1
	苯丙氨酸	3.9	4.0	2.5	2.6
	色氨酸	1.3		2.0	

说明：Is：溶存性卵粘蛋白用声波处理后的 α-卵粘蛋白；Ⅰi：不溶性卵粘蛋白用声波处理后的 α-卵粘蛋白；Ⅱs：溶存性卵粘蛋白用声波处理后的 β-卵粘蛋白；Ⅱi：不溶性卵粘蛋白用声波处理后的 β-卵粘蛋白。

Tomimatsu 和 Donovan 根据卵粘蛋白在 6mol/L 盐酸胍中的光散射测定得到其相对分子质量是 2300 万。若将它作为不溶性卵粘蛋白的单体，由于 α-和 β-卵粘蛋白的组成是 66∶34，所以 1 分子不溶性卵粘蛋白应由 84 个 α-卵粘蛋白分子和 20 个 β-卵粘蛋白分子所组成。同溶存性卵粘蛋白一样，推定不溶性卵粘蛋白的分子结构为如图 15-6 所示的模式。

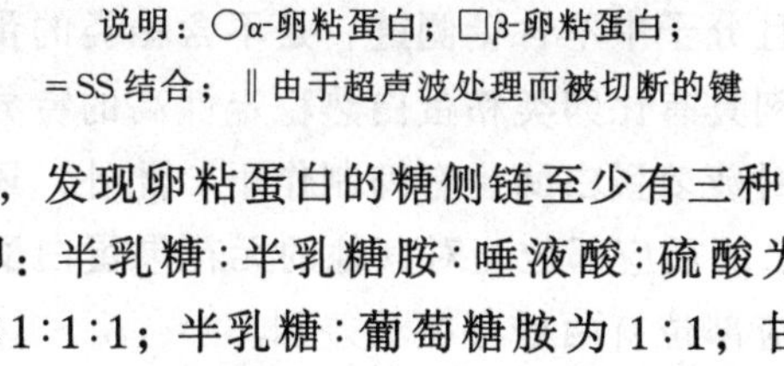

图 15-5　溶存性卵粘蛋白分子结构模式图

说明：○α-卵粘蛋白；□β-卵粘蛋白；＝SS 结合；‖由于超声波处理而被切断的键

此外，在卵粘蛋白糖侧链的研究中，加藤等将浓厚蛋白的卵粘蛋白凝胶蛋白酶分解物进行分离鉴别，发现卵粘蛋白的糖侧链至少有三种，即：半乳糖∶半乳糖胺∶唾液酸∶硫酸为 1∶1∶1∶1；半乳糖∶葡萄糖胺为 1∶1；甘露糖∶葡萄糖胺为 1∶1。进一步可分辨出卵粘蛋白的丝氨酸或苏氨酸以 *O*-苷键结合为主的二种糖链都是硫酸化糖链，即 *N*-乙酰半乳糖胺∶半乳糖∶*N*-乙酰神经氨酸∶硫酸的摩尔比为 1∶1∶1∶1 和 1∶1∶0.6∶0.5，并推定了部分结构。

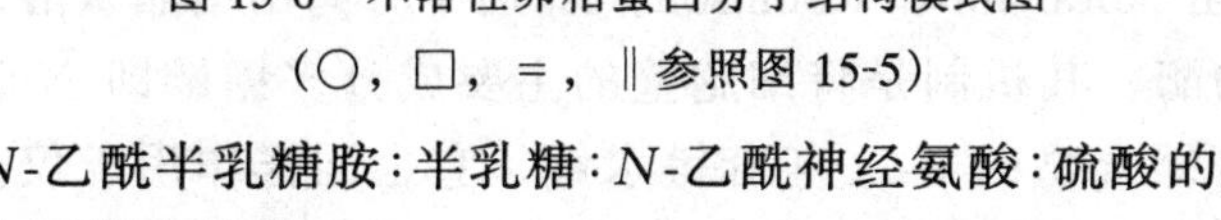

图 15-6　不溶性卵粘蛋白分子结构模式图

（○，□，＝，‖参照图 15-5）

(6) 蛋白质分解酶阻遏物质：在蛋白中发现三种蛋白质分解酶阻遏物质，其性质均已清楚。卵类粘蛋白、卵抑制剂和无花果蛋白酶抑制剂（或无花果蛋白酶、番木瓜蛋白酶抑制剂）的组成、相对分子质量和阻遏特性都不同。卵类粘蛋白阻遏胰蛋白酶等，卵抑制剂阻遏丝氨酸蛋白酶，无花果蛋白酶抑制剂阻遏硫醇蛋白酶。

① 卵类粘蛋白：卵类粘蛋白约占蛋白中蛋白质的 11%，相对分子质量为 28000，是含有唾液酸的糖蛋白质。这种蛋白质于电泳中是不均一的，至少可分离为五种有阻遏活性的部分。卵类粘蛋白含糖类 20%～25%，其糖组分是 *N*-乙酰葡萄糖胺 12.5%～15.4%，甘露糖 4.3%～4.7%，半乳糖 1.0%～1.5%和 *N*-乙酰神经氨酸 0.4%～4.0%。

卵类粘蛋白的一级结构已被确定，有Ⅰ、Ⅱ、Ⅲ三个区域，区域Ⅱ阻遏胰蛋白酶。在卵类粘蛋白分子中存在 9 个双硫键合，将这些双硫键合切断时阻遏活性消失，再氧化时活性回复。许多鸟蛋的卵类粘蛋白经氨基修饰后，胰蛋白酶阻遏活性消失，赖氨酸与阻遏活性有关，但不同的是对于鸡蛋精氨酸是反应活性部位。

卵类粘蛋白是热稳定性高的蛋白质，例如，在 pH3．9 下于 100℃加热 60min，从粘度、电泳和超速离心分析结果看没有变性；在 pH7 以下加热，其抗胰蛋白酶的活性是比较稳定的。卵类粘蛋白与蛋白中的其他蛋白质比较，其溶解度较大，将经过加热阻遏活性未变的卵类粘蛋白溶液的 pH 即使调整至等电点也不变为不溶性。卵类粘蛋白的重要生化特征是能抑制蛋白酶类，并且不同品种禽类的卵类粘蛋白的抑制作用是不同的，例如，鸡、鹅等的卵类粘蛋白只抑制胰蛋白酶，而火鸡、鸭等的卵类粘蛋白则能抑制胰蛋白酶和糜蛋白酶。

② 卵抑制剂：松岛发现在鸡蛋蛋白中除卵类粘蛋白以外存在着胰蛋白酶抑制剂，将其分离提纯命名为卵抑制剂。卵抑制剂在许多方面与卵类粘蛋白相似，但是卵抑制剂是多头抑制剂，加入胰蛋白酶也能对细菌的蛋白酶、霉菌的蛋白酶以及牛或鸡的胰凝乳蛋白酶等具有阻遏活性的作用。卵抑制剂占蛋白中蛋白质的 1.5%，是相对分子质量 49000 的糖蛋白质，其含糖量为 5%～10%。这种蛋白质与其他糖蛋白质一样是不均匀的，基于糖类含量的不同，可分为五种形式。糖链和多肽链的结合方式与蛋白中的其他糖蛋白质一样是 *N*-苷型。

卵抑制剂的阻遏活性的特征是至少存在着二种不同的活性部位，1mol 卵抑制剂可以阻遏或抑制 4mol 的酶，即 2mol 的胰蛋白酶和 2mol 的胰凝乳蛋白酶。卵抑制剂的氨基酸的排列已大致被确定，而且卵抑制剂和卵类粘蛋白一样有对热和酸非常稳定的特点。

③ 无花果蛋白酶抑制剂：无花果蛋白酶抑制剂或无花果蛋白酶、番木瓜蛋白酶抑制剂与卵类粘蛋白、卵抑制剂完全不同。无花果蛋白酶抑制剂的相对分子质量小，仅 12700，而且分子中不含糖侧链，是不含糖类的蛋白质，约占蛋白中蛋白质的 1%。无花果蛋白酶抑制剂具有比卵类粘蛋白热稳定性高的特异性能。它能抑制无花果蛋白酶和番木瓜蛋白酶，而且对菠萝蛋白酶也有抑制作用。此外，还有抑制组织蛋白酶 B_1 和 C 的特点，对于组织蛋白酶 C 的反应部位与对其他的无花果蛋白酶、番木瓜蛋白酶、组织蛋白酶 B_1 和菠萝蛋白酶的反应部位有两处存在着差别。

(7) 溶菌酶：自 1922 年 Fleming 于鼻粘液中发现了溶菌酶以后，确定了在鸡蛋蛋白中含有大量的溶菌酶。其后于 1937 年首先由 Abraham 和 Robinson 从卵白中分离出结晶状溶菌酶。溶菌酶是对细菌细胞壁有溶解作用的酶，其机制是将细胞壁的主要成分多糖链即 *N*-乙酰葡萄糖胺与 *N*-乙酰氨基糖酸的 β-1，4 缩合物的 β-1，4 苷键水解，它也同样作用于仅由 *N*-乙酰葡萄糖胺于 β-1，4 位结合的甲壳质缩合物。典型的溶菌酶敏感菌是藤黄微球菌或溶壁微球菌［*Micrococcus lutus*（旧名 *M.lysodeikticus*）］、枯草杆菌（*Bacillus subtlilis*）等部分革兰氏阳性菌。此外，溶菌酶还具有催化糖转位反应的作用。

卵白（蛋清）溶菌酶的等电点为 pH10.5～11.0，是碱性蛋白质，在卵白中也部分地与卵粘蛋白、卵伴白蛋白、卵白蛋白结合而存在。溶菌酶占蛋白中蛋白质量的 3%～4%，在系带膜状层或系带中的含量比其他蛋白层中至少多 2～3 倍，它在各蛋白层中含量基本相同。

溶菌酶的一级结构已被 Jolles 等及 Canfield 分别确定了，这项工作是近代化学史上的最伟大的成就之一，是仅次于第一个被确定了氨基酸顺序的蛋白质——胰岛素之后，第二个被确定出一级结构的蛋白质。卵白溶菌酶的一级结构是包含有 129 个氨基酸的单个多肽链，其中有四对半胱氨酸（或四个二硫桥）分别存在于下列位置之间，即 Cys-6 和 Cys-127，Cys-30 和 Cys-115，Cys-64 和 Cys-80 以及 Cys-76 和 Cys-94 之间，形成共价的横桥。

溶菌酶更高级的结构已为 Phillips 等采用 X-射线衍射法所确定。溶菌酶分子形状如卵形，大小为 4.5nm×3nm×3nm。溶菌酶分子构象中，螺旋结构只占 25%，大部分是不规则的卷曲结构。在溶菌酶分子构象中，α-螺旋存在于残基顺序第 5～15、24～34、88～96 之中。溶菌酶也有一部分 β 折叠。

溶菌酶有两个特点，其一是在分子表面的那些残基有亲水性，第 40～85 个氨基酸残基多为亲水性残基，而在分子内部一般都是疏水的，即由疏水性氨基酸残基组成的核作为中心链折叠。其二是在溶菌酶分子的表面有一个深陷的“凹槽”，其大小恰好能容纳多糖底物的 6 个单糖单元，这正是溶菌酶的活性部位。从溶菌酶的实体模型看，这个分子大体上是球形的，只是在它的上部有一个深陷的凹槽或裂隙，而这个裂隙如前所述正是底物所楔入的地方，多糖链的 6 个单元即 6 个氨基糖正好嵌在裂隙之中，由于糖单元中含有许多氧原子，所以易于形成氢键。在 6 个氨基糖和某些氨基酸侧链，如精氨酸（#114）、天冬酰胺（#37、44）、色氨酸（#62、#63）、天冬氨酸（#101）之间，以及在几种肽键上的 C=O 基团上，约形成了 14 个氢键。

X-射线晶体衍射分析结果还显示出溶菌酶同它的底物相结合的两个重要特性。在两者结合时，各自都有轻微的扭曲或变形，第四个己糖单位从正常的构型变为扭曲形，人们认为这样将使环 4 和环 5 间氧桥的靠近环 4 侧的 C—O 键拉紧了，因为底物多糖正好是在这一部位上被水解的，在两个己糖之间插入一个 H_2O 分子，结果己糖的链断裂，可以说这是一个酶降低激活能的实体模型。

至于溶菌酶本身和底物的连接似乎导致一些氨基酸残基做轻微的运动（大约 0.075nm），因而使裂隙在底物的面上有轻微的闭合，犹如“锁”和“钥匙”在相互结合时，其形状都略有改变。因此，一些生物学家认为，任何底物一旦和它的酶结合都会引起酶的构型变化。

对于环 4 和环 5 附近的氨基酸残基的研究结果，为人们提供了一种可信的溶菌酶完成催化作用的机制。在反应完成后，链破开了，两个片段从酶上分离下来，释出的酶自由地附到细菌壁的新的部位并重新进行工作。这样，细菌细胞壁的结构就被破坏了。

Feeney 等还报导了溶菌酶的稳定性，在 pH4.5 下加热 1～2min 仍是稳定的。在 pH9 下稍不稳定，尤其微量的 Cu^{2+} 可使此酶很不稳定。在 9mol/L 尿素中结构几乎没有变化，但 6mol/L 盐酸胍对其影响很大。这些稳定性变化是由于 4 个 S-S 交联和在每个溶菌酶分子中存在着 3 个水分子变化所致。溶菌酶在单独的溶液中也比在蛋白中的热稳定性高，这是由于在蛋白的热杀菌中溶菌酶与卵白蛋白的巯基反应而不活性化。

（8）抗生物素蛋白：抗生物素蛋白是在蛋白中存在的 0.05% 的微量糖蛋白，它是与生物素（水溶性维生素之一）结合而成为极稳定的复合体。若将生蛋白和生蛋黄一起食用，则蛋黄中的生物素不能被机体吸收，但因蛋白中的抗生物素蛋白含量较少，所以影响并不大。

抗生物素蛋白几乎不含有α-螺旋，它由4个亚基（相对分子质量各为15600）组成，各亚基与1分子的生物素结合，由128个氨基酸残基组成，糖链由4分子的*N*-乙酰葡萄糖胺和5分子的甘露糖组成，天冬氨酸残基依靠酰胺键与氨基糖结合。

抗生物素蛋白有在6mol/L盐酸胍中离解成1根多肽链，而在2mol/L以下的盐酸胍中再缔合的性质，它在8mol/L尿素中是稳定的，但在85℃的温度下变得不稳定，而抗生物素蛋白-生物素复合体在这一温度下却是稳定的。为了使结合的生物素游离必须在120℃下加热15min。复合体对蛋白质分解酶的抵抗性也大，抗生物素蛋白和生物素的结合部位的4个残基中的2个残基与色氨酸有关。作为生物素捕俘剂的抗生物素蛋白有防止蛋由于微生物作用而腐败的效果，也就是说抗生物素蛋白由于能抑制细菌对生物素的摄取，而起到抗菌剂的作用。

（9）卵巨球蛋白：卵巨球蛋白约占蛋白中蛋白质的0.5%，是蛋白中相对分子质量很大的一种蛋白质（相对分子质量在800000左右），属于糖蛋白，略具球形。已知它是蛋白中在免疫学上惟一具有广谱交叉反应能力的成分，它具有强的免疫力。这种蛋白质近似于卵粘蛋白，具有阻遏流感病毒的血液凝集反应的活性。它在6mol/L盐酸胍或8mol/L尿素中释放出亚基，而前者变性，后者不变性，在pH7下的转位温度为62～64℃，结构中几乎不含有α-螺旋。

（10）黄素蛋白：蛋白中的黄素蛋白是由核黄素与所有的脱辅基蛋白（可以与核黄素结合的蛋白质）结合而成的，占蛋白中蛋白质量的0.8%～1.0%。在蛋白中脱辅基蛋白与黄素蛋白差不多等量存在，脱辅基蛋白含有由甘露糖、半乳糖和葡萄糖胺组成的14%的糖类，并含有0.7%～0.8%的磷。脱辅基蛋白有二种形式，一种含7个磷酸根，另一种含8个磷酸根，都与丝氨酸残基相结合。核黄素与脱辅基蛋白相结合的摩尔比为1:1。若将脱辅基蛋白用胰蛋白酶或胰凝乳蛋白酶进行酶解或用8mol/L尿素处理则就变得没有结合能力了，而在pH7下即使加热15min结合能力也不受影响。

（11）卵球蛋白G_2和G_3：Longsworth等研究证明蛋白中存在三种卵球蛋白，称为G_1、G_2、G_3，后来发现G_1就是溶菌酶。在蛋白中G_2和G_3每种成分各约占4%。卵球蛋白是一种典型的球蛋白，饱和的$MgSO_4$和半饱和的$(NH_4)_2SO_4$溶液均能使其沉淀。在食品加工中卵球蛋白可作为优良的发泡剂。有人发现在不同品种的母鸡中G_3有8种变型，因而认为卵球蛋白可能有一定的遗传变异性。

（12）卵糖蛋白：是酸性糖蛋白质，其中的糖类是由13.6%的己糖（甘露糖和葡萄糖之比为2:1）、13.8%的葡萄糖胺、3%的唾液酸组成，N-端是苏氨酸。

3. 蛋白中的碳水化合物

蛋白中的碳水化合物分两种状态存在，一种是同蛋白质结合，呈结合状态存在，例如同卵粘蛋白和类粘蛋白结合的碳水化合物都属于这类；另一种呈游离状态存在，主要是葡萄糖，也是蛋白中含糖的主要形式。几种禽蛋中葡萄糖的含量见表15-18。

表15-18　几种禽蛋中葡萄糖的含量　　单位：%

禽种 / 蛋的部分	鸡	鸭	鹅
全蛋	0.34	0.41	0.36
蛋白	0.41	0.55	0.51

值得注意的是，蛋白中碳水化合物的含量虽然很少，但在蛋品加工中，尤其是在加工蛋白粉、蛋白片等产品时，对产品的色泽有很大的影响。

4. 蛋白中的酶

禽蛋之所以能发育形成新的生命个体，除了因为含有多种营养成分和化学物质外，还因为含有很多的酶类。仅蛋白中就含有蛋白分解酶、淀粉酶、二胜酶和溶菌酶等。溶菌酶在一定的条件和时间内有杀菌作用，在 37～40℃ 及 pH7.2 时活力最强（有关内容已在前面述及），初生蛋含菌量较少即同此酶有关。这些酶在胚胎发育一开始就开始具有活性，与新生雏的形成有密切的关系。

5. 蛋白中的维生素及色素

蛋白中的维生素比蛋黄中的少，其主要种类有维生素 B_2 240～600mg/100g，维生素 C 0.21mg/100g，烟酸 5.2mg/100g，泛酸在干燥蛋白中含 0.11mg/100g。蛋白中的色素很少，其中含有少量的核黄素，因此干燥后的蛋白带有浅黄色。

6. 蛋白中的无机成分

蛋白中的无机成分主要有 K、Na、Mg、Ca、Cl 等，其在鸡蛋蛋白中的含量见表 15-19。此外还有硼、溴、碘等微量元素。

表 15-19　　鸡蛋蛋白中的主要无机成分含量（以鲜蛋白计）　　单位：%

成分	K	Na	Mg	Ca	SO_4	PO_4	Cl	总灰分
鸡蛋白	0.152	0.163	0.011	0.014	0.635	0.045	0.169	0.6

三、系带及蛋黄膜的化学成分

（1）系带和系带膜状层：系带膜状层是嵌入蛋黄膜的系带纤维层。在蛋的小头和近于大头的蛋黄膜的端部，系带膜状层较厚，从靠近小头的端部伸出二根扭转的丝状系带于浓厚蛋白中，而从靠近大头的端部则伸出一根扭转的丝状系带于浓厚蛋白中。系带膜状层和系带有同样的结构，系带膜状层占全部蛋白的 2%，系带占全部蛋白的 0.2%～0.8%。

系带很早就被认为是一种卵粘蛋白，但对它的分析做得不多，现有结果表明系带中含 N13.3%、S1.08%、胱氨酸 4.10%、葡萄糖胺 11.4%。佐藤和加藤将系带用 2% KCl 和水洗净，用与分析浓厚蛋白中的不溶性卵粘蛋白同样的方法进行分析，得到两种组分的比率和它们的氨基酸、糖的组成见表 15-20。可以看出，用声波法和还原法所得的组分Ⅰ与不溶性卵粘蛋白的 α-组分完全一样，而糖含量多的组分Ⅱ的糖含量比不溶性卵粘蛋白的 β-组分稍微少一些，而且蛋白质的氨基酸组成也稍有不同。

系带上结合着较多的溶菌酶，在系带固形物中溶菌酶的含量约相当于蛋白固形物中溶菌酶的含量的 3 倍。

表 15-20　　系带中两种组分的比例和组成

		组分Ⅰ	组分Ⅱ
在系带中的含量		64～79	36～21
糖组成/%	己糖	6.7～6.3	18～22.1
	N-乙酰己糖胺	8.1～7.1	14.1～19.4
	唾液酸	0.9～1.2	6.7～12.1
	合计	15.7～14.6	38.8～53.6

续表

在系带中的含量		组 分 Ⅰ	组 分 Ⅱ
		64～79	36～21
氨基酸组成/%（摩尔分数）	赖氨酸	6.1～7.1	5.8～4.5
	组氨酸	2.5～3.9	2.8～2.2
	精氨酸	3.2～3.3	2.7～2.6
	天冬氨酸	10.0～10.4	7.9～6.7
	苏氨酸	6.9～7.4	9.0～12.0
	丝氨酸	7.6～8.5	9.4～10.3
	谷氨酸	10.3～10.5	9.4～7.1
	脯氨酸	6.2～3.8	7.4～7.3
	甘氨酸	7.1	7.1～5.9
	丙氨酸	4.6～5.1	5.6～4.9
	胱氨酸（1/2）	5.6～4.7	3.7～3.5
	缬氨酸	6.5～5.8	5.8～6.6
	蛋氨酸	1.3～1.5	1.3～1.5
	异亮氨酸	6.7～3.8	5.3～3.4
	亮氨酸	6.9～6.5	8.2～6.0
	酪氨酸	3.6～4.8	5.0～10.6
	苯丙氨酸	4.7～4.0	4.6～5.0

* 组分Ⅰ的数值是根据还原溶解法测定的值，组分Ⅱ的数值是根据声波溶解法测定的值。

（2）蛋黄膜：蛋黄膜是包围蛋黄的半透明膜，是可耐蛋白和蛋黄的渗透压差的强韧的膜。但是带壳蛋贮藏时，蛋黄膜随着贮藏时间的延长将脆弱化，这种劣化可用蛋黄指数的降低来表示，严重时蛋黄膜将破裂。

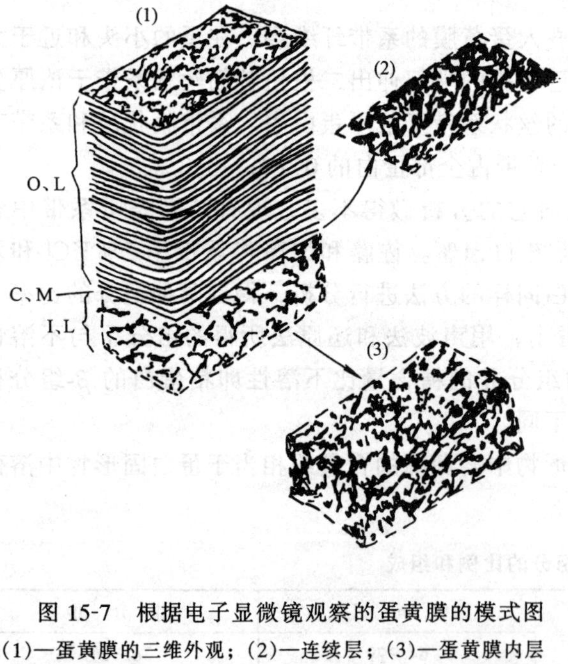

图 15-7 根据电子显微镜观察的蛋黄膜的模式图
(1)—蛋黄膜的三维外观；(2)—连续层；(3)—蛋黄膜内层
C、M—连续层；O、L—蛋黄膜外层；I、L—蛋黄膜内层

蛋黄膜由蛋黄周围膜内层和外层组成，内层紧贴蛋黄，外层紧贴着蛋白。Bellairs 等用电子显微镜对蛋黄膜进行了观察，得出了蛋黄膜的模式图（见图 15-7）。在内层和外层之间存在有连续层。佐藤和加藤依据扫描电镜搞清了内层和外层的微细结构，内层侧的表面结构由一种圆筒状的纤维组成，并分叉形成三维网状结构，纤维的直径为 0.4～0.6μm，纤维间无填充物质。外层侧的表面结构与内层的结构明显不同，在细纤维层上还有较粗纤维层，粗纤维形成了系带膜状层。粗纤维的直径为 0.7～1.8μm，细纤维约为 0.1μm。外层为细纤维以二维的形式横向形成层状结构，并由数层重叠堆积而成为多层结构，外层表面由上述的粗纤维束和粘液物质组成的系带膜状层作为蛋白系带的延长部分而存在，在蛋黄膜上组成凝胶状层。系带膜状层越靠近系带越致密，在蛋黄膜和系带结合部位附近成为浓厚的凝胶，外层被系带包围着。

蛋黄膜的平均质量约为51mg，含水量为88%，脱脂的膜干重约为7mg，外层和内层质量之比约为2:1。蛋黄膜的主要成分是蛋白质，其蛋白质含量占87%，脂质占3%，糖占10%。内层和外层的主要成分都是糖蛋白。在蛋黄膜的干重中己糖占8.5%，己糖胺占8.6%，唾液酸2.9%。内层的己糖和*N*-乙酰己糖胺共为4.0%，外层则分别为5.4%和7.3%。

蛋黄膜蛋白质的氨基酸多为疏水性的，这成为蛋黄膜具不溶性的原因之一；在氨基酸中不含有组成结缔组织蛋白质的羟脯氨酸，由此可以推论蛋黄膜中不存在胶原。蛋黄膜中含有的脂质为干重的1.35%，其中中性脂质部分是三甘油酯、甾醇、甾醇酯以及游离脂肪酸，而复合脂主要成分是神经鞘磷脂。

四、蛋黄的化学成分

蛋黄中约含有50%的干物质，其主要种类有蛋白质、脂肪、糖类、盐类、色素、维生素。各种成分的大体比例见表15-21。

表15-21　鸡蛋蛋黄的化学成分　　单位：%

样品号	水分	蛋白质	脂肪	碳水化合物	灰分
Ⅰ	51.03	16.12	31.39	0.48	1.01
Ⅱ	50.93	16.05	31.70	0.29	1.02

从蛋黄的结构可知道，蛋黄有白色蛋黄和黄色蛋黄之分。白色蛋黄约占蛋黄的5%，黄色蛋黄约占95%。两者的化学组成有很大的差别，详见表15-22。

表15-22　两种蛋黄的组成　　单位：%

类别＼成分	比例	水分	蛋白质	脂肪	磷脂	浸出物	灰分
白色蛋黄	5%	89.7	4.60	2.39	1.13	0.40	0.62
黄色蛋黄	95%	45.5	15.04	25.2	11.15	0.36	0.44

1.蛋黄中的蛋白质

蛋黄中的蛋白质大部分为脂蛋白，其中包括低密度脂蛋白、卵黄球蛋白、卵黄高磷蛋白和高密度脂蛋白。蛋黄中蛋白质的组成见表15-23。当离心稀释蛋黄时，能沉降分离出浆状物和颗粒，其组成见表15-24。这些颗粒占蛋黄固形物的23%。颗粒含有卵黄高磷蛋白、高密度脂蛋白和少量低密度脂蛋白，浆状物中含有低密度脂蛋白和卵黄球蛋白。下面将各种蛋白质的特性阐述如下。

表15-23　蛋黄中蛋白质的组成　　单位：%

低密度脂蛋白	卵黄球蛋白	卵黄高磷蛋白	高密度脂蛋白	其他
65.0	10.0	4.0	16.0	5.0

表15-24　颗粒和浆状物的蛋白质组成　　单位：%

项目	高密度脂蛋白	低密度脂蛋白	卵黄高磷蛋白	卵黄球蛋白
颗粒	70	12	16	0
浆状物	0	86	0	14

（1）低密度脂蛋白：低密度脂蛋白通常称 LDL（Low density lipoprotein）。LDL 是蛋黄中存在量最多的蛋白质，也是蛋黄显示出乳化性、将蛋黄冻结又融解时凝胶化的原因之所在。

LDL 的脂质含量非常高，达 89%；蛋白质占 11%，因此，密度低（0.89g/cm^3）。将 LDL 用乙醚处理时，在乙醚层和水层之间有不溶性的脂蛋白，称为卵黄脂蛋白，但是，用乙醚处理的脂蛋白非常容易变性。

将 LDL 于超速离心机上分离时，可分成二个组分，分别称为 LDL_1 和 LDL_2，其含量比为 1∶4，其组成颇相似，但是相对分子质量有明显的差异。LDL_1 为 10.3×10^6，而 LDL_2 为 3.3×10^6。两者的组成见表 15-25。

表 15-25　　LDL_1 和 LDL_2 的组成

成　　分	LDL_1	LDL_2
总脂质含量/%	89	86
脂质中的 P 含量/%	1.0	1.14
脂质中的 N/P	1.04	1.14
脂质中的甾醇含量/%	3.3	3.4
脂质中的游离脂肪酸含量（看做硬脂酸）/%	5	4.5
非脂物质含量/%	11	14
非脂物中的 N 含量/%	14.8	13.7
非脂物中的 P 含量/%	0.15	0.16
磷脂质中的磷脂酰胆碱含量/%	84	83
磷脂酰乙酰胺含量/%	13	14

LDL 易被分解磷脂的磷脂酶 C 和蛋白质分解酶分解，它的构造可能具有以下的模式：以三甘油酯为轴心，磷脂、蛋白质、甾醇之类具有极性基的分子覆盖于其上。

LDL 也是糖蛋白，约含 3% 的糖，糖基结合于天冬氨酸残基上。

（2）卵黄脂磷蛋白（Lipovitellin）：又称为高密度脂蛋白（HDL，High Density Lipoprotein），与 LDL 相比含脂质量少，而且脂质大部分存在于分子的内部。卵黄脂磷蛋白存在于颗粒中，与卵黄高磷蛋白形成复合体，经电泳可分成两个组分，分别称为 α-、β-卵黄脂磷蛋白（含量比为 1∶1.8）。α-、β-卵黄脂磷蛋白的组成见表 15-26。

由表 15-26 可以看出两者组成相当类似。α-、β-卵黄脂磷蛋白相对分子质量相同（4×10^6），均由同样大小的亚基组成，两者的脂肪酸组成也没有差别，两者的电泳性质不同是由于它们中所存在的磷酰基的含量不同。与 LDL 一样，卵黄脂磷蛋白也含有少量的糖类（0.75%）。

表 15-26　　α-卵黄脂磷蛋白和 β-卵黄脂磷蛋白的组成　　单位：%

成　　分	α-卵黄脂磷蛋白	β-卵黄脂磷蛋白
总脂质	22.2	21.7
磷　脂	11.6	11.6
全　P	0.91	0.65
脂质中的 P	2.1	2.1
蛋白质中的 P	0.50	0.27
蛋白质中的 N	16.2	16.3
蛋白质中的 S	1.14	1.21

在酸性 pH 范围内，卵黄脂磷蛋白以高聚合体形式存在，而随 pH 的升高离解为单体。

α-卵黄脂磷蛋白在 pH10.6 下，β-卵黄脂磷蛋白在 pH7.8 下，分别有 50%离解为单体。此外，聚合体的形成与巯基和磷酰基无关，而随着温度、离子强度和蛋白质浓度的提高，聚合体的离解被抑制。因此，可以认为形成聚合体的力是由于疏水键所致。

(3) 卵黄高磷蛋白 (Phosvitin)：卵黄高磷蛋白是由 Mecham 和 Olcott 首先从蛋黄中分离出来的含磷蛋白质，其所含有的磷至少占卵黄磷蛋白的 80%，而占蛋黄总含磷量的 69%，但所含的蛋白质则仅占蛋黄蛋白质的 4%。卵黄高磷蛋白的相对分子质量约为 36000，其磷酸根几乎都是以 *O*-磷酰丝氨酸形式存在。其氨基酸组成，约占总量 54%的是丝氨酸，且其中的 94%～96%与磷酸相结合，约含 6.5%的糖。

卵黄高磷蛋白由于结合有多个磷酸根，在溶液中表现出与酸性多肽同样的特性，即易与各种阳离子相结合，现在已确认的有 Ca^{2+}、Mg^{2+}、Mn^{2+}、Co^{2+}、Sr^{2+}、Fe^{2+}、Fe^{3+} 等，其中也有与精朊、细胞色素 C 等相结合的。而且在酸性范围 (pH≤2) 内结合在卵黄磷蛋白上的磷酸根的离解被抑制时，卵黄高磷蛋白由不规则的结构变化为 β-结构，这种变化在冻结融解过程中，即使在高一些的 pH 条件下也会发生。

(4) 卵黄球蛋白 (Livetin)：卵黄球蛋白最先由 Kay 和 Marshall 从卵黄中提出，随后 Martin 用电泳分离或超速离心法将其分离出 α-、β-、γ-三种成分。但是在进行圆盘凝胶电泳时，γ-卵黄球蛋白是一种成分，α-和 β-卵黄球蛋白进一步被区分为 15 种成分。其相对分子质量是 α-卵黄球蛋白 80000，β-卵黄球蛋白 45000，γ-卵黄球蛋白 150000，在卵黄中三者的比例为 2∶3∶5 或 2∶5∶3。卵黄球蛋白的组成见表 15-27。

表 15-27　　卵黄球蛋白的组成　　单位：%

种　类	α-卵黄球蛋白	β-卵黄球蛋白	γ-卵黄球蛋白
N	14.3	14.3	15.6
己　糖	—	7	2.6
己糖胺	—	—	1.8

从免疫学角度看，卵黄球蛋白与鸡的血清蛋白质是相同的，已确认 γ-卵黄球蛋白与血清白蛋白一致，β-卵黄球蛋白与 α_2-糖蛋白一致，α-卵黄球蛋白与 α-球蛋白一致。有人认为卵黄球蛋白中还含有存在于卵黄中的 α-淀粉酶、胆碱酯酶、磷酸酯酶等酶的大部分。

(5) 核黄素结合性蛋白质：即核黄素与卵黄中蛋白质的结合体，也称为 YRBP (Yolk riboflavin binding protein)。蛋黄中核黄素结合性蛋白质在蛋黄中仅含微量，占蛋黄中总蛋白质的 0.4%。

蛋白质与核黄素以 1∶1 比例形成复合体。复合体在 pH3.8～8.5 的范围内是稳定的；在 pH3.0 以下时，则核黄素离解。已知复合体的相对分子质量为 36000，含 12%的糖。糖的组成是 1mol 蛋白质相当于 6mol 葡萄糖胺，3mol 葡萄糖，5mol 半乳糖，6mol 甘露糖，1mol 岩藻糖。

同核黄素结合的蛋白质也存在于卵白中，已知其色氨酸残基对于与核黄素的键合是必须的。蛋中的核黄素结合性蛋白质与存在于血清中的核黄素结合性蛋白质在免疫学上是同样的。

2. 蛋黄中的脂质

蛋黄中的脂质含量最多，占 30%～33%，其中又以属于甘油酯的真正脂肪所占的比重最大，约占 20%；其次是磷脂类（包括卵磷脂、脑磷脂和神经磷脂），约占 10%；以及少量的固醇（包括甾醇、胆固醇和胆脂醇）和脑苷脂等。从蛋黄中提取脂质时，通常使用各种有机溶剂，但是由于溶剂的种类和萃取的条件不同，则被提取出来的脂质的数量和组成也有很大的差异。其原因之一可能是卵黄脂质的大部分往往与蛋白质相结合着。蛋黄中几类脂类物质的含量见表15-28、表15-29。

表 15-28　蛋黄中几种脂类物质的含量（以鲜物计）　单位：%

水分	总脂肪	真脂	磷脂	胆甾醇
48.15～48.57	31.95～32.10	20～23	10.52～10.66	1.40～1.52

表 15-29　鸡蛋蛋黄中的脂类物质含量

脂类	含量	
	g/100g	%
真正脂肪	3.8	62.3
磷脂	2.0	32.8
固醇	0.3	4.9
脑苷脂	微量	

（1）磷脂类：蛋黄中的磷脂类不仅本身具有很强的乳化作用，而且作为脂蛋白的组成成分也使蛋黄显示出较强的乳化能力。但由于蛋黄磷脂含有不饱和脂肪酸多，所以易于氧化，是很不稳定的。因此，在蛋品的贮藏上，即使是蛋黄粉和干全蛋品的贮存蛋黄磷脂也是应引起注意的重要成分。蛋黄磷脂质的组成中卵磷脂（磷脂酰胆碱）占的比例较大。蛋黄磷脂质的组成见表15-30。在磷脂中占有大部分的甘油磷脂质的脂肪酸组成见表15-31。

表 15-30　蛋黄中磷脂质的组成　单位：%

成分	组成	成分	组成
磷脂酰胆碱	73.0	神经鞘磷脂	2.5
溶血磷脂胆碱	5.8	磷脂酰肌醇	0.6
磷脂酰乙醇胺	15.0	缩醛磷脂	0.9
溶血磷脂酰乙醇胺	2.1		

表 15-31　蛋黄甘油磷脂质的脂肪酸组成　单位：%

脂肪酸的结合位置	16:0	16:1	18:0	18:1	18:2	20:4	22:4	22:6
磷脂酰胆碱								
1	61.3	1.1	27.0	8.5	1.2	—	—	—
2	1.5	6.2	0.1	52.1	33.2	6.5	1.0	3.5
磷脂酰乙醇胺								
1	32.2	—	59.2	7.4	0.8	—	—	—
2	1.4	0.4	1.0	24.9	22.2	29.0	5.7	12.1

在表15-31中，磷脂酰胆碱以及磷脂酰乙醇胺的1位上主要是饱和酸，而2位上则主要是不饱和酸。但是各自在脂肪酸组成上也有不同，即在磷脂酰胆碱的1位上主要是软脂酸，而在磷脂酰乙醇胺的1位上主要是硬脂酸。在2位的不饱和脂肪酸，于磷脂酰胆碱主要是油酸，而于磷脂酰乙醇胺主要是花生四烯酸、油酸、亚麻酸和C_{20}以上的多烯酸等。卵磷脂有

α-型与β-型之分。α-卵磷脂的结构式是：

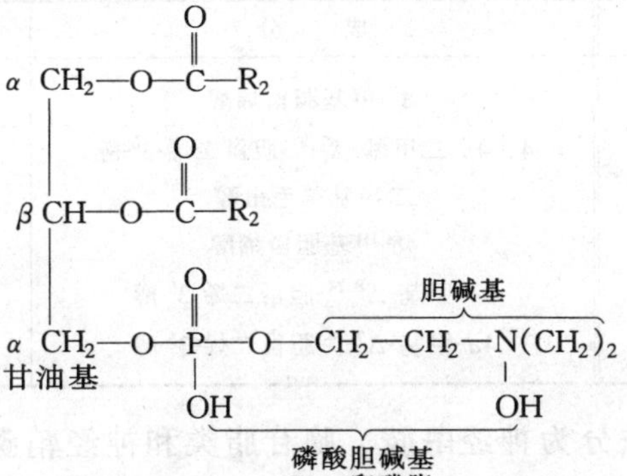

D-α-卵磷脂

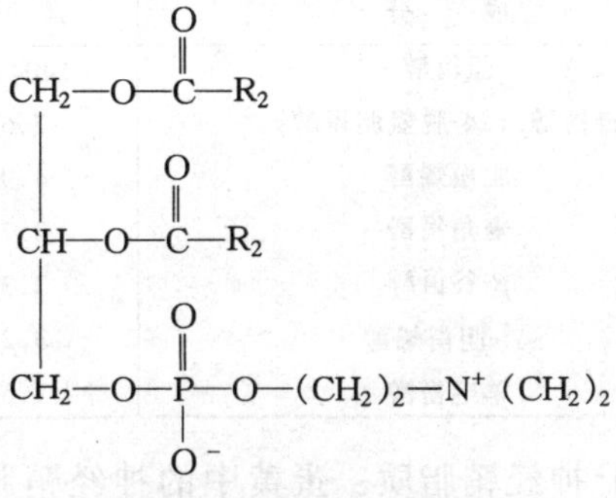
D-α-卵磷脂（两性离子型）

式中R_1（或R_2） $-\overset{O}{\overset{\|}{C}}-$ 是脂酰基。卵磷脂中的α-型即磷酸胆碱基连接在甘油基的第3碳位上，β-型乃连在第2碳位上。R_2-CO-基如在甘油碳链左边则称L-α-卵磷脂。又因卵磷脂的磷酸基上的H和胆碱基N上的—OH基都可离解，因此，它的结构式又成两性离子型（同一分子上带正、负两种电荷的化学结构式称两性离子）。

（2）真脂：蛋黄中的真正脂肪，系由不同的脂肪酸和甘油所组成的三甘油酯，其各种理化常数见表15-32。三甘油酯的脂肪酸组成见表15-33。

表15-32　　蛋黄中脂肪的理化常数

相对密度	0.918	碘　价	69.8～70.3
融　点	16～18℃	水溶性挥发性脂肪酸数	0.62
凝固点	-5～-7℃		
皂化价	190.2	波连斯克值（非水溶性挥发性脂肪酸数）	0.28
酸　价	4.47		
折射率 25°	1.4660		
折射率 40°	1.4616～1.4634		

表15-33　　蛋黄中三甘油酯的脂肪酸组成　　单位：%

脂肪酸的结合位置	14:0	16:0	16:1	18:0	18:1	18:2	18:3
1、2、3	0.6	28.8	5.3	5.9	46.6	12.2	0.9
1、2、3	0.4	29.0	4.7	6.7	48.8	9.8	0.6
1	0.5	71.4	5.1	3.5	16.5	2.4	0.6
2	0.3	4.0	3.0	2.8	63.4	25.6	0.9
3	0.4	11.6	6.0	13.8	66.5	1.4	0.3

由表15-33看出，三甘油酯中油酸最多，棕榈酸、亚油酸、硬酯酸和棕榈油酸次之，而亚麻酸和肉豆蔻酸微量，其中三甘油酯1位上的脂肪酸70%是棕榈酸，2位上油酸较多，而3位上除油酸外硬脂酸和软脂酸也较多。这种脂肪酸的分布与动物脂肪中1位是饱和酸、2位是不饱和酸、3位是两者均有是一致的。

蛋黄中三甘油酯的脂肪酸组成易受到家禽饲料的影响，当家禽饲料中含有亚麻油之类的成分时，其禽蛋蛋黄中含有亚油酸和亚麻酸的比例增多。

（3）类甾醇：蛋黄中的类甾醇几乎都是胆甾醇，其余的甾醇大部分是动物性甾醇类，也存在一部分β-谷甾醇和甲基胆甾烯醇之类的植物性甾醇等。蛋黄中类甾醇的组成见表15-34。

表 15-34　　　　蛋黄中类甾醇的组成　　　　单位：mg/100g 卵黄

成　分	含　量	成　分	含　量
胆甾醇	1404.0	Δ^7-甲基胆甾烯醇	0.7
链甾醇（24-脱氢胆甾醇）	7.6	4，4α-二甲基-$\Delta^{7,24}$-胆甾二烯-3^{β}-醇	0.5
胆甾烯醇	4.9	二羟基羊毛甾醇	0.4
麦角甾醇	3.7	48-甲基胆甾烯醇	微量
β-谷甾醇	3.3	4α-甲基-$\Delta^{8,24}$-胆甾二烯-3^{β}-醇	微量
Δ^7-胆甾烯醇	3.2	4α-甲基-$\Delta^{7,24}$-胆甾二烯-3^{β}-醇	微量
羊毛甾醇	1.6		

（4）神经鞘脂质：蛋黄中的神经鞘脂质分为神经酰胺、脑苷脂类和神经鞘磷脂，并以1:2:7的比例存在。神经酰胺是神经鞘氨醇与脂肪酸的酰胺键合物。脑苷脂类是于神经酰胺上以苷键结合的化合物。而神经鞘磷脂是于神经酰胺上以酯键结合磷酸胆碱的化合物。

3．蛋黄中的色素

蛋黄之所以能够呈现黄色或橙色，是因为含有多种色素。其中的色素主要有叶黄素、玉米黄质、胡萝卜素、核黄素等。蛋黄中的色素同饲料和管理有关，当禽类长期食用含色素少的饲料时，蛋黄可能呈现浅黄色或淡白色。放养的鸡比舍饲的鸡，蛋黄的颜色要深得多。

4．蛋黄中的维生素

蛋黄中含有维生素 A、维生素 B_1、维生素 B_2、维生素 B_6、泛酸以及维生素 C、维生素 D、维生素 E、维生素 H、维生素 K 等等。

5．蛋黄中的无机成分

蛋黄中含无机成分 1%～1.5%。鸡蛋蛋黄中无机成分的含量见表 15-35。

表 15-35　　　　鸡蛋蛋黄中无机成分的含量　　　　单位：%

名称	总灰分	K	Na	Mg	Ca	SO_4	PO_4	Cl
蛋黄	1.53	0.11	0.049	0.017	0.137	0.645	1.86	0.178

蛋黄中除含有上述各种成分外，还含有游离状的糖类，折合葡萄糖约 0.12%。此外，蛋黄中还含有多种酶类，例如淀粉酶、蛋白酶、解脂酶以及过氧化氢酶等。

第十六章　禽蛋的特性

第一节　禽蛋的功能特性

禽蛋有很多重要特性，其中与食品加工密切相关的有蛋的凝固性、乳化性和发泡性。这些特性使得蛋在各种食品，如蛋糕、饼干、再制蛋、蛋黄酱、冰淇淋及糖果等制造中得到广泛应用，是其他食品添加剂所不能代替的。

一、蛋的凝固性

蛋的凝固性或称凝胶化性，是蛋白质的重要特性。当禽蛋蛋白受热、盐、酸或碱及机械作用时会发生凝固。蛋的凝固是一种蛋白质分子结构的变化，该变化使蛋液变稠，由流体变成固体或半固体（凝胶）状态。

1. 凝固的机理

蛋白质的凝固分为两个阶段：即变性和结块。

变性就是在外界因素作用下，蛋白质分子的次级键（如氢键、二硫键、盐键等）被破坏，使分子有规则的肽链结构（二级、三级、四级结构）打开呈松散不规则的结构，分子的刚性降低，柔性、不对称性增加，疏水基团暴露，形成中间体。当受外界因素作用不强或作用时间短时，中间体回复到原来状态，仍具有原来物质的特性，这称可逆变性。当外界作用因素强或作用时间长时，中间体中被释放出来的极性基因重新形成新的空间结构，改变了原来物质的性质，这称不可逆变性。不可逆变性的蛋白质分子的肽链之间又借助次级键相互缔合形成较大的聚合物成为凝胶状的块，使蛋白质失去流动性和可溶性。

2. 影响禽蛋蛋白质凝固的因素

影响蛋白质凝固变性的因素很多，如热、酸、盐、有机溶剂、光、高压、剧烈振荡等。现将在食品加工中常见的介绍如下：

（1）热：蛋经加热，便由生变成半熟，再由半熟达到全熟，其蛋白、蛋黄的状态有多种变化。表 16-1 示出蛋白、蛋黄加热温度与凝固的关系。这是在加热时间一定的情况下，不同加热温度所引起的凝固变化。如果温度一定，不同加热时间也可发生不同程度的变性，时间愈长，变性凝固愈深。例如，日本的温泉蛋是于 65～68℃ 下浸泡 50min 制成的，蛋黄凝固而蛋白呈半流动状态的半熟蛋。在短时间的高温中，蛋白凝固而蛋黄呈半流动状态。

表 16-1　　加热温度与蛋白、蛋黄凝固的关系（加热 8min）

温度/℃	蛋白的凝固状态	蛋黄的凝固状态
55	液态透明，几乎无变化	无变化
57	液态，稍有白色混浊	无变化
59	乳白色、半透明，稍呈凝胶状	无变化
60	乳白色、微半透明的凝胶状	无变化

续表

温度/℃	蛋白的凝固状态	蛋黄的凝固状态
62	乳白色、微半透明的凝胶状	无变化
63	乳白色、微半透明的凝胶状	微粘稠，几乎无变化
65	白色、半透明的凝胶状，分离出稀薄蛋白质	粘而柔软的糊状
68	白色，凝胶状的半固体，分离出稀薄蛋白质	粘而结实的糊状，近半熟
70	能凝固成型，柔软，周围有稀薄蛋白质分离	粘而成饼状，半熟
75	能凝固成型，稍软，稀薄蛋白质也凝固	富有弹性的树胶状，硬，半熟，色稍白
80	完全凝固，硬	稍粘而分散
85	完全凝固，硬，能装满并高出试管	粘，弹力小，分散好，白色增加
90	完全凝固，硬，能装满并高出试管	白色增加，分散非常好

（2）干燥：水分子常是晶体的组成部分，所以结晶水的丧失常引起晶体的瓦解。蛋液蛋白质以及一切天然蛋白质中含有水分子，这些水分子填充在肽键间的间隙中，稳定蛋白质分子的结构。禽蛋蛋白质脱水后，就使蛋白质内部结构改变而发生变性。例如加工干蛋白时，使蛋白液脱去一部分水分，其中蛋白质内部虽然有些改变，但程度轻，结构变化小，制成结晶干蛋白片后再加适量的水仍可使之恢复为原来蛋白液的状态和性状。这样加工出来的干蛋白片使用价值较高。但是若在干蛋白片加工过程中加温过高，蛋白质分子运动加速，互相撞击的力足以折断次级键而使之凝固。加水后不能使之恢复原有的性状和状态。

（3）含水量：蛋液的变性凝固，如果是由于加热作用所引起的，则其凝固点与蛋白液含水量的高低有密切关系。不管是全蛋液、蛋白液或蛋黄液，比其水分蒸发后的凝固点要低，亦即蛋液水分越降低，则其凝固点也越增高。反之，蛋液水分含量愈高，则其凝固点愈低。例如，全蛋液的含水量平均为73%左右，加热至60℃，保持4～5min，便开始凝固。但是全蛋粉的水分为4%左右，加热到60℃，保持100h以上，其溶解度仍正常；加热至80～85℃，保持3～4h，其溶解度也良好；加热到90℃，保持半小时还是不减低它的溶解度。又如蛋白液含水量平均为85%，加温到55℃，保持半小时乃至1h便开始凝固。但是，使蛋白液的水分减少至15%～17%变成结晶蛋白片时，加温至55℃，保持120h；加温至70℃，保持12h；或水分减少至2%～4%，加温至80～85℃，保持4～6h，均不影响其水溶性。这是由于含水量大的蛋白质较含水量小的蛋白质易变性，含水量大的蛋白质因水分子容易渗入蛋白质分子空隙，加速次级键的断裂，而促使蛋白质凝固变性。反之，含水量较少的蛋白质因在分子的间隙中运动的水分子较少，对次级键的破坏缓慢，蛋白质的变性凝固也缓慢得多。

（4）pH：蛋液的凝固变性，主要是由于蛋白质受物理化学等的影响所致，而蛋白质的凝固变性又与等电点有密切的关系。鸡蛋卵白蛋白的等电点为4.5，这时的蛋白质加热最容易凝固变性。反之，蛋液蛋白质的pH距离它的等电点愈远时，则加热时较不易凝固变性。例如，将pH4.8～5.4和pH8.4的蛋白液同时加热到54℃，pH为4.8～5.4的比较容易凝固变性，而pH8.4的蛋白液在较长时间内也不凝固变性。这一点，对于干蛋白片加工时，提高烘制温度不使蛋白质发生凝固变性，从而杀灭蛋液中的沙门氏菌具有很重要的意义。具体操作时可在发酵后蛋白液中加氨水，使其pH达到8以上。

蛋白质氨基酸有两性电离的性质，因而，蛋白质具有两性电离的性质。调节蛋液的pH，可以使蛋白质分子的酸性电离和碱性电离达到平衡，蛋液呈电中性，在电场中蛋白质分子既不向正极移动，也不向负极移动，这时蛋液的pH称为蛋白质的等电点。碱性蛋白质的等电点一般 pH 大于 7，酸性蛋白质的等电点 pH 小于 7，大多数蛋白质的等电点接近 pH 5。在等电点时，蛋白质的溶解度、粘度、渗透压、膨胀性及导电能力最小。当 pH＞12.0 时蛋白质会发生碱凝固，即凝胶化，这是因为蛋白质分子的凝集所致，皮蛋加工就是一例。

(5) 添加物：加入食盐、砂糖时，蛋的凝固温度会发生变化。于 15% 的蛋水溶液中加入 1% 食盐则促进蛋液的凝固，这是由于食盐中的钠离子造成的。由于盐类能减低蛋白质分子间的排斥力，因此，蛋在盐水中加热，蛋液凝固完全，且易离壳。如果是钙，凝固力将更强，效果是钠的千倍。因此，制作蛋乳糕使用牛奶，100g 牛奶中约含 0.1g 钙，会得到与添加食盐一样强的凝固性。

另一方面，砂糖有减弱蛋白质凝固的作用，蛋液中加入糖可使凝固温度升高，凝固物变软，加糖后制品的硬度与砂糖添加量成比例下降。不添加砂糖时硬度是 26；加入糖浓度为 10% 时，硬度为 21；20% 时为 15；30% 时为 8，此时硬度是不加糖时的 2/3 以下。人们喜欢甜味小的糕点，砂糖用量的减少，对于蛋糕类点心的绵软性的影响值得注意。

制作鸡蛋饮料或蛋乳饮料时，在加热杀菌过程中，因热凝固而引起缺陷，此时，可将蛋白质一部分先行分解，或加多量糖，或加少量柠檬酸或酒石酸，以防止蛋白质的热凝固。

二、蛋黄的乳化性

蛋黄中含有丰富的卵磷脂，所以具有优异的乳化性。蛋黄的乳化性对蛋黄酱、色拉调味料、起酥油面团等的制作有很大的意义。蛋黄酱是蛋黄、油、醋形成的水包油型乳状液。众所周知，油与水是根本不相溶的，但卵磷脂既具有能与油结合的疏水基，又具有能与水结合的亲水基，在搅拌下能形成混合均匀的蛋黄酱。蛋黄酱的粒子构造为油的小粒子周围包着卵黄（乳化剂），再外层就是醋，蛋黄粘稠的连续性能促进乳化液的稳定，因为它阻止分散相（油滴）的运动和聚集。蛋黄的乳化性受加工方法和其他因素的影响，用水稀释蛋黄后，其乳化液体的稳定性降低。这是由于稀释后，乳化液中的固形物减少、粘度降低之故。向蛋黄中添加少量食盐、食糖等都可显著提高蛋黄的乳化能力；蛋黄发酵后，其乳化能力增强，乳化液的热稳定性高（100℃，30min）；温度对蛋黄卵磷脂的乳化性也有影响，例如，制蛋黄酱时，用凉蛋乳化作用不好，一般以 16～18℃ 比较适宜，温度超过 30℃ 又会由于过热使粒子硬结在一起而降低蛋黄酱的质量；酸能降低蛋黄的乳化力；另外，冷冻、干燥、贮藏都会使蛋黄的乳化力下降。

三、蛋白的起泡性

泡沫是一种气体分散在液体中的多相体系，当搅打蛋清时，空气进入并被包在蛋清液中形成气泡。在起泡过程中，气泡逐渐由大变小、数目增多，最后失去流动性，通过加热使之固定。早在 300 年前，蛋清的起泡性就被用在食品工业上制作蛋糕等产品。蛋清的起泡性决定于球蛋白、伴白蛋白，而卵粘蛋白和溶菌酶则起稳定作用。

蛋白一经搅打就会起泡，原因是蛋清蛋白质降低了蛋清溶液的表面张力，有利于形成大的表面；溶液蒸汽压下降，使气泡膜上的水分蒸发现象减少；泡的表面膜彼此不立刻合并；泡沫的表面凝固等。

1. 搅打所引起的蛋清变化

首先浓厚蛋白崩解变稀，在搅打不久蛋清便会起泡。起泡过程分为四个阶段，见表 16-2。

表 16-2　　　　搅拌时间的增加与泡沫状态变化的关系

阶段＼项目	泡沫状态	特　征	用　途
第一阶段	稀疏	泡大而透明，易于流动	脱涩、辣异味
第二阶段	湿泡	泡沫小，倒入容器时流动，有光泽，显得水灵灵的，把打蛋器举起时，其尖端弯曲，有弹性	柔软的蛋糕
第三阶段	致密的泡（不易破灭）	泡沫细小、洁白、无光泽，倒入容器中不流动	蛋糕、菜肉蛋卷等
第四阶段	干燥的泡	雪白、坚实、脆而易于破灭	

打蛋第一阶段形成较大的气泡，气泡无色半透明，此时为刚刚发泡的阶段，具有脱除涩、辣等异味的作用。第二阶段泡沫变小，湿而有光泽，用打蛋器搅拌后，取出打蛋器的尖端可看到由于泡沫的压力打蛋器弯曲、摇动。说明泡沫具有一定的弹性，处于半立状态，适宜于制作柔软的蛋糕。第三阶段是充分起泡状态，泡小，容积增大，色白而明亮，继续打泡时光泽消失，弹力下降，成为不易破灭的泡，把容器倒置时，泡不落下，在制蛋糕等方面有广泛用途。第四阶段的泡膜坚实而脆弱，表面干燥，这是打泡过度造成的，外界稍有一点刺激就会使泡破灭，成为棉絮般小泡，这种干泡的泡膜弹性小，即使泡内空气膨胀，泡膜也不扩大，致使气泡破灭，空气逸出后变成不理想的海绵结构。

以上各阶段并非有明显的界限，在实际操作中，起泡的各阶段对于制出性能良好的蛋糕至关重要。

2. 起泡作用

搅打蛋清时，由于蛋白质分子发生了横向结合，形成薄膜，从而产生起泡作用。

（1）表面张力和起泡：把水搅拌几下并不起泡，然而在水中加入肥皂或酒精，由于水的表面张力下降就立刻起泡。

蛋白质类起泡剂降低表面张力的能力有限，但是它可以形成具有一定机械强度的薄膜，这是因为蛋白质分子之间除了范德华引力外，羧基与氨基之间有形成氢键的能力。所以由蛋白质生成的薄膜十分牢固，形成的泡沫相当稳定。就禽蛋蛋白来说，稀薄蛋白比浓厚蛋白表面张力更小，加入试管等容器中振荡时，有良好的起泡性能，所以陈蛋和稀蛋白多的蛋比新鲜蛋更易起泡。不过陈蛋或稀薄蛋白泡沫稳定性差，不适宜制作糕点。

（2）蛋的起泡能力和泡沫稳定性：起泡能力和泡沫的稳定性是两个不同的概念。起泡能力是指液体在外界条件下生成泡沫的难易程度。表面张力越低越有利于起泡，通常加入表面活性剂即可达到此目的。泡沫的稳定性是指泡沫生成后的持久性，即泡沫的“寿命”长短。由于表面张力与温度有密切关系，随温度的升高表面张力下降，因此，起泡力是随温度的升高而增强。

起泡力一般用从搅拌器容器底部到达泡的表面的高度表示。全蛋液当温度达 20℃ 以上时起泡快而良好。蛋白受温度的影响较小，在不同温度下起泡力变化不大。良好的起泡性是重要的，但保持泡沫的稳定性也是必要的。泡沫的稳定性受表面粘度的影响。表面粘度是指液体表面单分子层的粘度，不是纯液体粘度，液体内部的粘度叫体粘度。液体的体粘度很高，也可以获得较稳定的泡沫，但远不如表面粘度的影响大。表面粘度通常由表面活性分子在表面上构成的单分子层产生。蛋白质水溶液有很高的表面粘度，可以形成相当稳定的泡沫。

甚至有些泡沫的表面膜具有半固体或固体性质，这种泡沫极不容易破灭。一般来说蛋白泡沫比较稳定，要得到更稳定的泡沫有以下的办法：

用电动搅拌器打泡时，即使浓厚蛋白也能充分起泡，其泡比稀薄蛋白的更牢固、稳定。当蛋白起泡时，立刻冷却，就会成为细小稳定的泡。

温度对泡沫的稳定性也有影响。38℃时起泡最好，打蛋8min左右达到最大起泡力，是原来的2倍，以后逐渐减少，容积变小，这种泡不够稳定。15℃搅拌5min达最高量，但温度小于38℃时，起泡不好。起泡良好又稳定的温度是在21℃左右。

3. 影响蛋白起泡性的因素

（1）添加物对蛋白起泡性的影响：无添加物的蛋白起泡良好，但离液量多，泡膜干燥、脆弱，易于失去弹性而破灭。由于干燥而无弹性的气泡不能膨胀，对制作糕点不利，所以无添加物起泡不可取。添加物种类的不同对起泡力有一定影响，见表16-3。起泡力的优劣可以由泡的相对密度和离液率来鉴定。

泡的相对密度表示了起泡力的优劣，由表16-3中可以看出，起泡力以酒石酸最好，其次为无添加物蛋液、食盐、葡萄糖浆、砂糖。

离液率就是泡沫变成液体的比例，表示了泡的持久性。离液率越小，稳定性越强。添加物影响泡稳定性的强弱顺序为：砂糖、酒石酸、葡萄糖浆、无添加物、食盐。分别添加食盐、葡萄糖浆、酒石酸、砂糖后打泡，放置3h观察，其中加盐的泡最不好，泡较松软，容积最小；其次是加葡萄糖浆的；加酒石酸的泡表面干燥，膜薄；最好的是添加砂糖的。

表16-3　不同添加物所得蛋白泡的相对密度和离液率

添加物＼项目	搅拌时间/min	相对密度	外观	离液率/%			放置后的状态
				60min	120min	180min	
无添加物蛋液	1	0.177	易碎	37.5	60.5	73.0	变形
食盐（1%）	7	0.186	松脆	41.5	64.5	75.5	变形
砂糖（50%）	5	0.333	新鲜而有光泽	10.8	26.5	37.5	小球形
酒石酸（1.5%）	5	0.170	发干	14.5	32.5	46.5	球形
葡萄糖浆（15%）	5	0.210	稍新鲜	30.0	45.0	55.2	比砂糖稍大的球形

添加食盐使液体的表面张力稍有提高。在20℃时，水的表面张力是72.8mN/m，添加食盐后由于浓度的提高，水的表面张力变大，添加4%的食盐时水的表面张力为77mN/m，因此添加食盐对起泡不利。再则，食盐与水的亲和力强，易于溶解，使液体密度变大，排液量增多。所以制糕点需添加食盐时，不要超过1%，最好不在打蛋时加入，而在其他工序加入。为了防止有时食盐不能完全溶解，可制成食盐饱和液滴加。

制蛋糕时可以添加酒石酸或柠檬酸等于蛋清中，目的是得到坚实而不易变形的蛋糕，而且有机酸作用于面粉的色素，使蛋糕增白。

砂糖易溶于水，糖液有一定粘度，添加于蛋清中，由于粘度增加使排液量减少，起泡力虽稍差，但是较长时间打泡的话，能形成细而密集的泡。砂糖具有持水性，可以延迟蛋白泡表面的变化，防止蛋白泡干燥，形成变化较小、稳定的泡。添加砂糖还可以防止起泡过度。

油脂是消泡剂，能影响蛋液的起泡性。当添加1%时，蛋白不易起泡；添加2%时，将阻塞空气的混入；添加3%时，随着不断搅拌，泡内空气反而会不断逸出。所以，在打蛋前应用热水将容器洗刷干净。由于蛋黄中含有很多脂肪，应将蛋黄与蛋清分离完全，分开搅打。

（2）蛋白泡放置时的变化：

① 气泡的再分布：蛋白泡最初较细小，洁白紧密，放置之后细小的泡逐渐合并成大泡，而气泡数减少，随之大泡变得越来越大，这种现象称为泡的再分布。泡再分布时变化迅速的泡不稳定，而缓慢变化的泡比较稳定。这些变化是由于泡膜受到空气的压力而引起。当大小泡相接时，气泡内的压力如下式：

$$气泡中压力 = p + 4r/R$$

式中 p——大气压；

r——表面张力；

R——气泡的半径。

由于大气压和表面张力是一定的，泡中的压力由气泡的大小决定。由上式可知，大泡中的压力小，小气泡压力大。大小泡的交界面向大泡一面突出，小泡的气体通过交界面向大泡扩散使大泡渐渐增大，小泡渐渐变小，最后破灭，进行着泡的再分布。

② 泡膜厚度的变化：蛋白泡一经放置，容器底部即会集聚液体，其原因是泡膜在大气压和重力的作用下流出液体，聚集于容器底部，这种离液越多，说明泡膜变得越来越薄，甚至破灭。

（3）蛋白泡与pH的关系：蛋清的等电点约在pH4.8左右，这时起泡最好。可以采用酒石酸或柠檬酸降低陈蛋的pH。如果陈蛋的pH为9时设为a，慢慢加入酒石酸直至pH降到5.0时设为b，a的相对密度等于0.142，b的相对密度等于0.129。这是由于加入酸性酒石酸使蛋白接近于等电点，这时打蛋起泡良好。但是加酸不能过多，以防酸味对糕点的不良影响。

蛋的起泡力除上述种种因素影响之外，还因产蛋季节、贮藏日期以及蛋的种类不同而异。一般春季产的蛋起泡力最好，秋季次之，夏季稍差。鲜蛋比贮藏蛋起泡力好。冻结蛋的蛋清虽然解冻后浓厚蛋白减少，但是pH以及制糕点时应具备的特性与鲜蛋清几乎相同，打蛋时如采用10℃以下的温度，长时间搅拌，由于浓厚蛋白变稀，起泡力相当好，能形成柔软的泡。干蛋白的起泡性能也较好，一般一份干蛋白加入5.5～7份的水时，能打出与鲜蛋清同样坚实的泡，制出品质好的糕点。

鉴定蛋的起泡力可采用下列方法：将蛋和砂糖混合，于35℃下用电动搅拌器搅拌，用内径5.5mm、长35cm的玻璃管吸入高度为20cm的起泡蛋液，在20s内滴下液滴的数目越少起泡力越好。起泡良好的液滴不易落下，起泡不好的液滴下落得快。

总之，利用蛋品加工糕点等食品时，除了可增加营养和蛋香味外，很大程度上是利用蛋品的性质，即它的乳化性、凝固性及起泡性等。为了得到理想的产品，加工时必须考虑蛋的品种、产地、产蛋季节、蛋的鲜度、搅拌器、搅拌速度、时间、温度、添加物的影响等因素，以便加工出品质优良、经济合理的产品。

第二节 蛋的其他特性

一、蛋的营养特性

一个禽蛋能够形成一个新的生命个体，由此可以证明禽蛋具有很高的营养价值。

(1) 蛋白质属完全蛋白质：禽蛋中所含的蛋白质主要是卵白蛋白，在蛋黄中还有丰富的卵黄磷蛋白，这些均属于完全蛋白质，其中含有人体必需的各种氨基酸。禽蛋蛋白质的生理价值为65，消化率为98%。禽蛋中氨基酸和其他动物食品氨基酸的含量见表16-4。

表 16-4　几种动物性食品主要氨基酸含量（以干物质计）　单位：%

氨基酸种类	蛋白	蛋黄	全蛋	牛乳	牛肉	鸡肉	鱼肉
精氨酸	5.9	8.2	7.0	4.3	7.7	7.1	7.4
组氨酸	2.2	1.4	2.4	2.6	2.9	2.3	2.4
赖氨酸	6.5	5.5	7.2	7.5	8.1	8.4	9.0
酪氨酸	5.4	5.8	4.3	5.5	3.4	4.3	4.4
色氨酸	1.7	1.7	1.5	1.6	1.3	1.2	1.3
苯丙氨酸	5.5	5.7	5.9	5.3	4.9	4.6	4.5
胱氨酸	2.6	2.3	2.4	1.0	1.3	1.3	1.2
蛋氨酸	2.4	1.4	3.3	3.3	3.2	3.5	—
苏氨酸	4.3	—	4.9	4.6	4.6	4.7	4.5
亮氨酸	—	—	9.2	1.3	7.7	—	7.1
异亮氨酸	—	—	8.0	6.2	6.3	—	6.0
异戊氨酸	—	—	7.3	6.6	5.8	—	5.8

(2) 富含磷脂：禽蛋的脂肪绝大部分存在于蛋黄中，约占蛋黄的1/3。脂肪中富含磷脂和胆固醇，其溶解温度接近于体温，极易消化，消化率达93%左右。

(3) 矿物质含量高：禽蛋中矿物质含量多，但主要存在于蛋壳中。禽蛋中含有较多的磷、铁等矿物质和各种微量元素，容易被人体吸收。

(4) 可食部分消化率高：鸡蛋煮熟后干物质的消化率为94.8%，蛋白质为97.1%，脂肪为81%～85%。但生蛋白的消化率较低，仅为50%～70%。因此，食用生蛋是不科学的方法。

(5) 维生素C和碳水化合物含量不足：禽蛋的不足之处是维生素C含量少，碳水化合物含量甚微。在蛋品加工中应根据加工目的给予考虑。

二、蛋的理化特性

蛋的理化特性主要包括相对密度、粘度、冰点、凝固温度和pH等。

(1) 相对密度：鲜蛋的相对密度为1.078～1.094，陈蛋的相对密度随存放时间而逐渐变小。但禽种不同，其蛋的相对密度不同。同种禽蛋，部位不同，相对密度也不相同。以鸡蛋的各部分相对密度为例：蛋壳为1.741～2.134，蛋白为1.039～1.052，蛋黄为1.0288～1.0299。

(2) 粘度：禽蛋各部分的粘度均不相同。以新鲜鸡蛋为例：蛋白为（3.5～10.5）$\times 10^{-3}$Pa·s，蛋黄0.11～0.25Pa·s。陈蛋白的粘度降低，主要是由于蛋白质的分解及表面张力降低所造成。

(3) 表面张力：新鲜鸡蛋的表面张力为50～55，其中，蛋白为56～65，蛋黄为45～55.0。

(4) pH：新鲜蛋白的pH为6.0～7.7，随着贮藏时间的延长而升高，主要是因为CO_2的逸出。贮藏10d左右时，pH可达9.0～9.7。新鲜蛋黄的pH为6.32，贮藏期间有所升高，但变化缓慢。

(5) 热变性：热变性是用凝固温度来衡量的。新鲜鸡蛋的热凝固温度为72.0～77.0℃，平均为 74.7℃。新鲜蛋白热凝固温度为 62～64℃，平均 63℃；蛋黄为 68～71.5℃，平均为 69.5℃。蛋的热凝固温度同它所含的蛋白质有关，如卵白蛋白的热凝固温度为 60～64℃，卵粘蛋白与卵球蛋白的凝固温度为 60～70℃，卵类粘蛋白（Ovomucoid）则不凝固。

（6）冰点：蛋白和蛋黄两部分的冰点各不相同，蛋白为 －0.42～－0.45℃，蛋黄为 －0.57～－0.59℃。

（7）渗透作用：这里所指的渗透作用是指禽蛋各部分间的渗透作用，主要是蛋黄和蛋白之间的渗透作用。蛋黄与蛋白之间隔一层薄膜，两者之间除有机和无机成分不同外，水分的含量相差悬殊，因此，很容易发生两者水分和盐类之间的渗透现象。如在贮存中，蛋黄中的水分逐渐增多，温度越高，增加越快；而盐类则以相反方面渗透。

三、鲜蛋的贮运特性

鲜蛋是鲜活的生命体，时刻都在进行着一系列生理生化活动。温度的高低、湿度大小以及污染、挤压碰撞等都会引起鲜蛋质量的变化。鲜蛋在贮藏、运输等过程中具有以下特点：

（1）孵育性：鲜蛋存放以 －1～0℃ 为宜。因为低温有利于抑制蛋内微生物和酶的活动，使鲜蛋呼吸作用缓慢，水分蒸发减少，有利于保持鲜蛋营养价值和鲜度。温度在 10～20℃ 时就会引起鲜蛋渐变；21～25℃ 时胚胎开始发育；25～28℃ 时发育就加快，改变了原形和品质；37.5～39.5℃ 时，仅 3～5d 内胚胎周围就出现树枝状血管，即使未受精的蛋，气温过高也会引起胚珠和蛋黄扩大。高温还造成蛋白变稀、水分蒸发、气室增大、质量减轻。据测定，一枚鲜蛋存放在 9℃ 环境中时，每昼夜失重为 1mg；22℃ 时，失重 10mg；37℃ 时，失重 50mg。

（2）潮变质性：潮湿是加快鲜蛋变质的又一重要因素。雨淋、水洗、受潮都会破坏蛋壳表面的胶质薄膜，造成气孔外露，细菌就容易进入蛋内繁殖，加快蛋的腐败。

（3）冻裂性：蛋既怕高温，又怕 0℃ 下的低温。当温度低于 －2℃ 时，易将鲜蛋蛋壳冻裂，蛋液渗出；－7℃ 时，蛋液开始冻结。因此，当气温过低时，必须做好保暖防冻工作。

（4）吸味性：鲜蛋能通过蛋壳的气孔不断进行呼吸，故当存放环境有异味时，有吸收异味的特性。如果鲜蛋在收购、调运、储存过程中与农药、化学药品、煤油、鱼、药材或某些药品等有异味的物质或腐烂变质的动植物放在一起，就会带异味，影响食用及产品质量。

（5）易腐性：鲜蛋含有丰富的营养成分，是细菌最好的天然培养基。当鲜蛋受到禽粪、血污、蛋液及其他有机物污染时，细菌就会先在蛋壳表面生长繁殖，并逐步从气孔侵入蛋内。在适宜的温度下，细菌就会迅速繁殖，加速蛋的变质，甚至使其腐败。

（6）易碎性：挤压碰撞极易使蛋壳破碎，造成裂纹、喳头、流清等，使之成为破损或散黄蛋，这些均为劣质蛋。

鉴于上述特性，鲜蛋必须存放在干燥、清洁、无异味、温度偏低、湿度适宜、通气良好的地方，并要轻拿轻放，切忌碰撞，以防破损。

第十七章　蛋的品质鉴别

蛋品加工过程中，蛋的品质直接决定了产品的质量和营养价值。因此，蛋的品质鉴别在鲜蛋收购、贮藏、运输及加工前检查等过程中，具有重要意义，也是在学习蛋品加工学这一内容中必不可少而且必须认真掌握的内容。

第一节　新鲜蛋的标准

为了准确区别正常标准蛋和不正常的蛋，很有必要先了解一下新鲜蛋的品质标准。

衡量鲜蛋的主要标准是其新鲜程度和完好性。为了准确掌握、判断这一标准，需全面观察分析蛋壳、气室、蛋白、系带、蛋黄、胚胎等情况。

一、鲜蛋质量总要求

蛋壳表面有光泽、完整、坚实、无裂纹，壳外膜色白呈霜状。气室小，高度在4～5mm之间。蛋白浓厚、透明、无杂质异味。系带粗而明显。蛋黄完整，呈半球形，位居蛋的中心。胚胎边缘整齐，不发育，未受精的胚胎直径为2～3mm。整个蛋微生物污染少，无细菌、霉菌生长发育。但鲜蛋中蛋的新鲜程度是不一致的，应该根据蛋各部分的具体要求与标准，仔细地检查判断，然后定级按价收购或进行加工。

二、鲜蛋各部分的质量判断标准

(1) 蛋壳状况：主要鉴定蛋壳的清洁程度、完整状况和色泽三个方面。质量正常的鲜蛋蛋壳表面清洁，无禽粪，无草染及其他污物。蛋壳完好无损，无硌窝、无裂纹及不流清等。蛋壳色泽应当是各种禽蛋所特有的色泽，表面无油光发亮等现象。

(2) 蛋的形状：一般鸡蛋的形状多为椭圆形，也有的呈细长形及近似球形。三种蛋形中，只有椭圆形才是正常的，后两种形状的蛋在贮运过程中易破损。蛋的形状可用蛋形指数来描述。蛋形指数是蛋的长径与短径之比。标准形状的鸡蛋，蛋形指数在1.30～1.35之间。蛋形指数大于1.35者为细长型，小于1.30者为近似球形。

(3) 蛋的重量：蛋的重量主要同禽类的种类、品种、饲养管理情况及蛋的存放时间有关。外形大小相同的蛋，若重量不同，则轻蛋是陈蛋，这是存放时蛋内水分不断向外蒸发的结果。因此，蛋的重量是评定蛋的新鲜程度的重要指标。我国目前鲜蛋出口和国际上许多国家都仍以重量作为划分等级的标准。蛋的大小不同，说明其结构不同，蛋壳、蛋白和蛋黄的比例不同。所以蛋品加工中，在选择原料时要注意这一点（如再制蛋加工）。

(4) 蛋的相对密度：蛋的相对密度同蛋的重量无关，而同蛋的存贮时间、产蛋禽类、饲料以及产蛋季节有关。商业经营和加工用的鲜蛋一般相对密度应在1.06～1.07之间。若低于1.025，则说明蛋已陈腐。

(5) 蛋白状况：根据蛋白状况能准确判断蛋是否正常，蛋白状况也是评定蛋的质量优劣的重要指标。随着贮存时间的延长，蛋中浓厚蛋白逐渐变稀。质量正常的蛋，其蛋白状况应当是浓厚蛋白含量多，占全蛋白的50%～60%，色泽无色、透明，有时略带淡黄绿色。蛋白的状况可以用灯光透视法和直接打开法判断。若灯光透视时见不到蛋黄的暗影，蛋内完全透明，表明浓厚蛋白很多，蛋的质量优良。打开蛋时，可以用过滤的方法，分别称量浓厚蛋白和稀薄蛋白的含量，以测定蛋白指数，反映出蛋白的状况。所谓蛋白指数是指浓厚蛋白重量与稀薄蛋白的重量之比。质量正常的蛋，其蛋白浓厚或稍稀薄。在对外贸易和商业经营中，均把蛋白状况作为评定蛋级别的标志。

(6) 蛋黄状况：蛋黄状况也能说明蛋的质量好坏。观察蛋黄状况也可用灯光透视或打开的方法。透视时，新鲜蛋的蛋黄位居蛋的中心，不显露，不见蛋黄的暗形。打开观察时，根据蛋黄的形状判断蛋的质量。质量优良的蛋，蛋黄呈半球形；存放较久的蛋，蛋黄呈扁平形。准确的判断可以用蛋黄指数来衡量，鲜鸡蛋的蛋黄指数在0.401～0.442之间。当蛋黄指数小于0.25时，蛋黄膜破裂，出现散黄现象，是质量较差的蛋。

(7) 蛋内容物的气味：根据蛋内容物的气味可以衡量蛋的结构和内容物成分有无变化或变化程度大小。质量正常的蛋，打开后不会有异味，或呈轻微蛋腥味。蛋内容物的气味可以受家禽采食的饲料的影响。若蛋打开后能闻到臭气味其属轻微腐败蛋。严重的腐败蛋则可以在蛋壳外面闻到内容物成分分解成的氨及硫化氢的臭气味，这种蛋称为“臭蛋”或“臭包”。质量新鲜的蛋煮熟后，气室处无异味，蛋白白色无味，蛋黄应口淡有香味。

(8) 系带状况：系带粗白并有弹性，紧贴在蛋黄两端的蛋，属正常蛋。系带变细并同蛋黄脱离甚至消失的蛋，属质量低劣的蛋。

(9) 胚胎状况：胚胎状况是对受精蛋而言。鲜蛋的胚胎应无受热或发育现象。受精的鲜蛋受热后，胚胎最易膨大和产生血环，最后出现树枝状的血管。未受精的蛋受热后，胚胎（珠）发生膨大现象。

(10) 气室状况：气室状况是评定蛋的质量的主要指标，也是灯光透视时观察的主要部位。鲜蛋气室小，深度在5mm以内；陈蛋的气室变大，深度在5mm以上。测定时，将蛋的大头放在照蛋器上照视，用铅笔在气室的左右两边划一记号，然后放到气室高度测定规尺的半圆形切口内，读出两边刻度线上的刻度数，进行计算。计算公式为：

$$\text{气室高度(mm)} = (\text{气室左边高度} + \text{气室右边高度}) \div 2$$

(11) 哈夫单位（Haughunit）：哈夫单位是根据蛋重和蛋内浓厚蛋白高度，按一定公式计算出指标的一种先进方法，用其可以衡量蛋的品质和新鲜程度。它是国际上现代对蛋品质进行评定的重要指标和常用方法。其测定方法是先将蛋称重，再将蛋打开放在玻璃平面上，用蛋白高度测定仪测量蛋黄边缘与浓厚蛋白边缘的中点，避开系带，测定三个等距离中点的平均值。哈夫单位计算公式为：

$$\text{哈夫单位} = 100\lg(h - 1.7m^{0.37} + 7.57)$$

式中 h——浓厚蛋白高度（mm）；

m——蛋重（g）。

实际上，这种计算很麻烦，可直接利用蛋重和浓厚蛋白高度，查哈夫单位计算表而得出。据测定，新鲜蛋的哈夫单位在72以上，100最优，中等鲜度在60～72之间，60以下质量低劣，30时最劣。

上述各项指标是评定蛋的质量鲜陈优劣的重要依据。但在实际工作中，要抓住蛋的主要变化和易掌握的主要指标综合评定。

第二节 蛋品质的鉴别方法

严格鉴定鲜蛋的质量，对鲜蛋的收购、包装、运输、保藏和蛋品加工有着重要的意义。学会并熟练掌握蛋的品质鉴别方法，有助于分析各种蛋的质量特点及其形成原因，以利于在蛋品经营和加工过程中及时采取措施。常用的鉴定方法有感官鉴别法、光照鉴别法及相对密度鉴别法、荧光鉴别法等，有的地方还采用理化鉴定法和微生物测定法。

一、感官鉴别法

感官鉴别法是我国广大基层业务人员收购鲜蛋采用的一种较为普遍的简易方法。该方法主要靠技术经验来判断，采用看、听、摸、嗅等方法，从外观来鉴别蛋的质量。

"看"，就是通过视觉来查看蛋壳颜色是否新鲜、清洁，有无破损和异状。鲜蛋的蛋壳比较粗糙，表面干净，附有一层无光泽的霜状薄膜，无裂纹和硌窝现象。蛋壳上如有霉斑、霉块或像石灰样的粉末的是霉蛋；蛋壳上有水珠或潮湿发滑的是出汗蛋；蛋壳上有红疤或黑疤的是贴皮蛋；壳色深浅不匀或有大理石花纹的蛋是水湿蛋；蛋壳表面光滑，眼看气孔很粗的是孵化蛋；蛋壳肮脏，色泽灰暗或散发臭味的是臭蛋。

"听"，是从敲击蛋壳发出的声音来区别有无裂损、变质和蛋壳厚薄程度。方法是将两枚蛋拿在手里，用手指轻轻回旋相敲，或用手指甲在壳上轻轻敲击。新鲜蛋发出的声音坚实，似砖头碰击声；裂纹蛋发音沙哑，有"啪啪"声；空头蛋大头上有空洞声；钢壳蛋发音尖脆，有"叮叮"响声；贴皮蛋、臭蛋发音像敲瓦片声；用指甲竖立在蛋壳上推击，有"吱吱"声的是雨淋蛋。

"摸"，主要靠手感。新鲜蛋拿在手中有"沉"的压手感觉。孵化过的蛋，外壳发滑，分量轻。霉蛋和贴皮蛋外壳发涩。

"嗅"，即嗅闻蛋的气味。鲜鸡蛋无气味，鲜鸭蛋有轻微的鸭腥味。霉蛋有霉蒸味。臭蛋有臭味。有其他异味的是污染蛋。

感官鉴别是以蛋的结构特点和性质为基础的，有一定的科学道理，也有一定的经验性，只要是有经验的技术人员鉴定，其结果是基本可信的。但仅凭这种方法鉴定，对蛋的鲜陈好坏只能作个大概的了解。

二、光照鉴别法

光照鉴别法是鲜蛋收购、经营、外贸、商业部门和蛋品加工企业采用最广的一种方法。这一方法的特点是简便、易行、技术简单、结果准确、行之有效。光照鉴别法按照光源不同可分为日光鉴别法、灯光鉴别法两种，灯光鉴别法又分为煤油灯光照和电灯光照两种方法。在城市和有电灯设备的农村收购、加工网点，可采用电灯光照法。在无电源的边远乡镇，宜采用日光光照鉴别法或煤油灯光照法。光照鉴别法是根据蛋本身的透光性，在灯光透视下观察蛋内部结构和成分变化的特征，来鉴别蛋品质的方法。因此，人们借助光照可以鉴别蛋质量的鲜陈优劣。新鲜蛋在光照透视时，蛋白完全透明，呈淡橘红色；气室极小，深度在5mm内，略微发暗，不移动；蛋白浓厚澄清，无杂质；蛋黄居中，蛋黄膜包裹得紧，呈现朦胧暗影；蛋转动时，蛋黄亦随之转动；胚胎不易看出。通过照验还可以看出蛋壳上有无裂纹，气室是否固定，蛋内有无血丝、血斑、肉斑、异物等。

(1) 日光鉴别法：主要是借助日光来鉴别蛋的品质。该种方法由于采用的条件不同，又分为两种方法。一种是在暗室内进行。在暗室朝向阳光的墙壁上开一个小窗，装上开有若干个面积小于蛋的圆孔的木板，圆孔周围装上橡皮或海绵衬圈，以防将蛋碰破。通过圆孔射入的光线照验蛋的品质。另一种是利用纸筒照蛋，即用较厚的硬纸板做一个长 14～15cm 的纸筒，呈喇叭形，一头筒口大小不超过蛋的直径，另一头筒口大小以肉眼贴近、方便观察为宜。照蛋时，一头对准蛋，借用日光通过纸筒鉴别蛋品质的好坏。该种方法易受日光强弱的影响，不能经常工作，亦不能全日采用。

(2) 灯光鉴别法：我国目前采用灯光鉴别法的单位较为普遍。在煤油灯光照鉴别法和电灯光照鉴别法中，由于我国电力的普及，采用电灯光照鉴别法的最多，且在不停电的情况下可以全天操作。电灯光照鉴别法有手工照蛋和机械传送照蛋及电子自动照蛋三种。

① 手工照蛋：是利用照蛋灯进行。灯罩由白铁皮做成，罩壁上有一个或多个照蛋孔，供一个人或多个人操作。照蛋孔的高度以对准灯光最强的部位为宜。操作方法是先用左右两手各拿两只鲜蛋，一只蛋握在掌心，用小指或无名指按住，另一只蛋用拇指、食指和中指托住其下部。然后对准照蛋孔，由里向外旋转半圈，再倒转半圈，这样能看清蛋的内部物质的变化情况。第一只蛋照完后，退至掌心，将另一枚蛋交换上去照验。左右两手握的蛋依次交替轮换照验，检出的好蛋和次劣蛋按不同品级分别存放。同时，还要对好蛋边照边用手互相轻轻敲击，剔除肉眼所不易看出的裂纹蛋。

② 机械传送照蛋：机械传送照蛋目前有两种形式。一种是采用由电机传动的长条形输送带传送，在传送带的两侧装上照蛋的灯台。灯台设置多少要视场地和操作人员的数量而定。每一灯台的间距为 1m 左右。由输送带将蛋运到每个照蛋者操作的位置上，照完后，将优质蛋和各类次劣蛋移到输送带上送到出口处，由司磅员分别过秤。另一种是用照蛋机，集照蛋、装箱等于一体。其工艺流程大体是：上蛋→槽带输送→吸风除草→输送→人工照蛋→输送→下蛋斗→装箱→自动过秤。该方法是半机械化操作，即由工人将鲜蛋搬到上蛋部位，机械手便夹住蛋箱（篓），把蛋倒入槽带，输送到风筒下面，风机将草从风筒中抽出，然后再输送到灯光照验部位，由人工剔除次劣蛋，剩下的好蛋被送入到蛋斗中，下蛋斗翻转后，将蛋装入木箱。也有的将蛋用油泵、真空吸蛋器吸入蛋箱内，这比下蛋斗方法破损少。蛋箱随着鲜蛋的增加自动下降，当重量达到定额时自动停车，将重箱取出换上空箱，磅称自动复原，机器又开始运转生产。

③ 电子自动照蛋：电子自动照蛋是利用光学原理，采用光电元件组装装置代替人的肉眼照蛋，以机械手代替人工手操作，以机器输送代替人力搬运，实现自动鉴别的科学方法。自动鉴别有两种方法：一种是应用光谱变化的原理照验。鲜蛋腐败时，氨气的增加会引起光谱的变化，在荧光灯照射下，鲜蛋发出深红、红或淡红的光线，而变质蛋发出紫青或淡紫的光线，由此判断蛋的好坏。另一种方法是根据鲜蛋的透光度来进行照验。鲜蛋变质后，其蛋黄位置、蛋黄的体积和形态以及色泽都将发生变化，光照时，它的透光度也有差异，被自动照蛋器认出。因此，第二种方法是根据不同的通光量来分辨蛋的质量优劣。

现将几种不同品质的蛋在灯光透视下的特性归纳入表 17-1 中。

表 17-1　　不同品质的蛋光照时的特征

类　别	光照时的特征	产生原因	食用性
新鲜蛋	蛋壳无裂纹，蛋体全透光呈浅橘红色。蛋黄呈暗影状，浮映于眼前，转蛋时蛋黄随之转动。蛋白无色，无斑点及斑块，气室很小	存放时间短	供食用

续表

类　别	光照时的特征	产生原因	食用性
陈　蛋	壳色转暗，透光性差，蛋黄呈明显阴影状，气室稍大，其边缘有移动	放置时间久，未变质	可食用
散黄蛋	蛋体呈雾状或暗红色，蛋黄形状不正常，气室大小不定，不流动	受振后，蛋黄膜破裂，蛋白同蛋黄相混	未变质者可食用
贴皮蛋	从贴皮处能清晰见到呈红色的蛋黄。蛋内完全透光，呈暗红色。气室大，或者蛋黄紧贴蛋壳不动，一面呈红色，一面呈白色，贴皮处呈深黄色，气室很大	贮藏时间太长且未加翻动	后者不能食用和加工
热伤蛋	气室较大，胚盘周围有小血圆点或黑丝、黑斑	未受精的蛋受热后胚盘膨胀增长	轻者可食用
霉　蛋	蛋体周围有黑斑点	受潮或破裂后霉菌侵入	霉菌未进入蛋内，可食用
腐败蛋	全蛋不透光，蛋内呈水漾弥漫状，蛋黄、蛋白分不清楚	蛋内细菌繁殖	不能食用
活仁蛋	气室位置不定，有气泡	气室移动	可食用

三、相对密度鉴别法

相对密度鉴别法主要是用盐水来测定蛋的相对密度，根据蛋的相对密度大小判别蛋的新鲜程度的方法。蛋的分量重，则相对密度大，说明蛋的贮藏时间短，水分损失少，这样的蛋可判断为新鲜蛋。贮藏时间长的蛋，蛋内水分蒸发多，气室扩大，分量减轻，相对密度较小。方法是用不同相对密度的食盐水测定蛋的相对密度，推测蛋的新鲜度。如鸡蛋的平均相对密度为1.0845（比水重8.45%），大于这一相对密度的是最新鲜的鸡蛋，小于这一相对密度的是陈蛋或坏蛋。有人用食盐配制成约11%、10%、8%的食盐水溶液，使三种盐水的相对密度分别为1.080、1.073、1.060。鉴别时将蛋先投入相对密度为1.080的盐水溶液中，观察沉浮情况。下沉的蛋为最新鲜的蛋。然后将上浮的蛋移入相对密度为1.073的盐水溶液中，观察沉浮情况，下沉的蛋为一般新鲜的蛋。并再将上浮的蛋投入相对密度为1.060的盐水中，此时下沉的蛋是不新鲜的蛋，悬浮者是典型的陈旧蛋，漂浮在水面的蛋为臭蛋或严重变质蛋。但是，此种方法由于鉴别的结果并不十分准确，实际操作起来也相当麻烦，容易造成蛋的破损，而且对蛋的贮藏有一定影响，目前很少使用。

采用相对密度法鉴别蛋的品质，其效率比手工验蛋要高。但盐水溶液易使鲜蛋的胶质膜（外蛋壳膜）脱落，反而易使鲜蛋变质，不便贮存。如果结合采用涂膜保鲜技术，可以减轻或避免这一不良影响。

四、荧光鉴别法

荧光鉴别法是应用发射紫外线的水银灯照射禽蛋，使其产生荧光，根据荧光的强度大小来鉴别蛋的新鲜度的方法。新鲜蛋的荧光强度微弱，蛋壳的荧光反应呈深红色、紫色或淡紫色。该法灵敏度颇高，有的国家已在研究应用。

此外，电子扫描等多种方法亦在研究中，试图高效率、高准确率地鉴别蛋的新鲜度。

第三节　蛋的分级

鲜蛋的分级是鲜蛋收购、经营、加工等工作中的重要环节。为了适应国内外消费者的需要和维护生产者的利益，有关部门制定了鲜蛋的收购、内销和出口的各种分级标准。

一、内销鲜蛋的分级标准

根据卫生部提出的、国家标准局发布的国家标准，鲜蛋的感官指标和理化指标应达到下列要求：

感官指标：鲜鸡蛋要求蛋壳清洁完整，灯光透视时全蛋呈微红色，蛋黄不见或略有阴影。打开后蛋黄凸起、完整并有韧性；蛋白澄清透明，稀稠分明。冷藏鲜鸡蛋经冷藏后其品质应符合鲜鸡蛋标准。化学贮藏蛋经化学方法（石灰水、泡花碱等）贮藏后，其品质也应符合鲜蛋标准。

理化指标：理化指标主要是指汞的含量，鲜鸡蛋汞的含量（以 Hg 计）应小于 0.05mg/kg。现将几种鲜蛋的分级标准与收购、销售标准列于表 17-2 和表 17-3 中。

表 17-2　　鲜鸡蛋的分级标准

级别	质量指标
一级	蛋壳洁净、坚固、完整，气室深度在 0.5mm 内的蛋不超过 10%。蛋白色泽清、明，质浓厚，蛋黄略明显，胚胎不发育
二级	蛋壳洁净、坚固、完整，气室深度在 0.5mm 以上者不超过 10%。蛋白色泽清、明，质较浓厚；蛋黄略明显但仍固定，胚胎不发育
三级	污壳蛋不超过 1%，气室深度在 0.7～0.8mm 者不超过 25%。蛋白色泽清、明，质稍稀薄；蛋黄明显而略移动，胚胎微有发育

表 17-3　　禽鲜蛋收购、销售标准

级别	收购标准	销售标准
一级	鸡、鸭、鹅蛋不分大小，以新鲜清洁、干燥、无破损为主要标准。夏季鸡蛋虽有少量小血圈、小血筋，仍作一级蛋收购	同收购标准，成批裂纹蛋、大血筋蛋、大血环蛋及泥污蛋、雨淋蛋按一级品折价销售
二级	品质新鲜，蛋壳上的泥污、粪污、血污面积不超过 50%	指硌窝蛋、贴皮蛋、流清蛋、未受精蛋、穿黄蛋和靠黄蛋等
三级	新鲜雨淋蛋、水湿蛋、仔鸭蛋（每 10 只不足 400g 的不收）和污壳面积超过 50% 的鸭蛋	指大口流清蛋、红贴壳蛋、散黄蛋、外霉蛋

我国 1997 年制定的鲜鸡蛋商业行业标准（SB/T10277—1997）的分级规定如下：

产品分鲜鸡蛋、冷藏鲜鸡蛋两类，规格分为三个等级，即一级、二级、三级，以感官指标和蛋重为衡量标准。

1. 根据蛋重分级

以蛋重为主要衡量标准、感官指标为辅，只有蛋重够，才考虑感官指标，见表 17-4。

表 17-4　　鲜鸡蛋等级、规格

项　目	指　标		
	一级	二级	三级
蛋重/g	≥625	≥500	<500
每千克枚数	16	17~20	≥20

注：①同等级的蛋中所含上、下邻级蛋的总数不得超过10%。②每千克鲜蛋计量允许差值为±10g。

2. 根据感官指标分级

分为鲜鸡蛋和冷藏鲜鸡蛋两种。鲜鸡蛋的感官指标见表17-5，冷藏鲜鸡蛋的感官指标见表17-6。

表 17-5　　鲜鸡蛋感官指标

项　目	指　标		
	一　级	二　级	三　级
蛋　壳	清洁，有外蛋壳膜，不破裂，蛋形正常，色泽鲜明	清洁，不破裂，蛋形正常	不破裂
气　室	完整，深度不超过7mm，无气泡	完整，深度不超过7mm，无气泡	可移动，深度不超过9mm，无气泡
蛋　白	浓厚	浓厚	较浓厚，允许存在少量血斑
蛋　黄	居中，轮廓明显，胚胎未发育，蛋黄系数≥0.40*	居中，轮廓明显，胚胎未发育，蛋黄系数0.39~0.36*	居中或稍偏，轮廓显著，胚胎未发育，蛋黄系数≤0.35*

* 此项指标为参照指标。

表 17-6　　冷藏鲜鸡蛋感官指标

项　目	指　标		
	一　级	二　级	三　级
蛋　壳	清洁，不破裂，外形正常，色泽鲜明	清洁，不破裂，外形正常，色泽鲜明	清洁，不破裂，外形正常，色泽鲜明
气　室	完整，深度不超过9mm，无气泡	完整，深度不超过9mm，无气泡	移动，深度不超过9mm或有气泡
蛋　白	浓厚	较浓厚	较浓厚或稀薄，允许存在少量血斑
蛋　黄	居中或稍偏，轮廓明显，胚胎未发育，蛋黄系数≥0.30*	稍偏，轮廓明显，胚胎未发育	游离，轮廓显著，不与蛋白相混

*此项指标为参照指标。

3. 卫生指标要求

卫生指标的要求见表17-7。

表 17-7　　卫生指标

项　目	指　标
汞含量/(mg/kg)(以Hg计)	0.05

注：鲜鸡蛋应符合GB2748—1996中的规定。

二、出口鲜蛋的分级标准

在对外出口贸易中，要根据国际市场的消费习惯和买方的要求，经双方协商，将分级标准具体规定在合同上。因此，用作出口的鲜蛋分级标准的变化较大。对不同国家和地区，其分级标准有所不同，对输往我国港澳地区的鲜鸡蛋、鲜鸭蛋的品质要求是：品质新鲜，蛋壳清洁、完整，蛋白浓厚或稍稀薄，蛋黄居中或稍偏。一般出口鸡蛋和鸭蛋的品质要求是：新鲜，蛋壳整洁，破壳蛋、次蛋和劣蛋总数不超过3%，其中劣蛋不超过10%，不得使用水湿蛋、雨淋蛋、出汗蛋，不得存在染色蛋，每个重量等级中蛋的大小和重量应大体一致。

第四节　降　级　蛋

降级蛋又称为变态蛋或不正常的蛋，是区别于正常的鲜蛋而言的。降级蛋的种类因降级程度不一而有许多种，但可以粗略划分为次劣蛋、破损蛋和反常蛋三种。造成这三种降级蛋的原因有机械损伤、自身变化、热伤变化、微生物污染及产蛋家禽的生理缺陷、病理原因或饲料成分的影响等。

一、破　损　蛋

破损蛋是指鲜蛋受到挤压、碰撞等轻微机械的损伤造成不同程度破损的蛋。这类蛋时间一长，常常伴有轻微理化变化，不能列入新鲜正品蛋。这类蛋易受微生物污染，只能作次品处理，不能作为加工再制蛋的原料和不能用于鲜蛋的贮藏保鲜。这类蛋若及时处理，仍可食用。

1. 破损的原因

破损发生的直接原因：一是包装不善。如包装箱（或篓）中的填充物例如稻草、稻谷壳、木屑等不足，蛋箱（篓）受到震动时，蛋就会碰击在竹片、木板上造成破损；或是蛋包装时排列不整齐、互相碰撞而造成的。二是装卸运输不当。运输途中的震动以及装卸过程中未轻拿轻放、野蛮装运，使蛋受到撞击，可造成蛋的破损。三是在清洁、清洗、消毒、照验及加工操作中不慎或机械碰撞造成蛋壳破损。四是在收集、验收过程中不慎。

2. 破损蛋的种类

（1）裂纹蛋（哑子蛋）：蛋壳有破裂，但蛋壳内膜未破损，在不注意观察时用肉眼很难看到。当两只蛋相互轻轻敲击时，可听到嘶哑声，因此，又称哑子蛋。灯光透视时可看到裂缝。

（2）硌窝蛋：又称喳头蛋，是蛋的某一部分破裂造成的，有的形成一个凹陷小窝。但蛋壳内膜未破裂，蛋液不外流。

（3）流清蛋：蛋壳和壳内膜均已破裂，蛋液外流，蛋的内容物并未变质，可食用。

（4）水泡蛋（水花蛋）：蛋在受到剧烈的震动之后，靠气室一端的蛋白膜破裂，空气穿过蛋白膜进入蛋白，产生许多小气泡，形似水花，又称水花蛋。在灯光照视时，能看到蛋内水泡浮游。这种情况多见于蛋的大头部位。

二、次　劣　蛋

次劣蛋是指受到机械损伤或其他原因，已发生明显的理化性质或化学成分变化（已腐败变质）的蛋。轻微变质的蛋可以食用，但严重变质的蛋不能食用和加工成蛋制品。造成变质的原因，可以是由机械损伤引起、微生物侵入等，也可以由热伤变化、自身变化等原因引起。

1. 自身变化

这种变化常常是由于蛋存放时间长，或存放时环境条件不适，蛋受外界条件影响，发生一系列理化变化甚至腐败变质所致。由这种变化形成的次劣蛋有：

(1) 雨淋蛋：在运输过程中，因受到雨淋，蛋的外壳膜脱落或洗去的蛋，称为雨淋蛋。它不宜保管、贮存，更不宜加工成皮蛋或其他腌制蛋。

(2) 出汗蛋：出汗蛋的蛋壳上出现水珠颗粒，干后有水迹花纹，蛋壳暗淡无光；灯光照视时，气室较大，蛋黄明显可见；打开蛋壳后，蛋白呈水样，蛋黄膜松软。造成出汗蛋的原因是存放蛋的地方湿度大（或潮湿）、通风不良；气候突变、骤冷骤热，也可使蛋成为出汗蛋。这类蛋如及时处理则可以食用，但若不及时处理将变为霉腐蛋。

(3) 空头蛋：又称萎缩蛋。这是保管期过长，尤其鲜蛋存放在高温地方，使蛋内水分蒸发所致。当用手指轻敲空头处时，能听到空洞响声；灯光照视可见空头超过全蛋的1/3甚至一半，蛋内呈现深暗或不透明状；打开蛋壳，可见蛋白浓稠，有的部分凝固。严格来说，这种蛋已受污染，不能食用。

(4) 陈蛋：气室较大、位置稍移动，蛋白稀薄澄清，蛋黄不居蛋白的中央，轮廓明显，蛋黄膜松弛。当转动蛋时，蛋黄也容易转动。

(5) 靠黄蛋：又称停黄蛋。它的气室增大，蛋黄向蛋壳靠近，但未贴在蛋壳上，浮于蛋白上部。蛋黄的暗红影子很明显，当转动蛋时，蛋黄靠着蛋壳转动，且转动迟缓。这种蛋的蛋白稀薄，系带消失，其形成往往是因蛋陈旧渐变所致，或在贮存中未定期翻动所致。

(6) 红贴皮蛋：又叫红搭壳蛋。其气室比靠黄蛋稍大，蛋黄的一部分已贴在蛋壳上，灯光照视时可见其贴皮处呈红色。蛋白稀薄，全蛋透光。轻微贴壳的蛋，只要用力旋转，蛋黄是可以摇落的。重度贴壳的蛋，开壳后粘壳部分蛋黄膜易被撕破而成为散黄蛋。这种蛋无异味，蛋内无斑点和斑块，仍可食用。

2. 热伤变化

这种变化主要是高温影响所致，高湿能够加剧高温的影响。热伤变化蛋有下列几种：

(1) 血圈、血筋蛋：由于高温的影响，胚胎开始发育和增大。未受精的蛋，灯光透视时，可见气室较大，蛋黄膨大上浮，胚珠暗影增大，有时急剧增加到原胚的3～4倍，但无血环和血丝出现。受精的蛋，除有上述变化外，在蛋黄上逐渐形成血环和血丝。这种蛋变化很快，在气温30℃时，半天内胚胎就要增大一倍。这类蛋无腐败性变化，可以食用。

(2) 大黄蛋：此类蛋多发生于春末和夏季。原因是存放太久，贮存场地空气不流通，使蛋受热或潮湿，蛋白变稀，部分水分渗入蛋黄内。开壳后蛋黄扁平，灯照时，蛋白变稀，气室很大。这种蛋还可食用。

(3) 孵化蛋：孵化蛋是将蛋放入适宜温度条件下引起孵化性变化所致。根据孵育的程度、时间，可分为三种孵化蛋：一种是孵化3～5d（鸭蛋6d）选出来的无精蛋和死精蛋，称为头照蛋或白蛋、寡蛋等。照验时无精蛋蛋白稀薄，蛋黄膨大扁平，色淡；死精蛋胚胎周围有微红的血环。另一种是孵化7～10d（鸭蛋13d）选出来的蛋，称为二照蛋。照验时，可明显见到形成的血管，俗称血筋，像血丝网络样，分布在胚胎四周。转动蛋时，看见血丝及黑点，像走马灯似的迅速移动。若黑点不动，血管模糊，呈暗红色，便是死精蛋，有的地方叫卒子；蛋内有正常小雏胎体的叫混蛋。还有一种是孵化15～17d（鸭18d）后选出的蛋，称为三照蛋。照验蛋时，可见气室斜且大，蛋内已有死胎雏。此时有胎毛的称为全喜蛋；只形成头和脚，无胎毛的称为半喜蛋。

3. 微生物污染

微生物对蛋品的污染分外源性污染和内源性污染两种。外源性污染是指蛋产出后的细菌污染；内源性污染蛋是指蛋在禽体内形成的过程中被污染，这种内源性污染大多是雌禽生殖道被细菌感染或发生炎症所致。微生物污染形成的降级蛋有下列几种：

(1) 霉蛋：寄生有霉菌的蛋统称为霉蛋。蛋壳上的霉菌经蛋壳的气孔进入蛋内，霉菌菌丝体首先在蛋壳内膜上生长繁殖，尤以近气室部位繁殖最快。随后霉菌通过蛋壳内膜和蛋白膜进入蛋白，形成一个很微小的菌落。灯光照视时轻度霉蛋可见气室大小不定，蛋黄、蛋白一般正常，但蛋内显示出黑色斑点、斑块，有的蛋内气室中有霉菌菌丝；严重的霉蛋，可见蛋内覆盖密集霉菌，蛋内完全呈黑色，蛋黄膜被腐蚀破裂，并有酸臭异味，这种蛋不能食用。若霉菌仅寄生在外壳表面，未渗入蛋白内，仍可以食用。

(2) 黑贴皮蛋：由红贴皮蛋的进一步发展所致，并有细菌及霉菌繁殖。贴皮直径在25mm以上的称大贴，属严重黑贴皮蛋。贴皮直径25mm以下的称为小贴，灯光照视时，能清楚看到黑影贴在蛋壳的边沿，轻摇不动，气室大，蛋白稀薄。黑贴皮蛋若蛋内容物没有异味和无霉菌繁殖，高温煮熟后可以食用。

(3) 散黄蛋：凡蛋黄膜破裂的蛋都属于散黄蛋。其中蛋黄膜局部破裂，致使蛋黄局部外溢，蛋白中渗入少量蛋黄液的蛋为轻度散黄蛋，又叫“穿黄蛋”或“泻黄蛋”。灯光照视时，气室大小不定，多数情况下偏大。有的在蛋黄的一边拖有一条尾巴，这是穿黄蛋；还有的呈红色，带有不规则的云雾状。蛋黄膜破裂程度不一，造成散黄的程度不同。蛋黄膜完全破裂的蛋为重度散黄蛋，这种蛋蛋黄和蛋白混合，摇蛋时有水响声，灯光照视时呈均匀的暗红色，蛋内容物呈混浊的水状。形成散黄蛋的直接原因有下列几种：一是在包装和运输过程中受到剧烈的振动，震破了蛋黄膜。二是由于贮存时间过久，蛋白水分向蛋黄渗透，使蛋黄体积膨胀，当达到一定限度时，使蛋黄膜破裂。还有一种是细菌分泌的酶引起蛋黄膜破裂。前两种原因造成的散黄蛋可以食用；后一种原因引起的散黄蛋，若有臭味和霉菌，则不能食用。

(4) 黑腐蛋：也称臭蛋。它是各种次劣蛋经长期存放或保藏不当，发生严重的变质而形成的蛋，它是典型的严重变质蛋。这种蛋的蛋壳呈灰暗色，蛋液混浊，呈墨绿色，摇动时有水响声，灯光照视时，除气室透光外，其他部分均不透光，并有臭味。该类蛋绝不能食用，更不能加工成产品。

三、反 常 蛋

反常蛋是指因产蛋家禽自身的生理缺陷和病理原因或由于饲料成分的影响而引起的变态蛋。这不影响蛋的质量，但不能作为加工再制蛋等的原料。要阐明反常蛋的产生原因，有必要先了解蛋的形成过程。

1. 蛋的形成过程

当雌禽性成熟后，卵巢能周期性地产生许多大小不等的卵泡（即卵珠），形如葡萄状。卵泡的表面有一层卵泡膜，膜上布满血管，经小柄同卵巢相连，从中吸取营养物质，供生长发育。卵泡内充满卵黄，卵黄不断增长的结果，形成蛋黄。每个蛋黄自形成到成熟需7～10d时间。自然状态下，雌禽每隔24h左右就有一个蛋黄成熟。蛋黄表面有一个小白点，叫胚胎或“胚珠”。当蛋黄卵泡完全成熟后，即排卵。卵子（卵黄）脱离卵巢，被输卵管喇叭口接纳（配种后也在此受精），经短暂停留（约20min），随着输卵管的蠕动，卵黄逐渐向下移行，进入输卵管卵白分泌部位。该部位是输卵管最大的部位，长约34cm，管壁较厚，腺体很多，可分泌大量的浓厚蛋白。随着卵黄逐渐转动下行，蛋白逐渐将卵黄包裹在中央。由于卵黄下行转动的作用，在蛋的两端形成了两条系带，卵黄得到固定，从卵黄进入输卵管至固定这段时间，约需3h左右。蛋黄与蛋白基本形成以后，进入峡部（约长8cm）。峡部除形成稀薄蛋白外，还分泌一种柔软富有弹性的壳膜，将蛋黄蛋白包在里面，这就是蛋白膜和内蛋壳膜。峡部的粗细决定着蛋的大小。此时蛋的形态已基本固定，但仍是柔软的软壳蛋。软壳蛋在此停留75min左右后便进入子宫。子宫长10～12cm，能分泌大量微小的石灰质颗粒和粘液叠粘在内蛋壳膜表面，便形成了有气孔的硬质蛋壳，这段时间约需20h。已经形成的蛋由于雌禽产前子宫的收缩便进入阴道，阴道壁分泌出油质粘液附在蛋壳表面，使蛋润滑，便于产出。这层油质粘液干燥后形成蛋壳外膜。经过阴道的蛋再到泄殖腔，最后排出体外，完成产蛋过程。

2．反常蛋的种类

产蛋母禽的生理缺陷和饲料饲养等其他原因会干扰正常的产蛋过程，致使出现反常蛋。常见的反常蛋及形成原因如下：

（1）多黄蛋：即蛋内具有二个或二个以上蛋黄的蛋。多黄蛋外形要比正常蛋的蛋体大，大小端难以分清，照视时，能看到蛋内有两个或多个朦胧的橘红色暗影。形成多黄蛋的原因是饲料供给充足、营养丰富，母禽卵巢和生理机能旺盛，致使卵巢上有两个或者多个卵子同时成熟，同时排卵，同时在输卵管中完成蛋的形成过程。另外的原因是输卵管的蠕动收缩微弱，上次卵黄移行排出受阻，甚至短期滞留，而第二个卵黄排卵后，通过移行赶上第一个（上次）卵黄，使两个卵黄同时运行，同时被蛋白包在一起，形成双黄蛋或多黄蛋。再者，家禽产双黄蛋或多黄蛋的特性同家禽的品种有关，且有一定的遗传性。如著名的高邮鸭，经常产双黄蛋。在所产的多黄蛋中，以双黄蛋较多发生，三个或三个以上多黄蛋虽偶有发生，但不多见。多黄蛋的食用价值高，营养比正常蛋更丰富，但不能用于孵化，可用于加工成咸蛋、皮蛋等。

（2）无黄蛋：无黄蛋是指蛋内只有蛋白而无蛋黄的蛋。无黄蛋外形稍小，蛋形多呈球形。产生的原因是在输卵管没有卵黄的情况下，输卵管粘膜上皮脱落，刺激蛋白分泌而形成无黄蛋。

（3）重壳蛋（蛋中蛋）：重壳蛋是指一个蛋内含有两层以上蛋壳的蛋。当打开这种蛋时，除去一层蛋白后，里面还有一个硬壳蛋，故又称为蛋中蛋。重壳蛋的蛋黄较小，蛋白稀薄。产生这种蛋的原因是第一个蛋形成后，未能及时排出体外。此刻母禽由于受惊或生理反常等原因，使输卵管发生逆蠕动，将蛋反而推回到蛋白分泌部，刺激蛋白分泌，再次将蛋包裹。当母禽生理状况恢复正常后，蛋又沿输卵管下行到子宫，又一次形成蛋壳膜，最后被排出体外。重壳蛋在照视时，能看到蛋内有一个黑暗物。这种蛋完全可以食用。但不能用来加工成再制蛋。

（4）软壳蛋：软壳蛋是指蛋黄、蛋白完整，而蛋壳呈柔软不硬的膜状的蛋。产生软壳蛋有下列几种原因：一是饲料中含钙和磷严重不足。钙是形成蛋壳的主要物质。其含量多少直接影响到蛋壳的形成。磷不是蛋壳的主要成分，但其含量影响到钙的消化吸收。只有当饲料中钙、磷比例适宜时，钙才能很好地被禽吸收，尤其对于高产的禽类，钙、磷供给不足，经常发生产软壳蛋现象。这是形成软壳蛋的主要原因。二是禽体虚弱，消化吸收功能紊乱，以致消化不良，营养物质不能被消化吸收。一旦含钙物质不能被消化吸收，便会产软壳蛋。三是子宫部分的分泌机能出现障碍，不能分泌足量的形成蛋壳的钙质物质，以致出现软壳蛋。

四是母禽在产蛋前受惊，引起输卵管的管壁肌肉异常强烈收缩，使在输卵管缓慢移行的蛋，突然间快速运行，而提早排出体外，来不及形成完整坚硬的蛋壳。五是禽体内脂肪过多，也造成出现软壳蛋。这类蛋不影响食用，但不能长途运输及贮存，不能成为商品。

(5) 钢壳蛋（硬壳蛋）：钢壳蛋是指蛋壳比正常蛋坚硬厚实、气孔细密的蛋，因敲击蛋壳时声音很脆，故称钢壳蛋。产生钢壳蛋的原因是母禽输卵管和子宫分泌机能异常旺盛，分泌的钙质物质多。此类蛋内的水分不易蒸发，外界细菌不易侵入，料液成分难以渗入，故不宜加工成再制蛋品。

(6) 沙壳蛋：沙壳蛋是指蛋壳表面厚薄不均、粗糙、呈细砂粒状的蛋。敲击这种蛋时，声音沙哑；手摸时，手感粗糙。形成的原因是母禽输卵管和子宫分泌机能失调，使钙质物质在蛋表面的沉积不规则，产生砂粒状和厚薄不均匀的现象。

(7) 油壳蛋：油壳蛋是指蛋壳表面光滑，有类似油脂状物质的蛋。这种蛋气室较小，多见于番鸭所产的蛋。形成油壳蛋的原因是雌禽产蛋时泄殖腔分泌出油脂性的粘液，排出体外后不易凝固。这种蛋料液成分吸收较慢，不宜加工成腌制蛋品。

(8) 血白蛋：血白蛋是指蛋白中掺有血液的蛋。蛋白中的血液不呈块，蛋白全部或部分呈淡红色。形成的原因是输卵管壁上的毛细血管破裂，血液渗出混入蛋白中。这种蛋不影响食用，但不宜作加工的蛋。

(9) 血斑蛋：血斑蛋是指蛋黄内或系带附近有紫色血斑块（点）的蛋。血斑的大小不一。形成的原因是雌禽卵巢排卵时，卵巢上的血管破裂或输卵管发炎出血。常见于初产家禽所产的蛋。这类蛋不影响食用，也最好不用作加工原料。

(10) 肉斑蛋：肉斑蛋是指蛋白中混杂有肉状物的蛋。肉状物的大小不一，常同系带相混合。照验时，蛋白中或系带附近有一灰白色的斑点，光线较系带为暗。这是卵黄进入输卵管时，输卵管粘膜的上皮组织脱落，被蛋白包住而形成。这种蛋不影响食用，最好不作加工原料。

(11) 异物蛋：异物蛋是指蛋内含有谷粒、金属或其他污物、杂物的蛋。光照时蛋白中显示出有暗色物，但只有将蛋打开后才能看清楚是何种异物。这是因为禽类产蛋的阴道开口同肛门的开口同在泄殖腔内，禽吃的食物（异物）排到泄殖腔后，被阴道或子宫的收缩逆送到子宫或输卵管中，同蛋白一块包含在蛋内所致。这种蛋只要把异物去掉仍可以食用。

(12) 寄生虫蛋：指蛋内含有禽线虫、绦虫、吸虫、盲虫等寄生虫的蛋。照视时蛋内有条形蠕动的阴影，当打开蛋后，才能明确辨认是寄生虫还是异物。产生这种蛋的原因有：①禽体内的寄生虫原来就在生殖道内。②寄生虫由脏器中移行到腹腔中，再由腹腔中进入输卵管喇叭口而进入输卵管内。③寄生虫由肠道移行到肛门，又从肛门经泄殖腔而逆行到输卵管、子宫内。由于寄生虫经这三种渠道进入输卵管或子宫内，在蛋形成时就被包含在蛋内。这种蛋不能加工成蛋制品，需经高温煮制并去掉寄生虫后方可食用。

(13) 异味蛋：指蛋白、蛋黄正常而有异常气味的蛋。形成的原因有内外两种。外因主要是污染，蛋同有特殊气味的物质同时贮存、运输和包装导致蛋有异味。内因主要是家禽长期或大量采食了有异味的饲草饲料，异味物质在体内积累沉积，使蛋也产生异味。如采食青草较多的鸡生的蛋有青草味等。异味蛋影响产品的气味，不宜用于加工。

(14) 异形蛋：指蛋形呈枣核形、球形、长筒形、马铃薯形、扁形等的畸形蛋。形成的原因一是雌性输卵管壁或子宫壁畸形。二是生殖道本身收缩弛缓、节律失常。三是母禽因惊恐等特殊刺激，输卵管收缩异常或蛋壳形成部位发生异常变化，造成蛋的异形。异形蛋易于破损，不宜包装运输，不能用于加工腌制蛋品。

第十八章 蛋的收购与贮运

蛋的收购、贮藏与运输不仅是蛋品经营和加工中的必要环节，而且在蛋品经营、加工中具有特别重要的意义。它不仅影响产品的质量，而且直接影响到加工企业、经营单位的经济效益和社会效益。适当地掌握和了解蛋的生产、收购、贮藏、运输方面的知识是很必要的。

第一节 生产与收购

一、蛋的生产与品质

禽类的产蛋具有一定的规律性。不同时期所产的蛋，不仅在产蛋量上有明显区别，而且在品质方面也有差异。了解有关蛋的生产知识对蛋的收购和分级很有益处。

(1) 禽类的产蛋期：禽类在一个产蛋年中，产蛋时期可以分为三个，即始产期、主产期和终产期。

① 始产期：是指从产第一个蛋开始到正常产蛋时止。这一时期经过 1～2 周。在此期中有两个明显的特点：一是产蛋没有规律性，也就是产蛋周律不规则，时间长短不一。一般是产蛋之间间隔长。二是产不正常蛋（反常蛋）较为多见，如双黄蛋、软壳蛋及一天之内产一个异形蛋、一个正常蛋或两个异常蛋等。

② 主产期：是从家禽产蛋正常到产蛋量开始迅速下降的时期。此期特点一是产蛋模式趋于正常。二是产蛋量逐步提高并达到高峰，然后缓慢下降。三是主产期在产蛋年中时间最长，对产蛋量有着重要的作用。四是产的蛋质量较好，基本大小均匀，正常蛋多。

③ 终产期：指产蛋量迅速下降到停止产蛋的时期。此期特点一是时间短暂，二是产蛋量迅速下降，三是出现异常蛋的情况较多。

(2) 产蛋季节：不同的产蛋季节或月份，蛋的质量特点有所不同。从事蛋的收购和验收的业务人员，应根据各个收购季节或月份掌握蛋的质量特点，并根据蛋的质量特点安排加工生产任务。一年中各月份蛋的质量情况大体为：1～2 月份上市的蛋，常出现大空头和贴皮蛋，这是由于冬季贮存过久造成的。3 月份产的蛋数量多、质量最鲜、气室小、蛋黄脂肪含量高、次劣蛋少，应加强收购。4～6 月份收购的蛋，以黑贴皮、霉蛋和孵化蛋较多。此时是产蛋旺季，也是孵化雏禽的季节，同时也是梅雨季节。7～9 月份是高温季节，蛋的质量较差，且易于腐败，各种次劣蛋较多，尤以贴皮蛋和黑腐蛋较为多见，必须加强验质工作。10～12 月份是产蛋淡季，由于气温稍低，人们习惯将蛋放置过久，易于出现贴皮蛋和大空头蛋。

二、蛋 的 收 购

蛋的收购工作是蛋品经营和加工中的第一个环节。用于加工和经营的鲜蛋，其质量高低和是否耐贮藏等，主要看收购工作做得如何。鲜蛋收购应该注意以下几方面：

(1) 根据鲜蛋的生产和上市的季节与规律合理组织收购：鲜蛋的收购是常年性的，但鲜蛋的生产却有很大的季节性。由于我国地域辽阔，气候状况各地不一，产蛋的旺季也有迟早之分。以鸡为例，我国长江以南产蛋旺季是3～7月份，而华北地区为4～6月份，东北和西北地区为5～7月份。一般来说，春夏两季是全国鲜蛋生产的旺季，产蛋数量占全年总产量的70%左右。因此，收购部门应抓紧这两个季节，积极安排组织收购，并应尽早做好收购准备工作。这对完成全年鲜蛋收购任务，均衡市场供应，降低经营和加工成本，适应蛋品加工和出口的需要，具有决定性的意义。

(2) 严格按照质量标准做好验收工作：验收是对鲜蛋进行质量鉴定。验收是否准确，对收购的鲜蛋质量的好坏起着决定性的作用。为此，验收人员必须按照国家规定的验收标准或质量标准严格验收。一方面不得马虎轻率和放松标准，防止以次充好；另一方面不得压级压价，短斤少两。验收人员应根据各个收购时期蛋的不同质量特点，做到心中有数，搞好验收工作。

(3) 根据收购地点，合理抽样验收：鲜蛋的验收，一般可分为在生产基地以外的外地收购验收和在生产基地以内的当地收购验收两种。外地验收因数量较大、工作人员少，应以抽查为主。抽查的方法应该合理，防止漏查次劣蛋。常是对每批货的四角、上中下不同层次和中心抽查几箱（筐或篓），进行感官鉴定和灯光透视鉴定。当地验收，是对鲜蛋产地基层收购网点收购的蛋的验收，也应进行细致的鉴定，切勿认为基层单位收购的蛋全是鲜蛋，不会有次劣蛋。当地验收多以感官鉴定方法为主。

(4) 做好临时保管工作：无论是当地或外地收购的蛋，验收收购后都有一个临时保管过程。临时保管时期，为避免鲜蛋变质，应选择防晒、防雨、防潮、清洁卫生的场所和良好的包装用具。保管时间不应太长，做到随来随运、先进先出，确保鲜蛋质量和降低损耗。

第二节　包装和运输

一、蛋的包装

包装是禽蛋运输的必要工序。包装质量对蛋的保护有重要意义。包装方法、容器同蛋的破损和腐败有直接的关系。鲜蛋的包装要求是：坚固、干燥清洁、成本低廉、保质保量。为达到这些要求，蛋的包装应做到“三化”，即包装容器规格化、操作方法标准化、技术人员专业化。

(1) 包装容器规格化：首先是包装容器要按照规定的标准规格制作，统一尺寸、形状和容量。尤其是长距离调运鲜蛋时，必须使用标准规格的箱篓，不合标准的容器应予淘汰。要求木箱装净蛋20kg，连皮毛重22.5kg；竹篓装净蛋25kg，连皮毛重30kg。第二，包装材料要因地制宜，力求经济、安全、清洁、干燥和实用。各地所用的包装材料不尽一致，常用的有木箱、竹篓和折叠塑料箱等。但无论采用何种材料的包装容器，其必须坚固耐用，便于装卸和搬运。

(2) 操作方法标准化：标准化操作的基本要求是：①在装箱时，蛋要轻拿轻放、摆齐码平，避免蛋同四周箱板接触。②凡需运输的蛋，必须使用填充物，采用层草（填充物）层蛋的方法。蛋要摆匀，填充物要垫实，常用的填充物有稻草、麦秆、稻壳等。无论哪种填充物，应该柔软、清洁、干燥、无异味，并富有弹性。③每件（箱）内应装入同级的蛋，不能不同级别的蛋混装。装箱（篓）时要将蛋竖放，大头朝上，切勿横放。蛋层间平整、松紧适宜。④蛋箱（篓）必须捆绑牢固，盖严压紧，不致松散。⑤包装好的箱（篓）应标明品名、重量、级别和请勿倒置的符号。涂膜的蛋，要用有凹蛋盘盛装。

(3) 技术人员专业化：专业化的基本要求是：首先，技术人员要有一定的专业化知识，具备以下几个基本条件：①懂得鲜蛋的结构和性能。②能很快简易识别蛋的新鲜程度。③熟悉照蛋技术，能准确鉴别各种次劣蛋。④熟悉鲜蛋的包装和贮存技术。其次，要加强技术培训工作，建立一支思想素质好，既懂专业技术知识又会经营的专业队伍。

二、蛋的运输和装卸

包装好的鲜蛋，按照加工地点和商品流向，应合理安排运输。因为鲜蛋在运输过程中最易造成破损。蛋的运输和装卸是蛋品加工和经营中的又一个重要环节。调拨运输鲜蛋，应注意合理流向和节省费用，尤其要时间快、环节少，实行“快收快运”和“直拨直调”的方法。

（1）运输：运输时要根据不同地区、路途远近、不同季节和蛋的质量等因素，选用适当的运输用具。长途运输以火车、轮船为主，短途运输以汽车、马车、木船为主。鲜蛋运输工具的选择以快速、安全为主。无论采用何种运输工具，在运输过程中都须注意下列事项：运输要快；搬动装卸要轻稳；运输过程中要防止雨淋、日晒、灰尘和震动；冬季要防寒保暖，夏季要防热变质；装运鲜蛋的车、船等装运工具要清洁干燥，凡装过农药、汽油、煤油等有毒、有异味的车船，一定要冲洗干净后再使用。

鲜蛋的运输，使蛋由分散到集中，由基层到城镇，其运输时间要尽量缩短。控制和缩短运输时间是保证商品新鲜、减少损耗的关键。因此，要根据不同季节和路途远近，合理规定鲜蛋在基层的收购位置和存放时间，并且按照计划以大中城市、工矿区或蛋品加工、经营单位为中心，划定一定地区，固定供货关系，减少中间环节。

（2）装卸：鲜蛋的装卸搬运工作应该注意以下几点：装卸时必须轻拿轻放，平搬平放，不拖不拉，双手搬运；装车或装船时，箱（篓）必须放平放稳，顺序卡紧，不要歪倒放置，以防晃动；装卸堆码时，箱装以井字形为宜，篓装以品字形上下错开装载为宜。箱篓混装时，耐压的木箱应放在底层，篓放在上层；装卸堆码时须有防雨、防晒、防冻设备。由于鲜蛋具有易碎性，在整个装卸过程中，不得野蛮装卸，严格按操作要求进行。

第三节　鲜蛋的贮藏

一、鲜蛋在贮藏中的变化

为了解决好鲜蛋生产的季节性同常年消费、加工之间的矛盾，必须在鲜蛋生产的旺季大量进行贮藏。为了搞好鲜蛋的保贮工作，必须了解鲜蛋保藏中的各种变化。

1. 物理变化

物理变化指鲜蛋在贮藏中的重量变化、气室变化、蛋内水分变化、蛋白变化和蛋黄的变化。

（1）重量变化：由于蛋壳上有气孔，蛋在贮藏过程中蛋内容物中的水分不断蒸发，而外界空气进入，使蛋的重量逐渐减轻。蛋重量的减轻程度同贮藏中的温度、湿度、蛋壳气孔大小、空气流通及贮藏方法等因素有关，详见表 18-1、表 18-2、表 18-3。

表 18-1　　不同温度下贮存的鸡蛋的重量变化

保藏时的温度/℃	蛋每昼夜的重量变化/(g/枚)
9	0.001
18	0.001
22	0.04
37	0.05

表 18-2　　不同湿度下贮存鸡蛋的重量变化

相对湿度/%	90	70	50
蛋每昼夜的重量损失/(g/枚)	0.0075	0.0183	0.0258

表 18-3　　不同贮存方法下鸡蛋的失重

贮存方法	地下室贮存		冰库贮存	冷库贮存	草中保存	细沙贮存
	不翻动	翻动				
贮存天数	185～294	177～266	185～339	151～263	191～301	198～311
日减重/(g/枚)	0.0014	0.0014	0.0012	0.0008	0.0014	0.0017

因此，蛋在贮存中，要选择合适的贮存方法，尤其要注意贮藏中的温度和湿度。如果贮存条件不佳，会使蛋中水分大量蒸发、重量减轻，甚至引起品质的变化。

(2) 气室变化：蛋气室的变化同重量的损失有明显的关系。随着蛋重的减轻，气室也随之增大。存放时间越长，蛋重损失越大，气室也增大。气室的变化由于伴随着重量的变化而变化，同样同贮存温度、湿度、贮存时间、贮存方法、蛋壳气孔密度等因素有直接关系。所以，根据气室的大小，可以判断蛋的新鲜度（见表 18-4）。

表 18-4　　不同贮存时间气室的变化（28℃、82%）

贮存天数	第 5 天	第 25 天	第 50 天	第 75 天	第 100 天
气室高度/cm	0.46	0.6	0.9	1.15	1.35

(3) 蛋内水分的变化：贮藏期间蛋失重的原因主要是水分蒸发的结果，而蒸发的水分主要是蛋白内的水分。因此，蛋白的水分一方面向外蒸发，而另一方面因渗透压的缘故向蛋黄内渗透，使蛋黄内水分增加。随着贮藏时间的延长，蛋黄体积逐渐增大，蛋黄膜强度降低，最后能使蛋黄膜破裂而形成散黄蛋。蛋内水分的变化主要同贮存时间和温度有关。

(4) 蛋白层的变化：鲜蛋的蛋白层次是较明显的。在贮存过程中，浓厚蛋白逐渐变稀，蛋白层的组成比例发生显著的变化，最后使蛋黄膜变薄而破裂，蛋白、蛋黄相混。随着浓厚蛋白的减少，溶菌酶的杀菌作用也降低，蛋的耐贮性也大为降低。蛋白层的变化主要同温度有关。因此，降低温度是防止浓厚蛋白变稀的有效措施。

(5) 蛋黄的变化：鲜蛋在贮存过程中，由于蛋白水分向蛋黄内渗透，蛋黄逐渐变稀。同时蛋黄膜强度降低，使蛋黄的高度明显降低，蛋黄指数减小。正常鲜蛋的蛋黄指数在 0.35 以上，当蛋黄指数在 0.25 以下时，蛋黄膜就会破裂。蛋黄指数的下降主要同贮存时间及温度有关。

2. 化学变化

化学变化主要是指鲜蛋在贮存期间 pH、含氨量、可溶性磷酸、脂肪酸等的变化。

(1) pH 变化：蛋在贮存期间，pH 不断发生变化，尤其是蛋白 pH 变化较大。一般情况下，鲜蛋白的 pH 呈碱性，为 8 左右。在贮存初期，由于 CO_2 的快速蒸发，可使 pH 上升到 9 左右。但随着贮存时间的延长，蛋内 CO_2 蒸发减少，反而使 pH 降低，可降到 7 左右。贮存期间，蛋黄的 pH 也发生变化，只是变化缓慢。鲜蛋黄的 pH 为 6 左右，由于蛋内化学成分的变化及 CO_2 少量蒸发，pH 逐渐缓慢增高，可达到 7 左右。当蛋黄和蛋白的 pH 均接近于 7 时，说明蛋已相当陈旧，但尚可食用。当蛋腐败后，CO_2 难以排出，加上腐败后蛋内有机物分解产生酸类，pH 下降到中性或酸性，这种蛋不能食用。

(2) 氨量的变化：蛋在贮存期间，由于酶和微生物的作用，使蛋中蛋白质发生分解，而使蛋内含氨量增加。

(3) 脂肪酸的变化：贮存期间，蛋黄中的脂类逐渐氧化，使游离脂肪酸量逐步增加。

(4) 磷酸的变化：由于蛋黄中含有卵黄磷蛋白、磷脂类及甘油磷酸等，蛋在贮存期间，由于贮存时间的延长，使这些物质分解出可溶性无机态磷酸，尤其是腐败的蛋，可溶性磷酸量增加更多。

3. 生理变化

蛋若是在较高的温度下贮存，将引起胚胎（胚珠）的生理变化。若是受精蛋，则使胚胎周围形成血丝，以致发育形成雏禽；若是未受精蛋，则使胚珠出现膨大现象。这种变化最易降低蛋的质量，而且大大影响蛋的贮藏期。防止这种生理变化的有效措施是降低温度。

4. 微生物变化

正常健康的雌禽产下的蛋，其内容物中是很少有微生物的。贮存期间蛋内微生物的生长繁殖，主要是蛋内感染了微生物所致。蛋感染微生物的途径有两种：一是母禽体内感染。由于产蛋家禽本身带菌，在蛋的形成和产出过程中，使蛋感染。另一种途径是蛋在贮存过程中受到微生物的侵入而感染。对于蛋在雌禽体内的感染，只有加强产蛋家禽的饲养管理和卫生防疫才能解决。而对于蛋在贮存中的感染，是每个蛋品加工、经营工作者应该尽力控制的任务之一，也是我们应该研究解决的内容之一。

刚产的新鲜蛋，蛋壳外有一层粘液质，干燥后成为壳外膜，这种粘液质或壳外膜能够防止微生物的侵入。新鲜蛋内亦因含有溶菌酶，能杀死侵入的微生物。但粘液质或壳外膜极易脱落，微生物容易从蛋壳气孔侵入。蛋内的溶菌酶也极易失活，在室温条件下，经 1～3 周便失去活性。因此，蛋在生产、收购、调运、贮存等过程中，极易感染微生物。感染的微生物通过蛋壳气孔和壳内膜纤维间隙侵入蛋内，在蛋内大量繁殖，使蛋变质。然而，蛋感染微生物后，微生物能否侵入蛋内和侵入蛋内后能否生长繁殖主要决定于环境因素。微生物生长繁殖的适宜温度是 20～40℃，如果蛋处在较低的环境温度条件下，就能抑制或减缓微生物的侵入速度和生长繁殖速度。干燥的空气环境能使蛋壳表面微生物的活动能力大为减弱，尤其对霉菌更明显。湿度较高的环境，即使在低温条件下，霉菌和细菌仍能很快侵入蛋内。此外，蛋壳的裂纹、产蛋时卫生条件、鲜蛋包装的填充料等都同微生物的侵入有关。

蛋壳上和内容物的微生物种类有所不同。产下的蛋，若已被污染且贮存时间较长，蛋壳上的微生物就会大量繁殖。即使是净壳蛋，也因肛门附近带有细菌而使蛋壳污染。新产下的蛋，其内容物中也含有各种杂菌，以变形杆菌最多，为 3.86%～23.7%；其次为大肠杆菌及枯草杆菌、荧光杆菌和各种葡萄球菌；霉菌有曲霉属、青霉属和白霉菌等。

蛋腐败变质的主要原因是微生物的侵入。一般情况下侵入蛋内的微生物有好几种，引起复杂的腐败变质反应。蛋变质的最初特征是蛋白变稀，呈淡绿色，并逐渐扩大到全部蛋白，系带变细，蛋黄贴近蛋壳，蛋黄膜破裂，蛋白和蛋黄相混，以致逐渐开始变质，蛋白变蓝或变绿，产生腐臭味，蛋黄变成褐色。蛋若处在有利于微生物生长繁殖的环境，其腐败变质过程就快。

二、鲜蛋的贮藏方法

因鲜蛋在贮藏过程中会发生多种变化，促使内容物分解甚至腐败变质，故在蛋的贮藏中，必须根据其结构特点，采用科学的贮藏方法，闭塞蛋壳气孔，防止微生物侵入，或降低贮藏温度，抑制蛋内酶和微生物的作用，并保持适宜的湿度和卫生清洁条件。目前，常用的鲜蛋贮藏方法有冷藏法、液浸法（包括石灰水贮藏法、水玻璃贮藏法）、涂膜法（包括用石蜡、矿物油、树脂、合成树脂等涂膜）、消毒法、气调法（包括用CO_2、氮气、臭氧及化学保鲜剂等）以及民间简易的干藏法（包括用谷糠、小米、豆类、草木灰）等。前两种方法在我国各地已广泛采用。

1. 冷藏法

冷藏法贮蛋是利用低温来延缓蛋内的蛋白质分解，抑制微生物生长繁殖，以在较长时间内保存鲜蛋的方法，这是目前世界上应用较广的一种方法，我国大中城市已有专业蛋库采用该法。冷藏法的优点是操作简单、管理方便、贮藏效果好，一般贮藏半年以上，仍能保持蛋的新鲜。但该法由于冷库造价较高，还不能普遍应用。冷藏法贮蛋必须使用得当、管理合理，才能真正达到冷藏的效果。否则，易使鲜蛋变质，造成经济损失。应用冷藏法时需注意：

（1）做好冷藏前的准备工作，如冷库消毒、选蛋和鲜蛋预冷等。

① 冷库消毒：鲜蛋入库前，冷库要事先消毒、打扫清洁、通风换气，以消灭库内残存的微生物。消毒方法有石灰水或漂白粉溶液消毒，方法简单、成本低廉。

② 严格选蛋：鲜蛋冷藏的好坏同蛋源有密切的关系。鲜蛋入库前要经过外观和灯光透视检验，剔除破碎、裂纹、雨淋、孵化、异形等次劣蛋和破损蛋，并把新鲜蛋、陈蛋按程度分成类别。凡符合贮藏条件的鲜蛋尽快入库，不能在库外搁置过久。凡质量较差的蛋要及时处理。

③ 合理包装：入库鲜蛋的包装要清洁、干燥、完整、结实，没有异味，防止鲜蛋污染发霉，要轻装轻卸。

④ 鲜蛋预冷：选好的鲜蛋入冷库时要经过预冷。若把温度较高的鲜蛋直接送入冷库，会使库温上升，水蒸气在蛋壳上凝成水珠，使蛋出汗，给霉菌生长创造条件；另一方面，蛋的内容物是半流动的液体，若遇骤冷，很快收缩，外界微生物易随空气一并进入蛋内。预冷的方法有两种：一种是在冷库的穿堂、过道进行，每隔1～2h降温1℃，待蛋降温到1～2℃时入冷库。另一种是在冷库附近设预冷库，预冷库的温度为0～2℃，相对湿度75%～85%，预冷20～40h，待蛋温降至2～3℃转入冷藏库。

（2）应加强冷库的技术管理工作，保证鲜蛋冷藏的效果

① 合理设置码垛间隔：为改善库内通风条件，均匀冷却库内温度，码垛应使库内通风适宜，且箱不靠墙，离墙20～30cm，垛间间距10cm左右，便于检查和通风。宜长期保藏的蛋品放在里面，不宜长期保藏的放外面，便于出库。垛的高度不能超过风道喷风口，以利于空气对流畅通。每批蛋进库后应挂上货牌、入库日期、数量、类别、产地和温湿度的变化情况。

② 恒定温湿度：控制冷库内温湿度是保证取得良好冷藏效果的关键。鲜蛋冷藏最适宜的温度为-2～-1℃，也可以稍低些，但最低不能低于-3.5℃，否则，易冻裂。地域不同，对湿度的要求不同。我国北方天气寒冷、干燥，温度在-5～1℃，相对湿度以85%～90%为最好。南方气候热、较潮湿，温度在10℃左右，相对湿度以80%～85%为最好。在我国南方，当冷库温度到-2℃时，蛋就要冻裂；湿度在90%时，蛋就会发霉。库内温湿度要恒定，不可忽高忽低。温度在昼夜内的变化幅度不能超过±0.5℃。湿度也不能太低，否则会造成自然损耗的增加。因此，要定期检查库内温湿度。

③ 定期检查鲜蛋质量：检验的时间和数量要视蛋的质量和贮藏时间而定。质量好，存

放时间短的，检验次数可少些。质量差、存放时间长的，检验次数可多些。一般每隔 15～30d 检查一次，抽查数量要适宜，出库前要详细抽查。抽查时要上下、左右、里外、中心都抽到，使之具有代表性。检验的方法是目视检查与灯光透视相结合。检查后及时填写质量检验报告单。发现变质的蛋，要及时出库处理。对长期贮存的蛋还要翻箱，防止蛋黄贴壳散黄。一般要求 2～3 个月翻一次。

④ 逐步升温：鲜蛋冷藏出库后，需逐步升温，否则蛋突然遇热，蛋壳表面凝成一层水珠，易使蛋壳膜受热破裂，易于感染微生物，加速蛋的库外变质。如将蛋从 0℃直接放到 27℃室内 5d，次蛋率达 13%。因此，出库时的冷藏蛋要注意逐步升温。

⑤ 禁止同时冷藏其他物品：鲜蛋冷藏期间，切忌同蔬菜、水果、水产品和有异味的物质放在同一冷库内。一是防止蛋吸收异味，影响品质。二是这些物质的要求不同，相互影响冷藏效果。如蔬菜、水果、水产品等水分高、湿度大，易使鲜蛋发霉变质，并且这些物质的温湿度要求不同，冷库难以控制。因此，要做到不同的物质分库冷藏。

2. 气调法

气调法很多，现主要介绍 CO_2 气调法和化学保鲜剂气调法。

（1）CO_2 气调法：CO_2 气调法就是把鲜蛋贮存在一定浓度的 CO_2 气体中，使蛋内自身所含的 CO_2 不易散发，并渗入蛋内，使蛋内 CO_2 含量增加，从而减缓鲜蛋内酶的活性，减弱代谢速度，抑制微生物生长，保持蛋的新鲜度。适宜的 CO_2 浓度是 20%～30%。其做法是：用聚乙烯塑料薄膜做成有一定体积的塑料帐。将挑选消毒过的鲜蛋放在底板上（底面铺薄膜）预冷 2d，使蛋温和库温基本一致，再将吸潮剂硅胶屑、漂白粉分装在布袋或化纤布袋内，均匀放在垛顶箱上，以便防潮、消毒。然后套上塑料帐，用烫塑器把塑料帐子与底面薄膜烫牢，不得漏气。再抽成真空，使塑料帐紧贴蛋箱。最后充入 CO_2 气体，使浓度达到要求。此后，每隔 2～6d 测一次浓度，不足时便补充。待浓度稳定后，每星期测定一次，不足便补，直到出库，始终保持在 20%～30%的浓度。

采用此法在 0℃冷库内贮存半年的蛋新鲜度好、蛋白清晰、浓稀蛋白分明、蛋黄指数高、气室小、无异味。该法贮藏的蛋比冷藏法贮藏的蛋平均降低干耗 2%～7%，且温湿度要求不严格、费用省。

（2）化学保鲜剂气调法：化学保鲜剂气调法是采用化学保鲜剂通过脱氧等作用，产生调节气体浓度的效果，达到鲜蛋贮存保鲜目的的方法。化学保鲜剂一般是由无机盐、金属粉末和有机物质组成。主要作用是将贮存蛋品的袋中的氧气含量在 24h 内降到 1%，并且有杀菌、防霉、调节 CO_2 含量等作用。如一种以保险粉为主要成分的保鲜剂，其组成是保险粉 31g、芒硝 5g、消石灰 100g。这种粉剂能在 2h 之内将 10L 空气中的氧降到 1%～3%，同时能产生 SO_2，有防腐杀菌作用。又如一种以铸铁粉为主要成分的化学保鲜剂，其成分是铸铁粉、食盐、硅藻土、活性炭、水等，能在 24h 内将 10L 空气中的氧浓度降到 1%。

3. 液浸法

液浸法就是选用适宜的溶液将蛋浸在其中，使蛋同空气隔绝，阻止蛋中的水分向外蒸发，避免细菌污染，抑制蛋内 CO_2 逸出，达到鲜蛋保鲜保质的目的。用于此法的溶液有石灰水、泡花碱、萘酚盐、萘酚盐苯甲酸合剂等，还有的采用混合液浸法，常用的主要是前两种。

（1）石灰水贮藏法：石灰水贮藏法的原理是生石灰加水后产生氢氧化钙，氢氧化钙吸收蛋内散发出来的二氧化碳，变成不溶性的碳酸钙微粒，凝积在蛋壳表面，封闭气孔，使微生物不易侵入蛋内、蛋内水分也不易蒸发、蛋内积聚残余的 CO_2，抑制浓厚蛋白变稀、蛋白 pH 下降，延缓鲜蛋各种变化，达到较长时间贮存鲜蛋的目的。石灰水贮藏的化学反应式如下：

$$\underset{\text{生石灰}}{CaO} + H_2O \longrightarrow \underset{\text{熟石灰}}{Ca(OH)_2} + \text{热}$$

$$Ca(OH)_2 + CO_2 \longrightarrow \underset{\text{碳酸钙}}{CaCO_3} + H_2O$$

用石灰水贮蛋，操作简便、费用省，适宜于大批量贮存，也适用于农村乡镇企业、家庭等贮存鲜蛋。但石灰水贮存过的鲜蛋，蛋壳色泽较差（发暗）。由于有少部分水分渗入蛋内，长期贮存的鲜蛋蛋白变稀、蛋黄扩大、颜色变绿，同时因蛋壳的气孔被封闭，蛋壳易破，煮时需在蛋的大头穿一小孔，以免煮时蛋壳破裂。

石灰水的配制方法是首先选用洁净、坚固的生石灰块为原料，不能选用受潮及已成熟的石灰粉，然后洗净缸或水泥池，并盛入洁净的清水，然后放入石灰块。水同石灰块的比例是每 100kg 水加生石灰块 1～1.5kg，让其自由溶解，然后充分搅拌，使其成为均匀的饱和溶液。待溶液澄清后，将未溶解的石灰残块捞出，以免妨碍取蛋。当石灰水温度降到 10℃ 时，缓慢将蛋放入，至液面高出蛋面 10～20cm 时为止。

采用石灰水贮藏鲜蛋，在技术管理上应注意以下几点：①蛋源要新鲜，严格剔去破损蛋和次劣蛋，否则，次劣蛋易使石灰水发浑变臭，影响蛋的品质。②溶液温度应保持在 10～15℃。根据多年经验，炎热夏季，库温最高不超过 23℃，水温不超过 21℃。如果超过此温度，应设法降温。冬季库温在 3～4℃，水温以 1～2℃ 为宜。③定期检查。贮藏期间应该每日早、中、晚三次检查库温和水质情况。若发现溶液发浑、发绿、有臭味时应尽快处理。液面上的漂浮蛋、破壳蛋、臭蛋等应及时捞出。液体表面的碳酸钙薄膜应保持完整，有助于防止微生物的侵入。④经贮存的蛋，蛋壳松脆，必须轻拿轻放。⑤当用其他容器贮蛋时，不要剧烈震动，以免震破液面碳酸钙薄膜。

（2）水玻璃贮藏法：水玻璃又叫泡花碱，是硅酸钠（Na_2SiO_3）和硅酸钾（K_2SiO_3）的混合溶液。通常为白色、粘稠、透明溶液，易溶于水，呈碱性反应。水玻璃遇水后生成偏硅酸或多聚硅酸胶体物质，能附在蛋壳表面，闭塞气孔，减弱蛋内呼吸作用和生化变化，并阻止微生物侵入，达到保存鲜蛋的目的。

我国多采用 3.5～4.0°Bé 的水玻璃溶液贮藏鲜蛋。目前市销水玻璃浓度有 56、52、50、45、40°Bé 等五种。因此，原溶液必须稀释，配成符合要求的浓度后才能使用。其加水稀释的公式是：

$$\text{加水量} = \left(\frac{\text{原水玻璃溶液浓度}}{\text{要求配制溶液浓度}} - 1\right) \times \text{原液用量}$$

例如用 1kg、40°Bé 的水玻璃溶液，配制 4°Bé 的溶液，其加水量为（40/4－1）×1＝9，即在 1.0kg、40°Bé 的水溶液中，加入 9kg 水，便得到 4°Bé 的水玻璃溶液。加入的水最好是软水或含矿物质少的自来水。如是硬水，必须软化为软水。因硬水中含有较多的 Ca、Mg、Fe 等成分，将影响水玻璃溶液贮藏蛋的效果。硬水软化的方法是：每 100kg 硬水加入碱 2.5kg，或用一定量的明矾，也能起到软化的作用。

水玻璃溶液的配制方法是：首先在容器内倒入原浓度水玻璃溶液，再加入少量的水，充分搅拌，待全部溶解后再加入其余的水，搅拌混匀，即成符合浓度要求的水玻璃溶液。并将配好的溶液用“波美氏”密度表，测其确切的波美度。若过高过低，要加以调整。

水玻璃溶液贮蛋的技术管理与石灰水贮藏的基本相同，但应注意以下几点：①水玻璃贮蛋半个月左右，溶液中会出现白色絮状物质贴在蛋的外表，水呈白灰色，略有混浊，这属正常现象。若溶液呈粉红色，形成一层浓厚浆糊同水分开，这是不正常现象，是温度偏高所致。此时应将蛋捞出洗净，剔除坏蛋，重新配制溶液再贮存。②贮蛋的水玻璃溶液温度，只要不结冰，温度越低越好。③经水玻璃贮藏的鲜蛋，取出销售加工前，应用15～20℃温水将蛋壳表面的水玻璃洗净晾干，否则，蛋壳粘结、易破裂。④此法贮藏的蛋色泽较差、气孔闭塞，煮时也应穿孔。

(3) 混合液体保鲜技术：混合液体贮藏保鲜法是比较经济可行的保鲜方法之一，目前已在一些城乡推广应用，效果较好，贮存保鲜8～10个月，其品质仍不变。混合液体的主要组成是石灰、石膏、白矾（即“二石一白”），因此，有人称为“三合一”保鲜剂。

① 混合保鲜剂保鲜原理：石灰、石膏、白矾（即明矾）三种原料均能同水发生化学反应，生成主要物质碳酸钙，碳酸钙能闭塞蛋壳的气孔；同时溶液内的氢氧化钙同液面上CO_2接触，形成一层碳酸钙薄冰状覆盖物，将液体里的蛋同空气隔绝，使蛋处于“真空无菌”的环境中，达到贮存保鲜的目的。

② 操作方法：每50kg清水加生石灰1.5kg、石膏0.2kg、白矾0.15kg搅拌均匀。配制成的50kg左右混合液体可贮存鲜蛋50kg。配制时，由于白矾、石膏质地较硬，不易溶解，应先将它们碾成粉末，过筛后称量，混合均匀备用，并将石灰打碎去渣后溶入10～15kg水中，经12h左右溶解后，再用35～40kg水将石灰水隔筛冲滤到缸内，除去杂质，边搅拌边加入白矾石膏混合粉，直到粉末全部溶化（见水中旋涡冒出泡沫）为止。一刻钟后，水溶液自然澄清，即可放蛋。放蛋不可太满，应低于水面10～15cm，并在缸（池）上加盖，防止灰尘杂质进入，保持缸（池）内清洁。

③ 注意事项：a. 严格选蛋。用于贮存的鲜蛋必须确实质好，蛋源不明的蛋尤其是市场上采购的鲜蛋，要通过照验后方可贮存。b. 蛋浸入后要捞出水面上的全部杂质及剔除上浮的蛋。c. 蛋浸入后1～2d，液面上慢慢形成一层薄膜，具有密封作用，隔绝外界空气和微生物侵入。若未结成薄膜，要检查原因，重新配制混合液。若液面薄膜凝结不牢或有小洞，并闻到石灰气味，说明溶液有变质可能。处理措施是按每50kg液体补加2.5kg左右的石膏和白矾溶液。如仍不能改变上述情况，应及时把蛋捞出，重新配制混合溶液。d. 贮满蛋的容器应放置在空气流通而凉爽的房子里，避免阳光照射。e. 经常注意室内温度。f. 贮藏期间，每月左右将蛋翻动一次，防止蛋贴壳。翻蛋时手要干净，轻拿轻放。g. 蛋出缸（池等容器）时，应将蛋散开晾干。在容器底部带有沉淀石灰的蛋，可利用缸或池内混合液体清洗干净后，再取出晾干。晾干后的蛋表面洁净光亮，即使暂不出售或加工，放置一段时间（一个月左右）也不变质。

4. 涂膜法

上述几种禽蛋保鲜贮藏方法虽有一定的实用价值或效果，但有的成本过高，有的对质量和风味有较大的影响，而且都需要有一定的设备条件。此外，由于我国禽蛋的来源较为分散，运输时间较长，中间环节多，有的地区从产地到销售或贮藏点需要的时间较长，使以上贮存方法都不能在产后立即使用。因此，蛋的变质损耗率高达8%～13%。目前的研究趋势已转向常温条件下的常温涂膜保鲜。这种方法不需要大型设备，投资小、见效快，具有较高的经济价值；而且无论在农村、乡镇，只要有一间房子即可就地涂膜，室温贮存，及时保持了禽蛋的新鲜度，减少了蛋在收购运输过程中的损耗变质。同时由于涂膜后增加了蛋壳的坚实度，可以降低运输过程中的破损率，故涂膜保鲜具有较高的实用价值和经济效益。此外，涂膜保鲜还由于操作简便，不仅适用于养禽场及个体专业户使用，也适用于大型连续机械化使用，机械化养禽场以及禽蛋经营加工企业可以采用收集、涂膜、包装一条龙的生产线，所以，是目前较好的禽蛋保鲜方法。

涂膜法是在鲜蛋表面均匀地涂上一层有效薄膜，堵塞蛋壳气孔，阻止微生物的侵入，减少蛋内水分和二氧化碳的挥发，延缓鲜蛋内的生化反应速度，达到较长时间保持鲜蛋品质和营养价值的方法。一般涂膜剂有水溶性涂料、乳化剂涂料和油质性涂料等几种，一般多采用油质性涂膜剂，如液体石蜡、植物油、矿物油、凡士林等，此外还有聚乙烯醇、聚苯乙烯、聚乙酰甘油一酯、白油、虫胶、聚乙烯、气溶胶、硅脂膏等。据试验研究，将石蜡或凡士林加热熔化后，涂在蛋壳表面，室温下蛋可保存 6 个月。鲜蛋涂膜的方法有浸渍法、喷雾法和手搓法 3 种。但无论哪种方法，涂膜前必须对鲜蛋进行消毒，消除蛋壳上已存在的微生物。此外要注意鲜蛋的质量的影响。涂膜贮存的效果同鲜蛋的质量有密切的关系。蛋越新鲜，涂膜保鲜效果越好。

（1）石蜡涂膜法：

① 选蛋：必须选用新鲜的蛋，并经光照检验，剔去次劣蛋。夏季最好用产后 1 周以内的蛋，春秋季最好用产后 10d 内的蛋。

② 涂膜：先将少量液体石蜡油放入碗或盆中，用右手蘸取少许于左手心中，双手相搓，粘满双手，然后把蛋在手心中两手相搓，快速旋转，使液蜡均匀微量涂满蛋壳。涂抹时，不必涂得太多，也不可涂得太少。

③ 入库管理：将涂膜后的蛋放入蛋箱或蛋篓内贮存。放蛋时，要放平放稳，以防贮存时移位破损。把码好蛋的箱或篓放入库房内，保持库房内通风良好，库温控制在 25℃ 以下，相对湿度 70%～80%。如遇气温过高或阴雨潮湿的天气，可用塑料膜制成帐子覆盖，帐中的涂膜蛋箱（篓）可叠几层，但层间要有间隔、排列整齐，并留有人行通道，以便定期抽查。在最上一层蛋箱上放置吸潮剂更好。入库管理时注意温湿度，定期观察，不要轻易翻动蛋箱。一般 20d 左右检查 1 次。

④ 注意事项：除严格按以上环节操作外，还应注意以下几个问题：一是放置的吸潮剂，若发现有结块、潮湿现象，应搅拌碾碎后，烘干再用；或者更换吸潮剂。二是温度在 25℃ 以下；炎热的夏季气温在 32℃ 以上时，要密切注意蛋的变化，防止变质。三是鲜蛋涂膜前要进行杀菌消毒。四是注意及时出库，保证涂膜的效果。

（2）聚乙烯醇涂膜法：聚乙烯醇是一种高分子有机化合物，不带电极性，亦不能产生离子，其分子式为 $\left[CH_2CHOH \right]_{11}$，简称为 PVA。用 PVA 涂膜保鲜是当前国内外正在推广使用的鲜蛋保鲜技术之一。聚乙烯醇涂膜剂具有半渗透作用，细菌、霉菌等不能通过，但是水分和气体仍可以有少量渗透。经过 PVA 涂膜的鲜蛋，贮存在冷库、常温或地下室内，都能获得同样效果，但以存放于冷库中效果最好。这种涂膜法具有操作简便、设备简单、成本低廉、环节少等特点。

① 严格选蛋：鲜蛋在涂膜前应经过照验检查，剔除各种次劣蛋，尤其是旺季收购的商品蛋应严格把好照验关。

② 配料：适宜涂膜的聚乙烯醇浓度为 5%。配制比例是 100kg 水加 5kg 聚乙烯醇。方法是先将聚乙烯醇放入冷水中浸泡 2h 左右，再用铝桶或铁桶盛装浸泡过的聚乙烯醇，并放入

沸水锅中，间接加热到聚乙烯醇全部溶化为止，取出冷却后便可使用。若用量较大时，为节省时间，可以先配制高浓度的，按上述方法浸泡和溶解，需用时再稀释使用。

③ 涂膜：将已照验的鲜蛋放入涂膜溶液中浸一下，或用柔软的毛刷边沾溶液边涂鲜蛋外壳。但涂膜必须均匀，使蛋不露白。涂膜后摊开晾干，再装箱存放。在晾干过程中，要注意上下翻动，以防止相互粘连。

④ 注意事项：贮藏期内，要求每 20d 左右翻动一次。装蛋入箱或篓时，应排列整齐、大头朝上、小头朝下，以防日久蛋黄粘壳发生变质；对不洁的蛋特别是市购商品蛋，在涂膜前应做好杀菌消毒工作，防止发生霉蛋。经涂膜保鲜的鲜蛋必须放置在阴凉干燥、通气良好的库内，经常检查温湿度的变化，将相对湿度控制在 70%～80%之间。

(3) 液体石蜡涂膜法：液体石蜡又称流动石蜡、石蜡油等，是从石油中蒸馏出来的一类化合物。它是一种无色、无味、无臭和无毒害作用的油状液体物质，不溶于水和酒精。利用液体石蜡（简称液蜡）作鲜蛋涂膜保鲜剂，不仅保鲜性能好，而且成本低、操作方便，经济效益比较明显。目前国内使用的有两种液蜡涂膜保鲜技术，现介绍如下：

① 液蜡涂膜密室保存法：这种方法就是将鲜蛋经液蜡涂膜以后，放在密闭的臭氧室内保存，以使蛋壳上的液蜡层被臭氧氧化，而形成一层由多种化合物构成的薄膜。这层薄膜具有很强的杀菌作用。采用此法贮存的鲜蛋保鲜时间可达 8 个月以上，质量良好，蛋的味道与营养价值与未贮鲜蛋没有差异。

液蜡涂膜密室保存法的操作环节有：

a. 准备原料与工具设备。主要用医用液体石蜡，30W 紫外灯光，密封室，大小型塑料箩筐、塑料盆，大小缸或大小竹篓等。

b. 严格选蛋。用于保鲜的蛋要新鲜、完整，蛋壳洁净。沾染粪污的蛋（尤其是鸭蛋），最好经过新洁尔灭或高锰酸钾溶液消毒、清洗并晾干。蛋壳较干净的或数量大的鲜蛋，可用福尔马林蒸熏消毒半小时左右，确保贮藏效果。对养禽专业场产的干净鲜蛋，为便于农户接受，有利推广应用，不经清洗、消毒，也可直接涂膜保鲜，但贮存时间不能太长。

c. 操作方法：将挑选的鲜蛋放入盛有液蜡的容器里浸 1～2min 后立即取出。数量大时，可采用专用塑料周转箱或专用蛋箱，直接浸入盛满液蜡的容器内，将塑料箱内鲜蛋全部浸透均匀，不留死角，然后放置在另一空缸盘上沥干，回收流下的多余液蜡。待液蜡基本滴干后，再将已涂膜的鲜蛋放入事先准备好的臭氧密封室内。臭氧密闭室装有臭氧产生设备，多用紫外光灯照射空气产生。蛋数量较少时，也可采用逐个涂抹的方法，再将涂抹好的蛋放入臭氧密闭室内。

② 液蜡涂膜库房保存法：即将鲜蛋用液蜡涂膜后，放于普通库房或平房、楼房、山洞、地下室等中贮存。此法目前在我国北方应用较多，并已显示出较好的保鲜效果。该法操作环节有：

a. 准备原料与设备：如贮蛋库房，可用作保鲜库房的有楼房、平房、山洞、窑洞、防空洞、地下室等；塑料帐子，一般采用 0.17～0.20mm 的聚乙烯塑料薄膜；专用蛋箱，用市售专用蛋箱使用方便，自制方形木箱和竹篓也可；涂膜剂，用医用液体石蜡；照蛋灯，可用自制的电灯或煤油灯；干湿温度计；杀菌消毒剂，可用福尔马林、高锰酸钾、过氧乙酸等；除湿剂，多用纯碱（食用碱面）。

b. 选蛋：蛋必须经过光照检验，剔去次劣蛋。夏季最好用产后 4d 以内的蛋，冬天最好用产后 10d 以内的蛋。

c. 操作方法：涂膜与装箱方法同液蜡涂膜密室保存法。涂膜后将蛋放入蛋箱（篓）内贮存。1kg 液蜡可涂 450kg 左右鲜蛋。

d. 库内管理技术：贮存库内应通风良好，温度控制在 25℃以下，相对湿度在 70%～80%。如温度在 25℃以上，湿度应控制在 70%以下。遇连续阴雨天气，湿度较大，可达 80%～90%，此时应用塑料薄膜做成蚊帐似的帐子，覆盖在整个蛋箱上，六面封闭，其中能一面开门，供人员进出。帐中的涂膜蛋箱可几层堆叠，但层与层之间要隔开，最下层要离地 6cm 左右，以利于下层蛋的湿气顺利上升。蛋箱堆叠排列要整齐，并留人行通道。最上层蛋箱上面要铺一层纸，纸上放吸湿剂，按每 1000kg 蛋放 40～50kg 纯碱计算，但相对湿度在 80%以下者可不放。帐内蛋箱上面 30cm 处要放干湿温度计，以便定期观察温湿度的变化。如湿度不足 70%时，要往地面上洒水。蛋贮好后，蛋箱（篓）不要轻易翻动，一般只要 20～30d 抽查一次就行了。

e. 注意事项：蛋库内除湿剂如有结块现象，要立即用手搅拌碾碎，使它继续吸湿。一般纯碱的吸湿性为 60%，经过一个贮存期，经干燥后还可以使用。严格控制温度。库内气温低于 25℃时，保鲜效果较好。我国南方夏季温度一般在 30～36℃，使用涂膜保鲜法贮蛋要慎重考虑。鲜蛋涂膜前必须进行杀菌消毒。应经常观察干湿温度计情况，防止湿温度计内失水，以免结果失准。最好尽量降低库房内温度。

（4）凡士林涂膜法：据研究，采用凡士林作鲜蛋保鲜剂，经 5 个月以上时间贮藏，鲜蛋未发生变质，其密封性能比液蜡涂膜可靠。

① 涂膜剂配制：凡士林又名黄石脂，为石油蒸馏后得到的一种烃的半固体混合物，无臭、无味、无毒，同时不酸败，不溶于水。其熔点为 38～60℃，熔化后，薄层透明，同蛋壳接触，不易被吸收，并带有滑腻感。配料用量是凡士林 500g，硼酸 10g。此用量可涂 1500 枚左右的鲜蛋。配制时取市售医用凡士林（黄白均可）与硼酸混合后，置于铝锅内加温溶解，并搅拌均匀，冷却至常温后即可使用。

② 操作方法：取配制好的凡士林少许（1g 左右）放于手心中，左右手掌相搓，然后拿蛋于手心中逐个涂膜，做到均匀薄层，涂膜一个放好一个于蛋箱（篓）内。

③ 注意事项：涂膜前蛋须经过照验和杀菌消毒。冬季气温低，涂膜最好在室温下进行。涂膜后的蛋应放在通气的格子木箱或竹篓内，上下层蛋之间不必用草或草纸铺垫。贮蛋库通风换气条件要良好。

（5）蔗糖脂肪酸酯保鲜法：蔗糖脂肪酸酯是一种新型的无毒无味食品保鲜剂和添加剂。用其处理鲜蛋，能使蛋壳表面形成一层保护膜，减弱蛋内水分散失和呼吸作用，达到保鲜的目的。处理方法是：先将鲜蛋装入篓（筐）内，再将蛋篓（筐）置于 1%蔗糖脂肪酸酯溶液内，浸泡 2s，然后取出晾干，置库房内敞开贮存，不必翻蛋，适当开窗通风。在室温 25℃以下时可保藏 6 个月，在气温 30℃以上时也可贮藏 2 个月。

鲜蛋保鲜贮藏的方法除以上介绍的几种外，还有充氮法、碳酸气法等等，而且各地创造了许多新方法。以上介绍的几种新方法，其保鲜的形式归纳起来只有四种：即涂膜、浸泡和熏蒸（气调）及冷藏。无论采用哪种形式，也无论采用什么物质或药品作保鲜剂，必须符合下列六条基本原则：①能杀灭蛋壳上的微生物或使蛋内和蛋壳上的微生物停止生长发育。②能防止微生物侵入蛋内。③对人类无毒害和无副作用，且不造成环境污染和社会公害。④保鲜后蛋内蛋黄、蛋白的物理化学性质不变，营养成分与营养价值基本不变，贮藏后的蛋同新鲜蛋的性状、营养基本一致。⑤经过较长时间贮存后，气室不过分增大。⑥价格低廉，原料易得，贮存效果良好。

三、禽蛋的消毒方法

禽蛋的涂膜贮藏、全蛋饮料的生产、全蛋制品的加工等，都要经过蛋的消毒工序。禽蛋消毒（有时有贮藏或清洗作用）方法较多，较好的主要有以下几种：

（1）过氧乙酸消毒法：过氧乙酸消毒有熏蒸和浸泡两种方法。其效果以熏蒸较为理想，且简便易行、效率较高。

① 熏蒸法：熏蒸法操作容易、成本低，灭菌速度快，无残毒，效果好，是理想的速效灭菌法。据研究，采用过氧乙酸熏蒸消毒，可杀灭蛋壳表面92.2%～99.7%的自然菌落。具体方法是每立方米空间用1g纯过氧乙酸（按浓度计算），在室温20～30℃、相对湿度70%～90%的密闭条件下，将过氧乙酸注入搪瓷容器内，再把装有鲜蛋的竹篓放在其周围，关闭门窗，用电炉或酒精灯加热搪瓷器皿，等到烟雾冒尽后，去掉热源，熏蒸20～30min，方可打开门窗，取出消毒后的鲜蛋便可进行保鲜。

② 浸泡法：此法亦比较简单，效果可靠。具体方法是将过氧乙酸配制成1%的溶液，盛于大陶瓷缸内，再将需要保鲜的禽蛋放入竹篓内，然后将盛蛋竹篓放入过氧乙酸中，浸泡3～5min，再取出放置，待自然沥干后即可进行保鲜。

（2）高温消毒法：高温消毒贮蛋的原理是鲜蛋经瞬间高温处理后，靠近蛋壳的一层蛋白凝固，能防止蛋内水分、CO_2的逸出及外界微生物的侵入，并能立即杀死蛋壳表面的大部分细菌，达到贮藏的目的。经高温消毒后的蛋能贮藏1～3个月。此法经济、简便，适用于偏僻山区和多雨潮湿地区。具体方法是将鲜蛋放入特制的铁丝筐内，每筐放蛋100～200枚为宜，然后将蛋筐浸在95～100℃的沸水中，浸泡5～7s后，立即提出。将蛋壳表面的水分沥干和蛋温降低后，便可贮藏。

（3）杀菌剂消毒法：就是用杀菌剂杀灭附在蛋壳表面的微生物，并防止外界微生物侵入蛋内的方法。常用的杀菌消毒剂有环氧乙烷、福尔马林、洗必泰、多菌灵、新洁尔灭、氢氧化钠、漂白粉、山梨醇、高锰酸钾等。具体方法有：熏蒸消毒法——将蛋箱放入库房内，用聚乙烯塑料膜密封蛋箱，再将配好的气体注入，经12h消毒后，排除气体贮存。液体浸泡消毒法——将杀菌剂配成适当浓度，鲜蛋浸渍于其中，达到消毒目的。用福尔马林生理盐水浸泡，杀菌效果较好。用氢氧化钠或低浓度漂白粉溶液浸泡，也有一定效果。

（4）辐射消毒法：此法利用辐射的原理，用一定剂量射线照射鲜蛋，杀死鲜蛋中微生物，延缓蛋内新陈代谢，达到消毒、保鲜、防腐的目的。目前多采用原子能射线，其放射源是^{60}Co或^{137}Cs（产生γ射线），或采用电子加速器产生电子束流。照射的食品只受到外部照射，不同放射源直接接触，故食品不存在放射性污染的问题。

第十九章 再 制 蛋 品

再制蛋又叫做腌蛋品，有的又称为制过蛋。所谓再制蛋，是在保持蛋壳原形的情况下(即带有蛋壳)，经过一系列加工而成的蛋制品，所以，有的还将其称为带壳蛋制品，它包括皮蛋、咸蛋、糟蛋三种。这类蛋制品是我国的特产，例如北京皮蛋、湖南益阳皮蛋、江苏高邮咸蛋、浙江平湖糟蛋等，质量较高，风味浓厚，深受国内外消费者的喜爱。随着经济的不断发展和人民生活水平的不断提高，国内市场对腌蛋品的需求量不断增加，又加上交通运输事业的扩展，腌蛋品的出口逐渐增加，在国际市场上占有重要的地位。腌制蛋品在我国许多省市都有生产，尤其以四川、湖南、湖北、山东、江苏、安徽等省为最多，东北各省等较少。

第一节 皮蛋的加工

一、皮蛋的起源

皮蛋又叫皮蛋、彩蛋或变蛋等，有的还叫牛皮蛋，比较流行的叫法是皮蛋。这些名字皆来自民间，是根据皮蛋的产生或产品特点来命名。皮蛋是我国劳动人民发明的、世界上独特的产品，具有特殊的风味和特点，是我国有名的传统土特产品之一。

我国制作皮蛋的历史久远，早在1319年的《农桑衣食撮要》一书中就记载着皮蛋（即皮蛋）的加工情况。皮蛋在我国民间的加工与流传，至少有上千年的历史。明朝在戴义编辑的《养余月令》一书中把松花皮蛋叫做“牛皮蛋”。

关于皮蛋的起源，现有多种观点。据传，很久以前，在我国江苏省吴江县黎里镇的一家小茶馆，主人饲养了数只鸭。该茶馆主人每天将人们喝茶后的茶叶倒入烧茶的柴灰中。一次，店主在打扫柴灰时，在柴灰堆中偶然发现了数枚埋藏较久的鸭蛋，蛋壳已经失去光泽，店主将蛋打开一看，蛋中蛋清部分已经凝固，并且乌黑而有光泽，表面还有松针形的花纹。店主尝了一口，感到味爽可口、别具风味。当时，这种奇特的变化，立即在小镇传开了。此后，当地许多人纷纷用这种方法藏蛋，以获得别具风味的蛋食。在此过程中，藏蛋的方法不断得到改进。有的用桑树灰或豆秸灰加上茶叶、纯碱、石灰、食盐、金生粉（黄丹粉）等制成糊状物，将鸭蛋埋入其中；有人将这种灰料糊状物涂抹在鸭蛋上再将鸭蛋贮藏起来，待蛋清凝固之后再取出食用。当时，人们称这种蛋为“变蛋”、“彩蛋”等。因为黎里镇在太湖流域一带，人们又将这种蛋称为“湖彩蛋”。随后，湖彩蛋的做法传到了北京通县，在张辛庄有个姓程的商人，改生包法为浸泡法做成的皮蛋色彩鲜艳，蛋黄的中心部分像饴糖，所以，这种蛋又被叫做京彩蛋或溏心皮蛋。

二、皮蛋的营养及功能

（1）营养价值：禽蛋是营养价值很高的食品。禽蛋在加工成皮蛋以后，营养价值基本不受损失，而且由于加工过程中，水分减少，使蛋内的营养价值相对提高。禽蛋加工成皮蛋后，色、香、味大幅度改善，具有特殊滋味和气味，促进人的食欲，有开胃、助食、助消化的作用。由于碱和食盐、茶叶、草灰（或黄泥）等的作用，使蛋白和蛋黄中的矿物质有所增加。由于加工皮蛋的各种材料的特性和作用，使蛋内脂肪和蛋白质被分解，产生易于消化的低分子产物，不仅使皮蛋具有独特的鲜味和风味，而且使其更易被人类消化和吸收。

(2) 保健作用：据古籍医书的介绍和目前的一些研究，皮蛋具有清凉、明目、平肝的功效，是夏季清热解暑的最佳食品。皮蛋还能降低虚火、解除热毒、助酒开胃、增进食欲、帮助消化、滋补身体，对某些疾患有辅助的疗效。当前，它是高血压、口腔炎、咽喉炎、肠胃病患者的良好食品。民间认为，用青壳鸭蛋、绿壳鸭蛋加工出的皮蛋食疗保健作用更好。

三、皮蛋加工的基本原理

虽然皮蛋加工的方法与配方很多，但所用的材料基本相同，都是采用纯碱、生石灰、植物灰、黄泥、茶叶、食盐、氧化铅、水等。这些物质按比例混匀后，将鸭蛋放入其中，在一定的温度和时间内，蛋内的蛋白和蛋黄发生一系列的变化而成为皮蛋。皮蛋成熟的过程，可以归纳成以下几个阶段。

1. 蛋白与蛋黄的凝固

(1) 凝固过程：在蛋白与蛋黄尤其是蛋白的凝固过程中，经过了蛋清首先稀化，然后逐渐变浓稠而凝固的过程，即化清和凝固两个阶段。此后，进入转色阶段和皮蛋的成熟阶段。共有 4 个阶段。在前两个阶段中，起主要作用的物质是氢氧化钠。氢氧化钠是因生石灰和水作用生成熟石灰，熟石灰又与纯碱作用而来。它们的化学反应过程如下：

$$CaO + H_2O \longrightarrow Ca(OH)_2$$

生石灰　水　熟石灰

$$Ca(OH)_2 + Na_2CO_3 \longrightarrow 2NaOH + CaCO_3$$

熟石灰　纯碱　氢氧化钠

$$NaO \cdot K_2O + H_2O \longrightarrow NaOH + KOH$$

植物灰　氢氧化钠　氢氧化钾

氢氧化钠是一种强碱性物质，在混合料液中，它能通过蛋壳而渗入蛋内。料液中的氧化铅又能促使碱液更快地渗入蛋内，使蛋内的蛋白质开始变性，发生液化。随着碱性物质的逐步渗入，由蛋白渗向蛋黄，从而使蛋白中碱的浓度逐渐降低，变性蛋白分子继续凝聚，因有水的存在，成为凝胶状，并有弹性。同时，食盐中的钠离子、石灰中的钙离子、植物灰中的钾离子、茶叶中的单宁物质等，都会促使蛋内的蛋白质凝固和沉淀，使蛋黄凝固和收缩，从而发生皮蛋内容物的离壳现象。所以加工质量比较好的皮蛋，一旦外壳敲裂以后，内容物很容易剥落下来。

蛋白和蛋黄的凝固速度和时间与温度的高低有关。温度高，碱性物质作用快；反之，则慢。所以，加工皮蛋需要一定的温度和时间。但适宜的碱量则是关键，如果混合料液中加入的碱量过多，作用时间过长，会使蛋白质和胶原物质受到破坏，从而使已凝固的蛋白变为液体，这种变化，称为“伤碱”。因此，在皮蛋加工过程中，要严格掌握碱的使用量，并根据温度掌握好时间。

(2) 理化变化：

① 化清阶段：这是鲜蛋泡入料液后发生明显变化的第一阶段。在这一阶段，蛋白从粘稠变成稀的透明水样溶液，蛋黄有轻度凝固（鸭、鸡蛋凝固约 0.5mm，鹌鹑蛋还薄些），蛋白质的变性达到完全。其中含碱量为 4.4～5.7mg/g（以 NaOH 计）。这时的蛋清发生了物

理和化学两方面的变化，其物理变化表现为蛋白质分子变为分子团胶束状态。化学变化是卵蛋白在碱性条件及水的参与下发生了强碱变性作用。而微观变化是蛋白质分子从中性分子变成带负电荷的复杂阴离子。维持蛋白质分子特殊构象的次级键，如氢键、盐键、范德华力、偶极作用、配位键及二硫键等受到破坏，不能维持原来的特殊构象，坚实的刚性蛋白质分子变为结构松散的柔性分子，从卷曲状态变为伸直状态，达到了完全变性，原来的束缚水变成了自由水。但这时蛋白质分子的一、二级结构尚未受到破坏，化清的蛋白还没有失去热凝固性。

② 凝固阶段：在这一阶段，卵蛋白从稀的透明水样溶液凝固成具有弹性的透明胶体，蛋黄凝固厚度为1～3mm。蛋白胶体呈现出无色或微黄色（视加工温度而定），平均含碱量为6.4mg/g（6.1～6.8mg/g）。实践证明这个阶段蛋白含碱量最高。这时发生的理化变化是完全变性的蛋白质分子在NaOH的继续作用下，二级结构开始受到破坏，氢键断开，亲水基团增加，使得蛋白质分子的亲水能力增强。蛋白质分子之间相互作用形成新的聚集体。Catharine在对卵清蛋白质变性后的研究中发现卵清蛋白经酸、碱、热变性后，形成5～20个变性蛋白质分子组成的分子聚集体。由于这些聚集体形成了新的空间结构，吸附水的能力逐渐增大，溶液中的自由水又变成了束缚水，溶液粘度随之逐渐增大，达到最大粘度时开始凝固，直到完全凝固成弹性极强的胶体。

③ 转色阶段：此阶段的蛋白呈深黄色透明胶体状，蛋黄凝固5～10mm（指鸭、鸡蛋）或5～7mm（鹌鹑蛋），转色层分别为2或0.5mm。蛋白含碱度降低到3.0～5.3mg/g。如果含碱量超过这个允许值范围，就会出现凝固蛋白再次变为深红色水溶液的情况，使蛋成为次品。这时的物理化学变化是蛋白、蛋黄均开始产生颜色，蛋白胶体的弹性开始下降。这是因为蛋白质分子在NaOH和H_2O的作用下发生降解，一级结构受到破坏，使单个分子的相对分子质量下降，放出非蛋白质性物质，同时发生了美拉德反应。这些反应的结果使蛋白胶体的颜色由浅变深。

④ 成熟阶段：这个阶段蛋白全部转变为褐色的半透明凝胶体，仍具有一定的弹性，并出现大量排列成松枝状的晶体簇；蛋黄凝固层变为墨绿色或多种色层，中心呈溏心状。全蛋已具备了皮蛋的特殊风味，可以作为产品出售。此时蛋内含碱量为3.5mg/g。这一阶段的物理化学变化同转色阶段。实验证明这阶段产生的松花是由纤维状氢氧化镁水合晶体形成的晶体簇。蛋黄的墨绿色主要是蛋白质分子同S^{2-}反应的产物。模拟实验表明生色基团可能由S^{2-}和蛋氨酸形成。

⑤ 贮存阶段：这个阶段发生在产品的货架期。此时蛋的化学反应仍在不断地进行，其含碱量不断下降，游离脂肪酸和氨基酸含量不断增加。为了保持产品不变质或变化较小，应将成品在相对低温条件下贮存，还要防止环境中菌类的侵入。

2. 凝固过程的调控

(1) 铅在传统皮蛋加工中的作用：采用传统工艺加工皮蛋时，一般在泡制料液中加入0.2%～0.4%的PbO，这样即使皮蛋成熟之后，仍可在料液中长时间地泡着，而不出现已凝固蛋白再“液化”的现象，保持着皮蛋的全部特征。如果采用除去PbO的传统料液泡制，在蛋白、蛋黄凝固后，将有50%的蛋不能进入转色成熟期，而是出现蛋白再次“液化”、蛋黄成为实心球的现象，使蛋成为废品。即使采用提前出缸的方法处理，也存在着产品成品率低、工艺难以掌握、贮存期短等问题。对比上述二种实验现象，发现皮蛋加工工艺的关键在于怎样由凝固阶段顺利地进入转色成熟阶段，即如何控制这个阶段的蛋内含碱量适应于转色成熟的需要，而这一点正是铅的关键作用所致。

皮蛋转色成熟时所需条件是：在20～25℃下，保持蛋内含碱量（<5.3mg/g）和含水量（>65%）相对恒定，相对绝氧，并能使蛋内产生的H_2S、NH_3和CO_2等适量地排出蛋外。得出这一结论的实验基础是，将鲜蛋在只有NaOH和NaCl的水溶液中浸泡到蛋白、蛋黄凝固好后，取出并清洗蛋壳，涂以化学膜，在18℃下放20d，即转变为合格的溏心皮蛋。这个实验也证明了皮蛋加工的关键是控制料液中的碱在转色成熟阶段向蛋内渗透的量。显然工艺中的铅具有这一控制作用，它巧妙地调节了蛋内的含碱量，使之适应工艺过程的需要。

下面的实验解释了铅的这种巧妙的控制作用。利用纯NaOH和普通NaCl，配制好浓度适宜的水溶液，然后分成二等份，一份加适量的PbO，另一份不加，同时泡蛋进行观察。在第四天时，无铅的蛋壳和蛋膜上出现了较规则的“圆孔”，“圆孔”处明显地比其他部位薄，其“圆孔”数量为10～18个/25mm^2。现在把首次发现的这种“圆孔”现象暂称为“腐蚀孔”现象。而有铅的蛋壳和蛋膜上都有小黑斑，斑点处比其他部位透光性差、较厚，斑点为10～15个/25mm^2。当泡到第12天时，有铅的壳和膜上的黑斑数增加到15～25个/25mm^2。无铅的壳和膜上的腐蚀孔数量增加到20～30个/25mm^2，孔径增加到300μm，几乎“穿透”了蛋白膜。这时把无铅料液中的蛋取出一部分放入含铅料液中浸泡24h后，发现原来腐蚀孔的部位全部变成不透光的黑斑，即从鲜蛋的均质蛋膜变成了腐蚀孔，腐蚀孔又变为黑斑。当继续浸泡到第25天时，无铅者蛋白再次液化近一半，而有铅和无铅再经铅处理的蛋均无蛋白再次液化现象，之后泡成合格产品。而无铅的大部分蛋的蛋白全变为红色液体，蛋黄为黄色实心球，变为废品。这是因为蛋内含碱量过高，超过了蛋转色成熟时所需要的碱量所致。对蛋壳和蛋膜上的黑斑进行定性分析，证明其是硫化铅（PbS）。

上述实验表明，铅是以在壳和膜上形成难溶化合物硫化铅的形式来堵塞壳和膜上的气孔与网孔，并“修补”它们在加工过程中出现的腐蚀孔，从而达到限制碱量向蛋内过量渗透的目的。无铅的情况恰恰相反，蛋进入转色成熟期后，已不再需要碱，但由于腐蚀孔现象的出现，导致过量的碱更通畅地进入蛋内，这与工艺要求背道而驰，使得浸泡的蛋变为废品。这就是皮蛋加工工艺的关键，是铅在松花蛋加工工艺中起关键性的作用。

研究表明，壳和膜在加工过程中形成腐蚀孔经历了如下过程：当把鲜蛋泡入含4%～5%NaOH和2.5%～4%NaCl的水溶液（料液）中后，壳外膜全部溶解，失去作用。溶液中的OH^-、Na^+、Cl^-等离子通过蛋壳的气孔（气孔密度129±1个/cm^2）、蛋壳膜和蛋白膜的网孔渗入蛋内（蛋壳膜的网孔比蛋白膜大得多）。这些离子在经过壳和膜时，对其结构和组成成分都有一定的破坏（分解）作用。碱（NaOH）对粘蛋白、纤维蛋白和各种无机盐等产生强烈的破坏（分解）和溶解作用，同时NaCl和H_2O也对无机盐和纤维蛋白产生溶解和溶胀作用。其结果使得蛋白质次级结构受到破坏，二硫键断裂，进而有小“碎片”从纤维蛋白上断裂下来，部分无机盐溶解进入蛋内或进入料液，这就使得这个部位明显地薄，看上去像一个透光的洞，称之为“腐蚀孔”现象。这种现象在化清一半以后才明显可辨，这时主要出现在蛋壳和蛋壳膜外层上，其数量为10～18个/25mm^2。在凝固阶段以后，腐蚀孔亦在蛋壳膜内层和蛋白膜上形成，在光线透视下，几乎达到“穿透”蛋白膜的程度，孔径达到150～300μm，数量增加到25～30个/25mm^2。可见孔径的大小和数量均随时间的延长而增加。这些腐蚀孔的数量在蛋的不同部位有所不同，基本上同气孔的密度一致，即腐蚀孔的位置对应于蛋壳的气孔。

在显微镜下观察腐蚀孔的变化情况，发现它们并未形成畅通无阻的真正的孔洞，只是这些部位比其他部位薄得多。在浸泡过程中，虽整个蛋的壳和膜都受到了碱和盐等的破坏和溶解作用，但在不同层次、不同部位受到的程度不一样。实际上，当某一部位首先被打开缺口后（如二硫键断裂、碳酸钙溶解等），则在这个部位上就会出现链锁反应，被破坏的程度大大加强，从而形成“腐蚀孔”。

蛋壳和蛋膜上出现的这种腐蚀孔现象，是其特殊结构和特殊化学成分在强碱、浓盐的料液中表现出的必然结果。因为蛋壳是由 $CaCO_3$ 和 $MgCO_3$ 等无机盐微粒在粘蛋白的粘合下堆积而成的，其内层为三棱型结构，外层为层状结构。所以当粘蛋白受到破坏时就有无机微粒从壳上掉下来。而构成蛋膜的纤维蛋白并不是真正的角蛋白，只是含硫量较高。另外蛋膜上还含有大量矿物质，它们在水和稀盐溶液中都有一定的溶解度。

铅在蛋壳和蛋膜上生成PbS沉淀并积累成黑斑经历了下列过程：

首先 PbO 在 NaOH 溶液中部分溶解，溶解量在 400mg/kg 左右。反应式为：

$$PbO + 2NaOH \longrightarrow Na_2PbO_2 + H_2O$$

当 PbO_2^{2-} 同 OH^- 等离子通过壳和膜进入蛋内时，大部分被吸附或沉积在壳和膜上。沉积过程可由下式表示：

$$Pb^{2+} + CO_3^{2-} \longrightarrow PbCO_3\downarrow（在壳上）$$

$$Pb^{2+} + 2R-COO^- \longrightarrow Pb(RCOO_2)\downarrow（在膜上）$$

$$Pb^{2+} + 2R_1-S^- \longrightarrow Pb(R_1S)_2\downarrow（在膜上）$$

R、R_1 分别代表不同的基团。当蛋内产生大量 H_2S 后，由于受离子渗透的可逆作用和蛋内较高气压的作用，H_2S 就以 S^{2-} 的形式向蛋外渗透，在经过壳和膜时就同 Pb^{2+} 形成更稳定的 PbS 沉淀，即：

$$Pb^{2+} + S^{2-} \longrightarrow PbS\downarrow\ (P^{ksp} = 27.9)$$

这也就是铅在皮蛋加工中所起作用的机理，它在皮蛋加工中确实起着关键作用，即铅的沉淀物堵塞了蛋壳的气孔、蛋膜的网孔及腐蚀孔，起到了阻止碱向蛋内渗透的作用，同时还可阻止细菌侵入蛋内，保持蛋品不退色。

（2）有可能代替 Pb^{2+} 的其他金属离子：综上所述，取代有害于人体健康的铅的物质应具备下列条件：①对人体无害。②应像铅那样能同 S^{2-} 生成稳定的化合物，并不溶于 NaOH 溶液。③应像铅一样在 1mol/L NaOH 溶液中溶解的量（300mg/kg 以上）能满足加工的需要。④应像铅一样使用方便、经济。上述研究表明，只能选择一些金属离子的化合物来代替 PbO，但又必须着重考虑食品毒理学问题，现在考虑的金属离子有 Cu^{2+}、Zn^{2+}、Fe^{3+} 或 Fe^{2+}。这几种离子的有关化学性质见表 19-1。采用不同的金属离子泡蛋的实验结果比较见表 19-2。目前铜、锌二种无铅工艺已用于皮蛋的工业化生产。

表 19-1　　一些金属离子的有关化学性质的比较

金属离子	料液中的存在形式	壳及膜上的作用形式	硫化物的稳定性
Pb^{2+}	PbO_2^{2+}	可溶 Pb^{2+} 或悬浮 PbO	$P^{KSP} = 27.9$
Zn^{2+}	Zn_2^{2-}	可溶 Zn^{2+} 或悬浮 ZnO	$P^{KSP} = 23.8$
Cu^{2+}	CuO_2^{2-} 或 CuO	可溶 Cu^{2+} 或悬浮 CuO	$P^{KSP} = 38$
Fe^{2+} 或 Fe^{3+}	Fe_2O_3	悬浮 Fe_2O_3	$P^{KSP} = 17.2$
Cu^{2+}	络离子	络合离子	$P^{KSP} = 38$

表 19-2　采用不同的金属离子泡蛋的实验结果比较

采用的化合物	蛋在料液中的最长浸泡时间	出缸时蛋的状态	成熟及贮存情况
PbO	60～90d（全年）	成　品	料中成熟，存 6 个月以上
$CuSO_4$ 或 CuO	60～90d（全年）	成品	料中成熟，存 6 个月以上
$ZnSO_4$ 或 ZnO	25d（夏季） 25～60d（冬季）	半成品	料中成熟，存 3～4 个月
Fe_2O_3 或 $FeSO_4$	30～45d（夏季） 45～60d（冬季）	半成品 或成品	料内外成熟，存 3～4 个月

3. 蛋白与蛋黄的呈色

(1) 蛋白呈现褐色或茶色：蛋白变成褐色或茶色是由于蛋内微生物发酵和酶作用的结果。蛋白的变色过程：首先鲜蛋在浸泡前，侵入蛋内的少量微生物和蛋内蛋白酶、胰蛋白酶、解脂酶及淀粉酶等发生作用，使蛋白质发生一系列变化。其次蛋白中的糖类发生变化，一部分与蛋白质结合，直接包含在蛋白质分子里；另一部分在蛋白里并不与蛋白质结合，而是处于游离的状态。前者的组成情况是：在卵白蛋白中有 2.7%（甘露糖），伴白蛋白中有 2.8%（甘露糖与半乳糖），卵粘蛋白中有 1.49%（甘露糖与半乳糖），卵类粘蛋白中有 9.2%（甘露糖与半乳糖）；后者主要是葡萄糖，占整个蛋白的 0.41%。此外，还有部分游离的甘露糖和半乳糖。它们的醛基和氨基酸的氨基会发生褐色化学反应（即美拉德反应），生成褐色或茶色物质，使蛋白呈现褐色或茶褐色。

(2) 蛋黄呈现草绿或墨绿色：蛋黄中的卵黄磷蛋白和卵黄球蛋白，都是含硫较高的蛋白质。它们在强碱的作用下，加水分解会产生胱氨酸和半胱氨酸，提供了活性的硫氢基(—SH)和二硫基（—S—S—）。这些活性基与蛋黄中的色素和蛋内所含的金属离子铅、铁相结合，使蛋黄变成草绿色或墨绿色，有的变成黑褐色。蛋黄中含有的色素物质在碱性情况下受硫化氢的作用，会变成绿色；在酸性情况下，当硫化氢气体挥发后，就会退色。溏心皮蛋出缸后，如果未及时包上料泥，或将皮蛋剥开，暴露于空气中时间较长，则暴露部位或整个蛋会变成"黄蛋"。这就说明，蛋黄色素是引起色变的内在因素。此外，红茶末中的色素也有着色作用，而且蛋黄本身的颜色就存在着深浅不一的状况。因此，在皮蛋色变过程中，常见的蛋黄色泽有墨绿、草绿、茶色、暗绿、橙红等，再加上外层蛋白的红褐色或黑褐色，便形成五彩缤纷的彩蛋。

4. 松枝花纹的形成

(1) 金属盐类结晶学说：经过一段时间成熟的皮蛋，剥开壳，在蛋白和蛋黄的表层有朵朵松枝针状的结晶花纹和彩环，称为"松花"。有人说，它是用柏树枝灰加工的结果。为证实这一说法，人们选用其他树枝灰加工成皮蛋，剥开蛋壳以后，蛋白表面仍有松花朵朵。皮蛋中松枝花纹和彩环的产生是鸭蛋在混合料液的作用下所起的变化。如蛋清在碱性物质的作用下逐渐凝固，变成半透明的红褐色；鸭蛋中所含的蛋白质在加工过程中，有一部分转变为氨基酸，碱性物质与一部分游离的氨基酸相遇生成金属盐类，这种金属盐以一定的形状附着于已凝固的蛋清表面，形成如松柏枝状的花纹。但是，这一学说只是人们的想象和推测，缺乏科学的理论根据。

(2) ［$Mg(OH)_2$］水合晶体学说：皮蛋松花的形成，是皮蛋加工行业长期未曾解开的一个谜。在 20 世纪 80 年代中后期，中国商业部食品检测科学研究所李树青等人的研究取得了突破性进展，揭示了松花的实质。

松花的分离提取：取样品皮蛋若干枚，洗净后剥去外壳，用薄刃刀将含有松花晶体的蛋白凝胶体部分取出，置于10mol/L氢氧化钾溶液中。然后加热到80℃左右，蛋白质凝胶体即很快溶解，松花晶体沉淀出来。如果不加热，在室温下放置3h左右，蛋白质凝胶体亦可逐渐溶解，获得纯晶体。仔细地倾出碱液，用去离子水将沉淀出来的晶体洗至中性。最后将晶体在95～100℃下干燥，得到纯白色晶体。

松花晶体的理化性质：用所述方法分离出的松花晶体经干燥后变为不透明的白色晶体(失去了结晶水)，并在玻璃杯上有一定的附着力。松花晶体不溶于水、乙醇、丙醇、氯仿及氢氧化钠、氢氧化钾溶液，溶于2mol/L的盐酸、硫酸、硝酸和醋酸及草酸铵溶液。对晶体滴加2mol/L的盐酸时，粉末迅速溶解，但无明显气泡产生。将此混合物蒸干得到的固体可溶于水；在酒精灯上灼烧获得的干燥晶体无明显变化发生，仍为白色晶体。将干燥后的晶体在540℃下灼烧1.5h，测得失重率为30.16%。测定的结果见表19-3。

表19-3　在540℃下灼烧松花晶体其失重实测值与理论值比较　单位：g

比较值＼项目	灼烧前	灼烧后	失重	失重比率/%
松花晶体实测值	57.85	40.40	17.45	30.16
氢氧化镁理论值	58.3196	40.3050	18.0140	30.89

松花晶体的成分分析：采用光谱半定量分析，结果表明，晶体中主要含镁（Mg量＞10%），其他金属均属于杂质范围。不含磷和硼。测定结果见表19-4。

表19-4　光谱半定量分析结果

元　素	Mg	Ca	Cu	Ag	Ni
相对含量/%	＞10	0.03	＜0.001	0.002	＜0.001
元　素	Al	Mn	Fe	Si	B
相对含量/%	0.001	0.001	0.01	0.005	0.005

采用EDTA络合滴定法对镁进行定量分析，测定结果为39.14%；X衍射分析结果亦证明，松花晶体是氢氧化镁[$Mg(OH)_2$]。实测数据同标准数据的比较见表19-5。经过红外光谱分析，结果也表明，松花晶体为氢氧化镁水合晶体。

表19-5　X衍射实测数据与标准数据的比较

相对强度 I/I_1/%	90	6	100	55	
晶体(d)/$\times10^{-10}$m	4.795	2.730	2.369	1.799	
氢氧化镁(d)/$\times10^{-10}$m	4.770	2.725	2.365	1.794	
相对强度 I/I_1/%	35	18	16	12	2
晶体(d)/$\times10^{-10}$m	1.574	1.495	1.374	1.309	1.181
氢氧化镁(d)/$\times10^{-10}$m	1.573	1.494	1.374	1.310	1.192

结论：上述分析结果证明皮蛋中的“松花”晶体是纤维状氢氧化镁［$Mg(OH)_2$］水合晶体。所有测得的物理化学性质及光谱数据等均同标准物质的相吻合。无论是南方生产的，还是北方生产的，无论是有铅的，还是无铅的，其“松花”晶体都是纤维状氢氧化镁水合晶体。镁的定量分析结果是39.14%，低于理论数值41.86%，是因为分离出的晶体含有少量

的杂质。当在显微镜下观察时，发现提取出来的晶体绝大多数是很纯的单个晶体，只有少数极细小的晶体仍以晶体镁的形式存在，这是因为晶体是在蛋白质凝胶体中逐渐结晶出来的，胶体起着一定程度的载体作用。松花晶体的形成是当蛋内 Mg^{2+} 浓度达到足以同 OH^- 化合形成大量 $Mg(OH)_2$ 时，由于是处于蛋白质凝胶体内的特殊环境下，它们就形成水合晶体。Mg^{2+} 除蛋内含有少量外，主要来自蛋壳和蛋膜（壳含 Mg^{2+} 约 0.2%，约 170mg）。在浸泡皮蛋的过程中，壳和膜上的 Mg^{2+} 受 NaOH、NaCl 及 H_2O 等的作用，部分被溶解并随之进入蛋内。这一点可以很好地解释用烧碱生产的皮蛋，其松花大多生长在蛋白质凝胶体表层的事实。另外，蛋内松花的多少与其 Mg^{2+} 在蛋内的分布似乎是不均匀的，但用传统生石灰纯碱法生产的皮蛋，其 Mg^{2+} 分布的均匀性比用烧碱法生产的好。

5．鲜辣风味的形成

皮蛋鲜辣风味的形成是由于禽蛋中的蛋白质在混合料液成分的作用下，受到蛋内蛋白分解酶的作用，分解产生氨基酸，氨基酸经氧化产生酮酸，酮酸具有辛辣味。蛋白质分解产生的氨基酸中含有数量较多的谷氨酸，谷氨酸同食盐作用生成谷氨酸钠，谷氨酸钠是味精的主要成分，具有味精的鲜味。蛋黄中的蛋白质分解产生少量的氨和硫化氢，有一种淡淡的臭味。食盐渗入蛋内产生咸味。茶叶成分具有香味。因此各种气味、滋味综合使皮蛋具有一种鲜香、咸辣、清凉爽口的独特风味。

四、辅料及其选择

鲜蛋变成皮蛋，是各种材料相互配合作用的结果。材料的优劣，直接影响到皮蛋质量和商品价值。因此，要按皮蛋加工要求的标准选择材料，以确保加工出的皮蛋符合卫生要求，有利于人体健康。常用的加工材料有以下几种：

（1）纯碱：学名叫无水碳酸钠（Na_2CO_3），俗称食碱、大苏打、碱粉、口碱等。其为白色粉末，含有碳酸钠约 99%，能溶解于水，但不溶于酒精，常含食盐、芒硝、碳酸钙、碳酸镁等杂质。纯碱暴露在空气中，易吸收空气中的湿气而质量增大，并结成块状；同时，易与空气中的碳酸气体化合生成碳酸氢钠（小苏打），性质发生变化。纯碱是加工皮蛋的主要材料之一。其作用是使蛋内的蛋白和蛋黄发生胶性的凝固。为保证皮蛋的加工质量，选用纯碱时，要选购质纯色白的粉末状纯碱，含碳酸钠要在 96% 以上，不能用吸潮后变色发黄的“老碱”。各地经常使用的纯碱有天津生产的工字牌、红五星牌，青岛生产的生产牌、自力牌，四川的自贡碱等。选购时，一次不要买得过多，以免变质。使用后多余的纯碱存放时要密封防潮。购回后或配料前，最好测定纯碱的碳酸钠含量是否合乎质量要求，这是因为碳酸钠在空气中易与碳酸气相结合，形成碳酸氢钠（小苏打），使其效力降低。其测定方法的原理是以甲基橙（0.1%水溶液）为指示剂，用标准盐酸来滴定。

$$Na_2CO_3 + 2HCl \longrightarrow 2NaCl + CO_2\uparrow + H_2O$$

1mol/L 盐酸标准溶液的配制方法为：量取 90mL 盐酸放于 1000mL 容量瓶中，加水稀释至标线，摇匀。精确称取 0.4g 已在 180℃下烘过 2～3h 的碳酸钠置于 300mL 的三角瓶中，加 100mL 水使其完全溶解，然后加入 2～3 滴 0.1% 的甲基橙指示剂，用配好的盐酸溶液滴定至溶液由黄色转变为橙色，将三角瓶中的溶液加热至沸，并保持微沸 3min，然后放在盛有冷水的容器中冷却至室温。如果变成黄色，则再用盐酸标准溶液滴定至溶液出现稳定的橙色为止。测定步骤为称取约 2g 待测的纯碱试样（准确到 0.0002g），置于 250mL 的三角瓶中，以 50mL 水溶解，再加 2～3 滴甲基橙指示剂，以 1mol/L HCl 滴定至溶液由黄色变为橙色为止。计算时将总碱量换算为碳酸钠的量（%）：

$$w(Na_2CO_3)=\frac{cV\times0.053\times100}{m}\%$$

式中　V——标准盐酸溶液的体积（mL）；

c——标准盐酸溶液的浓度（mol/L）；

m——试样的质量（g）；

0.053——$\frac{1}{2}Na_2CO_3$的毫摩质量（g/mmol）。

（2）生石灰：生石灰的学名叫氧化钙，俗称石灰、煅石灰、广灰、块灰、角灰、管灰等。其为白色块状，体轻，在水中能产生强烈的气泡，生成氢氧化钙（熟石灰）。在选购生石灰时，要选体轻、块大、无杂质，加水后能产生强烈气泡，并迅速由大块变成小块，直至成为白色粉末的生石灰。这种石灰的成分中含有效氧化钙的数量不得低于75%。对掺有红色、蓝色杂质和含有硅、镁、铁、铝等氧化物的生石灰不得使用。购买生石灰时要做到用多少买多少，不宜多购，这是因为生石灰容易吸潮变质。对一时用不完的生石灰，要密封贮藏在干燥的地方。加工皮蛋时使用生石灰的数量要适宜。这样，才能使石灰与碳酸钠作用所产生的氢氧化钠达到所要求的浓度。如果使用石灰过多，不仅浪费，还会妨碍皮蛋起缸，增加破损率，甚至使皮蛋产生苦味，有的蛋壳上还会残留有石灰斑点；如果使用石灰过少，将会影响皮蛋中内容物的凝固。为此，生石灰的用量，以满足与碳酸钠作用时所生成的氢氧化钠的浓度达到4%～5%为宜。

（3）食盐：食盐的学名叫氯化钠。白色结晶体，具有咸味，在空气中易吸收水分而潮解。当前市场上出售的食盐有粗盐、细盐和精盐三种。生产皮蛋用的盐要求含杂要少，氯化钠含量要在96%以上，通常以海盐或再制盐为好。在加工皮蛋的混合料液中，一般要加入3%～4%的食盐。如果食盐加入过多，会降低蛋白的凝固性，反而使蛋黄变硬；如果加入过少，不能起到改变皮蛋风味的作用。

（4）茶叶：茶叶含有营养成分，还具有一定的药用价值。加工皮蛋使用茶叶，一是可增加皮蛋的色素含量，二是可提高皮蛋的风味，三是茶叶中的单宁能促使蛋白发生凝固作用。加工皮蛋，一般都选用红茶末，因红茶中含有单宁8%～25%，茶素（咖啡碱）1%～5%，还含有茶精、茶色素、果胶、精油、糖、茶叶碱、可可碱等成分。这些成分能增加皮蛋的色泽、提高风味和帮助蛋白的凝固。而这些成分在绿茶中的含量比较少，故多使用红茶。对受潮或有霉味的茶叶，严禁使用。

（5）植物灰：用桑树、油桐树和柏树枝、豆秸、棉子壳等烧成的灰最好。植物灰中含有各种不同的矿物质和芳香物质，这些物质能增进皮蛋的品质和提高其风味。灰中含量较多的物质有碳酸钠和碳酸钾。据化学分析，油桐子壳灰中的含碱量在10%左右。它与石灰水作用，同样可以产生氢氧化钠和氢氧化钙，使鲜蛋加快转化成皮蛋。此外，柏树枝柴灰中含有特殊的气味和芳香物质，用这种灰加工成的皮蛋别具风味。无论何种植物灰，都要求质地纯净，粉粒大小均匀，不含有泥沙和其他杂质，也不得有异味。使用前，要将灰过筛除去杂质，方可倒入料液中混合，并搅拌均匀。植物灰的使用数量要按植物树枝的种类决定，这是因为不同的树枝或子壳烧成的灰的含碱量是有区别的。

（6）水：加工皮蛋的各种材料，按一定的用量称取后，需要加水调成糊状才能发生化学反应。为保证皮蛋的质量和卫生，使用的水质要符合国家卫生标准。通常要求用沸水调制。一是能杀死水中的致病菌；二是能使混合物料更快地分解和溶合，从而生成新的具有较强效力的料液，以加快对鲜蛋的化学作用，加快皮蛋的成熟。

五、皮蛋的加工步骤

1. 料液的配制

我国各地加工皮蛋的配料均不一样，特别是在生石灰用量和所用的材料品种上有很大的差异。

(1) 配方：现将我国主要皮蛋加工地区的配方予以介绍，以供参考。这些配方中仍然使用了氧化铅，具体加工过程中应予修改去掉，以加工生产出无铅皮蛋。湖南农大食品学院等院校研制的无铅加锌、铜营养皮蛋配方，生产周期快、松花多、产品质量优良、口感风味良好，具有很大的市场潜力。另外，各地的配方标准，还应根据生产季节、气候等情况做出调整，以保证产品的质量。由于夏季鸭蛋的质量不及春、秋季节的高，蛋下缸后不久便有蛋黄上浮及变质现象发生，为此，应将生石灰与纯碱的用量适当加大，从而加速皮蛋的成熟，缩短成熟期。我国各地皮蛋加工配方分别见表 19-6、表 19-7。

表 19-6　　我国各地加工皮蛋的配方　　单位：kg

材料名称	上海市	江苏省	浙江省	山东省	湖南省	锦州市	大连市
沸　水	100	100	100	100	100	100	100
纯　碱	5.45	5.3	6.25	7.8	6.5	6.0	6.5
生石灰	21	21.1	16	29	30	22	28
黄丹粉	0.424	0.35	0.25	0.5	0.25	0.7	0.5
食　盐	5.45	5.5	3.5	2.8	5.0	5.0	5.0
红茶末	1.3	1.27	0.625	1.13	2.5	0.8	
松柏枝				0.25			
柴　灰	6.4	7.63	6.0	1.0	5.0		2.0
黄　土				0.25			

表 19-7　　皮蛋生产配方参考表

配料　分量/kg　地区与季节	北京		天津		湖北	
	春、秋季	夏季	春初秋末	夏季	一、四季度	二、三季度
鲜鸭蛋/只	800	800	800	800	1000	1000
生石灰	28～30	30～32	28	30	32～35	35～36
纯　碱	7	7.5	7.5	8～8.5	6.5～7	7.5
黄丹粉	0.3	0.3	0.3	0.3	0.2～0.3	0.2～0.3
食　盐	4	4	3	3	3	3
茶　叶	3	3	3	3	3.5	4
木炭灰	2	2			5～6	7
松柏枝	0.3	0.3	少许	少许		
清水或沸水	100	100	100	100	100	100

(2) 熬料：首先将锅洗刷干净，然后把事先称量准确的茶叶、松柏枝、清水倒入锅中加

热煮沸。

（3）冲料：准备一个空缸（厚缸）或铁桶，先将生石灰、纯碱、食盐称好放入缸（或桶）中，后将黄丹粉、草木灰放在生石灰上面，再将上述煮沸的料水（或汁液）趁沸倒入缸中。此时生石灰遇到汁液即自行化开，同时放出热量，产生高温，待缸中蒸发力渐弱后，用木棒不断翻动搅拌均匀。为保证料液浓度须按捞出的石块重量补足生石灰。待到缸中的各种材料充分溶解化开后，使料液或料汤冷却静置，以备灌汤用，并用铁丝网捞出料液中不易溶化的生石灰块。

2. 鲜蛋装缸（或下缸）

装缸是将经过感官鉴定、照蛋、敲蛋、分级等工序挑选出来的鲜蛋，分级或分批下入清洁的缸内。下缸前，缸底要铺一层洁净的麦秸，以免最下层的鸭蛋直接与缸底相碰，受到上面许多层次的鸭蛋的压力而压破。放蛋入缸时，要轻拿轻放，一层一层地平放，切忌直立，以免蛋黄偏于一端。蛋下至离缸面略低（距缸口 6～10cm 处），加上花眼竹箅盖，并用碎砖瓦压住，以免灌汤以后鸭蛋浮起来。

3. 灌料

鲜蛋装缸后，将经过冷却凉透的料液（或料汤）加以搅动，使其浓度均匀，按需要量徐徐由缸的一边灌入缸内，直至使鸭蛋全部被料液淹没为止。灌料时切忌猛倒，避免将蛋碰破和浪费料液。料液的温度要随季节不同而异，在春、秋季节，料液的温度应控制在 15℃ 左右为宜，冬季最低 20℃ 为宜。料液温度过低、室温也低时，则部分蛋清发黄，有的部分发硬，蛋黄不呈溏心，并带有苦涩味；反之料液温度过高，蛋清发软、粘壳，剥壳后蛋白不完整，甚至蛋黄发臭，影响缸内大部分蛋的质量。夏季料液的温度应掌握在 20～22℃ 之间，保持在 25℃ 以下为好。

4. 技术管理与成熟

灌料后即进入腌制过程，一直到皮蛋成熟，这一段的技术管理工作同成品质量的关系十分密切。首先是严格掌握室内（缸房）的温度。一般要求在 21～34℃ 之间。鸭蛋腌制，春、秋季节经过 7～10d，夏季经过 3～4d，冬季经过 5～7d，蛋的内容物即开始发生变化，蛋白首先变稀。随后约经 3d，蛋白逐渐凝固。此时室内温度可提高到 25～27℃，以便加速碱液和其他配料向蛋内渗透。待浸渍 15d 左右，可将室温降至 16～18℃ 范围内，以便使配料缓缓地进入蛋内。不同地区室温要求也有所不同，南方地区夏天缸房温度不应高于 30℃，冬天保持在 25℃ 左右。夏季可采取一些降温措施；冬天，可采取适当的保暖办法。有条件的地方，缸房设在地下室内，冬暖夏凉，腌制皮蛋最为适宜。腌制过程中，应注意勤观察、勤检查，以避免出现黑皮、白蛋等次品。每天检查蛋的变化、温度高低、料汤多少等，以便发现问题及时解决。

5. 出缸

一般情况下，鸭蛋入缸后，经腌渍约 35d，即可成熟变成皮蛋。夏天需 30～35d，冬天需 35～40d。为了确切知道成熟与否，可在出缸前，在各缸中抽样检验，视全部鸭蛋成熟了，便可出缸。出缸时，先拿出缸上面的碎砖瓦和竹箅盖，然后将成熟的鸭蛋捞出，置于另外的缸内，用冷开水冲洗，洗去附在鸭蛋外面的碱液和其他污物，装入竹篓内晾干。出缸时要注意轻拿轻放，不要碰损蛋壳，因蛋壳裂缝处夏天易化水变臭，冬天易吹风发黄。冲洗蛋一定要坚持用冷开水和料液上清液，切忌沾生水，还要尽量避免料液沾手而引起皮肤溃烂。

6. 检验分级

成熟的皮蛋，严格进行检验分级是保证内销和出口皮蛋质量的一道重要工序。检验分级的方法是，“一观、二掂、三摇、四照”，前三种为感官鉴定法，后一种为照蛋法（灯光透视）。

一观：观看蛋壳是否完整，壳色是否正常。通过肉眼观察，可将破损蛋、裂纹蛋、黑壳蛋及比较严重的黑色斑块蛋等次劣蛋剔除。

二掂：拿一枚皮蛋放在手上，向上轻轻地抛丢二三次或数次，试其内容物有无弹性，即为掂蛋或称为手抛法鉴定蛋的质量。掂在手里有弹性并有沉甸甸的感觉者为优质蛋；若无弹性感觉时，则需要进一步用手摇法鉴别蛋的质量。

三摇：此法是前法的补充，当用手抛法不能判定质量优劣时，再用手摇法补充判定，即用手捏住皮蛋的两端，在耳边上下、左右摇动二三次或数次，听其有无水响声或撞击声。无弹性、水响声大者，则为大溶头蛋。微有弹性、只有一端有水荡声者，则为小溶头蛋。用手摇时有水响声，破壳检验时蛋白、蛋黄呈液体状态的蛋，则为水响蛋，即劣蛋。

四照：用上述感官鉴定法还难以判明成品质量的优劣时，可以采用照蛋法进行鉴定。在灯光透视时，若蛋内大部分或全部呈黑色（深褐色），小部分呈黄色或浅红色则为优质蛋。若大部分或全部呈黄褐色透明体，则为未成熟的蛋。若内部呈黑色暗影，并有水泡阴影来回转动，则为水响蛋。若一端呈深红色，且蛋白有部分粘贴在蛋壳上，则为粘壳蛋。若在呈深红色部分有云状黑色溶液晃动着，则为溶头蛋。

经过上述一系列鉴定方法鉴别出的优质蛋或正常合格蛋，按大小分级装篓，以备包泥或涂膜。

7. 包泥滚糠（或涂膜）

经过验质分级选出的合格蛋进行包泥。包泥系将 60％～70％的黄粘土与 30％～40％的已腌渍过皮蛋的料汤，调和成糊状，以将蛋置于糊浆上能浮于浆面上为适宜。包泥时将蛋逐只用泥料包裹，大约平均每只需包泥 68g。为便于贮藏，防止包泥后的皮蛋互相粘连，包泥后将蛋放在稻壳上来回滚动，稻壳便均匀地粘到包泥上。大约每 100 只蛋需稻壳 0.5kg。为使包泥合乎质量要求，泥料中的泥土必须选择无异味、无杂土的黄粘土；调泥必须选用腌过皮蛋的原料汤与黄土调成糊状泥料。所用稻壳或糠壳，要过筛除去杂质，并适当喷食盐水，以使糠壳颜色美观好看。

但是传统的“包泥滚糠”保存皮蛋的方式，极不适应当前国内外市场消费的需要，其弊端是：①食前处理麻烦。食用前要细心剥掉泥和糠壳，还要用水清洗，既费时又不方便。②不够卫生。在食前剥壳过程中，常常出现泥和糠沾染皮蛋内质的现象，影响皮蛋的卫生质量。③污染环境。若消费者是在火车、汽车、轮船、家庭、餐厅、饭馆等处剥壳食用，造成泥土和糠壳对环境的污染，影响环境卫生。④传播疾病。包滚在皮蛋外层的泥土和糠壳，由于未经消毒处理，往往带有细菌和病毒，尤其容易带有地域性疫病和多种传染病，因此会传播疾病。国外经济发达的国家，近些年对食品检疫相当严格，这是近几年我国皮蛋出口的数量成倍减少的主要原因。⑤皮蛋外层涂泥滚糠，使质量增加、体积扩大，明显增加了包装、运输的费用。以上这些弊端，不仅影响皮蛋的出口，而且使在国内市场的销售也严重受到影响。

采用皮蛋新型涂膜剂，克服了传统皮蛋涂泥滚糠的许多缺点，具有多方面的优点。首先是食用方便，不需要食用前的剥泥剥糠和清洗这些麻烦的过程，消费者食用前即可剥壳食用。其次是保存期长，经 6～12 个月的保存，内质不变，新鲜可口。第三，涂膜剂采用的是食用材料，既无毒性，也不污染环境，更不会携带细菌病毒和地域性疫病病源，同时也不会影响皮蛋内质。第四，在包装上不增加皮蛋的体积和质量。由于每 500g 涂膜剂可涂皮蛋 2000～4000 枚，明显减少了运输和包装成本。第五，涂膜方法简便、劳动效率高，并可采用机械涂膜。

综上所述，研究新型皮蛋保质涂膜剂，改变皮蛋传统的涂泥滚糠保存方式，不仅能够满足国内外消费的新要求，而且能够延长皮蛋保存期、避免环境污染、扩大产品销售，使皮蛋加工企业减少成本、增加经济效益，扩大我国皮蛋的出口，创造更多的外汇，具有很大的经济效益和社会效益。

六、鹌鹑皮蛋的加工

鹌鹑是一种古老的禽种。饲养鹌鹑已成为国际上新兴的养殖业，在国外已被列为养殖业发展的主攻方向之一。据资料统计，世界养鹌鹑总数达 8 亿多只，成为仅次于鸡的家禽，有“第二养禽业”之说。近几年来，鹌鹑养殖业在我国广大城镇、农村兴起，北京、上海、广州、西安、沈阳、南京、长沙等城市相继建立了种鹌鹑场。鹌鹑产蛋量很高，鹌鹑蛋是一种经济价值很高的禽蛋，成为深受国内外人民欢迎的“蛋中新秀”。由于鹌鹑蛋含有丰富的蛋白质、脂肪、碳水化合物等营养物质，且胆固醇含量极低或几乎不含有，营养保健价值很高；而鹌鹑蛋皮薄易破损，保存期短，将鹌鹑蛋加工成皮蛋后，既可以减少经济损失、延长蛋的保存期限、调节市场供应，而且能改变色泽、增进风味、促进食欲，满足人民对各种食品的需要与嗜好。现将三种加工试制情况予以介绍，以作为教学、科研、生产的参考。

1. 原料蛋的选择

加工鹌鹑皮蛋用的原料蛋，应该是通过灯光透视、严格挑选的、在产后 5d 内的新鲜蛋，蛋壳为灰白色，上面有红褐色或紫色斑点，色泽鲜艳，蛋壳结构致密、均匀、光洁平滑，蛋形正常，蛋重在 10～15g。剔除白色蛋、软壳蛋、畸形蛋、破损蛋等。

2. 配方与配料

(1) 配方：用三种不同起始浓度的氢氧化钠进行五香鹌鹑皮蛋的加工试制，试图从中找出品质最佳的配方和起始氢氧化钠浓度，正确地指导生产。加工 5000 枚（约 50kg）五香鹌鹑皮蛋所用的材料如表 19-8 所示。

表 19-8　　加工 5000 枚五香鹌鹑皮蛋所用材料　　单位：kg

材料 \ 配方 \ 用量	一	二	三
沸　水	62.5	62.5	62.5
氢氧化钠	2.5	–	–
食　盐	1.5	3.2	1.5
氯化锌	0.08	0.08	0.08
五香粉	0.5	0.4	0.5
红茶末	0.6	2.6	0.6
纯　碱	–	4.5	3.18
生石灰	–	5.0	1.7

许多资料的研究结果和生产厂家的经验表明，料液氢氧化钠的起始浓度以 4%～5% 为好，所以本次试验采用高、中、低三种基础料液浓度作对比。配方一直接采用纯的氢氧化

钠，为中等浓度；配方二、三采用纯碱与生石灰，配方二为高浓度，配方三为低浓度。

（2）配料：按照配方一，将红茶末、五香粉、食盐称量好，放进配料缸中，加入沸水，并不断搅拌，使其溶解后加入氢氧化钠，并搅拌，冷却后加入氯化锌，拌匀，静置 24h 后备用。

按照配方二、三将纯碱、生石灰、红茶末、食盐、五香粉称量好放入配料缸中，加入沸水不断搅拌，冷却后加入氯化锌，拌匀，静置 24h 备用。

3. 选蛋装缸

将选好的蛋用清水洗净后，再装进无裂缝和砂眼、洁净的陶缸中。装缸时，要放平放稳，当装到离缸口 20cm 时，盖上竹片，压上适当的石块，以防灌料时鹌鹑蛋上浮，浸泡不全。

4. 灌料

将准备好的混合料液浇入缸中，灌到超过蛋面 5cm 时封口。注意这时要保持蛋在缸中静止不动，否则将成熟不好。

5. 成熟

五香鹌鹑皮蛋成熟最适宜的温度为 16～20℃，成熟时间需 20d 左右。气温高，成熟时间稍短；气温低，成熟时间稍长。

6. 涂膜保质

五香鹌鹑皮蛋成熟以后，立即出缸用上清液清洗，摆在蛋盘上晾干。传统工艺用残料和黄土混合后包蛋保质，操作困难、食用不便。因鹌鹑蛋小，更不便采用这种方法。采用涂一层石蜡再用塑料薄膜包装的方法保质效果较好，且便于食用、干净卫生。

7. 装盒

采用特制的蛋盒包装。蛋盒用硬纸板或塑料做成，内有小格，一盒装“8＋8＋8”枚。销售时按盒销售，是馈赠佳品。

8. 料液测定与产品质量检查

（1）混合料液中氢氧化钠浓度的测定：采用酸碱滴定法。取样时采用吸管均匀吸取澄清的上层清液，用 1mol/L $HCl-BaCl_2$ 标准溶液滴定，以便沉淀料液样品中的碳酸盐和硫酸盐，再用酚酞作指示剂。滴定结果见表 19-9。

表 19-9　　混合料液中 NaOH 浓度的测定

配方 \ 项目	吸取上清液的量/mL	用去 1mol/L $HCl-BaCl_2$ 的量/mL	NaOH 浓度/%
一	50	1.8	3.8
二	50	2.5	4.6
三	50	1.6	3.0

（2）质量抽样检查：鹌鹑皮蛋在成熟过程中分三次抽样检查。第 5 天进行第一次抽样检查，此时应看到鹌鹑蛋表面的花片已脱落，打开蛋，内有粘性。第二次是在第 12 天抽样检查，打开蛋，内已基本凝固，但硬度和弹性不够。如有黄水样蛋白，蛋黄周围有凝固，则说明碱度过大，需马上采取措施，否则成熟不好。第三次是在第 18 天时，如果打开后蛋白弹性较好，看颜色是否正常，如果弹性不好、颜色不是茶色，可再放 2～3d 出缸。抽样检查后的结果见表 19-10。

五香鹌鹑皮蛋出缸后进行感官检验，检验结果见表 19-11。

从表 19-10、表 19-11 中可以看出，按配方一生产出的五香鹌鹑皮蛋质量最好；配方二较好；配方三差，不能投入生产。长期以来，用以石灰和纯碱作为主要原料的传统方法加工五香鹌鹑皮蛋，碳酸钙沉淀较多，沉在蛋壳表面，妨碍氢氧化钠向蛋内渗透的速度，而且缸底层的皮蛋往往浸泡在浓度较大的沉积物中，因此，配方二易形成烂头。考虑到起主要作用的是 OH^-，因此，采用纯氢氧化钠来进行生产试验，经感官检查，按照配方一生产的五香鹌鹑皮蛋外观色彩斑斓、玲珑精致，去壳后蛋白晶莹如玉、松花纹理清楚、蛋黄呈褐绿色，蛋的剖面绚丽多彩、色泽诱人、清香扑鼻、清凉爽口，符合消费者的嗜好，深受广大群众的青睐。从表 19-10、表 19-11 中还可以看出，氢氧化钠浓度与成品质量有着密切的关系。如果料液浓度过高，则会由于氢氧化钠渗入蛋内过快而致使已经凝固的蛋白重新化清、烂头、粘壳等；相反，如果料液浓度太低，则氢氧化钠向蛋内渗入速度过缓，造成蛋白凝固不好，成熟期过长，引起蛋的腐败变质。因此，为了使渗入蛋内的氢氧化钠量与蛋内蛋白变化速度相适应，必须选择合适的料液浓度。实际上，氢氧化钠浓度在成熟期间是不断变化的，而且有一定的规律，掌握这一规律对出缸时间的确定具有重要的意义。

表 19-10　　抽样检查结果记录表

抽检时间 / 结果 / 配方	第 5 天	第 12 天	第 18 天
配方一	鹌鹑蛋表面的花片已剥落，打开蛋，内有粘性	蛋内基本凝固，但凝固性和弹性不够	蛋白弹性很好，凝固光洁，不粘壳，蛋白茶色，蛋黄绿褐色，有溏心，可出缸
配方二	鹌鹑蛋表面的花片已剥落，打开蛋，内有粘性	蛋白基本凝固，发现有黄水样蛋白，蛋黄周围凝固、发黑。说明浓度过大	蛋白熔头，有粘壳现象，已凝固的蛋白有些变为液体。说明时间过长、碱量过高
配方三	鹌鹑蛋表面的花片很难剥落，蛋白几乎未变化	蛋白、蛋黄不凝固，变稀，有茶色	未凝固，稀稠状，有臭味

表 19-11　　成品皮蛋感官鉴定

项目 / 结果 / 配方	气室大小	蛋白状况	蛋黄状况	气味和滋味
一	小	蛋白呈茶色，半透明，弹性大，有松花，不粘壳	色泽多样，外部为墨绿色，并有溏心	余味较短，清凉爽口，辛辣味较淡，咸味适中
二	较大	蛋白呈茶色，弹性不大，粘壳	蛋黄较坚韧，有溏心	具有轻微的石灰味、辛辣味，香味淡
三	无	未凝固	未凝固	淡臭味

第二节　咸蛋的加工

咸蛋又名盐蛋、腌蛋及味蛋。很早以前我国劳动人民就把家禽蛋放于盐水中贮藏，后来发现经过盐水浸泡的蛋不仅长时间不变质，而且具有独特风味，因而，使这种用盐水贮藏蛋的方法变成了加工咸蛋的方法。早在1500多年前，我国就出现了腌鸭蛋的方法。在元代出版的《农桑衣食撮要》中有记载“……水乡居者宜养之，雌鸭无雄，若足其豆麦，肥饱则生卵，可以供厨，甚济食用，又可以腌藏。”这说明元朝水乡之地，养鸭生蛋、腌蛋保藏是很普遍的。我国著名的高邮咸蛋也有300多年的历史记录。康熙年间的《高邮州志》记载：“水田放鸭、生卵，腌成盛桶名盐蛋”。当时高邮地区加工咸鸭蛋的规模是很大的。清朝宣统年间（1909年），高邮出产的双黄咸鸭蛋被送到“南洋劝业会”上展览，获得盛誉。湖南的朱砂咸蛋也很有名。由于咸蛋的加工方法简单、费用低廉、风味特殊、食用方便、销路广阔，近年来产量剧增，除供国内人民消费食用外，许多产品远销美国、日本、新加坡、马来西亚、缅甸和我国香港等10多个国家和地区，深受消费者的欢迎。咸蛋除直接食用外，还可用于加工月饼、面包等，提高其他食品的档次和质量。咸蛋全国各地几乎均有生产，但以我国南方最为普遍，产量最大、质量好。这些产品的共同特点是质地细软松沙，蛋白粉嫩雪白，蛋黄丰润鲜红，油露松沙，食味鲜美可口，营养丰富。

一、咸蛋加工的基本原理

咸蛋主要是用食盐腌制而成。蛋经盐水浸泡后，不仅增加了保藏性，而且滋味可口。食盐有一定的防腐能力，可以抑制微生物的发育，使蛋内容物的分解和变化速度延缓，所以咸蛋的保存期比较长。但食盐只能起到暂时的抑制作用或减缓其变化速度，当食盐的防腐力被破坏或不能继续发生作用时，咸蛋仍会很快地腐败变质。所以，从咸蛋加工直到成品销售为止，必须为食盐的防腐的作用创造条件，否则不管何种成品或半成品，仍会在薄弱的环节中变坏。

（1）食盐在腌制中的作用：食盐溶解在水中，对周围的溶质具有渗透作用。食盐之所以具有防腐能力，主要是产生渗透压的缘故。咸蛋的腌制过程，就是食盐通过蛋壳及蛋壳膜向蛋内进行渗透和扩散的过程。在腌制过程中，食盐溶液产生很大的渗透压，使细菌细胞体的水分渗出，对原生质起分离作用，于是细菌不能再进行生命活动，甚至死亡。由于腌制时食盐渗入蛋内，使蛋内的水分脱出，降低了蛋内的水分含量，而使食盐浓度提高，从而也抑制了细菌的生命活动。同时，食盐可以降低蛋白酶的活性和降低了细菌产生蛋白酶的能力，从而延缓了蛋的腐败变质速度。

（2）鲜蛋在腌制中的变化：当将鲜蛋包以料泥或浸入食盐溶液中后，蛋内和蛋外两种溶液浓度不同而产生渗透压。因为盐溶液的浓度大于蛋内容物汁液的浓度，于是盐溶液所产生的渗透压也就大于蛋的内部，从而使食盐通过气孔而渗入蛋内。其转移的速度与浓度和温度成正比，还和盐的纯度以及盐渍方法等因素有关。采用盐泥和灰料混合物腌蛋的方法比用盐溶液浸渍法要慢一些。循环盐水浸渍的方法比一般的浸渍方法快。食盐中所含氯化钠的成分越多，渗透的速度越快。如盐中含有镁和钙盐较多时，就会延缓食盐向蛋内的渗透速度，而推迟蛋的成熟期。蛋中脂肪对食盐的渗透有相当大的阻力，所以含脂肪多的蛋比含脂肪少的蛋渗透得慢，也是咸蛋蛋黄不咸的原因。蛋的品质也有影响，新鲜、蛋白浓稠的蛋成熟快，蛋白较稀的成熟慢。加工过程中，温度越高，食盐向蛋内渗透越快；反之则慢。

蛋内水分是从蛋黄通过蛋白逐渐移到盐水中，食盐则通过蛋白逐渐移入蛋黄内。食盐对蛋白和蛋黄所表现的作用并不相同。对蛋白可使其粘度逐渐减低而变稀，对蛋黄则使其粘度逐渐增加而变稠变硬。蛋在腌制过程中的某些变化见表19-12。

表 19-12　　蛋在腌制过程中的某些变化

浸渍时间/d	水分/%		食盐量（以干物质计）/%		粘度（水100，20℃）	
	蛋白	蛋黄	蛋白	蛋黄	蛋白	蛋黄
0	87.4	49.1	1.20	0.1	10	142
15	87.4	48.0	2.3	0.3	7	340
30	86.8	44.3	9.8	0.3	7	1575
60	85.1	37.8	18.9	1.2	6	
90	74.2	26.0	21.4	2.9	3	

从表 19-12 可以看出，腌制的时间越长，蛋内容物的水分就越少，而干物质中的食盐含量就越多，尤其是蛋白的水分减少程度比蛋黄更显著。由于蛋内水分的减少以及蛋黄、蛋白在腌制过程中有某种程度的分解，使蛋黄内脂肪成分相对增加。因此，咸蛋蛋黄内的脂肪含量看起来要比鲜蛋多得多，使蛋黄出现“油露松沙”的现象。咸蛋的化学成分见表 19-13。

表 19-13　　咸蛋的化学成分　　单位：%

名称	可食部分	水分	蛋白质	脂肪	碳水化合物	盐类			热量/kJ
						钙	磷	铁	
咸鸭蛋	90	57.73	14.02	16.6	4.12	1.102	0.214	0.0036	957

二、咸蛋的加工方法

加工咸蛋的原料主要为鸭蛋，有的地方也用鸡蛋或鹅蛋来加工，但以鸭蛋为最好，因鸭蛋黄中的脂肪含量较多，产品风味最好。加工用的鸭蛋必须新鲜，蛋壳上的泥污和粪污必须洗净。鸭蛋还必须经过光照检验后，剔去次劣蛋。完整、洁净而新鲜的鸭蛋才能用于加工。我国各地加工咸蛋，使用的材料和用量大同小异，没有太大的差别，但由于方法上的不同和各地方生活习惯的不同，可以分为黄泥咸蛋、包泥咸蛋、滚灰咸蛋和盐水浸泡咸蛋等加工方法和品种。我国著名的高邮咸蛋，就是一直使用黄泥腌制。

1. 黄泥咸蛋的加工

（1）配方：鸭蛋 1000 枚　　食盐 7.5kg
　　　　　黄泥 6kg　　　　清水 4kg

（2）加工方法：将黄泥捣碎，与食盐、清水一起放在木桶或瓷缸里，用木棒搅拌混匀，使之成为稀薄糊状，以一个鸭蛋放进去后一半浮在泥浆上面、一半浸在泥浆内为适合。将蛋逐个放入泥浆里，使泥浆将鸭蛋全部浸没。盖上盖子，30～40d 便可以腌成。但是气温的高低与腌制时间有很大的关系，气温高，则腌制时间可以缩短；反之就需要较长时间。

2. 包泥咸蛋的加工

（1）配方：鸭蛋 100 枚　　粘性黄土 5kg
　　　　　食盐 1kg　　　　清水 1.0kg

（2）加工方法：将黄土捣碎与食盐混在一起，然后加水混合，使成为不稀不浓的糊状，便可以包蛋。1kg 黄土可包 20 枚鸭蛋。每蛋平均含食盐 10g。此法制成足味盐蛋需 30～40d。加工时，将料泥包在蛋壳外面，包好后逐个放入缸中，最后加盖成熟。

3. 滚灰咸蛋的加工

（1）配方：鸭蛋 1000 枚　　　草灰 50kg

精盐 3.5～4kg　　　水适量

（2）加工方法：将稻草灰与精盐混合在容器内，再加入适量的水，充分搅拌混匀，使成团块，便可包料。拣选的好蛋洗净晾干后，将料包于蛋外，厚薄须均匀。包好后，逐个放入缸中。夏季约 15d，春、秋季约需一个月，冬季需 30～40d 便成足味咸蛋。

4. 浸泡咸蛋的加工

浸泡法加工的咸蛋又称为盐水咸蛋，浸泡法的优点是简便。用过的第一次盐水可留作第二次甚至于多次使用（但要追加食盐）。制法为将配好的盐水盛于罐中，将预先拣选而洗净的鸭蛋收入，加盖，经过 30～40d 便成。盐水的浓度与腌蛋的品质颇有关系，如用 10% 的盐水，所用的蛋平均质量为 81.7g，腌制后，每蛋含盐量为 1.245g，全蛋含盐量为 1.5%，除壳后含盐量为 1.7%。用 20% 的盐水腌蛋，所用的蛋平均重为 80.7g，每蛋含盐量为 4.075g，全蛋含盐量 5.0%，除壳后含盐量为 5.6%。用 30% 的盐水腌蛋，所用的蛋平均重为 81.2g，每蛋含盐量为 5.136g，全蛋含盐量为 6.3%，除壳后含盐量为 7.8%。以上鸭蛋腌期为 40d。试验结果，用 20% 的盐水来腌蛋最适宜，10% 盐水腌的蛋味较淡。盐水腌蛋，一个月以后，蛋壳上常生黑斑，其他方法制成的盐蛋则无此缺点。腌蛋时间超过二个月，蛋黄油质特别显著。若时间延长，超过三个月以后，油质反而减少或不见。淡绿壳色的鸭蛋，蛋黄颜色较红，油也较多。

第三节　糟蛋的加工

利用酒糟泡制的蛋叫糟蛋，它具有醇香可口的风味，也是我国著名的土特产品之一。糟蛋在我国江南一带制作的人较多，不仅作为一种名产食品，而且成为亲友间互相馈赠的名贵礼品。我国历史上最为著名的糟蛋有浙江平湖糟蛋、四川宜宾糟蛋、河南的陕县糟蛋。

一、糟蛋加工的原理

糟蛋是将鸭蛋与酒糟和盐封入缸内糟渍后，酒糟中的醇和盐通过渗透和扩散作用进入蛋内，使蛋白和蛋黄发生变化。但是这种变化是很缓慢的，需要较长的时间，蛋才能成熟供食用。

在糟渍过程中，鸭蛋中产生芳香的脂类，香气增浓，蛋壳发生变质，脆弱易碎，与蛋壳膜逐渐分离。糟渍过程中，醇和盐进入蛋内，可使蛋黄和蛋白发生凝固和变性作用。醇对蛋白质能产生变性作用，并使蛋带有香味或轻微的甜味。糟渍过程中，醇可以产生乙酸（醋酸），乙酸有侵蚀蛋壳、使蛋壳溶化变软的作用。因蛋壳中的主要成分是碳酸钙和磷酸钙，它遇到醋酸，产生醋酸钙，因为醋酸钙很容易溶解，使蛋壳软化变薄，致使醇更易渗入蛋内。其化学反应如下：

$$CaCO_3 + 2CH_3COOH \rightarrow Ca(CH_3COO)_2 + H_2CO_3$$

$$H_2CO_3 \rightarrow H_2O + CO_2 \uparrow$$

在糟制中，醇的浓度虽然不很大，但由于糟渍的时间有 4～6 个月之久，蛋中的微生物特别是致病性沙门氏菌，均可被杀死，所以糟蛋生吃对人体无致病作用。平湖糟蛋是全国闻名的蛋制品，蛋白呈乳白、软嫩的胶冻状；蛋黄带橘红色，呈半凝固状，其质柔软，有浓郁醇香和酒香，食时沙甜可口，食后余味绵绵不绝。

二、糟蛋的加工步骤

1. 原料

加工糟蛋的主要原料是鸭蛋、糯米、酒药和食盐等。要求选用经过感官鉴定、灯光透视的优质新鲜鸭蛋，一般以每100枚鸭蛋6.5kg以上为宜。糯米被用来制取酒糟，为加工糟蛋的重要原料。要求所用的糯米洁白、含淀粉丰富。一般糟制100枚鸭蛋需糯米9～9.5kg。酒药是制糟的发酵剂或糖化剂（俗称甜酒曲），分为绍药、甜药和糠药三种。在加工中很少单一使用，多将两种酒药混用。一般150kg糯米饭要拌用绍药500～650g，甜药200～300g，根据气温不同可适当增减。食盐要求优质纯净。

2. 加工方法

糟蛋加工的季节性较强，主要在三、四月至端午节前。加工时主要应掌握好酿酒制糟、选蛋击壳、装坛糟制三个环节。其加工流程为：

原料蛋→检验→洗蛋→晾蛋→击蛋壳→装坛糟制→封坛→成熟→成品

糯米→浸洗→蒸饭→拌酒药→发酵成糟（→装坛糟制）

蒸坛（→装坛糟制）

（1）酿酒制糟：主要包括糯米的选择、浸洗、蒸饭、淋饭、制糟等多道工序。

① 糯米浸洗：将选好的糯米先进行淘洗，然后放入缸中加冷水浸泡，浸泡时间要根据气温高低而有所不同。一般气温在20℃以上浸泡20h，10～20℃浸泡24h，10℃以下浸泡28h。

② 蒸饭：捞出浸好的糯米，用清水冲洗二三次后倒入蒸笼内蒸煮。蒸煮时先不加盖，待蒸汽上到饭面后加盖。蒸10min后揭开盖，用刷把向饭面均匀地洒一点热水，以使米饭均匀熟透。再盖上盖蒸10～15min，饭即蒸好。出饭率150%左右。

③ 淋饭：蒸好的饭倒入沥箕中，稍加拨散后，用冷水冲淋2～3min，使饭温降至30℃左右，以适应酒药发酵菌的生长发育。

④ 拌酒药及酿糟：将淋水沥干后的米饭倒入缸中，拌上研成粉末的酒药（50kg米的饭拌绍药150～200g、甜药60～100g）。酒药用量要根据酒药质量和气温高低酌情增减。拌好酒药后，将饭面拍紧拍平，并在中间挖一潭穴直伸到缸底（潭穴大小依米饭多少而定）。在缸外包上一层保温草席，缸口用干净草盖好保温。经22～30h后，缸内温度可达35℃左右，待潭穴内酒汁有3～4cm深时，可将盖草稍撑起，以防发酵温度过高使酒糟热伤、发红变苦。待酒汁满潭穴后，每隔6h将潭穴内酒汁用匙洒在糟面上及四周，以使酒糟充分酿制。经7d后把酒糟拌和灌入坛内，经14d酒糟酿制成熟，可供加工糟蛋之用。

（2）选蛋和洗蛋：采用感官和灯光透视方法，对加工糟蛋的原料蛋进行严格挑选，剔除次劣蛋。然后逐个用板刷将蛋壳上的污物洗净，洗净的蛋应放在通风处晾干。

（3）击蛋壳：为使糟渍过程中酒糟中的醇、酸、糖、脂等成分易于渗入蛋内，须将晾干后的蛋进行破蛋击壳的工序。击蛋时，将鸭蛋放于左手掌心中，右手用小竹片（长13cm、宽3cm、厚0.7cm），按蛋的纵轴方向对准蛋的纵侧轻轻一击，然后转半周再在蛋的另一纵侧轻轻一击，使两者在纵向产生的裂纹连成一线，并不使蛋壳内膜和蛋白膜破裂。

（4）蒸坛：糟蛋坛是制糟蛋的重要容器，鲜蛋从落糟坛到出坛大约需经5个月的时间。因此必须要求坛子坚实、耐用、无裂缝、无其他脏物污染。所以，糟蛋坛在使用前需进行清洗和蒸汽消毒（蒸坛）。其方法是将洗净坛的外底涂上石灰水，倒置于带有小孔的甑箅上，再放入蒸锅内，上水加热，使产生的蒸汽通过箅孔时对糟坛进行消毒灭菌，同时检查有无裂缝。如发现有小气泡或蒸汽泄出，不能使用。其消毒时间以外底所涂石灰水蒸干为止。糟坛消毒后坛口朝上，冷凉后叠起备用。

（5）装坛（又称落坛）：首先向蒸坛底部平摊一层糟（约 4kg），然后将击过壳的蛋，大头朝上依次插入糟内。但蛋与蛋之间不要排得过紧，以能自身旋转为宜。第一层蛋排好以后再摊放酒糟 4kg，同样再插入一层蛋，排满后摊放酒糟 9kg，最后铺撒细盐 1.5kg 于糟面上，即装坛完毕。一般每坛装两层蛋，每层装蛋 60 个左右，需用糟 14～17kg、食盐 1.5～1.8kg。

（6）封坛糟制：装好坛以后，用牛皮纸两张刷上猪血将坛口密封，外面用竹叶（粽子叶）包在牛皮纸上，再用草绳沿坛口扎结实即可。封好的坛进仓堆放，四坛一叠，坛与坛之间用三丁纸两张（吸潮用）垫好，最上层用方砖一块压实。封坛时应在坛上标明装坛日期、蛋的级别、数量、糟的质量等，以便检查糟蛋成熟过程中的质量变化情况。

（7）成熟：糟蛋从装坛到糟渍成熟一般要经过 5 个月左右。为了控制糟蛋成熟质量，须逐月检查其质量状况。依据实践经验，糟蛋在成熟过程中逐月的正常变化情况如下：

第一个月，蛋的内容物与鲜蛋基本相仿，蛋壳呈蟹青色，在击破裂缝处较为明显。

第二个月，蛋壳裂缝加宽，蛋壳与内蛋壳膜及蛋白膜逐渐分离，蛋白仍为液体状，蛋黄却开始凝固。

第三个月，蛋壳与壳下膜全部分离，蛋白开始凝固，蛋黄全部凝固。

第四个月，蛋壳与壳下膜脱开 1/3，蛋白呈乳白状，蛋黄带微红色。

第五个月，蛋糟渍成熟，蛋壳大部分脱落（仅有小部分附着，只要轻轻一剥即可脱落）。蛋白呈乳白胶冻状，蛋黄呈橘红色的半凝固状态。至此，糟蛋已完全成熟，即为成品。

（8）质量要求与分级：

质量要求：蛋壳与壳下膜完全分离，蛋白乳白光亮、洁净呈胶状；蛋黄软，呈橘红色的半凝固状，与蛋白界线分明。糟蛋具有酒糟所特有的浓郁香气，略有甜味，无酸味及其他异味。

分级：平湖糟蛋在符合质量要求的条件下，还按质量进行分级，其分级标准见表19-14，以供参考。

表 19-14　　糟蛋质量分级标准

级　别	千枚质量/kg	级　别	千枚质量/kg
特　级	77～85	二　级	65～70
一　级	70～77		

第二十章　蛋液制品

第一节　概　述

所谓蛋液制品是指鲜蛋除去蛋壳取出的蛋液，经过加工而成的蛋制品。

一、蛋液制品的分类

蛋液制品主要是指鸡蛋品。

(1) 冰蛋品：冰蛋品是鲜蛋去壳后，将蛋液冻结而成的产品。冰蛋品可分为冷冻的冰鸡全蛋（简称冰全）、冷冻的冰鸡蛋黄（简称冰黄）和冷冻的冰鸡蛋白（简称冰白）三种。经巴氏消毒后冷冻的冰鸡全蛋，称为巴氏消毒冰鸡全蛋。

(2) 干蛋品：干蛋品是指鲜蛋去壳后，蛋液经过加工处理、干燥而成的蛋制品。干蛋品由于加工方法的不同又分为干鸡蛋白（简称干蛋白）、干鸡蛋粉（简称干蛋粉）和干鸡蛋片（简称干蛋片）三种。干蛋粉又分为全蛋粉、蛋黄粉和蛋白粉三种。干蛋片可分为全蛋片、蛋白片和蛋黄片三种。根据我国食品工业和其他工业的用途以及国际市场的需要，我国主要生产干蛋白、全蛋粉和蛋黄粉三种制品。

(3) 湿蛋品：湿蛋品可分为湿鸡全蛋、湿鸡蛋黄和湿鸡蛋白三种。在我国只少量生产湿鸡蛋黄，其他二种湿蛋品国内已不生产，但国外仍有生产。在湿鸡蛋黄中又根据其加入防腐剂的不同分为新粉盐黄（苯甲酸钠为防腐剂）、老粉盐黄（硼酸为防腐剂）和密黄（甘油为防腐剂）三种。其中，主要生产新粉盐黄。但值得指出的是，硼酸作为防腐剂由于有毒性，已被淘汰，可改用其他防腐剂。如果作工业用，不作食用，可以用硼酸作为防腐剂。

二、蛋液制品的用途

蛋液制品除做食品外，在轻工、纺织、医药工业上也有广泛用途。

(1) 冰蛋品用途：冰蛋品主要用于食品工业，如用于面包、饼干、中式糕点、西式点心、鸡蛋面、冰淇淋、糖果、菜肉蛋卷等的制作。冰蛋品还可在产蛋的淡季代替鲜蛋，直接投放市场，弥补鲜蛋供应的不足，调剂市场的空缺。

(2) 干蛋白的用途：干蛋白呈结晶片状，用途很广。例如在食品工业中，干蛋白可用于制造糖果、巧克力粉、蛋糕、西式点心、饼干、冰淇淋和清凉饮料等。在纺织印染工业中的染料液及颜料浆内，加入干蛋白可以增加印染时的适度粘着性，印染时需把干蛋白加水配制成35%～50%的溶液，并搅拌均匀，使其充分溶解后再用。印染棉、绢、毛等各种纺织品时均可使用干蛋白作为固着剂。在皮革工业中用干蛋白作上光剂或光泽剂，皮革表面涂上这种光亮剂，使制成的皮革表面光滑、防水耐用、质量优良。其配料比例一般为干蛋白 5g，牛乳 100mL，苯胺染料 5g，加水成为 1L 以作为皮革表面抛光之用。在印刷制版中，写真制版需用干蛋白。例如写真平版地图、机械图、活版印刷和复制平版印刷等都需用干蛋白作为感光剂及胶着剂。我们日常生活中常见到的陶器、瓷器和玻璃器皿上的彩画或图案，是用印画纸印上的。而印画纸的制造，则是用颜料与干蛋白配制成的涂料液或配合剂，印刷在纸上做成的，其涂料液的浓度为25%左右。造纸工业中，制高级纸张用干蛋白做施胶剂，可提高纸张的硬度、强度，增强其韧性和耐湿性。干蛋白在医药工业上应用也较广泛，主要用干蛋白制造蛋白银（治结膜性眼炎）、鞣酸蛋白（治慢性肠炎）、蛋白铁液（小儿营养剂）和细菌培养基等。除上述各种用途外，干蛋白还可用于制人造象牙、发光漆、化妆品等。

(3) 干蛋粉用途：蛋液经喷雾脱水而呈粉状物。全蛋粉及蛋黄粉主要是供食用和食品工业用，例如用于制造饼干、面包、糖果、冰淇淋等；在日本、美国用于制造混合蛋糕、鸡蛋面、炸糖圈、蛋黄酱等。用蛋黄粉还可提炼出蛋黄素供医药工业用，提炼蛋黄油用于油画、化妆品等。

(4) 湿蛋品用途：湿蛋品是在蛋液中加入适量的防腐剂而制成。新粉盐黄主要供食用；老粉盐黄主要用于工业上，提炼蛋黄油，也可直接用于皮革工业抛光之用。

三、鲜蛋的预处理过程

加工蛋液制品（干蛋白、干蛋粉、冰蛋品等），都必须事先取得半成品——即蛋液，再用蛋液加工成各种产品。将鲜蛋制成蛋液半成品前的选择、清洗、消毒的过程，也就是鲜蛋的预处理过程。

(1) 原料蛋的选择：原料蛋的质量直接影响到半成品和成品的质量好坏，必须选择蛋壳清洁完整、无破损的鲜蛋为原料。鲜蛋应符合国家规定的卫生标准。

(2) 鲜蛋整理：鲜蛋从产地运到加工厂后，通常会因运输而有破损，并有各种包装填充材料如麦秸、稻草、稻壳等。因此，必须做好清除填充物和破损蛋，粗略选出适于加工的鲜蛋等的整理工作，并把蛋送到照蛋车间。

(3) 照蛋：在收购、保管、运输过程中，蛋的内容物会发生不同程度的变化，为了能将变质的、不适于加工用的次劣蛋挑出来，对鲜蛋要进行照蛋检查。一般使用照蛋器逐个检查，把散黄蛋、贴壳蛋、霉蛋、血圈蛋、热伤蛋、孵化蛋、腐败蛋等次劣蛋剔除。

(4) 洗蛋：鲜蛋因产蛋过程和存放、运输等原因，蛋壳上粘有许多粪便、泥土和细菌（常见的为大肠杆菌、产气杆菌、枯草杆菌等），因此，必须进行清洗。洗蛋方法是将蛋同筐一起放入洗槽内，用手洗擦蛋壳或用洗蛋机洗蛋。洗净的蛋，再用流动清水冲洗一次。如蛋壳污染严重可先浸泡15～30min后再清洗。研究证明，清洗后的蛋壳杂菌数比未清洗前减少90%～95%。据研究，若用0.5%～1.0%的酸水（HCl）效果更好。

(5) 蛋壳消毒：清洗后的蛋壳上仍可能带有肠道致病菌。为了保证蛋液的质量，对蛋壳须进行消毒，以使蛋壳表面细菌数减少到最低限度。消毒药剂主要是配制成的有效氯浓度在800～1200mg/kg之间的漂白粉溶液。将蛋在该溶液中浸泡5min，即可达到杀菌目的。蛋取出后，应用水淋1min或温水浸泡片刻，以除去蛋壳表面的余氯。也可以用0.4%浓度的氢氧化钠溶液浸泡5min进行消毒。

(6) 晾蛋：经消毒冲洗后的鸡蛋，送晾蛋室晾干。其目的是防止打蛋时水珠滴入内容物中而污染，并减少蛋壳表面再次污染的机会。晾干方法通常有自然晾干法、吹风晾干法、烘干法等。

第二节　打蛋、去壳与过滤

无论何种蛋液制品都要经过打蛋、去壳、过滤等工序。一般是洗蛋干燥后将其送到打蛋车间进行打蛋，并在此之前检查蛋的质量，剔除洗蛋过程中的破壳蛋。

一、打　蛋

打蛋是将蛋壳打破，取出蛋液的过程。打蛋时要求只在蛋的大头附近打开，不应有破碎壳片。蛋壳内的蛋白应尽可能都取出，如果是打分蛋，蛋黄膜应破裂，如出现散黄则应另做处理。打蛋方法可分为机械打蛋和人工打蛋，视蛋量多少而选择。

1. 人工打蛋

用手逐个打蛋去壳，并将蛋白、蛋黄分开的方法即为人工打蛋。蛋经洗净、蛋壳杀菌后用传送带移入打蛋室打蛋去壳。

(1) 打蛋的设备及工具：

① 打蛋台：打蛋台是打蛋的主要设备。为了消毒方便，台架可用铁管焊成，台面铺有白瓷砖或磨光水泥面或不锈钢面。台高 75cm，宽为 80cm（两人对面操作）。打蛋台的长度可根据生产量的多少和打蛋车间的大小而定。打蛋台面上，每隔 39～40cm 设一个投蛋壳孔。孔上装有方形漏斗，便于投蛋壳。台下装有槽的蛋壳输送带，将蛋壳及时带走。打蛋台上还装有压缩空气吹风嘴及吹风漏斗，用来吹出蛋壳中剩余的蛋清。吹气孔嘴的孔径为 1～2mm，嘴间距为 38～40cm，每个吹风嘴前坐一名打蛋工进行打蛋。每排打蛋台的两端设有蛋液质量检查点和蛋液汇集桶。打蛋台的中央设有二层输送带，下层距台面高 45～50cm，上下层间距为 30～35cm。

② 打蛋器：由打蛋盘、打蛋刀、分蛋器及蛋液流向器等组成。

a. 打蛋盘：系铜质镀镍制成的方盘，盘底设有带无数小孔的假底，有过滤去掉碎蛋壳的作用。盘的两端槽头中部各竖有支柱，支柱的上端横设一根镀镍铜片，铜片宽 2.5cm。靠一端有约 2cm 的锐利刀口，即为打蛋刀。

b. 打分蛋器：打分蛋用的工具有分蛋器和分蛋杯二种。分蛋器是一种形如蛋黄大小的半圆形镀镍铜球，球的边缘有铜环。打分蛋时，蛋黄留于球内，铜环下压，可分离出蛋清。分蛋杯是一种由铝片压制而成型似杯状的工具。杯直径为 10cm，有一把柄，杯的中央有一凹入的半球形，大小如蛋黄，直径 3cm、深为 2.5cm，为存蛋黄处。在存蛋黄处的四周留有 0.3cm 宽的空隙，蛋白即由此隙流下。

c. 蛋液流向器：系用镀镍铜质或不锈钢制成，形似蝌蚪。前大呈椭圆形，后端为弯曲状，这样可减缓蛋液的流速，观察蛋液色、味、异物等。打全蛋液时，可直接打入流向器中，经感官鉴定后，流入蛋桶。

③ 存蛋杯及蛋液小桶：存蛋杯和蛋液小桶均系用铝或铜制成并镀镍。

存蛋杯为有把柄的杯子，能存 1～2 个蛋的蛋液。打开的蛋倾入杯内，进行色泽、气味、异物等的鉴定。非合格蛋不能与其他蛋液混合，杯和蛋液一起单独存放，根据异常特点分别处理。

蛋液桶的大小与机械化水平有关。如用输送带运输，蛋液桶容积以 2～3kg 为宜。人工输送蛋液的蛋液桶，容积为 8～10kg。

(2) 打蛋方法：

① 打全蛋：打全蛋人员坐在打蛋台前，取一枚蛋，于打蛋刀上用适当的力量在蛋的中间一次将蛋打碎，使蛋成大裂缝，而不要使蛋壳细碎，再用双手的拇指、食指、中指将蛋壳从割破处分开。但勿将手指伸人蛋液内，以防止细菌污染。蛋壳分开后，蛋液流入蛋液流向器内，随即将蛋壳向蛋液流向器内甩一下，再将壳于吹风嘴上吹风，以达到取尽壳内蛋白的目的。蛋壳即可投入蛋壳收集孔内，同时进行蛋液色、气味和异物等的感官鉴定。正常蛋液沿流向器流入蛋液小桶。如遇次劣蛋，及时拿出流向器，倒出蛋液或连同蛋液一起更换。若不用流向器时，蛋打开后将蛋液倒入存蛋杯内，蛋壳如以上步骤处理，蛋液则举杯进行质量鉴定，合格蛋液倒入合格桶内，非合格蛋连同存蛋杯一起放在下层输送带上，送到台端的质量检查点，由专人检查后处理。

② 打分蛋：打分蛋的方法除增加分蛋器使蛋白和蛋黄分开外，其他工序同打全蛋。操作时，将蛋打破后，剥开蛋壳使蛋液流入分蛋器或分蛋杯内（分蛋器位于打蛋器上）。蛋黄在分蛋器的铜球内或分蛋杯的存蛋黄处，蛋白于球的四周流下。若蛋白浓厚不易流下时，可用球上铜环击或用铜匙在分蛋杯的蛋黄周围拨动几次，蛋白即全部分出。然后将蛋黄由分蛋器或分蛋杯中倒出即可。

人工打蛋的效率一般为每人每小时可打 540～1260 枚蛋；若需将蛋白、蛋黄分开，则每小时可打 400～700 枚蛋。人工打蛋的生产效率低，不适于大规模打蛋。目前只有小规模工厂使用人工打蛋。人工打蛋的优点是可减少蛋白混入蛋黄或蛋黄混入蛋白的现象。

2. 机械打蛋

打蛋机是 20 世纪 50 年代发展起来的蛋品设备，它可使蛋清洗、杀菌过程连续化，生产效率大为提高。目前打蛋机在发达国家已被广泛地应用于液蛋加工。我国一些蛋品加工厂已经从丹麦、日本及荷兰引进了打蛋机，它们的型号及生产率为 Sanovo 型（丹麦），170 个/min；Coenraads 型（荷兰），300 个/min。蛋的清洗、消毒、晾蛋及打蛋几道工序同时在打蛋机上完成，机上有许多分蛋杯、打蛋刀。当分蛋杯被不合格蛋污染或散黄时，可单独很方便地取下清洗、消毒。打蛋刀由两片组成，它设在蛋下，同时起托着蛋或蛋壳的作用。在一定位置，打蛋刀切入蛋内，同时向两侧劈开，蛋内容物由劈开的两片刀的空间落入分蛋杯，在机器传动过程中完成分离蛋清和蛋黄的过程。

机械打蛋能减轻劳动强度、提高生产效率，但要求蛋鲜度高、蛋的大小适当。而我国目前蛋源分散，蛋鸡的品种杂，所产的蛋大小不一，因此，给机械打蛋带来一定困难，故采用机械打蛋的同时配合以手工打蛋是比较合理的，这样可以保证蛋液的质量。

二、打蛋厂的卫生管理

1. 设备的清洗、杀菌及人员要求

打蛋是蛋液加工中重要的一环。打蛋后，蛋液完全暴露在空气中，任何的疏忽大意都会使打蛋前一切消灭细菌的措施失去意义。因此，打蛋工序中应注意以下事项：

(1) 打蛋车间的卫生：车间的墙壁上应有壁裙，墙角应为钝角的以便于消毒。地面应铺瓷砖或水泥磨光，并有一定的坡度，使车间无积水现象。打蛋间应空气新鲜、光线充足，无直射光，以便打蛋人员进行蛋液的感官鉴定，并无虫、蝇、鼠等侵入。打蛋车间的温度不应高于 18℃，因此，夏季应有空调设备。车间内的固定打蛋设备必须做到生产班次结束时彻底清洗，开始使用前进行消毒，一切打蛋用具必须彻底清洗、消毒后才能使用。原料蛋输送带与打蛋机每隔4h应停止使用而清洗杀菌一次。人工打蛋所使用的受蛋杯等器具每隔2.5h应清洗、杀菌一次。机械的洗涤以刷洗较为有效，杀菌则以热水或含有效氯200mg/kg的氯水较有效。杀菌时可将分解的机械拆开浸渍，就地清洗。打蛋时如遇到次劣蛋，部分或全部用具必须更换。如发现有异味蛋或臭蛋时，全部用具应及时送出车间处理，不宜久留。

(2) 打蛋人员的卫生：打蛋人员上班时不能涂带香味或其他气味的化妆品，不许留长指甲。打蛋人员应定期检查身体，无传染病并且不是色盲和鼻病患者的人才能成为打蛋人员。打蛋人员进入车间时应洗澡，换已消毒的工作服及鞋帽。头发必须全部包入帽内，带上口罩(把鼻子留在口罩外)。然后进行洗手，并用酒精消毒。打蛋人员每隔2h要洗手和消毒一次。若遇次劣蛋时，在更换打蛋用具的同时，要彻底洗手并消毒。

(3) 对于质量高的蛋液制品，要求蛋质高，打分蛋时，蛋的大小应适当，否则易出现分不净的现象。打蛋时避免蛋液中有破碎蛋壳。

2. 副产物的处理

打蛋后若蛋壳任意丢弃，则附着在蛋壳上的蛋液将腐败发臭，虫蝇滋生，很不卫生。由于蛋壳及其附着蛋液的处理相当麻烦，尤其在都市。故液蛋加工厂蛋壳的处理成为一大难题。目前一般打蛋厂处理蛋壳的方法是将打蛋后的蛋壳先离心回收蛋液，此蛋液可供做肥料或饲料，而经此处理后的蛋壳再经洗涤、杀菌、干燥、粉碎后供做饲料、涂料、建筑材料或陶器等。

打蛋厂排出的废水中含大量有机质，其生化需氧量为1000～22000mg/L。打蛋厂破蛋清洗与机械设备清洗所排出的废水中含有一定量的固形物，因此必须有废水处理设备。废水若用硫酸处理，调整pH为4.7后加热至75℃，再经过过滤或离心分离其沉淀的蛋白质，则其生化需氧量可减少76%～97%。

三、蛋液的混合与过滤

蛋内容物并非均匀一致，为使所得到的蛋液组织均匀，要将打蛋后的蛋液混合，这一过程是通过搅拌实现的。蛋液过滤即除去碎蛋壳、蛋壳膜、蛋黄膜以及系带等杂物的过程，同时也起到搅拌混合作用。搅拌过滤的方法由于搅拌过滤的用具形式不同而有差异，常用的有如下几种：

第一种：搅拌过滤器由蛋液过滤槽、搅拌器、蛋液过滤箱及莲蓬式过滤器等四部分组成。蛋液过滤槽为金属制品，槽内有一带孔的金属圆筒，可清除蛋液中杂质和割破的蛋黄膜。在圆槽之间有齿状挡板，可减缓蛋液流速和便于蛋壳沉降。槽的一端设有蛋液流出口。蛋液搅拌器是由金属制成，内有螺旋搅拌桨，每分钟433r。蛋液在此搅拌均匀，而由出口进入蛋液过滤箱。蛋液过滤箱内有筛子可过滤蛋液。筛子是用每2.5cm^2有孔9个的镀镍铜制成，是过滤蛋液除去杂质的主要装置。莲蓬式过滤器也是金属过滤器，内附每2.5cm^2，9个孔的金属筛子。这种搅拌过滤器的工作过程是一搅三过滤。蛋液经鉴定后，注入蛋液过滤器，初步除去蛋壳、割破的蛋黄膜，使其自动流入搅拌器内进行搅拌混合，再自动流入过滤箱进行第二次过滤，此时蛋液中的蛋黄膜、壳膜、系带等杂质基本上被除去。最后由离心泵将蛋液抽至莲蓬过滤器进行最后过滤，除净一切杂物，然后流入预冷器内。

第二种：搅拌过滤器是由搅拌及过滤两部分组成。搅拌部分主要为搅拌轴，此轴由电力拨动，而轴的活动方式不是螺旋式运动，而是上下击动，这样便使蛋白和蛋黄混合均匀。搅匀的蛋液经出口处所装有的镀镍钢制圆筒进行过滤。该圆筒长约38cm，直径13cm，筒壁具有0.1～0.5cm的细孔，蛋液内的蛋壳、壳膜、系带等均留于筒内，纯净的蛋液由细孔中流出，经管道而到预冷器内。

第三种：搅拌过滤器是由三次过滤装置组成，无搅拌装置。第一道过滤器为铝制方形缸，缸的底部有一方形过滤槽，槽深约6cm、长约22cm、宽约20cm；槽内有方形过滤器，其孔径为0.46cm。蛋液经过过滤后由泵抽送到第二过滤器，此过滤器为圆筒形的，孔径为0.16cm，筒长35cm，直径12cm。第三道过滤器长55cm，直径4cm，过滤器孔径0.16cm。蛋液经多次过滤达到混合净化的目的。

目前蛋液的过滤多使用压送式过滤机，但是在欧洲也有使用离心分离机的，以除去系带、碎蛋壳。由于蛋液在混合、过滤前后均需冷却，而冷却会使蛋白与蛋黄因密度差而不均匀，故需通过均质机或胶体磨，或添加食用乳化剂以使其能均匀混合。蛋液的混合机、过滤机需注意清洗、杀菌，以免微生物污染。

四、蛋液的预冷

经搅拌过滤的蛋液应及时进行预冷，以达到防止蛋液中微生物生长繁殖的目的。若蛋液不经巴氏杀菌而加工成液蛋到此可完毕。预冷是在预冷罐中进行。预冷罐内装有蛇形管，管内装有流动着的制冷剂（-8℃的氯化钙水溶液），蛋液在罐内冷却至4℃左右即可。如不进行巴氏杀菌，可直接包装。

第三节 冰蛋品的加工

一、加工工艺步骤

冰蛋品可分为冰鸡全蛋、冰鸡蛋黄、冰鸡蛋白以及巴氏消毒冰鸡全蛋等，其加工方法基本相同。兹按加工程序阐述加工方法与工艺。

1．搅拌与过滤

搅拌与过滤系冰蛋品加工过程中的首要环节，目的是将打蛋车间打出的蛋液经过搅拌，使蛋黄和蛋白得以混匀，以保证冰蛋品的组织状态达到均匀。蛋液经过过滤，可以清除碎蛋壳、蛋壳膜、系带等杂物，以保证冰蛋品的质量达到纯净。

(1) 设备及用具：蛋液注入器：将蛋液注入过滤槽内。过滤槽：第一次过滤用。搅拌器：内有螺旋桨，以电动机带动，第二次过滤用。蛋液过滤箱：第三次过滤用。莲蓬头：最后一次过滤用。离心泵：将过滤箱内的蛋液抽出。离心机：过滤蛋黄液、蛋液及检查蛋壳内的蛋白液含量用。

(2) 操作过程：搅拌与过滤要经过四次自动连续不断的操作过程。由输送带运来合乎工艺要求的蛋液，先经注入器注入蛋液过滤槽，进行第一次过滤，可初步清除蛋壳、蛋液中的杂质并割破蛋黄。随即蛋液自动流入搅拌器内，进行第二次过滤，蛋液经螺旋桨搅拌后，如加工冰全蛋，使蛋黄、蛋白混合均匀（如加工冰蛋黄，将蛋黄混匀），而其中的蛋黄膜、系带、蛋壳膜等杂质进行第三次过滤。最后由离心泵将蛋液抽至莲蓬头过滤装置中进行最后一次过滤，除去蛋液内所有杂质，纯净的蛋液经漏斗流入预冷罐内进行冷却。

2．预冷

经过搅拌与过滤已达到均匀纯净的蛋液，由蛋液泵打入预冷罐，在罐中降低温度，这称为预冷。预冷的目的在于防止蛋液中微生物繁殖、加速冻结速度、缩短急冻时间。预冷方法是蛋液由泵打入预冷罐后，由于罐内装有盘旋管（或蛇形管），管内有 -8℃ 氯化钙水不断循环，使管冷却，随之使蛋液温度下降。一般蛋液的温度达到 4～10℃ 便为预冷结束，即可由罐的开关处放出蛋液，进行装听。

3．装听

装听又称为装桶或灌桶。装听的目的是便于速冻与冷藏。装听时，将经过消毒和称过重的马口铁听（或内衬无毒塑料袋的纸板盒）放在秤上，听口（或盒口）对准盛有蛋液的预冷罐的输出管，打开开关，蛋液即流入听内，达到规定的重量时，关闭开关，蛋听由秤上取下，随后加盖，用封盖机将听口封固，再送至急冻间进行急冻。

内销冰蛋品的装听，按我国原商业部部颁标准规定，优级冰蛋品须装入全新马口铁听内，净重分为 20、10、5kg 三种规格。听口加盖涨紧。一、二级冰蛋品须用涂蜡纸、塑料袋（无毒的）或纸板盒包装，净重分为 20、10、5、2、1kg 和 0.5kg 等规格，包装应严密。

4．急冻

蛋液装听后，运送到急冻间，顺次排列在氨气排管上进行急冻。放置蛋听时，听的一角应面向风扇（风扇直径为 1.52m），听与听之间要留有间隙，以利于冷气流通。冷冻间的前、中、后各部位须挂温度表一支，一般配有专人每两小时检查记录一次，以便及时调节温度。冷冻间温度应保持在 -20℃ 以下，将听内四角蛋液冻结均匀结实，以便缩短急冻时间和防止听身膨胀。在急冻间温度 -23℃ 条件下，经过 72h 以内的急冻，蛋液温度可以降到 -13℃ 以下，这时即可视为达到急冻要求，并将冰蛋经过包装转入冷藏库内冷藏。

5．包装

急冻好的冰蛋在送入冷藏库前须进行包装，即在马口铁听外面加套涂有标志的纸箱，以便于运输和保管。

6．蛋液的巴氏消毒

巴氏消毒又称低温杀菌。国内外生产冰蛋品的实践已证明，蛋液经过巴氏低温消毒，杀菌效果良好。近年来，我国的大型蛋品加工厂生产的冰鸡全蛋已应用巴氏消毒法，这是加工巴氏消毒冰鸡全蛋的主要工序。巴氏消毒一般采用自动控制的巴氏消毒机，该设备由片式热交换器、贮存罐、蛋液泵、温度自动控制器等部分组成。该消毒机全部由不锈钢制成，其中主要部分为片式热交换器，这是由许多受热片组成的平板式热量交换器，受热片的夹层通入调节成所需温度的热水，蛋液通过受热片受热后转入保持导管 3min，再移入另一同样的受热片夹层中，但这夹层中改灌入冷流动水，蛋液通过后便可冷却，流入贮存罐以便装听。冷流体与热流体在受热片的两边表面上形成薄膜流动，通过受热片进行换热，以使蛋液达到预定的杀菌效果。一般蛋液在受热片的加热温度为 64.5℃，经过 3min 即可达到标准规定的杀菌效果，可使蛋液的细菌总数和大肠菌群大为降低，并可杀灭全部致病菌。

二、冰蛋品的质量指标

质量指标是进行冰蛋品的鉴定、分级等的重要依据。冰蛋品的质量指标有如下一些项目：状态和色泽、气味、杂质、水分、含油量、游离脂肪酸含量、细菌指标等。由于冰蛋品的用途及销售对象不同，对其质量要求也各异。

(1) 状态和色泽：各种冰蛋品均有其固有的冻结状态，对冰鸡全蛋、冰鸡蛋白、冰鸡蛋黄和巴氏消毒冰鸡全蛋均要求冻结坚实均匀，质量正常的冰蛋品还应该有其固有的色泽。冰蛋品的色泽取决于蛋黄中所含有的色素，由于所含色素深浅不同而使不同的冰蛋品的色泽也各异，例如冰鸡全蛋和巴氏消毒冰鸡全蛋应为淡黄色的，而冰鸡蛋黄应为黄色的，冰鸡蛋白则应为微黄色的。此外，冰蛋品的色泽还与加工过程有关，如果打分蛋时蛋黄液中混有蛋白液，则冰蛋黄的色泽也随之变浅。因此，观察色泽可以评定冰蛋品的质量是否正常。

(2) 气味：冰蛋品的气味是评定其新鲜程度的重要指标。要求所有的冰蛋品的气味必须正常。冰蛋品若带有异味是由于原料、加工或贮藏形成的。如使用霉蛋加工成的冰蛋品就带有霉味。冰蛋黄中的酸味多是由于在贮藏中受温、湿度的影响而使其中的脂肪酸败所造成的。

(3) 杂质：冰蛋品中含有杂质，不但使其纯度降低，直接影响其食用价值，而且有些杂质不符合卫生要求，还会影响人体健康。因此，质量正常的冰蛋品均不得含有杂质。冰蛋品中的杂质大部分是由于加工时过滤不好、卫生条件不良或设备不完善造成。

(4) 含水量：鲜蛋（冰蛋原料）的含水量受到许多因素的影响，如鸡的品种、产蛋季节、产蛋期、饲料等。在我国内销或出口的冰蛋品中均以最高含水量为准，如冰鸡全蛋最高不超过76%，冰鸡蛋白最高不超过88.5%，冰鸡蛋黄最高不超过55%。但是如果含水量超过这个最高水准，则会使冰蛋在贮藏、运输过程中容易分解变质，同时也使重量增加。所以，成品水分含量也可以反映出冰蛋品的质量状况。

(5) 含油量：又称脂肪含量。由于各种因素的影响，鲜蛋的含油量有很大的差别。制成的冰蛋品甚至每批成品的含油量也各异。因此，对冰蛋品的含油量就很难规定固定的数字，通常在标准中规定以最低的含量为限，例如冰鸡蛋黄含油量（三氯甲烷冷浸出物）不得低于25%，冰鸡全蛋含油量则要求不低于10%。若打分蛋时，蛋白液混入蛋黄液内，则冰蛋黄中的含油量将随之下降。此外，成品中水分过高也会相对地降低含油量。

(6) 游离脂肪酸含量：可用脂肪酸度，即由脂肪分解出来的游离脂肪酸和脂肪的比来衡量。脂肪酸度可说明冰鸡全蛋和冰鸡蛋黄的新鲜程度。若贮藏时间过长，或由于温度过高及空气的影响等，蛋黄中的脂肪均会分解产生游离脂肪酸，严重者能使脂肪发生酸败，从而使冰蛋品产生异味。可见，游离脂肪酸含量越高，脂肪酸度越大，成品质量越低劣。因此，游离脂肪酸含量的多少或脂肪酸度的高低也是衡量冰蛋品的重要指标之一。内销冰鸡全蛋，其中优级品游离脂肪酸量（以油酸计）要求不超过4%，一级品不超过5%，二级品不超过6%。

(7) 细菌指标：由于冰蛋品加工过程中不经过高温灭菌处理过程，因此，加工过程中的卫生条件是否完全合乎要求与成品中的含细菌量的高低有密切关系。而含菌量的高低不仅涉及到成品质量优劣，而更重要的是由于细菌总数过多，往往会使成品中污染有肠道致病菌（沙门氏菌属和志贺氏菌属），若控制不住，将直接危害广大人民群众的身体健康。因此，对各种冰蛋品的细菌指标，无论是内销还是出口，国家均有明确规定。例如内销冰鸡全蛋优级品，细菌总数不超过100万个/g，一级品不超过600万个/g，而优级品的大肠菌群不超过25万个/g。肠道致病菌一律不得检出。

三、冰蛋品的分级标准

我国冰蛋品依据其状态、色泽、气味、杂质、水分、含油量、细菌总数、大肠菌群、肠道致病菌等指标状况进行分级。在中国食品总公司提出的、中华人民共和国原商业部发布的部颁标准中，对冰鸡全蛋、冰鸡蛋黄、冰鸡蛋白和巴氏消毒冰鸡全蛋的感官指标、理化指标、细菌指标等均做了明确的规定和要求。

(1) 冰鸡全蛋分级标准：冰鸡全蛋的原料应达到下列要求：优级品：应使用新鲜蛋、新鲜冷藏蛋。一级品：允许使用消毒后的裂纹蛋、硌窝蛋、流清蛋、血圈蛋及外霉蛋。二级品：允许使用裂纹蛋、硌窝蛋、血筋蛋、血环蛋、流清蛋、红贴壳蛋、轻度异味蛋（无臭味）、轻度黑贴壳蛋及散蛋黄。用石灰水、泡花碱等浸泡过的鸡蛋不得用于加工优级冰鸡全蛋。凡属孵化蛋、黑腐蛋、绿色蛋白蛋、重度霉蛋、重度黑贴壳蛋、泻黄蛋等不得作为上述各级冰鸡全蛋的原料。不允许以鸭、鹅蛋或其他禽蛋加工冰鸡全蛋。不同等级的冰鸡全蛋质量要求见表 20-1。

表 20-1　　冰鸡全蛋的质量标准

项目	指标名称	规定		
		优级品	一级品	二级品
感官指标	状态	坚洁均匀	坚洁均匀	坚洁均匀
	色泽	淡黄	淡黄	淡黄
	气味	正常	正常	略有异味，无臭味
	杂质	无	无	无
理化指标	水分≤	76%	76%	76%
	含油量≥	10%	10%	10%
	其中：游离脂肪酸量≤	4%	5%	6%
细菌指标	细菌数≤	1000000 个/g	6000000 个/g	限供高温处理
	大肠菌群≤	250000 个/g	450000 个/g	限供高温处理
	肠道致病菌	不得检出	不得检出	不得检出

（2）冰鸡蛋黄质量标准：冰鸡蛋黄的原料应使用新鲜蛋、新鲜冷藏蛋。凡裂纹蛋、硌窝蛋、流清蛋、血圈蛋、血筋蛋、血环蛋、散黄蛋、霉蛋、红贴壳蛋、黑贴壳蛋、泻黄蛋、绿色蛋白蛋、黑腐蛋、孵化蛋、异味蛋等次劣蛋均不能用于加工冰鸡蛋黄。不允许以鸭蛋、鹅蛋或其他禽蛋加工冰鸡蛋黄。冰鸡蛋黄的质量标准见表 20-2。

表 20-2　　冰鸡蛋黄的质量标准

项目	指标名称	规定
感官指标	状态	坚洁均匀
	气味	正常
	色泽	黄色
	杂质	无
理化指标	水分＜	55%
	含油量（三氯甲烷冷浸出物）＞	25%
	其中：游离脂肪酸量（以油酸计）＜	4%
细菌指标	细菌数＜	1000000 个/g
	大肠菌群（最近似数）＜	1100000 个/g
	肠道致病菌	不得检出

（3）冰鸡蛋白质量标准：原料应达到的要求与冰鸡蛋黄的相同，其质量标准见表 20-3。

表 20-3　　冰鸡蛋白质量标准

项目	指标名称	规定
感官指标	状态	坚洁均匀
	气味	正常
	色泽	微黄色
	杂质	无
理化指标	水分＜	88.5%
细菌指标	细菌数＜	1000000 个/g
	大肠菌群（最近似数）＜	110000 个/g
	肠道致病菌	不得检出

(4) 巴氏消毒冰鸡全蛋分级标准：巴氏消毒冰鸡全蛋的原料应达到下列要求：优级品：应使用新鲜蛋、新鲜冷藏蛋。一级品：允许使用裂纹蛋、硌窝蛋、小口流清蛋、轻度红贴壳蛋、血圈蛋、血筋蛋、血环蛋、壳霉蛋。凡散黄蛋、重度霉蛋、红贴壳蛋、黑贴壳蛋、绿色蛋白蛋、泻黄蛋、黑腐蛋、孵化蛋、异味蛋等次劣蛋均不能用于加工巴氏消毒的冰鸡全蛋。用石灰水、泡花碱等浸泡过的蛋不得用于加工巴氏消毒优级冰鸡全蛋。不允许以鸭蛋、鹅蛋或其他禽蛋加工巴氏消毒冰鸡全蛋。巴氏消毒冰鸡全蛋的质量标准见下表 20-4。

表 20-4　　巴氏消毒冰鸡全蛋的质量标准

项目	指标名称	规定	
		优级品	一级品
感官指标	状态	坚洁均匀	坚洁均匀
	色泽	淡黄	淡黄
	气味	正常	正常
	杂质	无	无
理化指标	水分＜	76%	76%
	含油量（三氯甲烷冷浸出物）＞	10%	10%
	其中：游离脂肪酸量（以油酸计）	4%	5%
	α-淀粉酶量＞	4	–
细菌指标	细菌数≤	5000 个/g	50000 个/g
	大肠菌群（最近似数）≤	25 个/g	110 个/g
	肠道致病菌	不得检出	不得检出

第四节　干蛋品的加工

干蛋品是指鲜蛋去壳后的蛋液经过干燥而成的蛋制品，可分为干蛋粉（又分为全蛋粉、蛋黄粉、蛋白粉）和干蛋片（又分为全蛋片、干蛋白片、蛋黄片）两种。我国生产的主要产品是干蛋白片、全蛋粉及蛋黄粉。

一、干蛋白片的加工

干蛋白片又称干鸡蛋白片或干蛋白，系指鲜鸡蛋的蛋白经加工处理、发酵、干燥制成的蛋制品。其加工工艺如下。

1. 搅拌过滤

搅拌过滤的目的在于使蛋白液中的浓厚蛋白与稀薄蛋白混合均匀。蛋白液混匀后，既有利于发酵缩短发酵时间，又便于过滤除去碎蛋壳、蛋壳膜等杂质，使成品更纯净。操作过程是用圆铁桶装取称重后的鲜蛋白液，倒入装有搅拌混匀机的木桶内，之后开动电动机进行搅拌。搅拌时要控制搅拌速度，一般以 30r/min 为宜。若搅拌的速度过快，易使蛋白液产生泡沫，对成品出品率将有一定的影响。多年的实践经验证明，搅拌时间要根据产蛋的季节和鲜蛋中浓厚蛋白含量多少而定。春、冬季产的鸡蛋，浓厚蛋白含量较多，每桶蛋白液须搅拌 8～10min；而夏、秋季产的鸡蛋，稀薄蛋白含量较多，搅拌 3～5min 即可。有的地区夏季的蛋白液很稀薄，则可不必搅拌。搅拌后的蛋白液经过铜丝筛过滤，春、冬季用每英寸（1in＝

2.54cm）12～16孔的，而夏、秋季用每英寸8～10孔的。未经搅拌的稀蛋白液亦需过滤，以除去蛋白液中的碎蛋壳和蛋壳膜等杂质。

2. 发酵

由于发酵细菌及蛋白中各种酶的作用，使蛋白液中的有关成分（糖）分解，蛋白液发生自溶作用，使浓厚蛋白与稀薄蛋白均变成水样状态的过程，称为蛋白液发酵或蛋白发酵。蛋白发酵是干蛋白加工中的关键环节。蛋白发酵的目的，首先是通过发酵细菌的作用，使蛋白液中的糖分分解，减少成品在贮藏期间的赤变或褐变现象；其次使蛋白液的粘度降低，蛋白变成水样状态便于蛋白液澄清，提高成品的打擦度、光泽和透明度；再者发酵中有机物质分解，把一部分高分子的蛋白质分解为低分子物质，以增加成品的水溶物含量。

（1）发酵的方法：随着现代科学技术在干蛋白加工中的应用，蛋白液发酵的方法也有所增加，即有自然发酵、细菌发酵（人工纯培养的细菌进行的发酵）、酵母发酵、酶制剂处理蛋白液等方法。兹就我国所采用的自然发酵方法简述如下：

自然发酵是依靠污染于蛋白液内的发酵细菌（主要是非正型大肠杆菌）在适当的温度下发育繁殖，以及蛋白液中存在的酶类的作用，使蛋白液中的有机物分解。主要是使糖分解，产生下列反应：

$$\underset{\text{糖}}{C_6H_{12}O_6} \longrightarrow \underset{\text{乳酸}}{2C_3H_6O_3}$$

或

$$\underset{\text{糖}}{C_6H_{12}O_6} \longrightarrow \underset{\text{乳酸}}{C_3H_6O_3} + \underset{\text{乙醇}}{C_2H_5OH} + \underset{\text{二氧化碳}}{CO_2}$$

在自然发酵中由于细菌分解糖类产生乳酸，使蛋白液的pH由碱性变为酸性，使卵粘蛋白（糖蛋白类，蛋白具有粘性的主要成分）这类容易凝固析出的蛋白上浮于蛋白液表面。发酵产生的二氧化碳只有少部分溶解于蛋白中，大部分是以气体形式随着析出的蛋白和其他固形物而上浮，这使蛋白液表面形成大量的泡沫，以利于蛋白液的澄清。随着蛋白粘度的减弱和许多泡沫的形成，打擦度将逐渐升高。

（2）发酵的操作过程：将已搅拌过滤的蛋白液倒入已经洗涤、消毒过的发酵木桶或缸内，随即将纱布盖盖上，倒入量不能超过内容量的75%，否则，发酵期间形成的泡沫上浮，会溢出桶外。在发酵成熟前，用圆铝盘将发酵液表面的上浮物轻轻舀出，放入桶内或缸内，然后置于一般常温条件下的室内，另行处理。

发酵蛋白液成熟所需要的时间与发酵间的温度高低、蛋白液的稀稠以及蛋白液污染的细菌数（或初菌数）有关。因此，发酵间的温度，应按产蛋季节和外界气温灵活掌握，一般以保持在26～30℃之间为宜。头年12月到次年3月，外界气温低，蛋白液浓厚，蛋白液液温也较低，发酵成熟时间需120～125h；4～5月和9～11月期间，约需55h；而6～8月气温较高，约需30h。发酵蛋白液经过测定成熟后即可放入手提桶内，以备转入过滤与中和工序。

（3）发酵成熟的鉴定：蛋白液发酵的好坏直接影响到干蛋白成品的质量，因此，正确掌握发酵成熟期是发酵的关键所在。蛋白液发酵是否成熟，需综合发酵过程中各种性状的变化加以判断。一般是通过感官鉴定和借助实验仪器来观察与测定蛋白液发酵中的各种变化。

第一，观察发酵液面上浮的泡沫（又称观察桶头泡沫）。蛋白液发酵即有泡沫在发酵桶的表面逐渐上升，当成熟时，大泡沫已经凸起、停止上升，并开始下塌，表面裂开，裂开处有一层白色小泡沫出现，这为发酵成熟的标志之一。第二，观察蛋白液澄清度。由发酵桶的开关处放出一烧杯（500mL）蛋白液，再用普通玻璃试管一只取出约30mL，将试管反复倒置数次，经5～6s后，不再有气泡上升，蛋白澄清呈半透明的淡黄色，这表明发酵已成熟。第三，嗅其气味。取出蛋白液300mL，用拇指和食指对摸（手应先行消毒）正在流出的蛋白液，如没有粘滑性，嗅其气味，带有轻微的甘蔗汁味时，即为发酵成熟。第四，尝其滋味。蛋白液滋味酸甜，已没有生蛋白味，这是蛋白液发酵成熟的又一标志。第五，测定蛋白液的pH，也是判定蛋白液发酵成熟的简便可行的有效办法。采用精密pH试纸或pH比色计以及比较灵敏准确的pH电位测定法测定。若测得的pH在5.2～5.4（或部分在5.5），则可认为发酵已成熟；若pH在5.7以上则发酵尚未成熟；若pH在5.0以下则发酵过度。第六，测定打擦度。为进一步确定发酵是否成熟，一般是在进行上述一系列性状测试后，还要测定其打擦度，即取出发酵蛋白液473mL放入霍勃脱氏打蛋机的紫铜锅内进行打擦度测试，以2号及3号转速各搅拌1.5min，削平泡沫，用厘米尺从中心插入测量泡沫的高度，若其高度在15cm以上，结合参照其他各项性状的变化，便可判定蛋白液发酵是否成熟。

（4）放浆：经过鉴定和测试，确定发酵成熟时，便由发酵桶内放出发酵好的蛋白液。放浆时一般分三次进行，第一次放出全容量的75%左右，其余的蛋白液在原发酵容器内继续进行静置澄清，隔3～6h，分别进行第二及第三次放浆，约各放出10%，而剩余的5%左右均为杂质及其他发酵产物，另行处理。第一次放出的蛋白液质量最好，呈黄褐色透明状，无异味。第二、三次放出的蛋白液质量较差，呈暗赤色，略具臭气。为提高其质量，第一次放浆后，将发酵间温度降至12℃以下，静置3～6h，可以抑制细菌的发育繁殖，让杂质沉淀，使蛋白液澄清、无臭气，从而可以提高成品率。

3. 过滤与中和

过滤是为了除去发酵液中的杂质。中和是由于发酵成熟的蛋白液呈酸性，若不进行中和，加工出来的成品酸度也必然较高，降低产品质量；同时，由于酸性也容易使发酵液在烘干过程中产生气泡，有损于成品的外观和透明度。为防止产生上述问题，必须加入适量的氨水，使发酵液呈中性至弱碱性（pH 7.0～8.4）后，进行烘干，以提高产品质量。

操作过程是用手提桶将发酵成熟的蛋白液倾倒于陶瓷缸上的铜丝布筛里，进行过滤，用圆铝盘将缸内及筛内的白色泡沫舀出，倒入另一桶内，静置约15min，使其逐渐成为液体，过滤后与缸内滤过液同时中和。经过滤去掉蛋白液中的杂质，便可对缸内纯洁的蛋白液加入相对密度0.91的纯净氨水（NH_4OH溶液）进行中和，使蛋白液呈中性（pH 7.0以上）或弱碱性（pH 8.4以下）。氨水的用量取决于发酵后蛋白液的酸度及所要求的pH。而pH的大小可用pH比色计或pH试纸测得。生产中计算整批蛋白液所需加氨水量之前，先测定小样蛋白液需加氨水数量，以此进行推算。例如，取10mL发酵成熟蛋白液，需要滴加1/10的氨水0.4mL进行中和，才能达到要求的pH 7.0，那么1000kg蛋白液所需要不稀释的原氨水量为：

$$X=\frac{L\times B\times 0.1}{A}$$

式中　X——整批蛋白液所需加原氨水量；

L——整批蛋白液量；

A——取出滴加氨水之蛋白液量（小样）；

B——所需1/10的氨水量。

在生产中也可以采用相对密度0.91的氨水，按每1000kg蛋白液加入2～3kg的比例加入，边加边搅拌，使中和均匀，并用 pH 试纸测试，使蛋白液的 pH 达到 7.0～8.0 即可。

根据蛋白液 pH 的不同，若采用相对密度为 0.98 的氨水，每 1000kg 蛋白液（浆液）需加氨水的量见表 20-5。

表 20-5　　蛋白液中不同 pH 所需加氨水的量

发酵成熟蛋白液 pH	每千克浆液加氨水（相对密度 0.98）之比例/kg
5.2	6.14～8.04
5.3	4.96～6.49
5.4	4.07～5.31
5.5	3.68～4.92

4. 烘干

烘干又称烘制，是在不使蛋白液凝固的前提下，利用适宜的温度使蛋白液内的水分逐渐蒸发，将蛋白液烘干成透明的薄晶片。所使用的设备及工具为：水流烘架：是放置蛋白液烘盘用的，烘架全长约 4m，共 6～7 层。每层水流烘架上设有水槽，烘盘放在水槽上面。水槽系用马口铁镶成，深约 20cm，一端或中间处装进水管，热水放入水槽；另一端装一出水管，水由此管流出，再由水泵送回锅炉房或热水池，待加热后，再由水泵送入进水管而入水槽。这样使热水在槽内循环流动，促进蛋白液中的水分逐渐蒸发。铝制烘盘：盛放要烘干的蛋白液用的，方形盘，每边长各 30cm，深 5cm，装在水流架上。打泡沫板：又称刮沫板，木制的，长约 30cm，刮泡沫用。凡士林：选用洁白的凡士林，涂烘盘用。

蛋白液可以采用流水线式的水流式烘干机烘干，也可以采用分式的干燥机干燥。水流式烘干蛋白片的技术操作应掌握以下几个要点：

首先，做好浇浆前的准备工作。在浇注发酵成熟的蛋白液以前，先要将进水口水流温度调节并控制在 54～56℃，然后用消毒过的白布擦净、擦干烘盘，接着用纯洁的白凡士林涂盘（又称擦盘上油）。上油不宜过多，必须均匀，以润滑整个盘底及盘边为宜。假若上油过多，经烘烤会使油凝合起来上浮，使干蛋白片产生所谓油麻子，并会影响片面光亮与成品的打擦度；若上油太少，会使揭片发生困难，而且使最后的片面一面无光、多产碎屑，影响质量。

其次，浇浆（即浇蛋白液）。用铝制勺将中和后的蛋白液浇注在烘盘内，每只烘盘内所浇浆液量要按水流温度及不同层次有所差异。由于前后水槽水温有差别，为了使清盘时间一致，在水流进口段的盘内浇浆稍多一些，而水流出口段的盘内浇浆稍少一些，相差 0.1～0.15kg 为宜。以每盘浇浆 2kg 计，浆液深度约 2.5cm。在上层或通风不良的烘盘内，应适当少浇一些浆液，这样才能使全部蛋白液的烘干时间趋于一致。否则，烘制时间太不一致，会导致揭蛋白片的时间不一致，而影响下面的工序。每层、每盘浇入的浆液量应尽可能均衡，浇的量要准确，浇浆时防止浆液冲到压板条上或洒在盘外。

第三，除去泡沫及油沫。烘盘内的浆液由于加热而产生泡沫，同时盘底的凡士林受热后在蛋白液表面浮现油污泡沫，这些泡沫均须用刮沫板除掉，使烘成的蛋白片光泽透明。浆液表面的水泡沫应在浇浆后进行打沫，而油沫可在浇浆后 7～9h 刮除，但刮出的水泡沫与油沫须分别存放，另行处理。

第四，揭蛋白片。要求准确地掌握片面的厚度和揭片时间。揭片一般分三次揭完，有的工厂揭四次片。在通风较好，打油沫后2～4h（由浇浆开始至揭片需11～13h），盘内蛋白液的表面逐渐地凝结出一层薄片，再过1～2h，薄片变厚约为1mm时，可开始揭第一层蛋白片。揭片时双手各持竹镊子一个，镊住蛋白片的两角，由外边向上揭起，干面向上，湿面向盘，放置在藤架上，使薄片湿面粘附的蛋白液滴入烘盘内，而略使湿面稍干，搭成人字形（原湿面向外），放置在布绷上，送至晾白工序。第一次蛋白片揭过后，经过45～60min再揭第二个面；第二个面揭过后，经过20～40min揭第三个面，这时揭起的片面不很完整，揭起后立即转入晾白工序。

第五，烘架及烘盘整理。第三次揭蛋白片完成后，应做好整理工作。整理分三次操作，第一次把盘内剩余的蛋白液干燥后，轻轻取出放入镀锌铁盘上，送往晾白车间。第二次用竹刮子刮出烘架及烘盘内的碎屑，送入成品整理车间。第三次用鬃刷刷净盘内及烘架上剩余的碎屑粉末，因其质量较次，须集中起来另行处理。

第六，应严格控制水温。从浇浆至揭蛋白片及整理为止，必须严格控制水槽内水的温度及蛋白液的温度。若温度过高有使蛋白液凝固的可能，并将使成品的水溶物降低；若温度过低，不仅会延长蛋白液烘干的时间，而且在低水温下烘制，不能达到杀灭蛋白液中所污染的肠道致病菌的目的，也易使成品有污染肠道致病菌的可能。因此，对水流架（槽）的温度和蛋白液的温度均须控制适宜。

浇浆从开始到结束（揭片前），水流烘架进水口的水温应保持在55℃左右，但出水口的水温随着浇浆会稍有降低（因为刚浇入冷浆，耗散热量较多所致），出水口的水温可降到54.5℃；再过2h后，进水口的水温可逐渐提高到55℃，出水口的水温又会稍有下降，此温度维持4h后，再将进口水温提升到55.5℃，出口处水温又慢慢上升到55℃。此温度一直维持到揭片前。将水温维持在上述范围内，烘盘内的浆液（蛋白液）温度随着浇浆后的时间长短不同而有差异。即浇浆后1～2h，浆液温度达到50～51℃；浇浆后2～4h，浆液温度达到52℃；浇浆后4～14h，即到揭片前，浆液温度达到53～54℃。在第一次揭蛋白片时，水槽内的水温应逐渐降低，须将进水口的水温下降到55℃；第二次揭蛋白片时，再下降1℃；到第三次揭蛋白片时，水温可降到53～54℃。这种用热水流烘制干蛋白片的过程，实际上又称为水流白过程。

除采用水流白方法烘制蛋白以外，日本、美国等国也有采用浅盘分批式的干燥机加工干蛋白片的方法。即在一种深为1～7cm、面积为0.5～1m^2的浅盘中放进蛋白液，用不致使蛋白质变性的温度，即用50～55℃的热风，在比较长的时间内，通常是在12～36h内进行干燥。在我国还很少应用这种方法。

5. 晾白

晾白又称晾干，经过水流白过程后得到的蛋白片水分含量已由原来的87%左右降到24%左右，但要求成品含水量不超过16%，因此，还要经过干燥的过程——晾白，使过多的水分继续蒸发。

晾白方法：首先将晾白车间的温度调节为40～50℃，然后将烘制的大张蛋白片干面朝内、湿面朝外，搭成人字形，放在布绷上，每绷约放10片，搁在木架上晾干，晾到4～5h，用手轻轻在布绷下面敲动，如见蛋白片有瓦裂现象，即已晾干。其含水量已降至15%左右，可取出放在铝盘内，送到拣选工序。对于大张蛋白片以外的厚块、含蛋白液的块及无光片等分别平铺在布绷上，搁在木架下层进行晾干。而对于烘干车间送来的第一次碎片（又称原屑），用（10×20）孔竹筛将屑筛出，送至整理包装车间。筛上面的碎片放在布绷上晾干后，与上述厚块、无光片等同时送到整理包装车间。

6. 拣选与焙藏

晾干的干蛋白片须在拣选车间进行拣选。首先拣大片，将大片捏成直径20mm左右的小片，同时将厚块、潮块、含浆块、无光片、杂质等分别拣出，防止成品变质。拣出的好的蛋白片送至焙藏工序，而其余的厚块、潮块须再返回晾白车间继续晾干。其次，拣碎屑，将上述烘干车间及晾白车间所得到的碎片，晾干后再用孔径1mm的铜筛筛去粉末，拣除杂质，按比例搭配在同批的大片中。再次，将拣出的带少量杂质的蛋白碎屑及筛出的粉末用水溶解后，再过滤、烘干成片，作次品处理。

将拣出的薄晶片放入铝盘内，上盖以白布，搁在凉冷的木架上，凉至接近常温，称重倒入木箱中，上盖白布或木盖，放置48～72h，使其水分自行蒸发或吸收达到水分平衡、均匀一致的过程，称为焙藏。而水分的蒸发与吸收同焙藏时的空气湿度有密切关系。因此，应根据外界气候与室内干湿情况，适当掌握焙藏时间，以控制成品的正常含水量。同时，要抽样检验其水分、打擦度及水溶物，合格后即可包装。

7. 包装及贮藏

包装前须备好包装材料，且要进行消毒。装箱时，先将经过消毒的马口铁箱称重，铺好衬纸，放入木箱（外包装）内。然后将经过焙藏后的蛋白片及碎屑按一定比例搭配，称重50kg，轻轻混合后逐渐装入箱内，摇实，盖上衬纸和箱盖，即可封焊。之后，再放上木盖，用钉固定，外表必须平整完好。箱外刷上商标、品名、规格、净重、工厂代号、批号、生产日期等标志。包装好的干蛋白片即可放在仓库里贮藏，库房必须清洁、干燥、通风良好，库温应经常控制在24℃以下，切勿与有异味的物品堆放在一起。

二、干蛋粉的加工

干蛋粉即在高温短时间内，使蛋液中的大部分水分脱去，制成的含水量为4.5%左右的粉状制品。目前常用的脱水方法有离心式喷雾干燥和喷射式喷雾干燥两种。我国目前蛋粉的生产以后者为主。

1. 蛋粉加工方法

（1）蛋液搅拌过滤：其目的是滤净蛋液中所含的碎蛋壳、蛋黄膜、系带等物质，并将蛋液搅拌均匀。

（2）巴氏消毒：蛋液经过64～65℃，3min消毒，以将杂菌和大肠杆菌基本杀死。消毒后立即贮存于贮蛋液槽内，并迅速进行喷雾。如蛋黄液粘度大，可少量添加无菌水，充分搅拌均匀，再进行巴氏消毒。

（3）喷雾干燥：将蛋液通过压力用喷雾器喷嘴喷成高度分散的雾点状微粒。由于干燥室内的热空气的作用，使蛋液中的水分迅速蒸发脱水而变成粉末状的蛋粉。水蒸气可被热风从排风口带走。

全部干燥过程仅需15～30min。常用设备有加热装置、干燥室、旋风脱粉器和喷雾装置。在喷雾干燥前，所有工具、设备必须严格消毒，由加热装置提供的热风温度以80℃左右为宜。温度过高，使蛋粉有焦味，溶解度受到影响；温度过低，蛋液脱水不尽，会使成品含水量过高。用蛋黄液制成的蛋黄粉一般要求其含水量不超过4.5%。

（4）筛粉和包装：筛粉时主要筛除蛋粉中的杂质和粗大颗粒，使成品呈均匀一致的粉状。目前主要用筛粉机进行。

筛过的蛋粉需进行包装，通常用长方形的马口铁箱包装。蛋粉装满后，加盖焊封。包装操作必须做到无菌条件。具体操作要求：检查合格的铁箱内外擦净，经85℃以上干热消毒6h，或用75%的酒精消毒。衬纸（硫酸纸）需经蒸汽消毒30min或浸入75%（体积分数）酒精内消毒5min，晾干备用。室内所用工具用蒸汽消毒30min。室内空气用紫外线灯照射或用乳酸熏蒸。在铁箱内铺上衬纸，装满压平后，又盖上衬纸，加盖即可封焊。再外用木箱包装，印上商标、品名、日期和重量等。

2. 蛋粉质量标准

(1) 感官指标：粉末状态，淡黄色，气味正常，无杂质，溶解度良好。

(2) 理化指标：

水分：全蛋粉≤4.5%，蛋黄粉≤4.0%；

脂肪含量：全蛋粉≥43%，蛋黄粉≥60%；

游离脂肪酸含量：全蛋粉≤5.6%，蛋黄粉≤4.5%。

(3) 细菌指标：

细菌总数：全蛋粉和蛋黄粉均每克不超过10000个。

大肠菌群：全蛋粉和蛋黄粉均每100g不超过110个。

3. 干蛋粉的贮藏

干蛋粉贮藏的仓库应保持干燥，温度不宜超过24℃，最好在0℃的冷风库中贮存。蛋粉中含有维生素A，尤其蛋黄中含量更多。维生素在空气中易氧化，日光照射易破坏它们。因此，蛋粉应贮藏在暗处，否则维生素被破坏，蛋粉颜色变浅，使成品质量受到影响。同时，必须注意贮藏室的相对湿度，一般相对湿度不应超过70%，湿度大，蛋粉易吸潮，贮藏期会大大缩短。贮藏蛋粉的仓库中不得同时存放其他有异味的产品，贮存前库内应预先进行清洁消毒。贮存蛋粉的垛下亦应加垫枕木，木箱之间和箱与墙壁之间均应留有一定的距离，垛与垛之间应留有通风道，使空气流通良好。

第五节　湿蛋品的加工

湿蛋品也是以蛋液为原料加入不同的防腐剂制成的蛋液制品。因其多为半流动状态，故称为湿蛋品。我国的湿蛋品主要是以蛋黄液为原料生产的湿蛋黄。湿蛋黄可分为无盐湿蛋黄（即在蛋黄液中加入1.5%硼酸或0.75%苯甲酸钠）、有盐湿蛋黄（即在蛋黄液中加入1.5%～2%硼酸及10%～12%的精盐；或者是加入0.75%苯甲酸钠及10%～12%精盐）和密湿蛋黄（即在蛋液中加入10%优等甘油）三种。凡是按规定采用苯甲酸钠、甘油、食盐为辅料的湿蛋黄，既可以食用（调水后炒食或做汤），也可以供工业使用，例如作蛋黄酱的原料、提炼蛋黄油、制造人造奶油等。以硼酸为辅料制成的湿蛋黄防腐力很强，不能食用，只能用在工业中，例如作皮革工业的抛光材料等。

另外，根据使用的防腐剂不同，湿蛋黄又可分为新粉盐黄和老粉盐黄。我国只少量生产新粉盐黄和老粉盐黄，新粉盐黄以苯甲酸钠为防腐剂，老粉盐黄则以硼酸为防腐剂。

一、加 工 工 艺

湿蛋品的加工工艺基本相同，一般有以下几个工艺步骤：

(1) 搅拌过滤：加工湿蛋黄的原料主要用鸡蛋黄，有的亦用鸭蛋黄。为了得到组织状态均匀的制品，首先要将蛋黄液搅拌过滤，即用搅拌混匀机（器）搅拌，用离心过滤器过滤或用18、24、32等网眼的铜丝筛过滤，以便割破蛋黄膜，并滤除蛋黄液中的蛋黄膜、系带、碎蛋壳等杂质，使蛋黄液均匀、色泽一致。之后将纯净的蛋黄液存于贮蛋槽内，便可以按要求加入不同的防腐剂。

（2）加防腐剂：加入防腐剂的目的是抑制细菌的繁殖，防止产品腐败，以便延长贮存时间。新粉盐黄和老粉盐黄的配方不同，其防腐剂的加入量也有所不同。新粉盐黄用纯蛋黄液100kg，精盐8kg左右，苯甲酸钠0.5～1kg；老粉盐黄用纯蛋黄液100kg，精盐12kg左右，硼酸1～2kg。加入防腐剂后，还要用搅拌混匀机（器）搅拌5～10min，以使防腐剂充分混合溶化于蛋黄液内。然后即可转入盐黄池内静置。

（3）沉淀与装桶：搅拌过的盐黄液在盐黄池内置3～5d，使泡沫消失、精盐溶解、杂质沉淀，蛋黄液与防腐剂完全混匀后即可装桶。

由于湿蛋黄是半流动体，其包装方法与冰蛋品、干蛋品有所不同，一般用长圆桶形（中部稍膨大）之木制桶包装，桶内侧涂以石蜡，外面加5～6道铁箍。木桶一端侧面中央部开一小孔，以作为湿蛋黄的入口处。静置、沉淀后的湿蛋黄，刮去表面的泡沫，再经过每英寸(2.54cm) 24孔的铜网筛过滤后，即可灌入木桶内。每桶装入100kg，用木塞紧密塞住，加封便成为湿蛋黄制品。

（4）贮藏：湿蛋黄由于装在密封的木桶内，内部有防腐剂，因此，在普通的仓库中贮存即可。贮存时多放在25℃以下的库房中，每隔10～15d应将木桶翻转一次。

二、关于防腐剂的使用

苯甲酸钠属于食品添加剂的一种，在已制定的国家标准——食品添加剂使用卫生标准中，明确规定可以应用在酱油、醋、果汁类、果酱类、果子露、罐头中，其最大使用量为1g/kg。还可应用在葡萄酒、果子酒、汽酒等副食品中，其最大的使用量也都在1g/kg以下。而在使用范围中尚未明确规定湿蛋黄中允许使用，更谈不上其最大的使用量了。因此，近年来生产的新粉盐黄虽可食用，但其加入苯甲酸钠的量为0.5%～1%，大大超过上述国家标准的最大使用量。所以，新粉盐黄中的苯甲酸钠的使用量以多少为适合的确是个值得研究和探讨的问题。笔者认为，应探讨使用其他效果较好的防腐剂。

老粉盐黄用硼酸作防腐剂，虽然硼酸防腐能力较强，但对人体有害，如食量较多或常食少量均可引起肾脏疾病，因此老粉盐黄主要供工业用。

第二十一章　蛋 品 饮 料

第一节　蛋白发酵饮料

鸡蛋蛋白是一种容易消化而且氨基酸比例平衡的蛋白质胶体溶液，此外尚含有抗菌成分。所以蛋白是生产饮料和医药的一种很好原料。但蛋白加热后容易变性凝固，给生产乳酸饮料带来很大困难；用作医药原料其抗生素含量又较低，提取也很困难。因此，蛋白利用受到很大的限制。随着科学技术的进步，上述问题的解决取得了很大的进展。

蛋白发酵饮料的制造方法为：在鸡蛋蛋白中加入0.5%～10%的蛋黄，或用皂土吸附法和其他抽提法除去蛋白中的溶菌酶，可以防止蛋白在杀菌过程中的热变性凝固，还可抑制溶菌酶的作用。蛋黄用量不低于0.5%，否则处理效果不好；蛋黄用量大于10%时，不仅使蛋白的特性失去，还会冲淡蛋白的作用。经上述处理的蛋白，可直接使用或加糖（蔗糖、葡萄糖或乳糖等）使用，加糖量不得超过10%。然后蛋白液于50～60℃加热20～30min。为了彻底杀菌，可采用间隔杀菌方法。蛋白灭菌后，接种乳酸菌进行乳酸发酵。接种之前需用盐酸或有机酸等调节pH，使其达到乳酸发酵最适宜的pH。生产实例如下：

例1　蛋白液中按表21-1的比例加入蛋黄，搅拌混合均匀后，分装在30个100mL容量的无菌瓶中，每瓶装50mL，于52～55℃水浴灭菌30min后，置于室温下，第二天再同样进行加热灭菌，并用盐酸调pH为6.8～7.0。然后接种乳酸菌，培养18h，即制成味道芳香、酸味柔和的蛋白液饮料。其pH如表21-2所示。

表21-1　　**蛋白和蛋黄配比**

成分＼编号	1	2	3	4	5
蛋白含量/%	99	98	97	95	90
蛋黄含量/%	1	2	3	5	10

表21-2　　**蛋白液饮料的pH**

乳酸菌＼编号	1	2	3	4	5
粪链球菌3%	5.1	5.2	5.1	5.0	5.0
嗜酸链球菌3%	5.4	5.3	5.4	5.2	5.2
嗜酸乳杆菌3%	5.2	5.0	5.0	4.9	4.9
干酪乳杆菌3%	5.3	5.3	5.2	5.3	5.1
粪链球菌1.5% 嗜酸乳杆菌1.5%	5.2	5.1	5.1	5.0	5.0
嗜热链球菌1.0% 嗜酸乳杆菌1.5%	5.2	5.3	5.3	5.2	5.1

例 2 蛋白液搅拌混合后，按常法用10%皂土进行吸附处理，以除去所含溶菌酶，然后分装在5个无菌瓶中，并与例1一样进行灭菌处理。而后，分别接种乳酸菌，在最适温度下发酵18h，即得芳香的酸味柔和的发酵蛋白液饮料。其pH和活菌数见表21-3。

表 21-3　　发酵蛋白液饮料的pH和活菌数

乳酸菌＼项目	pH	活菌数/(个/mL)
粪链球菌2%	5.20	1.4×10^{8}
嗜热链球菌2%	5.45	1.3×10^{8}
嗜酸乳杆菌2%	4.95	2.6×10^{8}
干酪乳杆菌2%	5.30	1.5×10^{8}
粪链球菌1.5%	5.05	2.0×10^{8}

例 3 蛋白液搅拌混合后，用皂土吸附法除去溶菌酶，分装在3个无菌瓶中，为了促进发酵正常进行，各加入3%蔗糖、葡萄糖或乳糖，加热灭菌30min。灭菌三次，然后用盐酸调pH到6.8～7.0，接种可用脱脂奶培养基活化的粪链球菌种液3%，并于37～40℃培养20h，即得酸味柔和的蛋白液发酵饮料。其pH和活菌数见表21-4。

表 21-4　　加糖发酵蛋白液饮料的pH和活菌数

糖类＼项目	pH	活乳酸菌数/(个/mL)
蔗　糖	4.60	4.0×10^{8}
葡萄糖	4.40	3.2×10^{8}
乳　糖	4.74	3.7×10^{8}

第二节　蛋乳发酵饮料

蛋在加热时易变性，因此，蛋在饮料方面的应用受到一定限制。但如果加入50%以下的牛乳，于一定温度下灭菌一次或几次，再用乳酸菌进行发酵，就可制成无损于营养平衡又没有其他异味的蛋乳发酵饮料。所用鸡蛋可用全蛋液、蛋黄液，奶可用全脂奶、脱脂奶、炼乳、奶粉等。加乳量不应超过50%，否则会失去蛋的特性。蛋液中最好再加糖5%～15%，如蔗糖、葡萄糖或乳糖等。根据需要还可以加洋菜、色素、香料和稳定剂等。

上述原料配成的混合液于50～80℃加热灭菌10～40min。为了灭菌彻底需加热二三次，杀菌后冷却到30～40℃。还可用盐酸或者有机酸调pH6.5～7.0，按常规法发酵即成蛋乳饮料。此类饮料可加入稳定剂、色素和香料，均质后用无菌水稀释到适当浓度，可制成低浓度发酵饮料。具体方法为：将鸡蛋全蛋液搅拌均匀后，加适量乳，放入500mL的无菌瓶内，加棉塞并灭菌后冷却，用盐酸调pH到6.5～7.0，接种3%的嗜酸乳杆菌种子液，发酵后取20份加糖15份、稳定剂0.4份、水65份、香料适量，混合均匀后再加热灭菌，制成低浓度蛋乳饮料。如用蛋黄液，则取200g加适量乳，加水200mL、蔗糖4g，搅拌均匀后放在无菌瓶中，塞好棉塞，灭菌后，接种用脱脂乳培养的粪链球菌种子液3%，在37～40℃下进行发酵。取此发酵蛋液25份，加蔗糖20份、稳定剂0.4份、水54.6份、适量红色色素和香精，搅拌混合后加热灭菌，制成低浓度发酵蛋黄乳饮料。如此类饮料不经水稀释，则制品称为蛋酸乳酪。

蛋酸乳酪生产实例：

例1 取鸡蛋全蛋液5.6份，混合均匀后再加入甜炼乳2份和水1.5份，混合于60～70℃水浴中加热30min，然后冷却至40℃，接种2%嗜酸乳杆菌种子液和1%保加利亚乳杆菌种液，混合均匀后装到无菌瓶中，于37～40℃发酵，即制成芳香、酸味柔和的酸乳酪。其pH为4.2，活乳酸菌菌数为（3.2×10^3）个/mL。

例2 取蛋白液5份、牛奶4份、蔗糖1份，再加0.2%洋菜。混合后于65℃加热灭菌30min，然后冷却至40℃，接种1.5%粪链球菌种液和1.5%保加利亚乳杆菌种液，混合均匀后，分装于无菌瓶内，于37～40℃进行发酵，即制成芳香、酸味柔和的酸乳酪饮料。

例3 取蛋黄液5份、脱脂奶粉1份、蔗糖1份、水3份，混合均匀后，于80℃水浴加热灭菌10min，冷却至40℃，接入3%干酪乳杆菌种液，再分装到无菌瓶内，于37～40℃进行发酵，即制成淡黄色、芳香、酸味柔和的酸乳酪饮料。

第二十二章　其他蛋制品

第一节　蛋壳粉的加工

蛋壳含有丰富的无机盐类和少量的有机物质，把它利用来制成蛋壳粉，再搭配在饲料里喂养家禽和家畜，可以促进禽畜的生长发育。目前机械化养鸡、养猪事业发展很快，对于饲料质量要求愈来愈高，特别是影响生长发育的矿物质如果供应不足或缺少，就会使雏禽和仔畜等发生软骨症，甚至使家禽产蛋量减少或产软壳蛋。但在生产蛋制品的工厂，如冰蛋厂、干蛋厂和糕点厂等，蛋壳一般作废品处理。这些废弃的蛋壳如加工成蛋壳粉，是有一定的经济价值的。

一、加工方法

(1) 蛋壳收集：将蛋厂加工蛋制品或糕点厂使用鲜蛋所废弃的蛋壳收集起来，放于专门的库房里。

(2) 蛋壳烘干：蛋壳烘干可用两种方法，一为加热烘干法，一为自然晒干法。①加热烘干法：蛋壳在烘干房里进行烘干。烘干房是密闭的房子，内设加热设备，房顶设有出气孔一二个。蛋壳放在烘干房里的木架上，使室内温度为80～100℃，蛋壳水分蒸发，便成干燥状态。②自然晒干法：如果没有烘干房，也可采用日光晒干法。即将蛋壳平铺在稍有倾斜度的水泥地面上，借助太阳热蒸发蛋壳水分。为使蛋壳水分容易蒸发，蛋壳不宜铺得太厚，约3.3cm厚即可。摊开后不宜翻动，使蛋壳里的水分自然流出，其表面的水分借阳光热蒸发后，再进行翻堆。

(3) 拣杂质：蛋壳干燥后，便送至拣杂质室拣去杂质。蛋壳因堆存不当，往往有夹杂物存在，如竹片、木片、小铁片、铁钉和铁丝等。在蛋壳加工成粉末之前，必须拣出。

(4) 制粉：干燥的蛋壳拣去夹杂物后即可进行制粉。由于使用工具不同，可分为电动磨粉法和蛋壳击碎法二种。

① 电动磨粉法：主要是使用电动磨粉器把干燥的蛋壳磨碎。操作时，将干燥蛋壳不断地由上层磨孔送入钢磨内，开动电机，让钢磨转动，每分钟达400～800r，蛋壳经过磨碎便成细粉末状。磨出的蛋壳粉由输粉带送入贮粉室。

② 蛋壳击碎法：主要使用蛋壳击碎器将干燥的蛋壳击碎成粉末状。操作时将干燥的蛋壳放入臼内，开动电机带动击槌上下击动，使蛋壳成为粉末状。

(5) 过筛：磨碎或击碎成粉状的蛋壳粉粗细不均匀，因此必须过筛。一般用筛粉器进行过筛。蛋壳粉经过筛后，筛下的便是粗细均匀的蛋壳粉，留在筛上的较粗的蛋壳粉可再送至磨粉器或击碎器里加工。

(6) 包装：制成的蛋壳粉应进行包装，包装材料可用双层牛皮纸袋或塑料包装袋，每袋可分为10kg、5kg等几种规格。装足斤两的成品密封袋口，加印商标，贮存于干燥的仓库里，待运出厂。

二、蛋壳粉的化学成分

经过上述方法制成的蛋壳粉，大部分的无机成分和有机成分均未损失。据H.Z.Walton氏（1975）报道，干燥的蛋壳平均含灰分91.9%，粗蛋白质7.56%，脂肪0.24%。其中碳酸钙含量最高，平均达到90.9%。蛋壳经水洗处理后，要损失蛋白质粘液5.32%，粗蛋白质5.15%。该氏用不经水洗处理的蛋壳做试验，其化学元素的组成是：钙36.4%，磷0.116%，钠0.152%，铜0.389%，硫0.09%，钾0.097%，镁0.002%。该氏测定出蛋壳中还含有部分氨基酸，胱氨酸0.41%，赖氨酸0.35%，异亮氨酸0.34%，蛋氨酸0.28%。蛋壳中含有这样多的营养成分，该氏认为将蛋壳制成粉末，加入鸡的日粮中喂鸡，是有营养价值的。

第二节　熟蛋制品的加工

一、熟制风味蛋

1.五香茶叶蛋

五香茶叶蛋是鲜蛋经高温杀菌，并使蛋白凝固后，利用辅料防腐调味和增色加工而成的蛋制品，具有独特的色香味。

一般习惯使用鸡蛋制作，鸭蛋同样可以。凡是蛋壳完整、适合食用的鲜蛋以及用淡盐水保存过的蛋都可作五香茶叶蛋的原料。但损壳蛋、大气室蛋等因不耐洗，在煮沸过程中又容易破裂，不宜采用。五香茶叶蛋加工的常用辅料为食盐、酱油、茶叶和八角等香料，也可添加桂皮等。这些辅料要符合一定的质量要求，未经检验的化学酱油、霉败变质的茶叶等均不得采用。辅料用量视各地口味要求而定。

加工五香茶叶蛋的设备很简单，只要有煮蛋用的锅灶就行。南方习惯用蒸钵（沙锅）煮蛋，用它煮制的五香茶叶蛋风味更为别致。

2.卤蛋

卤蛋由于各种卤料不同而有各种名称。用五香卤料加工的叫五香卤蛋，用桂花等卤料加工的叫桂花卤蛋，用鸡肉、猪肉卤汁加工的叫肉汁卤蛋，卤蛋再经熏烤的叫熏卤蛋。卤蛋经过高温加工，使卤汁渗入蛋内，增进了蛋的风味。

卤蛋的加工方法简便。先将鲜蛋置于冷水中加热煮熟，剥去蛋壳放进配制好的卤料中卤制即可。五香卤蛋常用的辅料是白糖、八角、桂皮、丁香、汾酒、甘草、酱油等。蛋入卤锅后，用小火卤制30min，使卤汁慢慢地渗入蛋内即可。卤蛋的包装容器要清洁卫生，防止污染。由于卤蛋营养丰富，容易被细菌污染，故当天加工的应尽快销售和食用，售不完的第二天要复卤。

二、虎皮蛋罐头

虎皮蛋因蛋白起皱，现出深黄色的皮层，形似虎皮而得名。它具有形态美观、风味别致、携带方便、制作容易、贮存期较长等特点。

虎皮蛋是鲜蛋经过煮熟、剥壳、油炸后装入瓶罐的一种罐头蛋制品。它选用植物油炸，使蛋白皮层油酥，即增进了蛋的风味，也杀灭了蛋上细菌，使蛋白皮层成为蛋的保护层。炸制后的虎皮蛋在密封的瓶罐里，又经高温消毒和排气，蛋中原有的微生物被杀死，外界的细菌无法进入瓶罐内。同时由于瓶罐内的空气已被排除，虎皮蛋的各种营养成分也不致被氧化或发生其他变化，所以能较长时间地贮存而不致腐败，因而它也是一种高温贮蛋的方法，是航海、旅游者的理想食品。

虎皮蛋和调味汤汁同放在密封的瓶罐内，有利于味向蛋中缓缓渗透，使蛋变得味鲜多汁。调味汤汁配制视需要而定，一般选用酱油、茴香、桂皮、味精等五香料熬制。虎皮蛋开瓶后最好一次吃完，如需分次食用，要妥善保管，不能敞着过夜，以免细菌污染。

三、蛋　松

蛋松是旅行和野外工作的方便食品，是鲜蛋液经油炸后炒制而成的疏松脱水蛋制品。因油的渗入及水分的大量蒸发，蛋松的营养价值远比鲜蛋高。它是方便熟制品，随时可以食用；由于含水量较少，微生物不易繁殖，比较耐贮藏；而且体轻，便于携带。蛋松成品金黄油亮、丝松质软、香嫩鲜美。

1. 蛋松的品质特点

蛋松的品质特点是：色泽金黄油亮，丝松质软，味鲜香嫩，营养丰富，容易消化，保存时间长。为年老体弱和婴幼儿童的最佳食品，亦是旅游和野外工作者随身携带的方便食品。

2. 蛋松的加工方法

用料与配方：浙江省各地蛋松加工的用料配方见表 22-1。

表 22-1　浙江省各地蛋松加工用料配方　单位：kg

地　区	食　油	精　盐	食　糖	黄　酒	味　精
杭州	15	2.75	7.5	5.0	0.1
吴兴	8.0	2.0	10	2.0	0.2
义乌	适量	2.0	5.0	3.5	0.1
仙居	适量	1.0	4.0	4.0	0.4

注：(1) 表中数值是指加工 100kg 鲜蛋的用料。

(2) 食油可用植物油或猪油。

加工过程：我国各地因加工蛋松的设备条件等不同，其操作方法也有所区别。其一般加工程序为：①选用新鲜的鸡蛋或鸭蛋，将蛋液打在容器内，搅拌均匀。②用纱布或米筛过滤蛋液。③在滤出的蛋液中加入精盐和黄酒，并搅拌均匀。④把油倒入锅内烧开，然后用滤蛋器或筛子使调匀的蛋液通过成为丝条状，流入油锅中被油煎，即成蛋丝。⑤将煎成的蛋丝立即捞出滤油。⑥滤油后的蛋丝倒入另一只炒锅内，再将糖和味精放入，调拌均匀后再行炒制，炒制时宜采用文火。一般都将蛋松作为营养品食用。南方地区作为喝米粥的菜肴；也有的作冷菜盘里的配料，以增加色彩；更多的是作为出外旅游的方便食品和休闲食品。

第三篇　乳品科学与加工技术

第二十三章　乳的概念及成分

第一节　乳的概念

乳是人们很熟悉的一种营养食品。所谓乳，是哺乳动物分娩后从乳腺分泌的一种白色或略带微黄色的不透明液体。乳中含有丰富的蛋白质和脂肪，还含有婴幼儿生长所需要的各种营养成分。所以，在一段时间内，乳是婴幼儿的惟一食物。此外，牛乳或其他动物乳也是老年人及从事脑力劳动或体力劳动等成年人的营养食品。

乳的分泌是哺乳动物从分娩后开始的，经过一段时期以后乳量逐渐减少而结束泌乳。每次分娩后开始泌乳到泌乳结束为一个泌乳期。在泌乳期中，所分泌的乳的成分并不总是一样的。在乳制品加工学上，常常将乳分为“初乳”、“常乳”和“末乳”三种。此外，有时由于外界因素的影响，使乳发生一些特殊的异常变化，这种乳称为异常乳。由于所有哺乳动物中，牛乳为人们食用加工较多，现以牛乳为例，将四种不同的乳分述如下：

一、初　　乳

母牛分娩产犊后7d以内分泌的乳汁，称为初乳。初乳比较浓稠而带黄色，有特殊的气味，干物质含量较高，化学成分含量同常乳有明显的差异。干物质中以蛋白质和盐类的含量较高，蛋白质中以球蛋白和白蛋白含量特高，此外，维生素A的效价也特别高，但乳糖的含量较低。初乳由于含有较多的球蛋白，对增强初生仔畜的抵抗力有着特别重要的作用，一般必须用来喂养初生仔畜，以增加其抗病力，很少用于加工。另外，由于初乳加热时形成凝块，亦不能作为加工的原料。

二、常　　乳

母牛产犊一周以后到停止泌乳前一周所分泌的乳汁称为常乳。此期乳的成分与性质基本稳定，是乳品加工的极好原料。

三、末　　乳

母牛停止泌乳前（又称干奶前）一周内所分泌的乳汁称为末乳。末乳（又称老乳、终乳）中各种成分的含量除脂肪较低外，其他均较常乳为高。在末乳分泌期内，随着产期临近，泌乳接近结束，脂肪含量逐渐增加，但个体差别较大。末乳也较常乳浓稠，味道苦而微咸；由于末乳中解脂酶增多，故带有油脂氧化味。因此，末乳也不宜作为乳品加工的原料。奶牛场一般不愿意把末乳单独分开，一般是同常乳混合在一起供收购加工。

四、异 常 乳

正常乳的成分和性质是基本稳定的。我们把由于饲养管理、疾病、气温、污染及其他原因而使乳的成分和性质发生异常的乳叫异常乳。

1. 异常乳的分类

异常乳可以分为下列几种（见图 23-1）。

- 异常乳
  - 生理异常乳
    - 初乳
    - 末乳
  - 化学异常乳
    - 酒精阳性乳
    - 高酸度乳
    - 低成分乳
    - 杂质乳
    - 异味乳
    - 细菌污染乳
  - 病理异常乳
    - 乳房炎乳
    - 病牛乳

图 23-1　异常乳的分类

上述各种异常乳中，从提高原料乳的质量而论，最主要的为低成分乳、细菌污染乳、酒精阳性乳和杂质乳。其他各种异常乳实际上已有明文规定不得用于乳品加工。

异常乳的成分和性质同常乳有所不同，但有时同常乳没有明显的界限。一般来说，凡不能饮用和用于加工的乳都属于异常乳范畴。在乳品初步检验中，有时用酒精试验来区分乳的质量优劣，凡是用 70％酒精试验产生絮状凝块而呈阳性的乳都属于异常乳。但值得指出的是，用 70％酒精试验来判断乳的正常与否只是相对的，不是绝对的准确。有的酒精试验阳性乳不是异常乳；有的乳是异常乳，酒精试验却是阴性。这是由于乳异常的原因不同所致。引起异常乳的原因很多，致使异常乳的种类多、变化也很复杂。但只要是明显的异常乳，都不能作为生产优质乳制品的原料。

2. 异常乳产生的原因

（1）低成分乳：乳的成分主要受遗传和饲养管理条件的影响。遗传因素一般来说是稳定的，影响最大的主要是饲养管理因素，例如气温、季节、饲料成分等，均对乳中的成分有一定的影响。

（2）细菌污染乳：乳在挤出前后均可能受到细菌的污染。原料乳被大量微生物污染后，就会产生种种异常情况，造成大量的异常乳。

（3）酒精阳性乳：乳品厂检验时，一般先用 69％或 70％的酒精进行检验，凡产生絮状凝块的乳都按不合格品处理。常常有由于挤乳、收集等过程不合卫生要求，又不及时冷却，使乳中存在的微生物迅速繁殖，以致酸度升高的情况。如果酸度达 24°T 以上，用 70％的酒精试验均呈阳性。

（4）乳房炎乳：由于外伤或者细菌感染，使牛乳房发生炎症，这时所分泌的乳其成分和性质同常乳都不同。造成乳房炎的原因主要是牛体和牛舍环境不卫生、挤乳方法不当、消毒不严格等因素。

第二节　乳 的 构 成

乳是一种复杂的分散系，是多种物质的混合体。乳是由脂肪球、酪蛋白胶粒、乳清蛋白体、脂蛋白颗粒、矿物质组分、体细胞及乳清几种物质组成。乳的这些组分是借助于高倍显微镜或电子显微镜及其他方法分析到的。现将各组分简述如下：

一、脂 肪 球

脂肪球呈球形，每个脂肪球独立地存在于乳浆中，它具有完整的膜。这种膜不是单分子膜，含有很多成分。迄今，对脂肪球膜的复杂结构尚不完全清楚。脂肪球膜约占乳脂肪总量的2%。脂肪球中的脂肪并不是全部呈液态，在常温下，据研究有一部分呈结晶态。脂肪球中的脂肪种类很多，而且每个脂肪球间的脂肪种类是不同的，即使在同一头奶牛同一次挤出的乳中，脂肪球中的脂肪酸组成也是不同的。

二、酪蛋白胶粒

酪蛋白胶粒是由蛋白质（酪蛋白）、矿物质（主要是钙）、磷酸盐（磷酸三钙）和水组成。乳中的酪蛋白是一些不同类型分子的络合物。酪蛋白主要有 α_s-、γ-、κ-和 β-酪蛋白四种类型，有人认为还有其他种类的酪蛋白。酪蛋白分子在组成上不完全是单纯的蛋白质，除氨基酸外，还含有磷酸盐、糖及糖苷等成分，例如己糖类（六碳糖）和唾液酸等残基。酪蛋白在乳中是以酪蛋白酸盐状态存在，主要是钙盐，并且多同磷酸钙结合，一般通称为酪蛋白酸钙-磷酸钙络合物。还有的也含有 Na^+、K^+、Mg^{2+} 和柠檬酸盐。乳中的酪蛋白酸钙-磷酸钙络合物粒子叫做酪蛋白胶粒。绝大部分胶粒由直径 10～12nm 的小球体构成。每个胶粒约吸收有 12 个蛋白质分子，大的胶粒则含有 10^5 或更多的酪蛋白分子。胶粒中含有部分水分，每克酪蛋白约含有 0.25g 结合水。此外，酪蛋白胶粒还能吸收水分，每克酪蛋白胶粒约含有 2g 水。这些吸收的水分不是纯水，而是“乳清”。酪蛋白胶粒占据牛乳一定的体积，对其内部结构目前尚不甚了解。据分析，胶粒中还含有脂酶和蛋白酶。

三、乳清蛋白体

乳中含有 β-乳球蛋白、α-乳白蛋白、血清白蛋白、免疫球蛋白和蛋白质的分解产物。据有关资料介绍，乳中蛋白质可能缔合成为大分子颗粒。据分析，乳中球蛋白具有负电性，可能同 Ca^{2+}、Na^+、K^+ 及结合水相缔合，成为乳清蛋白体。

四、脂蛋白颗粒

对乳中脂蛋白颗粒的研究是从胚胎学方面进行的，定量的结果还较缺乏，而且有的材料提供的数据又不太可靠。据初步分析，脂蛋白颗粒含有磷脂、甘油酯、胆固醇、蛋白质、核酸以及碱性磷酸酶和黄质氧化酶等酶类。当脱脂乳经超速离心分离时，脂蛋白沉淀于酪蛋白胶粒的上一层。用电子显微镜观察脂蛋白时，其呈现各种不同形状的颗粒，并带有微绒和高尔基空泡残屑。

五、矿　物　质

乳中矿物质分为两种，其中一种同蛋白质相结合，成为胶体磷酸盐或磷酸盐络合物；另一种呈离子态存在于乳清中。呈离子状态的矿物质与乳中蛋白质的稳定性有着极重要的关系。

六、体　细　胞

体细胞是在乳的分泌过程中混入乳中的外来物质。一般乳中都会含有体细胞，据测定，健康牛的乳中，每 1mL 一般含有 10^4～5×10^5 个体细胞。体细胞中主要是白血球。乳中体细胞的含量在 0.05%以内。乳中体细胞含有普通细胞的细胞质物质、酶类等，乳中过氧化氢酶主要存在于体细胞中。值得指出的是，乳中体细胞含量过多，会使乳的性质发生某些变化，影响乳制品的质量及加工工艺过程。

七、乳　清

牛乳中的乳清部分相当于牛乳中的水分，它是牛乳的主要组成部分，起着溶解各种物质的作用。

第三节　乳的化学成分及特性

一、乳中化学成分的种类与含量

1. 乳中化学成分的种类

乳的化学成分主要有水分、蛋白质、脂肪、乳糖、无机盐类、磷脂、维生素、酶、免疫体、色素、气体以及其他微量成分。因此，从化学观点来看，乳是多种物质的混合体，实际上乳是一种复杂而具有胶体特性的生物化学液体。在这种分散系中，水为分散媒，分散在水中的蛋白质、脂肪、乳糖以及盐类等100多种化学物质称为分散相或分散质。乳中的分散质有的以分子及离子状态存在，例如乳糖和无机盐类；有的呈乳浊质及悬浊质状态，例如蛋白质等；有的以乳浊液及悬浊液状态存在，例如脂肪等。

2. 乳中化学成分含量

据分析，牛乳中至少含有100种以上的化学物质，主要成分的含量如下：水分：86%～89%；干物质：11%～14%，其中脂肪3%～5%，蛋白质2.7%～3.7%，乳糖4.5%～5%，无机盐0.6%～0.75%。

正常牛乳的化学成分基本是稳定的，但各种成分也有一定的变化范围，其中变化最大的是乳脂肪，其次是蛋白质，乳糖的含量变化很少。因此，我们可以根据乳成分的变化情况判别乳的质量好坏。在乳制品加工方面，以前认为最重要的是乳脂肪，在鲜乳收购过程中多以脂肪含量作为标准，同时有些主要乳制品的质量标准也注重脂肪的含量。但乳的营养价值和质量的高低主要取决于其干物质和无脂干物质含量，所以有的国家在鲜乳收购时也用干物质或无脂干物质含量作为质量标准。

3. 乳中干物质的计算方法

将牛乳干燥到恒重时所得到的残余物叫做乳的干物质。干物质的含量随乳成分的变化而有变化，尤其是随乳脂肪、蛋白质的含量变化而有变化。干物质中含有乳的全部营养成分，在生产中计算产品的生产率时都需要用干物质或无脂干物质含量。

干物质含量的计算和测定，采用烘干法比较费时费力，且麻烦。由于干物质与脂肪含量和乳的相对密度之间有一定的关系，所以，只要知道乳的相对密度和脂肪含量就可以计算出干物质含量的近似值。下面介绍一种干物质的计算方法。

计算公式：
$$\omega_T = 0.25d + 1.2\omega_F + K$$

式中　ω_T——干物质含量（%）；

d——乳相对密度计读数；

ω_F——乳脂率（%）；

K——系数（各地试验所得）。

二、乳中化学成分的特性

1. 水分

牛乳中大部分是水，水的主要作用是作为溶媒，并同一部分不溶于水的成分组成乳胶液。乳中的水以三种状态存在：大部分以游离状态存在，称游离水；另有2%～3%的水以氢键与蛋白质及其他胶体的亲水基结合，称结合水；另一种形态是结晶水。游离水是乳的分散媒，很多理化过程及生物学过程均同游离水有关。结合水因同蛋白质、乳糖和某些盐类结合存在，无溶解其他物质的特性，在正常情况下0℃以下也不冻结，而且也不容易脱去。因此，乳粉生产中不能得到完全脱水的产品，一般乳粉中常保留3%左右的水分。结合水的脱去只有在加热到150～160℃或者长时间保持在100～105℃的恒温下方能达到。但乳粉受长时间高温处理后，成分将受到破坏，如乳糖焦化、蛋白质变性、脂肪氧化，使乳粉的食用价值大为降低。

牛乳中水分的含量因牛的品种、泌乳阶段、个体、饲料种类以及奶中其他成分含量而有所变化。不同动物种间变化范围亦较大。

2. 乳脂肪

乳脂肪是乳中的重要成分之一，不仅同牛乳的风味有关，而且是稀奶油、奶油、全脂乳粉及干酪的主要成分。乳脂肪在乳中以微细的球状成乳浊液分散存在。一般牛乳中乳脂肪含量在3%～5%，但含量同牛的品种、类型及饲养管理条件等有关。

(1) 乳脂肪的形态：乳脂肪在乳中是以球体的形式均匀地浮游在乳中。乳脂肪球的直径一般多为2.5～3μm（1.0～10μm）。每1mL乳中有乳脂肪球20～50亿个。乳脂肪球的大小随牛的品种、泌乳量、乳脂量、泌乳期、饲料及健康状况等而异。一般地说，脂肪含量高的品种要比脂肪含量低的品种脂肪球大。黑白花牛、爱尔夏牛等品种脂肪球较小，娟姗牛及更赛牛的脂肪球较大，瑞士褐牛及其他品种奶牛脂肪球中等，水牛的脂肪球最大。随着泌乳期的延续，脂肪球渐小，而泌乳初期脂肪球较大。脂肪球的大小与牛乳的加工处理有着重要的关系，凡是脂肪球大的乳，脂肪容易分离，奶油搅拌时也容易形成奶油粒；但脂肪球大时不容易被人体消化。

(2) 乳脂肪的组成：乳脂肪是以中性脂肪的形态存在于乳中。乳脂肪是由多种不同种类的甘油酯类所组成，其中溶有磷脂、固醇、色素及脂溶性维生素等。

乳脂肪是由一个甘油分子和三个相同或不同的脂肪酸所组成，其中最主要的为甘油三酸酯，其结构为：

$$\begin{array}{l} CH_2OH \\ | \\ CHOH \\ | \\ CH_2OH \end{array} + \begin{array}{l} R_1COOH \\ | \\ R_2COOH \\ | \\ R_3COOH \end{array} \longrightarrow \begin{array}{l} CH_2OCOR_1 \\ | \\ CHOCOR_2 \\ | \\ CH_2OCOR_3 \end{array} + 3H_2O$$

近年来由于分析方法的进步，证明牛乳中含有60种以上的脂肪酸，而其他动植物油脂中只含有5～7种脂肪酸。牛奶中10种主要脂肪酸含量见表23-1。

表23-1　牛奶中10种主要脂肪酸含量

脂肪酸	分子式	乳脂肪中含量/%	脂肪酸	分子式	乳脂肪中含量/%
丁酸	C_3H_7COOH	4.26	十四烷酸	$C_{13}H_{27}COOH$	16.43
己酸	$C_5H_{11}COOH$	1.64	十六烷酸	$C_{15}H_{31}COOH$	14.83
辛酸	$C_7H_{15}COOH$	1.66	十八烷酸	$C_{17}H_{35}COOH$	3.20
癸酸	$C_9H_{19}COOH$	1.19	十八烯酸	$C_{17}H_{33}COOH$	46.09
十二烷酸	$C_{11}H_{23}COOH$	5.01	二羟硬脂酸	$C_{17}H_{33}(OH)_2COOH$	0.38

乳脂肪中含14碳以下的低级挥发性脂肪酸达14%，其中水溶性挥发性脂肪酸如丁酸、己酸、辛酸等达8%左右，而其他油脂中只有1%。由于这些低级脂肪酸在室温下呈液态，易挥发，因此，使乳脂肪具有特殊的香味和柔软的质地。乳脂肪容易受光、热、氧、金属（尤其是铜）等的作用，氧化而产生脂肪氧化味。乳脂肪的这些分解变化主要是由于乳中解脂酶的作用所引起。这些变化，在鲜乳中不太会发生，但在乳制品的保存中经常发生，影响产品的质量和食用价值。例如，在奶油中多产生脂肪分解味，而在全脂乳粉中常产生脂肪氧化味。

（3）乳脂肪的理化特性：乳脂肪多不溶于水，稍溶于酒精，但能溶于热酒精中，易溶于乙醚、丙酮及二硫化碳中。乳脂肪的水溶性挥发性脂肪酸值高，碘价低，这说明乳脂肪比其他脂肪的挥发性脂肪酸多和不饱和脂肪酸少。此外由于乳脂肪低级脂肪酸含量多，皂化价比一般脂肪高。乳脂肪的理化性质见表23-2。

表23-2　　乳脂肪的理化特性

类　别	参　数	类　别	参　数
相对密度（d^{15}）	0.935～0.943	碘价	30（21～36）
熔点/℃	28.4～33.3	水溶性挥发性脂肪酸值	27（21～36）
凝固点/℃	19～24.5	酸价	0.4～3.5
折射率（n^{25}）	1.459～1.462	酪酸价	20（16～24）
皂化价	226（218～255）		

（4）乳中低级脂肪酸的特点：低级脂肪酸占乳脂肪的80%以上，其理化特点几乎决定着乳脂肪的理化特性，而且对乳的加工处理过程也有较大的影响。因此，必须着重分析乳脂肪中10种低级脂肪酸的特点以及在加工过程中的变化。乳脂肪中的10种低级脂肪酸并不是全部不溶于水，而是有的溶解于水，有的不溶于水，且其熔点相差极为悬殊。10种低级脂肪酸的熔点和水中溶解情况见表23-3。

表23-3　　10种低级脂肪酸的熔点和水中溶解情况

脂　肪　酸	熔点/℃	水中溶解情况	脂　肪　酸	熔点/℃	水中溶解情况
丁酸	-2.0	任何比例皆溶	十四烷酸	+53.8	不溶
己酸	-1.5	任何比例皆溶	十六烷酸	+62.5	不溶
辛酸	+16.5	100℃时溶解0.25%	十八烷酸	+69.2	不溶
癸酸	+31.3	100℃时溶解0.1%	十八烯酸	+14.0	不溶
十二烷酸	+43.6	不溶	二羟硬脂酸	+136.0	不溶

根据低级脂肪酸的溶解情况和挥发特性可以将其分为下列三类：

①水溶性挥发性脂肪酸：这类脂肪酸主要来源于反刍动物瘤胃的发酵产物，包括了丁酸、己酸、辛酸和癸酸，约占乳脂肪的8.75%。这类脂肪酸有同水蒸气一起挥发的特性，而且进行水溶性挥发性脂肪酸值的测定，对鉴别乳脂肪的真伪有着重要意义（防止掺入其他脂肪或其他动物乳脂肪）。所谓水溶性挥发性脂肪酸值，是指从5g脂肪中蒸馏出的溶于水的挥发性脂肪酸所中和消耗的0.1mol/L碱溶液体积（mL）。一般植物性脂肪的此值约为1，单胃动物的乳脂肪也在5以内，反刍动物如牛、羊等的乳脂肪此值多在20～30之间。

水溶性挥发性脂肪酸易受外界空气、光线、温度等的作用而挥发或分解，产生特殊的臭味，并易吸收空气中的臭气和异味。所以，牛奶和奶油等乳制品不可同鱼类、蔬菜等有特殊气味的物品同时贮存。牛奶在加热过程中，由于此类脂肪酸的挥发而产生特殊的芳香气味。

② 非水溶性挥发性脂肪酸：这类脂肪酸不溶于水，但加热时有挥发的特性，以十二烷酸为代表。

③ 非水溶性不挥发性脂肪酸：这类脂肪酸在乳中含量最多，包括十四烷酸、十六烷酸、十八烷酸、十八烯酸等。其特点是不易受外界空气、光线、温度的影响，性质相对稳定。但在加工奶油时，奶油硬度的高低却由这类脂肪酸所决定。

3. 磷脂类及甾醇

(1) 磷脂类：磷脂类的化学组成很接近于脂肪，由甘油、脂肪酸、磷酸和含氮物所组成。乳中磷脂类的平均含量 0.072%～0.086%。乳中的磷脂主要是卵磷脂、脑磷脂和神经磷脂。在乳中意义最大的是卵磷脂，乳中含量为 0.036%～0.049%，它是构成脂肪球膜蛋白质络合物的主要成分。在脂肪球膜结构中，卵磷脂在膜的内侧，方向朝向脂肪，而膜的外侧是有强亲水基的蛋白质，方向朝向水。膜的外面还吸附着白蛋白、球蛋白和酪蛋白。脂肪球在乳中所以呈乳浊状而不互相结合的原因，就是因为在它的周围存有磷脂蛋白质膜。这种膜能使乳和乳制品中的脂肪乳浊液趋于稳定，只有在化学作用（强酸、强碱）或机械搅拌作用下，脂肪球的蛋白质膜才被破坏。当脂肪球膜被破坏后，脂肪球才能相互结合在一起。脂肪球的这种特性，在乳制品加工生产中有着重要的作用。磷脂类容易氧化而产生特殊的气味，因此，同乳与奶油的风味具有密切的关系。

(2) 甾醇：乳中含有少量的甾醇，它们以游离的状态存在，其中主要为胆甾醇（$C_{27}H_{45}OH$）。乳中胆甾醇的含量为 0.01%左右，占乳脂肪含量的 0.3%～0.4%。

4. 乳糖

乳糖是哺乳动物乳腺所特有的产物，在动物其他器官中不存在。牛乳中乳糖含量约为 4.5%，占乳干物质的 38%～39%。乳糖是一种双糖，可以水解生成葡萄糖和半乳糖。乳糖的甜度为蔗糖的 1/6 左右。乳糖在水中的溶解度比蔗糖差。乳中的乳糖可以分为 α-乳糖和 β-乳糖两种，α-乳糖又可以同水分子结合成 α-乳糖水合物。因此，有人又把乳中乳糖分为三种，即 α-乳糖水合物、α-乳糖无水物和 β-乳糖。

α-乳糖在水溶液中可以部分地转变成 β-型乳糖。因此，乳糖的水溶液中，α-型乳糖和 β-型乳糖呈一定的比例存在。水溶液中两种乳糖的数量和比例随溶液的温度而异。

5. 蛋白质

牛乳中含有三种主要的蛋白质，它们是酪蛋白、乳白蛋白、乳球蛋白，此外还含有少量脂肪球膜蛋白。其中，酪蛋白含量最多，占乳总蛋白质的 83%，占乳量的 2.7%～3.7%；乳白蛋白约占总蛋白量的 13%；乳球蛋白和脂肪球膜蛋白约占 4%。每一种蛋白质又可以分为几类。每类蛋白质的比例和等电点见表 23-4。

表 23-4　　牛乳中蛋白质的种类及其比例和等电点

传统分类法	新的分类法	比例/%	等电点
酪蛋白	α_S-酪蛋白	45～55	4.1
	κ-酪蛋白	8～15	4.1
	β-酪蛋白	25～35	4.5
	γ-酪蛋白	3～7	5.8～6.0
乳白蛋白	α-乳清蛋白	2～5	5.1
	血清白蛋白	0.7～1.3	4.7
	β-乳球蛋白	7～12	5.3
乳球蛋白	免疫性球蛋白	少量	待测

乳蛋白质是乳的又一主要营养成分之一，乳蛋白质中含有营养所必需的各种氨基酸，是一种全价蛋白质。在牛乳加工生产技术中，乳蛋白质的性质对牛乳的处理、浓缩乳或乳粉生产等都有重要的意义。

① 酪蛋白：酪蛋白在新鲜的牛乳中与钙结合形成酪蛋白酸钙和磷酸三钙的复合体（$\left[\begin{matrix}\text{酪蛋白酸钙}\\ Ca_3(PO_4)_2\end{matrix}\right]$），呈微粒状态，微粒直径为 20～300nm。这种酪蛋白酸钙和磷酸三钙的复合体微粒一般不发生凝固，因此，酪蛋白一般也不凝固。但在酸和刍胃酶（凝乳酶）的作用下，酪蛋白便发生凝固。然而这两种凝固过程的化学本质是不同的，生成的物质也不相同。乳中酪蛋白在弱酸作用下的酸凝固，是酪蛋白酸钙和磷酸钙分离，酪蛋白酸钙中的钙成为加入的酸的钙盐，使酪蛋白独立析出，从而破坏酪蛋白的稳定性，使其成为凝块而沉淀。其化学反应式是：

$$\underset{\text{稳定态}}{\left(\left[\begin{matrix}\text{酪蛋白酸钙}\\ Ca_3(PO_4)_2\end{matrix}\right]\right)} + \underset{\text{酸}}{4\,HCl} \rightarrow \underset{\text{不稳定态}}{[\text{酪蛋白}]} + Ca(H_2PO_4)_2 + 2CaCl_2$$

在加酸凝固时，酸只和酪蛋白酸钙磷酸钙起反应，与白蛋白、球蛋白都不会发生反应。所以，在制造干酪素时，往往用盐酸作酪蛋白的凝固剂。但如果加酸不足，则不能完全将酪蛋白和钙分离，在酪蛋白中还包含一部分钙盐，或者酪蛋白不能完全凝固。硫酸也能沉淀乳中的酪蛋白，但由于形成的硫酸钙不能溶解，有使灰分增多的缺点。此外，乳酸也能使酪蛋白凝固，其反应原理为：

$$\left(\left[\begin{matrix}\text{酪蛋白酸钙}\\ Ca_3(PO_4)_2\end{matrix}\right]\right) + 2CH_3CHOHCOOH \rightarrow [\text{酪蛋白}] + Ca(CH_3CHOHCOO)_2 + Ca(H_2PO_4)_2$$

由刍胃酶的作用引起酪蛋白凝固时同酸凝固不同，不析出钙，在加工中称为凝乳。刍胃酶的凝固作用如下：

$$\text{酪蛋白} + \text{刍胃酶} \longrightarrow [\text{副酪蛋白钙}] + \text{乳清蛋白} + \text{刍胃酶}$$

酪蛋白的凝固特性也就是由溶胶变成凝胶的变化在生产上有重要的意义，在干酪、酸乳制品、工业用干酪素和食用干酪素的生产中都根据这一原理进行生产。

α_S-、β-、γ-、和 κ-酪蛋白的含磷量各不相同。这四种类型酪蛋白的性质归纳于表 23-5 中。

表 23-5　　四种酪蛋白的理化特性

种类	占乳蛋白质的比例/%	含磷量/%	等电点	特性
α_s-酪蛋白	45～55	1	4.1	当乳中有 Ca^{2+} 存在时，很容易凝固；在刍胃酶作用下完全凝固
β-酪蛋白	25～35	0.6	4.5	(同上)
κ-酪蛋白	8～15	不确定	4.1	在高浓度 Ca^{2+} 存在下才能凝固，具有稳定钙离子、保护胶体体系的作用
γ-酪蛋白	3～7	0.11	5.8～6.0	不确定

酪蛋白和所有蛋白质一样，在蛋白酶作用下分解成胨、胨、氨基酸。在干酪成熟时发生这种变化，因此使干酪产生特有的滋味和香味。

② 乳白蛋白：乳白蛋白同酪蛋白不同，其化学组成中不含磷，并溶于水中，在酸或刍胃酶的作用下不沉淀，由此可以区分乳白蛋白和酪蛋白。乳白蛋白呈水溶性，在加热到70℃以上时变性而产生沉淀。乳白蛋白也属全价蛋白，易于消化，因此，在生理上有重要的意义。乳白蛋白在初乳中含量为10%～12%，常乳中含量仅为0.5%左右。

③ 乳球蛋白：乳中乳球蛋白的含量约为0.1%，而初乳中含量为2%～15%。乳球蛋白溶解于水，在酸性反应的条件下加热至75℃时，发生沉淀。乳球蛋白又分为真性球蛋白和假性球蛋白两种。这两种球蛋白同乳的免疫功能有关，所以，乳球蛋白又称为免疫性球蛋白。由于乳清蛋白和乳球蛋白都分散于乳清中，所以有的资料又将其合称为乳清蛋白。

6. 乳中的酶

乳中存在多种酶。酶的来源有两种，一种是由乳腺分泌的，即乳中本身所具有的酶；另一种是污染到乳中的微生物生长繁殖所产生的酶。乳中所含的主要酶类有：过氧化物酶、还原酶、解脂酶、乳糖酶等。

7. 乳中维生素

乳中含有人体营养所必需的各种维生素，其中主要有维生素A、维生素D、维生素E、维生素B_1、维生素B_2以及维生素C等。据分析，每克乳脂肪中含有2.6～15.2μg胡萝卜素(平均6.4μg)。牛乳中维生素E的含量为2～3mg/L，维生素B_1为0.3mg/L，维生素B_2为1～2mg/L，维生素C为1～4mg/L。此外，乳中还含有维生素B_6、维生素B_{12}、维生素PP等生物素。

8. 乳中无机成分

牛乳中约含有0.7%的无机物，其主要种类有钾、钠、钙、镁、磷、硫、氯及微量成分等。乳中无机成分的含量虽然很少，但在牛乳加工上，特别在牛乳的热凝固方面具有重要意义。牛乳中钙、镁与磷酸盐、柠檬酸盐之间保持适当的平衡，是保持牛乳对热稳定性的必要条件。通常由于可溶性的钙、镁含量过高，在比较低的温度下就会发生凝固，尤其是高浓度的Ca^{2+}对酪蛋白稳定性影响较大。这时如果加入磷酸盐和柠檬酸盐，则会发生凝固现象。这在淡炼乳生产时很重要。牛乳中的某些金属元素，如铜、铁、镁、锰等，在有机体的生理和营养上有着重要的意义。但铜与铁在乳制品的贮藏过程中，对产生异味却有触媒作用。

9. 乳中气体

牛乳中溶有少量的气体。刚挤出的鲜乳中，CO_2最多，氮气次之，氧气较少。但牛乳同空气接触一段时间后，溶入空气中的氧和氮的含量增加，而CO_2含量相应减少。

第二十四章　乳的理化特性

第一节　乳的物理特性

乳的物理特性，包括乳的色泽、气味、相对密度、粘度、冰点、比热容、表面张力、折射率及导电率等许多项目。这些项目不仅在辨别乳的质量方面是一些必要因素，同时是判断牛乳加工中所产生的变化和检查牛乳及乳制品的掺杂（如加水、脱脂、掺混其他成分等）的必要依据。现将乳的几项物理特性介绍如下。

一、牛乳的色泽

新鲜牛乳是一种白色、乳白色或稍带黄色的不透明液体。颜色来源于乳的成分，如白色是由脂肪球、酪蛋白酸钙、磷酸钙等对光的反射和折射产生，白色以外的颜色是由核黄素和胡萝卜素所产生。

乳中的胡萝卜素主要来源于青饲料，是牛乳带有微黄色的原因。因胡萝卜素溶于脂肪而不溶于水，当从牛乳中分离出稀奶油或由稀奶油制成奶油时，胡萝卜素随脂肪进入稀奶油或奶油中，因此，也使稀奶油或奶油呈黄色。牛乳中胡萝卜素含量的多少同牛的品种、饲料和季节有较大的关系。冬季饲料中胡萝卜素含量低，牛乳或奶油的黄色较浅。

二、乳的滋味和气味

(1) 气味：乳中存在有低级挥发性脂肪酸及其他挥发性物质，所以牛乳带有特殊的香味。这种乳香味随温度的高低而有差异。当乳加热时，香味强烈，冷却后有所减弱。此外，牛乳除了原有的本身香味之外，还很容易吸收外界的各种气味，具有吸收外界气味的特性。如挤出的牛乳在牛舍中放置时间太久，即带有牛粪味或饲料味；乳如同鱼、虾类放置在一起，则产生鱼腥味；当乳较久接触葱、蒜时，则带有葱、蒜味。饲料对乳的气味也有较大的影响。如喂给羽扇豆时，可使牛乳带苦味。消毒温度过高则使乳糖焦化而呈焦糖味。总之，牛乳的气味极易受到外界环境因素的影响，所以牛乳挤出后每一个处理过程都必须注意到外界环境的清洁、卫生及各种因素的影响。

(2) 滋味：新鲜的纯净乳稍带甜味，这是因为乳中含有乳糖的缘故。乳中还含有氯离子，使乳稍带咸味，但常乳中的咸味因受蛋白质、脂肪、乳糖等的调和而不易感觉到，而异常乳如乳房炎乳等，因氯的含量增高，故带有浓厚的咸味。牛乳在日光下暴晒时，带油酸味。贮藏乳的容器对乳滋味也有影响，贮藏容器不良时则产生金属味。

三、pH 和 酸 度

1. pH

正常乳的 pH 一般为 6.5～6.7，酸败乳和初乳的 pH 在 6.5 以下，乳房炎乳和低酸度乳在 6.7 以上。

2. 酸度

乳的酸度由两方面的因素形成，一方面是乳本身具有的酸度，这种酸度与贮存过程中微生物繁殖所产生的乳酸无关。我们把乳中同微生物繁殖所产生的乳酸无关而乳本身具有的酸度称为自然酸度。乳本身具有的自然酸度由乳中蛋白质、柠檬酸、磷酸盐及二氧化碳等酸性物质所构成。新鲜乳中的自然酸度为16～18°T（吉尔涅尔度），其中来源于蛋白质的为3～4°T，来源于CO_2的为2°T，来源于磷酸盐和柠檬酸盐的占10～12°T。乳酸度形成的另一方面是由微生物活动所致。牛乳挤出后的贮存、运输等过程中，由于微生物的活动，分解乳糖产生乳酸，而使牛乳的酸度升高。我们把由于微生物生长繁殖而发酵产生乳酸致使牛乳升高的酸度称为发酵酸度。乳的自然酸度和发酵酸度之和称为乳的总酸度。通常我们所说的乳的酸度，就是指总酸度。乳的总酸度越高，对热的稳定性越低，即凝固的温度越低，品质越差。这种现象在乳品加工方面很重要。如果鲜乳在保藏、运输中酸度升高，除了显著降低乳对热的稳定性以外，也影响乳粉的溶解性和保存性，生产其他乳制品的质量也降低。所以，在贮运鲜乳时，为了防止酸度升高，必须迅速冷却并在低温条件下贮存，以保证鲜乳和成品的质量。

为了衡量牛乳的酸度，一般用滴定的方法来测定牛乳的滴定酸度。所谓滴定酸度，即一定量的牛乳在酚酞作指示剂的条件下，滴定消耗一定浓度的碱液值。牛乳的滴定酸度有下列几种表示方式：

(1) 吉尔涅尔度（°T）：所谓吉尔涅尔度，即中和100mL牛乳所消耗的0.1mol/L NaOH的体积（mL）。具体测定方法是：取10mL牛乳，用20mL蒸馏水稀释，加入0.5mL 0.5%的酚酞指示剂，用0.1mol/L NaOH溶液滴定，将所消耗的NaOH体积（mL）乘以10即得吉尔涅尔度。消耗1mL为1°T，也称为1度。

(2) 乳酸度：滴定酸度除用°T表示外，也可以用乳酸的含量来表示。用乳酸量表示时，按上述方法滴定后，用下列公式计算：

$$w(\text{乳酸})=\frac{0.1\text{mol/L NaOH 体积(mL)}\times 0.009}{\text{测试牛乳的质量(体积}\times\text{密度)}}\times 100\%$$

(3) SH度（°SH）：SH度的滴定方法与°T度相同，只是所用NaOH的浓度不一样。SH度所用的NaOH溶液浓度为0.25mol/L。所谓SH度即用0.25mol/L的NaOH滴定中和100mL乳时的消耗量。每滴定消耗1mL为1°SH。新鲜牛乳的SH度通常为5～8度。

SH度换算为乳酸度（乳酸%）时乘以0.0225。

牛乳的pH和滴定酸度有着相反的关系，pH越低，滴定酸度越高。这是因为滴定酸度是用消耗的碱液或乳酸浓度来表示的。同时，酸度升高的乳，因其pH易受乳中缓冲成分的影响，故pH和滴定酸度之间没有相应的规律性关系。

滴定酸度易受牛乳稀释程度的影响，如将测试牛乳用不同倍数的水稀释，然后测定其滴定酸度，结果相差较大。造成这种现象的原因是因为乳在不同稀释倍数下，生成不同程度的磷酸钙沉淀，减弱乳的滴定酸度（见表24-1）。

表24-1　滴定酸度与稀释倍数的关系

稀释倍数	测定滴定酸度（乳酸度）	稀释倍数	测定滴定酸度（乳酸度）	稀释倍数	测定滴定酸度（乳酸度）
不稀释	0.172%	稀释一倍	0.149%	稀释九倍	0.110%

四、密度和相对密度

密度是指一定温度下单位容积的质量。

牛乳的相对密度是指在15℃时一定容积牛乳的质量与同容积同温度水的质量之比。牛乳的相对密度计是以15℃为标准进行测定的。

相对密度和密度是两个关系极为密切的参数。在相同的温度条件下，相对密度和密度的绝对值差异很少，即使测定的温度不同，两者之间也只相差0.0019，简化为0.002。这就是说，乳的密度数值比相对密度小0.002。在乳品工业中可以用此差数来进行相对密度和密度的换算。一般正常乳的密度平均为1.030g/cm^3，而平均相对密度为1.032。

乳的密度同乳中各种成分的含量有关。乳中的无脂干物质比水重，因此，乳中无脂干物质越多，则密度也越大。初乳因无脂干物质多，其密度也高。通常初乳的密度为1.030～1.040g/cm^3。乳中脂肪比水轻，因此，乳脂肪增加密度就降低。由于水的密度比乳小，乳中加水时乳的密度也降低，每加10%的水，密度约降低0.003g/cm^3，即普通牛乳比重计的3度（一般牛乳比重计的刻度从小数第二位开始计算，例如1.030，读作30度）。刚挤出来的乳，其密度比放置2～3h后的乳低0.001（0.0008～0.0015），因为乳中部分气体排出和一部分液态脂肪变为凝固状态，使容积发生了变化。乳的密度随温度而变化，在10～25℃范围内，温度每变化1℃，乳的密度相差0.0002g/cm^3，为普通牛乳比重计的0.2度。

五、粘度和表面张力

（1）粘度：液体的粘度同温度有关。牛乳的粘度在20℃时为0.15～0.2Pa·s。随着温度的升高，粘度降低。乳中蛋白质和脂肪的含量是影响牛乳粘度的主要因素，此外，对牛乳的处理如脱脂、杀菌、均质等也有较大的影响。粘度在乳品加工方面有着重要的意义。例如在浓缩乳制品方面，粘度过高或过低都是不正常的情况。以甜炼乳为例，粘度低时可能发生糖的沉淀或脂肪分离，粘度过高可能发生浓厚化。贮藏中的淡炼乳，如粘度过高可能产生矿物质的沉积或形成网状结构的冻胶体。在生产乳粉时，粘度过高可能妨碍喷雾，产生雾化不全或水分蒸发不良等现象。

（2）表面张力：牛乳的表面张力为4×10^{-4}～6×10^{-4}N/cm，比水（7.28×10^{-4}N/cm）低。表面张力也随温度的升高而降低，也受脂肪含量和加水的影响。牛乳和稀奶油比水容易形成气泡，就是因为表面张力比水低的缘故。研究表面张力的目的是为了检验混杂物，探究泡沫或乳浊液的形成性能，微生物的发育及热处理、均质等对表面张力的影响。

六、乳的比热容、冰点和沸点

（1）乳的比热容：乳的比热容是指将1kg乳温度升高1℃所吸收的热量。乳的比热容与所含脂肪及相对密度有关，也受着温度的影响。当处理大量牛乳及在乳浓缩过程中加热时，比热容与机械的设计和燃料的节省等有关。

（2）冰点：牛乳的冰点为－0.540℃（－0.525～－0.565℃）。牛乳中乳糖及可溶性盐类的含量对冰点有影响，脂肪含量与冰点无关，蛋白质也无太大的影响。由于常乳中乳糖及盐类的含量变化较少，因此常乳的冰点比较稳定。当向牛乳中加入水时，冰点变化较大。因此，可以根据冰点的变动来检查乳中大致的加水量。根据此方法，可以检查出3%以上的加水量。

$$X=\frac{T-T'}{T}\times100$$

式中　X——加水量（%）；

T——正常乳的冰点；

T'——被检乳的冰点。

(3) 沸点：牛乳的沸点在 1.013×10^5Pa 压力下为 100.55℃左右。但沸点受固体物质含量的影响，当乳浓缩一倍时，沸点上升 0.5℃，即浓缩到原来容积的一半时，沸点约为 101.05℃。

第二节 乳物理特性的应用

在牛乳加工方面，为了除去其中某些成分或者将其中一些成分分开时，常采用过滤、离心及浓缩等方法。在加工过程中，也常采用搅拌、均质等方法。乳的物理特性对乳的加工有重要影响。此外，在原料乳的检验、质量控制及节省原料等方面也都应用物理性质。

一、过　　滤

过滤除了用于去掉鲜乳的杂质和液体乳制品生产过程中的凝固物等外，也应用于尘埃试验。过滤有常压过滤（自然过滤）、吸滤过滤（减压过滤）和加压过滤（高压过滤）等方法。由于牛乳是一种胶体，过滤时多用滤孔比较粗的纱布、滤纸、金属网或人造纤维等过滤材料，并多采用吸滤或加压过滤的方法。

常压过滤时，滤液流量与过滤压力成正比，与液体的粘度及过滤阻力成反比。加压或减压过滤时，由于滤液的液流不正规，滤材的负荷加大，致使网状组织变性，显示出复杂的过滤特性。牛乳过滤时温度和干物质的含量，尤其是胶体的分散状况影响过滤过程。

二、离心分离

牛乳加工处理时，利用离心分离的工序有稀奶油分离、净乳、标准化和离心除菌等。

① 稀奶油的离心分离：用离心力分离稀奶油时，分离速度可以参照斯托克定律：

用重力分离：

$$v=2r^2\ (\rho-\rho_1)\ g/9\eta \tag{1}$$

式中 v——脂肪球上浮速度；

g——重力加速度；

r——脂肪球的半径；

η——脱脂乳的粘度；

ρ——脱脂乳的密度；

ρ_1——脂肪球的密度。

用离心力分离：

$$v=\frac{0.00244\ (\rho-\rho_1)\ r^2n^2R}{\eta} \tag{2}$$

式中 R——分离盘的半径；

n——分离机的转速。

② 净化：净化是用离心力除去牛乳中杂质的操作方法。处理方法与奶油分离机相同。但因离心盘的直径较小而处理能力降低，需提高转数才能达到同样的处理能力。

③ 标准化：所谓标准化，是将牛乳的某种成分调整到标准或规定浓度的操作过程。牛乳标准化所用的分离机，除了分离后出口部分的构造不同外，其余性能与稀奶油分离机相同。在实际应用方面，可采用稀奶油分离、净化和标准化三者兼用的三用分离机。

④ 离心除菌：所谓离心除菌，是将牛乳净化时的离心力再行提高，并在高温下离心分离以除去细菌的方法。离心除菌的转速约为20000r/min。在此转速下，酪蛋白胶粒不发生沉淀，但能使直径0.5～0.8μm，相对密度1.07～1.13的细菌沉降。

三、搅　　拌

搅拌是乳品加工中必不可少的一道操作工序，但在乳品加工搅拌的过程中，往往会产生气泡，影响乳品的加工过程；而且在乳的收购、贮存和保温杀菌阶段，牛乳受到机械搅拌或振荡，也往往产生气泡，有时甚至产生脂肪块。乳中产生气泡后，能使乳容积增大。温度越低，越容易产生气泡。乳的这种发泡性和气泡保持性对乳的加工处理有一定的影响。如乳在保温杀菌缸中产生大量气泡，能影响传热，出现杀菌不彻底的弊病。此外，均质乳在低温情况下，发泡性和气泡的保持性要比非均质乳显著，以此可以鉴别区分均质乳和非均质乳。当乳脂肪分解后，由于表面张力降低，气泡的保持性减弱，根据这种特性可以鉴别脂肪的分解程度。

四、均　　质

乳的均质是指在14～21MPa的压力下，把牛乳从细孔压出，使脂肪球破碎的过程。牛乳由于均质处理，能使直径3μm左右的脂肪球变成1μm以下的，而且随着均质压力的提高，脂肪球变得更小。牛乳均质以后能防止静置时形成稀奶油层和产生降低凝块张力等效果。

可用均质前后的牛乳，在相同条件下进行离心分离，然后测定出稀奶油的含脂率的方法检查均质处理的效果，并按下列公式计算：

$$HI = \frac{2w_s - w_t}{w_t} \times 100$$

式中　HI——均质效果；

w_s——均质后稀奶油含脂率；

w_t——均质前稀奶油含脂率。

第三节　乳的化学特性及变化

一般来说，除了初乳、末乳和常乳之间的化学成分相差明显，化学性质有所不同外，常乳的化学成分相对稳定，化学特性也相对稳定，只是在加工处理过程中，化学性质有所变化。对乳的化学性质有所影响的主要是加热和冷冻两个工艺，也是乳品加工上的一个重要问题。

一、加热过程中的变化

乳品加工时一个共同的操作处理过程为加热。热处理对牛乳性质有较大的影响，与各种乳制品的质量有较大的关系。加热时牛乳性质和质量发生下列变化。

1.一般变化

(1) 形成薄膜（奶皮）：牛乳在40℃以上加热时，由于液面水分的蒸发和脂肪、蛋白质等的凝固，表面形成薄膜。随着加热时间的延长和温度的提高，膜的厚度逐渐增加。膜的凝固物中，70%以上是脂肪，20%～25%是蛋白质。蛋白质中以乳白蛋白占多数。为了防止膜的形成，可在加热时进行搅拌或减少从液面蒸发水分。

(2) 棕色化：牛乳经长时间加热则产生棕色化反应。牛乳棕色化反应可能有以下几种原因：①具有氨基（H_2N—）的化合物（主要为酪蛋白）和具有羰基的（OC=）乳糖之间发生反应而形成棕色物质。②乳糖经高温加热产生焦糖化棕色物质。③牛乳中微量的尿素也可能是导致棕色反应的原因。牛乳棕色化的程度，随温度、酸度及糖的种类而异。温度和酸度越高，棕色化反应越严重，这与生产加糖炼乳关系极大，如在生产炼乳时，使用还原能力高的砂糖或混用葡萄糖时，则产生严重的棕色化反应。添加0.01%左右的游离胱氨酸具有一定的抑制棕色化反应效果。

(3) 蒸煮味：牛乳加热后产生蒸煮味。蒸煮味的产生主要是β-乳球蛋白和脂肪球膜蛋白的热变性产生-SH基，甚至产生挥发性的硫化氢（H_2S）或硫化物所致。蒸煮味的程度随加工处理的温度高低而异。一般牛乳经74℃，15min加热则开始产生明显的蒸煮味。

2. 各种成分的变化

(1) 乳清蛋白的变化：乳清蛋白主要是白蛋白和球蛋白。这两种蛋白质对热都不稳定，容易凝固。例如，牛乳经61.7℃，30min杀菌处理后约有9%的白蛋白和5%的球蛋白凝固。加热使牛乳中的白蛋白和球蛋白完全凝固的条件是：80℃，60min；90℃，30min；95℃，10～15min；100℃，10min。

(2) 酪蛋白的变化：正常牛乳中的酪蛋白在100℃以下温度时化学性质不受影响，但物理性质却有明显的变化。例如以63℃以上温度将牛乳加热后，用酸或皱胃酶凝固，凝固物的性质产生变化。一般来说，经63℃加热后，加酸生成的凝块小且柔软；用皱胃酶凝固时，随着加热温度的提高，凝固时间延长，而且凝块比较柔软。当100℃长时间加热或在120℃加热时则产生棕色化反应。当加热到140℃时，酪蛋白开始凝固。

(3) 乳糖的变化：低于100℃短时间加热时，乳糖的化学性质基本稳定；100℃以上温度长时间加热则产生乳酸、醋酸、蚁酸等。

(4) 脂肪的变化：牛乳经62～63℃，30min加热并立即冷却时，没有脂肪凝集；100℃以上温度加热对牛乳脂肪化学性质没有明显影响，但由于球蛋白上浮，促使形成脂肪球间凝聚体。因此，高温加热后的牛乳，稀奶油不容易分离。

(5) 无机成分的变化：牛乳加热时，无机成分中钙与磷的变化较大。变化的原因是加热使钙与磷的胶体性质发生了改变，使可溶性的钙和磷成为不溶性的磷酸钙［$Ca_3(PO_4)_2$］而沉淀。当牛乳在63℃以上高温加热时，可溶性的钙与磷开始减少，在60～83℃高温加热时，减少可溶性钙0.4%～9.8%和可溶性磷0.8%～9.5%。

二、冷冻过程中的变化

1. 冷冻对蛋白质的影响

牛乳冷冻保存时，在冻结初期，牛乳融化后出现脆弱的羽毛状沉淀，其成分为酪蛋白酸钙。如在-5℃温度下保存5周以上或在-10℃的温度下保存10周以上，解冻后酪蛋白产生凝固沉淀。这种情况下，酪蛋白的不稳定现象主要受牛乳中盐类的浓度（尤其是胶体钙）、pH、乳糖的结晶、冷冻前牛乳的加热和解冻速度等的影响。

牛乳中酪蛋白胶体溶液的稳定性与钙的含量有密切的关系。钙的含量越高，则稳定性越差。为了提高牛乳冻结时酪蛋白的稳定性，可以除去牛乳中的部分钙，也可以添加六偏磷酸钠（每升浓缩乳中加 2g）或四磷酸钠。牛乳冷冻时蛋白质的不稳定现象，也有人认为是由于 pH 的降低所致。但 pH 的变化大小同乳的冻结速度有关。当快速冻结时（1℃/h），pH 的变化很少。缓慢冻结时（0.25～0.1℃/h），则 pH 的变化较大。此外，蛋白质的不稳定现象也同乳糖的结晶有密切的关系。浓缩乳冻结时，乳糖结晶能促进蛋白质的不稳定现象，但添加蔗糖则可增加酪蛋白复合物的稳定性。这种效果可能是由于粘度增大影响冰点下降，同时则可防止乳糖的结晶作用，促进酪蛋白的稳定。

2. 冷冻对乳脂肪的影响

牛乳冻结时，由于脂肪球膜的构造发生变化，脂肪乳化产生不稳定现象，以致失去乳化力，并使大小不等的脂肪团块浮于表面。当牛乳在静置状态冻结时，由于稀奶油上浮，使上层脂肪浓度增加，因而牛乳解冻后可以看出浓淡层。但含脂率 25%～30% 的稀奶油层，由于脂肪浓度高、粘度也高，脂肪球分布均匀，因此，各层之间没有差别。冷冻破坏牛乳脂肪乳化状态的原因，首先是由于冻结产生冰的碎片，碎片又汇集成大的冰块，脂肪球受到冰块机械作用的压迫和碰撞变成多角形，而且由于温度降低，互相集结成蜂窝状团块；此外，由于乳解冻时脂肪球膜失去水分，物理性质发生变化而失去弹性；又因脂肪球内部的脂肪形成结晶而产生挤压作用，将液体脂肪从脂肪球内挤出而破坏了球膜，因此，牛乳的乳化状态也就被破坏。防止乳化状态不稳定的方法很多，最好的是在冷冻前进行均质处理（60℃，23～25MPa），均质处理后的牛乳脂肪球的直径在 1nm 以下，致使粘度也稍有增加，脂肪不易上浮，对牛乳脂肪乳化状态影响较小。

3. 不良风味的出现和细菌的变化

冷冻保存的牛乳经常出现氧化味、金属味及鱼腥味。这主要是由于处理时混入了铜离子，促进不饱和脂肪酸的氧化，产生不饱和的羰基化合物所致。防止的方法是添加抗氧化剂。牛乳冷冻保存时，细菌数增加较少。融化后细菌数增加的情况与非冻结乳相近似。

第二十五章　乳的杀菌和灭菌

第一节　乳中微生物

一、乳中微生物的来源

牛乳是人类营养价值较高的食品，也是细菌的良好培养基，因此，其在乳品生产、加工的各个环节中，甚至在挤奶前都会受到微生物的直接污染。此外，在乳的生产、加工过程中，乳还可能受到异物的污染，而异物污染的同时又往往连带微生物的污染或增多。因此，牛乳在加工生产过程中受到一定的细菌污染是很难免的，但作为乳品加工人员必须了解微生物污染的途径，采取必要措施，尽量控制其污染程度。

1. 挤奶前的污染

乳牛体内（乳房内）存在有微生物而使乳在挤出前受到污染。即使是健康的乳牛，也可能有微生物从乳房乳头管内侵入。有人试验，以无菌方法从乳房挤出的牛奶中，每毫升含有细菌数500～600个。每次挤奶开始的头一二把奶，细菌数量最多，然后逐渐减少。由此可见，搞好奶牛的环境清洁和奶牛的乳房卫生是非常重要的。每次挤奶开始时，将第一二把奶弃去，减少奶中细菌数。

此外，牛体内部的病原菌可能直接由血液进入奶中。如患结核病的牛，虽外观上看不出乳房的异状，但可能从奶中排出病菌。患布氏杆菌病的牛也可能从奶中排出布氏杆菌病菌。因此，要求奶牛场经常注意奶牛的健康和检疫，以保证奶的卫生质量。

2. 挤奶时的污染

奶牛场卫生条件差，在挤奶过程中，牛奶很容易被微生物污染，如牛体、空气、苍蝇、牛奶容器、挤奶机械、过滤器、挤奶员的手等都可能成为细菌的污染媒介。

3. 挤奶后的污染

牛奶挤出后要经过许多处理环节，如从小桶装入大桶、运输、过滤、贮存、冷却、装瓶等，每个环节的疏忽都会造成牛奶的污染，尤其是有时已经消毒的牛奶可能由于冷却器、贮奶槽、装瓶机等消毒不严，使牛奶重复污染。牛奶到达乳品加工厂后，可能由于排队验收、停放、取样、容器等处不洁而受到污染。

二、乳中微生物的种类

乳中常见污染的微生物有细菌、酵母菌和霉菌等。这些微生物可以分为三类；一类是病原微生物。它们不改变乳和乳制品的性质，但对人的健康有害，使人得传染病，如溶血性链球菌、布鲁氏杆菌、乳房炎菌以及沙门氏菌、痢疾等。另一类是腐败微生物。这些微生物可以引起乳和乳制品的腐败变质，如低温细菌，蛋白质和脂肪分解菌，产酸菌，大肠杆菌等。此外是乳品生产中有益的微生物，它们可以使我们得到希望的乳制品，如乳酸菌在干酪、酸性奶油及酸乳制品加工方面起重要的作用，酵母是生产牛乳酒、马乳酒等不可缺少的微生物，青霉菌可供生产特殊风味的干酪。因此，我们必须了解乳中的微生物。

牛乳中微生物的种类很多，最主要的有下列几种：

（1）乳酸菌：乳酸菌是能分解糖类产生乳酸的细菌。分解糖类只产生乳酸的菌叫做正型乳酸菌。分解糖类除产生乳酸以外，还产生酒精、醋酸、CO_2、氢等产物的细菌叫做异型乳酸菌。乳酸菌的种类繁多，主要有乳酸球菌科和乳酸杆菌科两大类。

（2）丙酸菌：丙酸菌是一种分解碳水化合物和乳酸而产生丙酸、醋酸、CO_2 的革兰氏阳性短杆菌（G^+）。用丙酸菌生产干酪时，形成气孔和特有的风味。牛乳及其产品中主要有副氏丙酸杆菌和薛氏丙酸杆菌。

（3）肠道细菌：该菌是一种寄生在肠道的革兰氏阴性（G^-）短杆菌，在乳品生产上是污染程度的重要指示菌。其主要有下列两种：大肠杆菌群，此类细菌能使糖发酵形成酸和气体。来源于粪便、饲料、土壤和水等。沙门氏菌族，该类细菌大多数是病原菌，也有少部分是非病原性的菌种，但混入牛乳或产品中也属于污染菌。

（4）芽孢杆菌：为杆状细菌，能产生芽孢，耐热能力很强，故杀菌处理后仍残存在乳中。该类有好气性杆菌属和嫌气性梭状菌属两大类。

（5）球菌类：一般为好气性菌，能产生色素，呈革兰氏阳性。牛乳中经常出现的有小球菌属和葡萄球菌属两大类。

（6）低温菌：凡是在低温领域（0～20℃）能够生长的细菌都称低温菌，也称嗜冷菌。但国际乳品协会提出的定义为：凡 7℃以下能生长繁殖的细菌称低温菌，在 20℃以下能生长繁殖的细菌称嗜冷菌。此类细菌中同乳品方面有密切关系的是假单孢菌属和醋杆菌属两大类。

（7）高温菌和耐热菌：高温菌是指 40℃以上能正常发育的菌群，又称嗜热性菌。此类中尤其是嗜热脂肪芽孢杆菌，发育的适宜温度为 60℃左右，70℃还能发育。

耐热菌广义上讲是指在高温条件下（63℃，30min）能形成耐热芽孢而生存的菌群。狭义讲是指低温杀菌（63℃，30min）的条件下能生存的细菌。但用超高温杀菌时（135℃数秒），上述细菌及芽孢都能被杀死。

（8）蛋白分解菌和脂肪分解菌：蛋白分解菌是指能产生蛋白酶而将蛋白质分解的细菌。用于生产发酵乳制品的大部分乳酸菌能将乳蛋白质分解成氨基酸，属于有用菌。此类中有一种腐败性蛋白质分解菌，它能将蛋白质强力消化形成氨或胺等腐败物质，或者使牛乳粘性增大、碱化、胨化。

脂肪分解菌是指能使甘油酯分解生成脂肪酸的菌群。此类菌群中，除一部分在干酪方面有用外，一般都是使牛乳和乳制品变质的细菌，尤其对稀奶油和奶油害处更大。该类菌能产生解脂酶，使牛奶产生脂肪分解味。由于大多数解脂酶具有耐热性，且 0℃以下也有活力。因此，被脂肪分解菌污染的牛乳，冷藏或杀菌后往往仍带有脂肪分解味。

（9）放线菌、霉菌和酵母：此为三类不同类型的细菌，此三类细菌中只有酵母菌部分用于乳制品加工中。

三、微生物发酵在乳品工业中的利用

（1）乳酸发酵：乳酸发酵是乳糖在细菌产生的乳糖酶的作用下，分解为二分子的单糖，再进一步分解为乳酸的过程。其反应式是：

$$C_{12}H_{22}O_{11} + H_2O \longrightarrow 2C_6H_{12}O_6$$

$$C_6H_{12}O_6 \longrightarrow 2C_3H_6O_3$$

引起乳酸发酵的有两类乳酸菌，一类是保加利亚乳杆菌和嗜酸性乳酸杆菌。牛乳在35～45℃时乳酸杆菌发育最好，发酵时形成大量的乳酸，使乳的酸度升高，有时可达300°T或更高；另一类是乳酸链球菌，在22～30℃时发育最好，乳的酸度达120°T。乳酸发酵使乳的酸度增高，乳就发生凝固，在乳品工业中很多产品都应用这种特性，如酸乳、嗜酸菌乳、酸稀奶油、酸凝乳等制品的生产。刍胃酶干酪的成熟也是利用乳酸发酵的特性。但当牛乳用做生产鲜乳、乳粉、炼乳等的原料时，则不应使其发生乳酸发酵，因此，必须把挤出的乳迅速冷却到10℃以下，最好达4～5℃，以防止乳酸发酵。

(2) 酒精发酵：酒精发酵是乳中酵母菌将乳糖分解产生酒精及CO_2的过程，其反应式如下：

$$C_{12}H_{22}O_{11} + H_2O \longrightarrow 2C_6H_{12}O_6$$

$$2C_6H_{12}O_6 \longrightarrow 4C_2H_5OH + 4CO_2$$

乳中酒精发酵通常是同乳酸发酵同时进行，广泛应用于牛乳酒和马乳酒的制造中。

(3) 丙酸发酵：当丙酸菌的酶作用于乳糖时则发生丙酸发酵。大多数情况下，丙酸发酵发生在乳酸菌作用于乳糖而产生乳酸以后。在各种干酪的成熟中几乎都有丙酸发酵的作用，使干酪产生气孔，并产生良好滋味和芳香味。丙酸发酵的反应式为：

$$3C_{12}H_{22}O_{11} + 3H_2O \longrightarrow 6C_6H_{12}O_6$$

$$6C_6H_{12}O_6 \longrightarrow 8C_3H_6O_2 + 4C_2H_4O_2 + 4CO_2 + 4H_2O$$

(4) 酪酸发酵：酪酸发酵是乳糖在酪酸菌的作用下，产生酪酸、CO_2和氢气的过程。其反应式为：

$$C_{12}H_{22}O_{11} + H_2O \longrightarrow 2C_6H_{12}O_6$$

$$C_6H_{12}O_6 \longrightarrow CH_3CH_2CH_2COOH + 2CO_2 + 2H_2$$

酪酸发酵能产生大量的气体，出现辛辣的酪酸味，产品带有不适口的微甜味。

(5) 腐败过程：腐败过程由腐败微生物引起。但腐败过程不发生在短暂贮存的鲜乳中，因为鲜乳中有乳酸菌存在，能阻碍腐败微生物的发育。当乳长期在低温下贮存时，乳酸菌则不发育，出现腐败过程，乳腐败时具有苦味和各种异常的气味。在乳腐败过程中，蛋白质发生分解，同时产生硫化氢、氨等不良气味物质，并形成能引起人、畜中毒的毒素。

第二节　乳的杀菌和灭菌

乳品加工过程中都少不了杀菌和灭菌这一过程，这一过程不仅影响消毒的质量，同时与乳品风味和色泽也都有直接关系，因此，对该内容要有比较全面的了解。

一、乳的加热杀菌和灭菌

乳的加热杀菌和灭菌是两个不同的概念。乳由于加热而使全部微生物被破坏时称为灭菌，由于加热使大部分微生物被破坏时为杀菌。

1. 加热杀菌和灭菌的种类

(1) 低温长时间杀菌法（简称LTLT）：该法是很久以来一直沿用的巴氏杀菌法。具体杀菌条件为62～65℃，并在此温度下保温30min，故又称为保温式杀菌法。经过很多次试验，最后确认牛乳在62～65℃，保持30min或72～75℃，10～15min，病原菌能基本被杀死，而不影响牛乳的品质。但应指出，保温式杀菌法，其杀菌效果一般只达到99%以内，对耐热性和嗜热性细菌以及孢子等，则不易杀死。如对乳酸菌，还可能有1.3%～4%残存于乳中，同时，牛乳中的酶并没有被完全钝化，这是不够理想的地方。

(2) 高温短时间杀菌法（HTST）：该法灭菌的条件是80～85℃温度，时间持续10～15s，也可以是温度75～80℃，时间16～40s加热。这种杀菌法是连续进行的，适合于大规模的乳品厂连续杀菌使用。全套连续式杀菌设备包括片式（板式）热交换器、平衡槽、乳泵和温度自动控制器及自动记录仪表等装置，有的还配有均质机和标准化机。

(3) 超高温瞬间杀菌法（UHT）：操作时采用加热蒸汽将牛乳加热到135～150℃，保持2s，经瞬间加热后迅速冷却。它的特点是温度高，时间极短，可以达到灭菌效果。如同无菌包装连结起来，可以生产灭菌乳，无需冷藏，可在常温下保存3～6个月。超高温杀菌乳在冷藏条件下可以存放20d。超高温瞬间杀菌的设备有直接加热式和间接加热式两种。现国内常用的为间接加热式的片式、管式热交换器两种类型。

(4) 常规灭菌法（STRA)：常规灭菌法的处理条件为115～120℃，时间15～20min，可将乳中全部微生物杀灭。

2. 微生物热致死效果

微生物热致死效果受加热温度和加热时间的影响。但在相同的条件下，热致死效果随菌种而异。衡量微生物热致死效果的参数是热致死率。热致死率是由于加热杀死一定量牛乳中细菌的百分率。热致死率的计算是先测定杀菌前后的细菌数，再用下列公式计算：

$$\text{热致死率} = \frac{\text{杀菌前细菌数} - \text{杀菌后细菌数}}{\text{杀菌前细菌数}} \times 100\%$$

由于加热杀菌同加热温度高低和加热时间长短有关，因此，有时涉及热致死温度和热致死时间的两个概念。所谓热致死温度又称热致死点，是指在10min内能杀灭一定菌液内细菌的最低温度。所谓热致死时间，简称TDT（Thermaldeathtime)，是指杀灭菌液内一定比率（通常为99.99%）细菌所需要的时间。

3. 杀菌效果

用UHT灭菌时，杀菌效果是表示灭菌程度的数值，指UHT灭菌前后细菌芽孢数的对数值之差。测定灭菌效果时所用的供试菌多为枯草杆菌和嗜热芽孢杆菌。一般UHT的灭菌效果多在6以上。

4. 杀菌温度对牛乳理化性质的影响

杀菌的方法不同，加热的温度也不同。乳品工业中各种加热杀菌温度与牛乳的风味、色泽、营养价值等都有密切的关系，同时也影响乳的理化性质。因此在选择杀菌方式以前必须根据各种产品的需要选择合理的杀菌方式。

二、理化杀菌法

(1) 放射线杀菌：放射线中X射线、γ射线、β射线、α射线都能将微生物致死和诱发其变异，从而对牛乳微生物具有一定的杀菌效果。但这些射线杀菌亦能使牛乳产生难闻的气味，并产生棕色化和酸度上升等缺点，目前很难实用。

(2) 紫外线杀菌：波长253.7nm的紫外线具有很强的杀菌作用，因此，紫外线灯在乳品厂广为采用。但由于紫外线对牛乳的穿透力差，只对照射过的食品表面有杀菌作用，且照射后的细菌同可视光线接触时菌体又可复活。

(3) 超声波杀菌：频率200kHz以上的超声波具有溶菌、杀菌的作用。各种细菌对超声波的抵抗力有差异，尤其是芽孢杆菌抵抗力特强，不能完全被杀灭。牛乳用 560～570kHz 的超声波处理 5～10min 后，大部分微生物被破坏。

(4) 过氧化氢杀菌：H_2O_2 具有较强的氧化作用，能破坏微生物，且处理后易于排除。例如牛乳中的大肠杆菌在 37℃ 的温度下，以 50mg/kg 的浓度处理，5h 便被破坏。但过氧化氢酶生成菌和结核菌的耐 H_2O_2 能力较强，必须增加 H_2O_2 的浓度。消毒奶瓶的纸盖用 10% 的 H_2O_2 浸渍 5s，可以达到杀菌的目的。

三、杀菌操作要点

杀菌的具体操作随杀菌的方式、杀菌器种类的不同而异。但不管用什么设备、采用什么杀菌方式，必须注意下列各点：

① 设备的清洗消毒：设备必须严格清洗和消毒。首先要清洗干净，然后进行消毒，不得合并进行。

② 及时浸洗用后的设备与用具：各种设备及管路、用具等使用后，要立即用冷水或温水冲洗（浸洗），否则附着于用具、设备上的牛乳干燥以后蛋白质变性，并同盐类形成坚固的胶膜，再洗就很困难，尤其是管道清洗更难。冲洗时不宜用太热的水，以防蛋白质变性。一般以 38～60℃ 之间的水温最为适宜。

③ 采用洗涤剂：如采用洗涤剂溶液洗涤时，水温要保持在 60～70℃ 间，洗涤效果比较好。

④ 酸洗：如用洗涤剂处理后仍发现有乳垢，则必须用弱酸或六偏磷酸钠等处理，否则不能获得有效的消毒作用。

⑤ 防止消毒后污染：洗涤后的器具、容器、设备等应在干净、干燥状态下存放，防止消毒后污染。如消毒后超过 24h 或隔夜后再用，应在使用前进行消毒。

⑥ 选择合适消毒方法：常用的消毒方法有沸水浸泡法、蒸汽法及次氯酸盐消毒法。沸水浸泡法是将待消毒物在 90℃ 水中保持 2～3min，此法最为简单，易于做到。蒸汽法是用蒸汽直接喷射在待消毒的物件上。当消毒管道等设备中通入蒸汽之后，应使出口冷凝水温度达到 82～85℃，然后将冷凝水彻底放尽。次氯酸盐法是乳品工业中常用的方法，一般杀菌剂溶液中，氯的含量不大于 200mg/kg，使用软水时，应添加 0.01% 的碳酸钠。该法的缺点是次氯酸盐容易腐蚀金属（包括不锈钢），特别是使用软水而 pH 低时，更易腐蚀，必须严格注意浓度和 pH。此外，此法消毒后必须彻底冲洗干净，直到无氯味为止。

第二十六章　消毒乳制品

第一节　概　　述

一、概　　念

消毒牛乳又称杀菌鲜乳或消毒乳，系指以新鲜牛乳为原料，经净乳、杀菌、均质、装瓶后直接供消费者饮用的商品乳。因消毒牛乳大部分在城市销售，故又称市乳。目前消毒牛乳的包装已种类繁多，除瓶装外，有夹层纸袋、夹层纸盒、压膜塑料杯等多种其他形式。以前消毒乳必须当天饮用，现在在常温下可以保存数月以上，即所谓的长寿乳。这种乳在西欧各国已占消毒乳的大部分。我国20世纪80年代中期已有生产，而且近几年产量越来越大，被广大城市居民所接受。消毒乳制品是目前液态乳制品中的重要种类，在液态乳制品中，按灭菌方法分为巴氏杀菌乳、超高温灭菌乳和保持灭菌乳三类。消毒乳概括起来可以分为三类：

(1) 全脂消毒乳：即以合格鲜乳为原料，不加任何添加剂，经净化、杀菌、装瓶后直接供应给消费者的产品。

(2) 强化消毒乳：指鲜乳中添加各种维生素或Ca、P、Fe等矿物质，以增加营养成分的产品。但其风味及外观同全脂消毒乳没有区别。

(3) 花式消毒乳：指乳中添加咖啡、可可或各种果汁制成的产品，其风味及外观与全脂消毒乳有差异。

二、鲜乳的处理

1. 乳的验收、过滤和净化

(1) 乳的验收：鲜乳送到工厂以后，必须逐桶检查，测定相对密度和做酒精试验，以此判断鲜奶的质量等级，分别进行核价和加工处理。乳桶经盛乳以后，桶壁上粘有一层牛乳，其数量可达所盛乳量的0.5%～1.5%。故鲜乳倒出后，必须将乳桶倒置，以回收粘在桶壁上的牛乳，减少鲜乳的浪费。此外，鲜乳的验收，最好在牧场就进行，有效的方法是对每头乳牛所分泌的乳进行正确的称量和定期进行脂肪含量的测定。

(2) 乳的过滤：乳的过滤最好是在牧场进行，在牧场中把乳及时过滤具有很大的意义。当牧场卫生条件较差时，乳很容易被大量粪屑、饲料、垫草、毛和蚊蝇等污染。因此，挤下的乳必须及时进行过滤，以除去杂质和部分微生物。最常用的过滤方法是用纱布过滤，将消毒过的纱布折成3～4层，扎在乳桶口。挤奶员将挤下的奶称重后，倒入扎有纱布的乳桶中，便达到过滤的目的。过滤时，必须要求纱布清洁消毒，并要求一个过滤面不得超过50kg乳，否则，不仅达不到过滤的目的，反而使过滤出的杂质与微生物重新污染到乳中。过滤后，纱布应立即用温水清洗，并用0.5%的碱水洗涤，然后再用清水洗涤，最后煮沸杀菌10～20min，存放在清洁干燥处备用。

牛乳除用纱布过滤外，也可以用过滤器进行压滤。压滤时，进口与出口的压力差应保持在0.7kg以内。压力太大，易使杂质越过过滤层，起不到过滤的作用；压力太小，过滤速度太慢。此外，牛乳送到鲜乳加工厂后最好还过滤一次。

(3) 乳的净化：原料乳虽经过多次过滤，但只除去大的杂质，很难滤去微小的杂质、尘埃和微生物。为了达到理想的纯净度，必须采用离心净乳机净化。净乳机的净化原理是乳在分离钵内受到强大离心力的作用，将大量的机械杂质留在分离钵内壁上，而乳便被净化。乳温在32℃时净化效果最好。净化后的乳最好直接加工。如果短期贮藏时，必须及时进行冷却。

2. 乳的冷却、贮存及运输

(1) 乳的冷却：刚挤下来的乳温度约在36℃，是微生物发育最适宜的温度，如不及时冷却，则落入乳中的微生物大量繁殖，乳的酸度迅速增高，不仅降低乳的质量，甚至使乳凝固变质。故挤出后的乳应迅速冷却。乳的冷却方法因设备不同而有很多种，下面介绍几种简单易行的方法：

① 水池冷却：最普遍而简易的方法是将装乳的乳桶放在水池中，用冷水或冰水冷却。冷水冷却时，可将乳冷却到比冷却水温度高3～4℃。在北方，由于地下水温低（夏天也在10℃以下），直接用地下水便可达到冷却的目的；在南方，为了将乳冷却到较低温度，可在池水中加入冰块。为了加速冷却，冷却时需经常搅拌，并根据水温进行排水和换水。池中水量最好四倍于冷却乳量。水池要定期用石灰溶液洗涤，防止变脏变臭。水池冷却的缺点是冷却速度缓慢和消耗水量较多。

② 表面冷却器冷却：这种冷却器由金属排管组成。乳从上部的分配槽流入贮乳槽中，冷剂（冷水或冷盐水）从冷却器下部自下而上通过冷却器的每根排管，以降低冷却器中乳的温度。这种冷却器结构简单、价格低廉，冷却效能也比较高，适于小规模加工厂及乳牛场使用。

③ 浸没式冷却器冷却：此种冷却器轻便灵巧，可以插入水池、贮乳槽或乳桶里。浸没式冷却器里带有离心式搅拌器，可以调节搅拌速度，并带有自动控制开关，可以定时进行搅拌，使牛乳均匀冷却并防止稀奶油上浮。大规模冷却牛乳时，为提高效率、节约制冷机的动力消耗，在使用浸没式冷却器以前，最好先用片式预冷器，再用浸没式冷却器来冷却。

(2) 乳的贮存：冷却后的乳应尽可能在低温处贮存，以防止温度升高。据试验，冷却到18℃对鲜乳的保存已有相当的作用；如冷却到15℃，则保存12h仍能保持其鲜度，并且在不影响质量的条件下，温度越低，保持时间也就越长。

(3) 乳的运输：乳的运输是乳制品生产上重要的一环。运输不当会造成大的损失，甚至无法进行生产。用车运输时，必须注意下列几点：a. 防止温度升高。运输中由于震动、日晒等原因，往往使乳温升高，尤其在夏季更明显。因此，运输最好安排在夜间或早晨进行，或用隔热材料遮盖乳桶。b. 保持清洁。运输时所用的容器必须清洁卫生，并严格杀菌；乳桶盖应用特殊的闭锁扣；盖内应有橡胶衬垫，不要用布块、油质纸张等作衬垫物。c. 防震。容器必须装满盖严，车辆要结实平衡，行走要平稳、中速，以防震荡。d. 用乳槽车运输。国产乳槽车有SPB—30型，容量1500kg，乳槽为不锈钢制的，车后部有离心式乳泵，装卸方便。国外有塑料乳槽车，车体轻便，价格低廉，隔热效果良好，使用极为方便。

第二节　消毒牛乳加工

一、原料乳的验收和分级

消毒乳的质量决定于原料乳，因此，对原料乳的质量必须严格管理、认真检验。主要检验项目有色泽、滋气味、温度、相对密度、酒精试验、酸度、脂肪、细菌数（直接镜检）、杂质等，必要时抽查抗生素、残留农药（DDT、BHC）、乳房炎菌和进行亚甲蓝试验等。只有符合标准的原料乳才可用于生产，不合标准的乳可以用于加工其他乳制品。

二、过滤或净化、标准化

为了除去原料乳中的尘埃、杂质等，原料乳经验收称量后必须进行过滤或净化。根据我国食品卫生标准规定，消毒乳的含脂率为3.0%，因此，凡不符合该标准的乳都必须进行标准化。

三、均　质

所谓均质是指使脂肪球在强力的机械作用下被破碎成小的脂肪球的过程。其目的是为了防止脂肪的上浮分离，并改善牛乳的消化吸收程度和组织状态。均质方法是使用具有一组或两组均质阀的均质机，使牛乳中的脂肪球受到两次粉碎处理，而达到细小的分散状态，使脂肪球直径在2μm以下。均质时先将牛乳预热至60℃左右，然后使其通过14～21MPa压力的均质阀。经均质后，除脂肪球被粉碎外，蛋白质颗粒也变小，故当牛乳凝固时，形成软凝乳块，并使组织润滑、粘度增加。均质机除了高压均质机外，还有离心均质机和超声波均质机。

四、杀菌与冷却

乳经均质以后，即可根据目的选择合适的杀菌方式，并选用适当的杀菌器进行杀菌。乳经杀菌后，虽绝大部分细菌已经被消灭，但在以后各项操作中仍有被污染的可能。为了抑制牛乳中细菌的发育，增加保存性，杀菌后仍需及时进行冷却。根据杀菌方式不同，冷却具体方法也有所不同。冷却后的乳应直接分装，及时送给消费者。不能及时发送的乳应贮存在5℃以下的冷库内。

五、灌装、封盖及冷藏

生产好以后的消毒乳，为了便于运输分送和零售，防止外界杂质混入成品中，防止微生物再污染，保持特有的滋气味，防止吸收外界气味而产生异味以及防止维生素等成分受到损失，要及时进行灌装。目前我国同国际上乳品工业较发达的国家一样，采用塑料夹层纸及铝箔夹层纸和塑料杯等进行包装。

第二十七章　奶油制品

奶油是把牛乳经分离所得到的稀奶油，经成熟、搅拌、压炼而制成的一种乳制品。有的地区亦称之为黄油或白脱。奶油的主要成分是乳中脂肪（稀奶油），并含有少量蛋白质和水。因加工工艺和原料的不同，其成分也有所不同。一般奶油成分中，脂肪含量在80%～83%（重制奶油可达98%），水分16%～17%，酸度约在20°T。我国广大牧区早就从上浮的稀奶油层中通过手工搅拌来生产奶油。随着奶油分离机的出现，才开始大规模工厂化地生产奶油。

第一节　概　述

一、奶油的分类与成分

奶油制品是高能量的食品，营养价值较高，品种类别和其他乳制品比较要少得多，分成二大类：即鲜制奶油和酸性奶油。奶油又可根据加盐量和工艺的区别分为无盐奶油、加盐奶油、重制奶油和连续式机制奶油。

鲜制奶油是用高温杀菌的稀奶油制成的产品，可分为加盐和无盐的两种。酸性奶油是高温杀菌后的稀奶油，通过添加乳酸菌发酵剂或自身发酵（牧区采用此法较多）而制成的加盐或无盐酸性奶油，比鲜制奶油具有更浓的芳香味，产品率高，有利于抑制不需要的微生物生长，但贮放中脂肪易氧化。重制奶油是把稀奶油和奶油经过加热熔融，除去蛋白质和水分后制成的产品。往往在奶油酸度稍高时，将其制成重制奶油。连续式机制奶油是未经发酵的稀奶油通过连续制造机而制成的产品。

各国生产的奶油由于人民的爱好和习惯不同而大不一样，如日本、美国、澳大利亚主要生产不发酵奶油（中国基本相似），欧洲各国以生产发酵奶油为主。

奶油的主要成分为脂肪、水分、蛋白质、食盐（加盐奶油），此外还含有微量的灰分、乳糖、酸、磷脂、气体、微生物、醇、维生素等。不同种类奶油的组成见表27-1。

表27-1　不同种类奶油的组成表

成　分	无盐奶油	加盐奶油	重制奶油
水分/%≤	16	16	1
脂肪含量/%≥	82.5	80	98
盐含量/%	—	2.5	—
酸度*≤	20°T	20°T	—

*酸性奶油的酸度不作规定。

二、奶油的性质

奶油的性质由乳中脂肪酸的种类和含量而定，乳的脂肪酸组成因乳牛的品种、泌乳期、季节及饲料而异。

(1) 硬度及组织状态：硬度取决于乳脂的凝固点和熔点，二者又取决于构成乳脂的脂肪酸之油酸含量。一般油酸的含量多，奶油软；含量少而奶油比较硬。荷兰牛、爱尔夏牛乳脂肪中油酸含量高，制成的奶油软。娟珊牛乳脂油酸含量少，奶油较硬。泌乳初期油酸含量低；春、夏季青料多，则油酸含量高，融点也较低，所以夏季比冬季的奶油容易变软。

(2) 奶油的色泽：奶油的颜色呈白色或淡黄色，这主要是由于其中含有胡萝卜素的关系。一般是冬季色浅，夏季色黄。为了使秋冬季奶油的颜色与夏季的一致，可添加色素。将奶油长期暴晒于日光下时，即行退色。

(3) 奶油的芳香味：奶油中有一种特殊的芳香味，这种芳香味主要是由于丁二酮、甘油及游离脂肪酸等的综合作用而成。在生产酸性奶油时，由丁二酮乳酸链球菌活动产生的丁二酮量大，所以，酸性奶油比新鲜奶油芳香味更明显、更浓。

(4) 奶油的物理结构：由于制造方法的不同，奶油的物理结构有很大的不同。一般搅拌法制成的奶油是由脂肪、水滴和空气泡组成，是W/O型（油包水型）固体乳化液。在这种体系中，三种成分的存在状态如下：乳脂肪以微脂肪球、结晶脂肪和液态脂肪三种状态存在于奶油中；水以微小水滴分散于连续相中，也称乳浆小滴，内含乳糖和盐分；气泡以微小气泡分散于连续相中。

第二节　乳的分离

一、乳分离的概念

乳是多种物质的混合物。牛乳脂肪的密度为0.93g/cm^3，而乳脂肪以外的成分密度为1.034g/cm^3。所以当乳静止时，由于重力的作用，脂肪球逐渐上浮，使乳的上层形成脂肪率很高的部分。因此，当牛乳静置时，由于脂肪球上浮形成的含脂率很高的部分称为“稀奶油”，下层含脂肪很少的部分称为“脱脂乳”。把乳分成稀奶油和脱脂乳的过程叫做乳的分离。

稀奶油中脂肪率的高低随分离方法而异。脂肪率的变化引起其他成分也相应变化。稀奶油可以作为一种乳制品直接利用，也可以进一步加工成奶油、酸稀奶油和冰淇淋等制品。脱脂乳除可用于喂犊牛及其他幼畜外，还可以加工成酸乳制品、脱脂乳粉、干酪素等产品。

乳的分离是一项很重要的工作，是乳品加工中重要的一步。因此，充分了解乳的分离原理和正确掌握使用分离机的技术是很重要的。

二、乳的分离原理

乳分离出稀奶油的原理，是根据乳中乳脂肪和其他成分间密度不同，在重力作用下（静置时）或离心力（离心分离）作用下，使密度不同的两部分分开，达到乳的分离目的。

当牛乳静置时，密度小的脂肪球渐渐上浮而形成稀奶油层。前面已谈到脂肪球上浮的速度，可以用下式表示：

$$v=2r^2(\rho-\rho_1)g/9\eta \tag{1}$$

根据上式我们知道，脂肪球的上浮速度（v）同脱脂乳和脂肪球的密度差成正比，同脂肪球的半径成正比，同脱脂乳的粘度成反比。但实际上，脂肪球有时形成脂肪球团，因此，实际上浮的速度要比理论 v 值要大。同时，当温度升高时，脂肪球的半径（r）和密度差（$\rho-\rho_1$）也增大，而乳的粘度（η）却变小，实际 v 值也比理论 v 值要大。

前面也谈到，当用离心分离机分离稀奶油时，分离速度为：

$$v=\frac{0.00244(\rho-\rho_1)r^2n^2R}{\eta} \tag{2}$$

因此，用分离机分离牛乳时，脂肪的分离速度（上浮速度）同乳的粘度成反比，同脂肪球半径成正比，同乳脂肪与脱脂乳的密度差成正比，同分离机中分离盘的直径和分离钵的转速成正比。尤其同分离钵的转速关系更为密切。因分离速度（上浮速度）同分离钵转速的平方成正比，转速增加2倍，则乳脂肪的分离速度就增加四倍。此外，离心分离的速度也同温度有关。因此为了提高乳的分离速度，最好选择 $\rho-\rho_1$ 大而 η 小的温度。在生产上分离牛乳常采用35℃左右的温度便是据此原理。

三、乳的分离方法

总的来说，乳的分离方法可分为静置法和离心法两种。

(1) 静置法：在没有分离机以前，人们将牛乳倒入深罐或盆中，静置于冷的地方，经24～36h后，相对密度轻的脂肪球逐渐上浮到乳的表面，而形成含脂率15%～20%的稀奶油。利用静置的方式分离稀奶油方法称为静置法。这种方法虽然经过很多改进（如加入水稀释以降低粘度等），但仍有许多缺点，例如脂肪的损失比较多，所需时间长、酸度增高、容积大、生产能力低等。

(2) 离心法：由于静置法缺点很多，后来瑞典的科学家（Gustafdelaval）根据离心力的作用，在1877年发明了连续式牛乳分离机。这对奶油的生产起了划时代的作用，不仅大大缩短了乳的分离时间，提高了奶油生产率，同时由于连续分离，保证了卫生条件，提高了产品质量。目前离心分离机除用于牛乳的分离外，在乳的净化、标准化、均质等中也可以应用。此外，还生产有三用分离机（分离、净乳、调整脂肪量）、离心均质净乳机以及低温牛乳分离机（分离温度45℃，脱脂乳含脂度只0.01%）等新型产品。

四、分离机的类型

自从分离机发明制造成功以来，近百年间进行了多方面的改进，分离效果日趋提高，机器操作上日益简单，使乳品事业大大前进一步。由于世界各地的改进情况和制造工厂不同，目前分离机类型很多，根据外形可分为下列几类：

(1) 开放式分离机：乳的进入和稀奶油及脱脂乳的排出口都是在无遮盖的情况下进行，有手摇和机械传动两种。手摇分离机的生产能力通常为60～100L/h，机械传动分离机生产能力一般为1000～5000L/h。

(2) 半密闭式分离机：此类分离机也称半开放式分离机。这种分离机由于有泵状结构，乳的进入和稀奶油及脱脂乳的排出都是在压力作用下进行的，但在分离过程中并不能将乳与空气完全隔绝。这类分离机的生产能力为1000～5000L/h。

(3) 密闭式分离机：这种分离机全部都是在密闭的条件下进行，没有空气进入。乳的进入和稀奶油与脱脂乳的排出都是通过管道在压力作用下进行。由于分离时不接触空气，稀奶油及脱脂乳均不含气泡，对改进稀奶油及奶油的风味很有好处。一般生产能力为3500～10000L/h。

第三节　奶油加工

一、工艺流程

奶油生产的基本工艺流程如下：

原料乳
↓
分　离……乳油分离机
↓　↓
稀奶油　脱脂乳
↓
中　和……25°T 以下可不中和
↓
杀　菌……85～90℃，10min
↓
冷　却……2～5℃
↓
发　酵……18～20℃加发酵剂，2～6h
↓
成　熟……5℃，6～8h
↓
加色素……天然黄色素
↓
搅　拌……7～9℃，搅 30～60min
↓
排酪乳
↓
洗　涤……加水 2～3 次
↓
加盐压炼……精盐量 2.5%～3%
↓
包　装

二、加工步骤

（1）稀奶油的选择：对奶油生产所用的原料的要求虽不如消毒牛奶、奶粉和炼乳那样严格（品质稍差的奶可用于生产奶油），但也必须是健康牛所分泌的正常乳。原料乳的酸度应低于 22°T，个别地区可用酸度为 25°T 牛乳。当超过 25°T 时，乳只能用于制作低级奶油和重制奶油。

奶油制造的原料是稀奶油。我国许多乳品厂都是本厂自己从牛乳中分离稀奶油来生产奶油制品。稀奶油的含脂率和酸度直接影响到奶油质量和产量，因此，在加工前应对稀奶油的含脂率进行测定，并进行标准化，以便使奶油品质一致。一般要求含脂率在 30%～40%。稀奶油中绝对不许含有抗生素和消毒剂。原料到厂后，立即冷却到 2～4℃保存，以防稀奶油中某些嗜冷菌种产生脂肪分解酶。但贮存时间不应超过 24h 就要进行巴氏杀菌。

（2）中和：正常的稀奶油酸度应在 14～17°T 之间，但生产中经常发现稀奶油的酸度较高，因而在巴氏杀菌前，需用石灰水或 10%的碳酸钠溶液进行中和，使其酸度降低到 16～18°T。其目的是防止因酸度较高，加热时蛋白质凝固，并改善风味和延长贮存期。中和方法是先测出稀奶油的酸度，确定应中和的程度，最后计算出所需要添加的碱液量。

（3）巴氏杀菌：稀奶油因本身含脂量较高，故通常采用高温杀菌，用 90℃温度保持约 10min。杀菌的目的是不仅把稀奶油中的致病菌杀死，而且还能杀死影响保存质量的其他细菌和过氧化物酶等，同时除去某些不良的挥发性物质。但加热处理时不能过于强烈，以免引起蒸煮味之类的缺陷产生。杀菌后应尽快冷却，以抑制微生物繁殖，阻止油脂中许多芳香性物质继续挥发，缩短生产周期，有利于物理成熟。冷却温度以 2～5℃为宜。而酸性奶油制作时，先冷却到 18～20℃时添加发酵剂进行发酵，酸度达到一定程度后，再冷却至 2～5℃。

（4）发酵：杀菌冷却到 18～20℃的稀奶油，添加 5%的工作发酵剂。加入前将发酵剂充分搅拌，然后慢慢倒入专用的成熟槽内，混合均匀，保持在 18～20℃下进行发酵。每隔 1h 搅拌一次，直到稀奶油酸度在 24～30°T 为止（视稀奶油含脂率而决定）。常用的发酵剂有乳油链球菌、丁二酮链球菌和柠檬酸明串珠菌。以两种以上混合使用效果较好。

（5）物理成熟：稀奶油在搅拌之前，必须经过一段低温下的物理成熟过程，只有使稀奶油中的多数脂肪球变成结晶的固体状态，有一定的硬度和弹性后，通过搅拌才能使脂肪块凝集而形成奶油。脂肪结晶化的程度取决于成熟时的温度和时间，成熟温度越低（就是稀奶油贮存的环境温度），脂肪结晶越快，则成熟所需要的时间也越短（见表27-2）。

表 27-2　　物理成熟温度和时间的关系

成熟温度/℃	0	1	2	3	4	6	8
成熟时间/h	0.5～1	1～2	2～4	3～5	4～6	6～8	8～12

一般习惯的成熟温度为5℃左右。如成熟温度提高，则成熟时间必然会延长，并且会促使乳酸菌的生长而使稀奶油酸度增高。而成熟温度过低时，会延长搅拌所需时间，奶油颗粒较硬，含水量低，组织状态不好。近年来国外有些乳品厂根据乳脂肪中脂肪酸性质（硬脂肪酸和软脂肪酸之间比例）来确定成熟时的温度要求。成熟不充分的稀奶油，搅拌后的奶油颗粒较软、粘性高，易粘附在搅拌器内壁上，给包装造成很大的困难。

(6) 搅拌：即利用机械的旋转力使脂肪球膜破坏，在空气进入形成泡沫的情况下，脂肪球被集中在泡沫周围，当泡沫不稳定而破裂时，脂肪球相互间聚结而形成奶油粒。此时奶油和分离出来的酪乳分开。搅拌时稀奶油的温度，夏季为7～10℃，秋冬10～14℃为宜。整个过程温度会提高1～2℃。搅拌时间一般为30～60min，转速为18～31r/min。稀奶油的含脂率、酸度和脂肪球大小等对搅拌均有一定影响。每次装入搅拌器容积的40%～50%为宜，以便留出空间使空气进入，容易起泡。

(7) 洗涤和排水：搅拌到奶油颗粒达一定大小时（比米粒稍大）为止，稍停片刻后就排放酪乳。酪乳中含脂率越低，表示奶油成品率就越高。然后用等量的清洁消毒水对奶油颗粒进行2～3次洗涤，目的是除去附着在奶油粒表面的酪乳液，以及通过降低水温来调整奶油的硬度和减轻异味。一般水温比奶油温度低2～3℃。

(8) 加盐和压炼：为了使奶油有一定风味，提高保藏能力，在排尽洗涤水后，把经过烘干的精制食盐按奶油量的2.5%～3.0%添加。加盐前应把奶油分成几段，形成沟槽，将盐均匀地撒布开来，然后盖好奶沟槽，静置5～10min，使食盐全部溶解并均匀地分布在奶油中。再转动搅拌器1～2min，把所需添加的食盐按2～3次分别加入。

洗涤后的奶油颗粒间存留空气和水分，通过压炼，挤压颗粒，使其变得致密，并把多余的水分排除出来，并且能把奶油中的水滴变小而且分布均匀。这对提高奶油品质和质量有很大影响。

第二十八章　发酵乳制品

第一节　概　　述

发酵乳制品目前国内外市场上品种繁多，人们的饮用消费也越来越普遍，已成为人们广为接受的保健食品。所谓发酵乳制品是指以乳类为主要原料，经乳酸菌和其他有益菌发酵后加工而成的产品。生产发酵乳制品的乳主要以牛奶为主，也可以开发利用水牛奶、羊奶、绵羊奶和马奶等。

一、发酵乳制品种类

发酵乳制品可分为酸乳制品和乳酸菌制剂两类，现分述如下。

1. 酸乳制品类型

所谓酸乳制品是指乳经乳酸菌发酵而制成的产品。酸乳制品的种类很多，一般有以下几种分类方法。

（1）按发酵剂类型分类：按发酵剂的类型，可以分为下列两类：

① 单一发酵产品：即用乳酸菌单独发酵而制成的产品。根据乳酸菌在酸乳制品中是否灭活，又有下列两种酸乳制品：

a. 活菌制品：活菌制品是指乳酸菌在酸乳制品中不经灭活而制成的产品。活菌制品有下列几种：

凝固型酸奶——又称酸凝乳，是指乳酸发酵在零售容器中进行的酸乳制品。其凝块均匀一致，呈连续的半固体状态。

搅拌型酸奶——指杀菌奶在发酵罐中发酵，并在包装之前冷却，打碎凝块，呈低粘度而均匀一致的产品。在搅拌型酸奶加工过程中，打碎凝块后，往往根据配方的要求加入一定量的果酱等配料。产品呈均匀的稠浆状。

果料酸奶——又称圣代酸奶，是指把果料先注入零售包装容器的底部，再把已添加发酵剂而尚未发酵的酸奶料灌入容器上半部，经发酵而成的产品。果料酸奶同搅拌型酸奶相同，加入部分果料，但搅拌型酸乳是把果料与发酵后酸奶混合，而果料酸奶却不把果料同酸奶料混合均匀，而且是先加果料，再将牛乳发酵。

人工酪乳——又称发酵酪乳，是指脱脂乳经乳酸发酵而制成的产品。发酵酪乳脂肪含量低，蛋白质及矿物质含量丰富，易于消化吸收。

酸奶饮料——酸奶饮料是以酸乳酪为基本原料，添加香料、稳定剂和其他配料，稀释加工成的液态酸乳制品。这种酸奶饮料在加工过程中，各种物质混合以后没有杀菌这一过程，所以是活菌制品。

b. 死菌制品：死菌制品是指牛乳经乳酸发酵后，在以后加工过程中，进行灭菌而杀死产品中的发酵菌而制成的产品，该类制品主要有乳酸菌素、死菌酸奶饮料等。

② 混合发酵产品：是用乳酸菌和酵母混合发酵而制成的产品。该类产品有牛奶酒、马奶酒等，也有活菌和死菌产品之分。

(2) 根据成分标准分类：该种分类方法主要是根据产品的化学成分，即脂肪、非脂乳固体或总固体物的百分含量分类。目前主要是根据脂肪含量分类。其依据是根据世界卫生组织[FAO/WHO (1973)] 的规定，酸乳制品可标明“全脂” (含脂 3.0% 以上)、“半脂”(3%～0.5%) 或脱脂 (0.5%以下)。

(3) 根据发酵后再加工情况分类：根据发酵后再加工情况，酸乳制品可分为下列四种：

① 冷冻酸乳：指用传统方法制成的酸凝乳在 -20℃以下低温深度冷冻的产品。为了保持冷冻酸乳冷冻时凝固物的完整性，加工时要加入10%以上的糖和一定量稳定剂。

② 疗效酸乳：指具有某种医疗功能的酸乳，如低糖酸乳、低热量酸乳、维生素酸乳、蛋白质强化酸乳等。

③ 浓缩酸乳：指将酸乳总固体物浓缩至24%左右的酸乳。

④ 干燥酸乳：指将酸乳水分含量干燥至6%左右的酸乳，目前我国已有单位研制成功。

2. 乳酸菌制剂类型

发酵乳制品的另一大类是乳酸菌制剂。所谓乳酸菌制剂是以乳酸发酵为主要手段，添加其他的原料而制成的以防治各种疾病为目的的产品。乳酸菌制剂的产品形式，根据治病目的和给药方式不同而有不同形式，一般来说有粉剂、片剂或丸剂，也有的是安瓿瓶剂（口服液型)，而且都以带活菌的形式制成。由于乳酸菌制剂人们食用较少，而主要应用在医药方面，其具体内容在乳制品内不作详细介绍。

二、发酵乳制品的营养意义

发酵乳制品在很久以前就受到某些农牧民的重视，虽然那时加工比较原始，但人们知道食用这些原始的发酵乳制品对人体有一定的好处。由于近代科学的发展，使发酵乳制品生产更加科学，更有益于人体的健康，近些年来，普遍受到人们的喜爱和欢迎。一般来说，经常饮用发酵乳制品对人体有以下几个方面的益处：

① 发酵乳制品能抑制肠道内有害微生物的活动，增进人体的健康。人类肠道内总存在着未消化吸收完全的剩余食物，由于微生物的繁殖而被分解，同时产生毒素。这些毒素经人体吸收后，会破坏身体器官的组织细胞。这种情况严重时发生各种病变，以至于威胁人体的生命，造成死亡。如果长期食用发酵乳制品，由于乳酸菌能抑制其他有害微生物的繁殖，呈优势生长现象，从而防止毒素的产生，因此，有增进人体健康的作用。

② 发酵乳制品能促进消化腺机能、促进食欲，增强消化机能，增加肠胃蠕动和机体的新陈代谢。因为乳的乳酸发酵，往往促进和伴随着酒精发酵，而乳酸和酒精发酵的产物能促使消化腺机能增强、食欲增加，刺激肠胃蠕动，有促进有机体物质代谢的功能。

③ 食用发酵乳制品能防止某些疾病发生。在乳酸发酵过程中，某些乳酸菌（如乳酸链球菌等）能产生一些抗生素。这些抗生素能抑制乳房炎、白喉、肺炎、结核等病原细菌的生长，防止某些传染性疾病发生。

④ 形成B族维生素。乳酸菌在乳酸发酵的过程中往往能形成B族维生素，这不仅能供给人体的营养需要，而且由于B族维生素对炎症发生有一定的治疗效果，能防止炎症的发展。

⑤ 有利于人体的消化吸收。在乳酸发酵的过程中，将乳中某些营养物质进行分解，有利于人体的消化吸收，提高其营养价值。

第二节 发酵剂的制备

一、发酵剂的概念

生产发酵乳制品之前，必须根据生产目的的需要，预先制备各种发酵剂。所谓发酵剂是指用于生产调制酸乳制品、乳酸菌制剂、酸性奶油、干酪及发酵乳饮料时所用的特定有益微生物的培养物，其基质主要是脱脂乳或脱脂乳粉还原乳。

二、发酵剂的种类

（1）根据制备程序分类：根据制备程序或阶段，发酵剂可以区分为种子发酵剂、母发酵剂、生产发酵剂三种。

① 种子发酵剂：又称乳酸菌纯培养物，一般是从微生物或乳品研究单位购入的纯菌种，多接种在脱脂乳、乳清、肉汁或其他的培养基中，更多的是用升华法制成干燥粉末样品，供生产单位应用和保存，能较长时间维持细菌活力和可以进行长途运送等。种子发酵剂制备量很少，一般数毫升或数克即可。生产单位取得菌种后，即可将其移植到灭菌脱脂乳中扩大培养，供生产需要。

② 母发酵剂：生产单位为了扩大菌种必须取种子发酵剂进行培养。因此，母发酵剂是种子发酵剂的扩大培养，是生产发酵剂的基础。一般母发酵剂为数十毫升或数十克左右。

③ 生产发酵剂：又称工作发酵剂。是母发酵剂扩大培养，用于实际生产的发酵剂。生产单位可根据每天的实际生产量，将母发酵剂扩大培养而制备成工作发酵剂。一般生产发酵剂制备最大量为数升至数百升。

此外，有些乳品加工厂在大量生产发酵乳制品时，由于由母发酵剂扩大培养成生产发酵剂受到接种比例影响，调制出的生产发酵剂数量有限，不能满足实际生产的需要，在母发酵剂和生产发酵剂之间，调制中间发酵剂，以扩大生产发酵剂数量。即先用母发酵剂扩大培养，生产中间发酵剂，再由中间发酵剂扩大培养生产发酵剂。这样两次扩大培养，便扩大了生产发酵剂的量，满足生产需要。

（2）根据所用微生物种类分类：根据微生物的种类，发酵剂可以区分为单一发酵剂和混合发酵剂两种。

① 单一发酵剂：就是指只有一种微生物制成的发酵剂。其优点是活性和性质变化较小，没有同其他菌的共生作用，容易得到品质稳定的发酵剂，可以较长期保存。因此，凡需长期保存的发酵剂一般采用单一发酵剂的形式。其缺点是一旦受到噬菌体感染，影响较大，如果其生长受到影响，则产酸力下降，另外风味不佳。在生产实际中，用单一发酵剂进行的发酵称为单一发酵。

② 混合发酵剂：就是指用两种或两种以上的微生物组成的发酵剂。混合发酵剂的优点是各个菌株不会同时受到噬菌体感染，对发酵剂带来的危害也比较慢，便于采取防范措施，可以改善产品风味，增强产酸力。缺点是因为有多种菌的共生作用，其活性和性质易发生改变，不能作为原菌种长期保存。另外在发酵剂的制备培养过程中，难以保持几种菌的比例稳定发展，而使发酵剂及产品中的菌种容易发生变化。在生产实际中，用混合发酵剂进行的发酵过程称为混合发酵。

（3）根据发酵剂形态分类：根据发酵剂的形态和保存方法，发酵剂可分为液体发酵剂、深冻发酵剂、冷冻干燥发酵剂。

(4) 根据制作的产品分类：根据生产的产品不同，发酵剂可分为酸奶发酵剂、乳酒发酵剂等。由于发酵剂的菌种不同，使得生产的产品具有不同的特点。

三、使用发酵剂的目的

一般来说使用发酵剂有以下几个方面的目的：

(1) 乳酸发酵：这是主要目的之一。其方法是利用发酵剂中乳酸菌，将牛乳中乳糖发酵转变成乳酸，从而使乳中 pH 降低，产生凝块和形成酸味，并能阻止杂菌的污染。在不同产品中，乳酸发酵的具体目的有所不同，主要有以下几种：

① 制造干酪：乳酸发酵在制造干酪方面有五个方面目的。第一，促进凝块形成。第二，使凝块收缩和排除乳清。第三，抑制生产和成熟过程中杂菌污染。第四，改善产品组织状态。第五，为成熟过程中酶的作用创造适当的酸度条件。

② 生产奶油：主要有下列二个目的，第一，降低 pH，形成酸性条件。第二，促进风味生成菌的发育，形成良好的发酵风味。

③ 酸奶制品：主要是分解乳糖、生产乳酸、降低 pH，使产品形成均匀细致的凝块和产生良好的风味。

(2) 产生风味：发酵剂能使产品产生良好的风味。原因为：第一，依靠蛋白分解菌和脂肪分解菌的作用，形成低级分解产物而产生风味。第二，以串球菌属为主，包括部分链球菌和杆菌等，分解柠檬酸生成丁二酮、羟丁酮、丁二醇等四碳化合物和微量挥发酸、酒精、乙醛等风味物质。但对风味起最大作用的是丁二酮。产生风味的程度受菌种和培养条件的影响。据研究，如在发酵剂的培养基中添加柠檬酸和进行通气，则可促进风味的形成。

(3) 分解蛋白：在干酪生产中，发酵剂对蛋白质的分解起着重要的作用。酪蛋白分解生成蛋白胨和氨基酸，是干酪成熟后的主要风味成分。其作用分解程度，随菌种不同而异。一般情况下，乳酸发酵的进行有利于酶的活动，能促进蛋白质分解。

(4) 分解脂肪：乳酸菌中部分细菌例如乳酸链球菌、干酪杆菌等，具有分解脂肪的能力，使干酪成熟和具有风味。用某些霉菌生产干酪，能利用脂肪分解而使干酪成熟。用类地青霉菌生产干酪，能分解蛋白质和脂肪而达到成熟目的。实际生产中，常常分解脂肪的发酵剂同时也兼备乳酸发酵和分解蛋白质的性能。

(5) 丙酸发酵：丙酸菌将乳酸菌分解乳糖产生的乳酸，再分解产生丙酸、醋酸、CO_2 及水。这些产物与瑞士干酪的特殊风味及气孔有关。

(6) 酒精发酵：酵母能将乳糖发酵产生酒精，通常用来生产酒精发酵乳或牛乳酒。由于乳酵母也在酸性环境中发育，常与乳酸菌发酵剂混合使用。酒精发酵也可用于乙醇生产，其发酵剂以乳清作培养基，在乳清利用方面有一定的作用。

(7) 产生抗生素：乳酸链球菌和乳油链球菌中的个别菌种能产生 Nisin（乳酸链球菌素）和 Dipilococcin（乳链球菌素）抗生素。使用该类菌的目的除进行乳酸发酵外，还用产生的抗生素防止杂菌生长，特别是防止酪酸菌的污染。这类菌也用于部分干酪的生产，并获得良好效果。

四、发酵剂的调制

(1) 调制发酵剂的必要条件：

① 培养基的选择：调制发酵剂所用的培养基，原则上要与产品原料相同或类似。例如

调制酸奶发酵剂时最好用全乳、脱脂乳或还原乳等。而用作培养基的原料乳必须新鲜、优质，凡乳房炎乳、细菌污染乳以及其他各种异常乳，都不得用作培养基。

② 培养基的制备：用作酸奶发酵剂的培养基，必须预先杀菌以消灭杂菌和破坏阻碍乳酸菌发酵的物质。在调制乳酸菌纯培养物和母发酵剂的培养基时，可采用高压灭菌或间歇灭菌，以达到无菌状态；调制工作发酵剂的培养基时，可采用90℃，60min或100℃，30～60min杀菌，因高温灭菌或长时间灭菌易使牛乳变褐色和产生蒸煮味。

③ 接种量：接种量随培养基的数量、细菌的种类、活力、培养时间及温度等而异。一般调制乳酸菌发酵剂时，按脱脂乳的0.5%～1%比较适合。工业生产上需要快速出产品时，接种量可略微增加。

④ 培养时间与温度：培养的时间与温度随微生物的种类、活力、产酸力、产生香味的程度以及凝块形成情况等而异。几种常用乳酸菌的发育温度及培养时间等列入表28-1中。

⑤ 发酵剂的冷却和保存：当发酵剂按照适宜的条件培养并达到所要求的发育状态后，应迅速冷却，并存放于0～5℃的冷藏库中。发酵剂冷却的温度受发酵剂的数量所左右。当培养大量发酵剂时，如直接放入冷藏库中，则需要很长的时间才能达到完全冷却的程度。在这段时间里，酸度继续上升会使发酵过度，故必须提前停止培养，或者将培养好的发酵剂置于冰水中冷却。必要时可振荡发酵剂的容器，促使其冷却。

表28-1 常用乳酸菌的形状、特性及培养条件

细菌名称	细胞形状	菌落形状	发育最适温度/℃	在最适宜温度中乳凝固时间/h	极限酸度	凝块性质	滋味	组织形态	适用的乳制品
乳酸链球菌	双球状	光滑微白，菌落有光泽	30～35	12	120	均匀稠密	微酸	针刺状	酸牛乳、酸凝乳、酸稀奶油、牛乳酒、酸性奶油、干酪
乳酪链球菌	链状	光滑微白，菌落有光泽	30	12～14	110～115	均匀稠密	微酸	酸稀乳油状	酸牛乳、酸凝乳、酸稀奶油、牛乳酒、酸性奶油、干酪
产香的细菌 明串珠菌 戊糖串珠菌 丁二酮乳酸链球菌	 单球状 双球状 细长链状	光滑微白，菌落有光泽	30	不凝固 2～3d 18～48	— 70～80 100～105	均匀	— — 微酸	针刺状	酸牛乳、酸凝乳、酸稀奶油、牛乳酒、酸性奶油、干酪
嗜热链球菌	链状	光滑微白，菌落有光泽	37～42	12～14	110～115	均匀	微酸	酸稀奶油状	酸牛乳、干酪
嗜热性乳酸杆菌 保加利亚乳杆菌 干酪乳杆菌 嗜酸乳杆菌	长杆状，有时呈颗粒状	无色的小菌落，如棉絮状	42～45	12	300～400	均匀稠密	酸	针刺状	酸牛乳、牛乳酒、干酪、乳酸菌制剂

保存中的乳酸菌活力随保存温度、培养基中的pH等变化，通常为1个月。在1.1℃时可保存2个月。如在脱脂乳中加1%的碳酸钙可提高生产率。

(2) 调制发酵剂必要的用具及材料：调制发酵剂时为了避免杂菌污染，接种以前必须做好一切准备。必要的设备及用具有干热灭菌器，供发酵剂容器及吸管等灭菌用。高压灭菌器：供培养基等灭菌用。恒温箱：供培养发酵剂用。母发酵剂容器：带棉塞的灭菌三角烧瓶（容量100～300mL）。工作发酵剂容器：大型三角烧瓶或发酵罐、发酵槽等，可按生产数量选择容器。灭菌试管：带棉塞的试管，预先进行150～160℃，2h的干热灭菌，供培养乳酸菌纯培养物用。灭菌吸管：容量2～5mL，预先用硫酸纸包严，并进行干热灭菌或高压灭菌。冰箱：能调节温度为0～5℃的冰箱，保存发酵剂用。菌种培养用脱脂乳：将新鲜脱脂乳盛于预先干热灭菌的带棉塞的试管中（脱脂乳量以试管容量的1/3为度），并进行间歇灭菌，供移植及复活乳酸菌纯培养物用。

（3）调制发酵剂的具体方法：纯培养物的复活及保存：从菌种保存单位取来的纯培养物通常都装在试管或安瓿中，由于保存和运送等影响，活力减弱，故需反复进行接种，以恢复其活力。接种时先将盛菌种的试管口用火焰灭菌，然后打开棉塞，用灭菌吸管从底部吸取1～2mL纯培养物（即培养在脱脂乳中的乳酸菌种），立即移入预先准备好的灭菌培养基中。根据所用菌种的特性并参照表28-1的规定，放入保温箱中进行培养。凝固后又取出1～2mL，再按上述方法移入灭菌培养基中。如此反复数次，待乳酸菌菌种充分活化后，即可调制母发酵剂，供正式生产用。如新取得的发酵剂是粉末状时，将瓶口充分灭菌后，用灭菌铂耳取出少量，移入预先准备好的培养基中，在所需温度下培养。最初数小时徐徐加以振荡，使菌种与培养基（即脱脂乳）均匀混合，然后静置，使其凝固。凝固后再按上述方法反复移植数次，使菌种充分活化，即可用于调制母发酵剂。以上操作均需在无菌室内进行。

乳酸菌纯培养物的保存如果单以维持活力为目的，只需将凝固后的菌种保存于0～5℃的冰箱中，每隔2周移植一次即可。但在正式应用于生产以前，仍需按上述方法反复接种进行活化。

母发酵剂的调制：取新鲜脱脂乳100～300mL（相同两份）装入预先经干热灭菌（160℃，1～2h）的母发酵剂容器中，以120℃，15～20min高压灭菌或采用100℃，30min进行连续3d的间歇灭菌，然后迅速冷却至25～30℃。用灭菌吸管吸取适量纯培养物（约为培养母发酵剂用脱脂乳量的1%）进行接种后放入温箱中，按所需温度进行培养。凝固后再移植于另外的灭菌脱脂乳中。如此反复接种2～3次，使乳酸菌保持一定的活力。

生产发酵剂（工作发酵剂）的调制：取实际生产量1%～2%的脱脂乳装入预先经灭菌的生产发酵剂容器中，以90℃，30～60min杀菌并冷却至25℃左右。然后以无菌操作添加母发酵剂（生产发酵剂用脱脂乳量的1%），加入后充分搅拌，使其均匀混合，然后在所需温度下进行保温，达到所需要的酸度后，即可取出贮于冷藏库中待用。

当调制生产发酵剂时，为了使菌种的生活环境不致急剧改变，生产发酵剂的培养基最好与成品的原料相同。即成品的原料如果用脱脂乳时，生产发酵剂的培养基最好也用脱脂乳；如成品的原料是全乳，则生产发酵剂也用全乳。

（4）发酵剂的质量要求：乳酸菌发酵剂的质量必须符合下列各项要求：

① 凝块需有适当的硬度，均匀而细腻，富有弹性，组织均匀一致，表面无变色、龟裂、产生气泡及乳清分离等现象。

② 需具有优良的酸味与风味，不得有腐败味、苦味、饲料味和酵母味等异味。

③ 凝块完全再打碎后，质地均匀、细腻滑润、略带粘性、不含块状物。

④ 按上述方法接种后，在规定时间内开始凝固，无延时现象。活力测定时（酸度、感官、挥发性、滋气味）合乎规定指标。

发酵剂的质量检查及鉴定：生产酸乳制品时，发酵剂质量的好坏直接影响成品的质量，故对发酵剂的质量必须进行严格检查。最常用的质量评定方法如下：

① 感官检查：首先观察发酵剂的质地、组织状况、色泽及乳清分离等。其次用触觉或其

他方法检查凝块的硬度、粘度及弹性等。然后品尝酸味是否过高或不足，有无苦味和异味等。

② 化学性质检查：这方面的检查方法很多，最主要的为测定酸度或挥发酸量。酸度一般用滴定酸度表示，以0.8%～1%（乳酸度）为宜。测定挥发酸量时，可取发酵剂250g于蒸馏瓶中，用硫酸调整pH为2.0后，再用水蒸气蒸馏，收集最初的100mL用0.1mol/L NaOH滴定。

③ 细菌检查：用常规方法测定总细菌数和活菌数，必要时选择适当的培养基测定乳酸菌等特定的菌群。

④ 发酵剂的活力测定：可利用乳酸菌的繁殖而产生酸和色素还原等现象来评定。活力测定的方法必须简单而迅速，一般选择下列两种方法测定：

酸度测定法：在高压灭菌后的脱脂乳中加入3%的发酵剂，并在37.8℃的恒温箱内培养3.5h，然后测定其酸度。如酸度达0.4%则认为活力较好，并以酸度的数值(此时为0.4)来表示。

刃天青还原试验：脱脂乳9mL中加发酵剂1mL和0.005%刃天青溶液1mL，在36.7℃的恒温箱中培养35min以上，如完全退色则表示活力良好。

第三节　酸乳制品加工

一、工艺流程

酸乳制品的种类由于所用原料和发酵剂的种类不同名目繁多，但其生产方法大同小异。现将国内外生产较多的几种酸乳制品的加工工艺流程归纳如图28-1所示：

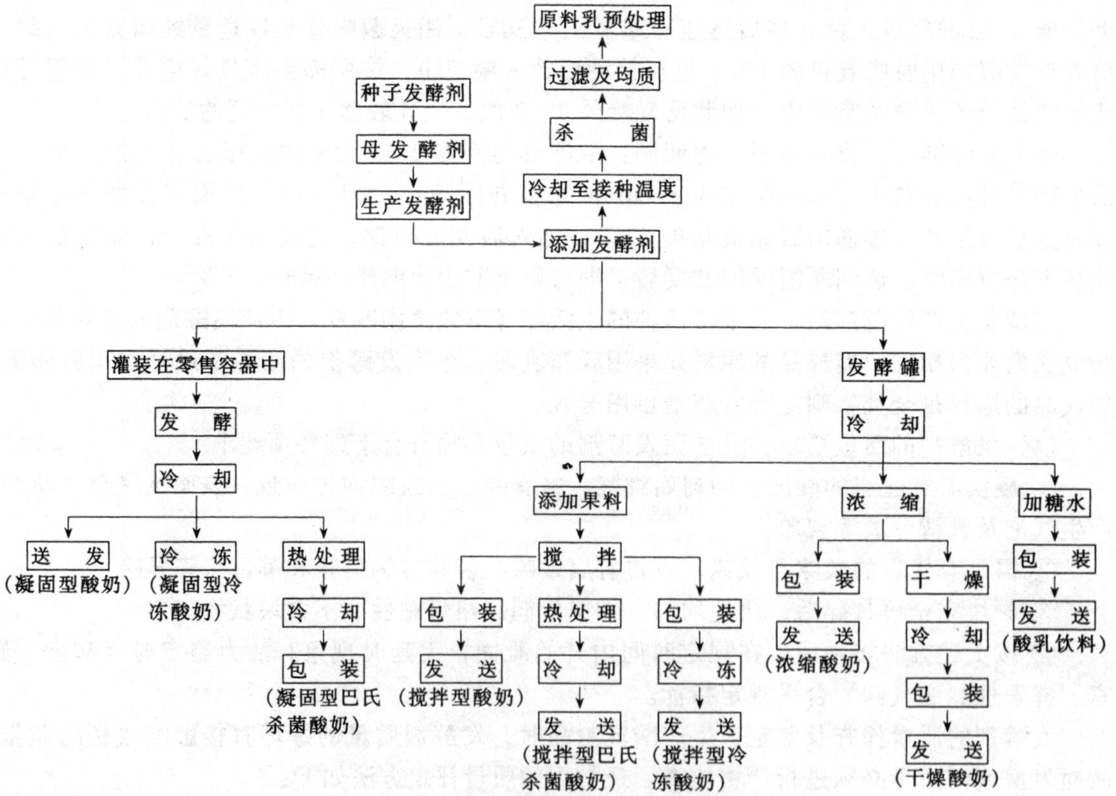

图28-1　各种酸乳制品加工工艺流程图

二、凝固型酸奶

1. 工艺流程

凝固型酸奶工艺流程见图 28-2。

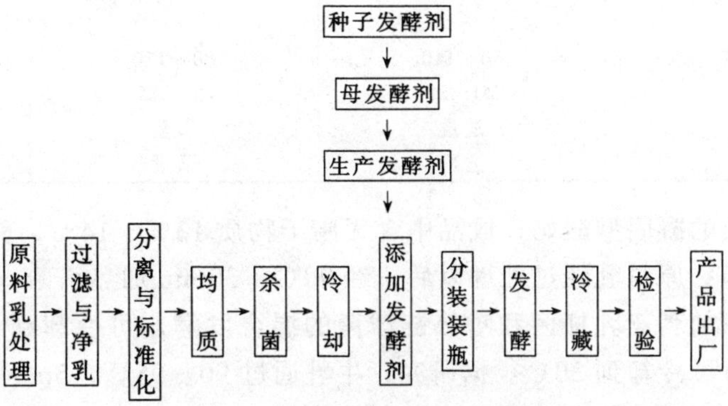

图 28-2　凝固型酸奶工艺流程图

2. 加工步骤

(1) 原料乳的处理：原料乳的处理主要包括对原料乳的选择，只有符合质量的原料乳才能用于加工酸乳制品。有的加工厂为了开发不同类型酸奶，在原料乳中添加一些其他风味物质，如香料、硬化剂、色素等成分。还有的加工厂为充分利用不同原料乳，采用脱脂乳、脱脂乳粉、无糖浓缩脱脂乳、加糖炼乳等进行不同比例配合后加工酸乳制品。

① 对原料乳的要求：一是品质优良、新鲜度高。用于制作发酵剂和加工酸乳制品的原料乳必须高质量，要求酸度在 18°T 以下，杂菌数不高于 50 万/mL，总干物质含量不低于 11%，具有新鲜牛乳的滋味和气味，不得有外来异味，如饲料味、苦味、臭味、涩味等。对原料乳的另一个要求是不含有抑制或杀灭发酵剂中细菌的物质，否则，酸度形成缓慢、影响酸乳的风味，用乳腺炎乳和抗生素乳容易发生这种情况。乳腺炎乳中白细胞含量高，白细胞对发酵剂菌种有不同程度的噬菌作用。泌乳母牛在产奶期间患有某种炎症或传染性疾病，进行治疗时使用的抗生素在乳中有一定的残留量，对发酵剂细菌有抑制或杀死作用。实验证明，乳中含有较低浓度抗生素时，对发酵仍有较大的影响。现将 8 种抗生素在不同乳制品中对发酵剂细菌的抑制量归纳于表 28-2 中。

表 28-2　　抗生素对乳酸发酵剂的抑制量　　单位：IU/mL

发酵乳制品	青霉素	链霉素	氯霉素	红霉素	金霉素	枯草杆菌抗生素	土霉素	四环素
酸牛乳	0.01	1.0	0.5	0.1	0.1	0.04	0.4	1.0
酸稀奶油	0.2	2.5	1.0	0.5	0.05	0.1	0.4	1.0
干　酪	0.2	2.5	2.0	0.08	0.1	0.3	—	—
中温发酵剂	0.01	2.5	2.0	0.05	0.5	0.12	2.0	—
嗜酸菌乳	0.07	2.5	2.0	0.07	0.5	—	2.5	2.0

因此，制作酸乳制品时，为防止产品大批量损失，必须做小样试验。

② 原料乳的配合：凝固型酸乳的原料配合是多种多样的，现列举几种比较普通的配方供参考（见表 28-3）。

表 28-3 凝固型酸乳的原料配合 单位：kg

原　料	例 1	例 2	例 3
脱脂乳	1000	—	1000
脱脂乳粉	25～35	—	—
2/3 无糖浓缩脱脂乳	—	1000	—
加糖脱脂炼乳	—	—	100～200
蔗　糖	80～110	80～110	40～60
发酵剂	20～25	20～25	20～25
香　料	适量	适量	适量
硬化剂	适量	适量	适量

按上表比例制成的凝固型酸奶，成品中含无脂干物质 13%～14%，蔗糖 8%。

（2）杀菌与冷却：原料乳经过处理以后，经 90℃，30min 加热杀菌，然后按接种要求进行冷却。例如采用保加利亚乳杆菌和嗜热链球菌的混合发酵剂可冷却到 40～50℃，如采用乳酸链球菌发酵剂时可冷却到 30℃。据研究，牛乳通过 90～95℃，5min 的处理方法，效果最好，它有助于酸乳制品的稳定性，防止乳清析出。

杀菌的作用除消灭乳中的杂菌，确保乳酸菌的正常生长和繁殖外，还能钝化原料乳中对发酵菌有抑制作用的天然抑制剂。热处理后还能使乳中的乳清蛋白变性、排出氧气，使还原基（巯基）游离，从而降低了氧化还原电势，易使蛋白质降解，从而有利于发酵菌的生长和酸乳制品风味的形成。杀菌冷却后的原料乳此时可以添加适量香料、硬化剂和色素等物质。

（3）添加发酵剂（接种）：选择活力最强的发酵剂，经充分搅匀后，按原料乳比例2%～4%的数量接种添加。此时不应加入粗大的凝块，以免影响成品的质量。如采用混合发酵剂，菌种之间要有一定的比例。常用的混合发酵剂比例是：

保加利亚乳杆菌:嗜热链球菌＝1:1

保加利亚乳杆菌:乳酸链球菌＝1:4

现在发酵剂的菌种除了以上 3 种外，广泛开始配合使用双歧杆菌。据研究，双歧杆菌对人体保健效果更好，更易在人体肠道内定植。在工厂化生产过程中，将经预处理并冷却至 45℃左右的牛乳，泵送至可以保温的缓冲罐中，同时将发酵剂按活力和比例用泵打入发酵罐中，同乳充分混合。

（4）装瓶：盛装酸乳的容器，装瓶前均应进行严格的蒸汽灭菌和其他形式灭菌处理，装入混合料后立即盖上经灭菌的瓶盖。装酸乳制品容器的大小和形状，可根据当地市场需要和消费情况而定。

（5）发酵：发酵的时间随菌种而异。一般保加利亚乳杆菌和嗜热链球菌的混合发酵剂，在 45～46℃的温度下培养大约 4h；保加利亚乳杆菌和乳酸链球菌的混合发酵剂，在 33℃的温度下发酵 10h 左右。当酸度达到 0.7%～0.8%（乳酸度）时，即可从发酵室内取出。工厂化大批量生产时，将接种后的乳经灌装后送入发酵室，培养温度 42～45℃时，时间为 2～3h 进行发酵。发酵过程中要对每个托盘上的发酵乳进行观察，必要时取样检查。当 pH 达 4.5～4.7 时，即可终止发酵。

（6）冷却：为了控制产品的酸度，发酵结束后的冷却十分重要。发酵好的酸凝乳应移至 5℃的冷库中冷藏。冷却的方法很多，但要注意速度，冷却速度的快慢直接影响到产品的组织状态。冷却太快会引起乳清分离，因为蛋白质的肽链迅速收缩而造成断裂，同时也影响酸乳成分中亲水胶体的性能。冷冻速度太慢，会使酸度继续升高，超过标准要求而影响产品质量。正常的冷却速度是在发酵结束后，在1～1.5h内将温度降到10～15℃以内，一般在5℃冷库中，冷却至5℃左右大约需要4h，故应在冷库中存放3～4h。但冷藏期间酸度可能还稍有增加，至出厂时可达0.8%～0.9%。此外，凝固型酸奶在进冷库时，要注意轻拿轻放，不得振动，否则破坏了蛋白质的凝乳结构而使乳清析出。

3. 凝固型酸奶的营养价值

凝固型酸奶含有大量的蛋白质、糖类和脂肪等，还含有丰富的维生素 B_2，故有很高的营养价值。两种酸凝乳的营养成分见表28-4。

表 28-4　　两种酸凝乳的营养成分

酸凝乳种类	水分	蛋白质	脂肪	糖类	灰分	铜	磷	铁
	%	%	%	%	%	mg/100g	mg/100g	mg/100g
含脂酸凝乳	83.5	4.6	2.1	8.7	1.1	150	140	0.1
脱脂酸凝乳	84.3	4.3	0.2	10.2	1.0	140	130	0.1

此外，由于饮用酸凝乳使肠道内的pH降低，能抑制肠道内病原微生物的发育。有的菌种还能在肠道内繁殖，对预防和治疗胃肠疾病具有较好的效果。

4. 凝固型酸乳的质量鉴定

(1) 一般鉴定：凝固型酸乳质量的一般鉴定方法与发酵剂的相同。除此之外，凝块的硬度是酸凝乳的一项重要指标，最好用硬度测定器进行测定，无此设备时，可将盛有酸凝乳的瓶倒置，凝块不下落也不破碎的属优质产品。但是，如硬度太硬，显得稠，不便夏天吸管吮食。从近年开始，已不太注重产品的硬度，而主要注重口感、风味和适宜的酸度。

(2) 国家标准：

① 感官：滋气味：具有纯乳酸发酵剂制成的酸牛乳特有的滋味和气味，无酒精发酵味，无霉味和其他不良气味。组织状态：凝块均匀细腻，无气泡，允许少量乳清析出。色泽：均匀一致，呈乳白色或稍带微黄色。

② 理化标准：脂肪含量≥3.00%，全乳固体含量≥11.5%，酸度＞70～110°T，砂糖含量≥5.0%，汞含量≤0.01mg/kg。

③ 微生物指标：大肠菌群≤90个/mL，致病菌不得检出。

5. 影响凝固型酸乳的质量因素

① 正确选择和配比菌种：选择活力强、生产稳定、风味好的菌种，菌种活力不应低于0.4，否则将影响酸乳的正常发酵。混合发酵剂菌种要合理配比。

② 原料乳不含抗生素：如含青霉素的乳不得使用。因目前无快速检测设备，只能对原料乳做小样试验。

③ 容器消毒后残留氯不应过量：一般氯污染原料中，不能超出每升100mg，否则影响酸乳质量。

④ 乳房炎乳和细菌污染乳影响酸乳成型。

第二十九章 炼乳制品

第一节 概 述

炼乳是一种浓缩乳制品，它是将新鲜牛奶经过杀菌处理后，蒸发除去其中大部分的水分而制成的产品。

一、炼乳的种类

炼乳的种类很多，在产品中添加有蔗糖者，称为甜炼乳或加糖炼乳；不加糖者则称为淡炼乳。如果用脱脂牛乳作原料，其成品称为脱脂炼乳或半脱脂炼乳。若加入可可、咖啡或其他辅料，可制成各种花色的炼乳等。目前我国炼乳的主要品种有甜炼乳和淡炼乳。炼乳一般作为焙烤制品、糕点和冷饮品等食品加工的原料以及供直接冲调饮用等，具有良好的营养价值。

二、甜炼乳的特点

甜炼乳是在新鲜牛奶中加入约16%的蔗糖，并浓缩至原容积40%左右的一种浓缩乳制品。成品中含有40%～45%的蔗糖。由于添加蔗糖增大了渗透压、抑制了微生物的繁殖而加强了制品的保存性。

甜炼乳应具有纯净的甜味及固有的奶香味，有均匀的流动性，不得呈现软膏状或凝胶状态；具有细腻的组织，品尝时不应有粉状和砂状的舌感；开罐时不得在表面呈现明显的脂肪分层现象；冲调后不得在杯底存有明显的不溶解的盐类沉淀或蛋白凝块；色泽均匀一致，无霉菌斑痕或似纽扣状的凝块等。我国甜炼乳质量标准规定，水分不得高于26.5%，脂肪含量不低于8%，乳固体含量不低于28%，蔗糖含量不高于45.5%，酸度不高于48°T等。成品的微生物要求严格，不得有致病菌残存，每百克中大肠杆菌群不得高于90个，每毫升中的杂菌数不得高于5万个。

第二节 甜炼乳加工步骤

一、原料乳的验收

关于原料乳质量的检验方法，前面有关章节已经介绍。用于甜炼乳加工的原料乳，应是70%中性酒精试验呈阴性，酸度不高于18°T，风味、色泽和清洁度均合格的新鲜牛奶。

验收后的牛奶在送入贮奶缸之前，应进行净化处理和及时冷却。原料乳的低温贮存很重要，因为新鲜牛奶中含有少量的凝集素、乳抑菌素、乳过氧化物、溶菌酶及乳铁传递蛋白等成分。在牛奶挤出后的一段时间内，这些物质具有抑菌作用。这一短暂的时间称为抑菌期。但抑菌期的长短与原料乳的温度有密切关系。据试验，乳温为4.4℃时，抑菌期达10h；21.4℃时为5个小时；而在36.1℃时，则无抑菌能力。所以当天加工的原料乳、乳温不要高于10℃。不能及时加工的原料乳、应及时冷却至4～5℃贮存，以延长其抑菌期，防止乳中微生物的增殖，影响乳的品质。原料乳冷却的办法，工厂里常用表面冷却器，其优点是有利于散发混入乳中的异味，弊端是乳液暴露在表面，易造成污染。现在普遍采用片式热交换器，它占地小，致冷效率高。乡镇企业若限于条件，尚可利用天然水源致冷，如流动泵水或井水能将桶装牛奶冷却到8～10℃。贮放原料乳的贮奶缸要装有搅拌装置，进行搅拌，以防止牛奶由于静置而发生脂肪上浮现象。在加工之前需要抽取原料乳的混合样进行脂肪含量的测定工作，作为标准化计算的依据。

二、原料乳的标准化

原料乳的标准化就是通过调整原料乳中的脂肪含量，使产品中的脂肪含量与非脂固体含量保持一定的比例关系。为什么要进行标准化呢？这是因为原料乳中的脂肪和非脂固体物的含量是随着奶牛的品种、地区、季节、泌乳期、饲料和饲养管理等因素的变化而波动。因此，必须对待加工的原料乳抽样，测定其脂肪和非脂固体物的含量，然后根据标准化原则，使标准化原料乳中的脂肪与非脂固体物含量之比等于成品中脂肪与非脂固体物含量之比。如果原料乳脂肪含量不足，应添加稀奶油，或用分离机分离去一部分脱脂乳，以增高其脂肪含量。当原料乳中脂肪含量过高时，则可提取出一部分稀奶油或添加脱脂乳。标准化时，还要知道用于标准化的稀奶油或脱脂乳中的脂肪和非脂固体物的含量。为了标准化计算上的方便，我们采用下列各代号：

w_F——原料乳的脂肪含量（%）；

w_{SNF}——原料乳的非脂固体物含量（%）；

m——原料乳的数量（kg）；

w_{F1}——稀奶油的脂肪含量（%）；

w_{SNF1}——稀奶油的非脂固体物含量（%）；

m_C——稀奶油的数量（kg）；

w_{F2}——脱脂乳的脂肪含量（%）；

w_{SNF2}——脱脂乳的非脂固体物含量（%）；

m_S——脱脂乳的数量（kg）；

R_1——成品中脂肪与非脂固体物含量之比值；

R_2——原料乳中脂肪与非脂固体物含量之比值。

（1）原料乳的脂肪含量和非脂固体物含量的测定：为了做好标准化工作，首先必须了解收购的混合原料乳的质量情况。脂肪含量采用盖勃氏法测定。而非脂固体物含量应该通过烘干法，测定原料乳的总乳固体物含量后，扣除脂肪含量来求得，比较精确。若通过测定相对密度，再用计算方法求得，误差较大。

（2）脱脂乳中非脂固体物含量的计算：脱脂乳中的非脂固体物含量可由原料乳的脂肪含量和非脂固体物含量求得：

$$w_{SNF2} = \frac{w_{SNF}}{100 - w_F} \times 100\%$$

如欲从含脂率3.5%，非脂固体物含量为8.0%的原料乳中分离脱脂乳，则所得脱脂乳的非脂固体物含量为：

$$w_{SNF2} = \frac{8.0}{100 - 3.5} \times 100\% = 8.29\%$$

(3) 稀奶油中非脂固体物含量的计算：稀奶油中的非脂固体物含量可由稀奶油的脂肪含量和脱脂乳的非脂固体物含量求得：

$$w_{SNF1}=\frac{100-w_{F1}}{100}\cdot w_{SNF2}\ (\%)$$

如将含脂率3.5%的原料乳分离后，得含脂率40%的稀奶油和非脂固体物含量为8.29%的脱脂乳，则稀奶油中的非脂固体物含量为：

$$w_{SNF1}=\frac{100-40}{100}\times 8.29=4.97\ (\%)$$

(4) 原料乳中脂肪的标准化：当原料乳脂肪含量不足时，可添加适量的稀奶油，使其中脂肪含量与非脂固体物含量的比值符合产品的要求，即应采用如下关系式：

$$\frac{m\cdot w_F+m_C(\mathrm{kg})\cdot w_{F1}}{m\cdot w_{SNF}+m_C(\mathrm{kg})\cdot w_{SNF1}}=R_1$$

解上述关系式，就可以计算出需要添加稀奶油的数量 m_C（kg）为：

$$m_C=\frac{R_1\cdot w_{SNF}-w_F}{w_{F1}-R_1\cdot w_{SNF1}}\cdot m$$

如果原料乳脂肪含量过高，可加入脱脂乳进行调整，根据成品要求则有如下关系式：

$$\frac{m\cdot w_F+m_S\cdot w_{F2}}{m\cdot w_{SNF}+m_S\cdot w_{SNF2}}=R_1$$

由上式可求得需要添加的脱脂乳的数量（kg）为：

$$m_S=\frac{\frac{w_F}{R_1}-w_{SNF}}{w_{SNF2}-\frac{w_{F2}}{R_1}}\cdot m$$

(5) 计算实例：某乳品厂有5000kg原料乳，含脂率为3.0%，非脂固体物含量为8.3%，欲生产含脂率为8.3%和非脂乳固体物含量为22.7%的甜炼乳，车间备有含脂率为40%，非脂固体物含量为5.2%的稀奶油，应如何标准化？

解　因为成品要求 R_1 值为：

$$R_1=\frac{8.8}{22.7}=0.388$$

原料乳的 R_2 值为：

$$R_2=\frac{3.0}{8.3}=0.361$$

由于 $R_1>R_2$，表明原料乳含脂率不足，需添加稀奶油，所需量（kg）为：

$$m_C=\frac{R_1\cdot w_{SNF}-w_F}{w_{F1}-R_1\cdot w_{SNF1}}\cdot m$$

$$=\frac{0.388\times 8.3-3.0}{40-0.388\times 5.2}\times 5000=28.96$$

答：这批原料乳中应添加含脂率为40%、非脂固体物含量为5.2%的稀奶油28.96kg。

三、预热杀菌

在甜炼乳加工过程中需要进行预热杀菌，它对产品质量具有特殊的作用。其目的是要杀灭从原料乳带入的致病菌，钝化酶的活性，以保证产品的安全性和提高贮藏性；控制适宜的预热温度，使乳蛋白质适当变性，防止成品发生变稠现象；为真空浓缩进行预热等。

预热杀菌的温度和保持时间等条件随着原料乳质量、季节及加工设备的不同而异，应当综合考虑。一般使用列管杀菌器，采用79～81℃，保持10min为宜。用片式热交换器杀菌者，可选用(80±1)℃，保持10～15min。若使用管式超高温设备，则可用92℃，保持2～3s的预热杀菌条件。根据生产经验，原料乳在低于65℃下预热杀菌，成品容易出现变稀的缺陷，导致脂肪上浮分层和乳糖结晶沉淀的弊端。但若采用蒸汽直接预热办法杀菌，可能出现局部过热现象，则会增强成品变稠的倾向。这些都值得特别注意。一般应根据各厂所用的原料乳状况和设备条件，通过多次试验掌握不同季节乳质波动的规律，制订合适的和有效的预热杀菌条件或采取特殊技术措施，改善制品质量。如上海某厂采取添加适量的柠檬酸钙胶体溶液的办法，能减缓或避免甜炼乳的变稠。

四、加　糖

加入蔗糖的目的不是为了增加甜度，主要是为了抑制成品中残存微生物的繁殖，增强保藏性，因为蔗糖具有很大的渗透压。通过试验和计算可以证明我国制造的炼乳成品中若含有43%的蔗糖、25.5%的水分时，则其中蔗糖水溶液将具有5.7MPa的渗透压力。它能使残存的菌体严重脱水、难以增殖，甚至死亡，起着良好的防腐作用。

为了保证产品质量，应当选用优质砂糖（符合国家标准特级品和一级品的要求），蔗糖含量高于99.6%，还原糖含量应低于0.1%，糖粒应干燥、洁白而有光泽，无任何异味、异臭，否则会使成品产生其他缺陷。有些国家有时使用一部分葡萄糖，但数量不应超过蔗糖量的25%，不然会有变稠倾向。用葡萄糖代替部分蔗糖制成的炼乳可以降低生产成本，同时这种甜炼乳用于生产冰淇淋、糕点和糖果方面，具有甜味柔和、不易结晶的优点，使冰淇淋、糕点的组织状态较好，但这种成品容易棕色化和变稠等。所以生产直接食用的甜炼乳还是以添加蔗糖为佳。

加糖量如果按原料乳的数量计算，一般为原料乳数量的15%～16%，这样可以保证成品中蔗糖的含量在43%～45%范围，使甜炼乳中的蔗糖比保持在62.5%～64.5%，这已达到抑制微生物繁殖的效果。如果添加过量的蔗糖，在成品贮存期间，容易出现结晶沉淀，影响成品品质。反之蔗糖量偏低，则由于蔗糖比未达到抑制微生物繁殖的渗透压要求，会导致成品腐败等。关于加糖量、蔗糖比和蔗糖含量三者的关系可通过计算得知。

（1）蔗糖比计算：甜炼乳中蔗糖与水的量同所加蔗糖的比值就是蔗糖比。成品的蔗糖含量应在标准规定的范围内。如生产一种含有31%总乳固体物和44%蔗糖的甜炼乳，其蔗糖比为：

$$\text{蔗糖比}=\frac{\text{蔗糖}}{\text{水分}+\text{蔗糖}}\times 100\%$$

或：

$$\text{蔗糖比}=\frac{\text{蔗糖}}{100-\text{总乳固体物}}\times 100\%$$

即：

$$\text{蔗糖比}=\frac{44}{100-31}\times 100\%=63.8\%$$

（2）根据蔗糖比计算蔗糖含量：

$$\text{炼乳的蔗糖含量（\%）}=\frac{(100-\text{总乳固体物})\times\text{蔗糖比}}{100}$$

$$=\frac{(100-31)\times 63.8}{100}=44\%$$

（3）根据浓缩比计算加糖量：所谓浓缩比是指炼乳中的总乳固体物含量与原料乳中的总乳固体物含量的比值。例如用含脂率为3.3%，非脂固体物为8.5%的原料乳来加工甜炼乳，要求总乳固体物为31%，蔗糖含量为44%，试计算每100kg原料乳应添加多少蔗糖？

首先可以算出浓缩比，即：

$$浓缩比=\frac{炼乳中总乳固体物含量}{原料乳中乳固体物含量}=\frac{31}{3.3+8.5}=2.63$$

再计算原料乳的加糖量（kg）为：

$$原料乳的加糖量=\frac{炼乳的蔗糖含量}{浓缩比}=\frac{14}{2.63}=16.7$$

也就是说，每100kg原料乳应加入16.7kg蔗糖。

（4）加糖方法：甜炼乳的加糖方法应根据生产的设备及工艺要求而定。一般采用间歇式真空浓缩设备，选择于浓缩后期加入糖浆的工艺为佳。就是将蔗糖溶于85℃以上的热水中，调成约65%浓度的糖浆，经杀菌、过滤之后，冷却至65℃左右，在真空浓缩即将完成之前吸入到浓缩乳中进行混合。这种加糖方法的优点是既可保证糖浆的充分杀菌和过滤除去杂质污染，又可使成品保持良好的流动性，减缓变稠倾向。也可将蔗糖直接加入原料乳中，经预热后吸入浓缩罐内。

五、浓　　缩

浓缩是使牛奶中水分蒸发，提高乳固体物含量，以达到成品所要求的浓度的过程。浓缩的方法很多，有常压加热浓缩、减压加热浓缩（即真空浓缩）等，现在已发展到用不用热能的反渗透及超滤等浓缩技术。过去生产平锅炼乳是采用常压浓缩法，由于蒸发温度高，牛奶中的蛋白质热变性严重，产品质量差，已趋于淘汰。现代炼乳生产一般都采用真空浓缩法，它具有蒸发温度低、热能消耗少等优点。牛奶在真空浓缩过程中温度仅在45～55℃范围，对防止蛋白质变性、保持牛奶原有风味和色泽等均有好处。

真空浓缩的操作要点是：首先用温水冲洗浓缩锅的内壁、加热盘管、分离器及管道等，然后通入蒸汽或95℃以上的热水，消毒8～10min，并排除冷凝水。接下去再进行抽真空使之冷却至60℃左右，待真空度达500～600mL汞柱后方可进料。进料速度不要太快，当乳液浸没加热盘管后，逐排打开进汽阀开始加热。到吸入的牛奶全部浸没各层盘管并沸腾正常后，控制进料与蒸发量的平衡，进行正常操作。按一定的蒸发温度控制加热蒸汽压力，正常蒸发温度在45～55℃范围。即将达到浓度要求时，吸进备用的糖浆进行加糖，然后再继续浓缩10～20min时间，使料液充分混合。这时可以抽样检查浓度，根据水分、干物质含量或比重等判断浓缩终点。当浓缩完成时，应先关闭蒸汽阀门，破坏锅内真空，再关闭抽真空设备的阀门，然后放出炼乳，进入结晶缸。整个浓缩过程一般需要60～90min时间。成品浓度约为73%即可，其比重在1.250～1.350，波美度在30～70°Bé。

如果发现浓度过高，则应在放料之前添加适量的水调整干物质含量，但加水量一般不应超过成品量的1%，否则会影响品质。加水调整的计算方法：如成品甜炼乳1000kg，其总干物质含量为76%，若要求浓度为75%时，可按下式加水：

$$加水量=\frac{测定浓度\times浓奶总量}{要求浓度}-浓奶总量$$

$$=\frac{0.76\times1000}{0.75}-1000=13.3\text{（kg）}$$

真空浓缩锅的选型应根据原料乳的处理量来确定。如果每班处理3000kg左右原料乳，选用一台水分蒸发量为700L/h的真空浓缩锅即可满足。

六、冷却与乳糖结晶

牛奶经浓缩达到要求的浓度时，由于大量地排除了水分，使其中的乳固体物含量提高，在浓缩终了时料温在50℃左右，如不及时冷却会加剧成品在贮藏期内的变稠和棕色化的倾向，严重的会逐渐形成为块状的凝胶，所以应迅速冷却至常温或更低的温度，同时通过冷却可使处于过饱和状态的乳糖形成细微的结晶，保证产品具有细腻的感官特性。

通过显微镜观察和进行品尝，结果表明，甜炼乳中的乳糖结晶颗粒直径小于10μm的，成品组织细腻；而超过10μm时，则呈现砂状舌感，成品组织粗糙，甚至会出现粗的乳糖晶体沉淀。自然冷却无法达到乳糖呈细微结晶状态的要求，需用快速冷却和诱导结晶的技术措施才能获得多而细的乳糖晶体，以保证甜炼乳具有优良的组织状态和良好的活动性。为此，生产中通常采取如下的操作：将浓缩后的浓炼乳迅速放入带有冷却和搅拌装置的专用的炼乳结晶缸中，很快地冷却至28～30℃，以提高炼乳中乳糖的过饱和度，造成强烈的结晶趋势。就在这时，投入0.015%～0.025%的乳糖晶体，并通过搅拌器的作用诱导乳糖结晶析出并逐渐长大，直至在此温度下达到饱和平衡为止。这样，炼乳中过剩乳糖形成了许多细微结晶体。然后继续冷却至15℃左右，并静置一段时间后灌装。

诱导用的乳糖晶种要求越细越好，一般不超过5μm，它是由精制乳糖烘干脱水后经过超微粉碎制成，现在已有市售乳糖晶种供应。如果生产中缺乏乳糖晶种，可用1%的成品炼乳代用。

七、灌　　装

检验合格后方准灌装。灌装室及容器等应进行严格的消毒，空罐和盖子应用蒸汽杀菌、烘干后使用，防止霉菌等常见微生物的二次污染。灌装最好采用自动装罐机和真空封罐机。冷却后的甜炼乳中含有大量气泡，如用手工灌装，一般需将炼乳静置12h左右，使其中气泡上浮逸散。甜炼乳灌装时一定要装满，排尽罐内的空气，否则在贮存期间容易发生纽扣状凝块等缺陷。包装间须用紫外灯光消毒30min以上，并用乳酸熏蒸一次。包装设备要用400～600mg/kg漂白水冲洗。操作工人的手要用300mg/kg漂白水浸洗消毒。

我国甜炼乳用的马口铁罐实罐质量为397g±1%，其内径为72mm，外高85mm。内销产品也有采用玻璃瓶装的，大瓶净重为500g，小瓶为250g。灌装后，要经过清洗揩干再贴商标。

八、贮　　藏

甜炼乳贮藏于仓库内时，应离开墙壁及保暖设备30cm以上，库温要恒定，并不宜高于15℃，空气相对湿度不应高于85%。如果贮藏温度经常发生变化，乳糖会形成大的结晶，出现砂状舌感等缺陷。贮藏过程中每月应进行1～2次翻罐，防止发生乳糖沉淀的弊病。

第三十章 乳粉制品

第一节 概 述

一、乳粉的概念和种类

用冷冻或加热的方法将乳干燥而成的粉末称为乳粉。生产乳粉的目的是为了保存鲜乳的品质及营养成分，增加保存性，减轻质量，便于运输。由于乳粉中水分活度低，乳粉中存在的微生物不仅不能繁殖，而且还会死亡。有人认为，如果产品的水分比其容水量低30%时，产品中的微生物就不能发育。乳粉的特点是加工比较方便，保存有鲜乳的营养成分，冲调容易，使用方便，老幼适宜。除供给婴幼儿、病人、老人等饮用外，还可供制造糖果、冷饮、糕点等食品加工用。

乳粉一般分为下列几种：

全脂乳粉：用全脂鲜乳为原料直接加工而成。

脱脂乳粉：用脱脂乳为原料加工而成。

乳油粉：是在鲜乳中添加一定比例的稀奶油或在稀奶油中添加部分鲜乳后加工而成。

加糖乳粉：在鲜乳中添加一定比例蔗糖或乳糖后加工而成。

调制乳粉：在鲜乳中添加一定比例维生素、无机盐及其他一些营养成分后加工而成。

酪乳粉：利用制造奶油时的副产品酪乳制造的乳粉。

乳清粉：利用制造干酪或干酪素的副产品乳清制造而成的乳粉。

此外，还有速溶乳粉、麦精乳粉、冰淇淋粉及甜炼乳粉等。

但各种乳粉的营养成分及组成由于所加的原料的种类与剂量不同而有很大的差别。

二、乳粉的生产方法

1. 冷冻生产法

冷冻法制造乳粉可以分为离心冷冻法和低温冷冻升华法两大类。离心冷冻法是先将牛乳在冰点以下浇盘冻结，并经常搅拌，使其冻成雪花状的薄片或碎片，然后放入高速离心机中，将胶状的乳固体分出，再在真空下加微热使之干燥成粉。低温升华法是将牛乳在高度真空下（绝对压力为66.7Pa)，使乳中的水分冻结成极细的冰结晶，而后在此压力下加微热，使乳中的冰屑升华，乳中固体物质便成为干燥粉末。利用冷冻法制造乳粉，因加工温度低，牛乳中营养成分损失少，几乎能全部保存，同时也可以避免加热对产品的色泽和风味等的影响，溶解度也极高。但此种生产方法所需设备造价很贵、成本很高，仍处于试用阶段，正在普遍推广。

2. 加热生产法

目前国内乳粉的生产均采用加热法，根据加热的方式不同又可分为三种：即平锅法、滚筒法和喷雾法等。平锅法是将乳放于开口的平底锅中加热浓缩成浆糊状，而后抹成片状，最后经干燥、粉碎、过筛而成，是一种最简单的干燥方法。滚筒法又称为薄膜法，将经过浓缩或未浓缩的鲜乳均匀地淌在用蒸汽加热的滚筒上成为薄膜状，当滚筒转到一定位置，膜层被干燥，而后用刮刀刮下，最后粉碎、过筛而成。喷雾法是借助于离心力或压力的作用，将预先浓缩的乳在特制的热空气干燥室内喷成雾滴而干燥成粉末。这三种加热干燥法中，平锅法是一种比较原始的简单方法，所生产的乳粉质量差、劳动强度大，不能大批量生产，除少数边远贫困地区采用此法外，已被淘汰。滚筒法也并不先进，国内已很少采用，只是真空滚筒法在国外乳粉生产上仍占有一定的比例。目前我们国内采用最多的是喷雾干燥法。喷雾干燥法生产的乳粉产品质量最好，具有较高的溶解度，且便于连续化和自动化生产。

第二节　乳粉的生产工艺

一、乳粉生产工艺流程

乳的收购与验收→乳的处理与标准化→杀菌与均质→浓缩→喷雾干燥→包装→成品。

二、乳粉生产步骤

1. 原料乳的验收

原料乳的质量对乳粉的质量有直接的影响。生产乳粉时要选择品质优良的鲜乳，酸度不应高于20°T。冬季寒冷地区要防止乳在贮存和运输过程中冻结。因为冻结乳必须用蒸汽或将乳桶置于温水中融化，乳带有水汽味，而且部分脂肪游离，制成的乳粉风味不好。验收鲜乳时，应对原料乳逐桶检查。首先是感官检查，注意原料乳有否异味，如酸味、臭味、腥味、蒸煮味等；色泽方面观察是否带红色、绿色或显著的黄色；然后再检查杂质的污染情况，如草、饲料、牛粪、尘土及昆虫等。感官检验后，应做理化检验，如酸度、相对密度、酒精试验及杂质等。对可疑的鲜乳还应做细菌污染程度检查和进行热稳定性试验。

鲜乳验收后如不能马上加工，需要贮存一段时间时，必须净化后用冷却器冷却到4～6℃再进入贮槽贮存。牛乳在贮存期间要定期搅拌和检查温度及酸度。

2. 原料乳的标准化

检验合格后的鲜乳经称量记录后即可投产加工。生产的第一道工序为净乳，清除原料乳中的机械杂质。净乳可采用离心净乳机，无此设备时才允许利用过滤器。为了获得一定化学组成的产品，原料乳需进行标准化。由于奶畜的品种、泌乳期、饲养管理等条件不同，使乳的成分尤其是乳脂肪含量差别很大，乳粉的质量也极不一致，必须对原料乳进行标准化处理，使全年都获得与标准规定一致的产品。

在乳粉生产过程中，乳虽经过浓缩、干燥等过程，但只除去乳中水分，而乳中的脂肪和无脂干物质的比例并不发生变化。所以，乳经标准化后的脂肪与无脂干物质的比例就是乳粉成品中脂肪与无脂干物质的比例。标准化的具体方法见甜炼乳的生产。

3. 原料乳的杀菌

乳中的细菌是引起牛乳变质的主要原因，也是影响乳粉质量和保存性的主要原因之一。因此，杀菌的目的是抑制细菌的繁殖和消灭细菌，尤其是消灭致病菌；同时，杀菌也能钝化和破坏解脂酶和过氧化物酶类，因为这些酶类能加速奶粉的脂肪分解，影响其保存性。

4. 真空浓缩

所谓浓缩，即用加热的方法使牛乳中部分水分不断汽化除掉，使牛乳中干物质含量提高的方法。为减少牛乳成分在浓缩蒸发中的损失，一般都采用真空浓缩法。真空浓缩有以下几个特点：

①由于真空减压，乳的沸点降低。如当真空度为83.3kPa时，其沸点为56.7℃。这样使牛乳免受高温的破坏作用，对产品的色泽、风味、溶解度等大有好处。②由于沸点降低，提高了加热蒸汽和牛乳的温差。例如：在常压下浓缩，98kPa加热蒸汽的温度约为120℃，牛乳的沸点为100.55℃，其温差约为20℃；而在真空浓缩条件下，牛乳的沸点为50℃，其温差为70℃，增加了单位面积和单位时间内的换热量，提高了浓缩效率。③由于沸点降低，减少了加热器壁上的结焦现象，便于清洗内壁，有利于提高传热效率。④浓缩在密闭容器内进行，避免了外界污染的可能，从而保证了产品质量。目前国内各乳品厂大多使用的是盘管浓缩罐。浓缩条件为45～60℃，真空度为82.7～96.0kPa，加热蒸汽的压力为49～196kPa。

5. 喷雾干燥

(1) 喷雾干燥的原理：浓缩乳借用机械压力或高速离心的方法，通过喷雾器分散为雾状的乳滴（直径为10～15μm），成倍地增加了表面积，在送入的热风的作用下，雾滴与热风接触，浓缩后的乳滴中的水分便在0.01～0.04s的瞬间内蒸发完毕，雾滴被干燥成球形的颗粒，落入干燥室的底部，水蒸气被热风带走，从干燥室排风口排出。整个干燥过程仅需15～30s。

(2) 喷雾干燥的特点：喷雾干燥同其他干燥方法相比较具有以下几个特点：

①干燥过程快。被分散成10～150μm的雾滴具有很大的表面积，整个过程仅需15～30s。若以牛乳雾滴平均直径50μm计算，每升牛乳喷雾时可分散成146亿个微小雾滴，其总表面积达到5400m^2。这些雾滴在150～200℃的热空气中强烈汽化，从周围空气吸收大量热量，使周围空气温度迅速下降，同样也保证了被干燥雾滴本身温度大大低于周围热空气的温度。干燥的粉末的温度即使在它的表面，一般也不超过干燥室气流的湿球温度（50～60℃）。喷雾干燥的这一特点表明，热空气温度虽高，但干燥却极为缓和，对产品来说，受热时间短，温度低，是其他方法所达不到的。因此，喷雾干燥特别适合于像牛乳之类的热敏性物质。②喷雾干燥后的产品不必粉碎，只需过筛，块状粉末就能分散。③喷雾干燥在密闭状态进行，干燥室处在负压下，既保证了产品卫生，又不使粉尘飞扬。④喷雾干燥机械化程度高，成品水分容易控制，有利于生产的连续化和自动化。喷雾干燥的缺点主要是箱体庞大、热利用率较低。

(3) 喷雾干燥的方法：喷雾干燥的方法有压力喷雾与离心喷雾两类。如果按热风与物料的流向可以分为顺流、逆流与混合流等多种类型。

① 压力喷雾干燥：目前国内压力喷雾干燥主要采用顺流法，即热空气的流向同乳滴喷雾方向相同，水平式顺流压力喷雾干燥机是所使用的机械中最普通的一种。初步过程是鲜乳经真空浓缩后，打入浓奶缸，再经过空气过滤器在10～15MPa压力下经喷嘴雾化后，同经过空气过滤器过滤和加热器加热的热风混合进入干燥室干燥。干燥后的粉末一部分落入干燥室底部，另一部分随热风进入旋风分离器分离，粉末落入贮斗，乳粉经出粉装置（搅龙）送出干燥箱，经筛粉和化验后进行包装。蒸发出来的水分随热风通过旋风分离器，经排风机口排出。

② 离心喷雾干燥：离心喷雾干燥是利用高速旋转的离心盘，借助离心力的作用，将浓缩乳从圆盘切线方向甩出，液滴具有100m/s以上的线速度，由于受周围空气的剪切和撕裂作用而雾化，当同热空气进行热交换后，被干燥成粉末。因为离心力是圆盘半径和旋转速度的函数，故只要适当调节圆盘半径和转速，就可以获得所需要的离心力。离心喷雾干燥具有

下列特点：a. 调整离心盘的转速就可以增减浓缩乳的处理量。b. 乳粉颗粒比较均匀一致。c. 无论乳的浓度高低和粘度高低都可以喷雾。所以乳的浓度可以提高到50%以上。d. 不需要高压泵，容易自动控制。

6. 出粉和包装

出粉与包装是乳粉生产的最后一道工序，出粉和包装的好坏直接影响到乳粉质量和保藏性，所以必须认真对待。

（1）出粉：牛乳经喷雾干燥成乳粉后，应迅速从干燥室中排出并冷却，特别是全脂乳粉。因干燥室温度较高，底部一般为60～65℃，乳粉如在此温度下停留时间过长，脂肪容易氧化，并影响溶解度和色泽。此外，乳脂肪游离（走油）也会影响乳粉的保藏性。

（2）包装：包装过程严重影响产品的质量，因此要严格控制包装时的几个因素。首先，严格控制乳粉包装时的温度。乳粉排出后应进行冷却降温，当乳粉降低到28℃以下时再进行包装，以防过热包装。目前有些工厂将排出来的乳粉直接密闭在大的容器中，甚至保持数日之久，这样不仅使乳粉内蛋白质变性，造成溶解度下降，而且能引起脂肪游离，使乳粉颗粒表面的脂肪暴露在空气里，加速氧化味的产生。值得指出的是，若能将热的乳粉装罐（袋）后立即抽气包装，则包装后的保存性比冷却后包装更好。第二，要控制包装室内湿度。乳粉的吸湿性很强，若在空气相对湿度为62%，温度为18～20℃的情况下，全脂乳粉的均衡水分在两天之内可以增加到8%～9%。乳粉潮湿产品质量会很快降低，影响溶解度，极易出现蛋白质变性和脂肪氧化现象，出现特殊的异味。乳粉吸潮的结果使乳糖结晶、脂肪游离，同时乳糖的结晶破坏脂肪球膜，于是使空气中的氧气易作用于脂肪，发生不良变化。试验证明，贮粉室的湿度不应超过75%，温度也不应急剧变化。第三，包装时最好真空包装。为了消除乳粉罐或袋中多余的氧气而防止脂肪发生氧化反应，最好采用真空包装，如果能够充填惰性气体（例氮）等是最理想的方法，能使乳粉贮藏3～5年之久。第四，选择适当的包装材料。目前我国乳品工业广泛采用塑料薄膜包装，属于这类材料的有聚乙烯和聚丙烯等。聚乙烯是乙烯的聚合物，无毒、无味、无臭。聚乙烯膜不含增塑剂、不渗水、不透空气、在水中也不膨胀，但有透脂性的缺点，它同脂肪接触能膨胀并变得脆而易折，因此不能用它来包装脂肪处于游离状态的产品。新鲜的乳粉由于含水量低，几乎没有游离的脂肪。因此聚乙烯膜可用于包装新鲜全脂乳粉。若能采用铝箔复合膜结合真空包装则更理想。

第三十一章　干 酪 制 品

第一节　概　　述

一、干酪的概念

干酪是在乳中（也可用脱脂乳或稀奶油）加入适量的乳酸菌发酵剂和凝乳酶，使蛋白质（主要是酪蛋白）凝固后，排除乳清，将凝块压成块状而制成的产品。制成后未经发酵的产品称新鲜干酪，经长时间发酵成熟而制成的产品称成熟干酪。这两种干酪统称为天然干酪。干酪的营养价值很高，除含有丰富的蛋白质、脂肪和盐类外，还含有维生素及微量成分等。现将几种主要干酪的成分列入表 31-1 中。

表 31-1　　**不同干酪的成分组成**（每 100g 中含量）

干酪名称	类型	水分	热量	蛋白质	脂肪	钙	磷	维生素			
								A	B_1	B_2	尼克酸
		%	J	g	g	mg	mg	IU	mg	mg	mg
契达干酪	硬质细菌发酵	37.0	1666	25.0	32.0	750	478	1310	0.03	0.46	0.1
法国羊奶干酪	半硬（霉菌发酵）	40.0	1541	21.5	30.5	315	184	1240	0.03	0.61	0.2
法国浓味干酪	软质（霉菌成熟）	52.2	1252	17.5	24.7	105	339	1010	0.04	0.75	0.8
农家干酪	软质（新鲜不成熟）	79.0	360.1	17.0	0.3	90	175	10	0.03	0.28	0.1

二、干酪的种类及营养价值

干酪大体上可以归纳成三大类：即：天然干酪、融化干酪和干酪食品。干酪随种类不同其中所含的蛋白质、脂肪、水分和盐类的含量也不同。干酪的营养成分约等于原料乳中蛋白质和脂肪的 10 倍，盐类中含有大量的钙和磷，干酪中的蛋白质经过发酵后，由于凝乳酶及微生物中蛋白酶的分解作用，形成脲、胨、肽、氨基酸等，因此，很容易消化吸收，干酪中蛋白质的消化率为 96%～98%。干酪中含有大量必需氨基酸，与其他动物性蛋白质比较，质优而量多。

第二节　干酪的加工

一、干酪的加工方法

（1）原料乳的要求：生产干酪的原料必须是由健康奶畜分泌的新鲜优质乳。感官检查合格后，测定酸度（牛奶 18°T，羊奶 10～14°T）或做酒精试验，必要时进行青霉素及其他抗生素试验，然后进行严格过滤和净化，并按照产品的需要进行标准化。不得使用近期内注射过抗生素的乳畜所分泌的乳。

（2）标准化：原料奶中的含脂率决定了干酪的脂肪含量，而脂肪含量必须与奶中的酪蛋白保持一定的比例关系（见表31-2）。

表31-2　　常乳中脂肪与酪蛋白的关系

脂肪含量/%	酪蛋白含量/%	C/F	脂肪含量/%	酪蛋白含量/%	C/F
3.0	2.10	0.70	4.2	2.58	0.614
3.2	2.18	0.681	4.4	2.66	0.605
3.4	2.26	0.665	4.6	2.74	0.596
3.6	2.34	0.650	4.8	2.82	0.588
3.8	2.42	0.637	5.0	2.90	0.580
4.0	2.50	0.625			

为了使每批产品的组成一致，必须先将原料奶进行标准化，也就是使原料奶中脂肪与酪蛋白的比例符合成品要求。干酪原料奶的标准化方法如下：

① 测定鲜奶中的含脂率。采用小样离心分离测定法。

② 根据下式或查表（表31-2）计算酪蛋白的含量。

$$酪蛋白含量(\%) = 0.4F + 0.9$$

$$或酪蛋白含量(\%) = (F - 3) \times 0.4 + 2.1$$

③ 确定 $C/F = 0.70$

式中　F——脂肪含量；

C——酪蛋白含量。

例　某厂现在有原料乳10000kg，脂肪含量为4%，用含酪蛋白2.6%、脂肪0.01%的脱脂乳进行标准化，使 $C/F = 0.70$，计算脱脂乳的量。

解　$10000 \times 0.4 = 400(kg)$　　全乳中的脂肪含量

$10000 \times 0.025 = 250(kg)$　　全乳中的酪蛋白含量

X(必要的酪蛋白量)∶400(脂肪量) = 0.7∶1

$X = 400 \times 0.70 = 280(kg)$

$280 - 250 = 30(kg)$　（不足的酪蛋白量）

$30/0.026 = 1154(kg)$　（所需脱脂乳量）

答：全乳10000kg中加1154kg脱脂乳后，C/F 即可达到0.70（280/400 = 0.7）。

（3）杀菌：杀菌的目的是为了消灭乳中的致病菌和有害菌，并破坏有害酶类，使干酪质量稳定。杀菌的作用有：①消灭有害菌和致病菌，卫生上保证安全并可防止异常发酵。②质量均匀一致。③增加干酪保存性。④由于加热杀菌使白蛋白凝固，也使其包含在干酪中，可以增加干酪的产量。杀菌质量的高低直接影响产品质量。如果温度过高、时间过长，则受热变性的蛋白质增多，用凝乳酶凝固时凝块松软且收缩作用变弱，往往形成水分过多的干酪。故杀菌多采用63℃，30min的保温杀菌或71～75℃，15s的高温短时间杀菌（HTST）。

（4）添加发酵剂：原料乳经杀菌以后，无论是有害或有益的微生物全部被消灭。但乳中如缺乏乳酸菌时，不可能获得正常成熟的干酪。因此，凡经过杀菌处理的原料乳中必须加入发酵剂，以促使干酪正常发酵。发酵过程中乳酸的生成使一部分钙盐变成可溶性，可以帮助皱胃酶对乳的凝固作用。

① 使用发酵剂的种类：用于生产干酪的乳酸菌发酵剂随干酪种类而异，最主要的有乳酸链球菌、乳油链球菌、干酪杆菌、丁二酮链球菌、嗜酸乳杆菌、保加利亚乳杆菌以及嗜柠檬酸明串珠菌等。通常选取其中两种以上配成发酵剂后加入杀菌乳中。

② 发酵剂制备方法：见酸奶的加工一章。

③ 加入方法：乳经杀菌后，直接打入干酪槽中，冷却到30～32℃，然后加入预经搅拌并用灭菌筛过滤的发酵剂。充分搅拌1min，取样测定其酸度。

(5) 加入添加剂：为了抑制原料乳中的杂菌，提高加工过程中凝块的质量，在生产干酪的原料中需要添加下列几种添加剂。

① 氯化钙：当原料乳质量不够理想时，往往会出现凝块松散现象，切割后产生大量细粒，致使部分蛋白质流失，脂肪损失也很大。在加工过程中，凝块颗粒中剩留的乳清也较多，发酵后可能使干酪变酸。为了改进干酪的质量，可以在每100kg原料奶中添加5～20mg的氯化钙。但不得过多，过量的氯化钙会形成太硬的凝块，难于切割。

② 硝酸盐：干酪原料奶中含有丁酸菌或产气菌时，就会产生异常发酵。这时可以使用硝酸盐（硝酸钠或钾）来抑制这些细菌的生长，但其用量应精确计算。不宜过多地使用硝酸盐。因为过多的硝酸盐也将抑制发酵剂细菌的生长，可能影响干酪的成熟。通常最大的允许添加量为每100kg奶中加20g硝酸盐。

(6) 添加色素：牛乳的色泽随季节和所喂饲料而异。羊奶则因缺乏胡萝卜素，制成的干酪的颜色发白。为使成品色泽一致，也就是使牛奶干酪或羊奶干酪均带微黄色，需在原料乳中添加适量的色素。通常用安那妥（胭脂橙）的碳酸钠抽出液或粉末，用量随季节、市场需要而定，通常为每1000kg原料乳加30～60g浸出液。加入方法是先将色素用6倍灭菌水稀释，随即加入杀菌后的原料乳中，充分搅拌，混合均匀。

(7) 添加凝乳酶：生产干酪所用的凝乳酶一般以皱胃酶为主，如无皱胃酶也可用胃蛋白酶代替。酶的添加量需要根据酶的活力（效价）而定。一般以25℃保温，30～35min后能进行切块为准。

① 活力的测定：所谓皱胃酶的活力即指1mL皱胃酶溶液（或1g干粉）在一定温度(35℃)、一定时间内（通常为40min）能凝固原料乳的体积（mL）。活力的测定方法很多，简便的为：取100mL原料乳于烧杯中，加热到35℃，然后加入10mL 1%的皱胃酶食盐水溶液，迅速搅拌均匀，并加入少许碳粒或纸屑为标记，准确记录开始加入酶溶液直到乳凝固所需的时间（s），此时间也称皱胃酶的绝对强度。然后按下式计算活力：

$$\text{效价(活力)}=\frac{\text{供试乳数量}}{\text{皱胃酶量}}\times\frac{2400(40\text{min})}{\text{凝乳时间(s)}}$$

式中2400s为测定凝乳酶活力时所规定的时间（40min），活力确定以后即可根据其计算凝乳酶的用量。

例 现有原料乳80kg，使用效价为100000U的皱胃酶进行凝固，需加皱胃酶多少？

解：设需加皱胃酶 Xg　　$1:100000=X:80000$

$$X=\frac{1\times 80000}{100000}=0.8\ (\text{g})$$

即：80kg原料乳需加皱胃酶0.8g。

此外，也可以根据酶的绝对强度来计算酶的用量。

例 现有原料乳 80kg，皱胃酶强度为 50（s），要求在 30min 内凝固，试计算皱胃酶的需要量？

根据下式进行计算：

$$X=\frac{M\cdot P}{10\times 60\times K}$$

式中 X——皱胃酶溶液的需要量（L）；

M——原料乳量（L）；

P——皱胃酶的绝对强度（s）；

K——希望乳凝固的时间（min）；

10——测定强度时乳量对酶溶液量的比例。

解：代入上式中

$$X=\frac{80\times 50}{10\times 60\times 30}=0.222\ (\text{L})\ =222\ (\text{mL})$$

② 酶的加入方法：先用 1% 的食盐水（或灭菌水）将其配成 2% 的溶液，并在 28～32℃ 下保温 30min 后，然后加到原料乳中，均匀搅拌 1～2min 后加盖，使原料乳静置凝固。注意事项：a. 不要使原料乳中产生气泡。b. 沿边徐徐加入。c. 搅拌时间不要太长。

（8）凝块切割：凝块达到适当硬度时，用干酪刀（刃与刃的间隔为 0.78～1.277cm）切成 7～10mm 的小立方体。

切割时间的确定：将食指斜向插入凝块中约 3cm，当手指向上抬起时，如裂纹整齐、指上无小片凝块残留且乳清透明时，即可开始切割。自加凝乳酶至开始凝固的时间乘以 25 即为可以开始切割的时间。

（9）搅拌及二次加温：凝块切割后（此时测定乳清酸度），开始时徐徐搅拌，防止将凝块碰碎，大约 15min 后，搅拌速度可逐渐加快，同时在干酪槽的夹层中通入热水，使温度逐渐升高。温度升高速度为开始时每隔 3min 升高 1℃，以后每隔 2min 升高 1℃，最后使槽内温度达 42℃。加温的时间按乳清的酸度而定。酸度越低加温时间越长，酸度高则可缩短加温时间。以牛奶干酪为例：

酸度：0.13%，加温 40min

酸度：0.14%，加温 25～30min

通常加温越高，排出的水分越多，干酪越硬。特硬干酪二次加热的温度有达 50℃ 的。加温速度不宜过快，如过快时，会使干酪粒表面结成硬膜，影响乳清的排出，最后使成品水分过高。

（10）排除乳清：二次加热后，当乳清酸度达到 0.12%（牛奶干酪）、干酪粒已收缩到适当硬度时，即可将乳清排出。试验干酪粒硬度的方法为：用手握一把干酪粒于手掌中，尽力压出水分后放松手掌，如干酪粒富有弹性，搓开仍能重新分离，表示干酪粒已达适当的硬度。

（11）成型压榨：乳清排除后，将干酪粒堆积在干酪槽的一端，用带孔木板或不锈钢板压 5min，使其成块，并继续压出乳清。然后将其切成砖状小块，装入模型中，成型 5min。成型后用布包裹，再放入模型中用压榨机压榨 4h，1h 后，上下翻转一次，并修整形状。

（12）加盐：干酪的加盐方法通常有下列四种：①将食盐撒在干酪粒中，并在干酪槽中混合均匀。②将食盐涂布在压榨成型后的干酪表面。③将压榨成型后的干酪取下包布，置于盐水池中腌渍。盐水的浓度第一天到第二天保持在 17%～18%，以后保持在 22%～23% 之间。

为了防止干酪内部产生气体，盐水的温度应保持在8℃左右，腌渍时间一般为4d。④采用上列几种方法的混合法。

(13) 成熟：成熟方法随干酪种类而异。我国生产的荷兰小型干酪的成熟通常分两个阶段进行。

第一阶段：成熟室温度10～12℃，相对温度90%～95%，排放在架上的干酪每天翻转一次。一周后用70～80℃的热水浸烫一次，以增加表面的硬度。以后每隔7d洗一次，如此保持20～25d。

第二阶段：温度12～14℃，相对湿度80%～90%，每隔12～15d用温水洗一次，持续2个月。

(14) 上色挂蜡：为了防止长霉和增加美观，将成熟后的干酪清洗干燥后，用食用色素染成红色，等色素完全干燥后，再在160℃的石蜡中进行挂蜡，或用收缩塑料薄膜进行密封。

成品干酪放在5℃及相对湿度80%～90%的条件下贮藏。

二、融化干酪的加工

将同一种类或不同种类的两种以上的天然干酪，经粉碎、加乳化剂、加热搅拌、充分乳化后而制成的产品，叫做融化干酪，也称杀菌干酪或加工干酪。

1. 融化干酪的特点

制作融化干酪可以将各种不同组织和不同成熟程度的干酪适当配合，制成质量一致的产品。由于在加工过程中进行加热杀菌，卫生方面安全可靠，保存性也比较好。产品用铝箔或合成树脂严密包装，贮藏中水分不易消失。块形和重量可以任意选择。最普通的为：三角形铝箔包装，包装后，每6块（6P）装一圆盒，也有8P或12P装一圆盒的；另外，可用塑料膜包成香肠状或用薄膜包装后装入纸盒内，每盒重为200、400、450及800g不等；此外，还有片状和粉状的等。再者风味可以随意调配，但不失去天然干酪的风味。

2. 融化干酪的加工方法

(1) 原料配合：通常用成熟程度不同的同一种干酪或不同风味的两种以上干酪进行配合。柴克里生曾用3～12种不同成熟程度的干酪进行配合，即未超过30d的、1～6个月的和6个月以上的三类。如用成熟过度的产品时，保存中易析出氨基酸结晶，如用丁酸菌污染的膨胀干酪时，由于杀菌后还残留芽孢菌，容易发生变质，并有膨胀的危险。

(2) 原料整理：将选好的干酪先除去表面的蜡层和包装材料，并将霉斑等清理干净。

(3) 切块粉碎：将清理好的干酪切成块状，然后用粉碎机也可以用绞肉机粉碎。

(4) 加热融化：在融化锅中加入适量的水（通常为原料干酪重的5%～10%）和计算量的食盐、调味料、防腐剂及色素等，然后倒入预经搅碎的干酪，并往融化锅的夹层中通入蒸汽进行加热。当温度达到50℃前后加入1.5%～2.0%的乳化剂。如用磷酸氢二钠及柠檬酸钠结晶粉末时，应先混合溶化后再加入锅中。最后将温度升至60～70℃，保温20～30min。

(5) 乳化：加工融化干酪采用的乳化剂，通常有磷酸氢二钠（Na_2HPO_4）、柠檬酸钠、偏磷酸钠和酒石酸钠等，这些乳化剂可以单用也可以混用。乳化剂的用量一般为1.5%～2.0%。加乳化剂后，如果需要调整酸度时，可以用乳酸、柠檬酸、醋酸等，可以混合使用，也可以单独使用。成品的pH为5.6～5.8，不得低于5.3。乳化剂中，磷酸盐能提高干酪的保水性，可以形成光滑的组织；柠檬酸钠有保持颜色和风味的作用。乳化剂需用水溶解后再加入。色素一般采用安那妥或胡萝卜素。

(6) 充填和静置冷却：乳化后，趁热注入包装材料中，并在室温下放置24h，使气泡上浮。静置后，移入冷库中（0～5℃）即为成品。

3. 融化干酪的化学组成及缺陷

(1) 融化干酪的化学组成：一般融化干酪的组成如表31-3所示。

表 31-3　各种融化干酪的化学组成

种类	水分/%	蛋白质含量/%	脂肪含量/%	灰分/%	NaCl含量/%	酸度/%	pH*	水溶性N量/总N量	氨态N量/总N量
A	41.07	21.23	31.63	6.07	1.04	1.16	5.85	44.67	15.04
B	42.66	24.22	28.19	4.93	0.94	0.93	6.60	42.88	12.45
C	41.04	21.65	31.60	5.71	1.74	1.63	6.10	47.01	15.47

* 为1:10的稀释液测定值。

(2) 融化干酪的缺陷及防止方法：优质的融化干酪具有均匀一致的淡黄色，富有光泽，风味芳香，组织细腻，硬度适当，有弹性，舌感润滑。但在加工和保存过程中，往往出现砂状结晶。砂状结晶中98%为以磷酸三钙为主的混合磷酸盐。这种缺陷主要是因添加的粉末乳化剂分布不均匀、乳化时间短、高温加热和与中和剂混用等。此外，当原料干酪的成熟度过高、蛋白质分解过度时，容易产生难溶的氨基酸结晶。防止的方法是乳化剂全部溶解后再使用，乳化时间要充分，乳化时搅拌要均匀，尤需注意搅拌器的上部和锅底部分。

质地太硬的原因为原料干酪的成熟度低，蛋白质分解量少，水分和pH过低等。防止方法是将原料干酪的成熟度控制在5个月左右，pH控制在5.6～6.0，水分不要低于标准要求。

膨胀和气孔缺陷主要是由微生物的繁殖而造成。加工过程中如污染了酪酸菌、蛋白分解菌、大肠杆菌和酵母等，均能使产品产气膨胀。为防止这种缺陷，调配时要选择高质量的原料，采用100℃以上的温度进行乳化。

脂肪分离的原因为将干酪长时间放置在乳脂肪融点以上的温度中，此外，长期保存后组织发生变化和过度低温贮藏使干酪冻结也引起脂肪分离。当原料干酪成熟度过高、脂肪含量过多和pH太低时也易引起脂肪分离。防止的对策是在原料中增加成熟度低的干酪、提高pH及乳化温度和延长乳化时间等。

第三十二章 冰 淇 淋

第一节 冰淇淋种类与质量

一、概 述

冰淇淋系以牛奶或乳制品和蔗糖为主要原料，并加入蛋或蛋制品、乳化剂、稳定剂以及香料等，经混合配制、杀菌、均质、成熟、凝冻、成型、硬化等加工而成的冷冻食品。

冰淇淋制造过程大致可分为前、后两个工序。前道是混合工序，包括配料、均质、杀菌、冷却与成熟。后道工序则是凝冻、成型和硬化，它是制造冰淇淋的主要工序。随着科学的发展和新技术的应用，目前已广泛地使用连续式凝冻机，最近已有在30s内冷却到6～9℃的快速低温凝冻机，还研究出用以超滤法或反渗透法浓缩的脱脂乳制造冰淇淋的新技术。在新品种研制方面，除考虑添加各种风味成分（如果酱、糖浆、坚果类）外，还研制出加入乳酸菌的冰淇淋或糖尿病患者用的低热能冰淇淋。在欧美各国，研制出用植物油取代乳脂肪的仿造冰淇淋等。

二、冰淇淋的组成及种类

冰淇淋中含有一定量的乳脂肪和非脂乳固体，所以它具有浓郁的香味、细腻的组织和可口的滋味，还具有很高的营养价值。一般冰淇淋中的脂肪含量在6%～12%，高的可达16%以上，蛋白质含量为3%～4%，蔗糖含量在14%～18%，而水果冰淇淋中含糖量可达27%。冰淇淋的发热值可达836J/100g。冰淇淋品种繁多，如：

（1）高级奶油冰淇淋：一般其脂肪含量在14%～16%，总干物质含量在38%～42%，按其成分可分为：奶油的、香草的、巧克力的、草莓的、胡桃的、葡萄的、果味的、鸡蛋的以及夹心品种。

（2）奶油冰淇淋：一般其脂肪含量在10%～12%，总干物质量在34%～38%，按其成分又可分为奶油的、香草的、巧克力的、草莓的、胡桃的、咖啡的、果味的、糖渍果皮的、鸡蛋的以及夹心的品种。

（3）牛奶冰淇淋：一般其脂肪含量在5%～6%，总干物质含量在32%～34%，按其成分又可分为牛奶的、牛奶香草的、牛奶可可的、牛奶鸡蛋的以及牛奶夹心的等。

（4）果味冰淇淋：一般其脂肪含量3%～5%，总干物质含量在26%～30%。按其品种可分为橘子的、香蕉的、菠萝的、杨梅的等。

按照浇塑成的各种形状可将冰淇淋分为：砖状冰淇淋、杯状冰淇淋、蛋卷冰淇淋、蛋糕冰淇淋等。

三、冰淇淋的质量指标

（1）理化指标：冰淇淋理化指标见表32-1。

表 32-1　　冰淇淋的理化指标

项目＼种类	Ⅰ	Ⅱ	Ⅲ	Ⅳ
总干物质含量/%≥	40	36	34	32
脂肪含量/%≥	14	12	10	8
糖含量/%≥	16	16	16	17
酸度/%≤	0.20	0.20	0.22	0.22
铜含量/(mg/kg)≤	10.0	10.0	10.0	10.0
铅含量/(mg/kg)≤	1.0	1.0	1.0	1.0
砷含量/(mg/kg)≤	0.5	0.5	0.5	0.5
膨胀率/%	90～95	90～95	90～95	90～95

(2) 感官指标：色泽：应具有与该品种相适应的色泽（如双色或三色冰淇淋，切开后应分层基本清晰）。滋味与气味：应具有该品种的特有风味和香气，不得有酸味、金属味、哈喇味以及其他异味。组织：细腻润滑，无乳糖和奶油粗粒存在，允许有轻微结晶存在。形体：完整，允许有轻微收缩。包装：清洁完整，无渗漏现象。

(3) 微生物指标：大肠杆菌群每百毫升中最近似数：450 个。每毫升产品中杂菌数不得超过：30000 个菌落。

第二节　冰淇淋的加工

一、冰淇淋原料的选择

冰淇淋的各种成分可以由下列原料中引进：脂肪有稀奶油、奶油、人造奶油、精炼植物油等。非脂乳固体有原料乳、脱脂乳、炼乳、乳粉等。糖有蔗糖、乳糖、葡萄糖等。乳化剂与稳定剂有鸡蛋、蛋黄粉、明胶、琼脂、海藻酸钠、羧甲基纤维素等。香味料有香兰素、可可粉、草莓、果仁、果汁、水果块等。

由于原料品质的优劣直接影响产品的质量，因此必须掌握和控制各种原料的配合比例，以提高冰淇淋质量、降低成本。兹将主要原料的成分与性能简述之。

(1) 乳与乳制品：这类原料的作用主要是引进脂肪与非脂乳固体，赋予冰淇淋以良好的营养价值，增进风味，使成品具有柔润细腻的口感。冰淇淋中，乳脂肪含量为 8%～12%，高的可达 16%左右，脂肪含量少，成品口感不肥。冰淇淋混合料中的乳脂肪经均质处理后，乳化效果增高，可使料液粘度增加，在凝冻搅拌时，可以增加膨胀率。因此，乳脂肪的数量和质量同成品质量有密切关系。脂肪最好采用稀奶油或奶油，亦可用部分氢化油代替。稀奶油要新鲜，酸度不超过 17°T，脂肪含量 30%以上。奶油以选用优质的不加盐奶油为宜，加盐奶油对冰淇淋的口味有影响。冰淇淋中的非脂乳固体物来源于原料乳乳粉和炼乳。炼乳具有特殊的香味，可增进产品风味，但单独使用熟味太浓，所以，一般是与原料乳混合使用。若全部采用乳粉或其他乳制品，会影响冰淇淋的组织质地与膨胀率。特别是溶解度差的乳粉会使冰淇淋质量降低。乳制品原料的酸度过高，在成品中可尝到酸味，且在杀菌工序中易产生蛋白质凝固现象。所以对乳制品原料的酸度应加以控制。

非脂乳固体也使冰淇淋具有良好的组织结构，但含量过多时，则会影响乳脂肪的风味，而产生轻微咸味；若成品贮藏过久，会产生砂砾状结构。若含量过少时，成品的组织疏松、缺乏稳定性且易于收缩。一般成品中非脂乳固体物含量以8%～10%为宜。

(2) 甜味料：可选用蔗糖、淀粉糖浆和葡萄糖等。它们不仅给予冰淇淋以甜味，而且能使成品的组织细致和降低其凝冻时的温度。各种糖类对冰淇淋的冰点的影响不同，选用各种糖类时需加以考虑。

蔗糖的用量一般在12%～16%范围，若低于12%时，会感到甜味不足；若过多时，在夏季食用，缺乏清凉爽口的感觉，并会使冰淇淋混合料的冰点降低，凝冻时膨胀率不易提高，成品容易融化。一般蔗糖含量每增加2%，其冰点相对地降低0.22℃。

(3) 蛋与蛋制品：它们能提高冰淇淋的营养价值，改善其组织结构和风味。由于卵磷脂具有乳化剂和稳定剂的性能，使用鸡蛋或蛋黄粉能形成持久的乳化能力和稳定作用，所以适量的蛋品使成品具有细腻的“质”和优良的“体”，并有明显的牛奶蛋糕的香味。一般蛋黄粉用量为0.5%～2.5%，若过量，则易呈现蛋腥味。

(4) 稳定剂：为了保证冰淇淋的形体组织，必须在混合原料中添加适量的稳定剂，借以改善组织状态并提高凝结能力。由于稳定剂具有较强的吸水性，能提高冰淇淋的粘度和膨胀率，防止形成冰结晶，减少粗糙的舌感，使成品的组织轻滑、吸水力良好、不易融化。一般稳定剂用量在0.35%～0.5%范围。在选择稳定剂时，必须考虑到以下几点：食用价值、质量优劣及卫生条件，对混合原料粘度的影响，对冻结和冻结搅拌的影响，阻止冰晶产生的稳定力，对成品形体和组织的影响，对成品口味的影响，所需的数量，原料供应可能性（成本）等。

明胶是较佳的稳定剂之一，膨胀时吸收它本身质量14倍的水。它在温水中能溶胀，但在70℃热水中将失去凝胶能力。琼脂与明胶相似，但使用时会使冰淇淋具有较粗的组织状态，其凝胶能力超过明胶，所吸收水分较其本身质量大17倍。另外，海藻酸钠、果胶以及羧甲基纤维素等亦具有高的凝胶能力。冰淇淋中稳定剂的用量一般为0.3%～0.9%。

(5) 香料：它是冰淇淋制品中必要的调香成分。适量的香料能使成品带有醇和的香味和具有该品种应有的天然风味，增进食用价值。例如在奶油或牛奶冰淇淋中添加香草香精或香兰素后，产品具有柔和及芳香的香草奶油风味。香料有天然的和合成的两大类，但添加量均应符合国家标准。

要使冰淇淋具有清雅醇和的香味，除了香料本身的品质必须优外，其用量及调配也很重要。香料过量，会使消费者食用时有触鼻的刺激感觉；若用量过少，则达不到呈香效果。一般需经试验摸索。通常用量在0.075%～0.1%范围，不过需视其品质与工艺条件而定。如果直接加入天然果仁、果浆、鲜水果或果汁等进行调味，果仁用量一般为6%～10%，芳香果实用量为0.5%～2.0%，鲜水果（经糖渍）的用量在10%～15%为宜。

(6) 食用色素：食用色素应用范围很广泛，食品鲜艳悦目的色泽配上浓郁醇和的香味，能增进食欲。在冰淇淋中着色不但要考虑均匀一致，尤应与该产品香味和谐相称，如橘子冰淇淋应配用橘红或橘黄色素为佳。食用色素的种类很多，如焦糖色、叶绿素等。

二、冰淇淋原料的配比与计算

冰淇淋原料配比的计算即为冰淇淋混合原料的标准化。在冰淇淋混合原料标准化的计算中，首先应掌握配制冰淇淋的原料的成分，然后按冰淇淋质量标准进行计算。

(1) 原料配比的原则：原则上要考虑脂肪与非脂乳固体物成分的比例，总干物质含量，糖的种类和数量，乳化剂、稳定剂的选择与数量等。在冰淇淋混合料配方计算时，还需要适当考虑原料的成本和对成品质量的影响。例如为适当降低成本，结合具体产品品质要求，在一般奶油或牛奶冰淇淋中可以采用部分优质氢化油代替奶油。

(2) 配方的计算：首先必须知道各种原料和冰淇淋质量标准，作为配方计算的依据。例如现备有脂肪含量30%、非脂乳固体含量为6.4%的稀奶油，含脂率4%、非脂乳固体含量为8.8%的牛奶，脂肪含量8%、非脂乳固体含量20%、含糖量为40%的甜炼乳及蔗糖等原料。拟配制100kg脂肪含量12%、非脂乳固体含量11%、蔗糖含量为14%、明胶稳定剂0.5%、乳化剂0.4%、香料0.1%的混合料。试计算各种原料的用量。

① 先计算稳定剂、乳化剂和香精的需要量。

稳定剂(明胶)：$0.005\times100=0.5(\mathrm{kg})$

乳化剂：$0.004\times100=0.4(\mathrm{kg})$

香　料：$0.001\times100=0.1(\mathrm{kg})$

② 求出乳与乳制品和糖的需要量。由于冰淇淋的乳固体含量和糖类分别由稀奶油、原料牛奶、甜炼乳引入，而糖类则由甜炼乳和蔗糖引入，故可设：

稀奶油的需要量为 m_A，甜炼乳的需要量为 m_C，原料牛奶需要量为 m_B，蔗糖的需要量为 m_D。

则：$m_A+m_B+m_C+m_D+0.5+0.4+0.1=100$ (kg)

各种原料采用的物料量：

脂肪：$0.3m_A+0.04m_B+0.08m_C=12$

非脂乳固体：$0.064m_A+0.088m_B+0.2=11$

糖：$0.4m_C+m_D=14$

因为　$A+B+C+D=99$

解上述方程式，分别得：

$m_A=26.98\mathrm{kg}$（稀奶油），$m_B=41.03\mathrm{kg}$（原料乳），$m_C=28.31\mathrm{kg}$（甜炼乳），$m_D=2.68\mathrm{kg}$（蔗糖）。

(3) 核算：

① 100kg混合原料中要求含有：

脂肪 $100\times0.12=12$ (kg)，非脂乳固体：$100\times0.11=11$ (kg)，蔗糖：$100\times0.14=14$ (kg)。

② 所配制的100kg混合原料中现含有：

脂肪量：共11.99kg。由稀奶油引入：$26.98\times0.3=8.09\mathrm{kg}$，由原料乳引入：$41.03\times0.04=1.64\mathrm{kg}$，由甜炼乳引入：$28.31\times0.08=2.26\mathrm{kg}$。

非脂乳固体量：共11.0kg。由稀奶油引入：$26.98\times0.064=1.73\mathrm{kg}$，由原料乳引入：$41.03\times0.088=3.61\mathrm{kg}$，由甜炼乳引入：$28.31\times0.2=5.66\mathrm{kg}$。

蔗糖：共14.0kg。由甜炼乳引入：$28.31\times0.4=11.32\mathrm{kg}$，由砂糖引入：2.68kg。

③ 将上述计算的冰淇淋原料的配合比例汇总见表32-2：

表32-2　冰淇淋混合原料的配合比例

原料名称	配合比	脂　肪	非脂乳固体	糖	总干物质
稀奶油	26.98	8.09	1.73		9.82
原料乳	41.03	1.64	3.61		5.25

续表

原料名称	配合比	脂　肪	非脂乳固体	糖	总干物质
甜炼乳	28.31	2.26	5.66	11.32	19.24
蔗　糖	2.68			2.68	2.68
稳定剂（明胶）	0.5				0.5
乳化剂	0.4				0.4
香　料	0.1				0.1
合　计	100	11.99	11	14	37.99

（4）混合原料的配制：冰淇淋混合原料的配制一般在杀菌缸内进行，杀菌缸应具有杀菌、搅拌和冷却之功能。配制时，原料须经相应处理。例如，砂糖应另备容器，预制成为65%～70%的糖浆备用；牛奶、炼乳及乳粉等亦溶化混合经100～120目筛过滤后使用；蛋品和乳粉必要时，除先加水溶化过滤外，还应采取均质处理；奶油或氢化油可先加热融化，筛滤后使用；明胶或琼脂等稳定剂可先制成10%的溶液后加入；香料则在凝冻前添加为宜，待各种配料加入后，充分搅拌均匀。混合料的酸度以0.18%～0.2%范围为宜。酸度过高应在杀菌前进行调整，可用NaOH或$NaHCO_3$进行中和，但不得过度，否则会产生涩味。

（5）杀菌：在杀菌缸内进行杀菌，可采用75～78℃，保温15min的巴氏杀菌条件，能杀灭病原菌、细菌、霉菌和酵母等。但可能残存耐热的芽孢菌等微生物。如果所用原材料含菌量较多，在不影响冰淇淋品质的条件下，可选用75～76℃，保持20～30min的杀菌工艺，以保证混合料中杂菌数低于50个/g。杀菌效果可通过做大肠杆菌试验确定。若需着色，则在杀菌搅拌初期加入色素。

（6）均质：未经均质处理的混合料虽亦可制造冰淇淋，但成品质地较粗。欲使冰淇淋组织细腻，形体润滑柔软，稳定性和持久性增加，提高膨胀率，减少冰结晶等，均质十分必要。杀菌之后料温在63～65℃间，采用均质机以15～18MPa压力均质。

控制混合原料的温度和均质的压力是很重要的，它们与混合原料的凝冻搅拌和制品的形体组织有密切关系。在较低温度（46～52℃）下均质，料液粘度大，则均质效果不良，需延长凝冻搅拌时间；当在最佳温度（63～65℃）下均质时，凝冻搅拌所需时间可以缩短；如若在高于80℃的温度下均质，则会促进脂肪聚集，且会使膨胀率降低。均质压力过低，脂肪乳化效果不佳，会影响制品的质地与形体；若均质压力过高，使混合料粘度过大，凝冻搅拌时空气不易混入，这样，为了达到所要求的膨胀率则需延长凝冻搅拌时间。

（7）冷却与老化：混合原料经过均质处理后，应立即转入冷却设备中，迅速冷却至老化温度2～4℃。如混合料温度较高，如大于5℃，则易出现脂肪分离现象，但亦不宜低于0～1℃，否则容易产生冰结晶，影响质地。冷却过程可在板式热交换器或圆筒式冷却缸中进行。

老化是将混合原料在2～4℃的低温下保持一定时间，进行物理成熟的过程。目的在于使蛋白质、脂肪凝结物和稳定剂等物料充分地溶胀水化，提高粘度，以利于凝冻膨胀时提高膨胀率，改善冰淇淋的组织结构状态。老化时间长短与温度有关。例如在2～4℃时进行老化需要延续4h；而在0～1℃，则约2h即可；而高于6℃时，即使延长了老化时间也得不到良好的效果。老化持续时间与混合料的组成成分有关，干物质越多，粘度越高，老化所需要的时间越短。一般制品老化时间为2～24h。现由于制造设备的改进和乳化剂、稳定剂性能的提高，老化时间可缩短。有时，老化可以分二个阶段进行，将混合原料在冷却缸中先冷却至15～18℃，并在此温度下保持2～3h。此时混合原料中明胶溶胀比在低温下更充分。然后将混合原料冷却至2～3℃保持3～4h。这样进行混合原料的粘度可以大大提高，并能缩短老化时间，还能使明胶的耗用量减少20%～30%。

（8）凝冻：凝冻是冰淇淋制造中的一个重要工序，它是将混合原料在强制搅拌下进行冷冻，这样可使空气呈极微小的气泡状态均匀分布于混合原料中，而使水分中有一部分（20%～40%）呈微细的冰结晶。凝冻工序对冰淇淋的质量和产率有很大影响，其作用在于冰淇淋混合原料受制冷剂的作用而降低了温度，逐渐变厚而成为半固体状态，即凝冻状态。搅拌器的搅动可防止冰淇淋混合原料因凝冻而结成冰屑，尤其是在冰淇淋凝冻机筒壁部分。在凝冻时，空气逐渐混入而使料液体积膨胀。

冰淇淋混合原料的凝冻温度与含糖量有关，而与其他成分关系不大。混合原料在凝冻过程中的水分冻结是逐渐形成的。在降低冰淇淋温度时，每降低1℃，其硬化所需的持续时间就可缩短10%～20%。但凝冻温度不得低于-6℃，因为温度太低会造成冰淇淋不易从凝冻机内放出。如果冰淇淋的温度较低和控制制冷剂的温度较低，则凝冻操作时间可缩短，但其缺点为所制冰淇淋的膨胀率低、空气不易混入，而且空气混合不均匀、组织不疏松、缺乏持久性。如果凝冻时的温度高、非脂乳固体物含量多、含糖量高、稳定剂含量高等均能使凝冻时间过长，其缺点是成品组织粗并有脂肪微粒存在，冰淇淋组织易发生收缩现象。冰淇淋的膨胀是指混合原料在凝冻操作时，空气被混入冰淇淋中，成为极小的气泡，而使冰淇淋的容积增加的现象，又称为增容。此外因凝冻的关系，混合原料中绝大部分水分的体积亦稍有膨胀。冰淇淋的膨胀率系指冰淇淋容积增加的百分率。冰淇淋的容积膨胀，可使混合原料凝冻与硬化后得到优良的组织与形体，其品质比不膨胀或膨胀不够的冰淇淋适口，且更为柔润与松散，又因空气中的微泡均匀地分布于冰淇淋组织中，有稳定和阻止热传导的作用，可使冰淇淋成型硬化后较持久不融化。但如冰淇淋的膨胀率控制不当，则得不到优良的品质。膨胀率过高，则组织松软；过低时，则组织坚实。

冰淇淋制造时应控制一定的膨胀率，以便使其具有优良的组织和形体。奶油冰淇淋最适宜的膨胀率为90%～100%，果味冰淇淋则为60%～70%。膨胀率的计算公式如下：

$$B=\frac{(V_I-V_m)}{V_m}\times 100\%$$

式中　B——膨胀率（%）；

V_I——冰淇淋容积（L）；

V_m——混合原料的容积（L）。

在制造冰淇淋时应适当地控制膨胀率，为了达到这个目的，对影响冰淇淋膨胀率的各种因素必须加以适当的控制。影响膨胀率的因素为：

a. 乳脂肪含量其与混合原料的粘度有关。粘度适宜则凝冻搅拌时空气容易混入。

b. 非脂乳固体含量：混合原料中非脂乳固体含量高，能提高膨胀率，但非脂乳固体中的乳糖结晶、乳酸的产生及部分蛋白质的凝固对混合原料膨胀有不良影响。

c. 糖分：混合原料中糖分含量过高，可使冰点降低、凝冻搅拌时间加长，则有碍膨胀率的提高。

d. 稳定剂：多用明胶及琼脂等。如用量适当，能提高膨胀率。但其用量过高，则粘度增强，空气不易混入，而影响膨胀率。

e. 乳化剂：适量的鸡蛋白可使膨胀率增加。

f. 混合原料的处理：混合原料采用高压均质及老化等处理，能增加粘度，有助于提高膨胀率。

g. 混合原料的凝冻：凝冻操作是否得当与冰淇淋膨胀率有密切关系。其他如凝冻搅拌器的结构及其转速，混合原料凝冻程度等与膨胀率同样有密切关系，要得到适宜的膨胀率，除控制上述因素外，尚需有丰富的操作经验或采用仪表控制。

冰淇淋凝冻机型号很多，有小型手摇冰淇淋机、立式凝冻机和连续式凝冻机等，可按生产能力选用。

(9) 成型与硬化：凝冻后的冰淇淋为了便于贮藏、运输以及销售，需进行分装成型。我国目前市场上一般有纸盒散装的大冰砖、中冰砖、小冰砖、纸杯装等几种。冰淇淋的分装成型，系采用各种不同类型的成型设备来进行的。

冰淇淋成型设备类型很多，目前我国常采用冰砖灌装机、纸杯灌注机、小冰砖切块机、连续回转式冰淇淋凝冻机等。

为了保证冰淇淋的质量以及便于销售与贮藏运输，已凝冻的冰淇淋在分装和包装后，必须进行一定时间的低温冷冻的过程，以固定冰淇淋的组织状态，并完成在冰淇淋中形成极细小的冰结晶的过程，使其组织保持一定的松软度，这称为冰淇淋的硬化。经凝冻的冰淇淋必须及时进行快速分装，并送至冰淇淋硬化室或连续硬化装置中进行硬化。冰淇淋凝冻后如不及时进行分装和硬化，则表面部分易受热而融化，如再经低温冷冻，则形成粗大的冰结晶，降低产品品质。

冰淇淋硬化的情况与产品品质有着密切的关系。硬化迅速，则冰淇淋融化少，组织中冰结晶细，成品细腻润滑；若硬化迟缓，则部分冰淇淋融化，冰的结晶粗而多，成品组织粗糙，品质低劣。如果用硬化室（速冻室）进行硬化，一般温度保持在−23～−25℃，需12～24h。

第三十三章　干　酪　素

第一节　概　　述

乳中的酪蛋白在皱胃酶或酸的作用下生成的凝固物，经干燥后的产品，叫做干酪素，干酪素在工业上多用作胶着剂。

干酪素大致可以分为两大类，即酸干酪素和皱胃酶干酪素。酸干酪素又有加酸的与加乳酸的之分。酸干酪素还可分为乳酸干酪素、盐酸干酪素和硫酸干酪素等。利用酸乳清沉淀酪蛋白时，所得到的产品也称乳酪干酪素。

干酪素由于制法不同，产品质量也有差异，可以根据使用目的选择制造方法。制造干酪素用的脱脂乳，脂肪含量不应超过0.05%；原料乳的酸度一般不超过23°T，在加酸或发酵沉淀之前必须严格过滤。脱脂乳中的泡沫应尽可能全部除去。脱脂乳如不能立即进行生产时，需在8～10℃下保存。

第二节　干酪素加工方法

工业用酸性干酪素一般采用颗粒制造法生产。这种方法的特点是：当用酸或酸乳清沉淀酪蛋白时，形成小而均匀的颗粒，不致形成大而致密的凝块，因此被脂肪球包围的脂肪比较少，成品的脂肪含量要比用发酵法制成的少一些。此外，粒状干酪素便于洗涤、压榨和干燥。下面以盐酸干酪素为例，简要介绍干酪素的生产工艺过程。

(1) 原料脱脂乳：将牛乳加热至32～33℃，用分离机进行分离，脱脂乳的含乳率在0.05%以下。

(2) 脱脂乳加热：将新鲜的原料脱脂乳加热至34～35℃，由于加热温度与加酸后所形成的颗粒状态有很大关系，所以必须注意加热温度。新鲜的脱脂乳（酸度为0.15%～0.16%的）可加热至35℃，新鲜度较差的脱脂乳（酸度0.20%～0.21%）的加热温度以34℃为宜。如温度超过36℃，形成粗大的颗粒；温度低于33℃时易形成软而细的颗粒。

(3) 加酸：将工业用浓盐酸（30%～38%）先用8～10倍水稀释。在搅拌脱脂乳的同时徐徐加入稀盐酸，或在凝乳槽的底部用带有多数小孔的管子将稀盐酸从管内以喷雾状态加入。加酸时需注意不要使脱脂乳形成大量泡沫。

(4) 酪蛋白的凝固：当酪蛋白开始产生凝块时，可用pH试纸进行试验，如pH达到4.6～4.8（或用溴代甲酚绿指示剂试验呈黄绿色），加酸应暂时中止，凝块即行沉淀。此时可除去1/2的乳清，然后再使pH为4.2（乳清酸度约为0.5%）。这时颗粒的大小约为米粒的2倍，并成为坚实松散的状态。但必须注意加酸切勿过多，以免蛋白质溶解。

(5) 洗涤过滤：加酸后经过短时间搅拌，即可放出乳清，然后加入与原料脱脂乳等量的温水进行搅拌洗涤。放出洗涤水后再用约半量的冷水搅拌洗涤两次，然后用布或筛网过滤。

(6) 脱水：用离心脱水机或压榨机进行脱水，此时含水量为 50%～60%。

(7) 粉碎：将脱水后的干酪素用粉碎机粉碎成一定大小的颗粒，或置于 20 目的筛上用刮板使干酪素通过筛孔进行粉碎。

(8) 干燥：将粉碎后的干酪素铺于布框或金属网（90～100 目）上，用火力或阳光进行干燥。用火力干燥时，温度不应超过 55℃，时间 6h 以内。

(9) 粉碎分级：干燥后的干酪素再进行粉碎，并用筛子分为 30、60、90 目的级别。

第四篇　畜禽副产物综合利用技术

第三十四章　肉联厂副产物的综合利用概况

“猪全身都是宝”。猪除了肉可以食用外，还有毛、皮、骨、内脏、各种腺体、血、粪等大量的具有极高价值的副产物。近年来，猪副产物的经济价值已有超过肉之势，猪的副产物的综合利用大有潜力可挖，前景十分广阔。

一、综合利用现状和发展趋势

当前，国内外对肉副产物的综合利用发展很快，主要表现在三方面：一是生化制药。目前我国生产生化药物已超过百种，国外生产和试用的生化药已达400余种，其中仅猪脏器生化制药就有百余种，如胃酸、甲状腺素、冠心舒等。但还有大部分未能充分利用起来，有些已试制成功而未能成批生产，如胰岛素；有的还未能充分利用，如猪睾丸，特别是乳猪的睾丸，可用来制取睾丸粉滋保命素；心脏和动脉可用来制取注射用能量合剂“心血通”、“7.24片剂”等。今后生化制药主要向低成本、增加新品种尤其是防衰老药物、营养药物的方向发展。二是作工业原料。当前我国在这方面的利用已有一些，如猪皮制革，用猪血制取油漆、胶合板、工业用油等。从发展方向看，主要是进行更深度的加工，提高产品质量和适用性，如猪皮制革将主要向着优质、快速、简化、节料及减少污染的方向发展，皮革制件将朝着“薄、软、轻”的方向发展。三是作饲料，在综合利用牲猪副产物生产畜禽饲料方面，我国已经起步，主要利用猪血、猪骨等进行简单的初加工生产血粉、骨粉。血粉，所含蛋白质主要是纤维蛋白和血红蛋白，消化利用率极低，今后应进行更深的精加工，充分利用各种副产物的营养成分，生产出动物性高蛋白配合饲料。

另外，随着科学技术的发展，还可能试用猪皮代替人皮植皮等。

二、副产物综合利用的类型

肉类加工企业的综合利用，主要包括以下三方面。

1. 生化制药

(1) 能进行生化制药的猪脏器：能利用进行生化制药的猪脏器主要有胃膜、肝、胰、胆汁、心脏、甲状腺、小肠、咽喉、软骨、脑垂体等。

(2) 利用以上脏器所生产的产品主要有：胃酶、胰酶、胆红素、冠心舒、甲状腺素、肝素钠、软骨素、催产素、辅酶A、肝浸膏片等。其中肝素钠为抗凝血药，能阻抑血液的凝结，用于防止血栓的形成。肝素钠在药用上常制成注射液、鼻喷剂，可降低血脂和促进免疫，亦可清除肾病所引起的尿毒；用肝素钠配合治疗，可防止癌细胞转移；制成药用软膏，可去除溃疡腐烂组织，促进结缔组织增生修复，加速愈合；除药用外，还可作美容化妆品，改善局部血液循环，防止皮肤皱裂。胰酶为助消化药，在肠液中消化淀粉、蛋白质及脂肪，用于缺乏胰液的消化不良、食欲不振及肝、胰液疾患引起的消化障碍。冠心舒无毒性、副作用小、作用平稳，是治疗心血管系统疾病的良药，对改善或消除心痛、心悸、胸闷、气短等有明显的疗效，对心电图的改善也有较好的效果。

2. 提供工业原料

作为工业原料的主要有猪皮、猪骨、猪血、猪小肠等。猪皮可用于生产皮革制品。一头猪平均可以出革 $0.93m^2$，一张猪皮原料制成皮革后的产值可增加几倍，接近一头猪价的一半。猪皮中含有丰富的蛋白质，一般猪肉（肥瘦相间）蛋白质含量在9.5%，而去毛猪皮中的蛋白质含量高达20%，其中最重要的蛋白质是胶原蛋白。因此，猪皮除正品制革外，其余边角余料可被水解成明胶。明胶的用途十分广泛，如在医药上制明胶注射液、吸收性明胶海绵和精氨酸等多种氨基酸及药物基质等。

猪血可用于生产各种食品添加剂应用于食品行业。猪血含有丰富的蛋白质（鲜血含蛋白质达18.8%）和微量的铁、钠、钾、钙等矿物质和各种酶类，用猪血提取血浆，可作食品添加剂加工灌肠、血浆面条、血浆蛋糕或血肠等；利用血液中的红细胞可制作蛋白质强化剂；利用猪血水解产生的各种氨基酸可强化面粉；猪血纤维蛋白经酶或酸水解产生各种氨基酸，它们具有很高的营养价值；还可制油漆、胶合板等。

骨可以用于提取骨胶、明胶、蛋白胨。猪骨中含有丰富的胶原蛋白，蛋白质水解所得蛋白胨是细菌培养基的优质原料。猪小肠是食品加工中灌肠工业的重要原料之一。猪小肠加工成肠衣后，薄而透明，质地坚固而富有弹性，能随水分变化而收缩，防止香肠的很快失水且可食用。

肉类企业还可生产部分工业用油，不能食用的病死猪，有病变的肺、肝、心及有伤痕的肉块等各种废弃物，都是制工业用油的原料。工业用油的生产是肉类企业无害化处理的一种良好途径，并能给企业带来一定经济效益。这种工业用油是工业上生产肥皂和机械润滑剂的主要原料之一，且用这种油生产的肥皂比用植物油生产的质量好得多。

3. 生产饲料

饲料生产是各肉类企业进行副产物综合利用最实惠、见效最快也是最有发展前途的途径之一。

猪血除可用于生产各种食品添加剂和加工业原料外，现阶段最有效的是加工血粉和发酵血粉饲料；骨头可加工成骨粉和肉骨粉，作为畜禽饲料添加剂；屠宰废弃肉、内脏、病死猪、生化制药的药渣和肝渣、心渣、肝素钠渣、胰渣等以及蹄壳和杂毛，均可加工成复合动物蛋白质饲料；猪胃内容物可加工成配合饲料。

各种副产物或废弃物营养丰富，并且具有多种促消化物质，如猪血中含有蛋白质和微量的铁、钠、钾、钙等矿物质以及各种酶类（如淀粉酶、过氧化氢酶等)，另外还有维生素A、维生素 B_2、维生素 B_6、维生素C等；猪胃内容物经检测含蛋白质9%～21%，还含有蛋白酶、凝乳酶等消化剂或促消化剂，可制出各种畜禽全价饲料。又如猪骨，含有丰富的蛋白质、磷酸钙、碳酸钙、磷酸镁、碳酸钠及氧化钠，含量最多的元素是磷和钙，经检测，干燥骨中磷和钙含量分别为9.7%和19.02%，其蛋白质中氨基酸含量达16种之多，制成骨粉是良好的畜禽饲料添加剂。

有些产品的生产工艺及设备比较简单，如用猪皮制明胶，将皮用石灰水处理，去毛、脂肪和软化后，通过煮胶、浓缩、干燥过程即可得到，但现在投产生产的肉类企业较少，开展这一工作是大有前途的。骨粉只需经过煮骨、干燥、粉碎的工艺过程即可得到成品，煮骨用普通锅即行，骨的干燥在一般情况下可直接利用太阳能晒干。又如血粉生产是将血煮沸后用压榨机榨去水分，研碎后用90℃的温度烘干，又经研磨一次，使其成为细粉状即为成品。

三、副产物综合利用的效益

1．经济效益

我国一个中型肉类企业全年可屠宰牲猪40万头、乳猪25万头，按每头大猪产鲜血2L、乳猪产血0.5L计，每年可得血源100多t，全部加工成发酵血粉饲料，年产量20t。加工蛋白胨所剩的骨渣及其他杂骨，全年在500t左右，加工成骨粉年产量在300t以上。全年屠宰废弃肉、内脏、病死猪、药渣等的量在300t左右，蹄壳和杂毛产量在50t左右，可加工成复合动物蛋白饲料。猪胃肠内容物全年800t，可生产饲料200～300t。以此计算，用各种副产物全年可生产饲料600多t，加上其他产品的开发，工业总产值近100多万元，获利30多万元，这一项就相当于一个小型肉联厂的工业总产值。照此计算，我国每年出栏牲猪以50000万头算，全年工业总产值可达2.5～3.0亿元。其中如果将有些副产品加工成食品、食品添加剂以及工业用产品，其经济价值将成倍增加；若能将脏器进行生化制药，其效益更加明显。

2．社会效益

由以上可知，肉联厂的副产物及废弃物的综合利用的经济效益是相当可观的，但其社会效益也是不可轻视的。综合利用的生化制药部分对防治人民的各种疾病有良好的作用，特别是对某些疑难病症有特殊的疗效。饲料开发对发展畜牧水产业具有重要意义，并可节约外汇，综合利用所生产的动物蛋白质饲料是畜、禽、鱼的良好饲料，且发酵血粉饲料及肉骨粉等能够代替饲料用鱼粉，从而可解决我国依靠外国进口鱼粉的状况，大大节省外汇。各种废弃物，特别是胃肠内容物的综合利用可以减少污染、净化环境，做到“一举数得”。副产物综合利用与肉联厂的屠宰加工生产配套，部分人员共用，蒸汽共用（利用余汽、废汽），工具共用，可以节约人力、物力和能源。

为搞好综合利用，肉类企业在选址和建厂时，必须考虑应有各种适合综合利用的生产设备，并充分利用本厂的技术力量，与有关科研单位合作，充分利用本厂的生产设备和丰富的原料，进行现有产品生产工艺的改进和新产品的开发，使畜禽的各种脏器及废弃物发挥其更高的价值，变废为宝。

第三十五章　畜禽血液的综合利用

畜禽加工都要经过屠宰工艺过程，畜禽屠宰工艺中，通过刺杀放血能够获得大量的畜禽血液。1980年以前，我国畜禽的血液基本上全部作为废弃物，既严重污染了环境，又给国家造成了严重的经济损失。20世纪80年代以来，畜禽血液的综合利用逐渐被人们所重视，对其开展了全方位综合利用的科学研究，并且逐步应用到食品工业实践中。本章就我国畜禽血液综合利用动态和血液利用基础知识作些初步介绍，并结合某些部分，适当介绍国外畜禽血液的综合利用情况。

第一节　血液利用的基础知识

为了充分利用畜禽血液，我们有必要对畜禽血液的生理生化知识作些必要的了解。因为畜禽血液的综合利用方向与方法同血液的生理生化特性、血液在活体中的机能作用等有密切的关系。

一、血液学概述

1. 血液的组成

血液是由液体成分的血浆和悬浮于血浆中的血细胞所组成。动物屠宰时获得的新鲜血液，如用抗凝剂（柠檬酸盐、草酸盐等）处理和离心沉淀后，就能明显地分为上、下两层。上层为血浆，下层深红色沉淀物为血细胞，包括红细胞、白细胞和血小板（即在红细胞层表面的薄层）。

畜禽屠宰以后获得的新鲜血液，如果不经抗凝处理，几分钟后，便会凝固成为胶冻状的血块，而后血块逐渐变小紧缩，并析出一层淡黄色的液体，称为血清。血清与血浆的主要区别是，血清中不含有纤维蛋白原，因为血浆中的可溶性纤维蛋白原在血液凝固过程中，已转变为不溶性的细丝状纤维蛋白而被留在凝固的血块中。所以，血清是不含有纤维蛋白原的血浆，很多不参与凝固过程的物质在血浆和血清中的量基本相同。

2. 血液的总量

一般来说，动物血液的总量为体重的6%～8%，但因动物的种间差异而有所不同。同一种动物其血量的多少又受其年龄、性别、肥瘦、营养状况、活动程度、妊娠、泌乳以及环境条件（如海拔高度）等因素的影响，如雄性动物血量比雌性的稍多。各种家畜的血量见表35-1。

表35-1　各种家畜的血量（以体重计）　　单位：%

一岁犊牛	6～7	马（轻型）	10～11
母牛	6～7	马（重型）	6～7
猪	5～6	狗	8～9
绵羊和山羊	6～7	猫	6～7

动物的血大部分在心血管系统中不断流动，称为循环血；另一小部分存在于肝、肺、皮肤和脾等器官的毛细血管中，称为贮存血。当动物精神紧张、剧烈运动、处高原地带缺氧时等，可使贮存血量减少，大量进入肌肉组织。动物屠宰时，当一次性失出血液总量的25%～30%时，则血压显著下降，导致对脑细胞和心肌细胞的血液供应不足，动物逐步开始死亡。

3.血液的理化特性

了解血液的理化特性，对于血液的综合利用与加工有很大帮助。

(1) 颜色：动物血液的颜色与红细胞中血红蛋白的含量有密切的关系。动脉血液中含氧量高，呈鲜红色；静脉血中含氧量低，呈暗红色。

(2) 气味：血液中因存在有挥发性脂肪酸，故带有腥味，肉食动物血液的腥味尤甚。

(3) 相对密度：血液的相对密度取决于所含细胞的数量和血浆蛋白的浓度。各种畜禽全血的相对密度在1.046～1.052范围内。

(4) 渗透压：血液中因含有多种晶体物和胶体物，所以具有相当大的渗透压。哺乳动物血液渗透压大致一定，用冰点下降度表示。马为0.56，牛0.56，猪0.62，兔0.57，狗0.57。

(5) 粘滞性：全血的粘滞性为蒸馏水的4～5倍，这主要取决于红细胞数量和血浆蛋白的浓度。

(6) 酸碱度：动物血液的酸碱度一般是在pH7.35～7.45的范围内变动。静脉血因含有较多的碳酸，其pH比动脉血稍低0.02～0.03。肌肉剧烈活动时，由于有大量酸性产物如乳酸、碳酸等进入血液，可使静脉血pH进一步降低。生命能够耐受的pH极限约为6.9和7.8。血液酸碱度之所以能够经常保持相对的恒定，一方面是由于血液中具有多种缓冲物质，另一方面是由于肺的呼吸活动和肾脏的排泄活动排出酸性产物，使血液中的缓冲物质的量经常保持稳定。

二、血　　浆

血浆为淡黄色的液体，但不同种的畜禽血浆颜色稍有不同。狗、兔的血浆无色或略带黄色，牛、马的血浆颜色较深。血浆之所以呈黄色，主要是因血浆中存在黄色素。哺乳仔猪的血浆由于含脂肪较多，混浊而不透明。血浆中大部分为水，占90%～93%，固形物中数量最多的是蛋白质。

(1) 血浆的主要化学成分：血浆的化学成分有的来自消化道消化分解的产物，有的来自组织细胞释放的代谢产物。主要包括：水分、气体（O_2、CO_2、N_2）、蛋白质（清蛋白、球蛋白、纤维蛋白原）、葡萄糖、乳酸、丙酮酸、脂类（脂肪、卵磷脂、胆固醇）、非蛋白氮（氨基酸、尿素、尿酸、肌酐、氨）、无机盐（钠、钾、钙、镁、氯、硫、磷、铁、锰、钴、铜、锌、碘）、酶、激素、维生素以及色素等等。

(2) 血浆中的蛋白质：血浆蛋白一般分为清蛋白、球蛋白、纤维蛋白原三种，可用盐析法分离，也可用区带电泳法分离。用电泳法分离时，球蛋白可以分为α_1-、α_2-、β-、γ-球蛋白四种。

① 纤维蛋白原：完全由肝脏合成，占血浆总蛋白量的4%～6%，有重要的凝血作用，相对分子质量340000，由6条肽链组成。

② 清蛋白：亦称白蛋白，主要由肝脏形成，相对分子质量69000。血浆胶体渗透压的

75%来自清蛋白，也是血液中游离脂肪酸、胆色素、类固醇激素的运载工具。

③ 球蛋白：α-和 β-球蛋白在肝脏合成，γ-球蛋白由淋巴细胞和浆细胞制造进入血液。血中 γ-球蛋白几乎全部都是免疫性抗体。球蛋白类还能同多种脂类结合成脂蛋白，是脂类、脂溶性维生素、甲状腺素在血液中的运载工具。

(3) 非蛋白含氮物：血中除蛋白质以外的一切含氮物质总称为非蛋白含氮物，主要有尿素、肌酸酐、马尿酸、氨基酸、氨、嘌呤碱、尿酸等。其中除氨基酸是供应各组织的养分外，其余大部分是代谢废物。

(4) 酶：血浆中有许多酶，如凝血酶原、碱性磷酸酶、蛋白酶、脂肪酶、转氨酶、磷酸化酶、乳酸脱氢酶等，除凝血酶原外，其他酶含量较少。这些酶来自组织细胞和血细胞。近年来在血浆中发现有超氧化物歧化酶（SOD），已得到大量应用。

三、血　细　胞

血细胞是血液的有形成分，包括红细胞、白细胞、血小板三种。

(1) 红细胞：成熟的红细胞同其他细胞不同，是无核、双面略向内凹的圆盘形的细胞。这种双圆盘的结构可以保证全部胞浆，主要是其中的血红蛋白与细胞膜保持最短距离，便于迅速而有效地进行气体交换。由于红细胞（RC）中含有血红蛋白（Hb），所以多数红细胞聚合起来呈红色。红细胞的直径，马为 5.4μm，猪为 6.2μm，牛 5.6μm。

红细胞是血细胞中数量最多的一种，其正常数量因动物种类、品种、性别、年龄、饲养管理条件以及环境条件等而有所不同。各种成年家畜血液中红细胞数量见表 35-2。

表 35-2　　各种成年家畜血液红细胞数量　　单位：百万/mm^3

动物种类	数　量	动物种类	数　量
马	6.0～9.0	绵羊	6.0～12.0
骡	6.2	山羊	15.0～19.0
驴	6.5	猪	6.0～8.0
牛	6.0	骆驼	10.0
水牛	6.0	狗	9.7
南阳黄牛	6.9	兔	6.9

红细胞具有一定的特性：第一是红细胞膜具选择性通透性，以维持细胞内化学组成和保持红细胞正常生理活动机能；第二是渗透脆性。如果血浆或周围溶液的环境渗透压低于红细胞的，则水分子大量进入红细胞，红细胞逐渐胀大，最后导致细胞膜破裂，将血红蛋白释放出来，这一现象称为红细胞溶解，简称溶血。相反，如果血浆或周围溶液的环境渗透压高于红细胞，水分子将由红细胞内透出，红细胞失水而皱褶，最后也将破裂。0.9% NaCl 溶液是红细胞的等渗溶液，也称等张溶液，或称生理盐水。据研究，刚开始溶血时的 NaCl 溶液的浓度称为红细胞的最小抵抗。完全溶血时 NaCl 溶液的浓度为最大抵抗。各种家畜红细胞的最小、最大抵抗见表 35-3。第三是红细胞具悬浮稳定性，即红细胞在血浆中保持稳定状态，不易下沉的特性。将获得的鲜血加抗凝剂后，放入试管内，于是红细胞将缓慢地下沉。在单位时间内红细胞下沉的速度称为红细胞沉降率或简称血沉。红细胞下降越快，表示其稳定性越差。在畜禽血液综合利用时，有时要保持其稳定性，有时要破坏其稳定性。

表 35-3　各种家畜红细胞的最小、最大抵抗（NaCl 溶液浓度）　单位：%

项目＼畜种	马	牛	猪	绵羊	山羊	狗	兔	鸡
最小抵抗	0.59	0.59	0.74	0.60	0.62	0.46	0.57	0.40
最大抵抗	0.39	0.42	0.45	0.45	0.48	0.33	0.45	0.32

（2）白细胞：白细胞为无色有核的血细胞，它的体积比红细胞大，数量远比红细胞少。白细胞与红细胞比例是：山羊 1∶1300，绵羊 1∶1200，马 1∶1000，牛 1∶800，猪 1∶400，狗和猫为 1∶400。家畜正常白细胞的数量变化很大，因为它是动物机体防疫体系的一部分，可随机体生理状况的改变而发生变动。家畜每立方毫米血液的白细胞总数为 8000～15000 个。各种家畜白细胞的数量见表 35-4。

表 35-4　各种家畜白细胞的数量　单位：个/mm^3

动物种类	数　量	动物种类	数　量
马	8000	山羊	9600
牛	8200	猪	14800
绵羊	8200	驴	11700

（3）血小板：血小板是体积很小的圆盘状、椭圆状或杆状细胞。血小板没有细胞核，但能消耗 O_2，也能产生乳酸和 CO_2，是活的细胞。在正常家畜血液中，每立方毫米血小板的数量为：马 35 万，猪 40 万，绵羊 74 万。其数量变化情况随动物生理情况而异，动物在剧烈运动后数量剧增，大量失血和组织损伤时其数量也显著增多。

第二节　畜禽血液综合利用方法

一、血液综合利用的意义

据研究，畜禽血液中含有丰富的营养物质和多种具有生物活性的物质。以猪血为例：它含有 18% 的蛋白质和铁、钠、钾、钙、镁等多种矿物质和各种酶类（如淀粉酶、转化酶、朊酶、脂肪酶、磷酸酶、过氧化氢酶等），还含有维生素 A、维生素 B_1、维生素 B_2、维生素 B_6、维生素 C 等，此外含有多种生物活性物质。

据分析，畜禽血液中，干物质含量为 19%～21%。干物质中蛋白质含量高达 90%，其中 60%～65% 为血红蛋白，其他非蛋白质成分中 75% 左右是类脂化合物。

家畜体内血液的总量占体重的 6%～8%。家畜屠宰放血以后的血液实际收集量，牛占肉尸重的 4.2%～4.8%，猪占 3.2%～3.5%，羊为 3.5% 左右。相对每种动物体内血液总量来说，在良好的刺杀放血条件下，牛血实际收集量占体内血液总量的 55%～65%，猪血约占 40%，羊为 45% 左右。一个年宰牲猪 50～100 万头的肉联厂，日平均屠宰牲猪为 1300～2800 头，每个厂年平均屠宰牲猪 65 万头之多，可获得猪血约 1300t。

因此，畜禽血液的综合利用从某种意义上来说在我国有着极其重要的意义。我国是世界上养畜、养禽数量最多的国家，一旦将畜禽血液进行适当的综合利用，将具有明显的经济效益和社会效益。

（1）畜禽血液是食品工业、饲料工业、医疗制药业、化工业、轻工业等的宝贵原料。畜禽血液中含有丰富的营养物质和多种生物活性物质。猪血的蛋白质含量相当于猪瘦肉中的含量，比鸡蛋中蛋白质含量还要高。血蛋白中含有八种人体必需的氨基酸，还含人体不可缺少的多种无机盐和微量元素，如钠、钾、钙、磷、铁、锌、锰、铜、钴等。每100g血的含铁量高达45mg（一般肉中含铁量仅0.5～4mg），而且，血色素型铁比一般植物中的铁营养价值要高。因此，血液采用物理、化学、生物、生化等方法进行综合利用开发，可以为食品、饲料、制药、化工等行业提供宝贵的原料。

（2）畜禽血液的综合利用，将大幅度提高肉类工业的经济效益，增加社会财富，发展社会经济。

我国每年饲养着近5亿多头猪，2亿多头牛羊，10亿多只家禽。每头牛的采血量11～15kg，小牛为2.7kg左右，猪为2.2～2.5kg，家禽100g。仅以猪为例，全国年均屠宰量增加到6000多万头，每年可集血12万t左右，如以6kg鲜血生产1kg血粉，每千克血粉按3.0元计算，可制血粉2万t，价值为近6000万元。如果以200kg鲜血生产1kg氨基酸计算，则价值为近30亿元左右。如果将血液开发加工成食品添加剂、医药产品、血红素、SOD、氨基酸口服液等，效益将成几十倍甚至百倍的提高。

（3）减少环境污染，有益人民身体健康：随着整个社会工业化的发展，环境污染问题越来越引起人们的重视。我国十年前，肉类工业的畜禽血液绝大部分作为废弃物排放，只有极少部分作为血豆腐供人们食用。血液作为废弃物排放后，极易腐烂变质，造成细菌丛生、蚊蝇滋长、奇臭难闻、色泽难看。如排入江河，因是流体，会极快污染水源和渔业资源。流入农田，达到饱和状态，会使土质恶化、环境奇臭，导致农作物减产。

因此搞好畜禽血液的综合利用，既能取得良好的经济效益，又能取得一定的社会效益与环境效益。但是畜禽血液综合利用是一项技术要求比较高的项目。目前，在综合利用方面会遇到以下几个方面的困难。第一，原料血极难保存，保存条件要求高。由于血液属流体质，水分含量亦高，蛋白质含量高，血中酶类物质既多且活性高，故原料血极难保存。目前虽有低温法、化学贮藏法等，但效果总不很理想，而且有的方法有副作用。第二，极易受到污染。由于畜禽屠宰时，从刺杀放血到血液获得，受着许多工序、环境等的影响，很难得到纯净的血液，特别是放血初期，畜禽尚未死亡，伴有不同程度的挣扎，很容易造成血液污染。虽然国外目前开展空心刀采血技术，但要完全实用，尚有完善改进的必要。第三，血腥味较重，气味感觉不好。由于血液中有一定量挥发性脂肪酸，血腥气浓，肉食动物的血液更为突出，使用血液开发出来的产品具有不良的血腥味。第四，消化性能极差。由于血液中蛋白质绝大部分是血红蛋白（约占2/3）。血红蛋白是由血红素和珠蛋白组成的，血红素中的铁和珠蛋白肽链的组氨酸以络合键的形式结合，形成血红蛋白体。珠蛋白分子包裹在血红素外面，这些血红蛋白单体再聚集成血红蛋白体。血红蛋白特殊的组成和结构，很难被人体或动物所消化吸收，加上血液中的血细胞和纤维蛋白原等大分子物质，使血液制品的消化性能极差。第五，色泽差。由于血液中血红蛋白在加工处理过程中，受到温度、环境、存放处理时间等的影响，极易使血红蛋白中的Fe^{2+}氧化成Fe^{3+}，而使产品变成棕褐色或黑褐色的。血液制品被人或动物食入后，还有使粪便变黑的现象。第六，血及血制品适口性也差。这些问题需要解决克服。

二、国外畜禽血液综合利用的方法

1.一般利用方法

国外畜禽血液主要用于食品、饲料、肥料、制药等工业。德国、英国、法国、比利时将猪血主要用于饲料上；德国和比利时还大量进口血浆粉，作为食品粘结剂和乳化剂；瑞典、丹麦把血浆用于肉制品中；保加利亚用血生产酸乳酪；日本将血色素作香肠的着色剂，将血浆粉代替肉作香肠原料；美国从牛血浆蛋白中制取血纤维组织制品；法国是畜禽血液利用较好的国家，利用范围比较广。

现将国外畜禽血液的一般利用情况介绍如下，以供参考。

（1）饲料工业：主要有蒸煮全血粕、喷雾血粉以及蒸煮血块粉、喷雾血块粉。如法国1976年干燥血液产品为6700t，其中全血粕和全血粉为6150t，血块粕和血块粉550t。使用方法是血粉与肉粉、羽毛粉、骨粉、牛羊油渣混合使用。血粉在家畜饲料中掺入量为1%～4%，平均约3%，在鱼饲料中最高掺入量为10%，平均5%。

（2）食品工业：国外主要将血液应用于肉品工业。国外一些专业人员认为从工艺上看，只有掺入血浆的肉制品，才是高质量的产品。一是利用新鲜猪血制作血清肠。法国1976年利用血量占猪血采集总量的41.7%；二是利用全血粉制血灌肠及肉罐头。三是利用新鲜血浆、冷冻血浆或血浆粉加工腌制品、肉罐头食品和方便餐。尤其是冷冻血浆具有许多优点，例如蛋白质的粘合力强，掺入时是很好的冷源。法国用于肉制品、肉罐头的冷冻血浆达1750t，而且一般使用块状冷冻血浆。

（3）医药工业：主要利用三种类型的血液产品，作为医药工业原料。一是冷冻或新鲜的全血，可以是单种动物血，也可以是多种动物血，用于制药业或美容业，主要目的是代替胭脂红、苔色素及甜草红等。二是冷冻或新鲜的血浆，提取血浆蛋白等生化产品。三是血块粉，用于制药实验室的活性剂。

（4）肥料工业：主要用于有特殊要求的种植业，如某些蔬菜、花卉等，使用的原料有全血粉、血块粕与血块粉等。法国每年用全血粉220t以上作肥料。

此外，血液应用于葡萄酒工业与实验室中，用来澄清酒；也利用血在甲醛尿素中作添加剂；在酚胶中作活性添加剂，可在平均温度下增加胶性、韧性和粘附性。但由于有异味，易腐败，随着粘合剂技术的发展，利用量越来越少。

20世纪70年代以来，国外对畜禽血液的利用进行了大量研究，尤其是1975年以来报道的专利更多，畜禽血液利用的研究已向饲料、食品、医药等方面纵深发展，不仅在全血与血浆方面进行了大量研究，而且对血球的利用进行了更深入的研究，在血液收集利用率方面提高得很快。1976年法国屠宰场血液的收集率仅33%～40%，到1981年已提高到73.2%。血液的利用也愈来愈受到政府部门的重视。许多国家对畜禽的屠宰、血液收集处理颁布了法令和规定。如法国1984年对屠宰场畜禽血液的采集、集中、贮存、处理、运输和检测等作了规定，并制定了食用血应符合的微生物等卫生标准。据报道，国外某些先进国家将血液综合利用纷纷列为重点课题攻关。日本农林水产省20世纪80年代成立了“屠宰血液有效利用委员会”，将血液利用研究列为四项新型蛋白质资源开发课题。英国每年生产17000t优质血蛋白，其中血浆粉7000t，食用蛋白10000万t。

2．血液综合利用新进展

（1）在饲料工业中的利用：

① 发酵血粉：该方法是用畜血经特种微生物菌种发酵而制得。20世纪70年代，日本首先培养出VPA菌种，将发酵血粉广泛应用于畜牧业及水产养殖业。该发明荣获日本国家科学奖。由于血经发酵后，蛋白质被分解成氨基酸，不仅营养价值高，适口性也强。2%的发

酵血粉掺入猪或家禽饲料中效果很好，喂养野禽、火鸡也特别理想，也可用于水产养殖业。

② 滚筒干燥血粉：将畜禽血液（血中含有毛、羽毛、皮或碎革等杂物）放进热交换容器中，用60～65.5℃的水蒸气使液体凝固，再用高速打碎机打碎，然后压辊，将此物质均匀地涂在干燥滚筒上，滚筒温度为121～177℃，时间1min内，接着刮去血液干燥薄膜，粉碎或压碎过筛。该方法对原料血要求不高，方法比较简单，而且比较好地保留了血粉中的蛋白质和氨基酸，又减少了污染，克服一般脱水方法由于长时间高温加热，破坏血中蛋白质和氨基酸的问题。

③ 酸沉淀分离：该法的基本工艺是首先将屠宰场废皮、废毛用酸或碱性化学溶剂（如苏打水）溶解。控制温度低于40℃，调pH为12～13，时间不超过24h，可使原料中蛋白质降解。其次加入新鲜全血或全血粉，强力搅拌，加入有机酸或无机酸，调pH为3.5～4，蛋白质很快沉淀。最后用离心分离法或其他方法分离沉淀物，在60～110℃条件下干燥即可。该法的优点是充分利用屠宰场废物（皮毛），工艺过程易于控制，尤其是蛋白质营养价值互补。血中蛋白质含有丰富的赖氨酸、精氨酸、亮氨酸及丙苯氨酸，而角蛋白中含有大量的胱氨酸、异亮氨酸、谷氨酸、精氨酸等，这些蛋白质经过酸、碱处理，得到适当降解，易于消化吸收，宜于作畜禽饲料。

④ 制宠物罐头：一种方法是制成混合罐头。将经过采集、加抗凝剂后的血液，加入0.3%～0.6%树胶（如角豆树果实的树胶）、甲基一纤维素钠、角叉藻胶、海藻胶、汉生胶、古柯豆胶或它们的混合物，然后再加入其他配料，如蛋白质、淀粉、糖、脂肪（或油）、维生素、乳化剂、抗氧化剂、吸收剂等。蛋白源可以是动物蛋白以及畜禽的碎肉、屠宰场下脚料、乳品、蛋品副产物等，也可以是植物蛋白如油料饼粕、谷物蛋白、玉米胚芽蛋白（或者是三种蛋白的混合物）。还可以添加酵母如生膜菌酵母、啤酒酵母等。这些配料约占50%，混合后粉碎，再加入到已处理的畜禽血液中，充分搅匀，在66～93℃温度下水浴加热20～60min，制得湿饲料，灌装制成商业化罐头饲料，供家养宠物饲用。

另一种方法是将血制成重质血凝块的专利法。关于该法的工艺过程报道很少，其简略工艺是：将全血置于有两个速度不同搅龙的倾斜容器中（倾斜度2°～8°，快速搅龙起搅拌作用，慢速搅龙起输送作用），在容器外加热至85～110℃，便制得重质血凝块。据发明人称，由于屠宰场的血液采集后，要运输、储存，加工成血粉时脱水量大、工序十分复杂、耗资大、耗能高。而将血加工成重质血凝块，加工简便、成本低，便于运输保存，在狗、猫及猪、禽全价营养饲料中均掺入比例很高。

(2) 在食品工业中的利用：

① 全血的利用：

物理脱色：即在含有蛋白质、脂肪的介质中，用微粒乳化脱色。

如45%溶化猪油（板油或肥膘），20%原料血液，7.03%奶蛋白（如酪蛋白酸钠），28%水分。

将以上原料倒入混合容器中进行乳化，然后突然降压，便可明显脱色。脱色的血产品可以作为香肠及精细香料中肉的代用品，也可以代替鸡蛋用作沙司中的粘结剂，并可在色拉及其他食品中应用。

胶原蛋白脱色：该法使用的胶原蛋白可以是粉状的，也可以是片状的。使用量为血粉的20%。具体方法是将血液进行冷冻或喷雾干燥处理，然后同胶原蛋白混合进行酶水解。使用的蛋白酶类可以是胰蛋白酶、植物蛋白酶（木瓜蛋白酶等）、细菌蛋白酶（灰色链霉菌蛋白酶等)。酶解 pH 在 7.3～9.0 时效果最佳。该产品既含有胶原蛋白的非必需氨基酸，又含有血蛋白的必需氨基酸，营养价值很高，可作为浓汤添加剂、浓汤调味品、沙司添加剂、营养药片、快速餐菜、方便汤料，亦可以用于治疗消瘦症、营养缺乏症，并可作为运动员、旅游者、探险家、宇航员等的营养食品。

过氧化物脱色：先用氧化剂与酸进行的氧化反应对新鲜血液进行防腐处理，可贮存 45d 以上。最理想的防腐剂是碱金属或碱性土的亚硫酸氢盐。其方法是每千克全血加入 0.3～2.5g 亚硫酸氢钠，然后倒入过氧化物水溶液中（可以是碱金属的过氧化物、充氧水和有机过氧化物，最好是用过氧化钠或充氧水)，同时加入酸（最好是硫酸、盐酸、磷酸、乳酸和柠檬酸)，使 pH 达 6.4，静置 12～18h，再加碱调 pH 到 8.0，然后调到 6.4～6.5，静置 15～20min，进行过滤，收集溶液，加以浓缩或冷却，使部分盐结晶，并将盐分离掉。最后，蛋白质水溶液采用蒸汽加热、真空蒸发等方法干燥，可获得高蛋白血粉。每千克血可制取 170～210g 蛋白粉，出品率 17%～21%。该产品可用于猪肉制品、肉罐头、各种乳制品、营养面食（如细面条、通心面条）等。

沉淀分离：新鲜血液可用食盐水沉淀蛋白质，然后经萃取干燥的方法制得高蛋白血粉。具体方法是：a. 将鲜血调 pH 至 3.5 以下。b. 加入食盐水溶液，使蛋白质沉淀，然后分离。c. 将分离后的血蛋白质在略低于 45℃ 条件下，用醋酸乙烯酯、异丙醇和水的混合萃取剂，提取沉淀蛋白中的不纯物。混合萃取剂三者的比例为 7:2:1。d. 用离心方法分离蛋白质白色悬浮物（蛋白质为白色悬浮物)，分离出蛋白质。e. 用 40℃ 热空气流处理，挥发残留萃取剂。f. 漂洗除去食盐。g. 用 NaOH 调 pH 至 7.0。h. 经干燥获得高蛋白粉，蛋白质含量为 89.5%。每 10kg 猪血可制取 1.3kg 产品。

② 血浆的利用：

血浆粉：全血离心后得到的血浆经过干燥处理得到血浆粉。血浆粉在添加 3～4 倍水后，可作为香肠的原料，代替 5%～10% 的瘦肉，也可添加到汉堡包中。实践证明，添加血浆粉后，产品风味和保水性能均好，但色泽稍淡。还可将 1% 的血浆粉添加到里脊肉盐水火腿中，经测定，产品粗蛋白含量有所增加，但质地结构稍差。

冷冻血浆：经过冷冻的血浆解冻后，以 10% 比例添加到香肠中，或以 6% 的比例添加到火腿中代替 6% 冰水。经鉴定，感官质量超过未添加血浆的对照样品，风味明显改善，红色加深，且不易退色。冷冻血浆在 -25℃ 下贮藏 15 周后，质量未见变化。

血浆蛋白：血浆经过处理得到血浆蛋白。血浆蛋白可用于生产人造肉。具体方法是经过浓缩的血浆（每毫升含 120mg 蛋白质）中加入一定浓度的苏打，然后用泵打入含有 20% NaCl 和 lmol/L 浓度的醋酸池内，使蛋白质沉淀生产血浆纤维蛋白。这些血浆纤维蛋白含 17% 的蛋白质和 73% 的水。该产品在 0℃ 以下可保存三年不变质。

③ 血球的利用：血液经分离血浆后，血球常常被废弃。但实际上血球中的血蛋白占全血蛋白的 80%，而且血球中的血红蛋白中含有亚铁血红素。因此，如果使血细胞膜破裂，释放出血红蛋白，就能大大提高血液的利用价值。将铁的化合物分离出来，就能从血细胞中提取具有营养价值的珠蛋白，铁的化合物可作为补铁添加剂。其方法有下列几种：

ADKIA 化学法：该法是 1978 年 Tyboy 提取法的派生方法。该方法大致过程是将丙酮、水、盐酸放入超速搅拌器里进行混合，用混合物水解血球，蛋白质因不溶解于丙酮而沉淀，而且血红素溶于丙酮。分离这两部分便可提取珠蛋白。大约在 20 世纪 80 年代中期，国外将这项研究进行中试，逐步推广应用。

水解分离法：20世纪80年代初期，法国动物废物回收公司 Cuihaume 和 Plichon 发明了一项专利，用改变 pH 的方法使红细胞发生溶血。如用苏打、液态氨或气态氨，使血的 pH 达到 10，从而发生溶血，释放红细胞中的蛋白质，然后用酶或盐酸水解，使血红蛋白和血浆蛋白均发生水解，再进行加热消毒，蒸发或喷雾干燥，制成浓缩血蛋白产品。该方法的优点是充分利用血中的蛋白质，且产品经过彻底消毒，使用安全，营养和消化性大大改善，既可作为食用蛋白质，又可作为饲料蛋白质。另一大优点是可以在屠宰场就地溶血，阻止血液的凝固，因而防止了致病菌的繁殖，便于血液贮存和运输，避免蛋白质变性，提高了其营养价值。

萃解分离法：该方法是先加入能增加离子比例或具有脱水作用的物质，如乙醇、氯化钠、硫酸钠、硫酸铵、苯甲酸钠、聚乙二酮，并加入适量盐酸，使 pH 降低至 3.0 以下，使珠蛋白沉淀，使含铁的亚铁原卟啉及其衍生物裂解后留在液体中，再用离心分离法分离去珠蛋白。

活性炭处理法：在猪、牛全血或红血球中加入盐酸，在 100～200kPa 下搅拌 10h，冷却后用 NaOH 中和使 pH 达到 3.5，离心分离出非溶解物，过滤含水的水解物，每小时速度为 75kg。过滤后用活性炭处理溶液，再沉降分离活性炭，溶液用热空气喷雾干燥成浅色粉末，该产品成分是：氨基酸、多肽类 60%，盐分（氯化钠）35%，水分 5%，铁含量 0.01%。

NOV 酶水解脱色法：方法是用从地衣形芽孢杆菌中提取出来的枯草杆菌碱性蛋白酶（NOV 酶）A 进行水解。酶水解的条件是：温度 55℃，pH8.5，调整血球中蛋白质含量为 8%～10%，用离心方法分离血红蛋白。为改善脱色蛋白的质量，使用活性炭处理，每 100kg 未经稀释的血球使用 1.5～2kg。用过滤法脱去活性炭，可制得含有 35%～60% 干物质的浓缩液。该方法国外已在 20 世纪 80 年代中期进入工业性试验。该产品用于食品工业上。

酶解红血球法：该方法是一项专利，其原理是在充分发挥酶活性的 pH 条件下，尤其在有尿素存在条件下，将离心分离出血浆后的血细胞用一种或多种酶进行水解。使用的酶可以是中性蛋白酶、酸性蛋白酶，但碱性蛋白酶更好。碱性蛋白酶可从枯草杆菌、蜡质杆菌、地衣型素杆菌、真菌状杆菌尤其是枯草溶菌素类杆菌中制取。酶解时使用多种酶的混合物很有效，例如从微生物中制取的中性蛋白酶、碱性蛋白酶和附属酶的混合物，也可以是动物蛋白酶和植物蛋白酶的混合物（胃蛋白酶和木瓜蛋白酶等）。在酸性反应介质中可用淀粉酶取代蛋白酶与之混合，也可使用胰蛋白酶、细菌类蛋白酶和真菌类蛋白酶。

（3）在医药工业中的利用：

① 制取具有胰岛素作用的物质：采用的原料是小牛血或猪血。首先用亲水溶剂稀释，清除相对分子质量低于 1000 的物质，调 pH 达到 2～4，再在 15～40℃ 下保温 4h，然后冷却到 10℃ 以下，经过中和，在渗透薄膜上渗析相对分子质量低于 5000 的物质，经过浓缩冻干的富集阶段，再次除去低相对分子质量的物质和矿物盐类物质。制得的产品干物质含量 2.5～25mg/mL 时效价最好。

该方法制得的具有胰岛素活性的物质在鼠睾丸的脂肪附件上进行试验，证明可以降低动物血中血糖，可用于治疗长期服用胰岛素或口服糖尿病药造成的组织坏死。该种含有大量胰岛素活性的物质不受胰岛素拮抗物的抑制，并且有促进生长、恢复健康的作用。

② 制取伤口愈合物质：原料最好是犊牛血液，经抗凝处理的犊牛血脱除某些蛋白质，添加激肽类物质，可以活化血液中促进血液流通和伤口愈合的有效物质。使用激肽活化的过

程是激肽在激肽释放酶的作用下，分解某些激肽原蛋白质物质，产生活性。使用的激肽可以是舒缓激肽、赖氨酸舒缓激肽等。每毫克干提取物中使用量为0.001～0.025mg。这类激肽是低肽，含有9～11种氨基酸，用化学法合成也十分容易。使用该种产品后，可减少用药量，从而减少使用其他药物而出现的并发症的危险。

③ 制取抗炎类新药：用猪、牛、羊、马的血清（或血浆）进行超过滤分离，过滤薄膜可滤过相对分子质量小于500的物质，如在真空纤维上进行超过滤可加速过滤速度。接着进行凝胶过滤。凝胶过滤使用网状葡聚糖效果好，也可使用丙烯酰胺凝胶，凝胶过滤前或过滤后，用阴离子交换可改善产品纯度。再用非缓冲水进行洗涤，即得到产品。该产品用于治疗关节炎、紫外线引起的红斑病，松脂、角叉（菜）苷作用下的胸膜炎，风湿病及其他炎症均有效。

④ 制取人体组织粘结胶：首先将血浆冷冻为冷冻血浆，分离血浆冷冻沉淀物，对冷冻沉淀物用一种缓冲溶液进行反复处理。这种缓冲溶液中含有柠檬酸钠、氯化钠、甘氨酸、葡萄糖和血纤维蛋白溶解酶原的抑制活化剂或血纤维蛋白溶解酶的抑制酶。缓冲溶液pH为6～8。其次对经过处理的冷冻沉淀物分离，分离出能溶解的冷冻血浆蛋白，然后溶解提纯沉淀物，溶解提纯物在0～4℃下进行离心分离，分离的固形物再用缓冲溶液漂洗，直到X_3因子与血纤维蛋白原之比达到规定值80为止，然后将制得的物质冷冻贮存起来。该方法制得的胶中含有球蛋白，它在冷冻条件下不溶解，因此粘合力强，同时胶中还含有白蛋白，对胶的成分起稳定作用。胶中也含有血纤维蛋白溶解酶原的抑制活化剂，能抑制纤维蛋白的分解，因此粘合性能好。另外，这种胶具有特殊的交联性能，使用3～5min，血纤维蛋白链全部交联，2h后至少35%α-血纤维蛋白链交联。因此，可以克服纤维蛋白原及凝血酶作为胶所存在的问题，如凝血因子之间的比例未达最佳数，在粘合区纤维蛋白的分解作用未曾控制，会使粘合组织过早裂开。因此，这种新型胶的用途很广，可用于粘结人体的各种组织和器官，无需缝合，还可治伤止血、促进伤口愈合等。

⑤ 制取具有免疫调节作用的物质：原料是牛、兔、鼠的血清。制取方法是先在血清中添加0.01～50mmol（最好1～20mmol）的硫醇，添加巯基乙醇更好，其目的是活化免疫调节因子或FSAM因子，大大增加巨噬细胞T对DNA的合成。再采用色层分离法（离子交换凝胶）分离或沉淀血清成分中的FSAM因子。该产品具有明显的免疫作用，尤其是免疫刺激作用，因而适于治疗巨噬细胞功能的紊乱和淋巴细胞、T细胞功能的紊乱，也适用于因服用抑制细胞分裂的药物而引起的免疫功能减退。此项发明的FSAM因子可治疗肿瘤。

三、我国畜禽血液利用的方法

20世纪70年代末期和80年代初期，国家开始重视对血液的综合利用，国家科委、原商业部、一些省市的有关厅、局、公司、肉联厂以及科研单位把血液的综合利用作为重点课题进行攻关，相继开发研究出一些血液的产品。近几年来血液的利用取得更大进展，相继出现了许多重大科研成果，使血液利用的经济效益和社会效益大幅度提高，尤其是用血液制取畜禽饲料营养补剂、血红素、血卟啉衍生物、超氧化物歧化酶（SOD）、氨基酸营养液等项目达到了国际先进水平，缩短了和世界先进国家的差距。

1. 在饲料加工业中的利用

畜禽血液作饲料，20世纪80年代前的利用形式主要是蒸煮血粉或压榨血粉。20世纪80年代初期一些科研单位和企业开始联合研制发酵血粉。如武汉某肉联厂曾同中国科学院武汉病毒研究所研制“喂壮—W发酵血粉”，其蛋白质含量35%，游离氨基酸含量5%以上。杭州商学院已试制成功酶化猪血粉，在20世纪80年代中期通过了鉴定，经测定，其粗蛋白含量82%～84%，鱼粉中粗蛋白含量仅50%～60%，比鱼粉蛋白质含量高20%～30%，其中胨化态蛋白质占65%，氨基态蛋白质占36%～44%。这种酶化血粉比普通血粉适口性好，可做各种畜禽饲料，处理工艺简单。

湖南省某肉联厂同外商合作生产的发酵血粉质量优异，完全可以代替鱼粉作饲料。湖南某县肉联厂曾利用中科院微生物研究所的AS3.4437号曲霉菌株，以猪血为主要原料，适当掺和麦麸、糠饼，生产混合发酵饲料，对畜禽饲养效果极好。经喂鸡试验，每增重1kg，饲料消耗比普通饲料减少0.52kg，节省饲料20%～25%。

2. 在食品工业中的利用

（1）肉制品：在香肠、灌肠、西式火腿和肉脯中添加适量的猪血浆蛋白，产品脂肪含量略有降低，蛋白质含量提高。特别是血浆蛋白乳化性能好，使产品的保水性、切片性、弹性和粒度、产品率等均有提高，成本降低。如江苏省某县食品公司加工厂在试验的红肠中加入10%～12%的血浆，蛋白质含量提高7%，产品得率提高20.4%，每千克香肠成本降低5%～8%；该厂用血粉代替鸡蛋添加到肉脯中，效果很好，节约了成本。天津肉联厂每年生产血浆蛋白，在香肠中添加10%的血浆蛋白增加效益明显。脱色血蛋白粉目前也开始应用。

（2）烹饪菜肴：天津肉联厂曾利用猪血浆蛋白烹制出12种菜肴，即油爆蛋白丁、锅塌蛋白、辣油蛋白、雪花蛋白、高立蛋白、蛋白炝芹菜、蛋白虾片、芙蓉蛋白虾片、红扒蛋白、肚丝蛋白、辣椒蛋白、蛋白四宝。这些菜肴具有高蛋白、低脂肪的特点，味道鲜美、滑嫩可口、营养丰富，色、香、味、形俱佳。

（3）糖果糕点：血浆或全血经水解后，其蛋白质含量比奶粉的要高。邯郸肉联厂曾采用酶降解血浆，经过脱色脱臭，研制出食用蛋白，蛋白质含量在80%以上，脂肪小于1%，碳水化合物小于2%，氯化钠小于6%，溶解度95%，水分在6%以内，应用于糕点中效果很好。扬州市生化制药厂试验采用酶水解血蛋白粉，以1%、2%、3%的比例加入京果粉、蛋糕、乳儿糕、饼干、桃酥、蛋卷、面包、馒头等中，效果亦很好。上海市食品研究所曾将血蛋白粉掺入面包、饼干中，提高了产品蛋白质含量。经应用发现，血浆蛋白粉是一种良好的发泡剂，比鸡蛋发泡快且口味也好，能保持24h不出水；而且是一种很好的乳化剂，如加入京果粉中，有牛奶味，可代替牛奶蛋白；添加到面包中，使面包外观色泽更好，保型性佳，不易老化。如用血浆蛋白粉加工血球奶糖，提高了蛋白含量，明显降低了成本。添加到面粉中，可提高蛋白质效价25%左右。

（4）营养补剂：由于血中含有丰富的蛋白质、微量元素和铁质等，特别适宜于作营养添加剂。如作蛋白质补剂，补充儿童发育所需组氨酸、赖氨酸；作为铁质补剂，血色素铁可预防和治疗缺铁型贫血。目前，市场上麦乳精含氮量达不到8%～10%的标准，添加6%的血浆蛋白，可增加含氮量5%。山东潍坊新技术研究所和湖南长沙某肉联厂曾研制成含17种氨基酸的复合氨基酸粉（液）。

3. 在医药工业中的利用

① 血卟啉衍生物：血卟啉衍生物是在原卟啉基础上经过分子结构修饰而制得，该物质有与癌细胞中的核糖核酸紧密结合的功能。扬州生化制药厂承担的国家重点攻关课题“激光血卟啉衍生物诊治癌症”的研究，以血卟啉制得血卟啉衍生物，作荧光注射剂，注射48h后，产生荧光反应，可定位癌细胞，然后用氦氖气激光杀死癌细胞。通过对基底细胞癌、黑色素癌、胃癌、食道癌等的临床试验，发现血卟啉衍生物对肿瘤细胞有较强杀伤力，药物毒

性小，疗效好。

② 原卟啉钠：扬州生化制药厂采用脂化法研制的原卟啉钠，得率0.1%，含量93%以上。该产品有保护肝和降转氨酶作用，用于治疗急性肝炎、慢性迁延性肝炎、慢性活动性肝炎，经463例临床试验，有效率为71.7%。

③ 超氧化物歧化酶（SOD）：SOD可从猪血中采用生化方法制取。该物质能有效地清除超氧化自由基阴离子，保护细胞免受自由基阴离子的损害，对风湿性关节炎等有疗效。SOD同甾体类和非甾体类消炎药联合使用，有增效作用。我国苏州医学院与苏州生化制药厂联合研制成功，珠海某科技开发公司也制取成功。SOD中试成功和生产，为国内抗衰老研究、美容健体研究和放射生物学研究以及许多疾病发病机理研究提供了重要药物和生化制剂。

④ 球蛋白制剂：杭州某学院从猪血中制取球蛋白制剂，其中丙种球蛋白含量为85%以上。该种制剂目前主要应用于兽医上，经30个养猪场试验证明，对仔猪生长发育有明显的作用，增重16%以上。球蛋白制剂还可用于治疗大肠杆菌引起的仔猪白痢，治疗仔猪黄痢有效率达91.1%左右，对生长迟缓的仔猪有增进食欲、促进生长的作用。

⑤ 血活素：是用发育旺盛的幼牛血液除去蛋白质的提取物。血活素具有抗溃疡、愈合创伤皮肤的作用。武汉某牛奶公司生化制药车间和武汉某医院研制成血活素，取得良好的临床效果。

⑥ 氧化血红素：南京某生化研究所从猪血中制取氧化血红素，该药毒性小，可作为治疗贫血的药物。

⑦ 氨基酸：应用畜禽血液制取的氨基酸有注射剂、口服液等多种形式。氨基酸的应用方向是治疗疾病和作营养补剂。江苏某食品公司肉联厂用盐酸水解法从猪血中提取氨基酸，获得9种氨基酸，配制成11种氨基酸的复方结晶氨基酸输液。该药无色、无过敏性物质，疗效明显。该厂生产的氨基酸产品，可用于治疗溃疡，并是血浆代用佳品，临床上用于手术前后、大面积烧伤、创伤、消化系统吸收障碍及长期消耗性疾病等。天津某生化制药厂研制了氨基酸输液。青岛某生化药厂以猪血生产的碳酸精氨酸用于治疗支气管炎和肋膜炎，该厂生产亮氨酸、甘氨酸用于治疗十二指肠溃疡。四川某大学化学系研制出含有18种氨基酸的复合氨基酸营养剂。

⑧ 水解蛋白：武汉、上海、南京等生化制药厂用血纤维蛋白经酸解或酶解制取水解蛋白，具有良好的凝血止血作用。南宁某生化制药厂研制的口服止血粉被用于治疗呼吸道和消化道出血。

⑨ 免疫血清：血液中的免疫因子主要存在于血清中，上海市某食品公司、吉林某食品公司等单位研制出一种免疫血清。其制取方法是从具有高度免疫力或患过某种传染病或寄生虫病的健康动物身上，经无菌采血、血液凝固、再分离后制得。

⑩生化试剂：由于畜禽血液中所含物质极为丰富，目前已使用或正研制的生化试剂有：血纤维蛋白溶酶原、血红蛋白氧化血红素、组氨酸、精氨酸、苯丙氨酸及其衍生物等。南京某生化制药研究所从猪血中提取出多种蛋白质类物质，如激肽释放酶、纤维蛋白溶酶、纤维蛋白溶酶原、纤维蛋白等，形成高纯度蛋白酶系列。中国科学院新疆化学研究所试制了牛血清白蛋白，并大批量生产，产品质量优于用盐析法生产的。该产品是在生物化学、遗传工程、现代医学、生物学等研究中应用广泛的生化试剂。

⑪其他药物：上海某禽蛋厂生产的鹅血糖浆对癌症放疗、化疗有升高白血球作用。该厂同上海某食品公司药厂以猪的白血球作原料，分别制成了7.21片和7.49片，其作用是可升

高白血球，协助化疗。北京某食品公司药厂制成的羊血片，可用于治疗肝炎。该厂还生产鸡血片可治疗慢性支气管炎。

第三节　血红蛋白在食品中的应用

一、血红蛋白的含量

血红蛋白含量是以每100mL血液中所含的克数来表示的。各种成年畜禽的血液中，血红蛋白的含量为7～15g。正常情况下，每克血红蛋白能与36mL的O_2结合，所以，100mL的血红蛋白约结合200mL的O_2。一般地说，血液中红细胞数量多，血红蛋白含量也就高。但血浆中血红蛋白的含量受畜禽年龄、性别、季节、环境变化及饲料等因素的影响，如新生仔猪血红蛋白浓度高，几乎同成年猪相似，为10～12g；但体重加倍增长的第一周，出现一次生理性降低（4～9g）；以后随年龄的增长，逐渐升高到成年水平（10～15g）。海拔2500m以上高原地带动物的血红蛋白含量比平原动物的高，饲养条件好的血红蛋白含量也高。各种畜禽血液中的血红蛋白含量见表35-5。

表35-5　　各种畜禽血液血红蛋白含量

家畜种类	血红蛋白量/(g/100mL)	家畜种类	血红蛋白量/(g/100mL)
马	8～15	山羊	7～14
牛	9～14	猪	10～15
水牛	8.3	鸡	8～12
牦牛	10.2	兔	12.3
绵羊	10～15	骆驼	15.2

二、血红蛋白脱色技术

畜禽血液综合利用受到限制的原因除红细胞碎片有特殊“腥味”外，另一个主要问题是血红蛋白的颜色，即使加入少量也使产品呈暗棕色。许多年来，为了解决血红蛋白色泽的问题，世界各国的许多学者做了大量的研究，因为从营养角度来讲，血红蛋白是非常理想的蛋白质资源。

（1）物理脱色法：由于珠蛋白每条肽链以非极性基结合一个血红素，当血红蛋白在水中加热时，珠蛋白变性，并释放出血红素，血红素进而被氧化成氧化型血红素，呈暗棕色。Smirnitskaya等（1973）利用凝固的乳蛋白来隐藏血红素。Zayas（1975）采用的经超声波处理的脂肪乳化法是先进的，主要是基于分散的脂肪颗粒具有光散射作用。但该方法不能完全将加工后的产品的色泽隐去，限制了血红蛋白的应用。

（2）蛋白酶分解法：利用蛋白分解酶可将珠蛋白与血红素分开。在该过程中，释放出的血红素因具有疏水性而聚合成微粒，珠蛋白分解成肽态和氨基态，可用超滤或离心法将珠蛋白同血红素分开。常用的酶有Alcalase和ProteinaseAP114。前种酶水解率一般在18%～20%，产量为78%～85%。该分解法不能完全消除色泽，而应辅以活性炭或硅藻土来吸附，以除去色泽和不良气味。也可将pH达2.5的含血红素的蛋白酶解溶液离心，分离出血红素，再用H_2O_2来氧化残留在珠蛋白中的血红素（Wismer-pedersen，1987）。有人采用强无机酸来代替蛋白分解酶，但会降低蛋白质的营养价值，并产生不良气味。采用蛋白酶解法辅以除臭吸附工艺是可行的，但分离最终产物的工艺复杂，使产品价格提高。

(3) 氧化破坏血红素：在畜禽正常体内，血红蛋白可被氧化破坏，形成无色物质。有人采用过氧化氢作为氧化剂氧化脱色，也有人用臭氧氧化脱色。虽然这两种方法可十分有效地破坏血红素，但红细胞中的内源性过氧化氢酶的活性将抑制 H_2O_2 的氧化作用，必须使该酶失活。方法是在加入 H_2O_2 之前，将溶血红细胞加热至70℃；也可在常温下，用弱酸或碱水溶液使其灭活。H_2O_2 的使用量常为血液质量的0.3%～1%，反应温度是50～70℃。其氧化过程可在常温下进行，避免了过氧化氢对珠蛋白功能、特性和营养价值的影响。

(4) 溶剂萃解法：血红蛋白中的血红素是以非共价键与珠蛋白肽键相连。Anson&Mirsky (1930)、RossiFanelli 等 (1958) 认为血液中的血红素有游离态和结合态的两种。游离与结合的血红素之间存在着动态平衡，酸性条件下可使平衡向分解方向移动。一般的方法是将血红蛋白酸解后用有机溶剂萃取分离，常用的溶剂有丙酮、2-丁酮、丁酮、乙醇。Tybor 等 (1973) 利用含抗坏血酸的酸性血红蛋白溶液 (pH=4) 作通入 O_2 处理，使血红蛋白转化为胆绿蛋白，然后用酸性丙酮抽提。Kuppevelt 等 (1976) 根据 Drabkin (1945) 的冷丙酮抽提法和 Tybor 等 (1973) 的上述方法，获得的珠蛋白含 Fe 量仅为原含量的1.1%～1.2%。而且这类方法需要较大量的丙酮，每提取1kg 珠蛋白至少需要50L 丙酮。为节省丙酮用量，Palmin&Petrova (1972) 通过加入盐酸和氯化钠沉淀珠蛋白，然后在密闭的循环系统中连续提取。Marc&Vancirova (1978) 比较了 Tybor 等 (1973、1975) 和 Palmin&Petrova (1972) 两法提取的蛋白质的质量后，发现前者的纯度较高。

(5) 吸附脱色法：该法是在酸化的血红蛋白溶液中加入吸附剂，吸附血红素，并将其同珠蛋白分开。Marc&Vancirova (1978) 用活性炭、羧甲基纤维素、硅酸、二氧化锰作为吸附剂，并将它们的效果进行了比较，虽然，利用 CMC (羧甲基纤维素) 法获得高质量产品，但用量太大，一般生产70mg 珠蛋白产品，需1gCMC。活性炭效果最好，再用等电点沉淀法将珠蛋白从纯化的溶液中分离出来。Auto (1983) 利用 CMC 稀释液加入溶血的红细胞溶液中，结合生成 CMC-血红素复合物，经离心沉淀分离。该法已用于工业化生产。提取出的蛋白质的纯度，可用蛋白中含 Fe^{2+} 的浓度反映出来。CMC 法提取的珠蛋白含 Fe^{2+} 量少于丙酮法提取的。

(6) 综合脱色法：湖南农大食品科技学院为了探索有效利用畜禽血液的方法，根据血红蛋白的化学结构特点，综合国内外多种脱色方法，采用特殊的脱色处理工艺，以猪血为原料，得到两种产品，一种是脱色高蛋白食用血粉，另一种是高纯度的血红素。食用血粉蛋白质含量高达70.17%，血红素含量达73.75%，其中含铁量9.44%。该研究首先通过加热和用亚硫酸氢钠处理，使血细胞发生溶血、血细胞破碎，释放出血红蛋白。同时该过程还可破坏血液中的过氧化氢酶，以免影响后续的氧化剂氧化脱色处理。然后用酸性丙酮水解，使珠蛋白和血红素之间的配位键断裂。通过抽滤，滤去血红素，得到灰白色的全血蛋白颗粒，实现初步脱色的效果。血红素滤液通过酸性丙酮蒸馏回收处理，得到高纯度血红素。已脱去血红素的灰白色血粉颗粒由于其中的过氧化氢酶被破坏，便采用少量过氧化氢处理，进一步脱色，得到淡黄色的血粉颗粒，经40℃干燥粉碎，得到色泽极佳的高蛋白食用血粉。该研究中，酸性丙酮用量由国内10倍于血量降到4.5倍于血量，而且氧化剂用量极少，工艺简单，便于实用。

三、珠蛋白在食品中的应用

血红蛋白是一种溶解性极好的蛋白质，并且具有乳化脂肪形成坚实泡沫的能力（Buchbierg，1977），分离的珠蛋白对变性剂的耐受力较血红蛋白弱（Antonini&Branot，1971），在脱色过程中会不同程度地受有机溶剂或酸性条件的影响而变性。但在 pH5.2～6.0 时，加热珠蛋白即可形成凝胶（Hayakawk 等，1982）；在 pH 为 5.0～5.4 条件下，同血浆混合，形成更为坚实的凝胶。由于高含量的赖氨酸，珠蛋白可作为谷物类食品的营养补充剂。在小麦和玉米中添加珠蛋白，可使谷物类蛋白质的化学评分提高，当谷物中蛋白质含量达 17% 时，加入为谷物质量 1.5% 的珠蛋白，其蛋白的化学评分达到最高。Kuppevelt 等（1976）用小鼠试验，发现珠蛋白有增效作用，可使玉米蛋白生物价从 60% 提高到 75%，食品中含 7% 的网状蛋白的利用率也可从 55% 上升到 69%。对其他谷物类如高粱等也有类似效果。食物蛋白质生物价的提高意味着吸收的蛋白质易贮留在体内作为结构蛋白或促进生长。在第三世界儿童的食品中添加珠蛋白，具有十分乐观的前景。

尽管珠蛋白产品中含有盐类，且 pH 也高于 5.5，但普遍应用于肉制品中。在 Bolona 香肠中珠蛋白可取代 10% 的肉类。Wismer、Pederen（1987）报导，在 Model 香肠中，可用珠蛋白取代 25% 左右的肉品。珠蛋白也可同血浆混合成“无色血浆”，来取代饼干、糕点生产中大量使用的鸡蛋。Mitsyk 等（1975）认为，当 50% 以上的蛋品被血液蛋白取代后，生产的饼干在质地上仍具有适宜的多孔性和抗压缩性。Osadchayaetal（1975）将“脱色血液”应用于酵母发酵面包，替代蛋品，对面包多孔性、透性和结合水含量仅有微小影响，其理想替代比例是 20%。Bates 等（1974）用血蛋白代替水，用于酵母发酵面包生产，对面包的焙烤特性无影响。由此可以预计，随着血液脱色技术的发展，血蛋白在粮谷、糕点、饼干、面包中的应用会逐步增加。

四、血红素的应用

血红素含有丰富的 Fe，是铁的最好强化添加剂，广泛用于治疗缺铁性贫血。缺铁性贫血在一些国家被认为是仅次于能量和蛋白质缺乏的最普遍的营养缺乏症。Reizenstein（1980）等的许多研究表明，血红素铁的吸收率在所有食品不同状态下，均比各种形式的无机铁离子（如含铁微粒面粉、含铁片剂等）的高。研究表明，高铁血红素像血红蛋白一样，是不饱和脂肪氧化的催化剂（Tappel，1953），特别是变性后更好（Erilggon，1977）。Hirano&Olcott（1971）发现低浓度的血红素和血红蛋白可催化亚油酸乳剂发生氧化，但当高浓度时，在血肠、布丁等产品中这一作用又被抑制。血红素还是肉类食品的天然着色剂，可直接将提出的血红素添加到肉制品中。血红素的另一种利用形式是直接利用血红蛋白。为了防止血红蛋白经热处理后，血红素使血红蛋白颜色变棕色，Ito 等人（1986）用电解法还原血红蛋白，使铁离子稳定而避免氧化。另外，还有的研究试图通过形成血红蛋白的衍生物来稳定颜色。Bermaed（1958）将血红蛋白通入 CO_2 中，生成碳氧血红蛋白；有的加入亚硝酸、尼克酰胺和抗坏血酸，在含有乳酸的条件下形成亚硝酰血红蛋白，用于肉制品着色。湖南农大食品科技学院研制的亚硝酰血红蛋白浆应用于香肠、灌肠中，色泽极佳，而且含硝量极低，难以检测出亚硝基残留量，成为无硝或低硝肉制品。血红素更广泛地应用于医药界，是具有很高药用价值的材料，除了主治缺铁性贫血引起的各种疾病外，还可作为一种十分重要的抗癌药物——血卟啉的主要原料，又可转化成胆红素作为药用。

第四节　畜禽血液的预处理技术

为了有效地利用畜禽血液，必须搞好其预处理技术，提高血液原料的质量，有利于贮存、收集和运输。

一、集血防腐技术

畜禽刺杀放血时，可对收集的血液立即加入0.5%的EDTA钠盐（乙二胺四乙酸二钠）进行集血防腐。如没有EDTA钠盐，也可以用EDTA的其他盐类，如铝盐或镁盐，还可用EDTA（乙二胺四乙酸）及其盐类混合物。经这种处理的血液可贮存10d左右，能够符合定期集血的条件。据报道，血液中添加碱性土的亚硫酸氢盐作防腐剂，可贮存45d以上。定期收集经处理的血，送往血液利用场所后，可在80～110℃温度下大批量连续搅拌，使血液达到沸腾，时间为15～20s，得到深栗色的凝块，蒸发损耗不超过5%。得到的凝块可桶装，最好用塑料袋装，密封贮藏，可贮存数月。这种预处理技术设备简单、成本低，可全部收集屠宰场的血液。此外，也可将血液进行固液两相的分离或浓缩，然后冷藏保存。

二、溶血防凝技术

可以添加柠檬酸盐（柠檬酸钠或柠檬酸三钠）也可以添加肝素钠防凝，效果最好，但成本高。还可采用改变pH使血球溶血的方法，如使用氨水或氨气使pH达10。这些方法均可在放血场进行，有效地控制血液的凝固和污染，便于贮存运输。另一种方法是脱纤处理，脱去促使血液凝固的血纤凝蛋白，再进行血液消毒和浓缩，但在65℃时仍会凝固。

三、消毒处理技术

方法是将添加过抗凝剂的血液或血液部分成分，使含水量在30%左右或30%以下，在80～100℃加热条件下保持8～10min，能有效地消灭细菌和其他微生物，包括存活的细菌及大肠杆菌，不破坏血的特性，不发生蛋白质明显变性，可得到较好消毒。

四、浓缩脱水技术

由于不同的浓缩和干燥处理均需要一定的设备，目前不可能进行具有商业价值的处理，而用半渗透膜技术脱去水分、分离某些成分，则更实用有效。用半渗透膜作为预浓缩脱水工具，可减少冷藏或运输量。具体可以采用反渗透或超过滤方法。反渗透法比超过滤法费用低，且渗出物的流量和持留物的浓缩率高等。超过滤膜用丙烯腈共聚物制成。超过滤设备共由12层膜及板叠成，分离的极限为20000，膜的总面积为$0.9m^2$，进压为2.4×10^5Pa，出压2×10^5Pa，工作温度10℃，输入流量$2m^3/h$。反渗透膜是用醋酸纤维素制成的选择性膜，设备由12层圆盘膜组成。工作条件是：分离极限200，膜的总面积$0.36m^2$，进压42×10^5Pa，出压40×10^5Pa，工作温度10℃，输入流量$2m^3/h$。采用半渗透膜技术，同其他方法相比较，能大幅度减少污染，同时能较好保留蛋白质。经浓缩的血液蛋白质平均含量在88%以上，并且还具有节能、减少贮存量、有利于运输等优点。

第三十六章　动物油脂的利用

动物油脂是指以构成动物有机体的脂肪组织所提炼出的固态或半固态脂类，主要供人类食用，是膳食结构中脂肪营养素的重要来源；部分被用作饲料、化工原料和其他特殊工业用料。脂肪组织在胴体中占有较大比例。本章所指的动物油脂限于家畜和家禽类。

第一节　脂 肪 原 料

一、原料的获得

脂肪原料只有通过屠宰加工和分割肉加工才能获得。合理的屠宰和分割肉加工的工艺技术是获得优质脂肪原料的基本保障，而动物生前的养育技术则是获得优质脂肪原料的基础。

1. 动物脂肪原料的特征

各种动物体的脂肪都可以用来加工成食用油脂；不符合食用卫生要求的原料，则用来加工成工业用油脂；特殊用途油脂需要特殊部位原料，经特殊工艺加工而得（如蹄壳油脂用于润滑钟表等）。体脂一般多贮存于皮下、腹膜下（肾脏周围）、肠系膜、胃网膜、心包膜、肌肉间，个别种类贮存于特殊部位。内脏周围的脂肪习惯统称为内脏脂肪，皮下脂肪层也叫做膘（肥膘），腹膜下脂肪俗称板油，胃网膜脂肪俗称花油，肠系膜脂肪俗称肠油。

从形态上讲，脂肪组织是由退化了的疏松结缔组织和大量的脂肪细胞所构成。脂肪细胞近似球形，胞体较大，一般直径为 35～130μm，有的大至 250μm。脂肪细胞的外膜是由原生质构成的细胞膜和其外附有的一层网状纤维膜构成。胞内充满着脂肪滴，致使细胞核处于边缘位置。脂肪细胞聚集在一起形成直径 1～2mm 的 1 次小叶，外包以结缔组织膜，1 次小叶再聚集成 2 次、3 次小叶，外被以结缔组织以稳定脂肪滴。当破坏了脂肪组织中的结缔组织和网状纤维膜后，脂肪才能从脂肪组织中流出来。

脂肪是一种天然混合物，主要成分是甘油和不同的脂肪酸构成的各种中性甘油三酯。由于生物的适应性，不同动物的脂肪组成不同，同种动物不同部位甚至相同部位的不同层次所蓄积的脂肪的组成亦有区别。常用于生产动物油脂的原料主要有猪、牛、羊等动物的脂肪组织。个体间脂肪组织所含脂肪量，因年龄、肥育和饲料等因素而有较大的差异。在较好肥度下，脂肪组织中的含脂量约为 90%，水不到 10%，此外为蛋白质和其他微量物质。动物越肥其脂肪组织出油率越高，提炼出的脂肪质量越优。

猪脂原料多为白色或粉红色，个别为黄色的。由含油脂多的饲料引起的黄脂可供食用，由黄疸病引起的黄脂不能食用。一般油脂有光泽，室温下较柔软，无特别气味。肾脏周围脂肪、胃网膜脂肪、心包膜脂肪较硬，出油率高；肠系膜脂肪较硬，出油率较低。皮下脂肪出油率低于肾脏脂肪。用这些脂肪都可生产出特级猪油脂。而奶脯脂肪、阴囊脂肪质量较差，但仍可生产出较好的猪油脂。猪脂肪原料富含脂肪水解酶，故易腐败变质。

牛脂肪原料因含胡萝卜素多而呈黄色，老龄的较幼龄的色深，缺乏青绿饲料时则色浅（一般呈白色）。肠胃脂肪多呈灰色，状态硬，易被指压捻碎成碎粒状，具特有的气味，腐败变质进程较慢。

绵羊、山羊脂肪原料呈白色，较硬，具有特殊的膻气味，山羊气味尤显。脂尾羊的尾脂重达 5kg 以上，其特性同皮下脂肪。部位间特点同上述规律。羊脂肪腐败变质进程较慢。

马、驴、骡脂肪原料色黄，与牛脂肪的主要区别是较软，不易用手指压捻碎。

鸡脂肪主要是腹脂（腹膜下脂肪）原料，色黄，最软的呈半液态，压捻时易出油。

动物脂肪组织中均含有脂肪水解酶，且有适当的水分，不含有天然抗氧化物。因此，当宰后在分离整理过程中，因延时堆积或在较高温度条件下，脂肪会迅速水解，使酸度增高，变色，进而造成腐败，失去食用价值。

2. 原料的获取

不论从经济或质量要求方面考虑，都应选择肥度良好的肉用动物的脂肪作原料。按动物的种类和部位分别摘取和收集。摘取和分离脂肪多为手工操作，经过技术培训的操作工才能胜任摘取任务。防止污染和对原料立即降温是保证质量的关键。

内脏脂肪应在屠宰加工时的内脏分离、整理工序中，尽快趁热摘取，去除非脂肪组织和血污，撕剥肠系膜脂肪最易造成肠管破裂而污染脂肪，因此必须仔细剥离，用力适度。当出现肠管破裂时，立即结扎破口，冲洗净污物。腹膜下脂肪一般于胴体修割、冲洗后摘取。先沿脂肪附着的边缘割开腹膜和脂肪层，再从前（下）向后（上）拉下整片脂肪，从中挖除肾脏。一些冷冻贮藏胴体和部分鲜销胴体要求不摘除腹膜脂肪。其他内脏脂肪较易摘除。每摘取一件脂肪，随即按类别和卫生状况分出食用或工业用油脂原料，再根据部位和肥度按级分置，定量装盘或装箱，立即送冷却间降温。皮下脂肪一般在加工分割肉过程中分离，分割所得的脂肪除去骨屑、碎肉、血污及其他外来污物后，按类别、肥度分别定量装箱，及时送入冷却间降温。

脂肪装箱有不同规格，包装材料多为瓦楞纸箱，内衬聚乙烯薄膜，质量一般为 20kg，厚度控制在 15cm 以内，以保证原料能被及时降至要求温度。

二、原料的贮存

由于生产和流通等原因，对摘取的脂肪采用适当的贮存措施，降低腐败变质的进程，保证原料的新鲜度。常用的脂肪贮存方法有冷藏法、盐藏法和适度干藏法等。

1. 冷藏法

降温可以抑制酶的活性和细菌的生长发育，从而达到贮存保鲜目的。现代工业生产和贮存多采用冷藏法。冷藏的温度根据贮藏时间来确定。一般经冷却降温至零摄氏度以上，于 0～1℃冷库内可贮存 10d；经 －23℃冻结间冻结后，于 －15～－18℃冷库内可存 3～4 个月。具体工艺、堆码和库房管理参阅有关食品冷冻工艺内容。

2. 盐藏法

高盐溶液可以抑制细菌生长而达到保鲜目的。盐藏只能用干腌法，湿腌法可引起脂肪的水解。向脂肪原料表面涂撒食盐，然后分层置于木桶或其他容器中，每层约 5cm 厚，压实，再撒一层食盐，顶层加撒较厚的一层食盐，以起到隔离空气的作用。置于凉爽处贮存，在第 2～3d，翻一次桶，补足食盐，压实并给顶层加厚食盐。应用此法时，应尽可能降低脂肪的贮存温度，以利贮存时间的延长，即使如此，亦不能贮存时间过久。

3. 适度干藏

适度干藏是指在通风干燥环境下，使脂肪组织表面失水干燥，达到短期保鲜的目的。此法只适用于原料量少、无设备及家庭条件下使用，是调整人力、炼制设备和时间的一种临时性措施。用新鲜原料炼制出的油脂质量好，而用盐藏原料炼制的油脂多带有不良气味，质量较差。冻藏能保持油脂较好的质量。

第二节　炼制食用油脂

一、原料的处理

动物油脂原料在提取前要进行预处理，其工艺流程如下：

分类→分级→称重→修整→粗切→冲洗→沥水→降温→绞碎

(1) 分类和修整：对油脂原料首先根据动物种别分类，再依部位、肥度、鲜度、色泽和气味进行分级，分别称重，便于合理组织生产。然后进行修整，目的是清除血块、肌肉、碎骨、大块筋膜和淋巴等非脂肪组织和其他杂物，以免在熔炼时产品发黄和带烤焦味，防止湿法熔炼时产生动物胶而乳化油脂，从而缩短工艺过程及提高出油率。

(2) 粗切和洗涤：将修整好的原料切成4～5cm的小块，然后冲洗2～3h，除去表面污物、盐分及异味，再沥水约0.5h。降温至10～15℃，防止原料变质，增加硬度以便绞碎。

(3) 绞碎：用绞肉机将原料绞碎，利于脂肪外流，能显著缩短熔炼时间，同时可提高产品质量和出油率，并减少消耗。

二、油脂的炼制方法

动物油脂的提取主要采用熔炼法，而萃取法和水代法多不用。用加热的方法提取油脂称为熔炼法。熔炼法的一般工艺流程：

加料→熔炼→盐析→排油→澄清或压滤、离心去杂→盐析→净油→速冷→包装
　　　　　└→油渣　　　　　　　　　　　　└→沉淀油(食用或作饲料)

油渣处理工艺流程：

油渣→加温→压榨→粗油(食用或作饲料、工业用油)
　　　　　　└→油渣(饲料)

动物油脂包贮在脂肪组织的脂肪细胞内，与细胞的其他成分构成复杂的胶体系统，外围一层蛋白质构成纤维膜，细胞外还有胶原纤维、弹性纤维及其他物质构成的间质结构。

加热熔炼可以使蛋白质变性，从而破坏脂肪组织细胞，使脂肪流出，当温度加到70～75℃时，细胞、组织因蛋白质的热变性大量被破坏了；当达108℃时，细胞、组织才能完全被破坏。在熔炼过程中，由于胶原纤维会因加热和水的存在部分地形成明胶，明胶及其他分解产物再形成溶液，溶液中的蛋白质及其他具有乳化性的物质与油脂接触可形成较稳定的乳浊液，增加了油与水的接触面，并因在熔炼的温度条件下促进了化学反应而使酸价升高。这一不利因素，只有减少加水以达到有限度的控制。熔炼法根据加水与否分为干法熔炼和湿法熔炼两类。

1. 干法熔炼

干法熔炼过程不加水，乳浊液形成少，酸价低，易澄清和分离，产品质量优于湿法的。但因受热不均匀而有焦化现象。常用于生产的方法有以下几种。

(1) 明火熔炼法：用特制或普通铁锅在炉火上加热直接熔炼，此法适用于无蒸汽设备的小厂和家庭小量生产。设备简单，便于操作，成本低。缺点是受热极不均匀，油渣易焦化而降低质量。熔炼温度控制在85℃，不超过120℃，在搅拌下使油脂析出。熔炼时间视脂肪析出的程度而定，至油渣色泽微黄时为度。一般板油、膘油30～40min，网油、肠油40～50min，奶脯油及其他次质油60～80min。熔炼后捞出油渣，经压榨使油渣分离，集中油脂

于容器内。

(2) 蒸汽熔炼法：一般设备是带搅拌器的开口夹层釜。先向夹层中通蒸汽，再开动搅拌器，然后分次向釜内加绞碎的原料。分次加的目的是使受热均匀，当第一次原料加温达50℃时可加第二次，达60℃时加第三次，65℃时加第四次。总加料时间控制在1h以内，加料后维持65～75℃约1h，待大部分油脂析出后，加温至80～90℃，约经20min，使胶原蛋白溶化、绝大部分的油脂析出，停止搅拌和加热。再分三次加入1%～1.5%食盐，配成澄清的饱和食盐液，进行盐析，每次间隔约5min，盐析总时间约30min。待油液透明后，将上层油脂由放油阀管放出，入澄清池中，油渣从釜底口排出。

盐析的原理是食盐可使油脂中水的相对密度增加，加速水的下沉，同时可使悬浮的胶体质点脱水、聚集、下沉，达到除去杂质和水的目的。

(3) 真空熔炼法：真空熔炼油脂的设备，一般是带搅拌器的卧式密闭夹层锅。由夹层通入蒸汽加热，顶部设有装料口，由装料口接真空泵和放汽管。操作程序是先检查仪表，使其正常，关闭卸料闸，打开蒸汽阀，加热到70～80℃后，开动搅拌器，装入绞碎的原料。封闭装料口，开动真空泵，打开真空阀，使真空度达66.7～80kPa，蒸汽压力180～200kPa，锅温维持在70℃，约经1.5h，炼好后立即停止真空、蒸汽和搅拌，开盖，沉淀约25min后放油，然后关闭盖口，再对渣干燥30min。油渣干燥后，停止真空、蒸汽和搅拌，再放油。最后打开卸料闸门，开动搅拌器卸出油渣。

真空熔炼出的产品质量较好，因为原料中的水大部分被蒸发，油脂和渣不含水分，水解程度最小，熔炼温度较低，对磷脂及脂溶性维生素破坏少，不仅产品营养价值高，且有一定的抗氧化作用，同时很少有特殊的臭味，但设备较贵。

2. 湿法熔炼

湿法熔炼是在熔炼前向锅内加水，并使蒸汽直接通入原料锅内加热。产品异味少、色泽白，但易造成水解。

(1) 低压湿法熔炼：设备一般是底部设有蛇形带孔蒸汽管的单层锅。熔炼前加水高出蛇形管2～3cm，目的是避免原料直接受高温影响产生异味。投料后通入蒸汽，约经1h加热至65～75℃，保持该温2.5～3h，停止加热。分二三次加入1%～1.5%食盐（配成饱和澄清液），盐析30～40min，然后出油、排渣。对次质原料可加热至90～100℃，通入蒸汽宜缓，以减少乳浊液的形成。

(2) 高压湿法熔炼：设备为热压锅，用200～300kPa的直接蒸汽加热熔炼，其他基本同低压法。

三、油的净化

经熔炼排放出的油脂含有少量的水、小油渣和其他夹杂物，须经净化后才能达到食用要求。净化的方法有下述三种。

1. 自然澄清法

自然澄清法是最简单的净化去杂方法。澄清槽一般采用有夹层的锥形或半球形底的圆桶，先通入蒸汽将澄清槽加热至60～65℃，放油脂经纱布过滤后进入澄清槽，然后分次加入食盐液进行盐析。澄清5～6h，至清亮，产品含水约0.05%、含盐约0.008%为止。澄清后放出下层含杂质的沉淀油。上层油脂立即快速冷却，使其成为结晶细小、组织状态组腻、色泽一致、可塑性优良的产品。此法的缺点是费时较长，占地面积较大，油脂损失较多。

2. 压滤法

通常采用板式压滤机，在75～80℃下，以200～300kPa压力连续过滤杂质。滤过的油脂立即冷却、包装。压滤法适用于真空熔炼的油脂。

3. 离心分离法

离心分离法是根据油、水和渣的相对密度不同，用离心机除去杂质和水。分离的技术要点是油温保持在100℃左右，离心机转速5000～6000r/min，不能低于3200r/min。离心分离法生产纯度高，速度快，能连续生产。

四、油脂的精炼

经过净化去杂处理后的净油可满足食用要求，但其中还含有游离脂肪酸，酸价较高，有轻微的臭味，呈浅黄色。为了提高产品的质量，对净油可进行精炼加工。精炼的一般工艺流程为：

净油→加温→加碱（中和）→加盐→静置→洗涤→加热（干燥、脱臭）→放油入开口釜→加热→加酸性白土或活性炭（脱色、脱臭）→压滤→精油速冷→成品包装

1. 中和与洗涤

中和是用碳酸氢钠或碳酸钠对净油中的游离脂肪酸进行皂化以将其除去。先测定油脂的酸价，根据下式计算需要加的碱量，并配成5%的碳酸钠溶液。其计算公式为：

$$m=\frac{106A100m_1}{56.1B}$$

式中 m ——中和所需的碳酸钠量（kg）；

A ——油脂的酸价；

m_1——中和的油脂量（t）；

B ——碳酸钠的纯度；

106—— Na_2CO_3 的相对分子质量；

56.1 —— KOH的相对分子质量。

将净油加入敞口夹层釜中，通入蒸汽加热至60℃，在搅拌下逐步加入同温度的碱液，约经10min加完碱液，搅拌保温30min以后，再加入3%的饱和食盐液，静置3h后放出皂化物。上层油脂用95℃热水洗涤三四次，热水量约为油脂量的20%。每洗一次，静置30～40min，放出皂化液，洗至无皂迹为止。

2. 干燥与脱臭

洗净的油脂再于原釜中加热至100～105℃，进行干燥，也可在减压锅中于93.3～97.3kPa，85～90℃条件下干燥1～2h，使含水量低于0.2%。干燥过程有部分脱臭作用。

3. 脱色与脱臭

干燥后的油脂，可能色泽尚不洁白，可用酸性白土或活性炭进行脱色。将脱水的油脂放入开口釜中，加热到75～85℃，在搅拌下加入2%～5%的酸性白土或活性炭，再搅拌30min使其吸附。再经压滤，分离出精炼油脂和加入物。脱色过程亦有脱臭作用，脱色后的精油经速冷降温，使结晶均匀、状态细腻，包装后即为成品。

五、油脂的分级

食用动物油脂必须采用经过兽医卫生检验符合卫生要求的原料，并采用合理的卫生加工

方法进行加工，其质量目前尚无国家标准。一般质量良好的油脂应该是色泽正常，无异味、杂质，具较低的水分、酸价，有正常的理化常数。理化常数的一般要求范围见表 36-1。市销食用猪油的一般分级见表 36-2 和表 36-3。不符合卫生要求的动物油脂原料可加工成工业用油，一些因加工失误制造的食用油可改作工业用油，一般可参照表 36-1 标准进行分级。

表 36-1　　一些动物脂肪的理化常数

类　别	相对密度（15℃）	熔点/℃	酸　价	皂化价	碘　价
猪　脂	0.915～0.927	28—48	0.8～8.7	193～200	46～66
牛　脂	0.937～0.953	40～50	1.0～5.0	190～200	32～47
羊　脂	0.931～0.953	44～49	1.0～5.0	192～198	31～46.5
马　脂	0.916～0.933	29.5～43.2	1.1～3.1	195～204	71.4～86.3
双峰驼脂	—	—	0.82～1.35	189.7～201.8	63.7～69.5
兔　脂	0.929～0.960	25～46	—	198.3～205.8	102～107
鸡　脂	0.924	33～40	—	193.5～204.6	55～77.2
牛羊骨脂	0.914～0.916	21～22	—	184～195	43～56
肉用仔鸡腹脂	—	—	0.27～0.47	175.6～223.7	75.3～84.2
奶　脂	0.936～0.940	28～36	0.4～3.5	219～241	25.7～38

表 36-2　　市销猪油分级参考标准表

项　目	特　级	优　级	一　级	二　级
色泽（15～20℃）	白色	同特级	白色或略带淡黄色	白色或略带淡黄色
熔化后的透明度	透明	透明	透明	透明或微混浊
滋味和气味	正常，无外来异味	同特级	正常，无外来异味，或有微焦气味	同一级，或有微焦味、鲜油渣气味
硬度（15℃下）	软膏状，很坚实	同特级	同特级	同特级
水　分/%	≤0.15	≤0.20	≤0.30	≤0.50
酸　价	≤1.0	≤1.25	≤2.25	≤3.5

表 36-3　　工业用猪油质量标准表

项　目	一　级	二　级
色　泽（15～20℃）	白色或淡黄色	黄色或褐色
气　味	有酸、焦、哈喇等气味	有较强的酸、焦、哈喇等气味
杂　质	不允许有沉渣和沉淀物	同一级
水分/%	≤0.5	≤1.0
酸　价	≤10	≤15

六、有关技术指标

这是企业加强技术管理的主要内容，它的高低可以反映出生产和管理水平。下面介绍动物油脂加工中的几种主要技术指标及其计算方法。

（1）出油率：出油率是指原料经熔炼、去杂后，所得的净油与原料投入量之比，以百分数表示。计算公式为：

$$出油率 = \frac{净油量}{投料量} \times 100\%$$

（2）出渣率：出渣率是指原料经熔炼、压榨后，所得油渣的量与投料量之比，以百分数表示。计算公式为：

$$出渣率 = \frac{压后油渣量}{投料量} \times 100\%$$

（3）油渣残油率：油渣残油率是指原料经熔炼、压榨后，残留在油渣中的油脂的质量百分数。计算公式为：

$$油渣残油率=\frac{油渣中油脂量}{油渣量（1-油渣水分）}\times100\%$$

（4）精炼率：精炼率是指净油经精炼后，所得精炼油量与投入净油量之比，以百分数表示。计算公式为：

$$精炼率=\frac{精炼油量}{投入净油量}\times100\%$$

（5）辅助剂损耗：辅助剂损耗是指熔炼、精制每吨油料所损耗的食盐、碱、活性炭等的量（kg）。

第三节　油脂的性质与贮藏

一、油脂的物理性质

同油脂加工贮存有关的物理性质有相对密度、熔点、凝固点、导热性、乳化性、溶解性、热容量、粘度等。油脂的物理性质与其化学构成密切相关。

1. 相对密度

动物油脂都比水轻，一般15℃对4℃水的相对密度（d_4^{15}）=0.914～0.960（见表36-1）。温度上升1℃相对密度约降低0.007。不同动物油脂的相对密度稍有差异。同时油脂也不溶于水，故炼制时浮于水面，易于分层和分离。

2. 稠度、硬度、熔点和凝固点

多数动物脂肪在常温下呈固态，某些脂肪如蹄脂和鸡脂的大部分则呈液态。动物脂肪硬度的一般递减顺序为山羊脂、牛脂、绵羊脂、驼脂、猪脂、马脂、兔脂、鸡脂、骨脂。公畜比母畜脂硬，幼畜脂较软。饲料的性质对脂肪的硬度亦有影响。

动物油脂稠度较高，但能随温度升高而降低，如猪脂在50℃、70℃和90℃下，粘度分别为2.4、1.4和0.7Pa·s。粘稠度降低，则流动性增强。

油脂越硬其熔点和凝固点越高。动物油脂的熔点在21～50℃之间变化（见表36-1），且凝固点稍低于熔点。熔点是指在均衡缓慢加温下，油脂试样由固态变成清亮时的温度。凝固点是指在降温下，油脂由清亮出现混浊至凝固期间所测得的最高温度。

油脂中的主要成分是甘油三酸酯，而其理化性质取决于所构成的脂肪酸的碳链长短、饱和程度及其所占的比例。

油脂的熔点越低，越易和水乳化，则其消化率越高。一般脂肪的消化率为：猪脂96%～98%，牛羊脂80%～90%，奶油97%～98%。

3. 乳化性

甘油三酸酯的分子结构中有非极性的烷基，具弱极性的特点，因此，不能溶解于强极性介质（如水）中。而脂肪能溶解少量的水，如在40～100℃下，猪脂能溶解0.5%～0.45%的水。但油脂和水能形成乳浊液，其能力取决于甘油酯的分子结构、温度及其他物质的存在。在有乳化剂参与下，能形成水油比例不同的油/水或水/油两种类型的较稳定的稀乳浊液。

乳化剂有亲水性（如卵磷脂等）和亲油性（如胆固醇等）的两类，分别适用于形成油/水和水/油的乳浊液。油脂的乳化性越好，其食用价值越高。

乳化剂在油脂加工中具有双重性，当精炼分离时，需加消泡剂除去乳化剂，以减少油脂的损失；用其加工某些产品如人造奶油等时，需加乳化剂，使其形成乳浊液。

4. 溶解性

油脂几乎不溶于水，微溶于酒精，易溶于乙醚、石油醚、氯仿、苯、二硫化碳及四氯化碳等有机溶剂中。油脂熔点越低，越易于溶解，温度升高其溶解性增加，此性能为熔剂提取油脂的依据。

油脂中能溶解一定量的气体，故常用来做起酥油。脂肪酸饱和程度越高，持空气量越高，起酥性越好。如猪脂在21℃搅拌16min乳化时，能结合150%体积的空气。固态油脂也能吸附气体，这是油脂保存中氧化腐败的主要原因之一。

5. 油脂的比热容、潜热、导热性

油脂的比热容为1.25～2.09kJ/(kg·℃)，随含水量和冰点上下而有不同。如含水46%的猪脂，高于冰点时比热容为2.26kJ/(kg·℃)，低于冰点时为1.3kJ/(kg·℃)。

物质由固态熔化为同温度液态时温度不变，而需消耗大量的热量，此消耗的热量为熔化潜热。油脂的熔化潜热为2.09～2.51kJ/kg。

油脂的导热性较差，用热导率表示导热性。液态猪、牛脂的热导率约为0.63kJ/(m^2·h·℃)，而食品中的固态物平均热导率约为0.2。在固态下热导率约增加一倍，如20℃下猪脂为0.86kJ/(m^2·h·℃)，牛脂为1.27kJ/(m^2·h·℃)。

二、油脂的变化与变质

不饱和脂肪酸的双键不稳定，能发生加成和取代反应，是脂肪易发生化学变化而变质的内在因素。变化的速度和程度则受氧、光线、温度、酶、催化剂、水、微生物和时间等多种外因的影响。

1. 油脂的主要化学变化

(1) 水解：甘油三酯可发生水解反应，从酯键处裂解为甘油和脂肪酸。水解反应是可逆的，酶、高温、酸、碱、水等因素可加速水解反应。一般用酸价表示水解的程度，即脂肪中游离脂肪酸的多少。酸价是指中和1g油脂中游离脂肪酸所消耗的氢氧化钾的质量（mg）。

(2) 皂化反应：油脂在碱的作用下会发生皂化反应，使油脂水解后的甘油和脂肪酸生成其碱金属盐，即肥皂。这一反应是油脂制肥皂的依据。但皂化反应远比加碱中和速度为慢，利用这一差别可以进行加碱精炼，以除去脂肪酸，又可制皂。皂化价是常用的常数之一。皂化价指中和1g脂肪所含全部脂肪酸所消耗的氢氧化钾的质量（mg）。它可反映单位脂肪中的脂肪酸数量。

(3) 加成和取代反应：甘油三酯中脂肪酸的双键处能与其他元素（如氧、卤素、硫化氢等）起加成反应使之饱和，或进行取代氢原子的取代反应。

一般用碘价表示油脂脂肪酸的不饱和程度（含量）。碘价是指在一定条件下，饱和100g脂肪所消耗碘的质量（g）。另外还有用硫氰值表示的，但硫氰酸的加成反应是有选择性的，它对含一个双键的油酸全起反应，对含有两个双键的油酸只能加成一半，对含三个双键的亚麻酸只能加成两个双键。因此，用二者可以计算油脂脂肪酸的组成。

(4) 氧化酸败：油脂具有氧化性，在高温下更易于进行。动物脂肪易被氧化，一般称酸败。在脂肪酸的双键处与氧结合形成过氧化物，这种反应必须在光的作用下才能反应。一般用过氧化值或硫代巴比妥（TBA）值表示过氧化物的数量，即油脂的新鲜程度。

油脂的氧化是一种复杂过程，往往是链锁反应过程，每一个反应生成的游离基团都可激起分子的破裂，从而再产生新的游离基，使风味恶化。当形成多种氧化分解产物时，特别是酮、醛、挥发酸类，即使很微量，也能感觉到特殊的“哈喇味”。抗氧化剂可以终止油脂氧化链锁反应。动物脂肪的饱和程度较高，但却比植物油易于氧化，主要原因是其中缺少天然抗氧化剂。

(5) 聚合和酯化：脂肪氧化产物能聚合或酯化成较复杂的物质，使油脂熔点升高、粘稠度增高。在光线及某些微量（铁、铅、铜、钴、锡等）金属催化剂存在下，酯化作用则会增强，也有的人称此为氧化酸败，是氧化酸败之一种。这是最后的变化过程，食用油脂一般达不到这一进程。

油脂的水解、氧化酸败往往不是单一进行，多是相互综合进行着各种化学变化。

2. 防止油脂变质的措施

① 及时分离原料并防止污染。

② 迅速破坏脂肪水解酶的活性。一般对原料尽早加热到70℃以上，既能破坏酶的活性，又可防止油脂的水解、氧化速度的加快。

③ 降低温度。对原料应尽早地降温，降低酶的活性。贮存炼制油脂时，应尽可能降低温度，防止水解、氧化速度的加快。

④ 避光贮存。把油脂置于避光处，可防止光线对油脂氧化酸败的促进作用。

⑤ 隔绝空气。采用真空或充氮包装等方法，断绝氧气的供给，并减少搅拌以防空气溶入和吸附，可以防止氧化酸败。

⑥ 选用非金属材料包装。贮存中尽可能避免与金属离子（催化剂）接触，同时包装材料要求不透明、不透气。

⑦ 加入抗氧化剂。

⑧ 尽可能除去水分。一般多采用复炼除水的方法，以减少水分对油脂化学变化的促进作用。同时也可以消灭油脂中污染的微生物，并有防止酸败的作用。

三、油脂的贮藏

熔炼法生产出的油脂仍含有微量的水，溶解一定的氧，在贮藏中会发生水解、氧化作用，从而会降低质量，以致不能食用。因此，必须采用合理的贮存方法防止变质，以确保食用品质。目前生产上还没有一种能完全防止油脂氧化变质的方法。

一般采用透气、透油性差、遮光的非金属材料包装，在低温、干燥、黑暗、无气味的库内贮藏，在0～5℃库内，贮藏期不超过一个月；但在－18℃下，可贮藏9～12个月。不包装猪油在－18℃下可贮藏4～5个月。仓库的管理员应注意合理堆码，定期检查库内温度和通风情况，定期防鼠、消毒灭霉，做到货品先进先出。严格进出库手续，做好技术记录等工作。

第三十七章　生化制药利用

第一节　肝素钠的制取

1916年，科学家们从肝脏中分离出一种具有抗凝血作用的物质，命名为肝素。后来，科学家们又发现，肝素在哺乳动物的很多组织如肠粘膜、十二指肠、肺、肝、心、胰脏、胎盘、血液等中存在。肝素能阻抑血液的凝固，防止血栓的形成；同时，肝素在降血脂和免疫方面也有一定的作用。美国、欧洲、日本、加拿大和我国研究了多种肝素药物，用于治疗肾病患者的渗血、急性心肌梗死症、脑血管疾病、皮肤病，配合治疗暴发性流脑败血症、肾炎，防止癌细胞转移等。

肝素的国外市场较大，我国已组织了对西欧的出口，供不应求。目前，肝素的精品由制药厂生产，粗品主要由乡镇和私人企业提供。我国的肝素资源十分丰富，以四川、湖南两省为例，如果对本省资源加以充分利用，估计可生产6000亿单位左右的粗品，产值3.0亿元，利润为30%～50%。肝素钠粗品的生产主要有三种工艺。

一、盐酸—离子交换工艺

1. 工艺路线

猪肠粘膜 —氯化钠、氢氧化钠（50～55℃，2h；90℃，10min）→ 滤液 —714离子交换树脂→ 吸附物 —1.4mol/L NaCl，洗涤→ —3mol/L NaCl洗脱→ 3mol/L NaCl洗脱液 —乙醇→ 粗品

2. 工艺过程

(1) 提取：取新鲜肠粘膜投入反应罐内，按3%加入氯化钠，用氢氧化钠调pH至9.0，逐步升温至50～55℃，保温2h。继续升温至95℃，维持10min，随即冷却。

(2) 离子交换吸附：提取液用30目双层纱布过滤，待冷却至50℃以下即加入714型碱性Cl^-型树脂。新树脂用量为2%（用过的树脂要加大用量），搅拌8h后静置过夜。

(3) 洗涤：次日虹吸除去上层液，收集树脂，用水冲洗至上层澄清，滤干。用2倍量1.4mol/L氯化钠搅拌2h，滤干。再用1倍量1.4mol/L氯化钠搅拌2h，滤干。

(4) 洗脱：继续用3mol/L NaCl（用量为树脂的2倍）搅拌洗脱树脂8h，滤干；再用1倍量3mol/L氯化钠搅拌洗脱2h，滤干。

(5) 乙醇沉淀：合并滤液，加入等量的95%乙醇，沉淀过夜。虹吸除去上清液，收集沉淀，用丙酮脱水干燥，得粗品。

二、酶解—离子交换工艺

1. 工艺路线

猪肠粘膜 —胰浆、氯化钠（酶解）（pH8.5，40℃；pH6.5，90℃）→ 酸液 —D-254树脂（pH7，5h）→ 吸附物 —2mol/L NaCl，1.2mol/L NaCl（洗涤）→ —5mol/L NaCl，3mol/L NaCl（洗脱）→ 洗脱液 —乙醇（沉淀）→ 沉淀物 —脱水、干燥→ 粗品

2. 工艺过程

（1）酶解：每 100kg 新鲜肠粘膜（总固体量 5%～7%）加苯酚 200mL（0.2%），气温低时可不加。搅拌下加入绞碎的胰脏 0.5～1kg（0.5%～1%），用 30%～40% 氢氧化钠调 pH 至 8.5 左右，升温至 40℃，可控制在 40～50℃，保温 2～3h，pH 应保持在 8。然后加入 5kg 粗盐（5%），升温至 90℃左右，用 6mol/L 盐酸调 pH6.5 左右，停止搅拌，保温 20min，以布袋过滤。

（2）离子交换吸附：滤液冷至 50℃以下，用 6mol/L 氢氧化钠调 pH 至 7，加5kg(5%) D-254强碱性阳离子交换树脂，搅拌 5h 左右，交换完毕后弃去液体。

（3）洗涤与洗脱：用自来水漂洗树脂至水清，再用 2mol/L 氯化钠（约为树脂体积的等量）搅拌洗涤 15min，弃去洗涤液，再用 1.2mol/L NaCl（约为树脂体积的两倍量）同法洗涤两次。此后，用 5mol/L NaCl（约为树脂体积的半量）洗涤 1h，收集洗脱液，然后用 3mol/L NaCl（约为树脂体积的等量）同法洗涤两次。合并洗脱液。

（4）乙醇洗涤：用纸浆助滤，将洗脱液过滤一次，澄清，加 0.9 倍（以体积计）用活性炭处理过的 90% 乙醇，沉淀 8～12h。虹吸上清液并弃去，沉淀中补加蒸馏水，每 100kg 肠粘膜加水 300kg，再加入 4 倍量 95% 乙醇，凉处放置 6h，收集沉淀。用无水乙醇脱水 1 次，丙酮脱水两次，再用五氧化二磷真空干燥，即得肝素钠粗品。

三、大孔树脂工艺

1. 工艺路线

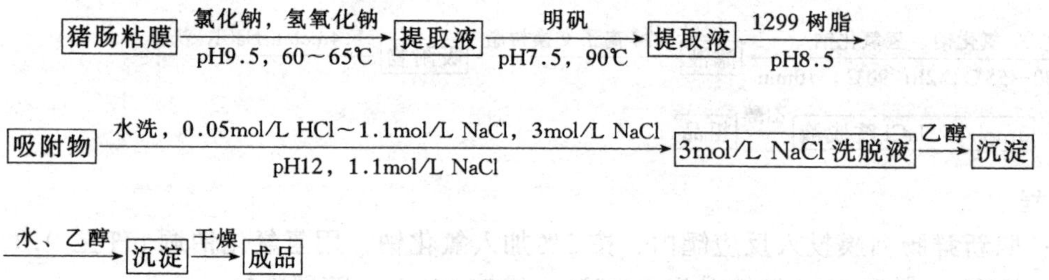

2. 工艺过程

（1）提取、盐解：称取鲜粘膜（总固体含量 8%～10%）1000kg，加水 1000kg 和工业食盐 60kg，用 40% 氢氧化钠调 pH 至 9.5，在 60～65℃下保温搅拌。5h 后，用饱和明矾水调 pH 至 7.5～8.5（用明矾约 8kg）。90℃下保温 10min，趁热过滤，再用 100～120 目尼龙布过滤。滤渣中加 500kg 水和 15kg 工业食盐，同前述条件再提取一次。把两次滤液合并，约为 1800L。肝素效价一般为 25U/mL，4.5 万 U/kg 肠粘膜。

（2）离子交换：提取液冷至 40℃以下，pH 为 7.5～8.5，加入占肠粘膜重 5% 的 1299×9 树脂（计 50kg，体积为 71L）。搅拌吸附 8～10h（气温高时可加 30～50mL 甲苯防腐），用 80～100 目尼龙布收集树脂，以自来水漂洗至不混浊为宜。装柱时，使柱床直径与高度比为 1:(4～6)。

（3）洗涤与洗脱：

① 酸盐水洗：树脂先用 1 柱床体积蒸馏水洗，再用 5 柱床体积（约 400L）蒸馏水洗。反复用 0.05mol/L 盐酸～0.5mol/L 氯化钠或 0.05mol/L 盐酸～0.8mol/L 氯化钠或 0.05mol/L 盐酸～1.1mol/L 氯化钠洗 5h，又用蒸馏水洗至 pH 为 5 左右。再用 4～5 柱床体

积（约 300L）12mol/L 氯化钠洗涤。各步骤都洗至流出液加 2 倍乙醇无沉淀为止，流速为 1 柱床体积/h。再用约 1 柱床体积 3mol/L 氯化钠（约 71L）洗脱肝素，流速 0.2～0.25 柱床体积/h，并用无热原容器收集对天青染料显紫色反应的部分。

② 碱盐水洗：用蒸馏水洗涤树脂后，再用 5～6 柱床体积 pH12，1.1mol/L 的氯化钠（约 400L）洗涤树脂至用 2 倍乙醇检查无沉淀生成为止，流速 1 柱床体积/h。此后，用 1～2 柱床体积蒸馏水洗至近中性，最后用 1 柱床体积/h，3mol/L 氯化钠洗脱，流速 0.2～0.25 柱床体积/h。收集对天青染料显紫色反应的部分。

上述两法中，洗涤液一般每毫升含肝素 1～2U，洗脱液中每毫升含肝素 400～600U。

(4) 乙醇沉淀：3mol/L 氯化钠的洗脱液（约 70L）加 1～2 倍 95% 乙醇，同时搅拌 10～30min，放置 4～8h 或过夜。用虹吸法除去上层清液，将沉淀转入 3 或 4 号垂熔玻璃漏斗中过滤。也可采用离心法分离。沉淀加蒸馏水 1.5～2L 溶解，抽滤至澄清。用 6mol/L HCl 调 pH 至 2.0～2.5，再抽滤至澄清。用 2mol/L NaOH 调回 pH 至 6.0～7.0，并补加 3mol/L NaCl 和蒸馏水至 6～9L，使盐酸浓度为 1mol/L，再加 1～2 倍乙醇。所得沉淀用 3:1 或 5:1 醇—水浸泡两次，95% 乙醇洗一次，丙酮洗 2 次，45℃ 真空干燥 4～6h，即得成品 150～200g（精品），效价约为 150～170U/mg，收率为 3 万 U/kg 肠粘膜。

第二节　超氧化物歧化酶的制取

超氧化物歧化酶简称 SOD（Superoxide dismutase），是一种广泛存在于动植物及微生物中的金属酶。自从 1973 年 Weisiger 等在鸡肝中发现两种 SOD 以来，至今已采用了各种分离及分析方法，成功地从各种动物肝脏及血液中分离纯化了 SOD。该酶至少可分为三种类型：第一种类型—— Cu·Zn-SOD，呈蓝绿色，主要存在于真核细胞的细胞浆内，相对分子质量在 32000 左右，由两个亚基组成，每个亚基含 1 个铜和 1 个锌。第二种类型—— Mn-SOD，呈粉红色，其相对分子质量随来源不同而异。来自原核细胞的相对分子质量约为 4000，由两个亚基组成，每个亚基各含 1 个锰；来自真核细胞线粒体的 Mn-SOD，由 4 个亚基组成，相对分子质量约为 80000。第三种类型—— Fe-SOD，呈黄色，只存在于真核细胞中，相对分子质量在 38000 左右，由两个亚基组成，每个亚基各含 1 个铁。此外，在牛肝中还存在一种 Co-Zn·SOD。目前发现 SOD 可能与机体衰老、肿瘤发生、自身免疫性疾病和辐射防护等有关，临床上主要用于延缓人体衰老、防止色素沉着、消除局部炎症，特别是治疗风湿性关节炎、慢性多发性关节炎及放射治疗后的炎症，无抗原性，毒副作用较小，是很有临床价值的治疗酶。SOD 不仅在临床上大显身手，而且近年来又被广泛地应用于日用化工行业。含有 SOD 的化妆护肤品备受女士的青睐，其产品具有很强的竞争力。如市场上销售的许多高级护肤化妆品，都因添加了 SOD 而俏销。SOD 将成为广大药厂和日用化工厂的重要原料。目前我国大规模生产 SOD 的厂家屈指可数，市场需求量大，在今后一段时间内供应将趋紧，因此充分利用动物废弃物生产 SOD 是大有发展前途的。

一、从牛血中提取 SOD

1. 加热除杂蛋白工艺

(1) 工艺流程：

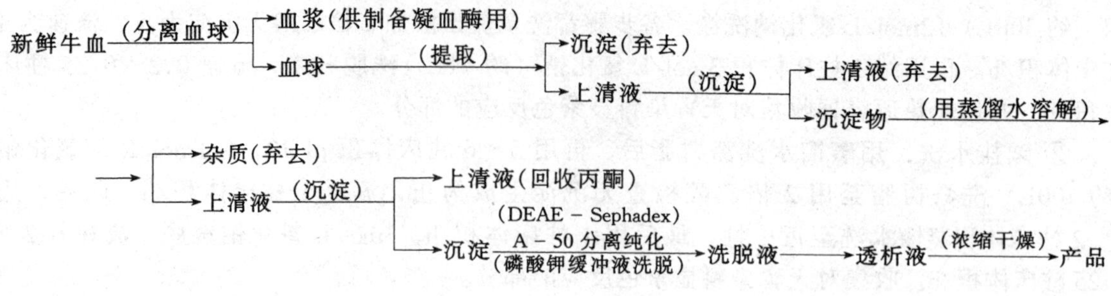

(2) 操作步骤:

① 分离血球:取新鲜牛血,按 100kg 牛血加 3.8g 柠檬酸三钠投料,搅拌均匀,装入离心管中,在离心机中以 3000r/min 的速度离心 15min,收集血球,血浆可用于制备凝血酶。

② 提取:把收集的血球用 0.9% 氯化钠溶液洗三遍(每次用为血球 2 倍体积的氯化钠溶液洗),然后加入蒸馏水(和牛血等量的水),在 0~4℃ 条件下搅拌溶血 30min,再缓慢加入溶血的血球 0.25 倍体积的 95% 乙醇和 0.15 倍体积的氯仿(乙醇和氯仿要事先冷却至 4℃ 以下),搅拌均匀,静置 20min,置于离心机中离心 30min,收集上清液,弃去沉淀。

③ 沉淀:在上清液中加入 2 倍体积的冷丙酮,搅拌均匀,于冷处静止 20min,离心收集沉淀。沉淀物用 1~2 倍体积的水溶解,在 55℃ 水浴中保温 15min,离心收集上清液。再用 2 倍冷丙酮使上清液沉淀,静置过液。然后离心收集沉淀,上清液可用于回收丙酮。

④ DEAE - Sephadex A-50 分离纯化:把以上沉淀溶于 pH 为 7.6、2.5μmol/L 的 K_2HPO_4-KH_2PO_4 缓冲液中,用离心法除去杂质,收集上清液准备上柱。

先把 DEAE - Sephadex A-50 装入 3cm×40cm 的柱中(柱长 40cm,柱内径 3cm),用 pH 为 7.6、2.5μmol/L K_2HPO_4-KH_2PO_4 缓冲液上柱,等流出液的 pH 为 7.6 时,将样品上柱,用 pH7.6,2.5~50μmol/L 的 K_2HPO_4-KH_2PO_4 缓冲液进行梯度洗脱(洗脱液浓度从 2.5μmol/L 开始逐渐加大至最终浓度达 50μmol/L,这样便形成洗脱梯度),收集具有 SOD 的活性峰,将洗脱液倒入透析袋中,在蒸馏水中进行透析(透析方法是利用小分子物质在溶液中通过透析袋,而蛋白质和粘多糖等大分子物质不能通过透析袋的性质而达到不同大小分子分离的一种方法),然后将透析液经超滤浓缩后,冷冻干燥即为 SOD 产品。

2. 磷酸氢二钾法工艺

(1) 工艺流程

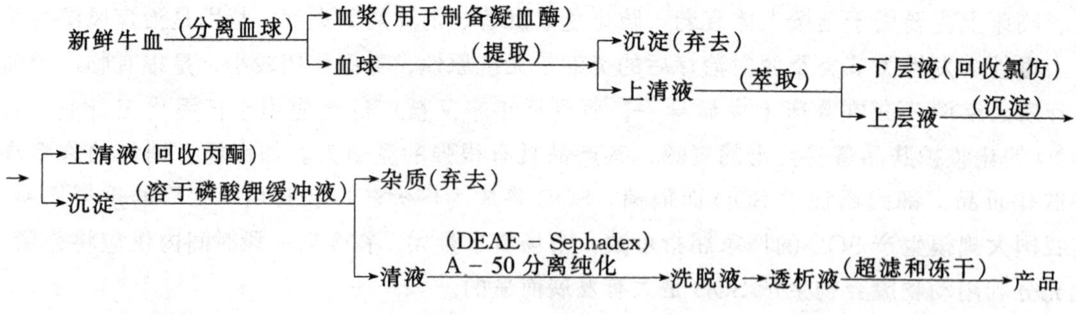

(2) 操作步骤

① 分离血球:100kg 牛血加 3.8g 柠檬酸三钠,搅拌均匀,装入离心管中,以 3000r/min 的速度离心 15min,收集血球,血浆可用于制备凝血酶。

② 提取:首先用 0.9% 氯化钠溶液洗血球三遍,每次用血球 2 倍体积的氯化钠溶液,然

后加入等体积蒸馏水搅拌溶解 30min（0～4℃）。再缓慢加入为溶血的血球 0.25 倍体积的 95%冷乙醇和 0.15 倍体积的冷氯仿（4℃以下），搅拌 15min，静置 20min，用离心法收集上清液。

③ 萃取：在离心的上清液中，加入为上清液 40%的 K_2HPO_4，搅拌使 K_2HPO_4 充分混匀，然后倒入分液漏斗中分层，收集上层溶液。

④ 沉淀：将萃取分出的上层溶液倒入塑料桶中，加入 2 倍冷丙酮，搅拌均匀，静置 20min，离心收集沉淀。

⑤ DEAE-Sephadex A-50 分离纯化：把沉淀溶于 pH 为 7.6，2.5μmol/L K_2HPO_4-KH_2PO_4 缓冲液中，然后离心分离出上清液。将上清液上 DEAE-Sephadex A-50 柱（3cm×40cm），用 pH 为 7.6，2.5～50μmol/L 的 K_2HPO_4-KH_2PO_4 缓冲液进行梯度洗脱，收集具有 SOD 活性的蛋白峰。然后将洗脱液装入透析袋中在水中透析，最后将透析液超滤浓缩、冻干即得微带蓝绿色的产品。

二、从猪血中提取 SOD

1. 工艺流程

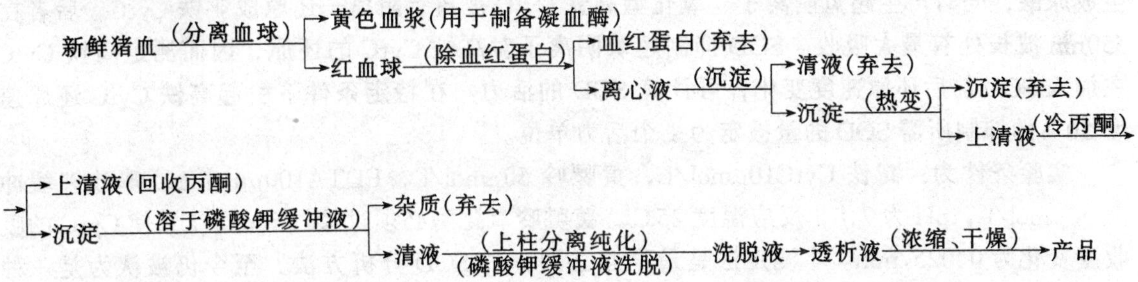

2. 操作步骤

(1) 分离血球：取新鲜猪血，事先加入为猪血体积 1/7 的 3.8%柠檬酸三钠溶液，搅拌均匀，以 3000r/min 的速度离心 15min，除去黄色血浆，收集红血球。

(2) 除血红蛋白：红血球用两倍 0.9%氯化钠溶液离心洗涤三遍，然后向洗净的红血球中加入等体积去离子水，剧烈搅拌 30min，于 0～4℃静置过夜。再向溶血液中分别缓慢加入 0.25 倍体积的预冷乙醇和 0.15 倍体积的预冷氯仿，搅拌 15min 左右，静置 30min，然后用离心法除去沉淀，收集微带蓝色的清澈透明粗酶液体。

(3) 沉淀：向上述粗酶液中加入等量冷丙酮，搅拌均匀，即有大量白色沉淀产生，静置 30min，用离心法收集沉淀物。

(4) 热变：把沉淀溶于 pH 为 7.6，2.5μmol/L K_2HPO_4-KH_2PO_4 缓冲液中，加热到 55～65℃，恒温20min，然后迅速冷却到室温，离心收集上清液，弃去沉淀物。在上清液中加入等体积的冷丙酮，静置 30min，离心分出沉淀，脱水干燥即得粗品 SOD，可用于化妆品或食用。

(5) DEAE-Sephadex A-50 分离纯化：把沉淀溶于 pH 为 7.6，2.5μmol/L K_2HPO_4-KH_2PO_4 缓冲液中，用离心法除去杂质；上清液上 DEAE-Sephadex A-50 柱，用 2.5～50μmol/L K_2HPO_4-KH_2PO_4 缓冲液进行梯度洗脱，收集具有 SOD 的活性峰。将洗脱液装入透析袋中，在蒸馏水中透析，超滤浓缩透析液，然后冷冻干燥即得精品。

三、操作要点与活性检测

1. 操作要点

① 牛血 SOD 对热稳定，猪血 SOD 对热敏感。因此在分离过程中温度应控制在 5℃ 左右，最好在 0℃，时间不要超过 4d。

② 分离出的红血球经生理盐水洗涤后，如暂不用，可冷冻保存，不影响其酶活力。

③ 上柱分离纯化要注意 pH 和盐浓度，pH 控制酶分子的带电状态，盐浓度控制结合键的强弱。为了得到高纯度的 SOD，多采用梯度洗脱法，也可用 DE-32、CM-32 等作交换剂。

④ 有机溶剂用量应适当，在有机溶剂存在下，可有效地沉淀蛋白质，但应控制温度，方可达到最佳分离效果。

⑤ 牛血 SOD 在 pH 为 5.3～9.5 范围内比较稳定，猪血 SOD 在 pH 为 7.6～9 范围内比较稳定，因此在提取过程中应注意掌握 SOD 酶的最适 pH。

2. SOD 活性与纯度检测

① SOD 活性检验：SOD 活性检验比较经典的方法是黄嘌呤氧化酶—细胞色素 C 法，简称 CytC 法。本法主要是在有氧条件下，黄嘌呤氧化酶催化黄嘌呤或次黄嘌呤发生氧化反应生成尿酸，同时产生超氧阴离子，氧化型高铁 CytC 被超氧阴离子还原成亚铁 CytC。后者在 550nm 波长处有最大吸收。SOD 抑制超氧阴离子对高铁 CytC 的还原，因而测定高铁 CytC 在加入 SOD 前后还原速度变化，可计算 SOD 的活力。在特定条件下引起高铁 CytC 还原速度 50% 的抑制所需 SOD 的量被定为 1 个活力单位。

实验条件为：高铁 CytC10μmol/L，黄嘌呤 50μmol/L，EDTA100μmol/L，磷酸钾缓冲液 50μmol/L，pH 为 7.8，反应温度 25℃，黄嘌呤氧化酶必须过量（5μmol/L）使 CytC 的吸收度变化为 0.025/min。本测定法是最早建立的一种 SOD 分析方法，至今仍被认为是一种可靠方法，不要求特殊仪器。

② SOD 纯度检验：SOD 纯度可用聚丙烯酰胺凝胶电泳来测定，看其在相对分子质量 32000 左右的一条带是否同标准品相同。

第三十八章 畜皮的利用

在东南亚的菲律宾、马来西亚、印度尼西亚、泰国等国，有食用“炸猪皮”的习惯。日本人和美国人也喜爱食用“油炸猪皮”。德国有18种香肠中添加了猪皮，添加量为4%～20%不等，其中汉诺威袋装香肠内加有36%的猪皮；此外，在鱼肉香肠和鱼肉火腿肠中也加入了粘结性良好的猪皮明胶液，有的还加入由明胶提取的水解蛋白以增加风味。

目前，美国、日本、德国以及我国台湾已研制出用猪皮作人造皮肤，广泛用于大面积烧伤、烫伤、损伤等医疗上，效果良好。

我国近年来对猪皮的研究已广泛开展，猪皮制品除了添加在肉制品中外，还用于糖果、冰淇淋中作稳定剂和乳化剂。广西梧州某轻工研究所试制出用猪、牛皮做成人造肠衣，每千克22～30元，比天然肠衣每千克36～70元便宜得多。北京市每年将用5万多千克猪皮制成明胶加入肉类产品中，提高了产品质量和营养价值，降低了成本，扩大了人类蛋白质来源，为猪皮边料的利用开辟了新途径，也减少了环境污染的公害，值得提倡并继续深入研究。

第一节 畜皮的化学组成

畜皮的化学组成随品种、年龄、性别、部位的不同有差异。一般成年畜皮的蛋白质含量高，水分少；幼畜皮则相反。成年皮（猪皮）中蛋白质含量占30%左右，水分占66%，脂肪占2%，灰分占1%。

蛋白质中主要成分是角蛋白、白蛋白、球蛋白、弹性蛋白和胶原蛋白，这些蛋白质使畜皮有柔软性和伸张性，加工后仍保持柔韧和坚固性。

一、水 分

皮的含水量随动物的种类、性别和老幼不同而异，如表38-1所示。

表38-1　　鲜皮的水分含量

皮 类	水 分 /%	皮 类	水 分 /%
公牛皮	67.3	公猪皮	64.9
乳牛皮	69.4	母猪皮	67.5
公犊皮	70.9	小山羊皮	63.45

以上数据说明，幼皮较老皮含水量多，母畜较公畜的多。每张皮不同部位的含水量也不一样，如乳牛臀部皮水分为67.40%，背部为67.7%，腹部为68.0%，颈部为70.0%。说明组织紧密的部位含水分少。

生皮中的水分主要是皮中蛋白质所含有的。蛋白质的肽链上的极性基与水以氢键结合，与蛋白质极性基结合的水分子定向地排列在肽链上形成整齐的水分子层，这部分水叫做蛋白质的水合水（化合水）。它的性质与一般的水不同，失去了溶解其他物质的性质，它的蒸汽压、凝固点和介电常数都比一般水为低。这种水合水不能用一般干燥方法脱去，要在较高的真空、较高的温度（100℃）和有干燥剂（如 P_2O_5）存在时，才可完全除去。有人将皮块加压至 70MPa 时，再也压不出水来，这时真皮中尚存的水就被认为是水合水，这样测出 100g 绝干胶原中含有 44～47g 水合水。

蛋白质中的水分除了水合水外，在蛋白质结构的空隙内还有大量的水分，这些水的性质与一般水一样，叫做吸附水（自由水）。这部分水对蛋白质的体积有很大的影响。

100g 绝干胶原在水中最多可以吸收 200g 水。角蛋白的水合水只有 5%（以绝干角蛋白计），在水中最多吸收水可达 40%。

二、蛋　白　质

皮中蛋白质的种类很多，有纤维型的，也有球状的，其中以胶原蛋白（胶原）和角蛋白为最多，另外，还有弹性蛋白、网硬（状）蛋白、白蛋白、球蛋白和类粘蛋白等。它们有的还包括多种组分，如胶原还可以分为原胶原（溶解胶原）和不溶胶原，角蛋白也有含硫量高的组分和含硫量低的组分，球蛋白也有 α-、β-、γ-等组分。要研究这些蛋白质的含量、组成和性质，就应当将它们系统地分离提纯出来。分离的步骤如下：

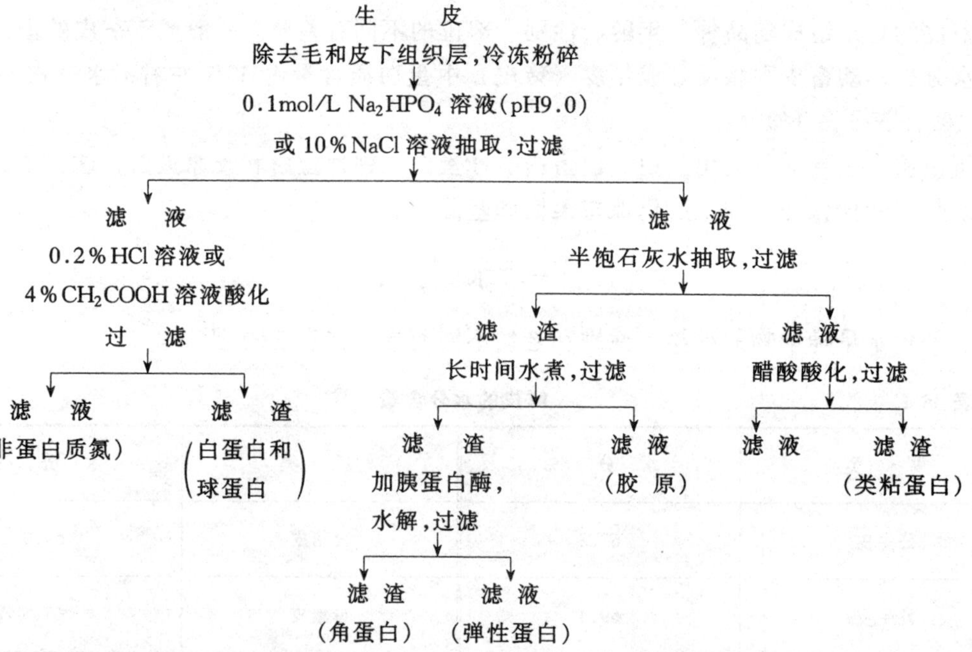

上述分离方法有缺点。因为有少量胶原要溶于 10% 的 NaCl 溶液或 0.1mol/L Na_2HPO_4（pH9.0）溶液，所以分离出的胶原含量偏低。应当将上述抽取后的滤液再分析胶原含量来弥补其差数。

由于生皮的主要蛋白质为胶原，可以按照胶原的分级方法来分离皮蛋白质，其步骤如下：

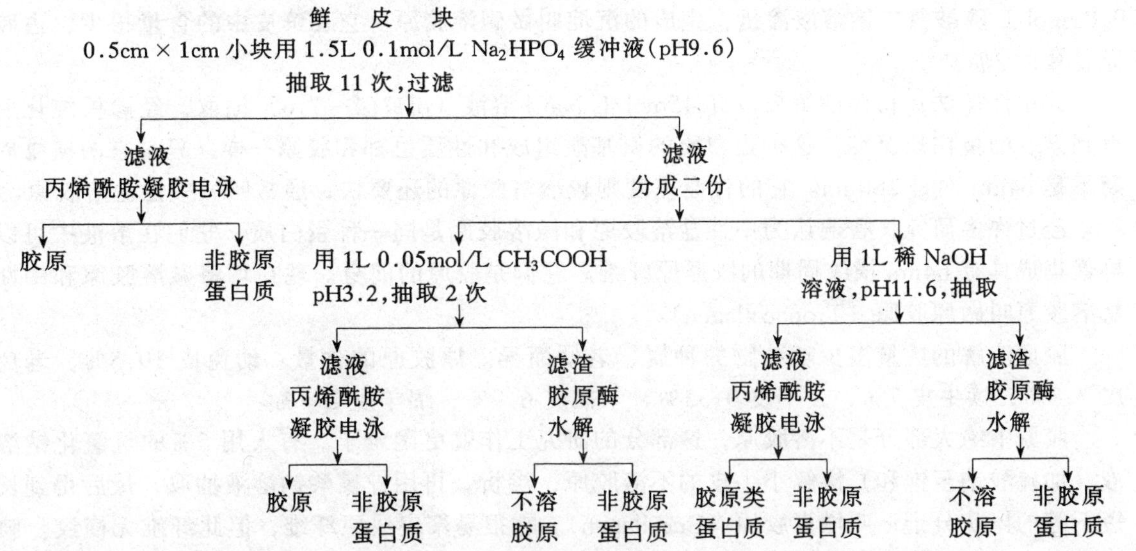

按照上述方法分离出的胶原和非胶原蛋白质各组分的含量如表 38-2 所示。

表 38-2 **鲜皮蛋白质各组分含量**

种 类	磷酸盐溶的	酸溶的	碱溶的	不溶的
胶 原	1%	2%～15%	–	85%～90%
非胶原蛋白质	30%	15%	30%	25%

1. 胶原

胶原是结缔组织中极重要的结构蛋白质，广泛分布于动物体内，起着保护、支撑机体的功能。动物的皮、骨、牙齿、肌腱、韧带、软骨、血管等组织中都有胶原。有的组织主要由胶原组成，如在真皮蛋白质中，胶原占 80%～85%。不同种属、不同组织中的胶原，其化学组成有差异，我们就按胶原所在的组织将其称为皮胶原、骨胶原、齿胶原等。胶原一般为白色、透明、无分支的原纤维，在它周围包埋着由粘多糖和其他蛋白质组成的基质。基质的多少与组织的种类和动物的年龄有关。胶原纤维在电子显微镜下看到有周期为 64～70nm 的横纹（重复出现的明带和暗带）。

(1) 胶原的分离方法：对胶原的研究已经有 90 年左右的历史。由于胶原不溶于水，要想将它们由组织中分离出来并纯化，非常不易。因此，长期以来人们对胶原的组分和结构了解得很少。1947 年欧列霍维奇等人从动物皮中用柠檬酸缓冲液抽取出胶原溶液后，为胶原的研究工作打开了途径。以后研究溶解胶原的方法就多起来了。如用醋酸溶液（0.05mol/L，pH3.2）、磷酸氢二钠缓冲液（0.01mol/L，pH9）、氯化钠溶液（0.45mol/L，pH7.4～7.6）、5%氢氧化钠溶液（加硫酸钠至饱和）和胰蛋白酶等。一般分离纯化胶原的方法有下列三种：

① 柠檬酸盐法：将鲜皮剃去毛，刮掉皮下组织后，冷冻粉碎。继用 0.05～0.1mol/L 柠檬酸钠缓冲液（pH3.98）抽取，过滤。滤液用自来水渗析 24～48h，得到针状结晶的蛋白质。这种蛋白质的氨基酸组成和胶原的一样，也具有 64nm 的横纹，性质也和胶原的相同，只是代谢速度比胶原的快。一般称它为酸溶胶原。

② 磷酸盐法：鲜皮同上法粉碎后，用丙酮和乙醚脱脂，继用饱和的磷酸氢二钠溶液（pH9）于 2℃ 时抽取，用水渗析，然后用柠檬酸缓冲液（pH3.8）抽取沉淀中的胶原，再用

0.01mol/L 磷酸氢二钠溶液渗析，生成的沉淀叫做碱溶胶原。它在鲜皮中的含量很少，占胶原总量的 2%。

③中性盐法：粉碎的鲜皮以 0.45mol/L NaCl 溶液（pH7.4～7.6）抽取，经渗析纯化后得到絮状的蛋白质沉淀。这种蛋白质的氨基酸组成和性质也都和胶原一样，只是它的横纹周期不是 64nm 而是 280nm。它的代谢速度则较酸溶胶原的还要快，通常叫做中性盐溶胶原。

经过许多研究，普遍认为中性盐溶胶原和碱溶胶原是同一种蛋白质，它们在溶液中可以再聚集成具有 64nm 横纹周期的胶原原纤维。它们是胶原的前身。现在均将碱溶胶原和中性盐溶胶原叫做原胶原（Tropocollagen）。

胶原溶解的数量多少随动物的种属、老幼而异。原胶原的含量：幼兔皮 19.5%，老兔皮 7.8%，犊牛皮 7%，公牛皮 0.53%，羊羔皮 6.9%，绵羊皮 2.6%。

胶原中绝大部分是不溶胶原，这部分的研究工作就更困难了。有人用 5% 的氢氧化钠溶液（加硫酸钠至饱和）溶解小牛皮的不溶胶原，渗析，再用柠檬酸钠溶液抽取，最后得到长短不等的棒状分子，叫做真胶原（Eucollagen）。它很易聚集成原纤维，但此纤维无横纹。胰蛋白酶也能使不溶胶原解聚。

（2）胶原的结构：

① 胶原的化学结构：胶原的单体是原胶原，原胶原分子为细棒状，长 280nm，直径 1.5nm，相对分子质量将近 30 万。每一个分子有三条肽链，每条肽链有 1052 个氨基酸。下面将 α-链的化学结构的内容要点列出如下：

a. α-链有 1052 个氨基酸残基，链中间 1011 个氨基酸残基是甘-x-y 三肽（x、y 分别代表其他氨基酸）有规律反复出现的螺旋结构区。肽链两端各有一段松散伸展的肽链（不形成螺旋），叫尾肽（telopeptide）。N-端尾肽有 16 个氨基酸残基，N-端氨基酸为焦谷氨酸。C-端尾肽有 25 个氨基酸残基，C-端基为酪氨酸。

b. α-链的螺旋区有 337 个甘-x-y 三肽，其中有 1/3 是甘-脯-x 三肽，它在整个螺旋区分布着，形成胶原的特殊构象（左手胶原螺旋）。

c. α-链中有 1/4 是酸性和碱性氨基酸残基。它们分布都比较集中，如第 7～9 个残基为天-谷-赖，第 82～88 个残基为赖-天酰-甘-天-天-甘-谷以及 C-端为谷酰-谷酰-谷（或谷酰）-赖-丙-组-精-甘-甘-精等，使 α-链中出现了不少极性区。用电子显微镜检验时常用磷钨酸、铬盐或醋酸双氧铀作电子染色剂，因为磷钨酸与胍基、氨基结合，三价铬离子和双氧铀离子和羧基结合，所以当用原胶原做电子显微镜图谱时，极性区里的胍基、氨基和羧基等地方因结合上述重金属原子，电子密度加大，在电子显微镜图谱上就出现了暗带，α-链上的非极性区段就出现明带，这样在原胶原分子中出现了明暗带交替出现的横纹。此外，α-链上极性区里集中着的碱性基和酸性基对解释胶原的酸、碱膨胀现象，也有一定的帮助。

d. α-链上第 103 个氨基酸（羟赖）残基处结合着一个半乳糖葡萄糖苷，生成羟赖氨酰半乳糖葡萄糖苷。

② 胶原的构象：原胶原的二级和三级结构中，α-链螺旋区因为出现了甘-脯-x 三肽而形成了胶原特有的、紧密的左手螺旋结构。三条左手螺旋互相弯绕拧成一般紧密的右手复合螺旋。维持胶原构象稳定的化学键有：氢键、疏水键和范德华引力等次级键。还有没有别的交联键呢？胶原由于老化，其溶解性大大降低；胶原纤维具有很大的抗张强度和很好的湿热稳定性。这些性质都表明胶原分子间存在着牢固的交联键。它们是些什么键呢？一些研究者曾经有过若干假设，胶原肽链间可能有酰胺键交联；由于胶原分子中有糖苷键，多糖分子也有

可能在胶原分子间通过糖苷键生成交联等。这些都有待于进一步证实。已经从胶原水解液中分离出了赖氨酸正亮氨酸、羟赖氨酸正亮氨酸、双羟赖氨酸正亮氨酸、羟基开链锁氨素和羟基醛醇组氨酸等化合物，证明胶原分子内和分子间有下列三种交联：

a. 醛醇缩合交联：α-链上赖氨酰和羟赖氨酰的 ε-氨基在赖氨酰氧化酶的催化下，被氧化而生成醛基，赖氨酰即成为醛赖氨酰。相邻两条肽链的醛赖氨酰或羟醛赖氨酰的醛基通过醛醇缩合反应而形成交联。

b. 醛胺缩合（西弗碱）交联：醛赖氨酸残基的醛基也可以与另一条肽链的羟基赖氨酸残基或赖氨酸残基的 ε-氨基通过醛胺缩合反应生成西弗碱而交联。

c. 醛醇组氨酸交联：1975 年豪斯莱（Housley）直接从胶原的酸水解液中分离出了羟基醛醇组氨酸。这种新的交联产生的过程还不能解释，可能是由一条小链的羟基醛赖氨酸残基和另一条链的醛赖氨酸残基上的两个醛基与第三条链的组氨酸残基上的咪唑基通过醛醇缩合和醛胺缩合而连接起来。

从上面三种交联的生成可以看出，赖氨酸在胶原的交联中起着主要的作用。这三种交联可以把胶原的两条肽链、三条肽链牢固地连接起来，使胶原原纤维韧性加强，能承受很大的张力。

③ 胶原的四级结构：原胶原分子可以聚集成不同形态的原纤维。原胶原溶液经渗析后，除了生成具 64nm 的横纹的原纤维外，还发现有一些横纹为 200～300nm 的原纤维。酸溶胶原聚集的原纤维只有 64nm 的横纹。往原胶原溶液中加入某些试剂，它就会形成各种原纤维。例如，在原胶原溶液中加入糖蛋白或硫酸软骨素后，生成的原纤维其横纹都是 260～280nm 的。这种原纤维叫做长间距纤维（Fiber long space，简称 FLS）。在原胶原溶液中加入三磷酸腺苷（ATP）后，则不生成原纤维，而是生成短的、极化的聚集体（或称类晶团聚体，Tactoid），长度为 280nm，叫做长间距断片（Segment long space，简称 SLS）。原胶原分子可逆聚集示意图见图 38-1。

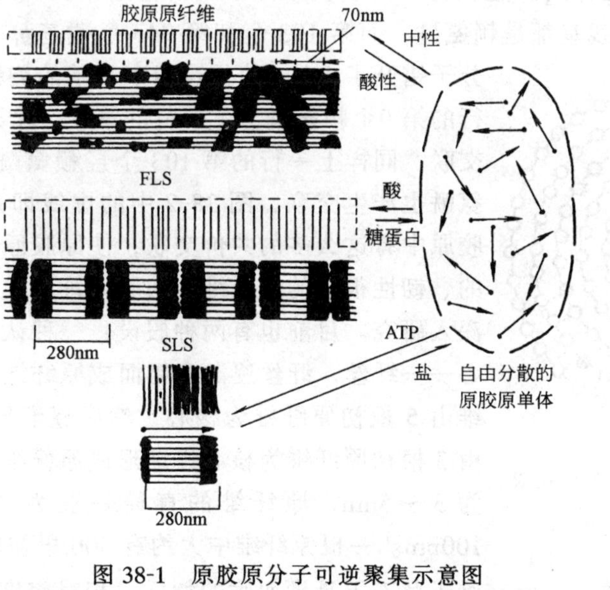

图 38-1　原胶原分子可逆聚集示意图

希米特等人通过对原胶原分子聚集的一系列研究，提出原胶原聚集成原纤维的“1/4 错列”假说。这种假说认为：原胶原分子长为 280～300nm，直径 1.5nm，似箭状。在胶原原纤维中，原胶原分子首尾一致地排列成一行，形成一根初原纤维。侧向聚集时，两行原胶原分子平行排列，并错开其本身长度的1/4，这样一根根呈阶梯式排列而成原纤维（见图38-2）。

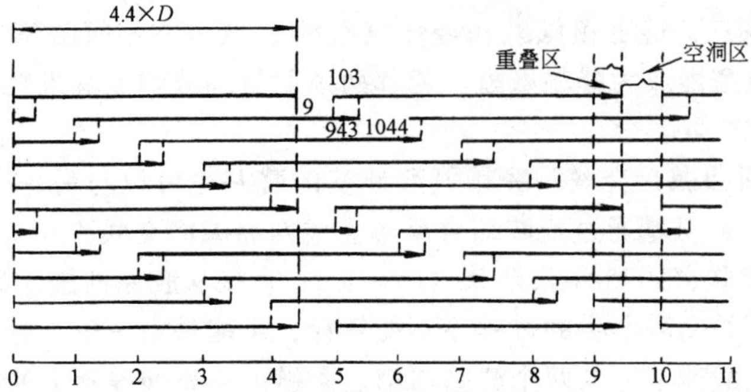

图38-2　原胶原分子侧向聚集示意图

说明：D为原胶原分子侧向聚集时错开的长度（为70nm），9和103表示原胶原分子N—端第9个和103个氨基酸残基，943和1044表示原胶原分子C—端的氨基酸残基，原胶原分子侧向间的虚线表示分子间的醛胺交联。

在初原纤维中，原胶原分子纵向排列，其首尾并没有紧密衔接，而是留有空隙。前后两分子间空隙为0.6D（约等于42nm）。每隔4根纤维即第5根纤维处，第10根、第15根……，都有这么宽的空隙。电子显微镜观察到这些空隙构成一条明带，叫做空洞区。在空洞区的两侧，原胶原分子首尾两端长0.4D（约等于28nm）的一段叫做重叠区。因为这一段的肽链上分布的极性氨基酸残基较多，当用电子显微镜观察时，由于这一段侧链结合的重金属原子多，显色深，也是每隔4根纤维就有这样一段重叠，就构成一条暗带。这样在原纤维中有规律地交替出现的重叠区（暗带）和空洞区（明带），就构成了胶原特有的70nm横纹。

在原胶原纤维中既然有如此大的空隙，为什么纤维还能承受极大的张力呢？上面我们讲到在胶原结构中有三种共价交联键，构成胶原分子间的稳定结构。原胶原的α-链的第9个和第1044个氨基酸残基都是赖氨酰，而第103个和第943个残基都是羟赖氨酰。由于两行分子错开了1/4，使得这四个残基的侧链正好互相靠近。上一行的第9个赖氨酰与下一行的第943个羟赖氨酰可以产生醛胺交联，同样上一行的第103个羟赖氨酰和下一行第1044个赖氨酰也产生交联，图38-2中的虚线即是醛胺交联。正是因为胶原中有这么多的共价交联，使原胶原分子得以聚集成很稳定的、韧性很强的原纤维。初原纤维形成原纤维的过程还在不断深入研究。目前也有两种假设：一种认为三根初原纤维形成核心——纤丝，纤丝逐渐变粗而成原纤维。另一种看法认为原纤维由5根初原纤维为核心，然后逐渐形成原纤维。图38-3是由3根初原纤维为核心逐渐形成原纤维的示意图。纤丝的直径为3～5nm，原纤维的直径一般为20nm以上，最大可到100nm。一根原纤维中大约有500根初原纤维。

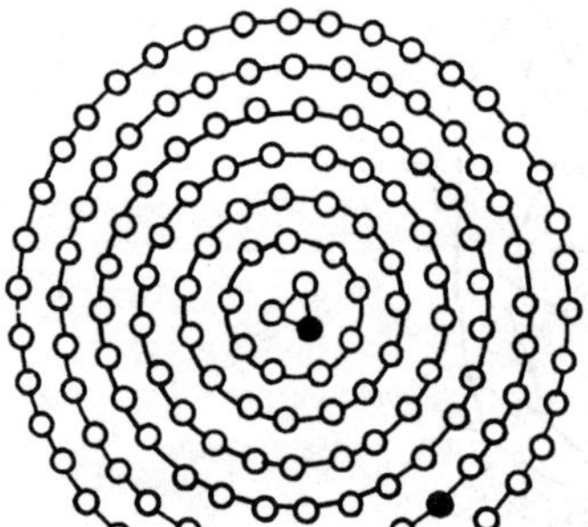

图38-3　胶原初原纤维聚集成原纤维的示意图

（3）胶原的性质：胶原在绝干状态下是硬而脆的物质，相对密度为1.4。天然胶原的等电点为7.5～7.8。牛皮真皮的热容量在20℃时是1.34J/g。

① 酸、碱对胶原的作用：胶原在酸或碱的溶液中，其分子链上的酸性基和碱性基都能

与碱或酸结合，其结合量用碱容量或酸容量来表示，即 1g 干胶原与碱或酸结合的最大毫克当量。胶原的酸容量为 0.82～0.9mg 当量（1g 干胶原），碱容量为 0.4～0.5mg 当量（1g 干胶原）。胶原的碱性基和酸性基结合后，分子内和分子间的离子键交联和氢键交联都被打开，胶原就要因充水而膨胀。这是胶原的酸膨胀和碱膨胀理论。胶原经受酸或碱的长时间作用，其分子间的交联键被破坏，胶原就能溶于水中而变成明胶，这种作用称为胶解。酸、碱的胶解能力不一样，以氢氧化钡和氢氧化钙的胶解能力最大。强酸的胶解能力又比强碱的大。如果强酸或强碱的浓度大或处理时间过长时，胶原分子主链也要被水解过度，肽键打断，则胶原的酸容量和碱容量均增加。胶原分子主链如遭受水解过度，肽键断开过多，就要影响胶原的粘结能力。

② 盐类对胶原的作用：各种中性盐与胶原的作用都不一样，有的能使胶原脱水，有的则引起胶原膨胀（充水）。根据这些作用，可将盐分成三类：

第一类盐有硫氰酸盐、碘化盐、钡盐、钙盐、镁盐和锂盐等。胶原在这些盐的任意浓度中都会产生剧烈膨胀，纤维束缩短、变粗，其收缩温度也显著地降低。

第二类盐的典型代表是氯化钠。胶原在这类盐的稀溶液中只微膨胀。当盐的浓度较大时要引起脱水作用。此时，胶原的收缩温度也略为提高。

第三类盐是脱水性大而吸附性小的盐，如硫酸盐、硫代硫酸盐和碳酸盐等。

盐的膨胀起因于胶原肽链之间的离子键被打开，导致充水。按照各种离子胶原膨胀能力的大小，可以排列成下面的顺序：

阳离子：$Ca^{2+} > Li^{2+} > Na^{+} > K^{+} > Rb^{+} > Cs^{+}$

阴离子：$CNS^{-} > I^{-} > NO_3^{-} > CI^{-} > CH_3COO^{-} > SO_4^{2-} >$ 酒石酸根＞柠檬酸根

盐类对胶原分子中盐键之破坏作用与盐分子中的离子的特性有关。决定溶液中离子特性的主要因素有：

a. 阳离子的力场：阳离子的半径越大或化合价越大，其力场亦强，则破坏盐键的作用力也越大。

b. 阴离子的变形性：阴离子的半径越大，其变形性也越大，因而对盐键的破坏也越大。

③ 酶对胶原的作用：一些蛋白酶可以水解胶原，例如，胰凝乳蛋白酶、胃蛋白酶、木瓜蛋白酶和胶原酶等。胃蛋白酶水解天然胶原的最适条件为：pH1.65～1.70，温度为 37℃。

胶原酶是惟一可以在体内水解胶原的蛋白酶，是从微生物中分离出来的。产生这种酶的微生物有：*Clostridiumhistolyticum*（细菌）、*Streptomycesmadurae*（放线菌）、*Aspergillusoryxae*（米曲霉）等多种。从上述微生物分离出来的胶原酶是混合酶，经过分离纯化后得到两个组分，胶原酶 A 和胶原酶 B。前者相对分子质量为 105000，后者相对分子质量为 57400。这种酶水解肽链中脯-x-甘-脯-y 肽段中的 x-甘肽的肽键。所以胶原经胶原酶水解后都产生甘-脯-x 三肽。胶原酶作用的最适条件为 pH7，温度 37℃。

胰蛋白酶则与上述的酶不同，不能作用于天然胶原，只能水解变性的胶原。天然胶原纤维束用 0.1% 的胰蛋白酶处理，在温度 35℃，pH7.8 时，作用 24h，胶原纤维都无变化。如将此纤维束经化学处理（如受酸或碱作用）或加热而变性后，就很容易为胰蛋白酶水解。胶原甚至遭受轻微的变性作用（如风干、粉碎、酒精脱水）后也能被胰蛋白酶作用。为什么胰蛋白酶不能直接作用于天然胶原呢？可能因胶原结构的特殊构象——左手胶原螺旋，使胰蛋白酶的活性中心不能与胶原的有关部位结合而进行催化。胶原变性后，其螺旋结构松散，释放出胶原被酶作用的部位。酶的活性中心就能与之结合，产生催化作用。胰蛋白酶专一性地水解赖氨酰和精氨酰C端的肽键，它水解胶原的最适合条件是：pH8.1～8.2，温度37℃。

④ 胶原的耐湿热性：胶原纤维在水中受热到一定的温度就要自行收缩（蜷曲），这种使胶原纤维收缩变形的温度称为收缩温度。胶原的收缩温度随材料的来源而略有差异，一般为60～65℃。各种动物皮的收缩温度见表38-3。

表 38-3　各种鲜皮的收缩温度

生皮名称	收缩温度/℃	生皮名称	收缩温度/℃
猪皮	66	兔皮（家兔、野兔）	59～60
牛皮	65～67	狗皮	60～62
犊皮	63～65	家猫皮	60～62
马皮	62～64	鳕鱼皮	44
山羊皮	64～66	鲨鱼皮	40～42
绵羊皮	58～62	江猪皮	34～38

胶原纤维受热时，急剧缩短而变粗，显得有弹性，但纤维的强度则大幅度减弱。它的X射线衍射图谱显示出它已变成无定形结构。这些结果表明胶原的化学组成虽未改变，可是结构已起了变化。胶原在受热前，其分子链定向排列，链间交联键处于伸张状态。受热后由于分子链移动使不牢固的交联被破坏，也破坏了螺旋结构的稳定，分子链随之蜷缩成较为稳定的弯链结构。

氢键的键能虽然较盐键的弱，但由于肽链中氢键很多（肽链间生成的氢键和侧链间的氢键），它们对胶原的收缩温度有影响。实验证明，胶原纤维经β-萘磺酸处理后，盐键被破坏，收缩温度只降低10～12℃。但胶原经尿素处理，氢键受到破坏，则收缩温度降低约40℃。

古斯塔夫孙（Custavson）认为胶原热收缩温度与它的羟脯氨酸含量有关。从表38-4中可看出，胶原含羟脯氨酸多的，其收缩温度就高。他解释为：在肽链间生成新的交联键，这种键是由于羟脯氨酸中吡咯环上的羟基和肽键上的羰基间形成了新的交联。

表 38-4　一些动物皮的热收缩温度与羟脯氨酸含量的关系

材料来源	收缩温度/℃	总氮量/%	羟脯氨酸含量/%	脯氨酸含量/%	羟脯＋脯含量/%
鲨鱼皮	40	18.3	5.8	10.8	16.6
鱼皮	55	18.4	7.9	13.3	21.2
牛皮	65	18.3	12.9	14.1	26.8

胶原分子间的共价交联也提高了它的耐湿热稳定性。原胶原分子的变性温度为40℃，它们聚集形成胶原纤维后，变性温度为65℃，提高了20多度。胶原纤维经过鞣剂处理后，收缩温度一般提高20多度，这些事实都说明了共价键交联在提高胶原纤维的热收缩温度上起着主要的作用。

2.角蛋白

角蛋白是动物表皮层的基本蛋白质，动物的表皮、毛发、趾甲、羽毛以及蹄、角等都由角蛋白组成。它的特点是含胱氨酸较多，所以它因结构中有较多的双硫桥键而显示出特殊的坚固性。角蛋白分成硬角蛋白和软角蛋白。硬角蛋白又称真角蛋白（Eukeratin），角、趾甲、羽毛和毛的皮层等的角蛋白都属于硬角蛋白，它含硫较多（>3%），含脂类物质较少，结构牢固，组织紧密有序，较为坚硬。软角蛋白又称假角蛋白（Pseudokeratin），它含硫少（<3%），含脂类物质较多，耐热性较差，组织疏松而柔软。表皮角质层、毛根鞘的上部和毛髓等的角蛋白都属于软角蛋白。

角蛋白不溶于水，就是在沸水中亦仅轻微膨胀。由于其结构中有着较多的双硫键交联。它更具有耐酸和酶等作用的特性。当双硫键受到破坏后，它就能在稀碱液中膨胀而溶解。角蛋白与重铬酸有高度的亲和力，所以毛皮染色多用重铬酸作媒染剂。

角蛋白还有一个特性，就是毛发在热水或碱液、蒸汽中可以拉长，此时角蛋白由 α-螺旋结构转变成 β-折叠结构（变性）。如果在原液中慢慢放松，毛发仍可恢复其原长，恢复 α-螺旋结构。但如果骤然放松，毛发就要缩短到原长的2/3，这种现象称为角蛋白的超收缩。将毛发拉长超过原长的一倍以上时，它就不能自行恢复原长而暂时呈“固定”态。在这时延长蒸汽处理时间，这种固定就变成永久固定了。

（1）角蛋白的分离方法：角蛋白和胶原一样，都是纤维蛋白质。它所含氨基酸的特点是：含胱氨酸较多，极性氨基酸含量比胶原含量多。虽然它的侧链有40%是极性基，可是由于分子链间有很多双硫键交联，它仍不能溶于水中，这就给研究角蛋白带来困难。首先要研究一种方法，即可以打开分子中的双硫键而又不会影响分析每条链的氨基酸顺序和研究它的物理化学性质。目前溶解角蛋白一般采用水解法、氧化法和还原法。

① 碱水解法：在碱性介质中，双硫键一被水解，角蛋白即可溶解。但是此方法也有副反应，就是双硫键打开后又有可能生成单硫键交联。水解法是先用2mol/L盐酸在65℃时处理毛，7h后，过滤，水洗，干燥。再将毛用pH为10.5的氢氧化钠溶液水解直至毛溶解成纤维断片。除去残渣后，碱水解液用醋酸酸化至pH为4，即可得到蛋白质状沉淀，叫组分Ⅰ。母液加入乙醇又沉淀出另一组分Ⅱ。组分Ⅰ是结晶蛋白质，含硫量较低（含胱氨酸4.3%）；组分Ⅱ是无定形蛋白质，含硫量较高（胱氨酸8.9%）。

② 氧化法：双硫键也能被氧化作用打断，氧化剂有过醋酸、过甲酸、过氧化氢等，一般多用过醋酸，认为它的效果最好。角蛋白经过醋酸处理后即能溶于稀碱液中，盐析出两种蛋白质：α-角质素和 γ-角质素。α-角质素是相对分子质量大、含硫量低的纤维素蛋白质，γ-角质素则是相对分子质量小、含硫低的无定形蛋白质。

③ 还原法：亚硫酸盐、硫化钠、巯基乙醇等还原剂也能破坏双硫键，使角蛋白溶解。常用的还原剂为巯基醋酸，它对角蛋白作用缓和，不会产生因反应介质pH高以致使肽键水解的作用，也防止生成牢固的单硫键交联（羊毛硫氨酸键）。巯基醋酸还原法也有缺点，就是当双硫键被还原成巯基后，后者很不稳定，很容易再氧化成双硫键。为了防止这种可逆性反应的发生，通常采用烷基化反应来封闭巯基，得到 S-羧甲基化还原角蛋白，再分析还原角蛋白的氨基酸组成和顺序。

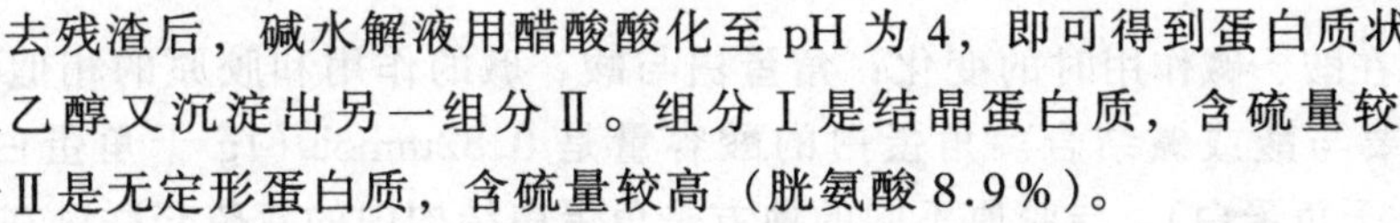

由于角蛋白的结构复杂，其中的双硫键可能在肽链间形成交联，也可能在一条肽链中代替肽键，将两个肽段连起来，还可能在一条肽链内存在。水解后生成的大肽也多种多样，就

给分离肽段测定氨基酸顺序的工作带来很多困难。此外，在双硫键被水解或还原的过程中，生成的巯基也可能与邻近的双硫键进行互换反应，使分子中的双硫键位置转移，也要影响角蛋白化学结构的测定结果。

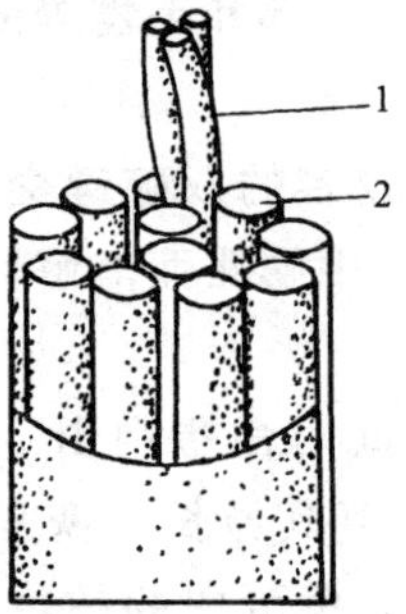

图 38-4 角蛋白小原纤维构造示意图
1—α-螺旋；2—初原纤维

角蛋白具有二级和三级结构。三条右手 α-螺旋再拧成一股右手复合螺旋，这可能就是角蛋白分子的单体。和胶原相似，这种单体再连接成一根初原纤维。

角蛋白纤维的形成方式为：初原纤维→小原纤维（Microfibrill）→大原纤维（Macrofibrill）→角蛋白纤维。这里小原纤维由 11 根初原纤维构成，其中两根初原纤维为中心，外边围绕着 9 根初原纤维。如图 38-4 所示。

小原纤维的直径为 6～8nm，由含硫低、具晶体结构的角蛋白组成。小原纤维平行排列，聚集成大原纤维，在小原纤维间的空隙充满了无定形的基质（Matrix）。它们是由含硫多的蛋白质组成。

（2）角蛋白的性质：角蛋白的化学特性主要表现在双硫键的反应上，其他基团的反应与胶原等蛋白质的相同，此处不再赘述。

① 角蛋白在水中的变化：毛的表面具有抗水性，而毛的内面则由于角蛋白的水化和膨胀作用而具有较大的亲水性。毛吸收水达饱和后，它的直径将增加 17.5%～18%，而长度则增加 1.2%～1.8%。毛的这种膨胀是由于角蛋白结构单元沿纤维轴定向的缘故。干的角蛋白在充水时，开始是角蛋白与水分子发生化学结合——水化作用，然后再膨胀。角蛋白含有 5% 的结合水，而当毛吸收水达到饱和时，吸收的水为纤维重的 33%，最大的吸水量可达到 60%。

② 角蛋白在酸、碱作用时的变化：角蛋白与酸、碱的作用和胶原的相似。在稀的酸或碱溶液中，也要与酸或碱结合。角蛋白的酸容量是 0.82mmol（1g 干角蛋白），碱容量是 0.78mmol（1g 干角蛋白）。与胶原不同的地方是角蛋白结构中的双硫交联键在稀碱液中很敏感——易水解，而对酸溶液较稳定。当用 1mmol 盐酸在 80℃ 时处理毛 8h，只有 35% 的肽键被水解，但胱氨酸并未作用。甚至在强无机酸溶液中长时间煮沸时，角蛋白内的胱氨酸和它的双硫键都未发生改变。

角蛋白在碱溶液中要溶解，溶解度随碱的浓度、作用时间长短和温度而变。0.1mmol 氢氧化钠在 65℃ 时处理毛 1h，它将溶解 10%；而 0.3mmol 的氢氧化钠在相同温度下处理毛 8h，能完全溶解毛。0.6mmol 氢氧化钠在 85～90℃ 下处理毛，只要 1h 就能将毛完全溶解。角蛋白在稀碱液中很快就被水解。

③ 角蛋白在还原剂作用时的变化：还原剂（硫化物、亚硫酸盐、二甲胺、巯基醋酸等）可以打断双硫键。

④ 角蛋白在氧化剂作用时的变化：氧化剂对角蛋白的作用，首先是使双硫键水解，然后使次磺酸氧化。如用紫外线辐照，可加速毛被氧化的过程，特别是有铜盐和铁盐作催化剂时，双硫键更易打开，毛的溶解度比未经辐照毛的溶解度增加 2～3 倍。

⑤ 角蛋白的交联：为了改善毛的性质，提高其强度和耐虫蛀等性质，可以在角蛋白中引入新的交联。最简单的交联剂是甲醛，还原的毛用甲醛处理后，强度增加。甲醛与巯基结合，生成新的交联。毛纺工业就利用甲醛的交联作用来克服毛在亚硫酸盐中发生的超收缩现象。

⑥ 酶对角蛋白的作用：角蛋白分子中有较多的双硫键交联，所以它能耐蛋白酶的催化。胰蛋白酶、胃蛋白酶、木瓜蛋白酶等都不能水解天然的角蛋白。胰蛋白酶能够水解变性角蛋白，这时只有10%的蛋白被水解。胃蛋白酶能水解经还原剂处理过的角蛋白。在亚硫酸钠溶液中，pH为7时，木瓜蛋白酶只能水解10%的角蛋白。这些事实表明，角蛋白只有当它的双硫键被破坏、结构改变后，才能被酶水解。

毛料和毛线被虫蛀坏的原因是：毛蛾幼虫分泌出的消化液中含有双硫键还原酶（pH为9.9），能够水解双硫键而破坏角蛋白质的结构。

3. 弹性蛋白和网硬蛋白

(1) 弹性蛋白：弹性蛋白是组成弹性纤维的主要蛋白质。弹性纤维在动物皮中含量不多，皮中含弹性纤维约1.0%，但是它对皮革的质量有着较显著的影响。

弹性蛋白的主要特性是具有弹性，分子排列呈无定形性，犹如橡胶分子。当受拉力而伸长时，分子才定向排列。弹性蛋白的另一特性就是湿的弹性纤维很柔软而富有弹性，可是一旦失去水分，纤维就变硬、变脆、失去弹性而极易断裂。这一点和胶原纤维有很大的区别。胶原纤维即使用丙酮脱尽水后，纤维仍具有韧性、不易断裂。弹性蛋白与胶原的另一区别在于它的湿热稳定性很大，沸水中长时间亦不能溶解。我们可以利用这一点来分离胶原与弹性蛋白。我们将真皮粒面层切一块放在高压釜中加水蒸煮数小时，则粒面层的胶原纤维全部溶解为降解了的明胶溶液，而其中的弹性纤维仍完好无损，我们可以从胶液中取出网状的弹性蛋白纤维束，弹性蛋白在酸、碱溶液中也不膨胀和分解。蛋白酶中只有胰蛋白酶可以分解弹性蛋白，这是因为胰蛋白酶中含有弹性蛋白酶之故。

① 弹性蛋白的制备：分离纯化弹性蛋白的方法有三种。第一种是加热结缔组织而制备。将真皮粉碎后，先除去球状蛋白质，再将不溶物加水长时间蒸煮，胶原变成明胶溶液，剩下的不溶物就作为弹性蛋白。实际上在这种弹性蛋白中还留有网硬蛋白。因为网硬蛋白不溶于热水，只溶于热碱溶液，所以加热只能溶解胶原而不能除去网硬蛋白。第二种是热碱溶解法，是上法的改进。将蒸煮后的不溶物用0.1mol/L的氢氧化钠溶液在98℃下抽取45min，皮纤维中的胶原和网硬蛋白都被除去，不溶物就是纯的弹性蛋白。第三种方法是酶水解法。将除去球蛋白的真皮试样用胶原酶处理，胶原和网硬蛋白都被酶水解，这样就可得到不溶性的弹性蛋白。

② 弹性蛋白的一级结构：弹性蛋白经过胰蛋白酶水解后，分离出一种可溶的蛋白质，叫做弹性蛋白原（Proelastin），其相对分子质量为74000，分子链含有850～870个氨基酸残基，其中730个氨基酸的顺序已经确定。比较弹性蛋白原和胶原两种蛋白质肽链的氨基酸顺序，可以看出它们有很大差别。胶原肽链中有甘-脯-x或甘-x-y的三肽反复出现，而在弹性蛋白肽链中却没有这样的规律性。此外，弹性蛋白含酸性和碱性氨基酸很少，侧链极性基很少，而丙氨酸和缬氨酸很多。这些都是它的化学结构的特点。

③ 弹性蛋白的高级结构：从弹性蛋白的性质和氨基酸组成的特点来看，与胶原和角蛋白都有不同之处。近年来对弹性蛋白的结构做了许多研究工作，提出许多假设学说。相信不久，我们就可以弄清楚它的高级结构全貌。现在已经认定弹性蛋白原是组成弹性蛋白的单体，弹性蛋白原中含有较多的赖氨酸，通过赖氨酸把几条肽链共价交联起来构成了弹性蛋白的特定结构。从弹性蛋白的盐酸水解液中已经分离出四种交联物：即锁链（赖氨）素（Desmosine）、异锁链素（Isodesmosine）、开链赖氨素（Merodesmosine）和赖氨酸正亮氨酸（Lysinorlonsine）等。

由于弹性蛋白中含有较多的共价交联，使弹性蛋白原分子之间的相对位置较为稳固，加外力时，虽可暂时变动，一旦除去外力,又可恢复到原来的构象,成为弹性蛋白具有弹性的结构基础。

不同组织的弹性纤维的粗细和形态均异，牛颈部韧带弹性纤维的直径约为 10μm，借助电子显微镜可以看到每根弹性纤维由许多根直径为 10nm 的原纤维缠绕而成。原纤维间还掺杂有结缔组织的一些组分（包括胶原和粘多糖）。

(2) 网硬蛋白：网硬蛋白是构成网状纤维的蛋白质，它在动物皮中含量极少。我们对动物皮中网状纤维的组成和性质研究得还不够。网硬蛋白在肾、脾、淋巴结等组织中含量多，关于这些组织中的网硬蛋白的研究报告目前较多。

网硬蛋白的氨基酸组成、电子显微镜图像和 X 射线衍射图谱均与胶原的相似，只是组织化学性质不同。组织学研究表明，用银盐染色时，网硬蛋白具嗜银性显黑色，纤维不成束，能分枝；而胶原纤维不分枝，并能聚成粗的纤维束，银染时只轻微地着色，显黄棕色。根据这些情况，有些人认为网硬蛋白与胶原不同，而有些人则认为和胶原在组成和性质上相似，是一种形态上变异的胶原，不能把它看成是另一种蛋白质。

近代，人们研究网硬蛋白得出，它的氨基酸组成与胶原也有一些差异，脯氨酸含量略少，而羟脯、羟赖、缬、亮、异亮、苯丙、丝、苏等氨基酸含量略高。网硬蛋白还含有较高的糖蛋白和类脂。所以，有人认为网硬蛋白是胶原、糖蛋白和类脂的复合体。也有人认为：它只是由胶原和糖蛋白组成而不含类脂。鼠皮网硬蛋白是由 1mol 胶原、29mol 糖蛋白和 89mol 鸟苷三磷酸肽通过静电引力和氢键结合而成。由此可见，网硬蛋白的组成和胶原不完全一致，但属于胶原类蛋白质。

网硬蛋白的化学性质也与胶原不一样，它在热水中不溶解，在热的浓盐酸溶液中水解很缓慢，剩有大量棕黄色残渣。在煮沸的 1mol/L NaOH 溶液中，则立刻溶解。网硬蛋白和胶原一样，也可以被胶原酶和胃蛋白酶所水解。

4. 球状蛋白质

生皮中的球状蛋白质主要有白蛋白、球蛋白和类粘蛋白等，这些蛋白质组成生皮组织的基质。基质是均一无定形的胶状物，似凝胶，它们在生皮组织中起着重要的作用。它们浸润着胶原纤维束并透入其内部，起着润滑纤维的作用。但当生皮干燥后，它们就要将纤维粘起来，使纤维失去柔软性而变脆。因此，在制造皮革和毛皮时，在准备操作中应当力求完全去掉这些蛋白质。

白蛋白和球蛋白都存在于生皮的血液、淋巴液、细胞浆、表皮粘液层及基质（纤维介质）中。它们都溶于盐、酸和碱的溶液，遇热都要凝固，加浓酸或浓盐溶液于其中，都可产生沉淀。它们的区别是在清水中，白蛋白溶解而球蛋白则不溶；球蛋白比白蛋白更容易盐析出来；白蛋白在饱和的硫酸铵溶液中才沉淀，可是球蛋白用半饱和的硫酸铵即沉淀。类粘蛋白则主要存在于生皮基质中，它们在水中都要膨胀而不溶解，能溶于稀碱液、稀中性盐溶液和乙醇中，在食盐和硫酸钠的饱和溶液中则不溶，加热时也不凝固。

鲜皮经过中性盐溶液（Na_2HPO_4 或 NaCl）抽取后得到的非胶原蛋白质有很多组分，都是属于白蛋白和球蛋白类。这些组分和牛血清蛋白质的组分很相似，现已确定的有白蛋白和 α_1-，α_2-，β-，γ-等四种球蛋白，还可能有另外一二种组分。这说明了其复杂性。

稀 NaOH 溶解的非胶原蛋白质组分也极复杂，其中有白蛋白，还有相对分子质量比白蛋白更大的一些蛋白质（相对分子质量约为 50 万）。碱溶的非胶原蛋白质的氨基酸组成中赖氨酸、组氨酸、谷氨酸和天冬氨酸的含量都比胶原中这些氨基酸含量多，它们比胶原更具极性，与胶原的缔合也更紧密。

生皮用半饱和石灰溶液溶解的非胶原蛋白质中也有许多组分。这些蛋白质用凝胶电泳分离后分出 6 种（母牛皮）和 8 种（山羊皮和绵羊皮）蛋白质，其中有 5 种与中性盐抽取的非胶原蛋白的电泳区带谱是一致的，可能是属于白蛋白和球蛋白，其他几种则可能属于类粘蛋白。生皮中非胶原蛋白质含量较多，它们在酸碱中溶解程度也不一样。

生皮非胶原蛋白质的含量随动物种属、年龄而变动，占生皮蛋白质的 20%～50%。例如，初生绵羊的皮中含非胶原蛋白质 46.2%（以蛋白质总量为 100%计——下同）。生长到 32 周时，降低到 30.5%。而初生牛皮中非胶原蛋白质含量为 29.5%，生长至 75 周后降低到 20%。非胶原蛋白质含量也随生皮部位不同而异。分析大牛皮各部位的蛋白质含量得知，颈肩部含球状蛋白质最多，尾部含量最少，腹部和后肋部含不溶性非胶原蛋白质最多。四川猪皮的非胶原蛋白质含量如表 38-5 所示。

表 38-5　　四川猪皮的非胶原蛋白质含量

状态	部位	层次	白蛋白和球蛋白量/%	粘蛋白和类粘蛋白量/%	基质总量/%	备注
去势公猪皮	皮心	面层	2.17	0.154	2.32	以生皮含水分 64.9% 为基准计算
		中层	1.51	0.084	1.594	
		底层	1.61	0.169	1.779	
		平均值	1.70	0.123	1.823	
	颈肩	面层	2.22	0.158	2.378	
		中层	1.88	0.083	1.913	
		底层	1.97	0.188	2.158	
		平均值	2.00	0.140	2.140	
	腹尾	全层	2.17	—	—	
公猪皮	年龄	部位				以生皮含水分 67.5% 为基准计算
	2 个月	皮心	4.08	0.255	4.335	
		颈肩	3.90	0.243	4.14	
		腹尾	3.82	0.264	4.084	
		平均值	3.93	0.254	4.184	
	12 个月	皮心	1.48	0.094	1.574	
		颈肩	1.63	0.130	1.760	
		腹尾	2.09	0.131	2.221	
		平均值	1.73	0.118	1.848	

从表 38-5 中可看出，成熟的（12 个月）公猪皮的球状蛋白质含量，以腹尾部最多，颈肩部次之，皮心处最少。胶原含量正相反，腹尾部最少，皮心最多。球状蛋白质在各层含量也不同，以粒面层为最多，中层最少。牛皮各层所含的球状蛋白质以粒面层为最多。

生皮和毛中还有一些黑色和棕色的蛋白质，称之为黑素，它是色素和蛋白质结合的结合蛋白质——色蛋白，其中色素占 30%～56%，蛋白质占 44%～70%。有人认为黑素是由酪氨酸氧化而生成的吲哚 5，6-醌的聚合物。也有人认为，真皮的色素是由血红素形成的。

氧化剂如过氧化氢、氯气、溴水、二氧化硫等都可以破坏黑素，毛皮的漂白就是通过用氧化剂破坏黑素实现。

生皮中还含有各种酶，如淀粉酶、脂肪酶、氧化酶、核苷酸酶和组织蛋白酶等。它们的含量虽很少，可是对生皮的危害性值得我们重视。当生皮从动物体剥下后，这些酶便开始活动，促使生皮分解——自溶作用。因此，应当立刻将生皮初步加工（防腐），以免其腐烂。

三、脂　　类

脂类是脂肪和类脂的总称。动物或植物组织中能被乙醚、丙酮、氯仿、苯、石油醚等溶剂溶解的物质叫做脂类，它又可分为简单脂类物和复合脂类物。简单的脂类有脂肪和蜡，复合脂类则有胆固醇、磷脂等。

生皮含甘油酯最多。甘油酯在皮中的分布以表皮及真皮的粒面层和邻近皮下脂肪的网状层中为最多。

脂肪不溶于水，易溶于乙醚、氯仿、苯、石油醚等非极性溶剂中，在冷的酒精和丙酮中也溶解，但在它们的沸点时则溶解度很大。碱皂化、酸水解和脂肪酶都能将甘油酯分解成甘油和脂肪酸。甘油酯被氧化也要分解。

蜡也是由脂肪酸和醇生成的酯。它的醇是脂肪族长链的一元醇或胆固醇，脂肪酸则属含有16～22个碳原子的饱和脂肪酸或羟基酸。蜡微溶于乙醇和丙酮，在冷的乙醚、氯仿、苯等溶剂中的溶解度也有限。它们也能水解或皂化，但比起甘油酯来要困难得多。蜡在生皮中的分布以表皮和粒面层为主。

胆固醇不溶于水、碱和酸，在水中要膨润，在某些条件下，可与水形成稳定的乳液。它易溶于乙醚、氯仿、热乙醇、苯、石油醚、二硫化碳和丙酮等非极性溶剂。胆固醇在生皮中也主要分布于表皮粒面层，其中1/3是胆固醇酯。

生皮中的磷脂有卵磷脂、脑磷脂和神经鞘磷脂等，以卵磷脂含量最多，占磷脂总量的60%左右，其他两种占15%～20%。磷脂也集中于表皮及真皮粒面层上。磷脂是由甘油酯、磷酸和含氮的碱组成。

磷脂易溶于乙醚、氯仿、苯等溶剂中，不溶于丙酮。在乙醇中，卵磷脂可溶，脑磷脂则不溶。神经鞘磷脂能溶于热乙醇，但不溶于乙醚。卵磷脂和脑磷脂都是两性离子，具有亲水性，在水中形成稳定乳液，因此它们是天然的表面活性剂；它们的脂肪酸基易受空气氧化而不稳定。神经鞘磷脂则不同，它的脂肪酸基的饱和脂肪酸含量高，所以在空气中很稳定，在空气和光照下，不会迅速分解。

生皮的脂类主要积存于脂肪细胞内，分布在皮下脂肪层的最多。表皮及真皮粒面层次之，真皮网状层中最少。生皮中脂类含量随动物的种属和营养情况不同而异。各种皮的脂类含量：大牛皮0.5%～2%，山羊皮3%～10%，猪皮10%～30%，绵羊皮30%（均以鲜皮重计算）。

研究结果表明，脂类大部分分布在表皮及真皮粒面层和网状层下部，脂肪在邻近皮下脂肪的网状层最多，磷脂类则集中分布在表皮及真皮粒面层中。

四、碳水化合物

碳水化合物在鲜皮中的含量不多，一般只有鲜皮重的0.5%～1.0%，其中包括葡萄糖、半乳糖、甘露密糖和岩藻糖等单糖和粘多糖。粘多糖在皮中含量虽不多（一般为干皮重的2%以下），但却起着重要的作用。粘多糖具有粘滞性，附着于纤维表面，能缓冲纤维间的机械摩擦，因而具有润滑和保护作用；它也参与纤维的增长与再生。

粘多糖是高分子化合物，大多由氨基已糖与糖醛酸或半乳糖组成二糖单位，再重复连接成长长的直链。生皮中的粘多糖有透明质酸、4-硫酸软骨质（硫酸软骨素A）、6-硫酸软骨质（硫酸软骨素C）、硫酸肤质（硫酸软骨素B）、硫酸角质、肝素等6种。

从粘多糖结构可以看出，在它们的分子中有的含有—COOH 或—SO_3H，有的两者均有，所以它们都呈酸性。透明质酸的相对分子质量为（20～800）万，分子链长 480～1000nm。它的水溶液粘度很大。硫酸软骨质的相对分子质量约为 26 万，分子链长约 470nm。硫酸软骨质 A 和 C 以及透明质酸能被酶催化水解，但硫酸软骨质 B 则不能，它的溶解度也小。粘多糖在基质中多与蛋白质以糖苷键或酯键结合而成粘蛋白。

五、无 机 盐

鲜皮中的无机盐是适应动物在生活中的生理需要而存在的，其含量甚微，为鲜皮重的 0.35%～0.5%，其中以氯化钠为最多，还有磷酸盐、碳酸盐及硫酸盐等。各种动物皮中无机盐含量见表 38-6，其中除铁的化合物外，其他盐类对原料皮加工的影响不大。

表 38-6　　各种动物皮中无机盐的含量（以鲜皮重的百分率计）

项 目	阉 牛	乳 牛	牛 犊	小公牛	山 羊
总 灰 分	0.4530	0.3630	0.4950	0.4920	0.8500
$Fe_2O_3+AL_2O_3$	0.0107	0.0190	0.0134	0.0124	0.1695
CaO	0.0101	0.0038	0.0095	0.0124	0.0057
MgO	0.0032	0.0036	0.0073	0.0037	0.0076
NaCl	0.4455	0.3530	0.4430	0.4825	—
Cl	0.2730	0.2130	0.2690	0.2930	—
SO_2	0.0702	0.0614	0.0952	0.0689	0.3144
P_2O_3	0.0318	0.0262	0.0829	0.0334	0.0287

六、非蛋白含氮物

鲜皮中含有少量的非蛋白质的含氮物，其中除了粘多糖外，还有核酸、嘌呤碱和游离的氨基酸等。

第二节　畜皮的加工与保藏

一、猪皮的初步处理

此处理包括除去皮上污泥、粪便、残肉、脂肪、耳朵、蹄、尾、骨渣、嘴唇等。可用手工割去，也可用机械削去残肉和脂肪，然后用清水洗涤脏物和血污等，使皮张清洁。将生皮在－4℃下冷冻，可抑制细菌和酶的腐败作用，有利于长期贮藏。其他处理方法有：

（1）干燥法：把鲜皮放在通风的地方自然晾干，不能暴晒，晾干可使皮均匀失水而抑菌防腐。

（2）盐腌法：用盐渗入皮内使皮失水可抑菌。

① 干腌法：直接将盐抹于皮内，盐量为皮重的 25%。

② 盐水法：将皮投入 25%浓度食盐水中浸泡 24h 后，沥干 2h，再抹皮重的 25%干盐堆放，但温度保持在 15℃以下为好。

③ 盐干法：将生皮用盐腌后再进行干燥，使皮失水减轻质量的 50%以上，贮藏时间很长。

④ 酸盐法：用 85%食盐、7.5%氯化铵、7.5%铝明矾混合后，均匀撒在皮上搓揉后，折叠成型可堆积 7～10d 不变质。

二、从猪皮中提取明胶

(1) 浸灰：将鲜猪皮洗去血污后投入浸泡池中，每池装500kg，加入5%～6%石灰水，盖没猪皮，浸泡25～30d。中途每隔5d换一次石灰水并翻转，以猪皮切口透明不带红色为准。

(2) 刮脂：先用洗涤机去掉石灰水，用刀刮掉脂肪和污物。

(3) 洗涤中和：把猪皮放入池中加入清水，用搅拌机洗涤15min，换水再洗涤30min。以后每隔1h换水洗涤一次，共洗涤8～10次。用酚酞检查皮不带红色，呈白色为止。放了池水，加入清水和20kg工业盐酸搅拌6h换水，洗涤30min后换水，再每隔1h换1次水，洗涤4～5次后，pH试纸检查皮内pH6时为止。

(4) 熬胶：将猪皮放入不锈钢夹层锅内加水盖过猪皮，以后几次加水量同第一次，慢慢通入蒸汽使猪皮升温。第一次的熬胶温度为50～55℃，经5～7h后放第一次胶水，胶水通过罗筛过滤，注入铝模型盘中冷却。然后进行第二次加水熬胶，温度60℃，经5～7h熬胶后，第二次放胶，通常一锅猪皮要熬4～6次。从第三次加水起每熬一次要升温5℃以充分取胶。熬时撇去油脂。

(5) 冷却：把胶液倒入铝模型盘内用流动清水冷却使胶凝固，即成有弹性的胶冻。

(6) 切胶：取出胶冻，用刀子或钢丝切成5cm×30cm的条块，再用切片机把胶冻条切成约3mm厚的胶冻片，摊在浅网筛上待用。

(7) 干燥：将明胶在干燥机里用30～35℃鼓风机吹干，干燥12h，进入的干燥空气要事先过滤消毒以防污染。

(8) 包装：食用明胶用线扎成一把，过秤后装入纸盒里，贴上商标。工业用明胶要打碎后，分等级用牛皮纸袋装好，称重后出厂。

三、从猪皮中制取印刷胶

用猪皮制备的印刷胶多用在胶印、铅印等印刷工业上的胶辊上。

(1) 原料猪皮处理：洗净猪皮上杂质，用石灰水（相对密度1.04）浸泡1～2d后，取出放入缸里洗涤10h，把皮放入铁锅内熬炼，在熬炼时按原料加入1倍量水，70℃熬炼10h，熬化为止，用筛子滤去皮渣，把滤液放入50～55℃锅内待用。

(2) 加入辅料：按胶液重量加入辅助材料。

① 加入5%甘油，边加边搅拌，甘油加完后，再继续搅拌1～2min。

② 经过30min后加入0.006%红矾钾（先用水溶解），再加0.124%蓖麻油和0.3%石炭酸，加热30min后，最后加0.002%甲醛（加辅料时都要进行搅拌），然后把胶液倒入马口铁（或铝制品）模型里冷却。

③ 胶模冷却2～3h后，可以从模型里取出，放在特制的凉胶木架上，在空气流通的地方自然晾干7d即为成品。

四、鲜皮的贮藏

在常温下鲜皮中的蛋白质、水和脂肪、酶等物质在自溶酶、蛋白分解酶、微生物的腐败作用下很容易腐烂变质，从而失去了畜皮加工的意义。如果分批加工，需要用25%的工业盐涂抹猪皮，或用5%的甲醛液浸泡4～6h晒干，可以起到防腐的作用。加工剥皮时不要留血污在皮张上，以保证皮张的质量。

第三十九章　羽毛的利用

第一节　概　　述

一、羽毛的种类及用途

1. 种类

禽类一般可分为家禽和野禽两大类。家禽毛有鸡、鸭、鹅毛，野禽毛有山鸡、大雁和野鸭毛等。露出体外的称“外羽”，如翼羽、背羽、腰羽、尾羽；贴皮遮没部分称绒羽，简称“绒毛”。

羽毛的产量为禽活重的7.6%～8.6%，如能广泛收集起来，加工利用，可以制作出大量的用品。羽毛是我国的传统出口畜产品之一。

2. 羽毛的用途

(1) 作填充物：鹅、鸭毛、绒和乱鸡毛、雁毛，可用于絮被、褥、衣服和手套，以及填充枕头、坐垫、靠垫等。

(2) 作装饰品：彩色羽毛鲜艳、美丽，有的用于做帽子和服装；有的制成羽毛花、羽毛画等，在室内陈设，美观雅致。

(3) 制作各种用品：三只公鸡毛、二只母鸡毛可制一把美观、耐用的羽毛帚、雕翎箭和扇子；鸭膀羽可制绘图清洁刷；鹅翎可制羽毛球。

二、羽毛的采集与初加工

1. 羽毛的采集与晾晒

(1) 采集季节：羽毛一年四季都有生产。冬、春两季产量高，毛绒整齐，含绒量多，质量好；夏、秋两季产量低，含绒量少，质量较差。各季所产羽毛的特征如下：

冬季毛：一般是指十一月至来年二月产的毛。两翼翅梗和毛片尖端完整，羽轴头圆，绒朵毛片大，血管毛很少，质量很好。

春季毛：一般是指在三月至四月产的。两翼翅梗中有枫梢翎、尖翎和刀翎，其尖端有磨损，不整齐，俗称“沙头”。成年鹅的胸部有黄锈一块，俗称“黄头子”（也称“黄头羽毛”），绒朵丰满、整齐，含绒量与冬毛基本相同，但毛片尖端不完整。

夏季毛：一般是指在五月至七月产的毛。两翼翅梗尖端整齐，羽轴根端毛管凹瘪，内含血筋，毛片大小、长短不一，血管毛多，绒朵显著减少，俗称“阳伞柄”，

秋季毛：一般是指在八月至十月产的毛。两翼翅梗及毛片尖端整齐，羽轴头圆，羽绒大小不一，有部分血管绒及少量血管毛。

(2) 采集方法：羽毛的采集多用手工拔毛法。现将手工拔毛方法介绍如下：

干拔毛：将家禽杀死后，在血将流尽、身体未凉时拔毛。如血完全流干，禽体僵硬，毛囊紧缩，拔毛时容易将羽毛和禽体损坏。拔毛时，先拔绒毛，再拔翅羽及尾羽。这样拔下来的绒毛色泽好，洁净，杂质少，品质较好，尤其是在生产白鹅、鸭毛的地区，更应推广这种

方法。

湿拔毛（湿推毛）：家禽宰杀后，放入热水中浸烫一二分钟后取出。拔掉（或推掉）全身羽毛。这个方法比较简单，但要掌握好水的温度和浸烫时间。如果水温过高或浸烫时间长，会使毛绒卷曲、抽缩，降低羽毛质量。

（3）晾晒：湿毛必须及时晾晒，否则，时间一长，就会发霉变色，甚至腐烂。晾晒时，场地要打扫干净，最好把湿毛放在席上或竹筛上，要摊放得薄而均匀，按时翻动，避免混入杂质。晾干后要及时收起来。

（4）贮藏：为了避免腐烂和生虫，羽毛贮藏时应注意以下几点：①已晒干的羽毛应放在干燥的库内，并要经常检查是否受潮、发霉和发出特殊气味等，如有此现象应重新晾晒。②遇到阴天大风等情况不宜晾晒时，应将羽毛散开在室内，切勿堆在一起。③应安排专人负责收集、晾晒、保管等工作。

2. 鸡、鸭、鹅毛的区别与鉴别

（1）毛的种类辨别：鹅毛和鸭毛的区别：鹅毛：分天鹅毛、白鹅毛、灰鹅毛、雁毛等，毛片的形态基本相同，仅有大小之别（天鹅毛较大），毛片的梢端一般宽而齐（俗称“方圆头”），羽毛光泽柔和，轴管上有一簇较密而清晰的羽丝，羽轴粗，根软。鸭毛：毛片梢端圆而略带尖形，轴管上的羽毛比鹅毛稀疏，羽轴较细，轴根细而硬。

鹅绒和鸭绒的区别：鹅绒一般比鸭绒大，鸭绒血根较多。野鸭的绒小，绒丝丰密，脂肪较多，有粘性，能粘连成串。

鹅、鸭毛和鸡毛的区别：鸡毛羽轴比鸭毛的粗直、坚硬，略呈弧形，管内有较密的横罗纹，轴根较尖。鸡毛轴管上的羽丝一般比鸭毛的大、紧密、光泽好。

鹅、鸭绒和鸡绒的区别：除鹅、鸭、雁绒作羽绒收购外，其他绒子，如鸡、鹰、雕、鹤、鹭鸶、鸳鸯等的，一律按乱鸡毛收购。因此，对鹅、鸭绒和鸡绒等要能正确识别。鹅、鸭绒的绒丝疏密均匀，同垛内的绒丝长度基本相同，结成半环状，光泽差，弹力强；鸡绒的绒丝发达，有粘性，绒丝互相粘连，有亮光，弹力差，用手搓擦成团并捏紧，松开后绒子舒张很慢。

（2）品质鉴别：羽毛收购有两种计价方式：一是以绒计价，一是按生产季节分别计价。冬、春毛一个价，夏、秋毛一个价。因此，鉴别品质时，主要是看绒子含量，有无掺杂，是否虫蚀、霉烂和潮湿等。

绒子的含量：检查方法通常是抓一把毛向上抛起，在毛下落时观察，并确定毛、绒含量。

确定杂质的含量：杂质是指羽毛中所含有的各种杂质，包括旧鹅、鸭毛及鹅、鸭、鸡毛的混杂。确定杂质含量的方法是，取一把羽毛，用手搓擦，使毛蓬松，然后抖下杂质，确定含量。旧鹅、鸭毛的羽片和下部的羽丝光亮，似鸡毛，已失去弹性，毛弯曲成圆形，应折价收购并分别存放、分别包装；鹅毛、鸭毛中含鸡毛，或白鹅毛中含黑头、深黄头等超过规定的，应按杂质扣除。

（3）检查是否虫蚀、霉烂和潮湿：虫蚀：凡毛绒内有虫便，或毛片呈现锭齿形，手拍时有飞丝，即证明已被虫蚀。严重时，毛丝脱落，只剩下羽轴，失去使用价值，不得收购；比较轻的，对毛质影响不太大的，可以收购，但应单独存放。霉烂毛有霉味，白鹅鸭毛变黄，灰鹅鸭毛发乌，严重时，毛丝脱落，羽面糟朽，用手一捻，即成粉末。毛绒受潮后，毛堆发死，不蓬松，轴管发软，严重的轴管中会有水泡，手感羽轴软，无弹性。

3. 羽毛的初加工工艺

(1) 风选：目的在于除去一部分灰砂、尘土、脚皮及夹杂物。风选时，将羽毛分批倒入摇毛机内，开动鼓风机使羽毛在箱内飞舞。由于片毛、羽毛及灰砂等相对密度不同，分别落入承受箱内，再分别进行处理。但风选时应注意使风速保持均匀一致，以保证质量，然后将选出的羽毛装成大包送检毛间。

(2) 检净：将风选后的羽毛再一次捡去杂毛和毛梗，并抽样检查，看其含灰量及含绒量等是否合乎规定标准。

(3) 并堆：将检净后的羽毛根据品质进行适当调整，并堆，使含绒量达到成品标准。

(4) 包装：将并堆后的羽毛采样复检，如合乎标准，则倒入打包机内打包（每包重约165kg）。打包后取出，缝好包头，经过编号过秤等手续后，即为成品。

4. 机械整理过程

(1) 分毛、除杂质：当羽毛原料经过检验与搭配安排，确定了使用的批数和数量后，即可开始加工。加工的第一道工序是分毛、除杂质。原料毛在放入分毛机之前，须将原料用竹扒（钯）拉松，注意清除石块、砖瓦、铁块等有损机器的杂物，然后逐步将羽毛从机器进口处加入，由风力吸入分毛机。一般每次加毛15kg，待机内绒毛摇完，开动吸翅梗的鼓风机，使在机器底的翅梗和杂质，经底部一侧的出梗口由管道吸入贮梗箱内，贮存够一定数量时，打开螺旋形装包机，翅梗及杂质经装包机口自动送入麻袋包内，也可用抽真空的方法吸取翅梗。在翅梗、杂质吸入贮梗箱时，关闭吸梗的鼓风机，同时再继续加入原料。

原料进入机内，经机翼将转动的较粗的灰沙由机底的筛眼漏出，存于机外，当有一定数量时开动吸灰鼓风机，经管道吸入贮灰房内。在机器顶部设有鼓风机，吸着毛绒使其不断上升，再经顶部的输毛管借风力把毛绒输送进毛房。顶部鼓风机装有活动阀门，能开大开小以控制风力，调节吸风量，以操纵绒毛的上升量。毛房内的一侧装有铅丝筛子的夹层，在夹层内设置吸灰管，利用风力使羽毛内的细灰沙由筛眼中漏出，吸出贮灰房。绒毛进入毛房后由于输送的风力减弱，自行坠落下来，进入贮毛箱，到一定数量，开动贮毛箱下连接的螺旋装包机，毛绒就自动装入预置的麻袋内。同批的羽毛每日采样一次，进行制品成分检验和记录，作为加工操作上掌握风力大小的依据。

原料经过分毛机分毛后，加毛阶段要将吸毛风门开得小一些，使绒子与中小毛片和一部分小薄片上升，其余如翅梗，脚屑、大毛片下降，待大部分绒子和中小毛片已上升入毛房时，可以把风门稍开大些，以使较大的毛片上升入毛房。倘使加毛时即将风门开得过大，翅梗等就容易和绒子及中小毛片一起涌入毛房。由于羽毛品质有滑性、粘性的区别，因此摇毛时间长短不一，以观察上升的毛绒不再有上升为止。毛绒上升情况可通过观察机器上的毛绒玻璃窗内的毛绒飞舞动态来确定。一般在窗门内看不到绒子上升的现象时，即可知道机器里面的原料已分净，但也要注意加工时掌握风门与摇毛时间长短的依据。经分毛机加工后的原料，灰沙、杂质含量接近达到标准，但如果原料含杂质较多，虽经加工后灰沙含量还超过标准太多时，必须再移经羽毛除灰机加工。

(2) 除灰：用分毛机摇过的羽毛经过检验，尚不符合规定的品质要求，含杂量超过规定的标准，还须经过除灰机对灰沙杂质进行进一步的清理。除灰时把羽毛放入除灰机的进口处(放入量可依机器大小而定，一般是15～30kg)。羽毛进入除灰机先经过第1道滚筒，筒内的翼桨摇动，羽毛被搅动松散，毛中的大杂质和脚皮就从滚筒的大孔眼筛子漏下去；接着毛又被风力送到第2道滚筒，这里也有翼桨转动，利用风的吸力，毛中的细小杂质从滚筒的小孔眼被吸到贮灰筒，毛绒则经过输毛管进入贮毛房自动落入袋子里装袋。除灰时间要看毛中的杂质多少灵活掌握，一般需要15min。

（3）提绒：分毛机提绒加工，它的操作过程基本上与第1道分毛加工方式相同，但在掌握机器顶部的风力时，要特别注意风力比分毛工序要小，以防止中型毛片上升，混入绒内，同时防止由于风门过小而影响产量。掌握上升风力，以看机器玻璃窗内的中型毛片上升到机器高度的3/4，飘滚后降落，并且加工出来的绒子内含小毛片不超过规定的标准为准。

在第1、2道工序中，只是使用机器后达到毛片、绒子、灰沙、薄片含量符合规格。对于鹅鸭毛内含有鸡毛及白鹅毛中的黑头与鸡毛，依靠上面的机器是无法加工清除的。因为鸡毛、黑头的重量是与鹅鸭毛片重量相仿，当开动机器利用风力使毛片上升的同时，不能使鸡毛或黑头下降，所以只能通过人工用手拣剔出来。另外对不超过允许含量的长片鸡毛或在白鹅毛中的大黑头，色泽全部深黑者，必须加以拣剔，以符合品质要求。因为白鹅毛中含有深黑的黑头羽毛，做成羽绒服装，如果面料是浅色的，会影响美观。

（4）拼堆：经过第1、第2、第3道工序加工的各批羽毛、羽绒成分须进行汇总，并计算出它的总成分，如果遇到成分不能平衡时，可以掌握以多补少、互相调剂的办法，抽出超量成分的批数或抽出不足成分的批数，求得成分平衡，并确定需用的批数。

拼堆前要先做好预备工作，将已确定需用的批数，按照成分相差很少的堆放在一起，分成4～5个批别，每批包数多少不一，在确定分几次拼堆时，计算每次每批所需包数。当机器开动后将每次所需的包数陆续运至拼堆机的进毛口四周，并按包数多少不同，不断加入机内，但要正确掌握包数多的加得快，包数少的加得慢，以求每次结束时同时加完。在羽毛进入机内后由于翼桨的搅动能起和匀作用，经风力吸至毛房，降落至漏斗形的毛箱，再经管道箱风力进入装毛箱中，如果是出口的羽毛羽绒，经商检局指定的技术员采样检验，如检验结果合格，就可以通知打包部门打成出口机包。以机榨包为例，每包长92cm、宽47cm、高80cm。每包净重为120～130kg，体积为0.397m^3。

第二节　羽毛（绒）的加工利用

一、填充羽绒的加工

羽毛和羽绒的最终用途绝大部分是加工成羽绒服装、羽绒坐垫、靠垫及羽绒被褥等生活用品。羽毛、羽绒在用于填充羽绒制品前，必须经过严格的处理，如水洗、消毒、烘干和冷却等过程，以保证羽绒制品的质量和防止制品的虫蛀。

1. 原料的选择

羽毛、羽绒的原料优劣直接关系到洗毛的质量、节水、用电、耗工。水洗的作用就是要把其中的灰沙洗去。如果原料含灰率高，水洗次数就多，机器运转时间就长，必然会耗水、耗电、耗工时。而由于毛绒在机器中的时间长，毛绒被摩擦的时间也长，就会受到损伤而变成单丝，这样不仅浪费大，而且直接影响产品质量。因此，预洗时对原料的选择要严，应该利用除灰机把毛绒内的含灰率减少到最低限度，越低越好。限于目前的设备条件，还不可能彻底除净羽毛、羽绒中的灰沙杂质，一般掌握在预洗前羽毛含灰量不超过4%，羽绒含灰量不超过3%，能尽量减少到最低限度则更好。

2. 水洗消毒

（1）水洗的作用：因为羽毛、羽绒中除了含有灰沙以外，还有不少皮屑，细小的血管毛，头、颈、脚、翅上的细小硬梗毛；还有脂肪性腥味；或者由于存放时间过久、管理方法不善发生霉烂、虫蛀而散发出的霉味和刺鼻的虫蛀气味；加之虫卵和虫粪等。由于上述原因，使部分羽毛、羽绒折断、损伤、失去天然的弹性和光泽。通过水洗，要求达到去灰、去杂、去污、去味、恢复弹性的目的。目前国内主要是采用洗涤剂助洗，洗净后增加一些白油（白色机械油），以增添光泽和防止虫蛀。各地的加工条件不一，目前有些地方水洗后的羽毛、羽绒还不能完全除去气味，这是有待改进的地方。我国目前选用的洗涤剂和整理剂见表39-1。

表 39-1　　我国目前选用的洗涤剂和整理剂

助剂类型	生产国别	型号名称	功能	助剂类型	生产国别	型号名称	功能
洗涤剂	日本	AolLiPolan（新）	脱脂	整理剂	日本	C_{40}HLiPomin 丽波明（新）	抗静电
	日本	AolLiPolan（老）	增加含氧		日本	XG-1103（老）	增加手感
	德国	Dehaclin6231N	增加透明度		德国	Reconditro	抗静电
	中国	海鸥	减少损伤		中国	白色机械油1号	增加光泽
	日本	阿卡德4310（去臭剂）	脱臭剂				

不同地区、不同季节收购的羽毛，按一定的比例搭配生产。AOL用在附着的油分多的羽毛上时可发挥其优越效果，对含氧量、透明度也可发挥作用。如原羽毛油脂含量少，适量使用AOL对羽毛几乎无损伤，对洗涤后无臭味也有良好的效果。用AOL剂洗涤，原羽毛附着油分少者，不仅可减少用量，而且可缩短洗涤时间和减少冲洗时的水量。洗涤时间从25min减少为15min，冲洗水量也从12m^3降为9m^3。对附着油分少的羽毛，使用AOL由2.0%减为1.0%。使用C_{40}HLiPomin用量为1.38%（按羽毛换算）。采用原联邦德国洗毛机器设备洗羽毛，所用洗涤剂有Dehaclin6231N非离子去污剂、Reconditro抗（脱）静电剂、PerodinFwg08去臭剂（此去臭剂不能用温水洗毛，其他两剂均可使用）。洗涤剂用量一般掌握在毛、绒质量的1.5%。用XG-1103剂时为0.5%～1.0%（按烘毛机内绒毛质量计）。

我国广西"桂花牌"洗涤剂主要指标见表39-2。

表 39-2　　广西"桂花牌"羽绒洗涤剂主要技术指标

理论指标		使用指标
总活性物量	≥17.0%	洗涤效率（含绒量在15%以下）≤0.8±0.4%
pH（1%水溶液）	5.5～7.5	
泡沫	≤120mm	洗涤力（残脂率）（含绒量在30%以上）≤1.1±0.4%
凝固点	-10℃以下（保持5h）	含氧量≤10mg～100g
相对密度	1.00～1.10	透明度≥280mm

（2）洗毛方法：未开车前做好一切准备工作，场地必须保持清洁，地上不能有垃圾、绳头、扫帚丝以及其他杂物。如杂物混入绒毛内，就会影响品质，同时也容易损坏洗毛机。检查机器车身及电动机附近和周围有无东西阻碍，开车转动部分的防护设施是否已安装牢固，以防止事故的发生。检查电源、水源是否正常，出水阴沟是否阻塞，电源开关的地面是否垫好绝缘橡皮或绝缘木以防触电，阴沟处挡毛筛是否安好（防止放水时羽毛、羽绒漏入阴沟）。

洗毛绒每车应该按照机器负荷能力加毛，每车洗的数量应该一致平衡，这样既可保持产品质量，也可以做到保养机器。对数量要求事先过秤，但也可以根据操作工人的实际经验掌握，一般上下幅度不超过5%。加毛时必须做到逐步加入，同时注意毛、绒中是否有杂质混入，如果发现应该及时剔除。

开启水龙头在车内放水，开动机身及吸毛风箱电动机，听机器及电动机运转声音是否正常，如有特殊声音，应立即停车修理。羽毛送进吸毛管之前必须用竹耙打松，使其容易吸入管内防止阻塞，绒毛定量吸完后立即将吸毛电动机关掉，以免浪费电力。羽毛、羽绒一般洗5～7次。加入适量洗涤剂，头次毛在车内约打3min左右，将污水放完后再加第2次水。每次加水，以加至车内2/3为宜。因用水过多，机器负荷量过重，车身剧烈震动，这样机器容易损坏。如果用水过少，则不易将毛绒洗清。这样循序放水直到放出的水用肉眼鉴别确无杂质、完全清澈为止。到最后一次放水入机器，做放毛前准备工作时即按规定放入白油0.25%，再让其运转1min左右即开启放毛门放毛。

用羽绒洗涤剂或海鸥洗涤剂、肥皂粉洗毛，第1次打毛时应适当放多些，必要时尚须用温水把洗涤剂或肥皂粉先行溶解放入洗毛机，一般按毛的1%～2%放入，毛绒和水的比例一般在(1:280)～(1:500)。但放水的次数不能硬性规定，一般以出清水为止，确保没有碱性腐蚀。但如果不洗清则容易将毛腐蚀，影响质量。洗净的羽毛、羽绒透明度高，在25cm以上。

3. 脱水

(1) 脱水的作用：目前羽毛、羽绒的脱水主要是用离心机，因为洗毛机中跟水流同时流出来的羽毛、羽绒不事先进行脱水是无法进行烘干的。羽毛、羽绒包荷水的能力较植物纤维还强，棉、麻之类植物纤维的含水能力赶不上羽毛、羽绒，故洗完后的羽毛、羽绒必须先进行脱水。一般在离心机中脱水5min，转速为600r/min。脱水不仅能提高羽毛、羽绒质量，而且还能提高工作效率。

(2) 脱水的方法：脱水机在加毛前，必须先将电动机开动运转，检查是否正常，如有不平稳及颤抖情形应立即修理。因脱水机转速较高，600～900r/min，如空车时不正常，加毛后因负荷重情况会更加严重，容易损坏机器并发生其他事故。脱水机运转正常后，开始放毛绒，在放毛绒时必须控制好洗毛机出毛流量，使毛绒顺水注入脱水机，而且掌握好一车洗净的毛绒平均放入脱水机内。毛、绒放入脱水机内时应随时注意电流表的负荷指针，看是否超负荷。如果超负荷，应将放毛口稍关一下，待负荷指针下降后再放毛，因为脱水后羽毛、羽绒质量即会减轻，避免过重后损坏机器和电表。待看到脱水机出水口无水滴出时说明毛已甩干，可将电动机关闭，然后出毛。

4. 烘干

(1) 烘干的作用：目前国内对羽毛、羽绒的消毒，除了使用一些药剂杀菌和防腐以外，主要是通过烘干机的蒸汽高温消毒，即用120～130℃的高温烘干羽绒并达到杀菌目的。通过蒸汽烘干，可以使原损伤受折失去弹性的羽毛、羽绒能够恢复弹性，同时可以将有些不正常的气味蒸发后被吸气管排出去。

烘干是一项技术性较强的工艺过程，烘毛的工人必须思想高度集中，不仅要注意每车毛绒烘干的操作时间，而且还必须注意毛绒的蓬松情况，随时掌握火候。比如在一般情况下蒸汽的温度在120℃，每车毛烘的时间在17min；如130℃，烘毛时间就相应缩短到15min。还有毛绒含水率也有不同等等，要灵活掌握。烘毛时间长了会将羽毛、羽绒烘焦，产生焦臭味；时间短了毛绒没有烘干，容易发生霉变。

(2) 烘毛方法：在烘毛前须先清理机上两个耳内的通风筛子，用手在外面扳动筛子，使其空气流通。如果由于毛根钻入筛眼堵塞空气流通，则必须将筛子拆下来把毛拔去，再行使用。注意烘干机上的压力表，应保持在安全负荷内压力。每车加湿毛应掌握在25kg左右，绒在15kg左右，每车烘毛时间在11～14min。加毛时应注意避免羽毛绒散落在地上，已落在地上的不可拾起放入烘毛机内，必须重新洗清再烘。烘毛机四周涂有的石棉如果脱落，应该及时补上。毛绒的干湿度也可凭经验掌握。一般湿毛放入时沉在底部，干时逐渐蓬浮松起，此时可用手测，如感觉干了，就应放毛。毛绒干后，应通知冷却部门进行冷却。放毛时必须注意放清，若不放清，留下的毛绒会被烘焦，产生焦臭味。

5. 冷却

(1) 冷却的作用：冷却是羽毛、羽绒水洗消毒过程中不可缺少的一个环节，因为冷却时可通过冷却机的排气筛网进一步排除气味，有利于毛绒质量的进一步提高，而且还有利于恢复羽毛、羽绒的天然含水量。在恒温条件下，羽毛、羽绒的自然含水量一般在13%左右，它和植物纤维中的天然含水量基本相似。通常羽毛、羽绒中的含水量超过了天然含水量时，就容易霉烂变质或被虫蚀；如果过分少于天然含水量时，羽毛、羽绒会变得干脆，容易打断，影响质量。冷却时可使羽毛、羽绒恢复原来天然所含的水分量，这样羽毛、羽绒才会有天然的弹性和保温能力，才能防止霉烂。另外保管条件不当会使羽毛、羽绒中的天然水分量失常，以致发生霉烂变质。

(2) 冷却方法：开车前应检查冷却机筛子有否破漏，如发现不正常应修理调换。接到烘毛部门的通知后，随即开动冷却机进行冷却。羽毛、羽绒进入冷却机后一般经6～8min后即被送入包装毛房。必须注意经常清理冷却机筛及四周板壁、机身下面的灰沙、杂质等。因为冷却的毛绒带有水分，常常会有飞丝贴住板壁，2～3d就结上1～2cm厚的毡状垃圾。故要经常清理各吸毛管道，以防品种混淆，影响质量。

6. 包装贮存

烘干后的羽毛、羽绒如果散摊在空气流通的室内，约须72h以上方能完全恢复自然含水量。因为是连续性流水作业，不允许有72h的散摊时间，这就必须注意：一是冷却的时间尽可能多，一般要求在5～6min以上；二是包装不宜过紧，因为羽毛、羽绒是保温性较好的商品，如果包装过于紧了，既不容易散热，还容易产生水蒸气，不易保管，还有可能使羽毛变形，影响弹性。因此水洗消毒后的羽毛、羽绒包装时每包最好控制在数十千克（不超过50kg），这样在运输上便于搬动，在贮藏保管上容易散热。水洗消毒后的羽毛、羽绒一般要求存放30d以上的时间才能充装羽绒制品，让其恢复自然含水率。再有存放消毒羽绒的仓库必须清洁卫生、干燥通风，靠近地面处必须有垫仓设备，要求离地高度在40cm以上，如地面潮湿还必须加高，以保证其品质。

二、刀窝翎的利用

我国民间很早就流行用鹅毛翅做扇子，如浙江湖州和杭州王星记扇庄以鹅毛的窝翎制成的圆扇素负盛名，畅销全国各地，也是近代手工业中独树一帜的名牌产品。在20世纪30年代，鹅毛的窝翎价格曾倍于刀翎的价格。白鹅刀翎、窝翎供外销出口后，需求均极迫切，且售价贵于内销制扇的价格，尤以刀翎的外销价更贵。后来获悉英国用刀翎制作体育用品羽毛球，从此，白鹅刀窝翎作为原料出口逐渐代替了制扇的用途。

至20世纪50年代，随着我国体育事业的蓬勃发展，我国羽毛工业迅速崛起，羽毛球的外销和内销经常处于供不应求的局面。白鹅刀翎从此成为制作高级羽毛球的原料，白鹅窝翎可以制作中档羽毛球，弯刀毛可以制作板羽球，利用鸭刀翎制作低档羽毛球。白鹅翎管可以用于装眼药，俗称鹅毛管眼药；另外还可作为外搽用药水的短柄。鸭毛的翎管远销法国作为指甲油搽笔的柄子，也有一定的销售量。

三、装饰羽毛的利用

鹅毛中的风翎和尖翎，撕下的二边的丝称为“风边”和“销边”，多年来大多外销出口，并经国外染色和加工制成树花，作为装饰圣诞节日的材料。白鹅大、中飘毛出口后经国外染色加工制成帽花，适销于欧美及澳大利亚等。以白鹅大、中、小飘毛染色制成的“羽毛花”，色泽鲜艳、引人注目。白鹅直刀毛、灰鸭直刀毛、白鹅小花毛出口后，制成各种飞禽小鸟。

我国东北地区的辽宁、吉林等省有很多的美术工艺厂，利用各种类型的羽毛，经过剪、染、贴等工序，制成各种羽毛画，供外销出口。

第四十章 畜骨的利用

第一节 概 述

我国远在几十万年以前，就开始了加工和使用最原始的骨器，如作装饰用的骨珠、骨坠，生产、生活用的骨锄、骨刀、骨针等。约在2300年前的春秋时代，劳动人民在生产中已经总结出用骨熬煮液汁拌种增产的经验。明代李时珍撰写的《本草纲目》一书所收载的1892种药物中，就有动物药物444种，而动物药物中有不少是用畜骨制成的。

今天，各类畜骨不仅被加工制成精美的工艺制品和各种高效复合型肥料，而且在现代的工厂里，综合利用牲骨生产出的骨胶、明胶、骨油、食用蛋白质、肥料和各种磷酸盐等产品，被用在数十个制造业的近2000种产品的原料或辅助材料中。同时，牲骨也是制取多种氨基酸和药剂的原料。

一、骨的概念及化学组成

骨是由骨组织、骨髓和骨膜所组成，其中含有水分、无机成分、脂肪和蛋白质等。但由于处理方法不同，即使同一头动物的骨骼，部位不同，组成也有很大的差别。现将猪骨的一般组成列入表40-1中。骨中无机盐类的组成见表40-2。

表 40-1　猪骨的一般组成

骨的名称	水 分/%	干物质含量/%			灰分中磷、钙含量/%	
		粗蛋白	粗脂肪	粗灰分	磷	钙
头 骨	30.0	26.2	16.2	57.6	22.1	10.0
胸 椎	35.6	30.0	24.8	44.0	16.9	7.8
肩胛骨	24.6	28.5	18.9	52.7	20.1	8.8
肱 骨	22.9	21.4	32.1	46.6	17.4	8.7
桡骨、尺骨	24.7	20.9	25.9	50.2	19.3	8.8
肋 骨	30.2	24.6	25.4	50.0	19.1	8.5
肋软骨	31.8	50.8	38.7	10.5	2.8	1.4
骨 盆	30.0	26.0	27.5	46.5	17.8	7.6
股 骨	27.0	23.6	20.3	46.1	17.2	7.6
胫 骨	28.0	25.2	25.4	49.3	19.0	8.3

表 40-2　骨中无机盐组成

无机盐类	磷酸钙	碳酸钙	磷酸镁	氟化钙	氯化钙
含量/%	85	10	1.5	0.2	0.2

畜骨的产量随动物的品种、肥瘦程度以及年龄等而异，兹将主要畜骨的产量列入表40-3、表40-4中。

表 40-3　　主要家畜骨骼的产量

家畜名称	一级牛	肉 猪	羊		
			一 级	二 级	瘦 羊
骨占胴体重的百分数	20.5	12.9	24.3	31.8	40.5

表 40-4　　猪、牛、羊骨占屠畜活重的比例

畜种 / 级别 / 比例	猪		牛		羊	
	肥 型	瘦 型	肥 型	中 型	瘦 型	中 型
全部骨骼占屠畜活重/%	5～6	7～9	8～10	11～12	13～15	11～14

注：牛系除头、蹄后，骨占屠畜活重的百分率。

从以上各表可以看出，骨中不仅含有丰富的营养成分，而且占胴体的比重很大，因此，也是畜产品加工的一项重要原料，应该加以合理利用。

牲骨主要来自肉联厂、罐头厂、屠宰场、肉食加工场、肉店、餐馆、食堂和家庭。除家庭外，牲骨的收集比较容易，而且质量好、数量大。对于长期存在于田间、山野而风化的田野骨，在传染病方面，炭疽杆菌是最可疑的，使用时应加以处理（炭疽芽孢能在这种骨里保存多年）。

二、骨的贮存

新鲜的骨含有大量的水分，并带有残肉、脂肪和结缔组织等，很容易引起腐败。所以新鲜的骨应尽快加以处理，不宜久放。

骨的腐败和分解的速度与堆放的方法（堆的大小和厚薄）有关，与温度、通风、湿度、污染程度也有密切关系。

湿骨应堆放在低温、空气流通和不潮湿的场所。堆垛不宜过高，避免日光直接照射。每隔 3～5d 要翻动一次，潮湿和不通风的场所容易引起霉变。堆骨的垛底应垫以洁净的垫席。应绝对防止蚊蝇侵袭。

干燥的骨可置于温度较高的场所保存，但也要通风和避免日光照射。在气温较低的地区，春冬季节可放在露天保存，但在骨堆上应盖上罩布或其他覆盖物，防止砂石和尘土沾污。若保存不适当，则会降低品质，骨甚至变成废物。因此，应特别注意加强保管。

第二节　骨的综合利用方法

一、骨油的提取

骨中含有大量的油脂，其含量随家畜种类和营养状况而异，大体上占骨重的 5%～15%，平均 10%左右。当然由于抽取方法不同，其得率也不相同。骨油的提取方法通常有：水煮法、蒸汽法和抽提法三种。

（1）水煮法：洗骨和浸泡：将新鲜的骨用清水洗净并浸出血液。加工要及时，最好是当天生产的骨在当天水煮完毕。浸出血水才能保证骨油的颜色和气味正常。粉碎：不论什么骨，在蒸煮前均应粉碎，即将其砸成 2cm 大小的骨块。事实证明，骨块越小出油率越高。水煮：将粉碎后的骨块倒入水中加热，加热温度保持在 70～80℃。加热 3～4h 后，大部分

油已浸出来，将浮在表面上的油撇出，移入其他容器中，静置冷却并除去水分即为骨油。用这种方法提取时，为了避免骨胶溶出，不宜长时间加热。因此除了缩短加热时间外，最好将碎骨装入竹筐中，待水煮沸后将骨和筐一起投入水中，3～4h 后，再将骨和筐一起取出。用水煮法制取骨油时，仅能提取骨中含油量的 50%～60%。

(2) 蒸汽法：将洗净粉碎后的骨放入密封罐中，通入蒸汽加热，使温度达到 105～110℃。经加热后，不仅大部分脂肪被溶出，而且骨胶原也被溶成胶液。加热 30～60min 后，大部分油脂和胶均已溶入蒸汽冷凝水中，此时从密封罐中将油水放出，罐内再通以蒸汽，使残存的油和胶溶出，如此反复数次（约 10h），绝大部分的油和胶都可溶出。然后将全部油和胶液汇集在一起，加热静置后使油分离，或者趁热用牛乳分离机进行分油，则效果好，速度快，且不致使胶液损失。

(3) 抽取法：将干燥后的碎骨置于密闭罐中，加入溶剂（如轻质汽油）后加热，使油脂溶解在溶剂中，然后使溶剂挥发再回到碎骨中。如此循环抽提而使油脂分离。

骨油的用途一般可分为食用和工业用两种。凡新鲜、洁净没有腐败变质的骨制成的骨油，可以熬炼成食用油脂。如果不具备上述条件，则可充作工业用原料。

二、骨粉的加工

骨粉可分为粗制骨粉、蒸制骨粉和制胶后的骨渣粉等，主要根据骨上所带油脂和有机成分的含量而定。此外骨粉，根据用途又可分为饲料用骨粉、肥料用骨粉以及食用骨粉。

(1) 粗制骨粉的加工：先除去脂肪。将骨压碎成小块，置于锅中煮沸 3～8h，以除去骨上的脂肪。加工粗制骨粉时，最好与前述水煮抽油法结合，这样，除了加工骨粉外，还可以抽出部分骨油和胶油。将骨沥尽水分并经晾干后，放入干燥室或干燥炉中，以 100～140℃的温度烘 10～12h。用粉碎机将干燥后的骨头磨成粉状即为成品。成品规格：骨粉的成品质量随原料的质量有所不同，一般要求为：蛋白质含量 23%，磷酸钙含量 48%，脂肪含量 3%，粗纤维含量 2%以下。

(2) 蒸制骨粉的加工：蒸制骨粉系用前述蒸汽法提取骨油后的残渣为原料而制成。将骨放入密封罐中，通入蒸汽，以 105～110℃的温度加热。每隔 1h 放油液一次，将骨中的大部分油脂除去，同时使一部分蛋白质分解而成为胶液，可作为制胶的原料。将蒸煮除去油脂和胶液后的骨渣干燥粉碎后即为蒸制骨粉。这种骨粉的蛋白质含量比粗制骨粉少，但色泽洁白而易于消化，也没有特殊的气味。

三、骨胶的加工

骨胶制造的原理与皮胶相同，但加工过程与皮胶有所区别，即制造骨胶时没有浸灰、脱毛、中和等前处理过程。但脱脂仍为生产骨胶的一个重要过程。

(1) 骨的粉碎与洗涤：将新鲜畜骨适当粉碎，然后用水洗涤。为了洗涤得比较彻底，可用稀亚硫酸溶液处理，不仅可以提高漂白脱色的效果，并有防腐作用。

(2) 骨的脱脂：胶液中的脂肪含量直接影响成品质量，在加工高质量的骨胶时，应尽可能除尽。如果水煮时间过长则影响胶液的得率，故最好用抽提法除去骨中的全部脂肪，这样不仅可以提高成品质量，同时色泽也比较好。

(3) 煮沸：将脱脂后的畜骨放入锅中加水煮沸，使胶液溶出。煮胶时，每煮数小时后，取出胶液，又加水煮沸，再取出胶液。如此 5～6 次后即可将胶液全部取出。

(4) 浓缩：将全部胶液汇集在一起，加热蒸发，除去水分，提高胶液浓度（浓缩至胶液冷却后能成皮冻状）。浓缩时如采用真空罐，则可提高成品的质量和色泽。

(5) 冷却、切片、干燥：使浓缩后的胶液流入一定大小的容器中，并冷却形成冻胶，然后切成薄片进行干燥，干燥后即为成品。

四、提取食用蛋白质

人类不能缺少蛋白质、淀粉、脂肪、维生素和矿物质。对于生命来说，蛋白质甚至比碳水化合物还重要。蛋白质在动物体内经分解转变成各种 α-氨基酸后，就可以透过肠壁吸收到血液中去，再由血液输送到各组织中。蛋白质不但提供碳、氢、氧，而且还提供脂肪和碳水化合物所没有的氮、硫、磷等元素。

食用蛋白质的来源主要是肉、鱼、蛋、豆类、粮食等食品。近年来，已成功地从牲骨中提取了供食用的蛋白质。一般新鲜牲骨含有约17%的蛋白质，10%的脂肪，30%的磷酸钙和43%的水分。丹麦建成了据称世界上第一座只需用水蒸气从牲骨中提取蛋白质、磷酸钙和脂肪的工厂，每周可生产10t蛋白质，20t磷酸钙，5t脂肪。生产过程是先将来自于屠宰场的新鲜猪骨脱脂，然后用水和热水处理牲骨以提取蛋白质，再通过高温提取磷酸钙。

联邦德国也发明了从牲骨中提取食用蛋白质的方法，可以从1t鲜牛骨中取得浓缩肉汁120～180kg（其蛋白质含量达60%），脂肪100～150kg，作饲料用的骨粉300～400kg。工艺过程是：破碎→蒸煮→分离→浓缩→烘干。蒸煮的作用一是灭菌防腐，二是提取蛋白质。蒸煮时要不断搅拌，所得产物是稀肉汁和碎骨。两部分用旋液分离器分开。从旋液分离器中得到的稀肉汁进入另一种分离器，这种分离器把稀肉汁分成三部分：一是不含脂肪和固体杂质的肉汁，二是不含肉汁和固体杂质的脂肪，三是粘性固体残留物。将肉汁送进连续式蒸发罐中浓缩，使蛋白质含量达55%～75%。脂肪供食用，粘性固体残留物可加工制成饲料。

美国从牛骨中提取食用蛋白质，同时也生产骨胶和脂肪。加工方式是将新鲜牛骨破碎成最大为0.25～0.5cm的小块，加入大约同样重量的水搅和，再加入约3.5%的Tona－300（RTM）的酶，将此混合物在35～51℃加热搅拌。待3～3.5h后，将温度升高到60℃，时间为2.5～3h。再升温到90℃，使酶失去活性。当温度介于57～87℃时，将固体物滤出，可制得骨胶。滤液做离心处理，得到可供食用的脂肪和含4%～7%的蛋白质汤。汤可作为食物的蛋白质补充物。用这种方法可将产生难闻臭味的肽和胨减少到最低程度，操作程序简单经济，而且不需要化学添加剂。

需要指出，胶原蛋白质在营养上是一种不完全的蛋白质，它不含色氨酸，蛋氨酸的含量也很低。胶原所含“必需氨基酸”的数量和正常人每天需要的必需氨基酸数量列于表40-5中。

表 40-5　胶原蛋白质所含必需氨基酸数量

氨基酸的名称	人的正常摄取量 /(g/d)	胶原中含量 /(g/100g)	胶原中过量（+）或缺少（-）
色氨酸	0.5	0.0	-0.5
苯丙氨酸	2.2	2.4	+0.2
蛋氨酸	2.2	1.0	-1.2
赖氨酸	1.6	4.0	+2.4
亮氨酸	2.2	3.7	+1.5
异亮氨酸	1.4	1.9	+0.5
缬氨酸	1.6	2.5	+0.9
苏氨酸	1.0	2.3	+1.3
总　量	12.7	17.8	+5.1

尽管胶原蛋白质属于不完全蛋白质，但是对人体的血管、皮肤、骨骼、筋腱、软骨和牙齿等的形成十分重要，因为胶原是这些组织的主要基质。

五、制取蛋白胨

蛋白质经强酸、强碱、高温或蛋白酶的作用，将其中的肽链打开，生成不同长度的蛋白质分子的碎片即为蛋白胨，主要用作细菌培养基。用胰酶分解胶原蛋白制蛋白胨的操作简单，容易掌握，适合中、小型加工厂生产。

(1) 熬煮：将新鲜骨100kg掺水100kg加热熬煮，在温度100℃持续3h，取出，过滤，留下滤液，滤渣移作它用。

(2) 中和：把已除去骨渣的滤液移入陶瓷缸中，加入15%氢氧化钠调整pH至8.6左右，使呈弱碱性。

(3) 冷却、消化：加冰使液体冷却至40℃时，加入胰蛋白酶进行消化。每次40mL，加入时不停搅拌，使温度在37～40℃持续4h。胰蛋白酶的制法：胰浆1kg，加酒精1000mL、水3000L混合，每日搅拌3次，每次15min，三天后过滤备用。

(4) 双缩脲反应：消化完毕，做双缩脲反应。方法是取消化液过滤，仍取5mL于试管中，加5%硫酸铜0.1mL，并加入4%氢氧化钠5mL混合。若呈红色反应，说明消化已经完全，即可用盐酸调整pH至5.6左右。

(5) 加盐：液体在陶瓷缸内加热煮沸30min，再按原料（指滤液）重量加入1%的食盐（精制盐），充分搅拌10min，再加入15%氢氧化钠调整pH至7.4～7.6。

(6) 浓缩：将溶液转入蒸发罐（或锅）内，使浓缩成为膏状，装瓶，即为成品。

(7) 成品规格：蛋白胨为褐色或暗褐色的糊状物，有肉腥味，能溶解于水中。

六、止血海绵胶原的生产

胶原和明胶有很高的吸水性，因此可以利用这一性质制造止血剂、吸收剂。这种制品用于各种外科手术止血，如牙科、神经外科、生理、创伤等。国内在20世纪70年代初，以明胶为原料曾试产该产品。

牲骨经过脱脂、除去矿物质后变成骨素，在pH2.5～3.5的酸性范围内与酸性蛋白酶作用，使胶原有选择地被部分分解，因而胶原变得可溶。将胶原溶液的浓度调到2%～5%后，在-30～-70℃迅速冻结，进行真空干燥，得到海绵胶原。胶原溶液浓度、冻结方法对制品吸水能力的影响见表40-6和表40-7。

表40-6　胶原浓度、泡沫孔径与吸水能力的关系

胶原浓度/%	泡沫孔径/μm	吸水力/（g水/g制品）
0.5	5～10	30.0
1.0	10	30.5
1.5	12	28.0
3.0	15	25.0
5.0	20	18.0

由表40-6得出，胶原浓度在0.5%～3%的溶液，制品的泡沫孔径小，吸水力较强。

表 40-7　冻结温度和最大冰晶带通过时间与胶原吸水力的关系

冻结温度/℃	最大冰晶带通过时间/min	泡沫孔径/μm	吸水力/(g水/g制品)
-70	5	1.0	30.0
-50	15	10	28.5
-30	30	15	20.0
-20	200	30	16.5

由表 40-7 看出，在 -50～-70℃急剧冷冻，所得制品吸水力最强。

冻干的固体物质由于微小晶体的升华，呈现多孔结构，并保持原来冻结时的体积，加水后极易溶解，并立即恢复原来的新鲜状态。干燥的结果，能排出 95%～99%以上的水分，有利于制品长期保存。

七、磷酸的生产

(1) 磷酸的性质、制法及用途：磷酸（H_3PO_4）纯品是无色的斜方晶体，相对密度 1.834（18℃），熔点 42.35℃。一般商品为含有 83%～98% H_3PO_4 的稠厚液体，溶于水和乙醇。加热到 213℃时，产品失去一部分水而转变为焦磷酸，进一步转变为偏磷酸。磷酸属中强酸，是一种重要的中间化工产品，主要用于肥料生产。磷酸的用途取决于其纯度，而纯度又取决于生产磷酸的方法。生产磷酸的方法有湿法和热法两种。一般来说，湿法生产的磷酸纯度低，因此多用来生产肥料。因为所含的杂质对于作物的危害不大，甚至还有益。热法生产的磷酸纯度高，故多用于工业部门。牲骨经煅烧除去有机质后，采用湿法生产的磷酸纯度是比较高的，多被用于工业部门。这是因为牲骨中矿物质主要是磷酸三钙，而别的物质极少。

磷酸在工业部门主要被用来制取磷酸钠和磷酸钙，有些也用于制取磷酸铵。磷酸钠是由磷酸和碳酸钠作用得到的，并随反应时的条件不同生成不同性质、不同用途的磷酸钠盐。

$$2H_3PO_4 + Na_2CO_3 \rightleftharpoons 2NaH_2PO_4 + H_2O + CO_2\uparrow$$

（磷酸一钠）

$$2NaH_2PO_4 \xrightarrow{200℃} Na_2H_2P_2O_7 + H_2O$$

（酸式焦磷酸钠）

$$H_3PO_4 + Na_2CO_3 \rightarrow Na_2HPO_4 + H_2O + CO_2\uparrow$$

（磷酸氢二钠）

$$2Na_2HPO_4 \rightarrow Na_4P_2O_7 + H_2O$$

（焦磷酸四钠）

$$Na_2HPO_4 + NaOH \rightarrow Na_3PO_4 + H_2O$$

（磷酸三钠）

$$NaH_2PO_4 + 2Na_2HPO_4 \xrightarrow{300℃} Na_5P_3O_{10} + 2H_2O$$

（三聚磷酸钠）

磷酸一钠、磷酸二钠主要作为中间产品，但磷酸一钠也被用于配制酸型去垢剂的缓冲剂。磷酸二钠用来处理水以除去金属阳离子，也是制造重质洗涤剂的组分。磷酸三钠是重质洗涤剂的组分。酸式焦磷酸钠用作发酵剂和用于地质钻探。焦磷酸四钠是合成洗涤剂的一种组分，它与酸式焦磷酸钠混合可作为一种反絮凝剂。

磷酸和氢氧化钙或碳酸钙作用，生成磷酸氢钙：

$$H_3PO_4 + Ca(OH)_2 \rightleftharpoons CaHPO_4\cdot 2H_2O$$

磷酸氢钙除大量用作动物的辅助饲料外，也用于制牙膏、牙粉、医药、造纸、发酵剂等。此外，用磷酸可以制成磷酸铵 $(NH_4)_3PO_4$，磷酸铵被用于阻火剂、酵母培养剂。磷酸和氢氧化钾反应，可得到磷酸氢二钾。

$$H_3PO_4 + 2KOH \rightarrow K_2HPO_4 + 2H_2O$$

（2）磷酸的制法：制磷酸的原料是经过脱脂、脱胶后的骨块，为了使成品磷酸的颜色正常，减少硫酸的消耗，并使反应和过滤操作变得顺利，首先要将脱脂骨在800℃以上高温下焙烧，以除去有机质。焙烧用回转炉或窑炉。骨料在650℃就可自行燃烧，先是放出黑烟，约半小时后放出淡青色的烟，最后烟消失。从开始冒烟到烟消失过程中，放出嫌恶性的气味。烟的主要成分是水蒸气、二氧化碳 CO_2，氨 NH_3，一氧化碳 CO，二氧化硫 SO_2，三氧化硫 SO_3。对这种烟弃之是害，可用硫酸吸收制取硫酸铵。

焙烧后的骨灰其外形尺寸与烧前相似，但变成白色或灰白色的，其化学组成是碱式磷酸钙67%～85%，磷酸镁2%～3%，碳酸钙3%～10%，也含少量消（生）石灰 CaO 及氟化钙 CaF_2。骨灰冷却后加以粉碎，并使全部骨灰通过40目筛。

萃取磷酸可用间歇式萃取器，也可用连续式萃取器。连续萃取过程是由4～6个萃取器组成，彼此间用溢流管连接，并进行阶梯式安置。萃取器可用铁板卷成，内衬铅或耐酸板。

首先往第1个萃取器中送入骨灰、稀释液和从倒数第二个萃取器中抽出的料浆（系由石膏、磷酸和少量杂质组成），当骨灰经过前三个萃取器时，它便溶于硫酸中。硫酸须连续地加入第4个萃取器中，此硫酸可使石膏从溶液中析出。从萃取器出来的料浆大部分又返回到生产系统，而剩余部分则转入萃取器，然后进行过滤或滗分。反应原理：

$$Ca_3(PO_4)_2 + 3H_2SO_4 + 6H_2O \rightleftharpoons 2H_3PO_4 + 3CaSO_4 \cdot 2H_2O$$

$$CaCO_3 + H_2SO_4 \rightleftharpoons CaSO_4 + H_2O + CO_2 \uparrow$$

骨灰在硫酸中溶解：

$$Ca_3(PO_4)_2 + nH_3PO_4 \rightleftharpoons 3Ca(H_2PO_4)_2 + (n-4)H_3PO_4$$

$$3Ca(H_2PO_4)_2 + 3H_2SO_4 \rightleftharpoons 6H_3PO_4 + 3CaSO_4$$

所用硫酸不仅应使参与反应的骨灰能全部分解，并且还应该稍过量，使能在液相中给石膏结晶创造适宜的 SO_4^{2-} 离子浓度条件。料浆的循环能增大石膏结晶颗粒，使分离更顺利。为了使料浆有好的流动性，固体与液体的比例宜保持在1:(2～3)。使用的硫酸的浓度为98%，但使用时用萃取的稀磷酸和洗涤石膏的洗液加以稀释。因此，磷酸的分解是用硫酸和磷酸的混合酸共同作用的。

萃取磷酸最繁重的工作是分离，分离的关键是使石膏成粗实结晶，以便易于从磷酸中滤出。根据溶液的温度、P_2O_5 的浓度、硫酸用量，硫酸钙可能有三种形式，即无水硫酸钙 $CaSO_4$、硫酸钙的半水合物 $CaSO_4 \cdot 1/2H_2O$ 和两个结晶水的硫酸钙（即俗称的石膏 $CaSO_4 \cdot 2H_2O$）。在萃取磷酸的一般条件下，硫酸钙是以两个结晶水形式存在。

综上所述，萃取的最适条件是，温度保持在70～80℃，液相中 SO_4^{2-} 含量为1%～2.5%，CaO含量为0.35%～0.75%，反应时间6～8h。

从萃取器流出的料浆采用过滤或滗分方法可得到含 P_2O_5 达30%的磷酸成品。洗涤磷石膏的洗涤液，与部分作成品的萃取磷酸混合，返回作稀释液用。有时，为了提高成品磷酸中 P_2O_5 的含量，可再加以真空蒸发。在蒸发过程中，由于浓度的变化，从酸中会析出硫酸钙、磷酸铁等沉淀物，呈 SiF_4 状态的氟也呈气体状态逸出。所以蒸发还有提纯磷酸的作用。

（3）石膏的利用：每生产1t P_2O_5 的酸，可副产石膏5t。在日本、英国，石膏被用于灰泥制品和水泥生产的添加剂，二水物被用做制墙板。石膏的第二个用途是与氨和二氧化碳反应制硫酸铵和碳酸钙，这是石膏应用的最古老的方法。第三个则是用做生产硫酸的原料。在高温下，用硅石处理副产石膏以生产硫酸，所得到的硅酸是水泥生产中的一种原料。最后，石膏用在树脂中作填料，如高密度聚乙烯、低密度聚乙烯和聚丙烯等热塑性的聚烯烃树脂，加入30%～50%的石膏所制成的钙塑制品，不但树脂原有的性能得到了改善，而且成本大为降低。

八、骨宁注射液

骨宁液是用健康而新鲜的猪四肢骨，经提取、去脂、浓缩、沉淀等处理后，制成的多肽物。医药上被制成骨宁注射液，治疗骨、关节增生性疾病，并有较好的抗炎、镇痛效果。

1. 工艺路线

猪四肢骨 —提取，120kPa 热压→ 提取液 —去脂，0～5℃→ 去脂液 —浓缩→ 浓缩液 —沉淀，乙醇→ 乙醇液 → 浓缩液

—酸性沉淀，苯酚、盐酸，pH4.0，100℃→ 滤液 —碱性沉淀，氢氧化钠，pH8.5，100℃→ 滤液 —盐酸，pH7.2，100℃→ 滤液 —活性炭吸附，100℃→ 滤液 →

—水、氯化钠，pH7.1～7.2，灌封→ 骨宁注射液

2. 制取过程

取健康而新鲜的猪四肢骨，洗净、破碎、称重。按骨与蒸馏水为1∶2的质量比，加入蒸馏水，在120kPa的锅内热压1.5h，用双层纱布过滤。骨渣再加相同量的蒸馏水，在120kPa的锅内热压1h，双层纱布过滤，两次滤液合并。滤出的骨渣可加工成饲料骨粉。

将滤液立即置于0～5℃冷室中静置36h，除去上层脂肪，接着加温使冻状物融成液体，在70℃以下进行真空浓缩。一般，100kg骨经上述处理后，浓缩液体积约7万mL。将浓缩液冷却后，加乙醇至最终浓度为70%，静置沉淀36h，用滤槽过滤，除去杂质蛋白。滤液必须清澈，在60℃以下真空浓缩，至浓缩液体积约3万mL。然后加0.3%的苯酚，补足蒸馏水至7万mL。溶液用1∶1的盐酸在不断搅拌下缓缓加入，调节pH4.0(±0.1)，常压100℃加热45min，用布氏漏斗过滤，除去酸性杂质蛋白，滤液置冷却室静置。次日自冷却室中取出滤液，用滤纸自然过滤一次，滤液用50%氢氧化钠在不断搅拌下缓缓加入，调pH8.5(±0.1)，常压100℃加热45min，置冷却室静置。次日用滤纸自然过滤，用1∶1盐酸调节pH7.2，置冷却室静置。溶液用滤纸自然过滤，滤液加0.5%活性炭，100℃下搅拌加热30min，最后用布氏漏斗过滤。

滤液补足蒸馏水至含1.5g猪骨/mL，加氯化钠至0.9%，校正pH为7.1～7.2，100℃下加热45min，置冷却室静置，取小样进行有关项目检查，如合格，用4号、5号玻璃砂漏斗各过滤一次，灌封于2mL安瓿中，用流通蒸汽100℃灭菌30min，即得骨宁注射液。

3. 检验方法

(1) 双缩反应吸收度测定：准确吸取试液1.2mL于一试管中，加入蒸馏水2.8mL，另取一试管准确加入蒸馏水4.0mL进行空白对照试验，然后于两试管中分别加入氢氧化钠溶液4mL，混合均匀，再加双缩试液0.4mL，混合均匀，于室温下放置15min后，在分光光度计上用波长540nm、比色杯厚度2cm进行比色，吸光度值应不低于0.35，其含量为每毫升内相当于骨1.5g以上。

（2）蛋白质：取试液 1mL，加磺基水杨酸溶液 1mL，不得有混浊现象。

（3）安全试验：取体重 18～20g 的健康小白鼠 5 只，分别由尾静脉注射 0.5mL，观察 48h，应健康存活。如有死亡，应另取小白鼠 10 只依法复试，不得有死亡。

（4）过敏试验：取体重 300～400g 的健康豚鼠 5 只，经腹腔注射试液，每次 0.5mL，隔日注射一次，连续三次，在第一次注射后的 3～4 周，每只豚鼠静注本品 1mL，注射后 15min 内，观察动物不得有明显竖毛、明显的呼吸困难、干呕、痉挛、虚脱、死亡等现象，咳嗽也应不得超过三次。

（5）降压物质检查：按中国药典降压物质检查法，静脉注射本品 0.1mL，所致的降压程度不得超过 0.1μg 的组织胺所致的。

双缩脲试液配制：称取 17.3g 枸橼酸钠和 10g 碳酸钠，溶解在约 50mL 蒸馏水中，必要时加热完全溶解。再溶解 17.3g $CuSO_4 \cdot 5H_2O$ 于 10mL 蒸馏水中。两种溶液混合后，加蒸馏水至总量 100mL。

第四十一章　其他副产物的利用

第一节　肠衣的加工

一、肠衣的概念及种类

（1）肠壁的构造：猪、牛、羊小肠壁共分四层，由内到外分别为：粘膜层，为肠壁的最内一层，由上皮组织和疏松结缔组织构成，在加工肠衣时被除掉。粘膜下层，由蜂窝结缔组织构成，内含神经、淋巴、血管等，在刮制原肠时保留下来，即为肠衣。因此，在加工时要特别注意保护粘膜下层，使其不受损失。肌肉层，由内环外纵的平滑肌组成，加工时被除掉。浆膜层，是肠壁结构中的最外一层，在加工时被除掉。

（2）肠衣的概念：屠宰后的鲜肠管，经加工除去肠内外的各种不需要的组织后，剩下的一层坚韧半透明的薄粘膜下层，称为肠衣。很早以前，我国就开始利用肠衣制造弓弦和弹棉花用的弦线等，但没有广泛利用。后来人们利用肠衣灌香肠、制作线具（制乐器线弦等）及外科手术用的缝合线等，开始对其重视。

我国地域辽阔，肠衣产地颇多，种类有所不同。如华南、华东、华中等地区，因养猪事业发达，多产猪肠衣；而内蒙古、东北、华北等地区，因养羊多，盛产羊肠衣。肠衣在国际市场上占有重要地位，也是我国重要出口畜产品之一。我国所产的肠衣质地坚韧、薄而透明、富有弹性，同时也适于灌制香肠和灌肠，因此在国内外的销售数量很大。

（3）肠衣的种类：按畜种不同可分为猪肠衣、羊肠衣和牛肠衣三种，其中以猪肠衣为主。羊肠衣可分为绵羊肠衣和山羊肠衣。绵羊肠衣比山羊肠衣价格高，有白色横纹；山羊肠衣弯曲线多，颜色较深。牛肠衣分为黄牛肠衣和水牛肠衣，黄牛肠衣价格较高。

肠衣在未加工前，称为“原肠”、“毛肠”或“鲜肠”。“原肠”经加工处置后即为“成品”，按成品种类还可分为盐渍肠衣和干制肠衣两大类。盐渍肠衣用猪、绵羊、山羊以及牛的小肠和直肠均可制作，干制肠衣以猪、牛的小肠为最多。盐渍肠衣富有韧性和弹性，品质最佳；而干制肠衣较薄，充塞力差，无弹性。

二、肠衣的加工技术

1. 猪盐渍肠衣的加工

（1）浸漂：将原肠翻转（不翻转也可），除去粪便洗净后，串入少量清水，浸入水中。水温依当时气温和距刮肠时间的长短而定，一般春秋季节在28℃，冬季在33℃，夏季则用凉水浸泡，浸泡时间一般为18～24h。如没有调温设备，亦可用常温水浸泡，不过要适时掌握时间（以粘膜下层以外各层能顺利刮下为宜）。浸泡用水应清洁，不含矾、硝、碱等物质。

（2）刮肠：将浸泡好的肠取出放在平台或木板上逐根刮制，或用刮肠机进行刮制。手工刮制时，用月牙形竹板或无刃的刮刀，刮去肠内外无用的部分（粘膜层、肌肉层和浆膜层），使成透明状的薄膜。刮时用力要适当、均匀，既要刮净，又不要损伤肠壁。

（3）串水：刮完后的肠衣要翻转串水，检查有无漏水、破孔或溃疡。如破洞过大，应在破洞处割断。最后割去十二指肠和回肠。

(4) 量码：串水洗涤后的肠衣，每 100 码（91.5m）合为一把，每把不得超过 18 节（猪），每节不得短于 1.5 码（1.35m）。羊肠衣每把长限为 93m（92～95m），其中：

① 绵羊肠衣：一至三路每把不得超过 16 节，四至五路 18 节，六路每把 20 节，每节不得短于 1m。

② 山羊肠衣：一至五路每把不得超过 18 节，六路每把不得超过 20 节，每节不得短于 1m。

(5) 腌制：将已配扎成把的肠衣散开用精盐均匀腌渍。腌渍时必须一次上盐，一般每把需用盐 0.5～0.6kg，腌好后重新扎成把放在筛篮内，每 4～5 个筛篮叠在一起，放在缸或木桶上以沥干盐水。

(6) 缠把：腌肠 12～13h 后，在肠衣处于半干、半湿状态时便可缠把，即成“光肠”（半成品）。

(7) 漂净洗涤：将“光肠”浸于清水中，反复换水洗涤，需将肠内不溶物洗净。浸漂时间：夏季不超过 2h，冬季可适当延长，但不得过夜。漂洗水温不得过高，若过高可加入冰块。

(8) 串水分路：洗好的“光肠”串入水，一方面检验肠衣有无破损漏洞，另一方面按肠衣口径大小进行分路。分路标准见表 41-1。

表 41-1　部分盐渍肠衣分路标准

品种 ＼ 尺码/mm ＼ 分路	一路	二路	三路	四路	五路	六路	七路
猪小肠	24～26	26～28	28～30	30～32	32～34	34～36	36 以上
猪大肠	60 以上	50～60	45～50	—	—	—	—
羊小肠	22 以上	20～22	18～20	16～18	14～16	12～14	—
牛小肠	45 以上	40～45	35～40	30～35	—	—	—
牛大肠	55 以上	45～55	35～45	30～35	—	—	—

(9) 配码：把同一路的肠衣，按一定的规格尺寸扎成把。

(10) 腌肠及缠把：配码成把以后，再用精盐腌上，待水分沥干后再缠成把，即为“净肠”成品。

2. 猪干肠衣的加工

(1) 浸漂：将洗涤干净的小肠浸于清水中，冬季 1～2d，夏季数小时即可。

(2) 剥油脂：将浸泡好的鲜肠衣放在台板上，剥去肠管外表的脂肪、浆膜及筋膜，并冲洗干净。

(3) 氢氧化钠（NaOH）溶液处理：将翻转洗净的原肠，以 10 根为一套，放入缸或木桶里，然后按每 70～80 根用 5% 氢氧化钠溶液约 2500mL 的比例，倒入缸或盆里，迅速用竹棍搅拌肠子，并洗去肠上的油脂。如此漂洗 15～20min，能使肠子洁净、颜色转好。处理时间与气温有关，气温高可稍短，气温低可稍加延长，但不得超过 20min，否则肠子就会被腐蚀而成为废品。

(4) 漂洗：将去掉脂肪后的肠子放入清水中，用手不停地洗几次，以求彻底洗去血水、油脂以及氢氧化钠，然后漂浸于清水中。漂浸时间：夏季 3h，冬季 24h，并需经常换水。这样可加工出洁白、品质优良的肠衣。

（5）腌制：腌制可使肠子收缩、伸缩性降低，灌制香肠时不至于随意扩大，从而使肠式产品式样均匀美观。腌制时，将肠衣放入缸中，然后按每100码用盐0.75～1kg的比例，均匀地将盐撒在肠衣上。腌制时间一般为12～24h，随季节不同可适当缩短或延长。

（6）水洗：即用清水把盐汁漂洗干净，以不带盐味为限。

（7）充气：洗净后的肠衣用气泵（或气筒）充气，然后置于清水中，检查有无漏洞。

（8）干燥：充气后的肠衣可挂在通风良好处晾干，或放入干燥室内（29～35℃）干燥。

（9）压平：将干燥后的肠衣一头用针扎孔排出空气，然后均匀地喷上一层水润湿。再用压肠机将肠衣压扁，最后包扎成把装箱为成品。肠衣的质量要求：不同肠衣其质量要求不一样，总的来说，成品肠衣应呈淡红色、乳白色或淡黄色、灰白色；肠壁坚韧、清洁、薄而透明、无裂缝、无砂眼。盐渍肠衣应无腐败味和腥味，干制肠衣应无异臭味。

三、肠衣的质量标准

（1）色泽：盐渍猪肠衣以淡红色及乳白色者为上等，其次为淡黄色及灰白色者，再次为黄色和紫色的，灰色及黑色者为劣等品。山羊肠衣以白色及灰色者为最佳，灰褐色、青褐色及棕黄色者为二等品。绵羊肠衣以白色及青白色者为最佳，青灰色、青褐色者次之。干肠衣以淡黄色者为合格。

（2）气味：各种盐渍肠衣均不得有腐败味和腥味，干制肠衣以无异臭味为合格。

（3）质地：薄而坚韧、透明的肠衣为上等品，厚薄均匀而质软的为次等品。但猪、羊肠衣在厚薄方面的要求有差异，猪肠衣要求薄而透明，厚的为次品；羊肠衣则以厚的为佳，凡带有显著筋络（麻皮）者为次等品。

（4）其他：肠衣不能有损伤、破裂、砂眼、硬孔、寄生虫啮痕与局部腐蚀等，细小砂眼和硬孔尚无大碍。肠衣不能含有铁质、亚硝酸、碳酸铵及氯化钙等，因为这类物质不仅损害肠质并有碍卫生。干肠衣需完全干燥，否则容易腐败。

第二节　猪鬃的初加工

一、猪鬃的概念及种类

1．猪鬃的概念

猪鬃即猪的颈部和脊部的刚毛。猪鬃性刚韧而富于弹性，就是和钢铁进行强烈摩擦也不会折断或变形，受压后能立即伸直；耐热，在高热下不会熔化；耐潮湿，不受冷热影响；有天然的鳞片状纤维，能吸附油漆，为工业和军需用刷的主要原料。猪鬃除能制成各种用刷之外，还可用以制造各种化学药品（如胱氨酸、酪氨酸）、化学灭火剂等。我国所产猪鬃，在数量和质量上都驰名世界，也是主要出口物资之一。

2．猪鬃的种类

我国幅员广大，猪的品种繁多，所以猪鬃的种类也很多。

（1）按产地分：可分为东北鬃、天津鬃、青岛鬃、汉口鬃、上海鬃、湖南鬃、重庆鬃、云南鬃及内蒙古鬃等九种。

（2）按颜色分：可分为黑鬃、白鬃、花鬃及黄鬃。

（3）按性质分：可分为硬鬃和软鬃。

（4）按季节分：可分为冬季鬃、春季鬃、夏季鬃和秋季鬃。

二、猪鬃初加工方法

猪鬃的生产方式可以分为手工生产和机械生产两种，手工生产又可分为二个阶段：

第一阶段：即由原料加工成毛铺或混合猪鬃。其工序有：

① 剔毛：将收到的原料猪毛、首先按毛色分类，并剔除其中腹毛、尾毛、霉毛、草棍及灰尘等杂质。

② 浸渍：将挑选分类后的原料加水湿润，发酵一昼夜，使肉皮软化。

③ 捣松：将发酵后的猪毛从水中取出，用木板捣松肉皮，使其与粘着的猪毛完全分离松散。

④ 水梳：将已经松散开的猪毛用水洗净后，用铁梳将绒毛碎皮屑等彻底梳除，并用清水洗涤数次。

⑤ 烘干：将洗净后的猪毛放入竹筛上，再置于炕灶上或烘房中烘干，或放在日光下晒干。干后即成“毛铺”。

第一阶段的加工不一定非要交给猪鬃厂，在原料场所就能进行。把原料猪毛制成毛铺后再出售给猪鬃加工厂，这样既可以节省运输费用，另外水梳时剩余的毛绒皮屑等又可以作为肥料。制好后还不必捆把，散放的毛铺为收购单位收购，不浪费人力和物力。

第二阶段：由毛铺制成半成品。其工序有：

① 缠板：将毛铺不分长短倒顺，用麻绳捆在小木板上。

② 蒸伸：将缠在板上的鬃毛放在蒸锅内蒸煮，将弯条蒸直，并可增加光泽、除去腥秽，并达到消毒杀菌的目的。

第三阶段：由半成品制成成品。其工序有：

① 梳剔：用绳束住鬃毛批子（烘干并除去木板后的鬃），用梳子剔除长鬃，应分别放置，先长后短。

② 分等：批子梳剔后，按尺码长短分级。

③ 揉整：长短分级后，为了理顺其头尾，用揉搓的方法即可挤出倒毛，然后按头尾理顺。

④ 捆把：按各种尺码分别以黄麻线扎其根部，捆成坚实的原把子（直径为 4.4～5cm）。

⑤ 搭配：按规定将各级猪鬃适当搭配，如 80 分的货，本尺码的占 80%，另配比尺码低级的 20%。搭配时将猪鬃原把拆开按量搓入，再用梳子梳均匀，然后重新捆把。

⑥ 检验：分三步进行。首先“初验”，查看有无脱落的头屑，并将屑尘剪齐；第二步叫“复验”，查看毛束中有无霉毛、白毛、花毛、黑毛及油毛等，如发现即用钳子摘出（俗称挑花条）；第三步检查绳束是否捆紧或再翻梳去灰，叫“清灰”；再去掉不足尺码的鬃叫“清边”。

⑦ 磨根：将猪鬃根部用木板拍齐，把凸出的毛剪去或用酒精灯火燎掉，再用光滑石磨平。

⑧ 包装：经过上述过程后的产品即为成品。检验合格后，即用包装纸分把包装，包时梢头必须拢紧，不得弯曲。装猪鬃用的木箱应干燥，箱内先衬一层油纸，再铺一层白纸，防止潮湿及雨水浸入。装箱时应排列整齐，不要挤破包装纸，每层以樟脑粉（每箱 300～400g）防止虫患。装后再检查一次，然后将箱盖钉好，再用铁腰子钉妥，即为成品。每箱的重量：天津鬃、东北鬃、内蒙古鬃、青岛鬃都是净重 50kg（即 110lb），上海鬃、汉口鬃、重庆鬃都是净重 60kg（即 133lb）。

三、猪鬃的质量标准

不论黑鬃、白鬃，完全符合下列各项质量标准者，则质量为最好，可列为一等品；缺乏一两项条件者，质量稍差，应列为二等品；缺乏两项以上者，应列为三等品或等外品。

① 黑鬃质量标准：颜色黑色而有光泽，毛根粗壮，岔尖不深，无杂毛、霉毛，无黄色毛尖，不潮湿，无肉皮、灰渣等杂质。

② 白鬃质量标准：颜色白色而有光泽毛根粗壮，不带黄黑色，油毛少，岔尖不深，无杂毛、霉毛，不潮湿，无肉皮、灰渣等杂质。

第三节　脏器的利用

一、脏器的采集与保藏

脏器的主要成分为蛋白质、脂肪、水分及无机盐，此外还含有各种酶类。因此，空气中的微生物、氧气等都容易使原料中各种成分分解，以致腐败变质。为了保证脏器的有效成分不受破坏，必须在有效的时间内将其取出，并采取有效的方法保藏。故正确采集与保藏各种脏器和分泌腺，是进行脏器加工生产的特别重要的一环，也是畜产品加工和畜牧工作者必须重视的工作。因为不论加工技术如何细致、配方如何准确、技术设备如何精密，如果忽视了原料的采集与保藏，不会得到良好的效果。故牲畜屠宰后应迅速取出脏器，随时进行加工或保藏。

1. 脏器的采集

(1) 胃粘膜的采集：先将胃内污物洗除，再用冷水洗涤两次。将胃翻转使粘膜向外并套在可转动的木棍上。用手抓住胃粘膜并用刀从幽门上方逐渐割开，直到贲门为止。割开后用双手拉住粘膜，由上而下整片拉下。然后将膜上的肌肉、脂肪用刀小心去掉，并用冷水洗净，取得胃粘膜。将洗净的粘膜放入盘中，送入冷库（－20～－50℃）中速冻。

(2) 甲状腺的采取：甲状腺位于喉头气管下侧，可用尖刀将其割下，用水洗净后，剥除附着于表面的脂肪和薄膜。在剥膜时必须轻轻撕扯膜皮，勿将甲状腺扯碎，以保持其完整。甲状腺应于牲畜宰杀后半小时内取下，最好在1h内进行加工。如来不及加工时，应立即平铺于盘上送入速冻室。

(3) 脑下垂体的采取：采取时需用特制的金属半球形小匙。先将猪头放在工作台上，头面向下，后脑向着操作者，把匙头向上，从后脑颈椎骨腔中伸入到大脑壳凸出之硬骨处。碰到硬骨时，把匙稍向后退一点，此处上面有一块软骨，软骨上面即为脑下垂体。对准后把匙头向左上方一转，即可取下脑下垂体。取出后，放入丙酮中，每24h换丙酮一次，换三次后再以新鲜纯净的丙酮浸没，并保存于－4℃的冷库中。脑下垂体应于牲畜宰杀后45min内取出。

(4) 肾上腺的采取：肾上腺在肾脏前的脂肪组织中，采取时必须先用尖刀将脂肪组织划破，划时必须轻轻下刀，不可将肾上腺划破，并将附着的脂肪组织全部剔干净。取下后立即送冷库中存放。

(5) 猪脾脏的采取：脾脏位于猪网膜脂肪上，可用剪刀将其剪下，将附着的一些脂肪及薄膜剥掉。在剥取中应注意勿将脾脏撕碎。

(6) 松果腺的采取：先将猪头劈开，把脑子取出，该物即在脑子内部正中间，色粉红，外包皮膜。取时需将猪脑子从中间分开，分开后便露出麦粒状的松果体，取时需用镊子轻轻夹出。

(7) 唾液腺的采取：包括耳下腺、颌下腺和舌下腺三种。耳下腺：在颜面皮肌下、上颌骨之后沿的稍前方，葡萄状，多在肉尸上采取，用铁钩或者右手用刀、左手拿钩将腺体采下，剥去脂肪及结缔组织即可。颌下腺：在上颌骨的后沿，比耳下腺稍深。舌下腺：在舌的下侧前1/3处，割开肌肉即是，采取时用刀顺利割下即可。

2. 脏器的保存

为了保证脏器中有效成分不受破坏，必须进行防腐保存。通常采用的防腐方法有下列几种：

(1) 冷冻升华干燥法：是一种最好的保存脏器原料的方法。即在-40～-30℃温度，使脏器组织中已结成冰的水分，在0.13～0.67Pa真空状态下直接升华，使组织逐渐干燥。这种方法可使脏器中的有效成分不致破坏，但成本高，只能用于保存价值很高的腺体。

(2) 冰冻法：将脏器组织平铺于瓷盘或其他盘中，高度不超过10cm，速送入冷冻库中，在-20℃时进行急冻，然后在冷库中贮藏。在这样的温度下可保藏较长时间而不会导致原料变质。

(3) 有机溶剂脱水法：一般采用丙酮浸泡脱水。连续几次经丙酮处理后，原料中水分降至10%以下，且有效成分不受影响，也可保存较长的时间。但丙酮价格比较贵，只适用于价值较高的腺体。

(4) 化学防腐法：通常用盐或硫酸铵腌制后阴干保存。此法对原料的一部分有效成分有所破坏。但由于简单易行，故那些价值低廉的工业原料如胰腺等可以采用本法。

(5) 真空灭菌干燥法：本法系将附着于脏器上的脂肪、结缔组织彻底除去，经搅碎后(如脂肪过多，可用有机溶剂如甲苯、丙酮等进行一次脱脂)，在不超过70℃的温度下用真空干燥器进行干燥，最后磨成粉末保存。如无真空干燥设备，亦可利用蒸汽或明火加热，在严格控制温度的条件下进行干燥，但有效成分亦损失较大。

二、脏器制剂的种类及用途

随着生物化学、分子生物学和其他各种学科的迅速发展，脏器制剂已成为引人注目的新药库。目前国内外正在生产和试用的脏器生化药品已达400余种，最近几年，特别是利用动物的脏器和其他副产物提取生物活性成分、酶制剂等，取得了极显著的成果，这里不能一一加以介绍。下面将国产脏器制剂的主要种类、用途列于表41-2中，以供参考。

表41-2　　脏器制剂的种类与用途

原料	药品名称	主要用途
脑	热藏大脑组织液	支气管哮喘、鼻炎、神经衰弱等
	胆固醇	作乳化剂及人工牛黄、维生素D合成的原料
	脑磷脂	化学试剂、局部止血药
	卵磷脂	用于脂肪肝、动脉粥样硬化症等
	参脑散	脑衰弱征候群（包括外伤后遗症、神经官能症、植物性神经紊乱）
	复方磷脂素	治疗肝炎
	759针剂	镇静、安神、大脑代谢促进剂
	维生素D_3	促进生长、发育

续表

原料	药品名称	主　要　用　途
丘脑	3，5-环磷腺苷酸（CAMP）	调节各种激素分泌
脑下垂体	催产素注射液	产前子宫无力、阵缩迟缓，产后出血等
	促皮质素（ACTH）	活动性风湿病、类风湿性关节炎等症
	促滤泡素（FSH）	大家畜卵巢性机能失调的不孕症
	垂体促黄体素（LH）	促进排卵、受孕等
	加压素注射液	尿崩、利尿等
	油制鞣酸加压素注射液	尿崩等症
脊髓	脊髓注射液	升高白细胞数量，促进造血机能
眼	眼生素注射液	病毒性角膜炎、过敏性结膜炎、色素膜炎、中心视网膜炎等
	眼球液	青光眼等眼病
	眼宁注射液	黄斑区病变、早期原发性视网膜色素变性等
	牛全眼提取物（FTC）	近视性脉络膜、视网膜眼疲劳、玻璃体混浊等
副甲状腺	副甲状腺激素（甲状旁腺素）	血钙调理，提高血液中钠、钙及磷的利用率，并进行补充
心脏	细胞色素丙	组织缺氧引起的一系列疾患，如脑缺氧、一氧化碳中毒等
	注射能量合剂	营养药，供给机体能量，促进细胞代谢，辅助治疗肝炎、肾炎、肝硬化、心力衰竭等
	心血通、脉心通	由脑血管意外引起的瘫痪、脑动脉硬化症、神经衰弱等
肝	肝宁	慢性肝炎及迁延性肝炎等
	肝注射液（肝液）	抗贫血药，用于恶性贫血性肝炎等
	肝 B_{12}注射液	恶性贫血、肝炎等
	复方肝组织液	贫血、肝脏疾病等
	热藏肝组织液	营养不良性贫血
	15%三合组织液	软化斑痕、营养不良
	水解肝素	肝炎、肝硬化、贫血、黄疸
	肝浸膏片	恶性贫血、营养性贫血肝疾
	复方肝片	贫血
	肝铁（力勃降）	贫血、营养不良
	肝维降糖衣片	抗贫血
	力维隆糖浆（浓）	营养、贫血病后的虚弱
	鸡肝散	消疳杀虫、明目去障，用于小儿积疳、腹内生虫、面黄肌瘦、肝火上攻
	羊肝丸	平肝养血、散热退翳，用于新久目疾、降翳遮睛、视物昏花等
胰	胰岛素注射液	糖尿病、精神分裂症
	珠蛋白锌胰岛素注射液	糖尿病
	精蛋白锌胰岛素注射液	糖尿病
	胰酶	助消化，用于胰酶缺乏的消化不良症
	多酶丸	助消化
	肠溶双酶丸	助消化
	α-糜蛋白酶	消炎、退肿、眼科手术
	胰蛋白酶	用于炎症、溃疡、脓胸组织坏死
	胰脱氧核糖核酸酶	化痰，适用于支气管炎、肺炎、哮喘、气肿等
	血管舒缓素	使周围血管舒张，用于心绞痛、动脉硬化、冻疮
	胰蛋白酶抑制剂	治疗急性胰腺炎、胰脏坏死等
	胰抗脂肝素	肝硬化等肝脏疾病
	胖得生	小儿消化不良、便秘
脾	脾注射液	癌症发热、增加白细胞
	脾脏糖衣片	皮肤发痒、贫血、营养不良
	脱氧核苷酸钠注射液	升高白细胞，用于肿瘤患者白细胞减少症
	止血消炎片	止血消炎

续表

原料	药品名称	主　要　用　途
肾	抑肽酶	胰腺炎、胰脏坏死等
胸腺	5-单核苷酸钠注射液	升高白细胞数量，亦用于急慢性中毒性肝炎
肾上腺	肾上腺素	收缩血管、强心急救、支气管哮喘
	前列腺素 E_2	中期引产或足月催产
	促肾上腺素	肾病、生长发育等
胃粘膜	胃蛋白酶	缺乏胃蛋白酶的消化不良症
	含糖胃蛋白酶	缺乏胃蛋白酶的消化不良症
	胃膜素	胃及十二指肠溃疡、胃酸过多
肠粘膜	肝素钠	抗血凝，防止血栓、冠心病
十二指肠	冠心舒	冠状动脉粥样硬化、心脏病
胆汁	人工牛黄	解热消炎、镇静
	胆酸	合成人工牛黄原料
	胆酸钠	气管炎、胆囊炎等

主要参考文献

[1] 骆承庠主编．畜产品加工学．北京：农业出版社，1990
[2] 闵连吉编著．肉的科学与加工技术．北京：中国食品出版社，1988
[3] 骆承庠等编．实用乳品加工技术．北京：农业出版社，1989
[4] 胡喜鑫，任祖伊编著．蛋的加工和保鲜．杭州：浙江科技出版社，1988
[5] 张伯福编著．中华传统风味蛋制品．北京：中国商业出版社，1984
[6] 高真编著．蛋及蛋制品生产技术．哈尔滨：黑龙江科技出版社，1984
[7] 刘诚编．畜禽肉罐头加工．太原：山西人民出版社，1985
[8] 南庆贤等编．实用肉品加工技术．北京：农业出版社，1988
[9] 陈声主编．肉制品．北京：化学工业出版社，1988
[10] 傅宝信编著．名牌禽制品传统加工法．北京：中国食品出版社，1988
[11] 王敦洲等编著．羽毛绒加工与利用．上海：上海科技出版社，1989
[12] 彭德智编著．牲骨的综合利用．成都：四川人民出版社，1982
[13] 曹惠兴等编．乳制品加工．上海：上海科学技术出版社，1987
[14] 崔景泰等编．乳品加工技术．北京：农业出版社，1990
[15] 韩玉科编．禽蛋乳品加工技术．北京：金盾出版社，1987
[16] 贾坤仁等编著．西式肉制品加工．北京：中国食品出版社，1989
[17] 傅宝信编著．风味灌肠制作法．北京：中国食品出版社，1988
[18] 刘学文编著．猪肉腌腊制品加工新技术．成都：四川科技出版社，1991
[19] 龚润龙编．金华火腿加工技术．北京：科学普及出版社，1987
[20] 芮世华等编．肉类食品加工实用技术．北京：金盾出版社，1987
[21] 傅宝信编著．各地风味熟肉制品加工技术．北京：中国食品出版社，1986
[22] 金世琳编．乳与乳制品生产．北京：轻工业出版社，1985
[23] 南庆贤编著．肉奶蛋制品加工工艺．北京：农业出版社，1988
[24] 周永昌主编．蛋与蛋制品工艺学．北京：中国农业出版社，1995
[25] 陈伯祥主编．肉与肉制品工艺学．南京：江苏科学技术出版社，1993
[26] 北京农业大学主编．动物生物化学．北京：农业出版社，1980
[27] 李锡嘏，马美湖编．肉与肉品工艺学．长沙：湖南农业大学内部印，1990
[28] 朱曜编著．禽蛋研究．北京：科学出版社，1985
[29] 马美湖等．板鹅加工工艺探讨．中国家禽，1993（3）
[30] 马美湖等．猪血脱色技术研究．肉类工业，1993（1）
[31] 马美湖等．烤鹅加工工艺的研究．肉类工业，1995（12）
[32] 马美湖等．肉品检出不合格产品的处理．湖南畜牧兽医，1993（2）
[33] 马美湖等．烤鸡加工工艺研究．中国畜产与食品，1996（1～2）
[34] 马美湖等．浅谈肉联厂副产物的综合利用．食品质量通讯，1992（1）
[35] 马美湖．家畜血液综合利用动态．上海畜牧兽医通讯，1991，（1）
[36] 马美湖．正宗南安板鸭和鹅肉系列产品加工技术．湖南畜牧兽医，1990（4）
[37] 马美湖等．兔肉脯的研制，畜牧与兽医，1992（5）
[38] 马美湖等．红烧兔肉罐头加工工艺．上海畜牧兽医通讯，1991（7）
[39] Ma Mei hu etc. Sudieson New Method of Making no Nitrite Sausages. Research Progressin Animal Industry and Animal Products Processing. China Agricultural Scientech Press, 1996
[40] Ma Mei hu etc. Study on Decolourization of Livestock and Poulty Blood Research Progress in Animal in-

dustry and Animal Products Processing. China Agricultural Scientech Press，1996
[41] A. M. Pearson. Advances in Meat Research，Macmillam Publishers
[42] NobleP. Wong. Fundamentals of Dairy Chemistry. Van Nostrand Reinhold Company
[43] C. O. chester. Advances in Food Research，Academic Press Inc
[44] 王加启等编著．肉牛高效益饲养技术．北京：金盾出版社，1997
[45] 刘希良，葛长荣主编．肉品工艺学．昆明：云南科技出版社，1997
[46] 何先祺等主编．制革化学及工艺学．北京：中国轻工业出版社，1996
[47] 高真主编．蛋制品工艺学．北京：中国商业出版社，1995
[48] 陈来同，唐运编著．41种生物化学产品生产技术．北京：金盾出版社，1999
[49] 王绪茂等．冷却肉的冷却与包装．肉类研究，1999（1）
[50] 赵国华．Nisin研究进展．肉类工业，1997（7）
[51] 李永禄主编．养牛学．北京：农业出版社，1987